"十二五"普通高等教育本科国家级规划教材

2009年度普通高等教育精品教材

首届全国优秀教材（高等教育类）二等奖

大学物理学

第4版

力学、热学

张三慧 编著

安宇 阮东 李岩松 修订

清华大学出版社

北京

内容简介

本书讲述物理学基础理论的力学和热学部分。其中力学部分包括质点力学、刚体的转动、振动和波，以及狭义相对论；热学部分包括温度和气体动理论，热力学第一和第二定律。书中特别着重于守恒定律的讲解，也特别注意从微观上阐明物理现象及规律的本质。内容的选择上除了包括经典基本内容外，还适时地插入现代物理概念与物理思想。为了扩大学生的现代物理知识领域，本书还专辟了“今日物理趣闻”栏目以备选讲或选读，具体内容有基本粒子，混沌——决定论的混乱，奇妙的对称性，弯曲的时空——广义相对论简介，大爆炸和宇宙膨胀，耗散结构等。此外，安排了许多现代的联系各方面的实际的例题和习题。

本书可作为高等院校的物理教材，也可以作为中学物理教师教学或其他读者自学的参考书。

图书在版编目(CIP)数据

大学物理学. 力学、热学/张三慧编著. —4版. —北京：清华大学出版社，2018(2024.8重印)
ISBN 978-7-302-50980-6

Ⅰ. ①大… Ⅱ. ①张… Ⅲ. ①物理学－高等学校－教材 ②力学－高等学校－教材 ③热学－高等学校－教材 Ⅳ. ①O4 ②O3 ③O551

中国版本图书馆CIP数据核字(2018)第188750号

责任编辑：朱红莲
封面设计：傅瑞学
责任校对：赵丽敏
责任印制：曹婉颖

出版发行：清华大学出版社
网　　址：https://www.tup.com.cn，https://www.wqxuetang.com
地　　址：北京清华大学学研大厦A座　　**邮　　编**：100084
社 总 机：010-83470000　　**邮　　购**：010-62786544
投稿与读者服务：010-62776969，c-service@tup.tsinghua.edu.cn
质量反馈：010-62772015，zhiliang@tup.tsinghua.edu.cn
印 装 者：三河市天利华印刷装订有限公司
经　　销：全国新华书店
开　　本：185mm×260mm　　**印　　张**：26.75　　**字　　数**：650千字
版　　次：1990年1月第1版　2018年12月第4版　　**印　　次**：2024年8第17次印刷
定　　价：67.00元

产品编号：079541-03

第4版 前言

FOREWORD

物理之所以能成为很多工程专业的必修基础科目，是因为很多技术都来源于物理的发现和进展。即使在技术高速发展的当代，物理的新发现或者新进展，都会给技术创新带来无限的动力，它可以说是技术革命的源动力。但是，实际上物理课程学习带给人的不只是实用意义。更为重要的是通过物理学习，学到科学精神，学到物理思想和方法，学到很多处理问题的智慧。通过物理学习，可以提高推理能力，学会理性思考，养成理性思维的习惯。学习物理，不只是学习哪个定律，或者哪个定理、哪个结论如何。更为重要的是，通过物理学习，学会如何思考，如何分析、解决问题。甚至可以学习如何建立理论框架，搭建学科体系。

张三慧先生编著的《大学物理学》包含力学、热学、电磁学、光学和量子物理五篇，作为教材被国内各大院校广泛采用，是学习大学物理课程的经典教材。这套教材的主题风格是其科学性和系统性，准确流畅地叙述物理内容，由表及里、由浅入深地分析物理问题，深刻地挖掘物理思想，宣扬物理精神，其中也不乏对民族文化的自信。本书在讲述物理过程时，追求逻辑的严密性，但也不乏灵活通俗的讲解。不仅适用于像清华大学学生这样普通物理基础比较扎实的群体，也适用于其他具有微积分基础的普通物理初学者。比如，运动学就是从最基本的参考系讲起，介绍位移、速度、加速度等基本概念。介绍力的时候，既有像摩擦力、弹性力等常见力，也介绍四种基本力。也有不少篇幅介绍引潮力，解释各种自然现象。所以，这是一套适用面比较宽阔的教材。

课后习题也是本教材的一个特色。习题丰富，不仅有为初学者练习编写的题目，也有些题目的难度对于有一定普通物理基础的学习者而言仍具有挑战性。通过习题可以加深理解，掌握方法。另外书中还附有很多思考题，需要认真思考和分析。同学也可以用来互相讨论。

根据需要本教材隔一段时间会做一些修订，这次修订工作也同往常一样，得到了使用教材的师生的大力支持，得到很多反馈意见。根据这些反馈意见，本次修订我们将延续本书的原有特点，继续贯彻原作者写书时的意图，基本保留原书的风貌，只是针对少数不合理的文字描述以及排版错误等进行修改。

比较大的变动是把原来科学家的故事全部删除,可通过二维码扫描进行扩展阅读。这次修订工作由清华大学物理系的三位教师合作完成。安宇负责力学和电磁学部分;阮东负责热学和光学部分;李岩松负责振动和波动、狭义相对论和量子物理部分。

我们希望能继续听到教师和学生关于本教材的修改建议和批评意见,通过以后的修订工作使教材不断完善。

安宇　阮东　李岩松

2018年3月

于清华园

第三版前言

FOREWORD

这部《大学物理学》(第三版)含力学篇、热学篇,电磁学篇、光学篇和量子物理篇,共5篇。按照篇章的组织顺序,本套教材又分为两个版本,称为A版和B版。A版分为3册,第1册为《力学、热学》,第2册为《电磁学》(或《基于相对论的电磁学》,二选其一),第3册为《光学、量子物理》。B版分为2册,第1册为《力学、电磁学》,第2册为《热学、光学、量子物理》。读者可根据实际教学和学习的需要,选择使用A版或B版;其中A版中的第2册又分为两个版本——《电磁学》或《基于相对论的电磁学》,选用A版的读者可选择其中一个版本使用。本册为A版的第1册《力学、热学》。

本书内容完全涵盖了2006年我国教育部发布的“非物理类理工学科大学物理课程基本要求”。书中各篇对物理学的基本概念与规律进行了正确明晰的讲解。讲解基本上都是以最基本的规律和概念为基础,推演出相应的概念与规律。笔者认为,在教学上应用这种演绎逻辑更便于学生从整体上理解和掌握物理课程的内容。

力学篇是以牛顿定律为基础展开的。除了直接应用牛顿定律对问题进行动力学分析外,还引入了动量、角动量、能量等概念,并着重讲解相应的守恒定律及其应用。除惯性系外,还介绍了利用非惯性系解题的基本思路,刚体的转动、振动、波动这三章内容都是上述基本概念和定律对于特殊系统的应用。狭义相对论的讲解以两条基本假设为基础,从同时性的相对性这一“关键的和革命的”(杨振宁语)概念出发,逐渐展开得出各个重要结论。这种讲解可以比较自然地使学生从物理上而不只是从数学上弄懂狭义相对论的基本结论。

热学篇的讲述是以微观的分子运动的无规则性这一基本概念为基础的。除了阐明经典力学对分子运动的应用外,特别引入并加强了统计概念和统计规律,包括麦克斯韦速率分布律的讲解。对热力学第一定律也阐述了其微观意义。对热力学第二定律是从宏观热力学过程的方向性讲起,说明方向性的微观根源,并利用热力学概率定义了玻耳兹曼熵并说明了熵增加原理,然后再进一步导出克劳修斯熵及其计算方法。这种讲法最能揭露熵概念的微观本质,也便于理解熵概念的推广应用。

电磁学篇按照传统讲法,讲述电磁学的基本理论,包括静止和运动电荷的电场,运动电荷和电流的磁场,介质中的电场和磁场,电磁感应,电磁波等。基于相对论的电磁学篇中电磁学的讲法则是以爱因斯坦的《论动体的电动力学》为背景,完全展现了帕塞尔教授讲授电磁学的思路——从爱因斯坦到麦克斯韦,以场的概念和高斯定律为基础,根据狭义相对论演绎地引入磁场,并进而导出麦克斯韦方程组其他方程。这种讲法既能满足教学的基本要求,又充分显示了电磁场的统一性,从而使学生体会到自然规律的整体性以及物理理论的和谐优美。电磁学的讲述未止于麦克斯韦方程组,而是继续讲述了电磁波的发射机制及其传播特征等。

光学篇以电磁波和振动的叠加的概念为基础,讲述了光的干涉和衍射的规律。第24章光的偏振讲述了电磁波的横波特征。然后,根据光的波动性在特定条件下的近似特征——直线传播,讲述了几何光学的基本定律及反射镜和透镜的成像原理。

以上力学、热学、电磁学、光学各篇的内容基本上都是经典理论,但也在适当地方穿插了量子理论的概念和结论以便相互比较。

量子物理篇是从波粒二象性出发以定态薛定谔方程为基础讲解的。介绍了原子、分子和固体中电子的运动规律以及核物理的知识。关于教学要求中的扩展内容,如基本粒子和宇宙学的基本知识是在"今日物理趣闻A"和"今日物理趣闻C"栏目中作为现代物理学前沿知识介绍的。

本书除了5篇基本内容外,还开辟了"今日物理趣闻"栏目,介绍物理学的近代应用与前沿发展,而"科学家介绍"栏目用以提高学生素养,鼓励成才。

本书各章均配有思考题和习题,以帮助学生理解和掌握已学的物理概念和定律或扩充一些新的知识。这些题目有易有难,绝大多数是实际现象的分析和计算。题目的数量适当,不以多取胜。也希望学生做题时不要贪多,而要求精,要真正把做过的每一道题从概念原理上搞清楚,并且用尽可能简洁明确的语言、公式、图像表示出来,需知,对一个科技工作者来说,正确地书面表达自己的思维过程与成果也是一项重要的基本功。

本书在保留经典物理精髓的基础上,特别注意加强了现代物理前沿知识和思想的介绍。本书内容取材在注重科学性和系统性的同时,还注重密切联系实际,选用了大量现代科技与我国古代文明的资料,力求达到经典与现代,理论与实际的完美结合。

本书在量子物理篇中专门介绍了近代(主要是20世纪30年代)物理知识,并在其他各篇适当介绍了物理学的最新发展,同时为了在大学生中普及物理学前沿知识以扩大其物理学背景,在"今日物理趣闻"专栏中,分别介绍了"基本粒子""混沌——决定论的混乱""大爆炸和宇宙膨胀""能源与环境""等离子体""超导电性""激光应用二例""新奇的纳米技术"等专题。这些都是现代物理学以及公众非常关心的题目。本书所介绍的趣闻有的已伸展到最近几年的发现,这些"趣闻"很受学生的欢迎,他们拿到新书后往往先阅读这些内容。

物理学很多理论都直接联系着当代科技乃至人们的日常生活。教材中列举大量实例,既能提高学生的学习兴趣,又有助于对物理概念和定律的深刻理解以及创造性思维的启迪。本书在例题、思考题和习题部分引用了大量的实例,特别是反映现代物理研究成果和应用的实例,如全球定位系统、光盘、宇宙探测、天体运行、雷达测速、立体电影等,同时还大量引用了我国从古到今技术上以及生活上的有关资料,例如古籍《宋纪要》关于"客星"出没的记载,北京天文台天线阵、长征火箭、神舟飞船、天坛祈年殿、黄果树瀑布、阿迪力走钢丝、本人抖空竹、1976年唐山地震、1988年特大洪灾等。这些例子体现了民族文化，可以增强学生对物理的"亲切感"，而且有助于学生的民族自豪感和责任心的提升。

物理教学除了"授业"外，还有"育人"的任务。为此本书介绍了十几位科学大师的事迹，简要说明了他们的思想境界、治学态度、开创精神和学术成就，以之作为学生为人处事的借鉴。在此我还要介绍一下我和帕塞尔教授的一段交往。帕塞尔教授是哈佛大学教授，1952年因对核磁共振研究的成果荣获诺贝尔物理学奖。我于1977年看到他编写的《电磁学》，深深地为他的新讲法所折服。用他的书讲述两遍后，于1987年冒然写信向他请教，没想到很快就收到他的回信(见附图)和赠送给我的教材(第二版)及习题解答。他这种热心帮助一个素不相识的外国教授的行为使我非常感动。

帕塞尔《电磁学》(第二版)封面

本书第一作者与帕塞尔教授合影(1993年)

他在信中写道"本书170—171页关于L. Page的注解改正了第一版的一个令人遗憾的疏忽。1963年我写该书时不知道Page那篇出色的文章，我并不认为我的讲法是原创的——远不是这样——但当时我没有时间查找早先的作者追溯该讲法的历史。现在既然你也喜欢这种讲法，我希望你和我一道在适当时机宣扬Page的1912年的文章。"一位物理学大师对自己的成就持如此虚心、谦逊、实事求是的态度使我震撼。另外他对自己书中的疏漏(实际上有些是印刷错误)认真修改，这种严肃认真的态度和科学精神也深深地教育了我。帕塞尔这封信所显示的作为一个科学家的优秀品德，对我以后的为人处事治学等方面都产生了很大影响，始终视之为楷模追随仿效，而且对我教的每一届学生都要展示帕塞尔的这一封信对他们进行教育，收到了很好的效果。

本书的撰写和修订得到了清华大学物理系老师的热情帮助(包括经验与批评)，也采纳了其他兄弟院校的教师和同学的建议和意见。此外也从国内外的著名物理教材中吸取了很多新的知识、好的讲法和有价值的素材。这些教材主要有：《新概念物理教程》(赵凯华等)，*Feyman Lectures on Physics*，*Berkeley Physics Course*(Purcell E M, Reif F, et al.)，*The Manchester Physics Series*(Mandl F, et al.)，*Physics*(Chanian H C.)，*Fundamentals of Physics*(Resnick R)，*Physics*(Alonso M et al.)等。

HARVARD UNIVERSITY

DEPARTMENT OF PHYSICS

LYMAN LABORATORY OF PHYSICS
CAMBRIDGE, MASSACHUSETTS 02138

November 30, 1987

Professor Zhang Sanhui
Department of Physics
Tsinghua University
Beijing 100084
The People's Republic of China

Dear Professor Zhang:

Your letter of November 8 pleases me more than I can say, not only for your very kind remarks about my book, but for the welcome news that a growing number of physics teachers in China are finding the approach to magnetism through relativity enlightening and useful. That is surely to be credited to your own teaching, and also, I would surmise, to the high quality of your students. It is gratifying to learn that my book has helped to promote this development.

I don't know whether you have seen the second edition of my book, published about three years ago. A copy is being mailed to you, together with a copy of the Problem Solutions Manual. I shall be eager to hear your opinion of the changes and additions, the motivation for which is explained in the new Preface. May I suggest that you inspect, among other passages you will be curious about, pages 170-171. The footnote about Leigh Page repairs a regrettable omission in my first edition. When I wrote the book in 1963 I was unaware of Page's remarkable paper. I did not think my approach was original -- far from it -- but I did not take time to trace its history through earlier authors. As you now share my preference for this strategy I hope you will join me in mentioning Page's 1912 paper when suitable opportunities arise.

Your remark about printing errors in your own book evokes my keenly felt sympathy. In the first printing of my second edition we found about 50 errors, some serious! The copy you will receive is from the third printing, which still has a few errors, noted on the Errata list enclosed in the book. There is an International Student Edition in paperback. I'm not sure what printing it duplicates.

The copy of your own book has reached my office just after I began this letter! I hope my shipment will travel as rapidly. It will be some time before I shall be able to study your book with the care it deserves, so I shall not delay sending this letter of grateful acknowledgement.

Sincerely yours,

Edward M. Purcell

Edward M. Purcell

EMP/cad

帕塞尔回信复印件

对于所有给予本书帮助的老师和学生以及上述著名教材的作者,本人在此谨致以诚挚的谢意。清华大学出版社诸位编辑对第三版杂乱的原稿进行了认真的审阅和编辑,特在此一并致谢。

张三慧

2008年1月

于清华园

目录

CONTENTS

第2篇　热　学

基本粒子

物理学是研究自然界的物质结构，大到宇宙的结构，小到最微小的粒子的结构，以及物质运动的最普遍、最基本的规律的自然科学。自伽利略-牛顿时代(17世纪中叶)以来，特别是19世纪中叶以来，物理学已有了长足的发展。今天的物理学已揭示了自然界的许多奇特的奥秘，在各方面提供了许多有趣又有用的知识。我们将在本书的适当地方向同学们介绍一些这样的知识。作为本书的开篇，下面就来简要介绍现代物理学在物质的基本结构——粒子——的研究中所取得的认识。

A.1 粒子的发现与特征

物质是由一些基本微粒组成的，这种思想可以远溯到古代希腊。当时德谟克利特(公元前460—前370年)就认为物质都是由“原子”(古希腊语本意是“不可分”)组成的。中国古代也有认为自然界是由金、木、水、火、土5种元素组成的说法。但是物质是由原子组成的这一概念成为科学认识是迟至19世纪才确定的，当时认识到原子是化学反应所涉及的物质的最小基本单元。1897年，汤姆逊发现了**电子**(e)，它带有负电，电量与一个氢离子所带的电量相等。它的质量大约是氢原子质量的1/1800，它存在于各种物质的原子中，这是人类发现的第一个更为基本的粒子。其后1911年卢瑟福通过实验证实原子是由电子和原子核组成的。1932年又确认了原子核是由带正电的**质子**(p，即氢原子核)和不带电的**中子**(n，它和质子的质量差不多相等)组成的。这种中子和质子也成了“基本粒子”。1932年还发现了**正电子**(e^+)，其质量和电子相同但带有等量的正电荷。由于很难说它是由电子、质子或中子构成的，于是正电子也加入了“基本粒子”的行列。之后，人们制造了大能量的加速器来加速电子或质子，企图用这些高能量的粒子作为炮弹轰开中子或质子来了解其内部结构，从而确认它们是否是“真正的基本粒子”。但是，令人惊奇的是在高能粒子轰击下，中子或质子不但不破碎成更小的碎片，而且在剧烈的碰撞过程中还产生了许多新的粒子，有些粒子的质量比质子的质量还要大，因而情况显得更为复杂。后来通过类似的实验(以及从宇宙射线中)又发现了几百种不同的粒子。它们的质量不同、性质互异，且能相互转化，这就很难说哪种粒子更基本。所以现在就把“基本”二字取消，统称它们为**粒子**。本部分的题目仍用“基本粒子”，只具有习惯上的意义。

在粒子的研究中，发现描述粒子特征所需的物理量随着人们对粒子性质的认识逐步深入而增多。常见的这种物理量可以举出以下几个。

1. 质量

粒子的质量是指它静止时的质量，在粒子物理学中常用 MeV/c^2 作质量的单位。MeV 是能量的单位，$1\ \mathrm{MeV}=1.602\times10^{-13}\ \mathrm{J}$。由爱因斯坦质能公式 $E=mc^2$（见 8.10 节）可以求得，$1\ \mathrm{MeV}/c^2$ 的质量为

$$1.602\times10^{-13}/(3\times10^8)^2=1.78\times10^{-30}\ (\mathrm{kg})$$

2. 电荷

有的粒子带正电，有的带负电，有的不带电。带电粒子所带电荷都是量子化的，即电荷的数值都是元电荷 e（即一个质子的电荷）的整数倍。因而粒子的电荷就用元电荷 e 的倍数来度量，而

$$1\ e=1.602\times10^{-19}\ \mathrm{C}$$

3. 自旋

每个粒子都有自旋运动，好像永不停息地旋转着的陀螺那样。它们的自旋角动量（简称自旋）也是量子化的，通常用 $\hbar$ 的倍数来度量，而

$$1\ \hbar=1.05\times10^{-34}\ \mathrm{J\cdot s}$$

有的粒子的自旋是 $\hbar$ 的整数倍或零，有的则是 $\hbar$ 的半整数倍$\left(\text{如}\frac{1}{2},\frac{3}{2},\frac{5}{2}\text{倍}\right)$。

4. 寿命

在已发现的数百种粒子中，除电子、质子和中微子以外，实验确认它们都是不稳定的。它们都要在或长或短的时间内衰变为其他粒子。粒子在衰变前平均存在的时间叫做粒子的寿命。例如一个自由中子的寿命约 12 min，有的粒子的寿命为 10^{-10} s 或 10^{-14} s，很多粒子的寿命仅为 10^{-23} s，甚至 10^{-25} s。

对各种粒子的研究比较发现，它们都是**配成对的**。配成对的粒子称为正、反粒子。正、反粒子的一部分性质完全相同，另一部分性质完全相反。例如，电子和正电子就是一对正、反粒子，它们的质量和自旋完全相同，但它们的电荷和磁矩完全相反。又例如，中子和反中子也是一对正、反粒子，它们的质量、自旋、寿命完全相同，但它们的磁矩完全相反。有些正、反粒子的所有性质完全相同，因此就是同一种粒子。光子和 π^0 介子就是两种这样的粒子。

A.2 粒子分类

粒子间的相互作用，按现代粒子理论的标准模型划分，有 4 种基本的形式，即万有引力、电磁力、强相互作用力和弱相互作用力（书 2.3 节）。按现代理论，各种相互作用都分别由不同的粒子作为传递的媒介。**光子**是传递电磁作用的媒介，**中间玻色子**是传递弱相互作用的媒介，**胶子**是传递强相互作用的媒介。这些都已为实验所证实。对于引力，现在还只能假定，它是由一种**"引力子"**作为媒介的。由于这些粒子都是现代标准模型的"规范理论"中预言的粒子，所以这些粒子统称为**规范粒子**。由于胶子共有 8 种，连同引力子、光子、3 种中间玻色子，规范粒子总共有 13 种，它们的已被实验证实的特征物理量如表 A.1 所示。

表 A.1　规范粒子的特征物理量

粒子种类		自旋/$\hbar$	质量/(MeV/c^2)	电荷/e
引力子		2		0
光子	γ	1	0	0
中间玻色子	W^+	1	8.1×10^4	1
	W^-	1	8.1×10^4	-1
	Z^0	1	9.4×10^4	0
胶子	g	1	0	0

除规范粒子外，所有在实验中已发现的粒子可以按照其是否参与强相互作用而分为两大类：一类不参与强相互作用的称为**轻子**，另一类参与强相互作用的称为**强子**。

现在已发现的轻子有**电子**(e)、**μ 子**(μ)、**τ 子**(τ)及相应的**中微子**(ν_e，ν_μ，ν_τ)，它们的特征物理量如表 A.2 所示。在目前实验误差范围内，3 种中微子的质量为零。但是中微子的质量是否真等于零，还有待于更精确的实验证实。

表 A.2　轻子的特征物理量

粒子种类	自旋/$\hbar$	质量/(MeV/c^2)	电荷/e	寿命
e	1/2	0.511	-1	稳定
ν_e	1/2	0	0	稳定
μ	1/2	105.7	-1	2.2×10^{-6} s
ν_μ	1/2	0	0	稳定
τ	1/2	1776.9	-1	3.4×10^{-13} s
ν_τ	1/2	0	0	稳定

从表 A.2 中可以看出 τ 子的质量约是电子质量的 3500 倍，差不多是质子质量的两倍。它实际上一点也不轻。这 6 种“轻子”都有自己的反粒子，所以实际上有 12 种轻子。

实验上已发现的成百种粒子绝大部分是强子。强子又可按其自旋的不同分为两大类：一类自旋为半整数，统称为**重子**；另一类自旋为整数或零，统称为**介子**。最早发现的重子是质子，最早发现的介子是 π 介子。π 介子的质量是电子质量的 270 倍，是质子质量的 1/7，介于二者之间。后来实验上又发现了许多介子，其质量大于质子的质量甚至是质子质量的 10 倍以上。例如，丁肇中发现的 J/ψ 粒子的质量就是质子质量的 3 倍多。这样，早年提出的名词“重子”“轻子”和“介子”等已经不合适，但由于习惯，仍然一直沿用到今天。表 A.3 列出了一些强子的特征物理量。

表 A.3　一些强子的特征物理量

重子				介子			
粒子种类	自旋/$\hbar$	质量/(MeV/c^2)	电荷/e	粒子种类	自旋/$\hbar$	质量/(MeV/c^2)	电荷/e
p	1/2	939	1	π^+	0	140	1
n	1/2	939	0	π^0	0	140	0

续表

重子				介子			
粒子种类	自旋/ħ	质量/(MeV/c^2)	电荷/e	粒子种类	自旋/ħ	质量/(MeV/c^2)	电荷/e
Λ^0	3/2	1520	0	π^-	0	140	−1
N	5/2	1680	1	K^+	0	496	1
Δ^{++}	3/2	1700	2	ω	3	1670	0
Σ^+	3/2	1670	1	h	4	2030	0
Δ^0	3/2	1700	0	J/ψ	1	3100	0
Ω^-	3/2	1672	−1	χ	2	3555	0

A.3　粒子的转化与守恒定律

研究各种粒子的行为时，发现的另一个重要事实是：没有一种粒子是不生不灭、永恒不变的，在一定的条件下都能产生和消灭，都能**相互转化**，毫无例外。例如，电子遇上正电子，就会双双消失而转化为光子。反过来高能光子在原子核的电场中又能转化为一对电子和正电子(图 A.1)。在缺中子同位素中，质子会转化为中子而放出一个正电子和一个中微子。质子遇上反质子就会相互消灭而转化为许多介子。π 介子和原子核相互碰撞，只要能量足够高，就能转化为一对质子和反质子。前面所提到的粒子衰变也是一种粒子转化的方式。因此，产生和消灭是粒子相互作用过程中非常普遍的现象。

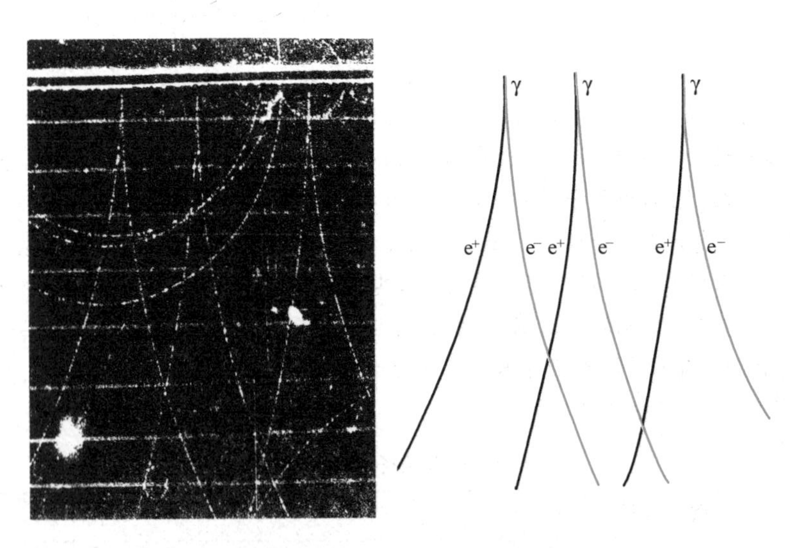

图 A.1　X 光的光子由上方入射，经过铅板后，产生电子-正电子对的径迹照片与分析图

实验证明，在粒子的产生和消灭的各种反应过程中，**有一些物理量是保持不变的**。这些守恒量有能量、动量、角动量、电荷，还有轻子数、重子数、同位旋、奇异数、宇称等。例如，对

于中子衰变为质子的β衰变反应

$$n \longrightarrow p + e + \bar{\nu}_e$$

所涉及的粒子，中子n和反中微子$\bar{\nu}_e$的电荷都是零，质子p的电荷为1，电子e的电荷为−1，显然衰变前后电荷(的代数和)是守恒的。此反应中n和p的重子数都是1，轻子数都是0；而e和$\bar{\nu}_e$的重子数都是0，前者的轻子数为1，后者的轻子数为−1；也很容易看出这一衰变前后的重子数和轻子数也都是守恒的。同位旋、奇异数和宇称等的概念比较抽象，此处不作介绍。但可以指出，它们有的只在强相互作用引起的反应(这种反应一般较快)中才守恒，而在弱相互作用或电磁相互作用引起的反应(这种反应一般较慢)中不一定守恒。它们不是绝对的守恒量。

A.4 夸克

强子种类这样多，很难想象它们都是"基本的"，它们很可能都有内部结构。前面已讲过，利用高能粒子撞击质子使之破碎的方法考查质子的结构是不成功的，但有些精确的实验还是给出了一些质子结构的信息。1955年，霍夫斯塔特曾用高能电子束测出了质子和中子的电荷和磁矩分布，这就显示了它们有内部结构。1968年，在斯坦福直线加速器实验室中用能量很大的电子轰击质子时，发现有时电子发生大角度的散射，这显示质子中有某些硬核的存在。这正像当年卢瑟福在实验中发现原子核的结构一样，显示质子或其他强子似乎都由一些更小的颗粒组成。

在用实验探求质子的内部结构的同时，物理学家已经尝试提出了强子由一些更基本的粒子组成的模型。这些理论中最成功的是1964年盖尔曼和茨威格提出的，他们认为所有的强子都由更小的称为**"夸克"**(在中国有人叫做"层子")的粒子所组成。将强子按其性质分类，发现强子形成一组一组的多重态，就像化学元素可以按照周期表形成一族一族一样。从这种规律性质可以推断：现在实验上发现的强子都是由6种夸克以及相应的反夸克组成的。它们分别叫做上夸克u、下夸克d、粲夸克c、奇异夸克s、顶夸克t、底夸克b，它们的特征物理量如表A.4所示。值得注意的是它们的自旋都是1/2，而电荷量是元电荷e的−1/3或2/3。

表A.4 夸克的特征物理量

夸克种类	自旋/$\hbar$	质量/(MeV/c^2)	电荷/e
d	1/2	9	−1/3
u	1/2	5	2/3
s	1/2	1.75×10^2	−1/3
c	1/2	1.25×10^3	2/3
b	1/2	4.50×10^3	−1/3
t	1/2	$3\times10^4\sim5\times10^4$	2/3

在强子中，重子都由3个夸克组成，而介子则由1个夸克和1个反夸克组成。例如，质子由2个u夸克和1个d夸克组成，中子由2个d夸克和1个u夸克组成，Σ^+粒子由2个u夸克和1个奇异夸克组成；而π^+介子由1个u夸克和1个反d夸克组成，K^+介子由1个u

夸克和 1 个反 s 夸克组成，J/ψ 粒子由正、反粲夸克(c,$\bar{c}$)组成，等等。

用能量很大的粒子轰击电子或其他轻子的实验尚未发现轻子有任何内部结构。例如在一些实验中曾用能量非常大的粒子束探测电子，这些粒子曾接近到离电子中心 10^{-18} m 以内，也未发现电子有任何内部结构。

关于夸克的大小，现有实验证明它们和轻子一样，其半径估计都小于 10^{-20} m。我们知道核或强子的大小比原子或分子的小 5 个数量级，即为 10^{-15} m。因此，夸克或轻子的大小比强子的还要小 5 个数量级。

A.5　色

自从夸克模型提出后，人们就曾用各种实验方法，特别是利用它们具有分数电荷的特征来寻找单个夸克，但至今这类实验都没有成功，好像夸克是被永久囚禁在强子中似的(因此之故，表 A.4 给出的夸克的质量都是根据强子的质量值用理论估计的处于束缚状态的夸克的质量值)。这说明在强子内部，夸克之间存在着非常强的相互吸引力，这种相互作用力叫做“色”力。

对于强子内部夸克状态的研究，使理论物理学家必须设想每一种夸克都可能有 3 种不同的状态。由于原色有红、绿、蓝 3 种，所以将“色”字借用过来，说每种夸克都可以有3 种“色”而被称为红夸克、绿夸克、蓝夸克。“色”这种性质也是隐藏在强子内部的，所有强子都是“无色”的，因而必须认为每个强子都是由 3 种颜色的夸克等量地组成的。例如组成质子的 3 个夸克中，就有 1 个是红的，1 个是绿的，1 个是蓝的。色在夸克的相互作用的理论中起着十分重要的作用。夸克之间的吸引力随着它们之间的距离的增大而增大，距离增大到强子的大小时，这吸引力就非常之大，以致不能把 2 个夸克分开。这就是目前对夸克囚禁现象的解释。这种相互作用力就是**色力**，即两个有色粒子之间的作用力。它是强相互作用力的基本形式。如果说万有引力起源于质量，电磁力起源于电荷，那么强相互作用力就起源于色。理论指出，色力是由被称为胶子的粒子作为媒介传递的。

按以上的说法，由于 6 种夸克都有反粒子，还由于它们都可以有 3 种色，这样就共有 36 种不同状态的夸克。

除了夸克外，按照现在粒子理论的标准模型，为了实现电弱相互作用在低于 250 GeV① 的能量范围内分解为电磁相互作用和弱相互作用，自然界还应存在一种自旋为零的特殊粒子，称为**希格斯粒子**。理论对于它的所有的相互作用性质和运动行为都有精确的描绘和预言，但对它的质量却没有给出任何预言。现在还未在实验中发现这种粒子。从已有的实验结果分析，希格斯粒子的质量应大于 58.4 GeV/c^2。从实验上去寻找希格斯粒子是当前粒子物理实验研究的中心课题之一。目前在欧洲核子研究中心(CERN)正在建造大型强子对撞机(LHC)(图 A.2)，并将把对撞实验数据分给全世界物理学家

图 A.2　大型强子对撞机(LHC)

① 1 GeV=10^9 eV。

进行分析，以期发现这种粒子。

综上所述，规范粒子共有13种，轻子共有12种，夸克共有36种，再加上希格斯粒子就共有62种。按照现在对粒子世界结构规律的认识，根据标准模型，物质世界就是由这62种粒子构成的。这些粒子现在还谈不上内部结构，可以称之为“基本粒子”了（图A.3）。

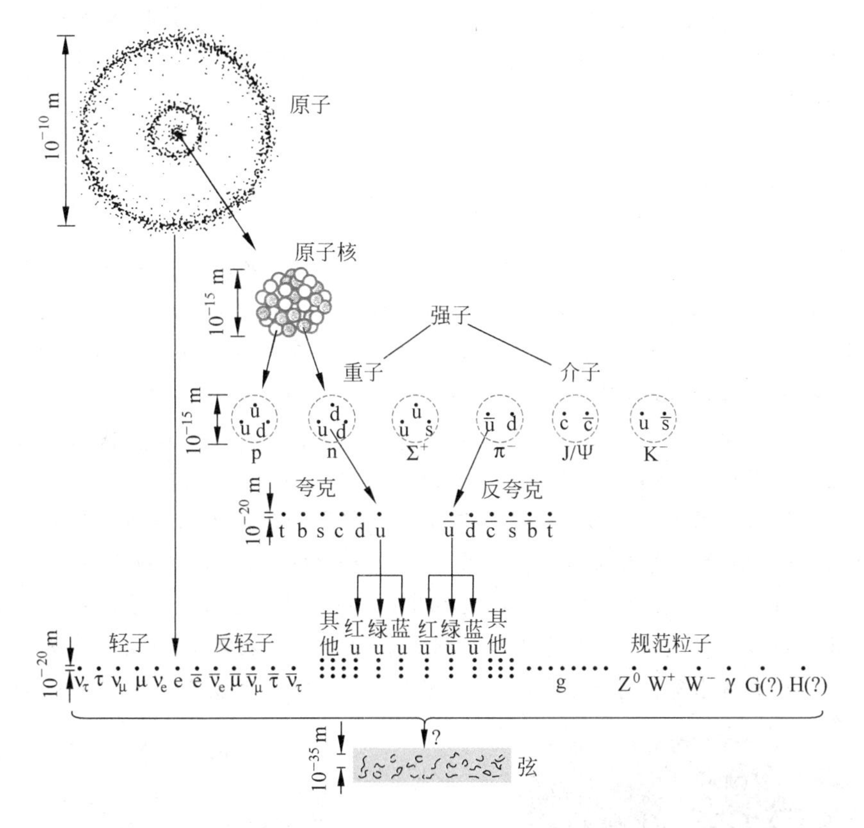

图A.3 基本粒子示意图

这些粒子真是构成物质世界的基本砖块吗？

为了建立统一4种基本自然力的理论，特别是量子引力理论，物理学家提出一种**弦理论**。它的基本概念或假设是，各种基本粒子并不是无限小的没有内部结构的点粒子，而是一个个非常小的环或小段。这些环或小段就叫**弦**。它们的大小和“普朗克长度”10^{-35} m可以相比（图A.3）。这一长度被认为是自然界的最小可能长度，它们也就是最基本的点粒子了。这些弦不仅可以到处运动，而且可以以不同方式（包括不同的形状、频率和能量）振动。这种振动又是量子化的，即只允许某些不同的振动方式存在。根据弦理论，每一种振动方式都相应于一种“基本粒子”，如电子是一种振动方式，d夸克是另一种振动方式。除了振动方式的不同以外，各种基本粒子都是一样，即都是一样的弦。一种振动方式的弦是光子，它能说明电磁使用。一种振动方式的弦是引力子，它能说明引力作用。类似地这一理论也说明了强作用和弱作用。4种作用都是同样的弦的不同表现，因而弦理论就做到了4种基本的自然力的统一而成一种“终极理论”。

弦理论令人吃惊的一个特点是它必须用11维时空（其中1维是时间）加以描述。对于我们熟悉的3维空间之外的7维，弦理论认为它们在我们的3维空间中的各点都极度

“弯曲”而使自己的线度小于 10^{-35} m，因而我们感觉不出来（想想一床 2 维的大毛巾被，在远处是看不出它上面各处的细小线环所代表的另一维的）。弦理论的另一特点是和弦的不同振动方式相应的各种粒子，其能量都可和“普朗克能量”10^{19} GeV 相比或更高。和目前实验上能探测出来的最小距离 10^{-18} m 以及人造加速器能达到的最大能量 10^{3} GeV 相比，弦理论给出上述距离和能量，在可预见的未来是没有希望用实验探测出来或可能达到的。因此，弦理论目前还是处在一个可以自由设计的理论上的婴儿阶段①。要能真正(?)说明客观实体的基本结构并证实 4 种自然力的“超统一”，还有一段很长的路要走。

A.6 粒子研究与技术

对粒子研究的进展是和粒子加速技术、探测技术以及实验数据的获取和处理技术的迅速进展分不开的。在瑞士和法国边界上的欧洲核子研究中心已经建成的质子反质子对撞机（在这种装置中，两个反向运动的高能粒子对撞比用一个高能粒子去轰击静止的靶粒子可以实现更剧烈的碰撞）的质心能量已经高达 2×270 GeV。这个对撞机中粒子在其中运行的超高真空环形管道的周长达 2.7 km。在这样的管道中质子和反质子在对撞前要飞行超过冥王星轨道的直径那样长的路程而不丢失。发现 W^+，W^- 和 Z^0 中间玻色子的两个实验中的一个实验所用的探测器重达 2000 t。这样高能量的质子和反质子相碰撞平均产生几十个粒子，它们的径迹和动量都要准确地测量（图 A.4）。在约一亿次碰撞过程中才有一次产生 W^+ 和 W^- 粒子的事例。在约十亿次碰撞过程中，才有一次产生 Z^0 粒子的事例。这不仅需要非常灵敏和精确的探测技术，也需要非常强大和快速的数据获取和处理能力。没有自动控制、电子学、计算技术等一系列高、精、尖技术的支持，就不可能有今天对粒子的认识。在

(a)

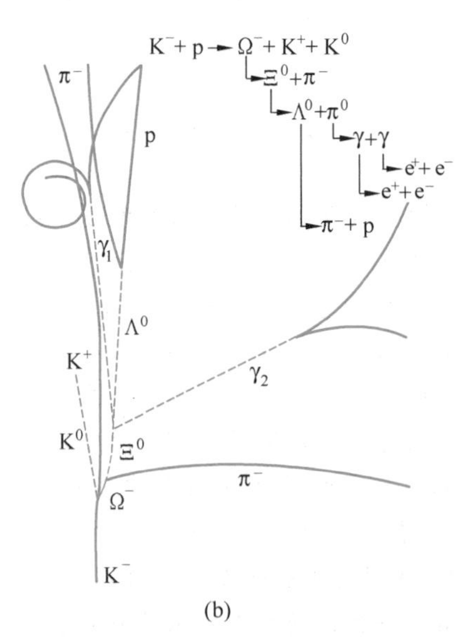

(b)

图 A.4 实验中拍摄的粒子径迹照片(a)和分析图(b)

---

① 目前也还有其他“自由设计”的理论，如“环圈量子引力理论”。它设想各种基本粒子是由条带扭转交叠形成的，在这种“麻花”式的结构中，条带的不同扭转方向与次数决定着粒子的种类。

许多情况下，工业所能提供的最高水平的技术还不足以满足粒子物理实验的要求，这又反过来促使工业技术的进一步发展。

我国1988年10月建成的北京正负电子对撞机(BEPC)，设计能量为2×2.8 GeV。它由注入器、束流输运线和储存环、探测器、同步辐射实验区(图A.5)四个部分组成。注入器是一台电子直线加速器。正、负电子在这里被加速到1.1～1.4 GeV。正负电子束经输运线的两支分别沿相反方向注入储存环。储存环是由偏转磁铁、聚焦磁铁、高频腔、超高真空系统等组成的一个周长约240 m的环(图A.6)。在环内正负电子由高频腔供给能量而被加速到2.2～2.8 GeV。正负电子束流在储存环内绕行，可具有5～6 h的寿命。探测器安装在对撞点附近，它能记录、分析对撞时产生的粒子的种类、数目、飞行时间、动量、能量等数据，探测立体角接近4π。同步辐射是电子在储存环中作曲线运动时沿切线方向向前发出的电磁波。BEPC的同步辐射在紫外和软X光范围，可用于生物物理、固体物理、表面物理、计量标准、光刻和医学等方面。

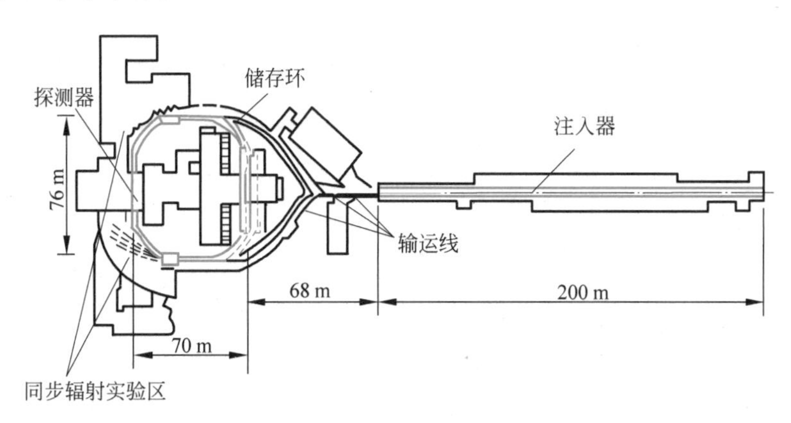

图A.5　BEPC的总体布局

图A.6　BEPC储存环的一角

为了更深入地研究粒子的结构和它们之间的相互作用，现在正在兴建、设计和研究能量更高的粒子加速器。例如，美国费米实验室的1 TeV(1 TeV=10^{12} eV)的质子加速器将改建升级为 2 TeV 的质子反质子对撞机。欧洲核子研究中心正在建造 14 TeV 的质子对撞机。2007 年初，据报道，美、日、德、中等国粒子物理学家拟议中的国际(正负电子)直线对撞机(IEC)的参考设计已完成。该对撞机将采用低温(−271℃)超导加速技术，建造在地下总长约 40 km 的隧道里，把正、负电子都加速到 0.25 TeV，使之相撞。每秒相撞 14 000 次，产生一系列新粒子。他们期望这些新粒子的产生与运动的研究能有助于对宇宙的起源、暗物质、暗能量以及空间和时间的基本性质的了解。我们期望这些新的高能加速器的建成，能使人们对自然界的认识更加深入。

第1篇 力学

力学是一门古老的学问，其渊源在西方可追溯到公元前4世纪古希腊学者柏拉图认为圆运动是天体的最完美的运动和亚里士多德关于力产生运动的说教，在中国可以追溯到公元前5世纪《墨经》中关于杠杆原理的论述。但力学(以及整个物理学)成为一门科学理论应该说是从17世纪伽利略论述惯性运动开始，继而牛顿提出了后来以他的名字命名的三个运动定律。现在以牛顿定律为基础的力学理论叫牛顿力学或经典力学。它曾经被尊为完美普遍的理论而兴盛了约300年。在20世纪初虽然发现了它的局限性，在高速领域为相对论所取代，在微观领域为量子力学所取代，但在一般的技术领域，包括机械制造、土木建筑，甚至航空航天技术中，经典力学仍保持着充沛的活力而处于基础理论的地位。它的这种实用性是我们要学习经典力学的一个重要原因。

由于经典力学是最早形成的物理理论，后来的许多理论，包括相对论和量子力学的形成都受到它的影响。后者的许多概念和思想都是经典力学概念和思想的发展或改造。经典力学在一定意义上是整个物理学的基础，这是我们要学习经典力学的另一个重要原因。

本篇第1章、第2章讲述质点力学基础，即牛顿三定律和直接利用它们对力学问题的动力学分析方法。第4章、第5章引入并着重阐明了动量、角动量和能量诸概念及相应的守恒定律及其应用。刚体的转动、振动和波动各章则是阐述前几章力学定律对于特殊系统的应用。狭义相对论的时空观已是当今物理学的基础概念，它和牛顿力学联系紧密。本篇第8章介绍狭义相对论的基本概念和原理。

量子力学是一门全新的理论，不可能归入经典力学，也就不包括在本篇内。尽管如此，在本篇适当的地方，还是插入了一些量子力学概念以便和经典概念加以比较。

经典力学一向被认为是决定论的，但是对很多非线性系统又是不可预测的。为了使同学们了解经典力学的这一新发展，本篇在“今日物理趣闻B 混沌——决定论的混乱”中简单介绍了这方面的基本知识。

第1章

质点运动学

经典力学是研究物体的机械运动的规律的。为了研究，首先描述。力学中描述物体运动的内容叫做**运动学**。实际的物体结构复杂，大小各异，为了从最简单的研究开始，引进**质点**模型，即以具有一定质量的点来代表物体。本章讲解质点运动学。相当一部分概念和公式在中学物理课程中已学习过了，本章将对它们进行更严格、更全面也更系统化的讲解。例如强调了参考系的概念，速度、加速度的定义都用了导数这一数学运算，还普遍加强了矢量概念。又例如圆周运动介绍了切向加速度和法向加速度两个分加速度。最后还介绍了同一物体运动的描述在不同参考系中的变换关系——伽利略变换。

1.1 参考系

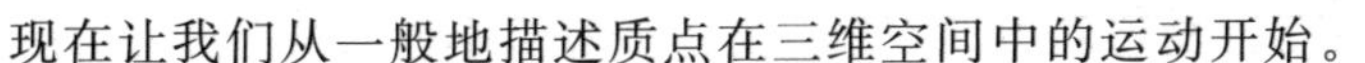

现在让我们从一般地描述质点在三维空间中的运动开始。

物体的机械运动是指它的位置随时间的改变。位置总是相对的，这就是说，任何物体的位置总是相对于其他物体或物体系来确定的。这个其他物体或物体系就叫做确定物体位置时用的**参考物**。例如，确定交通车辆的位置时，我们用固定在地面上的一些物体，如房子或路牌作参考物(图 1.1)。

经验告诉我们，相对于不同的参考物，同一物体的同一运动，会表现为不同的形式。例如，一个自由下落的石块的运动，站在地面上观察，即以地面为参考物，它是直线运动。如果在近旁驰过的车厢内观察，即以行进的车厢为参考物，则石块将作曲线运动。物体运动的形式随参考物的不同而不同，这个事实叫**运动的相对性**。由于运动的相对性，当我们描述一个物体的运动时，就必须指明是相对于什么参考物来说的。

确定了参考物之后，为了定量地说明一个质点相对于此参考物的空间位置，就在此参考物上建立固定的**坐标系**。最常用的坐标系是**笛卡儿直角坐标系**。这个坐标系以参考物上某一固定点为原点 O，从此原点沿 3 个相互垂直的方向引 3 条固定在参考物上的直线作为**坐标轴**，通常分别叫做 x,y,z 轴(图 1.2)。在这样的坐标系中，一个质点在任意时刻的空间位置，如 P 点，就可以用 3 个坐标值 (x,y,z) 来表示。

质点的运动就是它的位置随时间的变化。为了描述质点的运动，需要指出质点到达各个位置 (x,y,z) 的时刻 t。这时刻 t 是由在坐标系中各处配置的许多**同步的钟**(如图 1.2，在

图 1.1 汽车行进在“珠峰公路”上(新华社)。在路径已经确定的情况下,汽车的位置可由离一个指定的路牌的路径长度确定

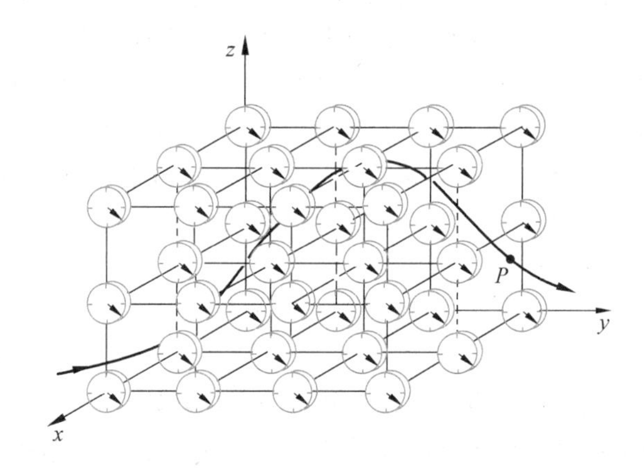

图 1.2 一个坐标系和一套同步的钟构成一个参考系

任意时刻这些钟的指示都一样)给出的①。质点在运动中到达各处时,都有近旁的钟给出它到达该处的时刻 t。这样,质点的运动,亦即它的位置随时间的变化,就可以完全确定地描述出来了。

一个固定在参考物上的坐标系和相应的一套同步的钟组成一个**参考系**。参考系通常以所用的参考物命名。例如,坐标轴固定在地面上(通常一个轴竖直向上)的参考系叫**地面参考系**(图 1.3 中 $O''x''y''z''$);坐标原点固定在地心而坐标轴指向空间固定方向(以恒星为基准)的参考系叫**地心参考系**(图 1.3 中 $O'x'y'z'$);原点固定在太阳中心而坐标轴指向空间固定方向(以恒星为基准)的参考系叫**太阳参考系**(图 1.3 中 $Oxyz$)。常用的固定在实验室的参考系叫**实验室参考系**。

① 此处说的“在坐标系中各处配置的许多同步的钟”是一种理论的设计,实际上当然办不到。实际上是用一个钟随同物体一起运动,由它指出物体到达各处的时刻。这只运动的钟事前已和静止在参考系中的一只钟对好,二者同步。这样前者给出的时刻就是本参考系给出的时刻。实际的例子是飞行员的手表就指示他到达空间各处的时刻,这和地面上控制室的钟给出的时刻是一样的。不过,这种实际操作在物体运动速度接近光速时将失效,在这种情况下运动的钟和静止的钟**不可能**同步,其原因参见 8.3 节。

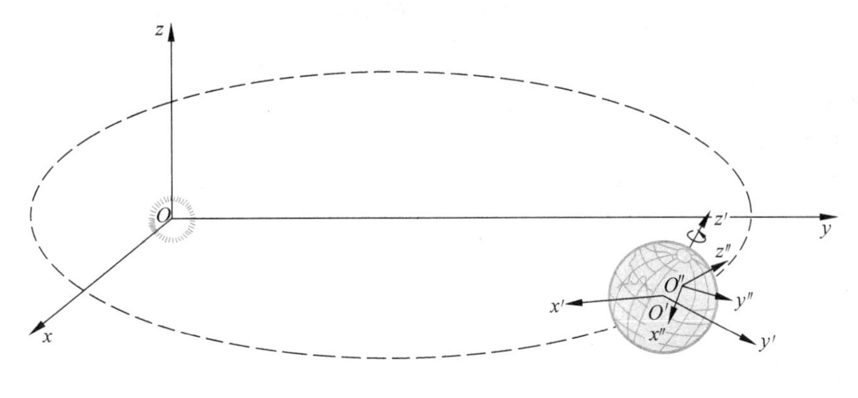

图 1.3 参考系示意图

质点位置的空间坐标值是沿着坐标轴方向从原点开始量起的长度。在**国际单位制 SI**(其单位也是我国的法定计量单位)中,长度的基本单位是米(符号是 m)。现在国际上采用的米是 1983 年规定的①:**1 m 是光在真空中在(1/299 792 458)s 内所经过的距离**。这一规定的基础是激光技术的完善和相对论理论的确立。表 1.1 列出了一些长度的实例。

表 1.1 长度实例 m

目前可观察到的宇宙的半径	约 1×10^{26}
银河系之间的距离	约 2×10^{22}
我们的银河系的直径	7.6×10^{20}
地球到最近的恒星(半人马座比邻星)的距离	4.0×10^{16}
光在一年内走的距离(1 l. y.)	0.95×10^{16}
地球到太阳的距离	1.5×10^{11}
地球的半径	6.4×10^{6}
珠穆朗玛峰的高度	8.9×10^{3}
人的身高	约 1.7
无线电广播电磁波波长	约 3×10^{2}
说话声波波长	约 4×10^{-1}
人的红细胞直径	7.5×10^{-6}
可见光波波长	约 6×10^{-7}
原子半径	约 1×10^{-10}
质子半径	1×10^{-15}
电子半径	$<1\times10^{-18}$
夸克半径	1×10^{-20}
"超弦"(理论假设)	1×10^{-35}

质点到达空间某一位置的**时刻**以从某一起始时刻到该时刻所经历的**时间**标记。时间在 SI 中是以秒(符号是 s)为基本单位计量的。以前曾规定平均太阳日的 1/86 400 是 1 s。现在 SI 规定:**1 s 是铯的一种同位素 ^{133}Cs 原子发出的一个特征频率的光波周期的 9 192 631 770 倍**。表 1.2 列出了一些时间的实例。

① 关于基本单位的规定,请参见:张钟华.基本物理常量与国际单位制基本单位的重新定义.物理通报,2006,2:7-10.

表 1.2 时间实例 s

宇宙的年龄	约 4×10^{17}
地球的年龄	1.2×10^{17}
万里长城的年龄	7×10^{10}
人的平均寿命	2.2×10^{9}
地球公转周期(1年)	3.2×10^{7}
地球自转周期(1日)	8.6×10^{4}
自由中子寿命	8.9×10^{2}
人的脉搏周期	约 0.9
说话声波的周期	约 1×10^{-3}
无线电广播电磁波周期	约 1×10^{-6}
π^+ 粒子的寿命	2.6×10^{-8}
可见光波的周期	约 2×10^{-15}
最短的粒子寿命	约 10^{-25}

在实际工作中,为了方便起见,常用基本单位的倍数或分数作单位来表示物理量的大小。这些单位叫**倍数单位**,它们的名称都是基本单位加上一个表示倍数或分数的词头构成。SI 词头如表 1.3 所示。

表 1.3 SI 词头

因数	词头名称		符号
	英文	中文	
10^{24}	yotta	尧[它]	Y
10^{21}	zetta	泽[它]	Z
10^{18}	exa	艾[可萨]	E
10^{15}	peta	拍[它]	P
10^{12}	tera	太[拉]	T
10^{9}	giga	吉[咖]	G
10^{6}	mega	兆	M
10^{3}	kilo	千	k
10^{2}	hecto	百	h
10^{1}	deca	十	da
10^{-1}	deci	分	d
10^{-2}	centi	厘	c
10^{-3}	milli	毫	m
10^{-6}	micro	微	μ
10^{-9}	nano	纳[诺]	n
10^{-12}	pico	皮[可]	p
10^{-15}	femto	飞[母托]	f
10^{-18}	atto	阿[托]	a
10^{-21}	zepto	仄[普托]	z
10^{-24}	yocto	幺[科托]	y

1.2 质点的位矢、位移和速度

选定了参考系，一个质点的运动，即它的位置随时间的变化，就可以用数学函数的形式表示出来了。作为时间 t 的函数的 3 个坐标值一般可以表示为

$$x = x(t), \quad y = y(t), \quad z = z(t) \tag{1.1}$$

这样的一组函数叫做质点的**运动函数**(有的书上叫做运动方程)。

质点的位置可以用**矢量**①的概念更简洁清楚地表示出来。为了表示质点在时刻 t 的位置 P，我们从原点向此点引一有向线段 OP，并记作矢量 $\boldsymbol{r}$(图 1.4)。$\boldsymbol{r}$ 的方向说明了 P 点相对于坐标轴的方位，$\boldsymbol{r}$ 的大小(即它的“模”)表明了原点到 P 点的距离。方位和距离都知道了，P 点的位置也就确定了。用来确定质点位置的这一矢量 $\boldsymbol{r}$ 叫做质点的**位置矢量**，简称**位矢**，也叫**径矢**。质点在运动时，它的位矢是随时间改变的，这一改变一般可以用函数

$$\boldsymbol{r} = \boldsymbol{r}(t) \tag{1.2}$$

来表示。上式就是质点的运动函数的矢量表示式。

(a)

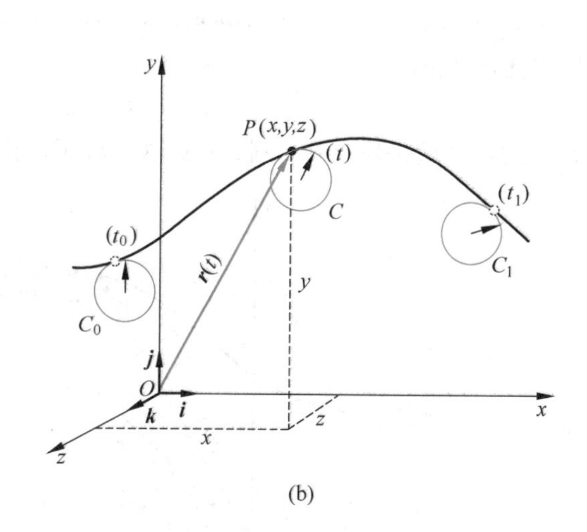

(b)

图 1.4 质点的运动

(a) 飞机穿透云层“实际的”质点运动；(b) 用位矢 $\boldsymbol{r}(t)$ 表示质点在时刻 t 的位置

---

① **矢量**是指有方向而且其求和(或合成)需用**平行四边形定则**进行的物理量。矢量符号通常用黑体字印刷并且用长度与矢量的大小成比例的箭矢代表。求 $\boldsymbol{A}$ 与 $\boldsymbol{B}$ 的和 $\boldsymbol{C}$ 时可用平行四边形定则(图 1.5(a))，也可用三角形定则(图 1.5(b)，$\boldsymbol{A}$ 与 $\boldsymbol{B}$ 首尾相接)。求 $\boldsymbol{A}-\boldsymbol{B}=\boldsymbol{D}$ 时，由于 $\boldsymbol{A}=\boldsymbol{B}+\boldsymbol{D}$，所以可按图 1.6 进行($\boldsymbol{A}$ 与 $\boldsymbol{B}$ 首首相连)。

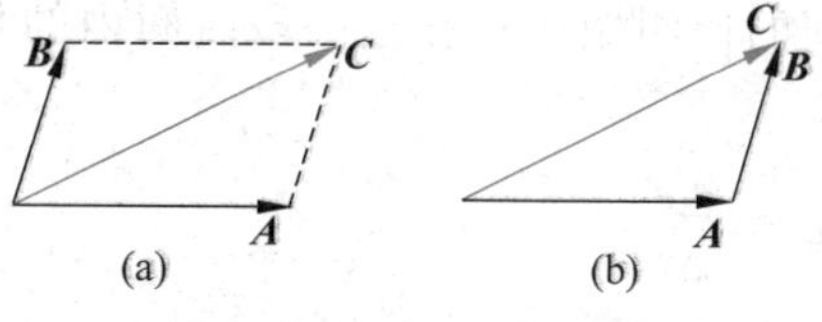

图 1.5 $\boldsymbol{A}+\boldsymbol{B}=\boldsymbol{C}$ 的图示

(a) 平行四边形定则；(b) 三角形定则

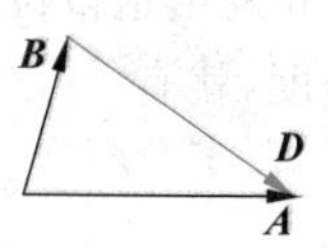

图 1.6 $\boldsymbol{A}-\boldsymbol{B}=\boldsymbol{D}$ 的图示

由于空间的几何性质,位置矢量总可以用它的沿3个坐标轴的分量之和表示。位置矢量 $\boldsymbol{r}$ 沿3个坐标轴的投影分别是坐标值 x,y,z。以 $\boldsymbol{i},\boldsymbol{j},\boldsymbol{k}$ 分别表示沿 x,y,z 轴正方向的**单位矢量**(即其大小是一个单位的矢量),则位矢 $\boldsymbol{r}$ 和它的3个分量的关系就可以用矢量合成公式

$$\boldsymbol{r} = x\boldsymbol{i} + y\boldsymbol{j} + z\boldsymbol{k} \tag{1.3}$$

表示。式中等号右侧各项分别是位矢 $\boldsymbol{r}$ 沿各坐标轴的分矢量,它们的大小分别等于各坐标值的大小,其方向是各坐标轴的正向或负向,取决于各坐标值的正或负。根据式(1.3),式(1.1)和式(1.2)表示的运动函数就有如下的关系:

$$\boldsymbol{r}(t) = x(t)\boldsymbol{i} + y(t)\boldsymbol{j} + z(t)\boldsymbol{k} \tag{1.4}$$

式(1.4)中各函数表示质点位置的各坐标值随时间的变化情况,可以看做是质点沿各坐标轴的**分运动**的表示式。质点的实际运动是由式(1.4)中3个函数的总体或式(1.2)表示的。式(1.4)表明,质点的实际运动是各分运动的**合运动**。

质点运动时所经过的路线叫做**轨道**,在一段时间内它沿轨道经过的距离叫做**路程**,在一段时间内它的位置的改变叫做它在这段时间内的**位移**。设质点在 t 和 $t+\Delta t$ 时刻分别通过 P 和 P_1 点(图1.7),其位矢分别是 $\boldsymbol{r}(t)$ 和 $\boldsymbol{r}(t+\Delta t)$,则由 P 引到 P_1 的矢量表示位矢的增量,即(对比图1.6)

$$\Delta\boldsymbol{r} = \boldsymbol{r}(t+\Delta t) - \boldsymbol{r}(t) \tag{1.5}$$

这一位矢的增量就是质点在 t 到 $t+\Delta t$ 这一段时间内的位移。

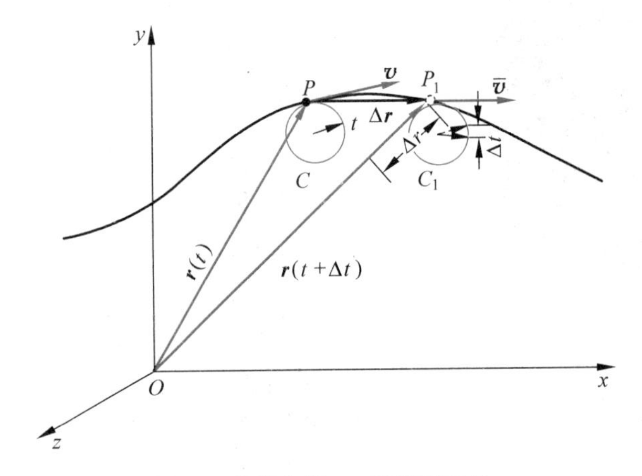

图1.7 位移矢量 $\Delta\boldsymbol{r}$ 和速度矢量 $\boldsymbol{v}$

应该注意的是,位移 $\Delta\boldsymbol{r}$ 是矢量,既有大小又有方向。其大小用图中 $\Delta\boldsymbol{r}$ 矢量的长度表示,记作 $|\Delta\boldsymbol{r}|$。这一数量不能简写为 Δr,因为 $\Delta r=r(t+\Delta t)-r(t)$,它是位矢的大小在 t 到 $t+\Delta t$ 这一段时间内的增量。一般地说,$|\Delta\boldsymbol{r}|\neq\Delta r$。

位移 $\Delta\boldsymbol{r}$ 和发生这段位移所经历的时间的比叫做质点在这一段时间内的**平均速度**。以 $\bar{\boldsymbol{v}}$ 表示平均速度,就有

$$\bar{\boldsymbol{v}} = \frac{\Delta\boldsymbol{r}}{\Delta t} \tag{1.6}$$

平均速度也是矢量,它的方向就是位移的方向(如图1.7所示)。

当 Δt 趋于零时,式(1.6)的极限,即质点位矢对时间的变化率,叫做质点在时刻 t 的**瞬**

时速度，简称**速度**。用 $\boldsymbol{v}$ 表示速度，就有

$$\boldsymbol{v} = \lim_{\Delta t \to 0} \frac{\Delta \boldsymbol{r}}{\Delta t} = \frac{\mathrm{d}\boldsymbol{r}}{\mathrm{d}t} \tag{1.7}$$

速度的方向，就是 Δt 趋于零时 $\Delta \boldsymbol{r}$ 的方向。如图 1.7 所示，当 Δt 趋于零时，P_1 点向 P 点趋近，而 $\Delta \boldsymbol{r}$ 的方向最后将与质点运动轨道在 P 点的切线一致。因此，质点在时刻 t 的速度的方向就是沿着该时刻质点所在处运动轨道的切线而指向运动的前方，如图 1.7 中 $\boldsymbol{v}$ 的方向。

速度的大小叫**速率**，以 v 表示，则有

$$v = |\boldsymbol{v}| = \left|\frac{\mathrm{d}\boldsymbol{r}}{\mathrm{d}t}\right| = \lim_{\Delta t \to 0} \frac{|\Delta \boldsymbol{r}|}{\Delta t} \tag{1.8}$$

用 Δs 表示在 Δt 时间内质点沿轨道所经过的路程。当 Δt 趋于零时，$|\Delta \boldsymbol{r}|$ 和 Δs 趋于相同，因此可以得到

$$v = \lim_{\Delta t \to 0} \frac{|\Delta \boldsymbol{r}|}{\Delta t} = \lim_{\Delta t \to 0} \frac{\Delta s}{\Delta t} = \frac{\mathrm{d}s}{\mathrm{d}t} \tag{1.9}$$

这就是说速率又等于质点所走过的路程对时间的变化率。

根据位移的大小 $|\Delta \boldsymbol{r}|$ 与 Δr 的区别可以知道，一般地，

$$v = \left|\frac{\mathrm{d}\boldsymbol{r}}{\mathrm{d}t}\right| \neq \frac{\mathrm{d}r}{\mathrm{d}t}$$

将式(1.3)代入式(1.7)，由于沿 3 个坐标轴的单位矢量都不随时间改变，所以有

$$\boldsymbol{v} = \frac{\mathrm{d}x}{\mathrm{d}t}\boldsymbol{i} + \frac{\mathrm{d}y}{\mathrm{d}t}\boldsymbol{j} + \frac{\mathrm{d}z}{\mathrm{d}t}\boldsymbol{k} = \boldsymbol{v}_x + \boldsymbol{v}_y + \boldsymbol{v}_z \tag{1.10}$$

等号右面 3 项分别表示沿 3 个坐标轴方向的**分速度**。速度沿 3 个坐标轴的分量 v_x, v_y, v_z 分别为

$$v_x = \frac{\mathrm{d}x}{\mathrm{d}t}, \quad v_y = \frac{\mathrm{d}y}{\mathrm{d}t}, \quad v_z = \frac{\mathrm{d}z}{\mathrm{d}t} \tag{1.11}$$

这些分量都是数量，可正可负。

式(1.10)表明：质点的速度 $\boldsymbol{v}$ 是各分速度的矢量和。这一关系是式(1.4)的直接结果，也是由空间的几何性质所决定的。

由于式(1.10)中各分速度相互垂直，所以速率

$$v = \sqrt{v_x^2 + v_y^2 + v_z^2} \tag{1.12}$$

速度的 SI 单位是 m/s。表 1.4 给出了一些实际的速率的数值。

表 1.4　某些速率　　m/s

光在真空中	3.0×10^8
北京正负电子对撞机中的电子	99.999 998%光速
类星体的退行(最快的)	2.7×10^8
太阳在银河系中绕银河系中心的运动	3.0×10^5
地球公转	3.0×10^4
人造地球卫星	7.9×10^3
现代歼击机	约 9×10^2
步枪子弹离开枪口时	约 7×10^2
由于地球自转在赤道上一点的速率	4.6×10^2

续表

空气分子热运动的平均速率(0℃)	4.5×10^2
空气中声速(0℃)	3.3×10^2
机动赛车(最大)	1.0×10^2
猎豹(最快动物)	2.8×10
人跑步百米世界纪录(最快时)	1.205×10
大陆板块移动	约 10^{-9}

1.3 加速度

当质点的运动速度随时间改变时，常常需要了解速度变化的情况。速度变化的情况用**加速度**表示。以 $\boldsymbol{v}(t)$ 和 $\boldsymbol{v}(t+\Delta t)$ 分别表示质点在时刻 t 和时刻 $t+\Delta t$ 的速度(图1.8)，则在这段时间内的**平均加速度** $\bar{\boldsymbol{a}}$ 由下式定义：

$$\bar{\boldsymbol{a}}=\frac{\boldsymbol{v}(t+\Delta t)-\boldsymbol{v}(t)}{\Delta t}=\frac{\Delta\boldsymbol{v}}{\Delta t} \tag{1.13}$$

当 Δt 趋于零时，此平均加速度的极限，即速度对时间的变化率，叫质点在时刻 t 的**瞬时加速度**，简称**加速度**。以 $\boldsymbol{a}$ 表示加速度，就有

$$\boldsymbol{a}=\lim_{\Delta t\to0}\frac{\Delta\boldsymbol{v}}{\Delta t}=\frac{\mathrm{d}\boldsymbol{v}}{\mathrm{d}t} \tag{1.14}$$

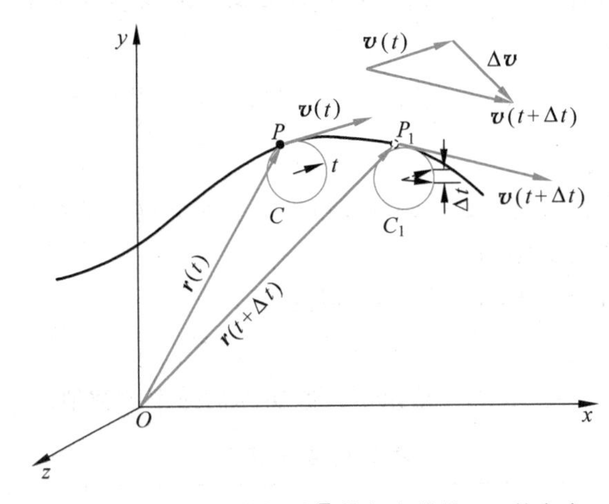

图1.8 平均加速度矢量 $\bar{\boldsymbol{a}}$ 的方向就是 $\Delta\boldsymbol{v}$ 的方向

应该明确的是，加速度也是矢量。由于它是速度对时间的变化率，所以不管是速度的大小发生变化，还是速度的方向发生变化，都有加速度。利用式(1.7)，还可得

$$\boldsymbol{a}=\frac{\mathrm{d}^2\boldsymbol{r}}{\mathrm{d}t^2} \tag{1.15}$$

将式(1.10)代入式(1.14)，可得加速度的分量表示式如下：

$$\boldsymbol{a}=\frac{\mathrm{d}v_x}{\mathrm{d}t}\boldsymbol{i}+\frac{\mathrm{d}v_y}{\mathrm{d}t}\boldsymbol{j}+\frac{\mathrm{d}v_z}{\mathrm{d}t}\boldsymbol{k}=\boldsymbol{a}_x+\boldsymbol{a}_y+\boldsymbol{a}_z \tag{1.16}$$

加速度沿3个坐标轴的分量分别是

$$\left.\begin{aligned} a_x &= \frac{\mathrm{d}v_x}{\mathrm{d}t} = \frac{\mathrm{d}^2 x}{\mathrm{d}t^2} \\ a_y &= \frac{\mathrm{d}v_y}{\mathrm{d}t} = \frac{\mathrm{d}^2 y}{\mathrm{d}t^2} \\ a_z &= \frac{\mathrm{d}v_z}{\mathrm{d}t} = \frac{\mathrm{d}^2 z}{\mathrm{d}t^2} \end{aligned}\right\} \tag{1.17}$$

这些分量和加速度的大小的关系是

$$a = \sqrt{a_x^2 + a_y^2 + a_z^2} \tag{1.18}$$

加速度的SI单位是$\mathrm{m/s^2}$。表1.5给出了一些实际的加速度的数值。

表1.5 某些加速度的数值 $\mathrm{m/s^2}$

超级离心机中粒子的加速度	3×10^6
步枪子弹在枪膛中的加速度	约5×10^5
使汽车撞坏(以27 m/s车速撞到墙上)的加速度	约1×10^3
使人发晕的加速度	约7×10
地球表面的重力加速度	9.8
汽车制动的加速度	约8
月球表面的重力加速度	1.7
由于地球自转在赤道上一点的加速度	3.4×10^{-2}
地球公转的加速度	6×10^{-3}
太阳绕银河系中心转动的加速度	约3×10^{-10}

例1.1

竖直向上发射的火箭(图1.9)点燃后,其上升高度z(原点在地面上,z轴竖直向上)和时间t的关系,在不太高的范围内为

$$z = ut\left[1 + \left(1 - \frac{M_0}{\alpha t}\right)\ln\frac{M_0}{M_0 - \alpha t}\right] - \frac{1}{2}gt^2$$

其中M_0为火箭发射前的质量,α为燃料的燃烧速率,u为燃料燃烧后喷出气体相对火箭的速率,g为重力加速度。

(1) 求火箭点燃后,它的速度和加速度随时间变化的关系;

(2) 已知$M_0=2.80\times10^6$ kg,$\alpha=1.20\times10^4$ kg/s,$u=2.90\times10^3$ m/s,g取9.80 $\mathrm{m/s^2}$。求火箭点燃后$t=120$ s时,火箭的高度、速度和加速度;

(3) 用(2)中的数据分别画出z-t,v-t和a-t曲线。

解 (1) 火箭的速度为

$$v = \frac{\mathrm{d}z}{\mathrm{d}t} = u\ln\frac{M_0}{M_0 - \alpha t} - gt$$

加速度为

$$a = \frac{\mathrm{d}v}{\mathrm{d}t} = \frac{\alpha u}{M_0 - \alpha t} - g$$

(2) 将已知数据代入相应公式,得到在$t=120$ s时,

$$M_0 - \alpha t = 2.80\times10^6\ \mathrm{kg} - 1.20\times10^4\ \mathrm{kg/s}\times120\ \mathrm{s} = 1.36\times10^6\ \mathrm{kg}$$

图1.9　2007年2月3日，在西昌卫星发射中心，“长征三号甲”运载火箭将第四颗北斗导航试验卫星送入太空

而火箭的高度为

$$z=2.90\times10^3\times120\times\ln(2.8\times10^6)\ \text{m}+\frac{2.9\times10^3}{1.20\times10^4}\Big\{1.36\times10^6[\ln(1.36\times10^6)-1]\ \text{m}-2.80\times10^6[\ln(2.80\times10^6)-1]\Big\}\text{m}-\frac{1}{2}\times9.80\times120^2\ \text{m}$$

$$=40\times10^4\ \text{m}=40\ \text{km}$$

为地球半径的0.6%。这时火箭的速度为

$$v=2.90\times10^3\times\ln\frac{2.80\times10^6}{1.36\times10^6}\ \text{m/s}-9.80\times120\ \text{m/s}=0.918\ \text{km/s}$$

方向向上，说明火箭仍在上升。火箭的加速度为

$$a=\frac{1.20\times10^4\times2.90\times10^3}{1.36\times10^6}\ \text{m/s}^2-9.80\ \text{m/s}^2=15.8\ \text{m/s}^2$$

方向向上，与速度同向，说明火箭仍在向上加速。

(3) 图1.10(a)，(b)和(c)中分别画出了 $z\text{-}t$，$v\text{-}t$ 和 $a\text{-}t$ 曲线。从数学上说，三者中，后者依次为前者的斜率。

例1.2

一质点在 xy 平面内运动，其运动函数为 $x=R\cos\omega t$ 和 $y=R\sin\omega t$，其中 R 和 ω 为正值常量。求质点的运动轨道以及任一时刻它的位矢、速度和加速度。

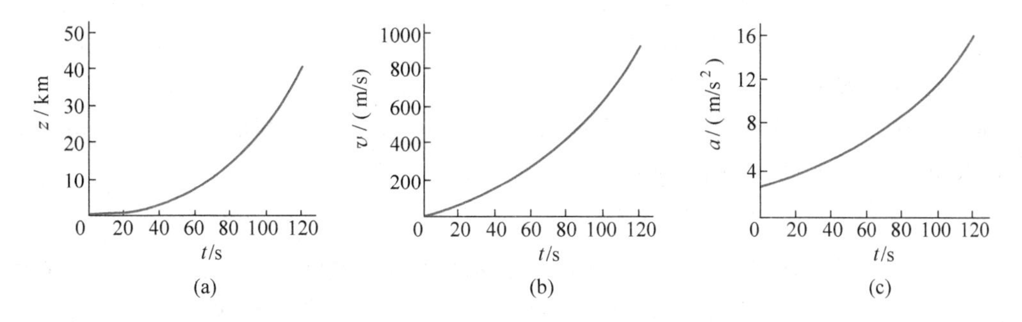

图 1.10 例 1.1 中火箭升空的高度 z、速率 v 和加速度 a 随时间 t 变化的曲线

解 对 x,y 两个函数分别取平方,然后相加,就可以消去 t 而得轨道方程

$$x^2 + y^2 = R^2$$

这是一个圆心在原点,半径为 R 的圆的方程(图 1.11)。它表明质点沿此圆周运动。

质点在任一时刻的位矢可表示为

$$\boldsymbol{r} = x\boldsymbol{i} + y\boldsymbol{j} = R\cos\omega t\boldsymbol{i} + R\sin\omega t\boldsymbol{j}$$

此位矢的大小为

$$r = \sqrt{x^2 + y^2} = R$$

以 θ 表示此位矢和 x 轴的夹角,则

$$\tan\theta = \frac{y}{x} = \frac{\sin\omega t}{\cos\omega t} = \tan\omega t$$

因而

$$\theta = \omega t$$

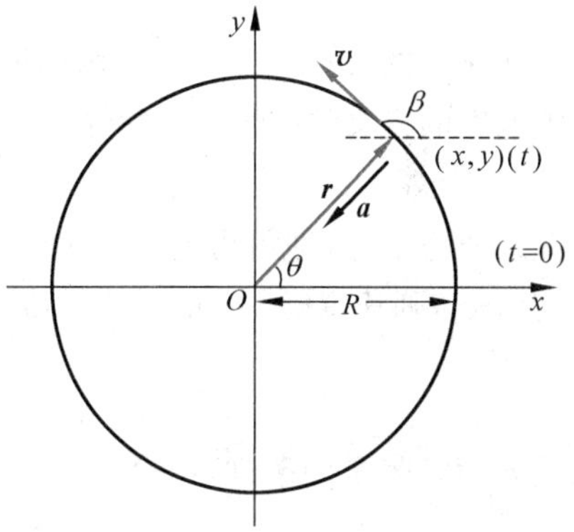

质点在任一时刻的速度可由位矢表示式求出,即

$$\boldsymbol{v} = \frac{\mathrm{d}\boldsymbol{r}}{\mathrm{d}t} = -R\omega\sin\omega t\boldsymbol{i} + R\omega\cos\omega t\boldsymbol{j}$$

图 1.11 例 1.2 用图

它沿两个坐标轴的分量分别为

$$v_x = -R\omega\sin\omega t,\quad v_y = R\omega\cos\omega t$$

速率为

$$v = \sqrt{v_x^2 + v_y^2} = R\omega$$

由于 v 是常量,表明质点作匀速圆周运动。

以 β 表示速度方向与 x 轴之间的夹角,则

$$\tan\beta = \frac{v_y}{v_x} = -\frac{\cos\omega t}{\sin\omega t} = -\cot\omega t$$

从而有

$$\beta = \omega t + \frac{\pi}{2} = \theta + \frac{\pi}{2}$$

这说明,速度在任何时刻总与位矢垂直,即沿着圆的切线方向。质点在任一时刻的加速度为

$$\boldsymbol{a} = \frac{\mathrm{d}\boldsymbol{v}}{\mathrm{d}t} = -R\omega^2\cos\omega t\boldsymbol{i} - R\omega^2\sin\omega t\boldsymbol{j}$$

而

$$a_x = -R\omega^2\cos\omega t,\quad a_y = -R\omega^2\sin\omega t$$

此加速度的大小为

$$a = \sqrt{a_x^2 + a_y^2} = R\omega^2$$

又由上面的位矢表示式还可得

$$\boldsymbol{a}=-\omega^2(R\cos\omega t\boldsymbol{i}+R\sin\omega t\boldsymbol{j})=-\omega^2\boldsymbol{r}$$

这一负号表示在任一时刻质点的加速度的方向总和位矢的方向相反，也就是说匀速率圆周运动的加速度总是沿着半径指向圆心的。

本题给出的 x,y 两个函数式，实际上表示的是沿 x 和 y 方向的两个简谐振动。本题的分析结果指出，这两个振动的合成是一个匀速圆周运动，它有一个向心加速度，其大小为 ω^2R。

由以上二例可以看出，如果知道了质点的运动函数，我们就可以根据速度和加速度的定义用求导数的方法求出质点在任何时刻(或经过任意位置时)的速度和加速度。然而，在许多实际问题中，往往可以先求质点的加速度，而且要求在此基础上求出质点在各时刻的速度和位置。求解这类问题需要用积分的方法，下面我们以匀加速运动为例来说明这种方法。

1.4　匀加速运动

加速度的大小和方向都不随时间改变，即加速度 $\boldsymbol{a}$ 为常矢量的运动，叫做**匀加速运动**。由加速度的定义 $\boldsymbol{a}=\mathrm{d}\boldsymbol{v}/\mathrm{d}t$，可得

$$\mathrm{d}\boldsymbol{v}=\boldsymbol{a}\mathrm{d}t$$

对此式两边积分，即可得出速度随时间变化的关系。设已知某一时刻的速度，例如 $t=0$ 时，速度为 $\boldsymbol{v}_0$，则任意时刻 t 的速度 $\boldsymbol{v}$，就可以由下式求出：

$$\int_{\boldsymbol{v}_0}^{\boldsymbol{v}}\mathrm{d}\boldsymbol{v}=\int_0^t\boldsymbol{a}\mathrm{d}t$$

利用 $\boldsymbol{a}$ 为常矢量的条件，可得

$$\boldsymbol{v}=\boldsymbol{v}_0+\boldsymbol{a}t \tag{1.19}$$

这就是匀加速运动的速度公式。

由于 $\boldsymbol{v}=\mathrm{d}\boldsymbol{r}/\mathrm{d}t$，所以有 $\mathrm{d}\boldsymbol{r}=\boldsymbol{v}\mathrm{d}t$，将式(1.19)代入此式，可得

$$\mathrm{d}\boldsymbol{r}=(\boldsymbol{v}_0+\boldsymbol{a}t)\mathrm{d}t$$

设某一时刻，例如 $t=0$ 时的位矢为 $\boldsymbol{r}_0$，则任意时刻 t 的位矢 $\boldsymbol{r}$ 就可通过对上式两边积分求得，即

$$\int_{\boldsymbol{r}_0}^{\boldsymbol{r}}\mathrm{d}\boldsymbol{r}=\int_0^t(\boldsymbol{v}_0+\boldsymbol{a}t)\mathrm{d}t$$

由此得

$$\boldsymbol{r}=\boldsymbol{r}_0+\boldsymbol{v}_0t+\frac{1}{2}\boldsymbol{a}t^2 \tag{1.20}$$

这就是匀加速运动的位矢公式。过程中对矢量的积分，可以理解为对其三个分量的积分的合写。只有当等式中的矢量是一次项时，才可以这样表示。

在实际问题中，常常利用式(1.19)和式(1.20)的分量式，它们是速度公式

$$\left.\begin{aligned}v_x&=v_{0x}+a_xt\\v_y&=v_{0y}+a_yt\\v_z&=v_{0z}+a_zt\end{aligned}\right\} \tag{1.21}$$

和位置公式

$$\left.\begin{aligned} x &= x_0 + v_{0x}t + \frac{1}{2}a_x t^2 \\ y &= y_0 + v_{0y}t + \frac{1}{2}a_y t^2 \\ z &= z_0 + v_{0z}t + \frac{1}{2}a_z t^2 \end{aligned}\right\} \tag{1.22}$$

这两组公式具体地说明了质点的匀加速运动沿 3 个坐标轴方向的分运动，质点的实际运动就是这 3 个分运动的合成。

以上各公式中的加速度和速度沿坐标轴的分量均可正可负，这要由各分矢量相对于坐标轴的正方向而定：相同为正，相反为负。

质点在时刻 $t=0$ 时的位矢 $\boldsymbol{r}_0$ 和速度 $\boldsymbol{v}_0$ 叫做运动的**初始条件**。由式(1.19)和式(1.20)可知，在已知加速度的情况下，给定了初始条件，就可以求出质点在任意时刻的位置和速度。这个结论在匀加速运动的诸公式中看得最明显。实际上它对质点的任意运动都是成立的。

如果质点沿一条直线作匀加速运动，就可以选它所沿的直线为 x 轴，而其运动就可以只用式(1.21)和式(1.22)的第一式加以描述。如果再取质点的初位置为原点，即取 $x_0=0$，则这些公式就是大家熟知的匀加速(或匀变速)直线运动的公式了。

最常见而且很重要的实际的匀加速运动是物体只在重力作用下的运动。这种运动的加速度的方向总竖直向下，其大小虽然随地点和高度略有不同(因而被近似地按匀加速运动处理)，但非常重要的是，实验证实，在同一地点的所有物体，不管它们的形状、大小和化学成分等有什么不同，它们的这一加速度都相同①。这一加速度就叫**重力加速度**，通常用 $\boldsymbol{g}$ 表示，在地面附近的重力加速度的值②大约是

$$g = 9.81 \text{ m/s}^2$$

初速是零的这种运动就是**自由落体运动**。以起点为原点，取 y 轴向下，则由式(1.21)和式(1.22)的第二式可得自由落体运动的公式如下：

$$\left.\begin{aligned} v &= gt \\ y &= \frac{1}{2}gt^2 \\ v^2 &= 2gy \end{aligned}\right\}$$

---

① 所有物体的自由落体加速度都一样，作为事实首先被伽利略在 17 世纪初期肯定下来。它的重要意义被爱因斯坦注意到，作为他在 1915 年提出的广义相对论的出发点。正是由于这个十分重要的意义，所以有许多人多次做实验来验证这一点。牛顿所做的各种物体自由落体加速度都相等的实验曾精确到 10^{-3} 量级。近代，这方面的实验精确到 10^{-10} 量级，在某些特殊情况下甚至精确到 10^{-12} 量级。

1999 年朱棣文小组用原子干涉仪成功地测量了重力加速度，利用自由下落的原子能够以与光学干涉仪相同的精度测出 g 的值，精度达 3×10^{-6}，从而证明了自由落体定律(即 g 值与落体质量无关)在量子尺度上成立。

② 测量地面上不同地点的 g 值通常是用单摆进行的。但近年来国际度量衡局采用了一种特别精确的方法。它是在一个真空容器中将一个特制的小抛体向上抛出，测量它上升一段给定的距离接着又回落到原处所经过的时间。由此距离和时间就可以算出 g 来。用光的干涉仪可以把测定距离的精度提高到 $\pm10^{-9}$ m。这样测定的 g 值可以准确到 $\pm3\times10^{-8}$ m/s^2(用低速原子构建的原子干涉仪甚至可以准确到 10^{-10} 数量级)。用这样精确的方法测量的结果发现 g 值随时间有微小的浮动，浮动值可以达到 4×10^{-7} m/s^2。这一浮动的原因目前还不清楚，大概和地球内部物质分布的改变有关(以上见 H. C. Ohanian, Physics, 2nd ed. W. W. Norton & Company, 1989, p41)。

例 1.3

在高出海面 30 m 的悬崖边上以 15 m/s 的初速竖直向上抛出一石子，如图 1.12 所示，设石子回落时不再碰到悬崖并忽略空气的阻力。求(1)石子能达到的最大高度；(2)石子从被抛出到回落触及海面所用的时间；(3)石子触及海面时的速度。

解　取通过抛出点的竖直线为 x 轴，向上为正，抛出点为原点(图 1.12)。石子抛出后作匀变速运动，就可以用式(1.21)($v_0=0$)～式(1.22)的 x 轴分量式求解。由于重力加速度和 x 轴方向相反，所以式(1.21)、式(1.22)中的 a 值应取 $-g$，而 $v_0=15$ m/s。

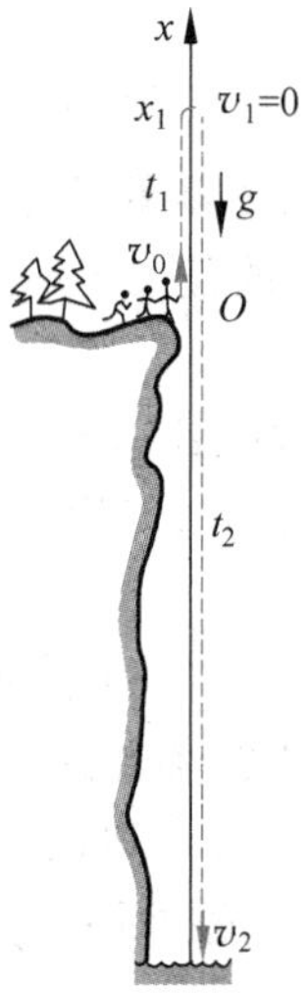

此题可分两阶段求解：石子上升阶段和回落阶段。

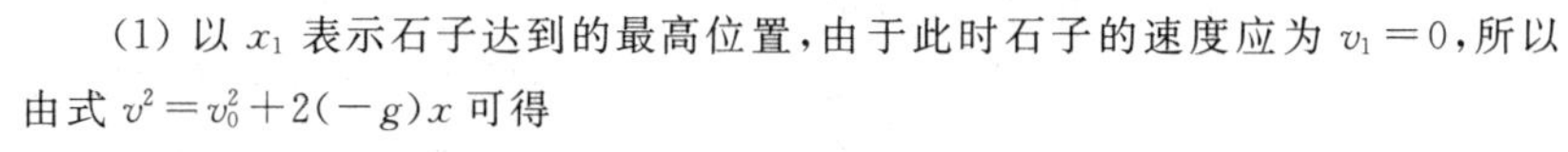

(1) 以 x_1 表示石子达到的最高位置，由于此时石子的速度应为 $v_1=0$，所以由式 $v^2=v_0^2+2(-g)x$ 可得

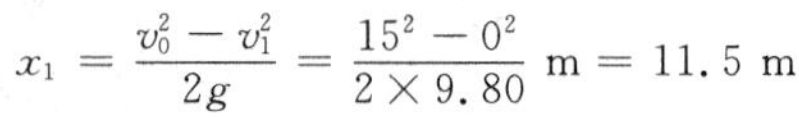

$$x_1=\frac{v_0^2-v_1^2}{2g}=\frac{15^2-0^2}{2\times9.80}\ \text{m}=11.5\ \text{m}$$

即石子最高可达到抛出点以上 11.5 m 处。

(2) 石子上升到最高点，根据式(1.21)($v=v_0+(-g)t$)可得所用时间 t_1 为

$$t_1=\frac{v_0-v_1}{g}=\frac{15-0}{9.80}\ \text{s}=1.53\ \text{s}$$

石子到达最高点时就要回落(为清晰起见，在图 1.12 中将石子回落路径和上升路径分开画了)，作初速度为零的自由落体运动，这时可利用自由落体运动公式，由于下落高度为 $h=11.5+30=41.5$ m，所以由式 $h=\frac{1}{2}gt^2$ 可得下落的时间为

$$t_2=\sqrt{2h/g}=\sqrt{2\times41.5/9.80}\ \text{s}=2.91\ \text{s}$$

于是，石子从抛出到触及海面所用的总时间就是

$$t=t_1+t_2=1.53\ \text{s}+2.91\ \text{s}=4.44\ \text{s}$$

图 1.12　悬崖上抛石

(3) 石子触及海面时的速度为

$$v_2=\sqrt{2gh}=\sqrt{2\times9.80\times41.5}\ \text{m/s}=28.5\ \text{m/s}$$

此题(2)、(3)两问也可以根据把上升下落作为一整体考虑，这时石子在抛出后经过时间 t 后触及海面的位置应为 $x=-30$ m，由式 $v^2=v_0^2+2(-g)x$ 可得石子触及海面时的速率为

$$v=\sqrt{v_0^2-2gx}=\sqrt{15^2-2\times9.80\times(-30)}=-28.5\ (\text{m/s})$$

此处开根号的结果取负值，是因为此时刻速度方向向下，与 x 轴正向相反。

根据式(1.22)$\left(x=v_0t+\frac{1}{2}(-g)t^2\right)$，代入 x，v_0 和 g 的值可得

$$-30=15t-4.9t^2$$

解此二次方程可得石子从抛出到触及海面所用总时间为 $t=4.44$ s(此方程另一解为 -1.38 s 对本题无意义，故舍去)。

1.5　抛体运动

从地面上某点向空中抛出一物体，它在空中的运动就叫**抛体运动**。物体被抛出后，忽略风的作用，它的运动轨道总是被限制在通过抛射点的由抛出速度方向和竖直方向所确定的平面内，因而，抛体运动一般是二维运动(见图 1.13)。

图 1.13 河北省曹妃甸沿海的吹沙船在吹沙造地，吹起的沙形成近似抛物线

（新华社记者杨世尧）

一个物体在空中运动时，在空气阻力可以忽略的情况下，它在各时刻的加速度都是重力加速度 $\boldsymbol{g}$。一般视 $\boldsymbol{g}$ 为常矢量。这种运动的速度和位置随时间的变化可以分别用式(1.21)的前两式和式(1.22)的前两式表示。描述这种运动时，可以选抛出点为坐标原点，而取水平方向和竖直向上的方向分别为 x 轴和 y 轴(图 1.14)。从抛出时刻开始计时，则 $t=0$ 时，物体的初始位置在原点，即 $\boldsymbol{r}_0=0$；以 $\boldsymbol{v}_0$ 表示物体的初速度，以 θ 表示抛射角(即初速度与 x 轴的夹角)，则 $\boldsymbol{v}_0$ 沿 x 轴和 y 轴上的分量分别是

$$v_{0x}=v_0\cos\theta,\quad v_{0y}=v_0\sin\theta$$

物体在空中的加速度为

$$a_x=0,\quad a_y=-g$$

其中负号表示加速度的方向与 y 轴的方向相反。利用这些条件，由式(1.21)可以得出物体在空中任意时刻的速度为

$$\left.\begin{aligned}v_x&=v_0\cos\theta\\v_y&=v_0\sin\theta-gt\end{aligned}\right\}\qquad(1.23)$$

由式(1.23)可以得出物体在空中任意时刻的位置为

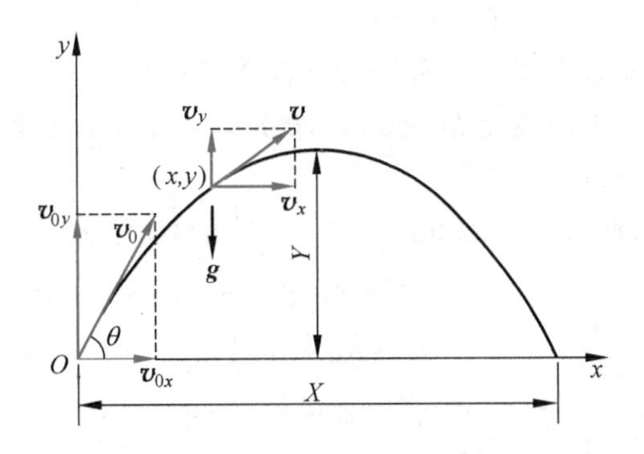

图 1.14 抛体运动分析

$$\left.\begin{aligned} x &= v_0 \cos\theta \cdot t \\ y &= v_0 \sin\theta \cdot t - \frac{1}{2}gt^2 \end{aligned}\right\} \qquad (1.24)$$

式(1.23)和式(1.24)也是大家在中学都已熟悉的公式。它们说明抛体运动是竖直方向的匀加速运动和水平方向的匀速运动的合成。由上两式可以求出(请读者自证)物体从抛出到回落到抛出点高度所用的时间 T 为

$$T = \frac{2v_0 \sin\theta}{g}$$

飞行中的最大高度(即高出抛出点的距离)Y 为

$$Y = \frac{v_0^2 \sin^2\theta}{2g}$$

飞行的射程(即回落到与抛出点的高度相同时所经过的水平距离)X 为

$$X = \frac{v_0^2 \sin 2\theta}{g}$$

由这一表示式还可以证明:当初速度大小相同时,在抛射角 θ 等于 45°的情况下射程最大。

在式(1.24)的两式中消去 t,可得抛体的轨道函数为

$$y = x\tan\theta - \frac{1}{2}\frac{gx^2}{v_0^2\cos^2\theta}$$

对于一定的 v_0 和 θ,这一函数表示一条通过原点的二次曲线。这曲线在数学上叫“抛物线”。

应该指出,以上关于抛体运动的公式,都是在忽略空气阻力的情况下得出的。只有在初速比较小的情况下,它们才比较符合实际。实际上子弹或炮弹在空中飞行的规律和上述公式是有很大差别的。例如,以 550 m/s 的初速沿 45°抛射角射出的子弹,按上述公式计算的射程在 30 000 m 以上。实际上,由于空气阻力,射程不过 8500 m,不到前者的 1/3。子弹或炮弹飞行的规律,在军事技术中由专门的弹道学进行研究。

空气对抛体运动的影响,不只限于减小射程。对于乒乓球、排球、足球等在空中的飞行,由于球的旋转,空气的作用还可能使它们的轨道发生侧向弯曲。

对于飞行高度与射程都很大的抛体,例如洲际弹道导弹,弹头在很大部分时间内都在大气层以外飞行,所受空气阻力是很小的。但是由于在这样大的范围内,重力加速度的大小和方向都有明显的变化,因而上述公式也都不能应用。

例 1.4

有一学生在体育馆阳台上以投射角 $\theta=30°$和速率 $v_0=20$ m/s 向台前操场投出一垒球。球离开手时距离操场水平面的高度 $h=10$ m。试问球投出后何时着地?在何处着地?着地时速度的大小和方向各如何?

解　以投出点为原点,建 x,y 坐标轴如图 1.15 所示。引用式(1.24),有

$$x = v_0 \cos\theta \cdot t$$

$$y = v_0 \sin\theta \cdot t - \frac{1}{2}gt^2$$

以(x,y)表示着地点坐标,则 $y=-h=-10$ m。将此值和 v_0,θ 值一并代入第二式得

$$-10 = 20 \times \frac{1}{2} \times t - \frac{1}{2} \times 9.8 \times t^2$$

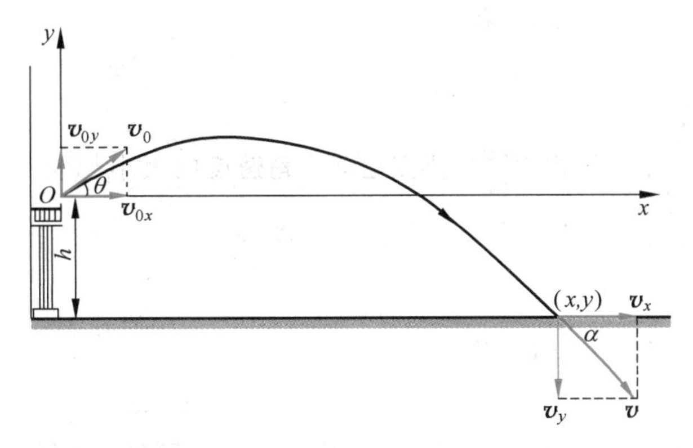

图 1.15 例 1.4 用图

解此方程，可得 $t=2.78$ s 和 -0.74 s。取正数解，即得球在出手后 2.78 s 着地。

着地点离投射点的水平距离为

$$x=v_0\cos\theta\cdot t=20\times\cos 30^\circ\times 2.78=48.1\ (\mathrm{m})$$

引用式(1.23)得

$$v_x=v_0\cos\theta=20\times\cos 30^\circ=17.3\ (\mathrm{m/s})$$

$$v_y=v_0\sin\theta-gt=20\sin 30^\circ-9.8\times 2.78=-17.2\ (\mathrm{m/s})$$

着地时速度的大小为

$$v=\sqrt{v_x^2+v_y^2}=\sqrt{17.3^2+17.2^2}=24.4\ (\mathrm{m/s})$$

此速度和水平面的夹角

$$\alpha=\arctan\frac{v_y}{v_x}=\arctan\frac{-17.2}{17.3}=-44.8^\circ$$

作为抛体运动的一个特例，令抛射角 $\theta=90^\circ$，我们就得到上抛运动。这是一个匀加速直线运动，它在任意时刻的速度和位置可以分别用式(1.23)中的第二式和式(1.24)中的第二式求得，于是有

$$v_y=v_0-gt \tag{1.25}$$

$$y=v_0t-\frac{1}{2}gt^2 \tag{1.26}$$

这也是大家所熟悉的公式。应该再次明确指出的是，v_y 和 y 的值都是代数值，可正可负。$v_y>0$ 表示该时刻物体正向上运动，$v_y<0$ 表示该时刻物体已回落并正向下运动。$y>0$ 表示该时刻物体的位置在抛出点之上，$y<0$ 表示物体的位置已回落到抛出点以下了。

1.6 圆周运动

质点沿圆周运动时，它的速率通常叫线速度。如以 s 表示从圆周上某点 A 量起的弧长(图 1.16)，则线速度 v 就可用式(1.9)表示为

$$v=\frac{\mathrm{d}s}{\mathrm{d}t}$$

以 θ 表示半径 R 从 OA 位置开始转过的角度，则 $s=R\theta$。将此关系代入上式，由于 R 是常

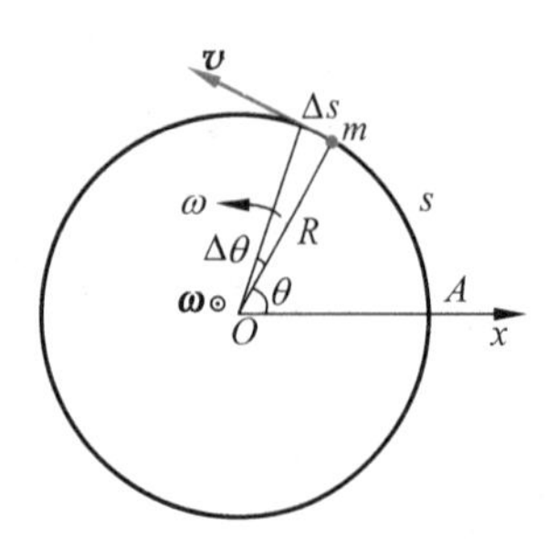

图 1.16　线速度与角速度

量，可得

$$v = R\frac{\mathrm{d}\theta}{\mathrm{d}t}$$

式中$\frac{\mathrm{d}\theta}{\mathrm{d}t}$是质点运动的**角速度**的大小①，它的 SI 单位是 rad/s 或 1/s。常以 ω 表示角速度，即

$$\omega = \frac{\mathrm{d}\theta}{\mathrm{d}t} \tag{1.27}$$

这样就有

$$v = R\omega \tag{1.28}$$

对于匀速率圆周运动，ω 和 v 均保持不变，因而其运动周期可求得为

$$T = \frac{2\pi}{\omega} \tag{1.29}$$

质点作圆周运动时，它的线速度可以随时间改变或不改变。但是由于其速度矢量的方向总是在改变着，所以总是有加速度。下面我们来求变速圆周运动的加速度。

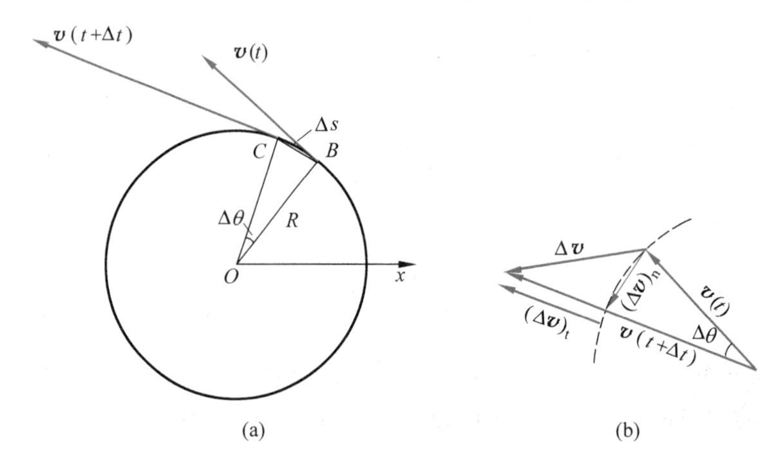

图 1.17　变速圆周运动的加速度

如图 1.17(a)所示，$\boldsymbol{v}(t)$和$\boldsymbol{v}(t+\Delta t)$分别表示质点沿圆周运动经过 B 点和 C 点时的速度矢量，由加速度的定义式(1.14)可得

$$\boldsymbol{a} = \lim_{\Delta t\to 0}\frac{\boldsymbol{v}(t+\Delta t)-\boldsymbol{v}(t)}{\Delta t} = \lim_{\Delta t\to 0}\frac{\Delta \boldsymbol{v}}{\Delta t}$$

$\Delta\boldsymbol{v}$ 如图 1.17(b)所示，在矢量 $\boldsymbol{v}(t+\Delta t)$上截取一段，使其长度等于 $v(t)$，作矢量$(\Delta\boldsymbol{v})_{\mathrm{n}}$ 和$(\Delta\boldsymbol{v})_{\mathrm{t}}$，就有

$$\Delta\boldsymbol{v} = (\Delta\boldsymbol{v})_{\mathrm{n}} + (\Delta\boldsymbol{v})_{\mathrm{t}}$$

因而 $\boldsymbol{a}$ 的表达式可写成

① 角速度也是一个矢量，它的方向沿转动的轴线，指向用右手螺旋法则判定：右手握住轴线，并让四指旋向转动方向，这时拇指沿轴线的指向即角速度的方向。例如，图 1.16 中的角速度的方向即垂直纸面指向读者。以 $\boldsymbol{\omega}$ 表示角速度矢量，以 $\boldsymbol{R}$ 表示径矢，则式(1.28)可写成矢积的形式，即

$$\boldsymbol{v} = \boldsymbol{\omega}\times\boldsymbol{R}$$

$$\boldsymbol{a} = \lim_{\Delta t \to 0} \frac{(\Delta \boldsymbol{v})_{\mathrm{n}}}{\Delta t} + \lim_{\Delta t \to 0} \frac{(\Delta \boldsymbol{v})_{\mathrm{t}}}{\Delta t} = \boldsymbol{a}_{\mathrm{n}} + \boldsymbol{a}_{\mathrm{t}} \tag{1.30}$$

其中

$$\boldsymbol{a}_{\mathrm{n}} = \lim_{\Delta t \to 0} \frac{(\Delta \boldsymbol{v})_{\mathrm{n}}}{\Delta t}, \quad \boldsymbol{a}_{\mathrm{t}} = \lim_{\Delta t \to 0} \frac{(\Delta \boldsymbol{v})_{\mathrm{t}}}{\Delta t}$$

这就是说，加速度 $\boldsymbol{a}$ 可以看成是两个分加速度的合成。

先求分加速度 $\boldsymbol{a}_{\mathrm{t}}$。由图 1.17(b)可知，$(\Delta \boldsymbol{v})_{\mathrm{t}}$ 的数值为

$$v(t + \Delta t) - v(t) = \Delta v$$

即等于速率的变化。于是 $\boldsymbol{a}_{\mathrm{t}}$ 的数值为

$$a_{\mathrm{t}} = \lim_{\Delta t \to 0} \frac{\Delta v}{\Delta t} = \frac{\mathrm{d}v}{\mathrm{d}t} \tag{1.31}$$

即等于速率的变化率。由于 $\Delta t \to 0$ 时，$(\Delta \boldsymbol{v})_{\mathrm{t}}$ 的方向趋于和 $\boldsymbol{v}$ 在同一直线上，因此 $\boldsymbol{a}_{\mathrm{t}}$ 的方向也沿着轨道的切线方向。这一分加速度就叫**切向加速度**。切向加速度表示质点速率变化的快慢。a_{t} 为一代数量，可正可负。$a_{\mathrm{t}} > 0$ 表示速率随时间增大，这时 $\boldsymbol{a}_{\mathrm{t}}$ 的方向与速度 $\boldsymbol{v}$ 的方向相同；$a_{\mathrm{t}} < 0$ 表示速率随时间减小，这时 $\boldsymbol{a}_{\mathrm{t}}$ 的方向与速度 $\boldsymbol{v}$ 的方向相反。

利用式(1.28)还可得到

$$a_{\mathrm{t}} = \frac{\mathrm{d}(R\omega)}{\mathrm{d}t} = R\frac{\mathrm{d}\omega}{\mathrm{d}t}$$

$\frac{\mathrm{d}\omega}{\mathrm{d}t}$表示质点运动角速度对时间的变化率，是**角加速度**的大小。它的 SI 单位是 $\mathrm{rad/s^2}$ 或 $1/\mathrm{s}^2$。以 α 表示角加速度，则有

$$a_{\mathrm{t}} = R\alpha \tag{1.32}$$

即切向加速度等于半径与角加速度的乘积。

下面再来求分加速度 $\boldsymbol{a}_{\mathrm{n}}$。比较图 1.17(a)和(b)中的两个相似的三角形可知

$$\frac{|(\Delta \boldsymbol{v})_{\mathrm{n}}|}{v} = \frac{\overline{BC}}{R}$$

即

$$|(\Delta \boldsymbol{v})_{\mathrm{n}}| = \frac{v\overline{BC}}{R}$$

式中$\overline{BC}$为弦的长度。当 $\Delta t \to 0$ 时，这一弦长趋近于和对应的弧长 Δs 相等。因此，$\boldsymbol{a}_{\mathrm{n}}$ 的大小为

$$a_{\mathrm{n}} = \lim_{\Delta t \to 0} \frac{|(\Delta \boldsymbol{v})_{\mathrm{n}}|}{\Delta t} = \lim_{\Delta t \to 0} \frac{v\Delta s}{R\Delta t} = \frac{v}{R} \lim_{\Delta t \to 0} \frac{\Delta s}{\Delta t}$$

由于

$$\lim_{\Delta t \to 0} \frac{\Delta s}{\Delta t} = v$$

可得

$$a_{\mathrm{n}} = \frac{v^2}{R} \tag{1.33}$$

利用式(1.28)，还可得

$$a_{\mathrm{n}} = \omega^2 R \tag{1.34}$$

至于 $\boldsymbol{a}_n$ 的方向，从图1.17(b)中可以看到，当 $\Delta t \to 0$ 时，$\Delta\theta \to 0$，而 $(\Delta \boldsymbol{v})_n$ 的方向趋向于垂直于速度 $\boldsymbol{v}$ 的方向而指向圆心。因此，$\boldsymbol{a}_n$ 的方向在任何时刻都垂直于圆的切线方向而沿着半径指向圆心。这个分加速度就叫**向心加速度**或**法向加速度**。法向加速度表示由于速度方向的改变而引起的速度的变化率。在圆周运动中，总有法向加速度。在直线运动中，由于速度方向不改变，所以 $a_n=0$。在这种情况下，也可以认为 $R\to\infty$，此时式(1.33)也给出 $a_n=0$。

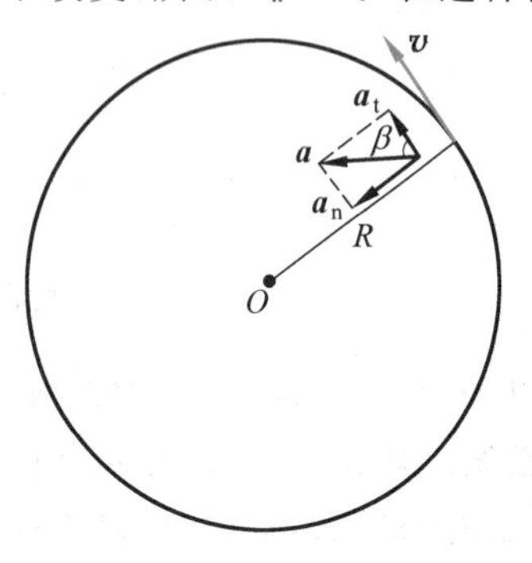

图1.18　加速度的方向

由于 $\boldsymbol{a}_n$ 总是与 $\boldsymbol{a}_t$ 垂直，所以圆周运动的总加速度的大小为

$$a=\sqrt{a_n^2+a_t^2} \tag{1.35}$$

以 β 表示加速度 $\boldsymbol{a}$ 与速度 $\boldsymbol{v}$ 之间的夹角(图1.18)，则

$$\beta=\arctan\frac{a_n}{a_t} \tag{1.36}$$

应该指出，以上关于加速度的讨论及结果，也适用于任何二维的(即平面上的)曲线运动。这时有关公式中的半径应是曲线上所涉及点处的**曲率半径**(即该点曲线的密接圆或曲率圆的半径)。还应该指出的是，曲线运动中加速度的大小

$$a=|\boldsymbol{a}|=\left|\frac{\mathrm{d}\boldsymbol{v}}{\mathrm{d}t}\right|\neq\frac{\mathrm{d}v}{\mathrm{d}t}=a_t$$

也就是说，曲线运动中加速度的大小并不等于速率对时间的变化率，这一变化率只是加速度的一个分量，即切向加速度。

例1.5

求地球的自转角速度。

解　若知道了地球的自转周期 T，就可以用式(1.29)进行计算。可以用 $T=1\ \mathrm{d}=8.640\times10^4\ \mathrm{s}$ 吗？不行。此处1 d是“平均太阳日”，即地球表面某点相继两次“日正午”时刻相隔的时间。计算地球自转周期应该用太阳参考系或恒星参考系。在这一参考系中地球自转一周的时间要比一平均太阳日短一些。如图1.19(没有按比例画图)所示，设 P 点是地球表面日正午的一点，地球自转一周后，由于它的公转，移到 E' 位置，而 P 点转到 P' 点，还未到达日正午的位置 P''。要到日正午的位置还需要继续转动一 θ 角。这一 θ 角可如下计算。一天要多转一个 θ 角，一年要多转 365θ 角。由于一年后地球又回到 E 处，P 点应该正好多转了 2π 角度。于是

$$\theta=\frac{2\pi}{365}=1.721\times10^{-2}\ (\mathrm{rad})①$$

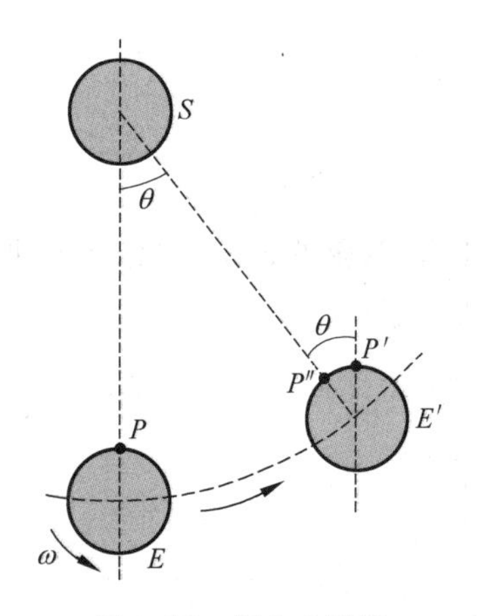

图1.19　例1.5用图

① 读者来信指出图1.19中位置 E' 并非地球日正午的位置。由于从位置 E' 到日正午的位置地球仍在公转，所以角 θ 应比图示的稍大，这是对的。经计算，θ 应该大 $\Delta\theta\approx5\times10^{-5}$ rad。这一修正不影响按本题精度给出的结果。

这样地球的自转周期应为

$$T=\frac{2\pi}{2\pi+\theta}\times 8.640\times 10^4=8.616\times 10^4\ (\text{s})$$

这一结果与实测相符。这一周期叫做**恒星日**。于是地球自转的角速度应为

$$\omega=\frac{2\pi}{T}=\frac{2\pi}{8.616\times 10^4}=7.292\times 10^{-5}\ (\text{rad/s})$$

例 1.6

吊扇转动。一吊扇翼片长 $R=0.50$ m，以 $n=180$ r/min 的转速转动(图 1.20)。关闭电源开关后，吊扇均匀减速，经 $t_A=1.50$ min 转动停止。

(1) 求吊扇翼尖原来的转动角速度 ω_0 与线速度 v_0；

(2) 求关闭电源开关后 $t=80$ s 时翼尖的角加速度 α、切向加速度 $\boldsymbol{a}_t$、法向加速度 $\boldsymbol{a}_n$ 和总加速度 $\boldsymbol{a}$。

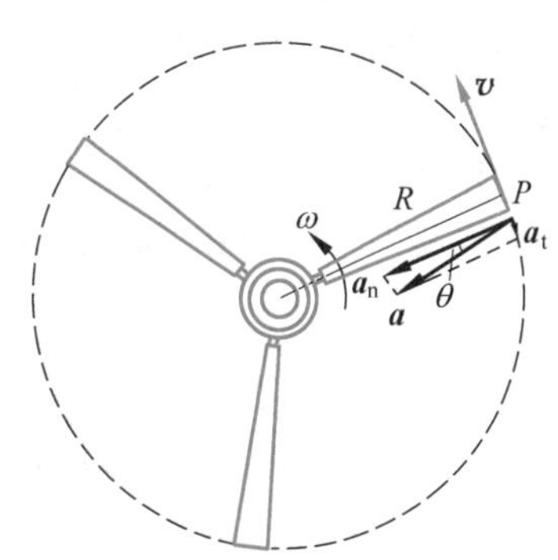

图 1.20 例 1.6 用图

解 (1) 吊扇翼尖 P 原来的转动角速度为

$$\omega_0=2\pi n=\frac{2\pi\times 180}{60}=18.8\ (\text{rad/s})$$

由式(1.28)可得原来的线速度

$$v_0=\omega_0 R=\frac{2\pi\times 180}{60}\times 0.50=9.42\ (\text{m/s})$$

(2) 由于均匀减速，翼尖的角加速度恒定，

$$\alpha=\frac{\omega_A-\omega_0}{t_A}=\frac{0-18.8}{90}=-0.209\ (\text{rad/s}^2)$$

由式(1.32)可知，翼尖的切向加速度也是恒定的，

$$a_t=\alpha R=-0.209\times 0.50=-0.105\ (\text{m/s}^2)$$

负号表示此切向加速度 $\boldsymbol{a}_t$ 的方向与速度 $\boldsymbol{v}$ 的方向相反，如图 1.20 所示。

为求法向加速度，先求 t 时刻的角速度 ω，即有

$$\omega=\omega_0+\alpha t=18.8-0.209\times 80=2.08\ (\text{rad/s})$$

由式(1.34)，可得 t 时刻翼尖的法向加速度为

$$a_n=\omega^2 R=2.08^2\times 0.50=2.16\ (\text{m}^2/\text{s})$$

方向指向吊扇中心。翼尖的总加速度的大小为

$$a=\sqrt{a_t^2+a_n^2}=\sqrt{0.105^2+2.16^2}=2.16\ (\text{m/s}^2)$$

此总加速度偏向翼尖运动的后方。以 θ 表示总加速度方向与半径的夹角(如图 1.20 所示)，则

$$\theta=\arctan\left|\frac{a_t}{a_n}\right|=\arctan\frac{0.105}{2.16}=2.78°$$

1.7 相对运动

研究力学问题时常常需要从不同的参考系来描述同一物体的运动。对于不同的参考系，同一质点的位移、速度和加速度都可能不同。图 1.21 中，xOy 表示固定在水平地面上的坐标系(以 E 代表此坐标系)，其 x 轴与一条平直马路平行。设有一辆平板车 V 沿马路行进，图中 $x'O'y'$ 表示固定在这个行进的平板车上的坐标系。在 Δt 时间内，车在地面上由 V_1

移到 V_2 位置,其位移为 $\Delta\boldsymbol{r}_{VE}$。设在同一 Δt 时间内,一个小球 S 在车内由 A 点移到 B 点,其位移为 $\Delta\boldsymbol{r}_{SV}$。在这同一时间内,在地面上观测,小球是从 A_0 点移到 B 点的,相应的位移是 $\Delta\boldsymbol{r}_{SE}$。(在这三个位移符号中,下标的前一字母表示运动的物体,后一字母表示参考系。)很明显,同一小球在同一时间内的位移,相对于地面和车这两个参考系来说,是不相同的。这两个位移和车厢对于地面的位移有下述关系:

$$\Delta\boldsymbol{r}_{SE} = \Delta\boldsymbol{r}_{SV} + \Delta\boldsymbol{r}_{VE} \tag{1.37}$$

以 Δt 除此式,并令 $\Delta t \to 0$,可以得到相应的速度之间的关系,即

$$\boldsymbol{v}_{SE} = \boldsymbol{v}_{SV} + \boldsymbol{v}_{VE} \tag{1.38}$$

以 $\boldsymbol{v}$ 表示质点相对于参考系 S(坐标系为 Oxy)的速度,以 $\boldsymbol{v}'$ 表示同一质点相对于参考系 S'(坐标系为 $O'x'y'$)的速度,以 $\boldsymbol{u}$ 表示参考系 S' 相对于参考系 S 平动的速度,则上式可以一般地表示为

$$\boldsymbol{v} = \boldsymbol{v}' + \boldsymbol{u} \tag{1.39}$$

同一质点相对于两个相对作平动的参考系的速度之间的这一关系叫做**伽利略速度变换**。

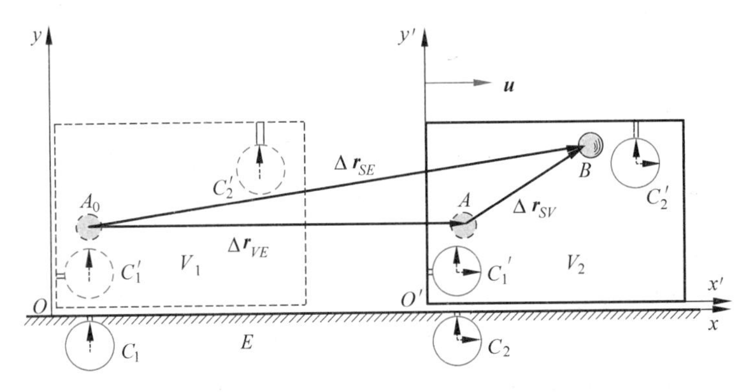

图 1.21 相对运动

要注意,速度的**合成**和速度的**变换**是两个不同的概念。速度的合成是指在同一参考系中一个质点的速度和它的各分速度的关系。相对于任何参考系,它都可以表示为矢量合成的形式,如式(1.10)。速度的变换涉及有相对运动的两个参考系,其公式的形式和相对速度的大小有关,而伽利略速度变换只适用于相对速度比真空中的光速小得多的情形。这是因为,一般人都认为,而牛顿力学也这样认为,距离和时间的测量是与参考系无关的。上面的推导正是根据这样的理解,即认为小球由 A 到 B 的同一段距离 $\Delta\boldsymbol{r}_{SV}$ 和同一段时间 Δt 在地面上和在车内测量的结果都是一样的。但是,实际上,这样的理解只是在两参考系的相对速度 u 很小时才正确。当 u 很大(接近光速)时,这种理解,连带式(1.39)就失效了。关于这一点在第 8 章中还要作详细的说明。

如果质点运动速度是随时间变化的,则求式(1.39)对 t 的导数,就可得到相应的加速度之间的关系。以 $\boldsymbol{a}$ 表示质点相对于参考系 S 的加速度,以 $\boldsymbol{a}'$ 表示质点相对于参考系 S' 的加速度,以 $\boldsymbol{a}_0$ 表示参考系 S' 相对于参考系 S 平动的加速度,仍用牛顿力学的时空概念,则由式(1.39)可得

$$\frac{\mathrm{d}\boldsymbol{v}}{\mathrm{d}t} = \frac{\mathrm{d}\boldsymbol{v}'}{\mathrm{d}t} + \frac{\mathrm{d}\boldsymbol{u}}{\mathrm{d}t}$$

即

$$\boldsymbol{a}=\boldsymbol{a}'+\boldsymbol{a}_0 \tag{1.40}$$

这就是同一质点相对于两个相对作平动的参考系的加速度之间的关系。

如果两个参考系相对作匀速直线运动，即 $\boldsymbol{u}$ 为常量，则

$$\boldsymbol{a}_0=\frac{\mathrm{d}\boldsymbol{u}}{\mathrm{d}t}=0$$

于是有

$$\boldsymbol{a}=\boldsymbol{a}'$$

这就是说，在相对作匀速直线运动的参考系中观察同一质点的运动时，所测得的加速度是相同的。

例 1.7

雨天一辆客车 V 在水平马路上以 20 m/s 的速度向东开行，雨滴 R 在空中以 10 m/s 的速度竖直下落。求雨滴相对于车厢的速度的大小与方向。

解 如图 1.22 所示，以 Oxy 表示地面(E)参考系，以 $O'x'y'$ 表示车厢参考系，则 $v_{VE}=20$ m/s，$v_{RE}=10$ m/s。以 v_{RV} 表示雨滴对车厢的速度，则根据伽利略速度变换 $\boldsymbol{v}_{RE}=\boldsymbol{v}_{RV}+\boldsymbol{v}_{VE}$，这三个速度的矢量关系如图 1.22 所示。由图形的几何关系可得雨滴对车厢的速度的大小为

$$v_{RV}=\sqrt{v_{RE}^2+v_{VE}^2}=\sqrt{10^2+20^2}=22.4\ (\mathrm{m/s})$$

这一速度的方向用它与竖直方向的夹角 θ 表示，则

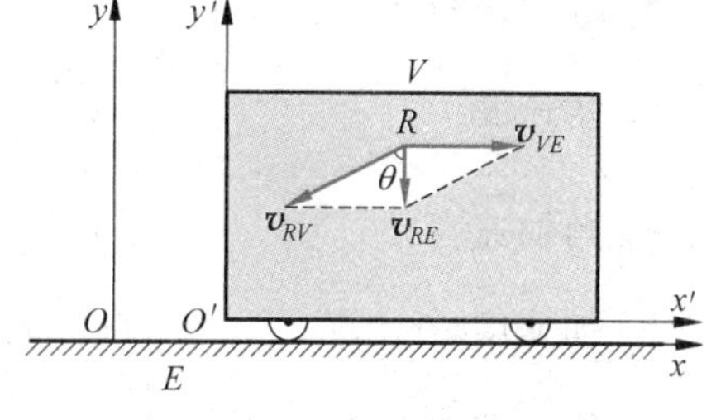

图 1.22 例 1.7 用图

$$\tan\theta=\frac{v_{VE}}{v_{RE}}=\frac{20}{10}=2$$

由此得

$$\theta=63.4°$$

即向下偏西 63.4°。

提要

1. **参考系**：描述物体运动时用做参考的其他物体和一套同步的钟。
2. **运动函数**：表示质点位置随时间变化的函数。

   位置矢量和运动合成 $\boldsymbol{r}=\boldsymbol{r}(t)=x(t)\boldsymbol{i}+y(t)\boldsymbol{j}+z(t)\boldsymbol{k}$

   位移矢量 $\Delta\boldsymbol{r}=\boldsymbol{r}(t+\Delta t)-\boldsymbol{r}(t)$

   一般地 $|\Delta\boldsymbol{r}|\neq\Delta r$
3. **速度和加速度**

$$\boldsymbol{v}=\frac{\mathrm{d}\boldsymbol{r}}{\mathrm{d}t},\quad \boldsymbol{a}=\frac{\mathrm{d}\boldsymbol{v}}{\mathrm{d}t}=\frac{\mathrm{d}^2\boldsymbol{r}}{\mathrm{d}t^2}$$

   速度合成 $\boldsymbol{v}=\boldsymbol{v}_x+\boldsymbol{v}_y+\boldsymbol{v}_z$

加速度合成 $\boldsymbol{a}=\boldsymbol{a}_x+\boldsymbol{a}_y+\boldsymbol{a}_z$

4. 匀加速运动

$\boldsymbol{a}$=常矢量 $\boldsymbol{v}=\boldsymbol{v}_0+\boldsymbol{a}t,\quad \boldsymbol{r}=\boldsymbol{r}_0+\boldsymbol{v}_0 t+\frac{1}{2}\boldsymbol{a}t^2$

初始条件 $\boldsymbol{r}_0, \boldsymbol{v}_0$

5. 匀加速直线运动：以质点所沿直线为 x 轴，且 $t=0$ 时，$x_0=0$。

$$v=v_0+at,\quad x=v_0 t+\frac{1}{2}at^2$$

$$v^2-v_0^2=2ax$$

6. 抛体运动：以抛出点为坐标原点。

$$a_x=0,\quad a_y=-g$$

$$v_x=v_0\cos\theta,\quad v_y=v_0\sin\theta-gt$$

$$x=v_0\cos\theta\cdot t,\quad y=v_0\sin\theta\cdot t-\frac{1}{2}gt^2$$

7. 圆周运动

角速度 $\omega=\frac{\mathrm{d}\theta}{\mathrm{d}t}=\frac{v}{R}$

角加速度 $\alpha=\frac{\mathrm{d}\omega}{\mathrm{d}t}$

加速度 $\boldsymbol{a}=\boldsymbol{a}_\mathrm{n}+\boldsymbol{a}_\mathrm{t}$

法向加速度 $a_\mathrm{n}=\frac{v^2}{R}=R\omega^2$，指向圆心

切向加速度 $a_\mathrm{t}=\frac{\mathrm{d}v}{\mathrm{d}t}=R\alpha$，沿切线方向

8. 伽利略速度变换：参考系 S' 以恒定速度沿参考系 S 的 x 轴方向运动。

$$\boldsymbol{v}=\boldsymbol{v}'+\boldsymbol{u}$$

此变换式只适用于 $\boldsymbol{u}$ 比光速甚小的情况。对相对作匀速直线运动的参考系，则由此变换式可得

$$\boldsymbol{a}=\boldsymbol{a}'$$

思考题

1.1 说明作平抛实验时小球的运动用什么参考系？说明湖面上游船运动用什么参考系？说明人造地球卫星的椭圆运动以及土星的椭圆运动又各用什么参考系？

1.2 回答下列问题：

(1) 位移和路程有何区别？

(2) 速度和速率有何区别？

(3) 瞬时速度和平均速度的区别和联系是什么？

1.3 回答下列问题并举出符合你的答案的实例：

(1) 物体能否有一不变的速率而仍有一变化的速度？

(2) 速度为零的时刻，加速度是否一定为零？加速度为零的时刻，速度是否一定为零？

(3) 物体的加速度不断减小，而速度却不断增大，这可能吗？

(4) 当物体具有大小、方向不变的加速度时，物体的速度方向能否改变？

1.4 圆周运动中质点的加速度是否一定和速度的方向垂直？如不一定，这加速度的方向在什么情况下偏向运动的前方？

1.5 任意平面曲线运动的加速度的方向总指向曲线凹进那一侧，为什么？

1.6 质点沿圆周运动，且速率随时间均匀增大，问 a_n，a_t，a 三者的大小是否都随时间改变？总加速度 $\boldsymbol{a}$ 与速度 $\boldsymbol{v}$ 之间的夹角如何随时间改变？

1.7 根据开普勒第一定律，行星轨道为椭圆(图 1.23)。已知任一时刻行星的加速度方向都指向椭圆的一个焦点(太阳所在处)。分析行星在通过图中 M，N 两位置时，它的速率分别应正在增大还是正在减小？

1.8 一斜抛物体的水平初速度是 v_{0x}，它的轨道的最高点处的曲率圆的半径是多大？

1.9 有人说，考虑到地球的运动，一幢楼房的运动速率在夜里比在白天大，这是对什么参考系说的(图 1.24)？

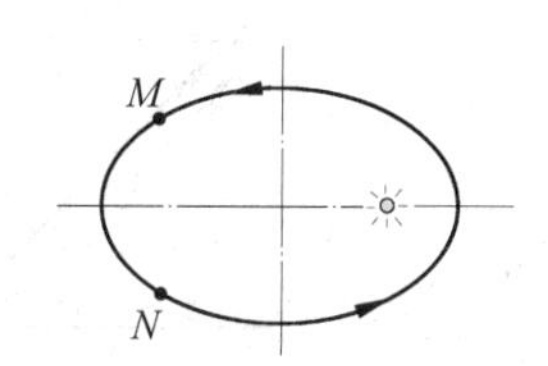

图 1.23 思考题 1.7 用图

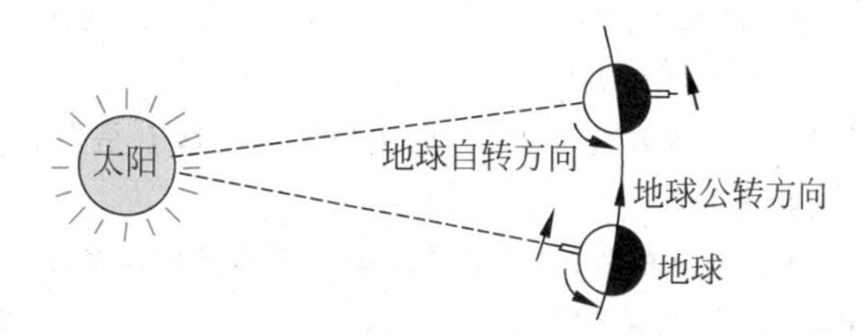

图 1.24 思考题 1.9 用图

1.10 自由落体从 $t=0$ 时刻开始下落。用公式 $h=gt^2/2$ 计算，它下落的距离达到 19.6 m 的时刻为 +2 s 和 −2 s。问 −2 s 有什么物理意义？该时刻物体的位置和速度各如何？

*1.11 如果使时间反演，即把时刻 t 用 $t'=-t$ 取代，质点的速度式(1.7)、加速度式(1.15)、运动学公式(以式(1.21)和式(1.22)的第二式为例)等将会有什么变化？电影中的武士一跃登上高墙的动作形象，是实拍的跳下的动作的录像倒放的结果，为什么看起来和“真正的”跃上动作一样？

习题

1.1 木星的一个卫星——木卫 1——上面的珞玑火山喷发出的岩块上升高度可达 200 km，这些石块的喷出速度是多大？已知木卫 1 上的重力加速度为 1.80 m/s^2，而且在木卫 1 上没有空气。

1.2 一种喷气推进的实验车，从静止开始可在 1.80 s 内加速到 1600 km/h 的速率。按匀加速运动计算，它的加速度是否超过了人可以忍受的加速度 $25g$？这 1.80 s 内该车跑了多大距离？

1.3 一辆卡车为了超车，以 90 km/h 的速度驶入左侧逆行道时，猛然发现前方 80 m 处一辆汽车正迎面驶来。假定该汽车以 65 km/h 的速度行驶，同时也发现了卡车超车。设两司机的反应时间都是 0.70 s (即司机发现险情到实际起动刹车所经过的时间)，他们刹车后的减速度都是 7.5 m/s^2，试问两车是否会相撞？如果相撞，相撞时卡车的速度多大？

1.4 跳伞运动员从 1200 m 高空下跳，起初不打开降落伞作加速运动。由于空气阻力的作用，会加速到一“终极速率”200 km/h 而开始匀速下降。下降到离地面 50 m 处时打开降落伞，很快速率会变为 18 km/h 而匀速下降着地。若起初加速运动阶段的平均加速度按 $g/2$ 计，此跳伞运动员在空中一共经历了多长时间？

1.5 由消防水龙带的喷嘴喷出的水的流量是 $q=280\ \mathrm{L/min}$，水的流速 $v=26\ \mathrm{m/s}$。若这喷嘴竖直向上喷射，水流上升的高度是多少？在任一瞬间空中有多少升水？

1.6 在以初速率 $v=15.0\ \mathrm{m/s}$ 竖直向上扔一块石头后，

(1) 在 $\Delta t_1=1.0\ \mathrm{s}$ 末又竖直向上扔出第二块石头，后者在 $h=11.0\ \mathrm{m}$ 高度处击中前者，求第二块石头扔出时的速率；

(2) 若在 $\Delta t_2=1.3\ \mathrm{s}$ 末竖直向上扔出第二块石头，它仍在 $h=11.0\ \mathrm{m}$ 高度处击中前者，求这一次第二块石头扔出时的速率。

1.7 一质点在 xy 平面上运动，运动函数为 $x=2t, y=4t^2-8$（采用国际单位制）。

(1) 求质点运动的轨道方程并画出轨道曲线；

(2) 求 $t_1=1\ \mathrm{s}$ 和 $t_2=2\ \mathrm{s}$ 时，质点的位置、速度和加速度。

1.8 男子排球的球网高度为 2.43 m。球网两侧的场地大小都是 9.0 m×9.0 m。一运动员采用跳发球姿势，其击球点高度为 3.5 m，离网的水平距离是 8.5 m。(1)球以多大速度沿水平方向被击出时，才能使球正好落在对方后方边线上？(2)球以此速度被击出后过网时超过网高多少？(3)这样，球落地时速率多大？（忽略空气阻力）

1.9 滑雪运动员离开水平滑雪道飞入空中时的速率 $v=110\ \mathrm{km/h}$，着陆的斜坡与水平面夹角 $\theta=45^\circ$（见图 1.25）。

(1) 计算滑雪运动员着陆时沿斜坡的位移 L 是多大？（忽略起飞点到斜面的距离。）

(2) 在实际的跳跃中，滑雪运动员所达到的距离 $L=165\ \mathrm{m}$，这个结果为什么与计算结果不符？

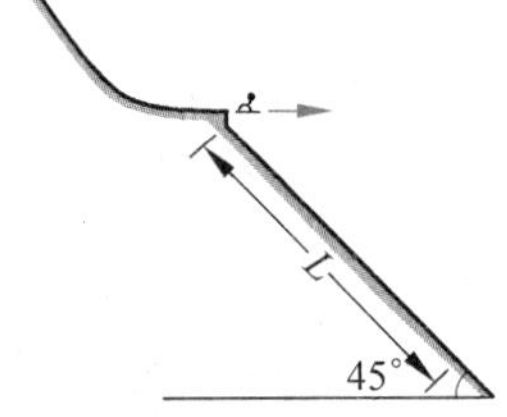

图 1.25 习题 1.9 用图

1.10 一个人扔石头的最大出手速率 $v=25\ \mathrm{m/s}$，他能把石头扔过与他的手水平距离 $L=50\ \mathrm{m}$，高 $h=13\ \mathrm{m}$ 的一座墙吗？在这个距离内他能把石头扔过墙的最大高度是多少？

1.11 为迎接香港回归，柯受良 1997 年 6 月 1 日驾车飞越黄河壶口（见图 1.26）。东岸跑道长 265 m，柯驾车从跑道东端起动，到达跑道终端时速度为 150 km/h，他随即以仰角 5°冲出，飞越跨度为 57 m，安全落到西岸木桥上。

(1) 按匀加速运动计算，柯在东岸驱车的加速度和时间各是多少？

(2) 柯跨越黄河用了多长时间？

(3) 若起飞点高出河面 10.0 m，柯驾车飞行的最高点离河面几米？

(4) 西岸木桥桥面和起飞点的高度差是多少？

图 1.26 习题 1.11 用图

1.12 山上和山下两炮各瞄准对方同时以相同初速各发射一枚炮弹(图 1.27),这两枚炮弹会不会在空中相碰?为什么?(忽略空气阻力)如果山高 $h=50$ m,两炮相隔的水平距离 $s=200$ m。要使这两枚炮弹在空中相碰,它们的速率至少应等于多少?

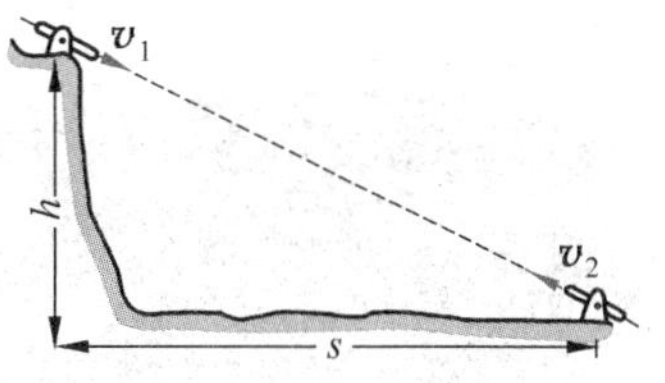

图 1.27 习题 1.12 用图

1.13 在生物物理实验中用来分离不同种类分子的超级离心机的转速是 6×10^4 r/min。在这种离心机的转子内,离轴 10 cm 远的一个大分子的向心加速度是重力加速度的几倍?

1.14 北京天安门所处纬度为 39.9°,求它随地球自转的速度和加速度的大小。

1.15 按玻尔模型,氢原子处于基态时,它的电子围绕原子核作圆周运动。电子的速率为 2.2×10^6 m/s,离核的距离为 0.53×10^{-10} m。求电子绕核运动的频率和向心加速度。

1.16 北京正负电子对撞机的储存环的周长为 240 m,电子要沿环以非常接近光速的速率运行。这些电子运动的向心加速度是重力加速度的几倍?

1.17 汽车在半径 $R=400$ m 的圆弧弯道上减速行驶。设在某一时刻,汽车的速率为 $v=10$ m/s,切向加速度的大小为 $a_t=0.20$ m/s^2。求汽车的法向加速度和总加速度的大小和方向?

*1.18 一张致密光盘(CD)音轨区域的内半径 $R_1=2.2$ cm,外半径 $R_2=5.6$ cm(图 1.28),径向音轨密度 $N=650$ 条/mm。在 CD 唱机内,光盘每转一圈,激光头沿径向向外移动一条音轨,激光束相对光盘是以 $v=1.3$ m/s 的恒定线速度运动的。

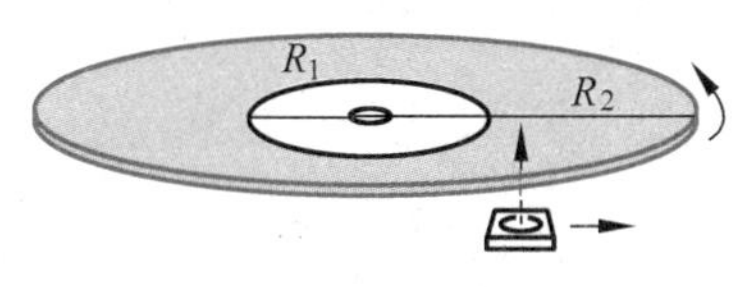

图 1.28 习题 1.18 用图

(1) 这张光盘的全部放音时间是多少?

(2) 激光束到达离盘心 $r=5.0$ cm 处时,光盘转动的角速度和角加速度各是多少?

1.19 一人自由泳时右手从前到后一次对身体划过的距离 $\Delta s_{hb}=1.20$ m,同时他的身体在泳道中前进了 $\Delta s_{bw}=0.9$ m 的距离。求同一时间他的右手在水中划过的距离 Δs_{hw}。手对水是向前还是向后划了?

1.20 当速率为 30 m/s 的西风正吹时,相对于地面,向东、向西和向北传播的声音的速率各是多大?已知声音在空气中传播的速率为 344 m/s。

1.21 一电梯以 1.2 m/s^2 的加速度下降,其中一乘客在电梯开始下降后 0.5 s 时用手在离电梯底板 1.5 m 高处释放一小球。求此小球落到底板上所需的时间和它对地面下落的距离。

1.22 一个人骑车以 18 km/h 的速率自东向西行进时,看见雨点垂直下落,当他的速率增至 36 km/h 时看见雨点与他前进的方向成 120°下落,求雨点对地的速度。

1.23 飞机 A 以 $v_A=1000$ km/h 的速率(相对地面)向南飞行,同时另一架飞机 B 以 $v_B=800$ km/h 的速率(相对地面)向东偏南 30°方向飞行。求 A 机相对于 B 机的速度与 B 机相对于 A 机的速度。

1.24 利用本书中数值表提供的有关数据计算图 1.24 中地球表面的大楼日夜相对于太阳参考系的速率之差。

1.25 1964 年曾有人做过这样的实验:测量从以 0.999 75c(c 为光在真空中的速率,$c=2.9979\times10^8$ m/s)的速率运动的 π^0 介子向正前方和正后方发出的光的速率,测量结果是二者都是 c。如果按伽利略变换公式计算,相对于 π^0 介子,它发出的向正前方和正后方的光的速率应各是多少?

1.26 曾有报道,当年美国曾用预警飞机帮助以色列的“爱国者”导弹系统防止伊拉克导弹袭击。一架预警飞机正在伊拉克上空的速率为 150 km/h 的西风中水平巡航,机头指向正北,相对于空气的航速为 750 km/h。飞机中雷达员发现一导弹正相对于飞机以向西偏南 19.5°的方向以 5750 km/h 的速率水平飞行。求该导弹相对于地面的速率和方向。(此等信号将发到美国本土情报中心,经分析后发给以色列有关机构,使“爱国者”导弹系统及时防御(图 1.29)。)

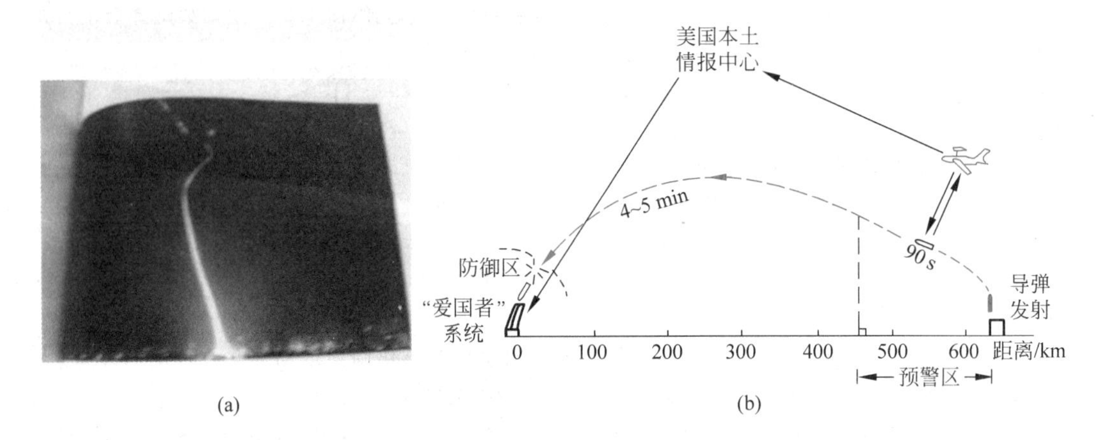

图 1.29　预警防御

(a)"爱国者"导弹防御发射；(b) 预警示意图，有预警报告时，"爱国者"系统有 4～5 min 的准备发射时间；无预警报告时，入射导弹进入防御区才能发现，已来不及回击

伽利略

第2章

运动与力

第1章讨论了质点运动学，即如何描述一个质点的运动。本章将讨论质点动力学，即要说明质点为什么，或者说，在什么条件下作这样那样的运动。动力学的基本定律是牛顿三定律。以这三定律为基础的力学体系叫**牛顿力学**或**经典力学**。本章所涉及的基本定律，包括牛顿三定律以及与之相联系的概念，如力、质量、动量等，大家在中学物理课程中都已学过，而且做过不少练习题。本章的任务是对它们加以复习并使之严格化、系统化。本章还特别指出了参考系的重要性。牛顿定律只在**惯性参考系**中成立，在非惯性参考系内形式上利用牛顿定律时，要引入惯性力的概念。本章接着用惯性力的理念讲解了科里奥利力和潮汐现象。

2.1 牛顿运动定律

牛顿在他1687年出版的名著《自然哲学的数学原理》一书中，提出了三条定律，这三条定律统称牛顿运动定律。它们是动力学的基础。牛顿所叙述的三条定律的中文译文如下：

第一定律　任何物体都保持静止的或沿一条直线作匀速运动的状态，除非作用在它上面的力迫使它改变这种状态。

第二定律　运动的变化与所加的动力成正比，并且发生在这力所沿的直线的方向上。

第三定律　对于每一个作用，总有一个相等的反作用与之相反；或者说，两个物体对各自对方的相互作用总是相等的，而且指向相反的方向。

这三条定律大家在中学已经相当熟悉了，下面对它们做一些解释和说明。

牛顿第一定律和两个力学基本概念相联系。一个是物体的**惯性**，它指物体本身要保持运动状态不变的性质，或者说是物体抵抗运动变化的性质。另一个是**力**，它指迫使一个物体运动状态改变，即，使该物体产生加速度的别的物体对它的作用。

由于运动只有相对于一定的参考系来说明才有意义，所以牛顿第一定律也定义了一种参考系。在这种参考系中观察，一个不受力作用的物体将保持静止或匀速直线运动状态不变。这样的参考系叫**惯性参考系**，简称惯性系。并非任何参考系都是惯性系。一个参考系是不是惯性系，要靠实验来判定。例如，实验指出，对一般力学现象来说，地面参考系是一个足够精确的惯性系。

牛顿第一定律只定性地指出了力和运动的关系。牛顿第二定律进一步给出了力和运动的定量关系。牛顿对他的叙述中的“运动”一词，定义为物体（应理解为质点）的质量和速度的乘积，现在把这一乘积称做物体的**动量**。以 $\boldsymbol{p}$ 表示质量为 m 的物体以速度 $\boldsymbol{v}$ 运动时的动量，则动量也是矢量，其定义式是

$$\boldsymbol{p} = m\boldsymbol{v} \tag{2.1}$$

根据牛顿在他的书中对其他问题的分析可以判断，在他的第二定律文字表述中的“变化”一词应该理解为“对时间的变化率”。因此牛顿第二定律用现代语言应表述为：**物体的动量对时间的变化率与所加的外力成正比，并且发生在这外力的方向上。**

以 $\boldsymbol{F}$ 表示作用在物体(质点)上的力，则第二定律用数学公式表达就是(各量要选取适当的单位，如SI单位)

$$\boldsymbol{F} = \frac{\mathrm{d}\boldsymbol{p}}{\mathrm{d}t} = \frac{\mathrm{d}(m\boldsymbol{v})}{\mathrm{d}t} \tag{2.2}$$

牛顿当时认为，一个物体的质量是一个与它的运动速度无关的常量。因而由式(2.2)可得

$$\boldsymbol{F} = m\frac{\mathrm{d}\boldsymbol{v}}{\mathrm{d}t}$$

由于 $\mathrm{d}\boldsymbol{v}/\mathrm{d}t = \boldsymbol{a}$ 是物体的加速度，所以有

$$\boldsymbol{F} = m\boldsymbol{a} \tag{2.3}$$

即物体所受的力等于它的质量和加速度的乘积。这一公式是大家早已熟知的牛顿第二定律公式，在牛顿力学中它和式(2.2)完全等效。但需要指出，式(2.2)应该看做是牛顿第二定律的基本的普遍形式。这一方面是因为在物理学中动量这个概念比速度、加速度等更为普遍和重要；另一方面还因为，现代实验已经证明，当物体速度达到接近光速时，其质量已经明显地和速度有关(见第8章)，因而式(2.3)不再适用，但是式(2.2)却被实验证明仍然是成立的。

根据式(2.3)可以比较物体的质量。用同样的外力作用在两个质量分别是 m_1 和 m_2 的物体上，以 a_1 和 a_2 分别表示它们由此产生的加速度的数值，则由式(2.3)可得

$$\frac{m_1}{m_2} = \frac{a_2}{a_1}$$

即在相同外力的作用下，物体的质量和加速度成反比，质量大的物体产生的加速度小。这意味着质量大的物体抵抗运动变化的性质强，也就是它的惯性大。因此可以说，质量是物体惯性大小的量度。正因为这样，式(2.2)和式(2.3)中的质量叫做物体的**惯性质量**。

质量的SI单位名称是千克，符号是kg。1 kg现在仍用保存在巴黎度量衡局的地窖中的“千克标准原器”的质量来规定。为了方便比较，许多国家都有它的精确的复制品。

表2.1列出了一些质量的实例，图2.1给出了日常生活中使用质量的一个例子。

表2.1 质量实例 kg

可观察到的宇宙	约 10^{53}	一个馒头	1×10^{-1}
我们的银河系	4×10^{41}	雨点	1×10^{-6}
太阳	2.0×10^{30}	尘粒	1×10^{-10}
地球	6.0×10^{24}	红细胞	9×10^{-14}
我国废污水年排放量(2004)	6.0×10^{13}	最小的病毒	4×10^{-21}
全世界 CO_2 年排放量(1995)	2.2×10^{13}	铂原子	4.0×10^{-26}
满载大油轮	2×10^{8}	质子(静止的)	1.7×10^{-27}
大宇宙飞船	1×10^{4}	电子(静止的)	9.1×10^{-31}
人	约 6×10	光子，中微子(静止的)	0

图 2.1 物理意义上的质量一词已进入日常生活。云南省的货车载物限额标示就是一例

有了加速度和质量的SI单位，就可以利用式(2.3)来规定力的SI单位了。使1 kg物体产生1 m/s^2 的加速度的力就规定为力的SI单位。它的名称是牛[顿]，符号是N，$1\ N=1\ kg\cdot m/s^2$。

式(2.2)和式(2.3)都是矢量式，实际应用时常用它们的分量式。在直角坐标系中，这些分量式是

$$F_x=\frac{dp_x}{dt},\quad F_y=\frac{dp_y}{dt},\quad F_z=\frac{dp_z}{dt} \tag{2.4}$$

或

$$F_x=ma_x,\quad F_y=ma_y,\quad F_z=ma_z \tag{2.5}$$

对于平面曲线运动，常用沿切向和法向的分量式，即

$$F_t=ma_t,\quad F_n=ma_n \tag{2.6}$$

式(2.2)～式(2.6)是对物体只受一个力的情况说的。当一个物体同时受到几个力的作用时，它们和物体的加速度有什么关系呢？式中 $\boldsymbol{F}$ 应是这些力的**合力**（或**净力**），即这些力的**矢量和**。这样，**这几个力的作用效果跟它们的合力的作用效果一样**。这一结论叫**力的叠加原理**。

关于牛顿第三定律，若以 $\boldsymbol{F}_{12}$ 表示第一个物体受第二个物体的作用力，以 $\boldsymbol{F}_{21}$ 表示第二个物体受第一个物体的作用力，则这一定律可用数学形式表示为

$$\boldsymbol{F}_{12}=-\boldsymbol{F}_{21} \tag{2.7}$$

应该十分明确，这两个力是分别作用在两个物体上的。牛顿力学还认为，这两个力总是同时作用而且是沿着一条直线的。可以用16个字概括第三定律的意义：作用力和反作用力是**同时存在，分别作用，方向相反，大小相等**。

最后应该指出，牛顿第二定律和第三定律只适用于惯性参考系，这一点2.5节还将做较详细的论述。

量纲

在SI中，长度、质量和时间称为**基本量**，速度、加速度、力等都可以由这些基本量根据一定的物理公式导出，因而称为**导出量**。

为了定性地表示导出量和基本量之间的联系，常不考虑数字因数而将一个导出量用若干基本量的乘方之积表示出来。这样的表示式称为该物理量的**量纲**(或量纲式)。以L，M，T分别表示基本量长度、质量

和时间的量纲，则速度、加速度、力和动量的量纲可以分别表示如下①：

$$[v]=\mathrm{LT}^{-1},\quad [a]=\mathrm{LT}^{-2}$$

$$[F]=\mathrm{MLT}^{-2},\quad [p]=\mathrm{MLT}^{-1}$$

式中各基本量的量纲的指数称为**量纲指数**。

量纲的概念在物理学中很重要。由于只有量纲相同的项才能进行加减或用等式连接，所以它的一个简单而重要的应用是检验文字结果的正误。例如，如果得出了一个结果是 $F=mv^2$，则左边的量纲为 MLT^{-2}，右边的量纲为 $\mathrm{ML}^2\mathrm{T}^{-2}$。由于两者不相符合，所以可以判定这一结果一定是错误的。在做题时对于每一个文字结果都应该这样检查一下量纲，以免出现原则性的错误。当然，只是量纲正确，并不能保证结果就一定正确，因为还可能出现数字系数的错误。

2.2　常见的几种力

要应用牛顿定律解决问题，首先必须能正确分析物体的受力情况。在中学物理课程中，大家已经熟悉了重力、弹性力、摩擦力等力。我们将在下面对它们作一简要的复习。此外，还要介绍两种常见的力：流体曳力和表面张力。

1. 重力

地球表面附近的物体都受到地球的吸引作用，这种由于地球吸引而使物体受到的力叫做**重力**。在重力作用下，任何物体产生的加速度都是重力加速度 $\boldsymbol{g}$。若以 $\boldsymbol{W}$ 表示物体受的重力，以 m 表示物体的质量，则根据牛顿第二定律就有

$$\boldsymbol{W}=m\boldsymbol{g} \tag{2.8}$$

即：重力的大小等于物体的质量和重力加速度大小的乘积，重力的方向和重力加速度的方向相同，即竖直向下。

2. 弹性力

发生形变的物体，由于要恢复原状，对与它接触的物体会产生力的作用，这种力叫**弹性力**。弹性力的表现形式有很多种。下面只讨论常见的三种表现形式。

互相压紧的两个物体在其接触面上都会产生对对方的弹性力作用。这种弹性力通常叫做**正压力**(或**支持力**)。它们的大小取决于相互压紧的程度，方向总是垂直于接触面而指向对方。

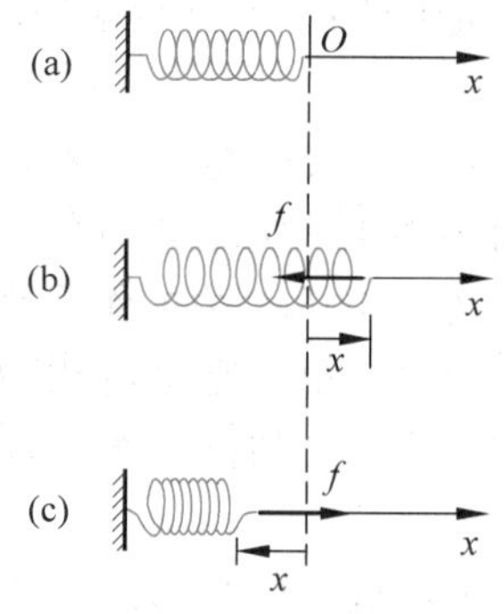

图 2.2　弹簧的弹力

(a) 弹簧自然伸长；(b) 弹簧被拉伸；(c) 弹簧被压缩

拉紧的绳或线对被拉的物体有**拉力**。它的大小取决于绳被拉紧的程度，方向总是沿着绳而指向绳要收缩的方向。拉紧的绳的各段之间也相互有拉力作用。这种拉力叫做**张力**，通常绳中张力也就等于该绳拉物体的力。

通常相互压紧的物体或拉紧的绳子的形变都很小，难以直接观察到，因而常常忽略。

当弹簧被拉伸或压缩时，它就会对联结体(以及弹簧的各段之间)有弹力的作用(图 2.2)。这种**弹簧的弹力**遵守**胡克定律**：在弹性限度内，弹力和形变成正比。以 f 表示弹力，以 x 表

① 按国家标准 GB 3101—93，物理量 Q 的量纲记为 $\mathrm{dim}Q$，本书考虑到国际物理学界沿用的习惯，记为$[Q]$。

示形变,即弹簧的长度相对于原长的变化,则根据胡克定律就有

$$f=-kx \tag{2.9}$$

式中 k 叫弹簧的**劲度系数**,决定于弹簧本身的结构。式中负号表示弹力的方向：当 x 为正,也就是弹簧被拉长时,f 为负,即与被拉长的方向相反;当 x 为负,也就是弹簧被压缩时,f 为正,即与被压缩的方向相反。总之,弹簧的弹力总是指向要恢复它原长的方向的。

3. 摩擦力

两个相互接触的物体(指固体)沿着接触面的方向有**相对滑动**时(图 2.3),在各自的接触面上都受到阻止相对滑动的力。这种力叫**滑动摩擦力**,它的方向总是与相对滑动的方向相反。实验证明当相对滑动的速度不是太大或太小时,滑动摩擦力 f_k 的大小和滑动速度无关而和正压力 N 成正比,即

$$f_k=\mu_k N \tag{2.10}$$

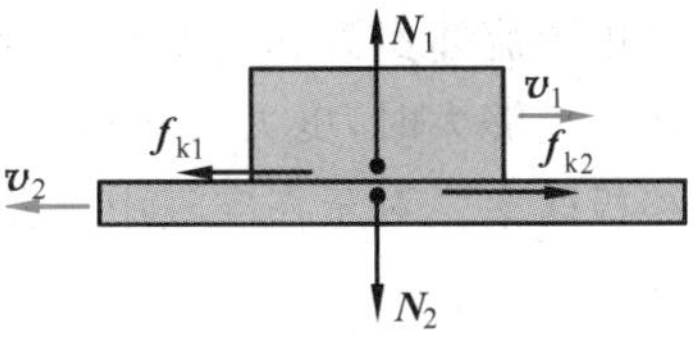

式中 μ_k 为**滑动摩擦系数**,它与接触面的材料和表面的状态(如光滑与否)有关。一些典型情况的 μ_k 的数值列在表 2.2 中,它们都只是粗略的数值。

图 2.3　滑动摩擦力

表 2.2　一些典型情况的摩擦系数

接触面材料	μ_k	μ_s
钢—钢(干净表面)	0.6	0.7
钢—钢(加润滑剂)	0.05	0.09
铜—钢	0.4	0.5
铜—铸铁	0.3	1.0
玻璃—玻璃	0.4	0.9～1.0
橡胶—水泥路面	0.8	1.0
特氟隆—特氟隆(聚四氟乙烯)	0.04	0.04
涂蜡木滑雪板—干雪面	0.04	0.04

当有接触面的两个物体相对静止但有相对滑动的趋势时,它们之间产生的阻碍相对滑动的摩擦力叫**静摩擦力**。静摩擦力的大小是可以改变的。例如人推木箱,推力不大时,木箱不动。木箱所受的静摩擦力 f_s 一定等于人的推力 f。当人的推力大到一定程度时,木箱就要被推动了。这说明静摩擦力有一定限度,叫做**最大静摩擦力**。实验证明,最大静摩擦力 $f_{s\max}$ 与两物体之间的正压力 N 成正比,即

$$f_{s\max}=\mu_s N \tag{2.11}$$

式中 μ_s 叫**静摩擦系数**,它也取决于接触面的材料与表面的状态。对同样的两个接触面,静摩擦系数 μ_s 总是大于滑动摩擦系数 μ_k。一些典型情况的静摩擦系数也列在表 2.2 中,它们也都只是粗略的数值。

4. 流体曳力

一个物体在流体(液体或气体)中和流体有相对运动时,物体会受到流体的阻力,这种阻力称为流体曳力。这曳力的方向和物体相对于流体的速度方向相反,其大小和相对速度的大小有关。在相对速率较小,流体可以从物体周围平顺地流过时,曳力 f_d 的大小和相对速

率 v 成正比，即

$$f_{\mathrm{d}} = kv \tag{2.12}$$

式中比例系数 k 决定于物体的大小和形状以及流体的性质(如黏性、密度等)。在相对速率较大以致在物体的后方出现流体旋涡时(一般情形多是这样)，曳力的大小将和相对速率的平方成正比。对于物体在空气中运动的情况，曳力的大小可以表示为

$$f_{\mathrm{d}} = \frac{1}{2}C\rho Av^2 \tag{2.13}$$

其中，ρ 是空气的密度；A 是物体的有效横截面积；C 为曳引系数，一般在 0.4～1.0(也随速率而变化)。相对速率很大时，曳力还会急剧增大。

由于流体曳力和速率有关，物体在流体中下落时的加速度将随速率的增大而减小，以致当速率足够大时，曳力会和重力平衡而物体将以匀速下落。物体在流体中下落的最大速率叫**终极速率**。对于在空气中下落的物体，当物体速度比较大时，利用式(2.13)可以求得终极速率为

$$v_{\mathrm{t}} = \sqrt{\frac{2mg}{C\rho A}} \tag{2.14}$$

其中 m 为下落物体的质量。

按上式计算，半径为 1.5 mm 的雨滴在空气中下落的终极速率为 7.4 m/s，大约在下落 10 m 时就会达到这个速率。跳伞者，由于伞的面积 A 较大，所以其终极速率也较小，通常为 5 m/s 左右，而且在伞张开后下降几米就会达到这一速率。

5. 表面张力

拿一根缝衣针放到一片薄绵纸上，小心地把它们平放到碗内的水面上。再小心地用细棍把已浸湿的纸按到水下面。你就会看到缝衣针漂在水面上(图 2.4)。这种漂浮并不是水对针的浮力(遵守阿基米德定律)作用的结果，针实际上是躺在已被它压陷了的水面上，是水面兜住了针使之静止的。这说明水面有一种绷紧的力，在水面凹陷处这种绷紧的力 F 抬起了缝衣针。寺庙里盛水的大水缸里常见到落到水底的许多硬币，这都是那些想使自己的硬币漂在水面上(而得到降福?)的游客操作不当的结果。有些昆虫能在水面上行走，也是靠了这种沿水面作用的绷紧的力(图 2.5)。

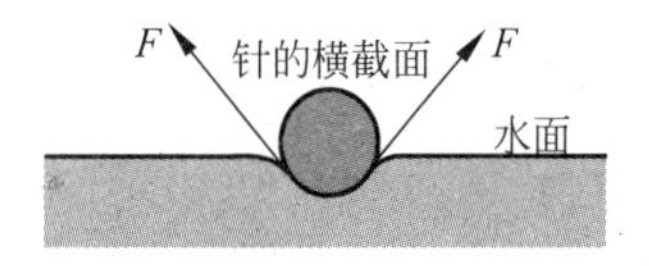

图 2.4　缝衣针漂在水面上

液体表面总处于一种绷紧的状态。这归因于液面各部分之间存在着相互拉紧的力。这种力叫**表面张力**。它的方向沿着液面(或其“切面”)并垂直于液面的边界线。它的大小和边界线的长度成正比。以 F 表示在长为 l 的边界线上作用的表面张力，则应有

$$F = \gamma l \tag{2.15}$$

式中 γ(N/m)叫做**表面张力系数**，它的大小由液体的种类及其温度决定。例如在 20℃时，乙醇的 γ 为 0.0223 N/m，水银的 γ 为 0.465 N/m，水的 γ 为 0.0728 N/m，肥皂液的 γ 约为 0.025 N/m 等。

表面张力系数 γ 可用下述方法粗略地测定。用金属细棍做一个一边可以滑动的矩形框(图 2.6)，将框没入液体。当向上缓慢把框提出时，框上就会蒙上一片液膜。这时拉动下侧可动框边再松手时，膜的面积将缩小，这就是膜的表面张力作用的表现。在这一可动框边上

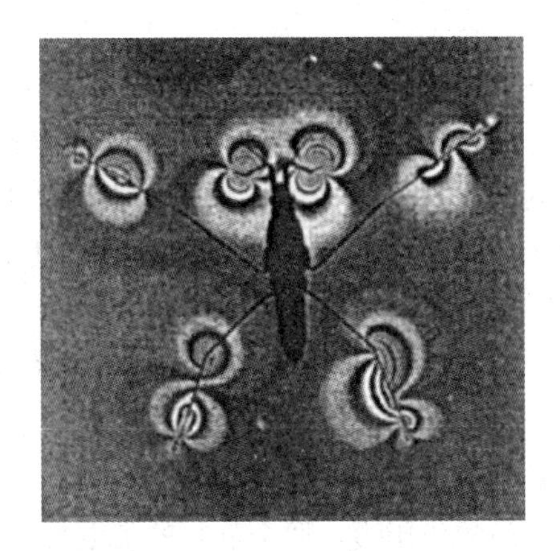

图 2.5　昆虫"水黾"(学名 *Hygrotrechus Conformis*)在水面上行走以及引起的水面波纹(R. L. Reese)

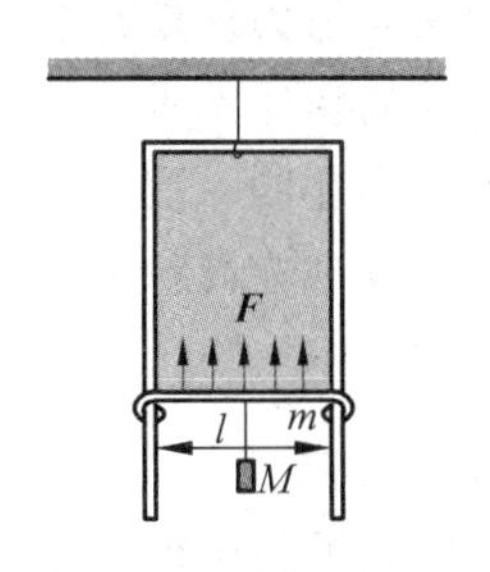

图 2.6　液膜的表面张力

挂上适当的砝码,则可以使这一边保持不动,这时应该有

$$F = (m + M)g \tag{2.16}$$

式中 m 和 M 分别表示可动框边和砝码的质量。由于膜有两个表面,所以其下方在两条边线上都有向上的表面张力。以 l 表示膜的宽度,则由式(2.15),在式(2.16)中应有 $F=2\gamma l$。代入式(2.16)可得

$$\gamma = (m + M)g/2l \tag{2.17}$$

一个液滴由于表面张力,其表面有收缩趋势,这就使得秋天的露珠,夏天荷叶上的小水珠以及肥皂泡都呈球形。

*2.3　基本的自然力

2.2 节介绍了几种力的特征,实际上,在日常生活和工程技术中,遇到的力还有很多种。例如皮球内空气对球胆的压力,江河海水对大船的浮力,胶水使两块木板固结在一起的黏结力,两个带电小球之间的吸力或斥力,两个磁铁之间的吸力或斥力等。除了这些宏观世界我们能观察到的力以外,在微观世界中也存在这样或那样的力,如分子或原子之间的引力或斥力,原子内的电子和核之间的引力,核内粒子和粒子之间的斥力和引力等。尽管力的种类看来如此复杂,但自然界中只存在 4 种基本的力(或称相互作用),其他的力都是这 4 种力的不同表现。这 4 种力是引力、电磁力、强力、弱力,下面分别简单介绍。

1. 引力(或万有引力)

引力指存在于任何两个物质质点之间的吸引力。它的规律首先由牛顿发现,称之为引力定律,这个定律说:**任何两个质点都互相吸引,这引力的大小与它们的质量的乘积成正比,和它们的距离的平方成反比**。用 m_1 和 m_2 分别表示两个质点的质量,以 r 表示它们的距离,则引力大小的数学表示式是

$$f = \frac{Gm_1m_2}{r^2} \tag{2.18}$$

式中,f 是两个质点的相互吸引力;G 是一个比例系数,叫**引力常量**,在国际单位制中它的

值为

$$G=6.67\times10^{-11}\ \mathrm{N\cdot m^2/kg^2} \tag{2.19}$$

式(2.18)中的质量反映了物体的引力性质,是物体与其他物体相互吸引的性质的量度,因此又叫**引力质量**。它和反映物体抵抗运动变化这一性质的惯性质量在意义上是不同的。但是任何物体的重力加速度都相等的实验表明,同一个物体的这两个质量是相等的,因此可以说它们是同一质量的两种表现,也就不必加以区分了。

根据现在尚待证实的物理理论,物体间的引力是以一种叫做"引力子"的粒子作为传递媒介的。

2. 电磁力

电磁力指带电的粒子或带电的宏观物体间的作用力。两个静止的带电粒子之间的作用力由一个类似于引力定律的库仑定律支配着。库仑定律说,两个静止的点电荷相斥或相吸,这斥力或吸力的大小 f 与两个点电荷的电量 q_1 和 q_2 的乘积成正比,而与两电荷的距离 r 的平方成反比,写成公式

$$f=\frac{kq_1q_2}{r^2} \tag{2.20}$$

式中比例系数 k 在国际单位制中的值为

$$k=9\times10^9\ \mathrm{N\cdot m^2\cdot C^{-2}}$$

这种力比万有引力要大得多。例如两个相距 1 fm(1 fm$=1\times10^{-15}$ m)的质子之间的电力按上式计算可以达到 10^2 N,是它们之间的万有引力(10^{-34} N)的 10^{36} 倍。

运动的电荷相互间除了有电力作用外,还有磁力相互作用。磁力实际上是电力的一种表现,或者说,磁力和电力具有同一本源。(关于这一点,第3篇电磁学有较详细的讨论。)因此**电力和磁力统称电磁力**。

电荷之间的电磁力是以**光子**作为传递媒介的。

由于分子或原子都是由电荷组成的系统,所以它们之间的作用力就是电磁力。中性分子或原子间也有相互作用力,这是因为虽然每个中性分子或原子的正负电荷数值相等,但在它们内部正负电荷有一定的分布,对外部电荷的作用并没有完全抵消,所以仍显示出有电磁力的作用。中性分子或原子间的电磁力可以说是一种残余电磁力。2.2节提到的相互接触的物体之间的弹力、摩擦力、流体阻力、表面张力以及气体压力、浮力、黏结力等都是相互靠近的原子或分子之间的作用力的宏观表现,因而从根本上说也是电磁力。

3. 强力

我们知道,在绝大多数原子核内有不止一个质子。质子之间的电磁力是排斥力,但事实上核的各部分并没有自动飞离,这说明在质子之间还存在一种比电磁力还要强的自然力,正是这种力把原子核内的质子以及中子紧紧地束缚在一起。这种存在于质子、中子、介子等强子之间的作用力称做**强力**,它本质上是夸克所带的"色荷"之间的作用力——色力——的表现。色力是以**胶子**作为传递媒介的。两个相距 1 fm 的质子之间的强力可以达到 10^4 N。强力的力程,即作用可及的范围非常短。强子之间的距离超过约 10^{-15} m 时,强力就变得很小而可以忽略不计;小于 10^{-15} m 时,强力占主要的支配地位,而且直到距离减小到大约 0.4×10^{-15} m 时,它都表现为吸引力,距离再减小,则强力就表现为斥力。

4. 弱力

弱力也是各种粒子之间的一种相互作用，但仅在粒子间的某些反应(如 β 衰变)中才显示出它的重要性。弱力是以 W^+，W^-，Z^0 等叫做**中间玻色子**的粒子作为传递媒介的。它的力程比强力还要短，而且力很弱。两个相距 1 fm 的质子之间的弱力大约仅有 10^{-2} N。

表 2.3 中列出了 4 种基本力的特征，其中力的强度是指两个质子中心的距离等于 1 fm 时的相互作用力。

表 2.3 4 种基本自然力的特征

力的种类	相互作用的物体	力的强度	力　程
万有引力	一切质点	10^{-34} N	无限远
弱力	大多数粒子	10^{-2} N	小于 10^{-17} m
电磁力	电荷	10^2 N	无限远
强力	核子、介子等	10^4 N	10^{-15} m

从复杂纷纭、多种多样的力中，人们认识到基本的自然力只有 4 种，这是 20 世纪 30 年代物理学取得的很大成就。此后，人们就企图发现这 4 种力之间的联系。爱因斯坦就曾企图把万有引力和电磁力统一起来，但没有成功。20 世纪 60 年代，温伯格和萨拉姆在杨振宁等提出的理论基础上，提出了一个把电磁力和弱力统一起来的理论——电弱统一理论。这种理论指出在更高的对称性下，电磁相互作用和弱相互作用本是同一性质的相互作用，称做**电弱相互作用**。在低于 250 GeV 的能量范围内，由于“对称性的自发破缺”，统一的电弱相互作用分解成了性质极不相同的电磁相互作用和弱相互作用。这种理论已在 20 世纪 70 年代和 80 年代初期被实验证实了。电弱统一理论的成功使人类在对自然界的统一性的认识上又前进了一大步。现在，物理学家正在努力，以期建立起总括电弱色相互作用的“大统一理论”(它管辖的能量尺度为 10^{15} GeV，目前有些预言已被用实验“间接地探索过了”)。人们还期望，有朝一日，能最后(?)建立起把 4 种基本相互作用都统一起来的……“超统一理论”。

2.4 应用牛顿定律解题

利用牛顿定律求解力学问题时，最好按下述“**三字经**”所设计的思路分析。

1. 认物体

在有关问题中选定一个物体(当成质点)作为分析对象。如果问题涉及几个物体，那就一个一个地作为对象进行分析，认出每个物体的质量。

2. 看运动

分析所认定的物体的运动状态，包括它的轨道、速度和加速度。问题涉及几个物体时，还要找出它们之间运动的联系，即它们的速度或加速度之间的关系。

3. 查受力

找出被认定的物体所受的所有外力。画简单的示意图表示物体受力情况与运动情况，这种图叫**示力图**。

4. 列方程

把上面分析出的质量、加速度和力用牛顿第二定律联系起来列出方程式。利用直角坐标系的分量式(式(2.5))列式时,在图中应注明坐标轴方向。在方程式足够的情况下就可以求解未知量了。

动力学问题一般有两类,一类是已知力的作用情况求运动;另一类是已知运动情况求力。这两类问题的分析方法都是一样的,都可以按上面的步骤进行,只是未知数不同罢了。

例 2.1

用皮带运输机向上运送砖块。设砖块与皮带间的静摩擦系数为 μ_s,砖块的质量为 m,皮带的倾斜角为 α。求皮带向上匀速输送砖块时,它对砖块的静摩擦力多大?

解 认定砖块进行分析。它向上匀速运动,因而加速度为零。在上升过程中,它受力情况如图 2.7 所示。

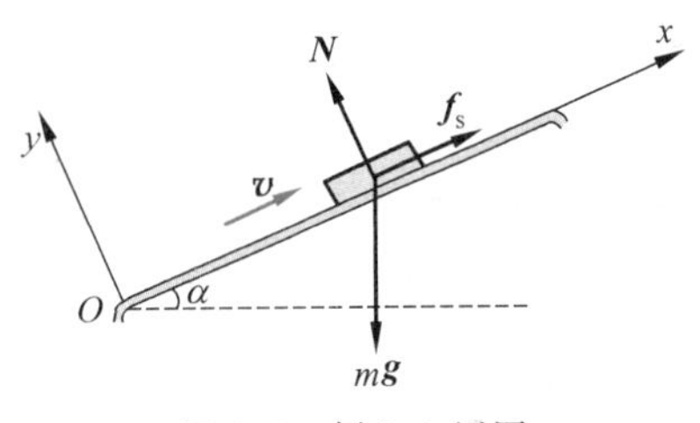

图 2.7 例 2.1 用图

选 x 轴沿着皮带方向,则对砖块用牛顿第二定律,可得 x 方向的分量式为

$$-mg\sin\alpha + f_s = ma_x = 0$$

由此得砖块受的静摩擦力为

$$f_s = mg\sin\alpha$$

注意,此题不能用公式 $f_s=\mu_s N$ 求静摩擦力,因为这一公式只对最大静摩擦力才适用。在静摩擦力不是最大的情况下,只能根据牛顿定律的要求求出静摩擦力。

例 2.2

在光滑桌面上放置一质量 $m_1=5.0$ kg 的物块,用绳通过一无摩擦滑轮将它和另一质量为 $m_2=2.0$ kg 的物块相连。(1)保持两物块静止,需用多大的水平力 $\boldsymbol{F}$ 拉住桌上的物块?(2)换用 $F=30$ N 的水平力向左拉 m_1 时,两物块的加速度和绳中张力 T 的大小各如何?(3)怎样的水平力 $\boldsymbol{F}$ 会使绳中张力为零?

解 如图 2.8 所示,设两物块的加速度分别为 $\boldsymbol{a}_1$ 和 $\boldsymbol{a}_2$。参照如图所示的坐标方向。

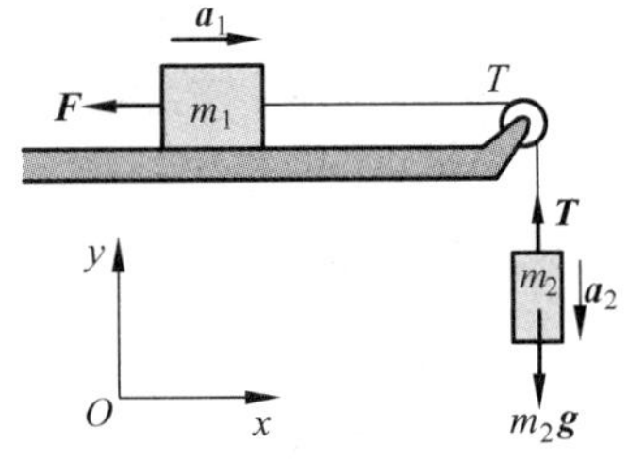

图 2.8 例 2.2 用图

(1) 如两物体均静止,则 $a_1=a_2=0$,用牛顿第二定律,对 m_1,

$$-F+T=m_1a_1=0$$

对 m_2,

$$-T+m_2g=m_2a_2=0$$

此二式联立给出

$$F=m_2g=2.0\times 9.8=19.6\ (\mathrm{N})$$

(2) 当 $F=30$ N 时,则用牛顿第二定律,对 m_1,沿 x 方向,有

$$-F+T=m_1a_1 \tag{2.21}$$

对 m_2,沿 y 方向,有

$$-T+m_2g=m_2a_2 \tag{2.22}$$

由于 m_1 和 m_2 用绳连接着,所以有 $a_1=a_2$,令其为 a。

联立解式(2.21)和式(2.22),可得两物块的加速度为

$$a=\frac{m_2g-F}{m_1+m_2}=\frac{2\times9.8-30}{5.0+2.0}=-1.49\ (\text{m/s}^2)$$

和图 2.8 所设 $\boldsymbol{a}_1$ 和 $\boldsymbol{a}_2$ 的方向相比，此结果的负号表示，两物块的加速度均与所设方向相反，即 m_1 将向左而 m_2 将向上以 1.49 m/s² 的加速度运动。

由上面式(2.22)可得此时绳中张力为

$$T=m_2(g-a_2)=2.0\times[9.8-(-1.49)]=22.6\ (\text{N})$$

(3) 若绳中张力 $T=0$，则由式(2.22)知，$a_2=g$，即 m_2 自由下落，这时由式(2.21)可得

$$F=-m_1a_1=-m_1a_2=-m_1g=-5.0\times9.8=-49\ (\text{N})$$

负号表示力 $\boldsymbol{F}$ 的方向应与图 2.8 所示方向相反，即需用 49 N 的水平力向右推桌上的物块，才能使绳中张力为零。

例 2.3

一个质量为 m 的珠子系在线的一端，线的另一端绑在墙上的钉子上，线长为 l。先拉动珠子使线保持水平静止，然后松手使珠子下落。求线摆下至 θ 角时这个珠子的速率和线的张力。

解 这是一个变加速问题，求解要用到微积分，但物理概念并没有什么特殊。如图 2.9 所示，珠子受的力有线对它的拉力 $\boldsymbol{T}$ 和重力 $m\boldsymbol{g}$。由于珠子沿圆周运动，所以我们按切向和法向来列牛顿第二定律分量式。

对珠子，在任意时刻，当摆下角度为 α 时，牛顿第二定律的切向分量式为

$$mg\cos\alpha=ma_{\mathrm{t}}=m\frac{\mathrm{d}v}{\mathrm{d}t}$$

以 $\mathrm{d}s$ 乘以此式两侧，可得

$$mg\cos\alpha\,\mathrm{d}s=m\frac{\mathrm{d}v}{\mathrm{d}t}\mathrm{d}s=m\frac{\mathrm{d}s}{\mathrm{d}t}\mathrm{d}v$$

由于 $\mathrm{d}s=l\mathrm{d}\alpha$，$\frac{\mathrm{d}s}{\mathrm{d}t}=v$，所以上式可写成

$$gl\cos\alpha\,\mathrm{d}\alpha=v\mathrm{d}v$$

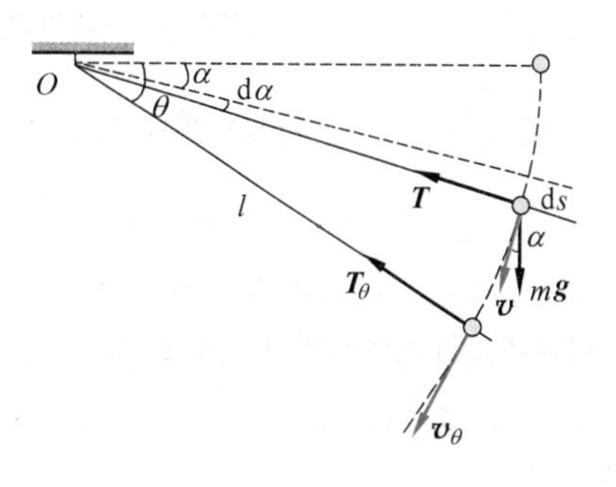

图 2.9 例 2.3 用图

两侧同时积分，由于摆角从 0 增大到 θ 时，速率从 0 增大到 v_θ，所以有

$$\int_0^\theta gl\cos\alpha\cdot\mathrm{d}\alpha=\int_0^{v_\theta}v\mathrm{d}v$$

由此得

$$gl\sin\theta=\frac{1}{2}v_\theta^2$$

从而

$$v_\theta=\sqrt{2gl\sin\theta}$$

对珠子，在摆下 θ 角时，牛顿第二定律的法向分量式为

$$T_\theta-mg\sin\theta=ma_{\mathrm{n}}=m\frac{v_\theta^2}{l}$$

将上面 v_θ 值代入此式，可得线对珠子的拉力为

$$T_\theta=3mg\sin\theta$$

这也就等于线中的张力。

例 2.4

一跳伞运动员质量为 80 kg，一次从 4000 m 高空的飞机上跳出，以雄鹰展翅的姿势下落（图 2.10），有效横截面积为 0.6 m^2。以空气密度为 1.2 kg/m^3 和曳引系数 $C=0.6$ 计算，他下落的终极速率多大？

图 2.10　2007 年 11 月 10 日，美国得克萨斯州，现年 83 岁的美国前总统老布什（下）通过跳伞庆祝其个人博物馆开馆

解　由式(2.14)可得终极速率为

$$v_t=\sqrt{\frac{2mg}{C\rho A}}=\sqrt{\frac{2\times 80\times 9.8}{0.6\times 1.2\times 0.6}}=60\ (\text{m/s})$$

这一速率比从 4000 m 高空“自由下落”的速率(280 m/s)小得多，但运动员以这一速率触地还是很危险的，所以他在接近地面时要打开降落伞。

例 2.5

一个水平的木制圆盘绕其中心竖直轴匀速转动（图 2.11）。在盘上离中心 $r=20$ cm 处放一小铁块，如果铁块与木板间的静摩擦系数 $\mu_s=0.4$，求圆盘转速增大到多少（以 r/min 表示）时，铁块开始在圆盘上移动？

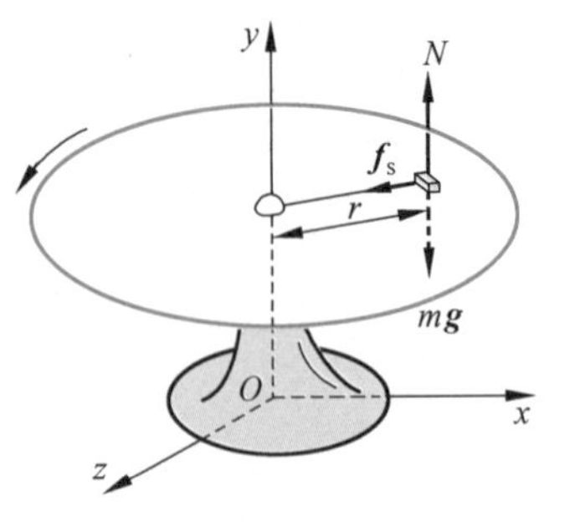

图 2.11　转动圆盘

解　对铁块进行分析。它在盘上不动时，是作半径为 r 的匀速圆周运动，具有法向加速度 $a_n=r\omega^2$。图 2.11 所示为铁块受力情况，f_s 为静摩擦力。

对铁块用牛顿第二定律，得法向分量式为

$$f_s=ma_n=mr\omega^2$$

由于

$$f_s\leqslant \mu_s N=\mu_s mg$$

所以

$$\mu_s mg\geqslant mr\omega^2$$

即

$$\omega\leqslant\sqrt{\frac{\mu_s g}{r}}=\sqrt{\frac{0.4\times 9.8}{0.2}}=4.43\ (\text{rad/s})$$

由此得

$$n=\frac{\omega}{2\pi}\leqslant 42.3\ (\text{r/min})$$

这一结果说明，圆盘转速达到 42.3 r/min 时，铁块开始在盘上移动。

例 2.6

开普勒第三定律。谷神星(最大的小行星，直径约 960 km)的公转周期为 1.67×10^3 d。试以地球公转为参考，求谷神星公转的轨道半径。

解 以 r 表示某一行星轨道的半径，T 为其公转周期。按匀加速圆周运动计算，该行星的法向加速度为 $4\pi^2 r/T^2$。以 M 表示太阳的质量，m 表示行星的质量，并忽略其他行星的影响，则由引力定律和牛顿第二定律可得

$$G\frac{Mm}{r^2}=m\frac{4\pi^2 r}{T^2}$$

由此得

$$\frac{T^2}{r^3}=\frac{4\pi^2}{GM}$$

由于此式右侧是与行星无关的常量，所以此结果即说明行星公转周期的平方和它的轨道半径的立方成正比。(由于行星轨道是椭圆，所以，严格地说，上式中的 r 应是轨道的半长轴。)这一结果称为关于行星运动的**开普勒第三定律**。

以 r_1，T_1 表示地球的轨道半径和公转周期，以 r_2，T_2 表示谷神星的轨道半径和公转周期，则

$$\frac{r_2^3}{r_1^3}=\frac{T_2^2}{T_1^2}$$

由此得

$$r_2=r_1\left(\frac{T_2}{T_1}\right)^{2/3}=1.50\times10^{11}\times\left(\frac{1.67\times10^3}{365}\right)^{2/3}=4.13\times10^{11}\ (\text{m})$$

这一数值在火星和木星的轨道半径之间。实际上，在火星和木星间存在一个小行星带。

例 2.7

直径为 2.0 cm 的球形肥皂泡内部气体的压强 p_{in} 比外部大气压强 p_0 大多少？肥皂液的表面张力系数按 0.025 N/m 计。

解 肥皂泡形成后，其肥皂膜内外表面的表面张力要使肥皂泡缩小。当其大小稳定时，其内部空气的压强 p_{int} 要大于外部的大气压强 p_0，以抵消这一收缩趋势。为了求泡内外的压强差，可考虑半个肥皂泡，如图 2.12 中肥皂泡的右半个。泡内压强对这半个肥皂泡的合力应垂直于半球截面，即水平向右，大小为 $F_{\text{in}}=p_{\text{in}}\cdot\pi R^2$，$R$ 为泡的半径。大气压强对这半个泡的合力应为 $F_{\text{ext}}=p_0\cdot\pi R^2$，方向水平向左。与受到此二力的同时，这半个泡还在其边界上受左半个泡的表面张力，边界各处的表面张力方向沿着球面的切面并与边界垂直，即都水平向左。其大小由式(2.15)求得 $F_{\text{sur}}=2\cdot\gamma\cdot 2\pi r$，其中的 2 倍是由于肥皂膜有内外两个表面。对右半个泡的力的平衡要求 $F_{\text{in}}=F_{\text{ext}}+F_{\text{sur}}$，即

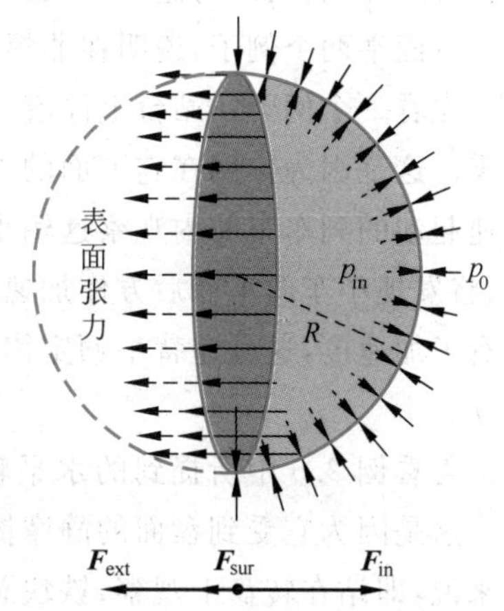

图 2.12 肥皂泡受力分析

$$p_0\pi R^2=2\cdot\gamma\cdot 2\pi R+p_{\text{in}}\pi R^2$$

由此得
$$p_{in}-p_0=\frac{4\gamma}{R}=\frac{4\times0.025}{1.0\times10^{-2}}=10.0\ (\mathrm{Pa})$$

2.5 非惯性系与惯性力

在 2.1 节中介绍牛顿定律时，特别指出牛顿第二定律和第三定律只适用于惯性参考系，2.4 节的例题都是相对于惯性系进行分析的。

惯性系有一个重要的性质，即，如果我们确认了某一参考系为惯性系，则相对于此参考系作匀速直线运动的任何其他参考系也一定是惯性系。这是因为如果一个物体不受力作用时相对于那个"原始"惯性系静止或作匀速直线运动，则在任何相对于这"原始"惯性系作匀速直线运动的参考系中观测，该物体也必然作匀速直线运动（尽管速度不同）或静止。这也是在不受力作用的情况下发生的。因此根据惯性系的定义，后者也是惯性系。

反过来我们也可以说，相对于一个已知惯性系作加速运动的参考系，一定不是惯性参考系，或者说是一个非惯性系。

具体判断一个实际的参考系是不是惯性系，只能根据实验观察。对天体（如行星）运动的观察表明，太阳参考系是个很好的惯性系①。由于地球绕太阳公转，地心相对于太阳参考系有向心加速度，所以地心参考系不是惯性系。但地球相对于太阳参考系的法向加速度甚小（约 $6\times10^{-3}\ \mathrm{m/s^2}$），不到地球上重力加速度的 0.1%，所以地心参考系可以近似地作为惯性系看待。粗略研究人造地球卫星运动时，就可以应用地心参考系。

由于地球围绕自身的轴相对于地心参考系不断地自转，所以地面参考系也不是惯性系。但由于地面上各处相对于地心参考系的法向加速度最大不超过 $3.40\times10^{-2}\ \mathrm{m/s^2}$（在赤道上），所以对时间不长的运动，地面参考系也可以近似地作为惯性系看待。在一般工程技术问题中，都相对于地面参考系来描述物体的运动和应用牛顿定律，得出的结论也都足够准确地符合实际，就是因为这个缘故。

下面举两个例子，说明在非惯性系中，牛顿第二定律不成立。

先看一个例子。站台上停着一辆小车，相对于地面参考系进行分析，小车停着，加速度为零。这是因为作用在它上面的力相互平衡，即合力为零的缘故，这符合牛顿定律。如果从加速起动的列车车厢内观察这辆小车，即相对于作加速运动的车厢参考系来分析小车的运动，将发现小车向车厢后方作加速运动。它受力的情况并无改变，合力仍然是零。合力为零而有了加速度，这是违背牛顿定律的。因此，相对于作加速运动的车厢参考系，牛顿定律不成立。

再看例 2.5 中所提到的水平转盘。从地面参考系来看，铁块作圆周运动，有法向加速度。这是因为它受到盘面的静摩擦力作用的缘故，这符合牛顿定律。但是相对于转盘参考系来说，即站在转盘上观察，铁块总保持静止，因而加速度为零。可是这时它依然受着静摩

---

① 现代天文观测结果给出，太阳绕我们的银河中心公转，其法向加速度约为 $1.8\times10^{-10}\ \mathrm{m/s^2}$。

擦力的作用。合力不为零,可是没有加速度,这也是违背牛顿定律的。因此,相对于转盘参考系,牛顿定律也是不成立的。

在实际问题中常常需要在非惯性系中观察和处理物体的运动现象。在这种情况下,为了方便起见,我们也常常形式地利用牛顿第二定律分析问题,为此我们引入惯性力这一概念。

首先讨论**加速平动参考系**的情况。设有一质点,质量为 m,相对于某一惯性系 S,它在实际的外力 $\boldsymbol{F}$ 作用下产生加速度 $\boldsymbol{a}$,根据牛顿第二定律,有

$$\boldsymbol{F} = m\boldsymbol{a}$$

设想另一参考系 S',相对于惯性系 S 以加速度 $\boldsymbol{a}_0$ 平动。在 S'参考系中,质点的加速度是 $\boldsymbol{a}'$。由运动的相对性可知

$$\boldsymbol{a} = \boldsymbol{a}' + \boldsymbol{a}_0$$

将此式代入上式可得

$$\boldsymbol{F} = m(\boldsymbol{a}' + \boldsymbol{a}_0) = m\boldsymbol{a}' + m\boldsymbol{a}_0$$

或者写成

$$\boldsymbol{F} + (-m\boldsymbol{a}_0) = m\boldsymbol{a}' \tag{2.23}$$

此式说明,质点受的合外力 $\boldsymbol{F}$ 并不等于 $m\boldsymbol{a}'$,因此牛顿定律在参考系 S'中不成立。但是如果我们认为在 S' 系中观察时,除了实际的外力 $\boldsymbol{F}$ 外,质点还受到一个大小和方向由 $(-m\boldsymbol{a}_0)$ 表示的力,并将此力也计入合力之内,则式(2.23)就可以形式上理解为:在 S'系内观测,质点所受的合外力也等于它的质量和加速度的乘积。这样就可以在形式上应用牛顿第二定律了。

为了在非惯性系中**形式地**应用牛顿第二定律而必须引入的力叫做**惯性力**。由式(2.23)可知,在加速平动参考系中,它的大小等于质点的质量和此非惯性系相对于惯性系的加速度的乘积,而方向与此加速度的方向相反。以 $\boldsymbol{F}_i$ 表示惯性力,则有

$$\boldsymbol{F}_i = -m\boldsymbol{a}_0 \tag{2.24}$$

引进了惯性力,在非惯性系中就有了下述牛顿第二定律的形式:

$$\boldsymbol{F} + \boldsymbol{F}_i = m\boldsymbol{a}' \tag{2.25}$$

其中 $\boldsymbol{F}$ 是实际存在的各种力,即“真实力”。它们是物体之间的相互作用的表现,其本质都可以归结为 4 种基本的自然力。惯性力 $\boldsymbol{F}_i$ 只是参考系的非惯性运动的表观显示,或者说是物体的惯性在非惯性系中的表现。它不是物体间的相互作用,也没有反作用力。因此惯性力又称做**虚拟力**。

上述惯性力和引力有一种微妙的关系。静止在地面参考系(视为惯性系)中的物体受到地球引力 $m\boldsymbol{g}$ 的作用(图 2.13(a)),这引力的大小和物体的质量成正比。今设想一个远离星体的太空船正以加速度(对某一惯性系)$\boldsymbol{a}' = -\boldsymbol{g}$ 运动,在船内观察一个质量为 m 的物体。由于太空船是非惯性系,依上分析,可以认为物体受到一个惯性力 $\boldsymbol{F}_i = -m\boldsymbol{a}' = m\boldsymbol{g}$ 的作用,这个惯性力也和物体的质量成正比(图 2.13(b))。但若只是在太空船内观察,我们也可以认为太空船是一静止的惯性系,而物体受到了一个引力 $m\boldsymbol{g}$。加速系中的惯性力和惯性系中的引力是等效的这一思想是爱因斯坦首先提出的,称为**等效原理**。它是爱因斯坦创立广义相对论的基础。

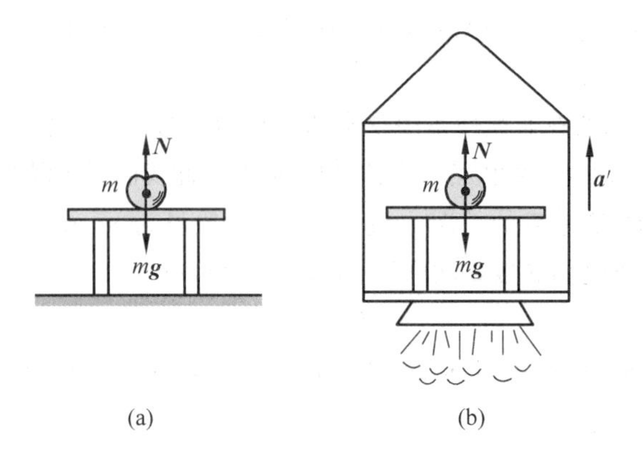

图2.13　等效原理

(a) 在地面上观察，物体受到引力（重力）$m\boldsymbol{g}$ 的作用；

(b) 在太空船内观察，也可认为物体受到引力 $m\boldsymbol{g}$ 的作用

例2.8

在水平轨道上有一节车厢以加速度 $\boldsymbol{a}_0$ 行进，在车厢中看到有一质量为 m 的小球静止地悬挂在天花板上，试以车厢为参考系求出悬线与竖直方向的夹角。

解　在车厢参考系内观察小球是静止的，即 $\boldsymbol{a}'=0$。它受的力除重力和线的拉力外，还有一惯性力 $\boldsymbol{F}_{\mathrm{i}}=-m\boldsymbol{a}_0$，如图2.14所示。

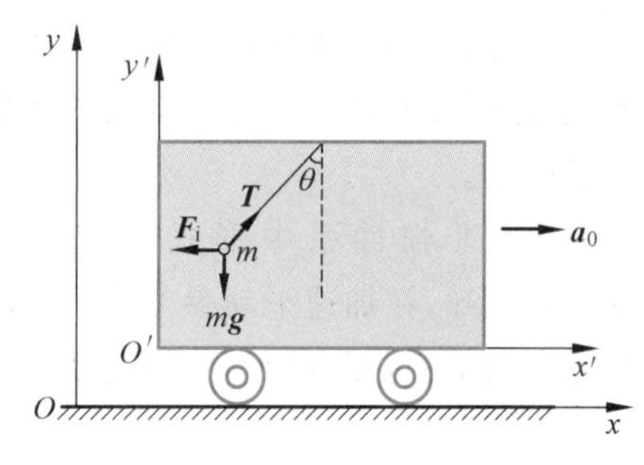

图2.14　例2.8用图

相对于车厢参考系，对小球用牛顿第二定律，则有

x' 向：　　$T\sin\theta - F_{\mathrm{i}} = ma'_{x'} = 0$

y' 向：　　$T\cos\theta - mg = ma'_{y'} = 0$

由于 $F_{\mathrm{i}}=ma_0$，在上两式中消去 T，即可得

$$\theta = \arctan\,(a_0/g)$$

读者可以相对于地面参考系（惯性系）再解一次这个问题，并与上面的解法相比较。

下面我们再讨论**转动参考系**。一种简单的情况是物体相对于转动参考系**静止**。仍用例2.5，一个小铁块静止在一个转盘上，如图2.15所示。对于铁块相对于地面参考系的运动，牛顿第二定律给出

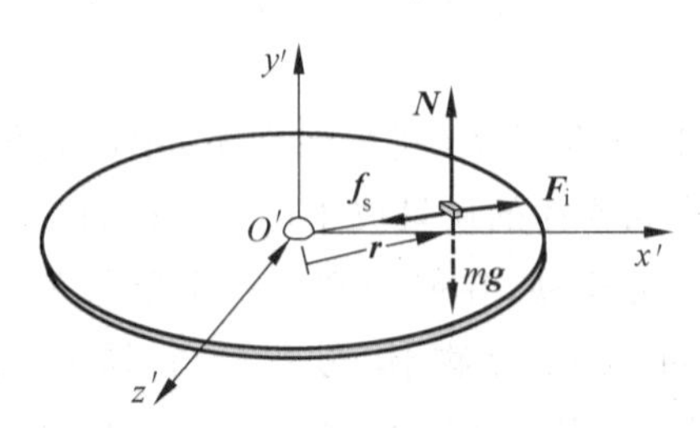

图2.15　在转盘参考系上观察

$$\boldsymbol{f}_{\mathrm{s}} = m\boldsymbol{a}_{\mathrm{n}} = -m\omega^2\boldsymbol{r}$$

式中 $\boldsymbol{r}$ 为由圆心沿半径向外的位矢，此式也可以写成

$$\boldsymbol{f}_{\mathrm{s}} + m\omega^2\boldsymbol{r} = 0 \tag{2.26}$$

站在圆盘上观察，即相对于转动的圆盘参考系，铁块是静止的，加速度 $\boldsymbol{a}'=0$。如果还要套用牛顿第二定律，则必须认为铁块除了受到静摩擦力这个“真实的”力以外，还受到一个惯性力或虚拟力 $\boldsymbol{F}_{\mathrm{i}}$ 和它平衡。这样，相对于圆盘参考系，应该有

$$\boldsymbol{f}_s + \boldsymbol{F}_i = 0$$

将此式和式(2.26)对比,可得

$$\boldsymbol{F}_i = m\omega^2 \boldsymbol{r} \tag{2.27}$$

这个惯性力的方向与 $\boldsymbol{r}$ 的方向相同,即沿着圆的半径向外,因此称为**惯性离心力**。这是在转动参考系中观察到的一种惯性力。实际上当我们乘坐汽车拐弯时,我们体验到的被甩向弯道外侧的“力”,就是这种惯性离心力。

由于惯性离心力和在惯性系中观察到的向心力大小相等,方向相反,所以常常有人(特别是那些把惯性离心力简称为离心力的人们)认为惯性离心力是向心力的反作用力,这是一种误解。首先,向心力作用在运动物体上使之产生向心加速度。惯性离心力,如上所述,也是作用在运动物体上。既然它们作用在同一物体上,当然就不是相互作用,所以谈不上作用和反作用。再者,向心力是真实力(或它们的合力)作用的表现,它可能有真实的反作用力。图 2.15 中的铁块受到的向心力(即盘面对它的静摩擦力 $\boldsymbol{f}_s$)的反作用力就是铁块对盘面的静摩擦力。(在向心力为合力的情况下,各个分力也都有相应的真实的反作用力,但因为这些反作用力作用在不同物体上,所以向心力谈不上有一个合成的反作用力。)但惯性离心力是虚拟力,它只是运动物体的惯性在转动参考系中的表现,它没有反作用力,因此也不能说向心力和它是一对作用力和反作用力。

*2.6　科里奥利力

在匀速转动参考系中运动的物体,所受的惯性力较为复杂。除了惯性离心力外,还受到一种叫做科里奥利力的惯性力。下面就一种简单情况说明这种惯性力。

如图 2.16,设在以角速度 ω 沿逆时针方向转动的水平圆盘上,沿同一半径坐着两个儿童,童 A 靠外,童 B 靠内,二者离转轴 O 的距离分别为 r_A 和 r_B。童 A 以相对于圆盘的速度 $\boldsymbol{v}'$ 沿半径方向向童 B 抛出一球。如果圆盘是静止的,则经过一段时间 $\Delta t=(r_A-r_B)/v'$ 后,球会到达童 B。但圆盘在转动,故球离开童 A 的手时,除了径向速度 $\boldsymbol{v}'$ 外,还具有切向速度 $\boldsymbol{v}_{tA}$,而童 B 的切向速度为 $\boldsymbol{v}_{tB}$。由于 $v_{tA}>v_{tB}$,所以当经过时间 Δt 后,球并不到达童 B,而是到达童 B 转动的前方某点 B'。这是从盘外的不转动的惯性系观察到的情形(图 2.16(a))。

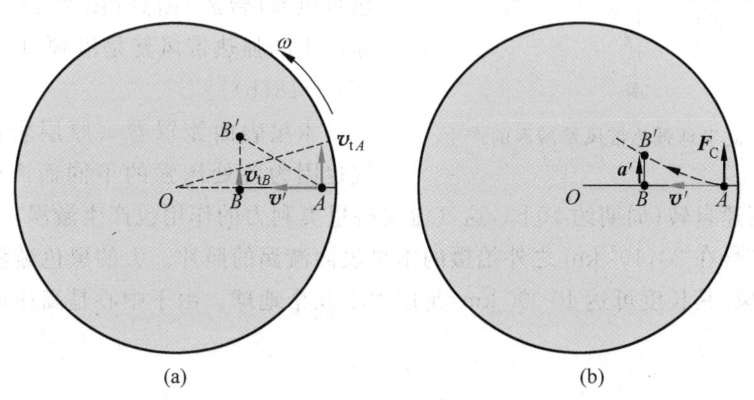

图 2.16　科里奥利效应

(a) 在地面(惯性系)上观察;(b) 在圆盘(转动参考系)上观察

在圆盘上的那两个儿童看到球是如何运动的呢？他们是在固定在圆盘上的转动参考系内观察的。童 B 只看到童 A 以初速 $\boldsymbol{v}'$ 向他抛来一球，但球并不沿直线到达他，而是向球运动的前方的右侧偏去了(图 2.16(b))。这一观测结果他认为是球离开童 A 的手后，在具有径向初速度 $\boldsymbol{v}'$ 的同时，还具有垂直于这一方向而向右的加速度 $\boldsymbol{a}'$。用牛顿第二定律解释此加速度产生的原因时，他认为既然球出手后在水平方向并没有受到什么“真实力”的作用，那么一定是球受到了一个垂直于速度 $\boldsymbol{v}'$ 而向右的惯性力 $\boldsymbol{F}_C$。这种在转动参考系中观察到的运动物体(由于转动参考系中各点的线速度不同而产生)的加速现象叫**科里奥利效应**。产生此效应的虚拟的惯性力叫**科里奥利力**。

可如下导出图 2.16 所示的情况下科里奥利力的定量公式。在转动参考系内观察，球从 A 到达 B' 的时间是 $\Delta t'=(r_A-r_B)/v'$。在这段时间内球偏离 AB 直线的距离 $BB'=(v_{tA}-v_{tB})\Delta t'=\omega(r_A-r_B)\Delta t'=v'\omega(\Delta t')^2$。在 $\Delta t'$ 很小的情况下，可以认为沿 BB' 的运动是匀加速运动而初速为零，以 $\boldsymbol{a}'$ 表示此加速度则应有 $BB'=\frac{1}{2}a'(\Delta t')^2$。和上一结果比较，可得 $a'=2v'\omega$。在此转动参考系内形式地应用牛顿第二定律，可得科里奥利力的大小为

$$F_C=ma'=2mv'\omega \tag{2.28}$$

在图 2.16 所示圆盘沿逆时针方向转动的情况下，此科里奥利力的方向指向质点运动的右方。读者也可以分析得出，如果圆盘沿顺时针方向转动，则上述科里奥利力的方向指向质点运动的左方①。

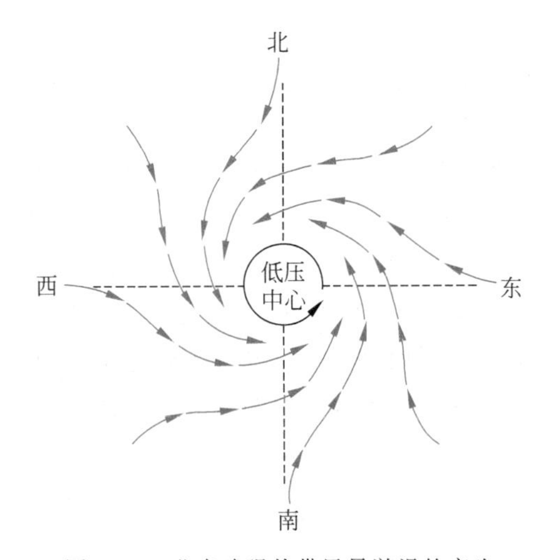

图 2.17　北半球强热带风暴漩涡的产生

由于地球的自转，地面参考系是一个转动参考系，在地面参考系中就能观察到科里奥利效应。一个明显的例子是强热带风暴的漩涡。强热带风暴是在热带低气压中心附近形成的，当外面的高气压空气向低气压中心挤进时，由于科里奥利效应，气流的方向将偏向气流速度的右方，因而形成了从高空望去是沿逆时针方向的漩涡(图 2.17)。夏季的天气预报电视图像中就常常出现这漩涡式的强热带风暴(台风)图景(图 2.18(a))。在南半球产生的强热带风暴是沿顺时针方向旋转的(图 2.18(b))。

木星表面笼罩着一厚层彩色大气，这大气也因为各处压强的不同而产生强烈对流。由于木星的高速自转(周期约 10 h)，这气流受科里奥利力的作用也产生漩涡。图 2.19 是探测器旅行者 2 号在 2×10^6 km 之外拍摄的木星表面漩涡的照片。大的黑色漩涡实际上是红色的，叫大红斑，其长度可达 40 000 km，足以吞下几个地球。由于中心是高压而又在木星的

---

① 以 $\boldsymbol{\omega}$ 表示在惯性系中转动的参考系的角速度矢量，则一般地可以证明，当质点(质量为 m)相对于转动参考系的速度为 $\boldsymbol{v}'$ 时，则在转动参考系内观察到的科里奥利力为

$$\boldsymbol{F}_C=2m\boldsymbol{v}'\times\boldsymbol{\omega} \tag{2.29}$$

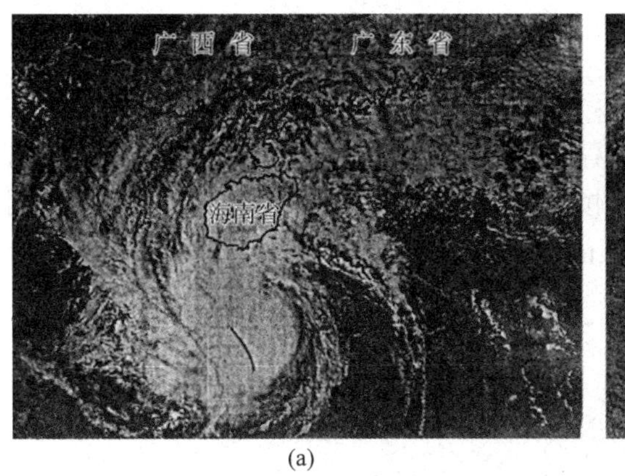

(a)

(b)

图 2.18 台风或飓风

(a) 2003 年 11 月 17 日"尼伯特"台风登陆海南岛；

(b) 2006 年 1 月 9 日"克莱尔"飓风登陆澳大利亚

南半球，所以漩涡是逆时针方向的。在它的下面还有许多较小的白色卵形斑，也都是科里奥利效应产生的漩涡。

另一个实际例子是单摆摆动平面的旋转，这一现象是傅科在 1851 年首先发现的。他当时在巴黎的一个大厅里悬挂了一个摆长为 67 m 的摆。他发现该摆在摆动时，其摆动平面沿顺时针方向每小时转过 11°15′的角度。这个转动(图 2.20 中曲线是摆球运动的轨迹)就是科里奥利效应的结果，它显示了地球的自转。北京天文馆也悬挂着一个这样的**傅科摆**，摆长 10 m，其摆动平面每小时沿顺时针方向转过 9°40′。

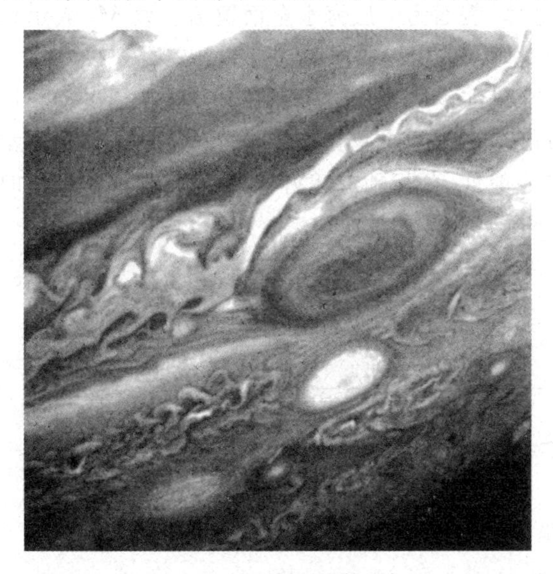

图 2.19 木星表面的漩涡气流

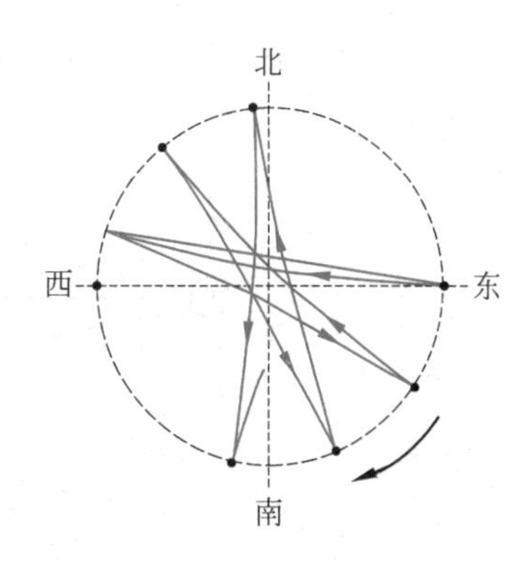

图 2.20 北半球傅科摆摆面的旋转

由于科里奥利效应，自高处自由下落的石块并不准确地沿竖直方向下落，而是要偏向东方。不过这一效应很小。例如，从高 50 m 的塔顶自由下落的石块着地时不过偏东 5.4 mm。

以地面参考系来计算洲际弹道导弹和人造地球卫星的轨道时，也要考虑科里奥利效应。

*2.7 潮汐

潮汐是海水的周期性涨落现象。“昼涨称潮，夜涨称汐。”钱江大潮，高达数米，排山倒海，蔚为壮观(图2.21)。这种现象由牛顿首先给出了正确的说明：它是月亮、太阳对海水的引力以及地球公转和自转的结果。牛顿的解释是应用非惯性系分析物体受力的一个很好的例子。

图2.21 人潮争睹钱江潮(农历八月十八日)(潮水向图右方涌进)

1. 引潮力的计算

为分析方便起见，设想地球是一个均匀球体，表面为一层海水全面覆盖。以 M_E 表示地球的质量，R_E 表示地球的半径。先考虑太阳对海水的引力效果。

在太阳参考系内观察，地球的运动是公转和自转的合成运动，公转可看成是平动。以 r_S 表示太阳到地心的距离，以 ω 表示公转的角速度。这种平动的圆周运动使地球上各处都有指向太阳的向心加速度 $a_n=\omega^2 r_S$。不失其一般性，分析地心正好通过太阳坐标系 x 轴时的情况。图2.22画出了在太阳坐标系中地球受力和运动情况。

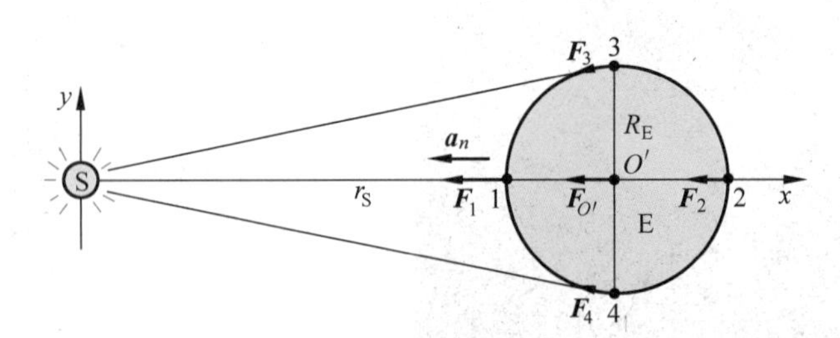

图2.22 太阳坐标系中地球的平动

下面转入地心参考系。由于对太阳参考系有加速度 $\boldsymbol{a}_n$，所以地心参考系是一个非惯性系，相对于此参考系，地球上任何物体除了受真实力外，都受到与 $\boldsymbol{a}_n$ 方向相反的惯性力 $\boldsymbol{F}_i$。选地心参考系的 x' 和 y' 轴分别与太阳参考系的 x 轴和 y 轴平行，在地心参考系内的情况如图2.23所示，其中各处惯性力均与 x' 轴平行。

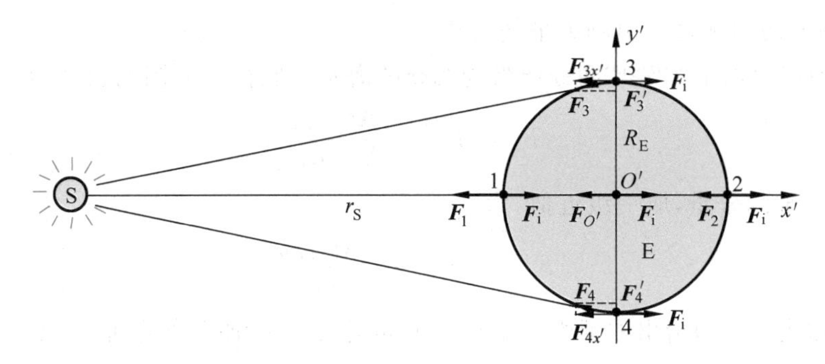

图 2.23 地心参考系内的太阳引力和惯性力

先考虑地心 O' 处一小块质量为 Δm 的物质。它受的惯性力为

$$F_i = \Delta m\omega^2 r_S \tag{2.30}$$

它受太阳的引力为

$$F_{O'} = \frac{GM_S\Delta m}{r_S^2} \tag{2.31}$$

其中 M_S 为太阳的质量。它还受到地球本身其他部分的力(引力和化学结合力,主要是引力),但由于球对称性,这些力的合力为零。这样,由于 Δm 在地心参考系中静止,所以 $\boldsymbol{F}_i$ 和 $\boldsymbol{F}_{O'}$ 相互平衡。因而有

$$F_i = \Delta m\omega^2 r_S = \frac{GM_S\Delta m}{r_S^2} \tag{2.32}$$

现在考虑地球表面离太阳最近的"1"处的质量为 Δm 的海水。它受的太阳的引力为

$$F_1 = \frac{GM_S\Delta m}{(r_S - R_E)^2}$$

由于 $R_E \ll r_S$,取一级近似,上式可写成

$$F_1 = \frac{GM_S\Delta m}{r_S^2}\left(1 + \frac{2R_E}{r_S}\right) \tag{2.33}$$

此处 Δm 海水所受惯性力仍由式(2.32)给出。将 F_1 和 F_i 相比可知 F_1 较大,视其差值为一力,其大小为

$$F_1' = F_1 - F_i = \frac{2GM_S\Delta m}{r_S^3}R_E \tag{2.34}$$

方向背离地心。这就是在地球上观察到的"引潮力",它将使此处海水凸起形成涨潮,直到地球其他部分对 Δm 的指向地心的力和这一引潮力平衡为止。

再考虑地球表面离太阳最远的"2"处的质量为 Δm 的海水。它受太阳的引力为

$$F_2 = \frac{GM_S\Delta m}{(r_S + R_E)^2}$$

仍取一级近似,得

$$F_2 = \frac{GM_S\Delta m}{r_S^2}\left(1 - \frac{2R_E}{r_S}\right) \tag{2.35}$$

这力比式(2.32)给出的惯性力 F_i 为小,其差值代表一背离地心的力,大小为

$$F_2' = F_i - F_2 = \frac{2GM_S\Delta m}{r_S^3}R_E \tag{2.36}$$

这就是此处观察到的引潮力。它也将使此处的海水凸起形成涨潮,直到地球其他部分对

Δm 的指向地心的力和这一引潮力平衡为止。

再考虑地球表面上“3”“4”两处质量为 Δm 的海水。它们受太阳的引力为

$$F_3 = F_4 = \frac{GM_S \Delta m}{r_S^2 + R_E^2}$$

此力平行于 x' 轴的分量，取一级近似，为

$$F_{3x'} = F_{4x'} = \frac{GM_S \Delta m}{r_S^2}$$

此分力正好和式(2.32)给出的惯性力平衡。上述引力沿 y' 轴的分量，取一级近似为

$$F_3' = F_4' = \frac{GM_S \Delta m}{r_S^3} R_E \tag{2.37}$$

其方向指向地心。这一分力将压迫此处的海水向地心下降，我们可姑且称之为“压潮力”。

以上只分析了4处海水受力情况，更详细的分析给出的引潮力和压潮力的分布如图2.24所示。由于这种力的分布，地球表面的海水也就呈现了凸起和压下的形状。

以上只考虑了地球公转的影响。实际上，地球还绕着地轴自转。在自转的任一时刻，地球表面的海水均有如图2.24所示的形状。地球自转一周的时间是一天。地球上各点每转一周，离太阳最远和最近各一次。图2.24所示的“静态”形状就转化为每天有两次涨潮，即朝夕各一次了。

这里顺便指出，如果引力源的质量(式(2.34)和式(2.36)中的 M_S)很大，当另一星体靠近它运行时，由于 r_S 很小，引潮力可能大到将该星体撕碎。1994年的天文奇观——苏梅克-列维9号彗星撞击木星时，彗星是以20余块碎块撞到木星上的。这些碎块就是该彗星在靠近木星时被引潮力撕碎而形成的。

月球的引潮力也可以用同样方法推导。式(2.34)、式(2.36)和式(2.37)，其中的太阳参量用月球参量替代，就可以估算月球的引潮力。

2. 潮高的计算

下面利用牛顿设计的一种方法来计算潮高。如图2.25所示，设想在地球内沿 x' 和 y' 方向分别挖一个竖井直达地心相通。二井深度分别为 h_1 和 h_3，截面积为 $\mathrm{d}S$，井内充满水。

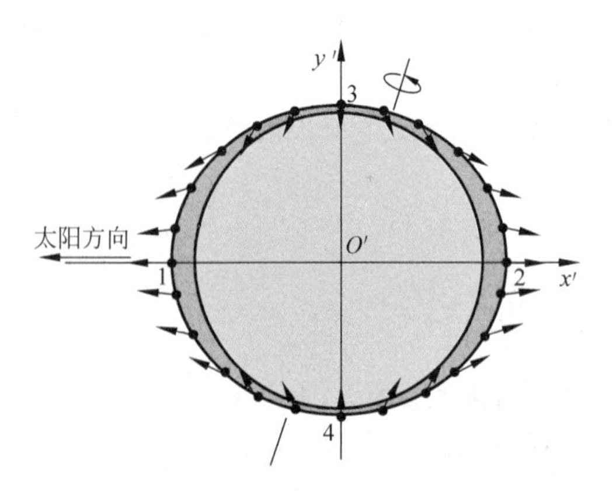

图2.24　地球表面引潮力的分布

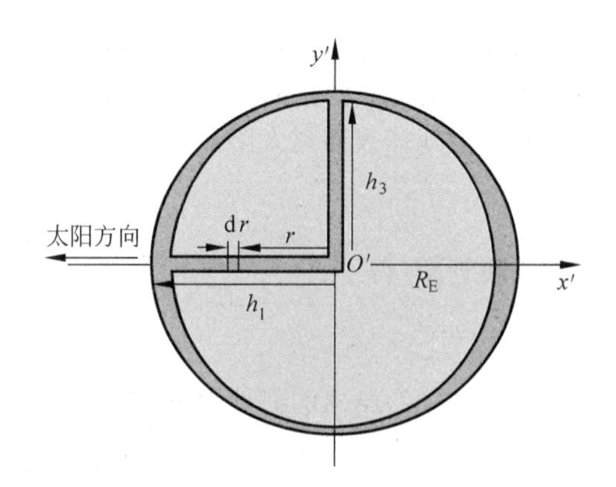

图2.25　潮高计算用图

先计算 h_1 井中的水在地心处产生的压强 p_1。以 ρ 表示水的密度，视为常量。dr 一段内水的质量为 $\mathrm{d}m=\rho\mathrm{d}r\mathrm{d}S$，它受地球的引力为 $\mathrm{d}mg(r)=\rho g(r)\mathrm{d}r\mathrm{d}S$，其中 $g(r)$ 是在 r 处的重力加速度。此处的引潮力可用式(2.34)表示，只是用 r 取代其中的 R_E。由此可得 dr 一段水产生的压强

$$\mathrm{d}p_1=\left[\rho g(r)\mathrm{d}r\mathrm{d}S-\frac{2GM_\mathrm{S}r}{r_\mathrm{S}^3}\rho\mathrm{d}r\mathrm{d}S\right]\Big/\mathrm{d}S$$
$$=\rho\left[g(r)-\frac{2GM_\mathrm{S}}{r_\mathrm{S}^3}r\right]\mathrm{d}r$$

将此式对整个井深 h_1 积分，可得 h_1 井底的压强

$$p_1=\rho\int_0^{h_1}\left[g(r)-\frac{2GM_\mathrm{S}}{r_\mathrm{S}^3}r\right]\mathrm{d}r \tag{2.38}$$

同样的道理得出 h_3 井底的压强

$$p_3=\rho\int_0^{h_3}\left[g(r)+\frac{GM_\mathrm{S}}{r_\mathrm{S}^3}r\right]\mathrm{d}r \tag{2.39}$$

在稳定情况下，$p_1=p_3$，即

$$\int_0^{h_1}\left[g(r)-\frac{2GM_\mathrm{S}}{r_\mathrm{S}^3}r\right]\mathrm{d}r=\int_0^{h_3}\left[g(r)+\frac{GM_\mathrm{S}}{r_\mathrm{S}^3}r\right]\mathrm{d}r$$

移项可得

$$\int_0^{h_1}g(r)\mathrm{d}r-\int_0^{h_3}g(r)\mathrm{d}r=\int_0^{h_1}\frac{2GM_\mathrm{S}}{r_\mathrm{S}^3}r\mathrm{d}r+\int_0^{h_3}\frac{GM_\mathrm{S}}{r_\mathrm{S}^3}r\mathrm{d}r \tag{2.40}$$

此式左侧两积分可合并为 $\int_{h_3}^{h_1}g(r)\mathrm{d}r$。由于 h_1 和 h_3 都和地球半径 R_E 相差不多，$g(r)$就可取地球表面的重力加速度值 $g(R_\mathrm{E})=\dfrac{GM_\mathrm{E}}{R_\mathrm{E}^2}$。这样

$$\int_{h_3}^{h_1}g(r)\mathrm{d}r=(h_1-h_3)g(R_\mathrm{E})=\frac{GM_\mathrm{E}}{R_\mathrm{E}^2}\Delta h_\mathrm{S}$$

其中 $\Delta h_\mathrm{S}=h_1-h_3$，可视为潮高。

式(2.40)右侧可取 $h_1=h_3=R_\mathrm{E}$ 而合并为

$$\int_0^{R_\mathrm{E}}\frac{3GM_\mathrm{S}}{r_\mathrm{S}^3}r\mathrm{d}r=\frac{3GM_\mathrm{S}}{2r_\mathrm{S}^3}R_\mathrm{E}^2$$

由此，式(2.40)给出

$$\frac{GM_\mathrm{E}}{R_\mathrm{E}^2}\Delta h_\mathrm{S}=\frac{3GM_\mathrm{S}}{2r_\mathrm{S}^3}R_\mathrm{E}^2$$

而潮高

$$\Delta h_\mathrm{S}=\frac{3}{2}\frac{M_\mathrm{S}}{M_\mathrm{E}}\left(\frac{R_\mathrm{E}}{r_\mathrm{S}}\right)^3R_\mathrm{E} \tag{2.41}$$

将 $M_\mathrm{S}=1.99\times10^{30}$ kg，$M_\mathrm{E}=5.98\times10^{24}$ kg，$R_\mathrm{E}=6.4\times10^3$ km，$r_\mathrm{S}=1.5\times10^8$ km 代入上式，可得太阳引起的潮——太阳潮——之高

$$\Delta h_\mathrm{S}=0.25\ \mathrm{m}$$

上述分析同样可以用来分析月球在地球上引起的潮汐——太阴潮。与式(2.41)类似，太阴潮高为

$$\Delta h_M = \frac{3}{2}\frac{M_M}{M_E}\left(\frac{R_E}{r_M}\right)^3 R_E \tag{2.42}$$

将月球质量($M_M = 7.35\times10^{22}$ kg)到地心的距离 $r_M = 3.8\times10^5$ km 代入上式,可得

$$\Delta h_M = 0.56 \text{ m}$$

实际上,潮高为 Δh_S 和 Δh_M 的矢量叠加。在朔日(新月)和望日(满月),月球、太阳和地球几乎在同一直线上,太阳潮和太阴潮相加形成大潮,潮高可达 0.81 m(图 2.26(a))。在上弦月或下弦月时,月球和太阳对地球的方位垂直,二者相消一部分,形成小潮,潮高为 0.31 m(图 2.26(b))。一个月内大潮和小潮各出现两次。

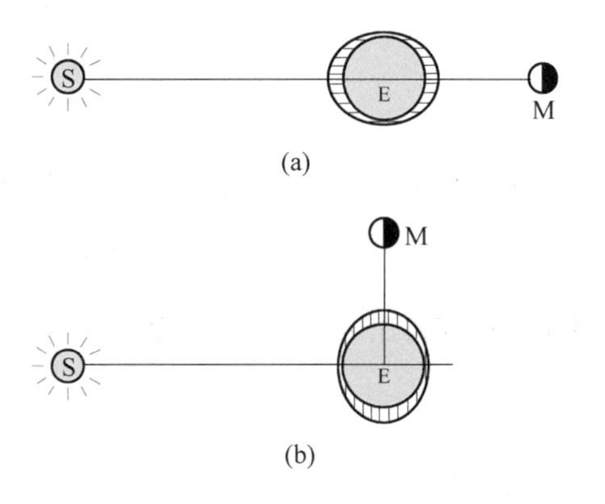

图 2.26 大潮和小潮

(a) 满月大潮;(b) 上弦小潮

和实际观测相比,以上潮高的计算值偏小,该计算值约适用于开阔的洋面。在海岸处的潮高和海岸的形状、海底的情况等有关。我国钱塘江口的排山倒海的大潮就和该处江口的喇叭形状有关。涨潮时由于水道越来越窄,致使海水越堆越高,遂形成特高潮的壮观。

由于潮水和地球固体表层的相对移动,其间摩擦力要阻碍地球的转动而导致地球自转速度的减小①。据计算,每过一个世纪,每一天要延长 28 秒。现代地学从珊瑚和牡蛎化石的生长线数判断,三亿多年前地球的一年约有 400 天,而现在只约有 365 天了。

提要

1. 牛顿运动定律

第一定律 惯性和力的概念,惯性系的定义。

第二定律 $\boldsymbol{F}=\frac{d\boldsymbol{p}}{dt}$, $\boldsymbol{p}=m\boldsymbol{v}$

当 m 为常量时 $\boldsymbol{F}=m\boldsymbol{a}$

第三定律 $\boldsymbol{F}_{12}=-\boldsymbol{F}_{21}$,同时存在,分别作用,方向相反,大小相等。

力的叠加原理 $\boldsymbol{F}=\boldsymbol{F}_1+\boldsymbol{F}_2+\cdots$,相加用平行四边形定则或三角形定则。

2. 常见的几种力

重力 $\boldsymbol{W}=m\boldsymbol{g}$

弹性力 接触面间的压力和绳的张力

弹簧的弹力 $f=-kx$, k:劲度系数

摩擦力 滑动摩擦力 $f_k=\mu_k N$, μ_k:滑动摩擦系数

静摩擦力 $f_s\leqslant\mu_s N$, μ_s:静摩擦系数

① 参看:张三慧.潮汐是怎样使地球自转速度变慢的?物理与工程,2001,11(2):6.

流体阻力　　$f_d = kv$　或　$f_d = \frac{1}{2}C\rho Av^2$，$C$：曳引系数

表面张力　　$F = \gamma l$，γ：表面张力系数

*3. **基本自然力**：引力、弱力、电磁力、强力(弱、电已经统一)。

4. **用牛顿定律解题"三字经"**：认物体，看运动，查受力(画示力图)，列方程(一般用分量式)。

5. **惯性力**：在非惯性系中引入的和参考系本身的加速运动相联系的力。

在平动加速参考系中　　$\boldsymbol{F}_i = -m\boldsymbol{a}_0$

在转动参考系中　　惯性离心力 $\boldsymbol{F}_i = m\omega^2\boldsymbol{r}$

科里奥利力　　$\boldsymbol{F}_C = 2m\boldsymbol{v}' \times \boldsymbol{\omega}$

6. **潮汐**：地球上观察到的一种惯性力作用的表现。

思考题

2.1　没有动力的小车通过弧形桥面(图2.27)时受几个力的作用？它们的反作用力作用在哪里？若 m 为车的质量，车对桥面的压力是否等于 $mg\cos\theta$？小车能否作匀速率运动？

2.2　有一单摆如图2.28所示。试在图中画出摆球到达最低点 P_1 和最高点 P_2 时所受的力。在这两个位置上，摆线中张力是否等于摆球重力或重力在摆线方向的分力？如果用一水平绳拉住摆球，使之静止在 P_2 位置上，线中张力多大？

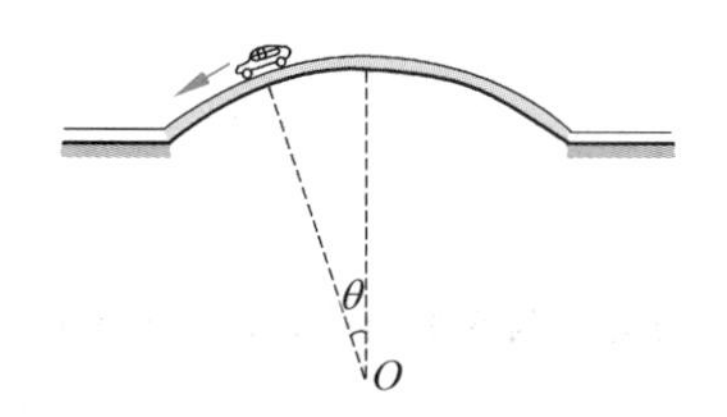

图2.27　思考题2.1用图

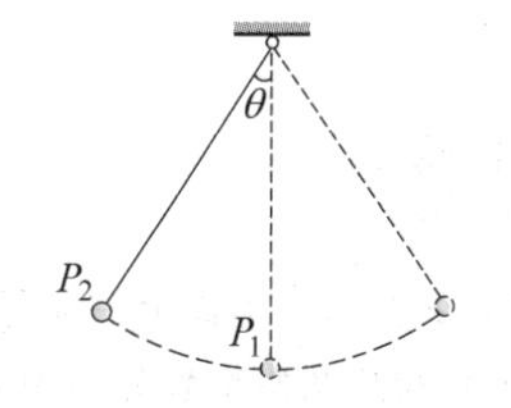

图2.28　思考题2.2用图

2.3　有一个弹簧，其一端连有一小铁球，你能否做一个在汽车内测量汽车加速度的"加速度计"？根据什么原理？

2.4　当歼击机由爬升转为俯冲时(图2.29(a))，飞行员会由于脑充血而"红视"(视场变红)；当飞行员由俯冲拉起时(图2.29(b))，飞行员由于脑失血而"黑晕"(眼睛失明)。这是为什么？若飞行员穿上一种 G 套服(把身躯和四肢肌肉缠得紧紧的一种衣服)，当飞行员由俯冲拉起时，他能经得住相当于 $5g$ 的力而避免黑晕，但飞行开始俯冲时，最多经得住 $-2g$ 而仍免不了红视。这又是为什么？(定性分析)

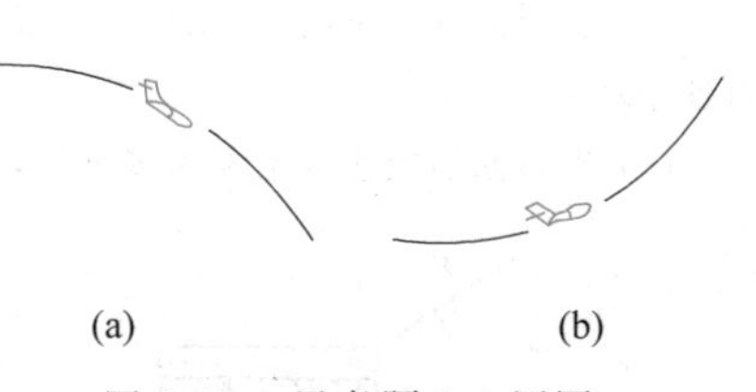

图2.29　思考题2.4用图

2.5　用天平测出的物体的质量，是引力质量还是惯性质量？两汽车相撞时，其撞击力的产生是源于引力质量还是惯性质量？

2.6　设想在高处用绳子吊一块重木板，板面沿竖直方向，板中央有颗钉子，钉子上悬挂一单摆，今使单摆摆动起来。如果当摆球越过最低点时，砍断吊木板的绳子，在木板下落过程中，摆球相对于木板的运动形式将如何？如果当摆球到达极端位置时砍断绳子，摆球相对于木板的运动形式又将如何？(忽略空气

阻力。)

*2.7 在门窗都关好的行驶的汽车内,漂浮着一个氢气球,当汽车向左转弯时,氢气球在车内将向左运动还是向右运动?

*2.8 设想在地球北极装置一个单摆(图2.30)。令其摆动后,则会发现其摆动平面,即摆线所扫过的平面,按顺时针方向旋转。摆球受到垂直于这平面的作用力了吗?为什么这平面会旋转?试用惯性系和非惯性系概念解释这个现象。

2.9 小心缓慢地持续向玻璃杯内倒水,可以使水面鼓出杯口一定高度而不溢流。为什么可能这样?

2.10 不太严格地说,一物体所受重力就是地球对它的引力。据此,联立式(2.8)和式(2.18)导出以引力常量G、地球质量M和地球半径R表示的重力加速度g的表示式。

*2.11 同步卫星的运行要求其姿态稳定,即其抛物面天线必须始终朝向地球。一种姿态稳定性设计是用两根长杆沿天线轴线方向插在卫星两侧(图2.31),试用潮汐原理说明这一对长杆就将使卫星保持其姿态稳定。[①]

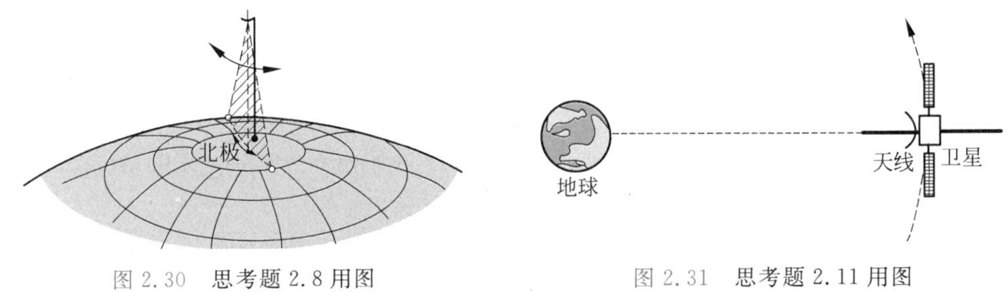

图2.30 思考题2.8用图

图2.31 思考题2.11用图

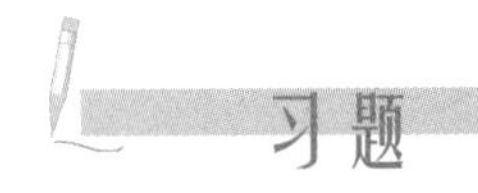

习题

2.1 用力$\boldsymbol{F}$推水平地面上一质量为M的木箱(图2.32)。设力$\boldsymbol{F}$与水平面的夹角为θ,木箱与地面间的滑动摩擦系数和静摩擦系数分别为μ_k和μ_s。

(1) 要推动木箱,F至少应多大?此后维持木箱匀速前进,F应需多大?

(2) 证明当θ角大于某一值时,无论用多大的力F也不能推动木箱。此θ角是多大?

2.2 设质量$m=0.50$ kg的小球挂在倾角$\theta=30°$的光滑斜面上(图2.33)。

(1) 当斜面以加速度$a=2.0\ \mathrm{m/s^2}$沿如图2.33所示的方向运动时,绳中的张力及小球对斜面的正压力各是多大?

(2) 当斜面的加速度至少为多大时,小球将脱离斜面?

图2.32 习题2.1用图

图2.33 习题2.2用图

2.3 一架质量为5000 kg的直升机吊起一辆1500 kg的汽车以0.60 m/s^{2}的加速度向上升起。

(1) 空气作用在螺旋桨上的上举力多大?

① 参见:管靖.基础物理学中关于力学稳定性的讨论.大学物理,2002,21(6):46.

(2) 吊汽车的缆绳中张力多大?

2.4 如图 2.34 所示,一个高楼擦窗工人利用一定滑轮自己控制下降。

(1) 要自己慢慢匀速下降,他需要用多大力拉绳?

(2) 如果他放松些,使拉力减少 10%,他下降的加速度将多大? 设人和吊桶的总质量为 75 kg。

2.5 图 2.35 中 A 为定滑轮,B 为动滑轮,3 个物体的质量分别为:$m_1=200$ g,$m_2=100$ g,$m_3=50$ g。

(1) 求每个物体的加速度。

(2) 求两根绳中的张力 T_1 和 T_2。假定滑轮和绳的质量以及绳的伸长和摩擦力均可忽略。

2.6 在一水平的直路上,一辆车速 $v=90$ km/h 的汽车的刹车距离 $s=35$ m。如果路面相同,只是有 1∶10 的下降斜度,这辆汽车的刹车距离将变为多少?

2.7 桌上有一质量 $M=1.50$ kg 的板,板上放一质量 $m=2.45$ kg 的另一物体。设物体与板、板与桌面之间的摩擦系数均为 $\mu=0.25$。要将板从物体下面抽出,至少需要多大的水平力?

2.8 如图 2.36 所示,在一质量为 M 的小车上放一质量为 m_1 的物块,它用细绳通过固定在小车上的滑轮与质量为 m_2 的物块相连,物块 m_2 靠在小车的前壁上而使悬线竖直。忽略所有摩擦。

图 2.34 习题 2.4 用图

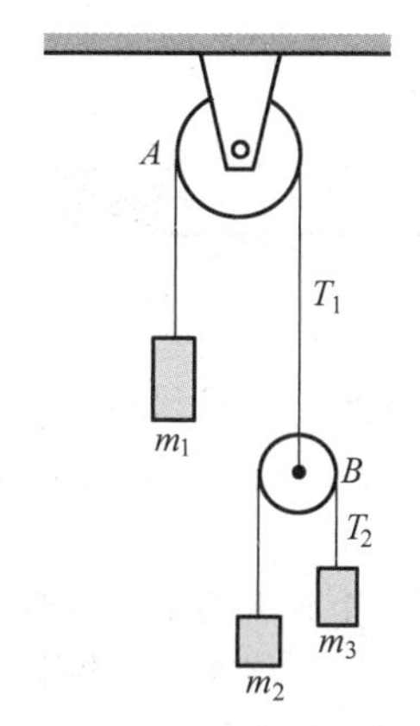

图 2.35 习题 2.5 用图

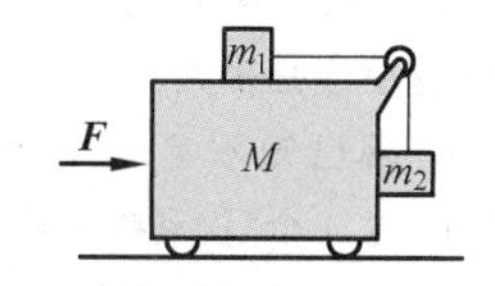

图 2.36 习题 2.8 用图

(1) 当用水平力 $\boldsymbol{F}$ 推小车使之沿水平桌面加速前进时,小车的加速度多大?

(2) 如果要保持 m_2 的高度不变,力 $\boldsymbol{F}$ 应多大?

2.9 按照 38×10^5 km 外的地球上的飞行控制中心发来的指令,点燃自身的制动发动机后,我国第一颗月球卫星"嫦娥一号"于 2007 年 11 月 7 日正式进入科学探测工作轨道(图 2.37)。该轨道为圆形,离月面的高度为 200 km。求"嫦娥一号"的运行速率(相对月球)与运行周期。

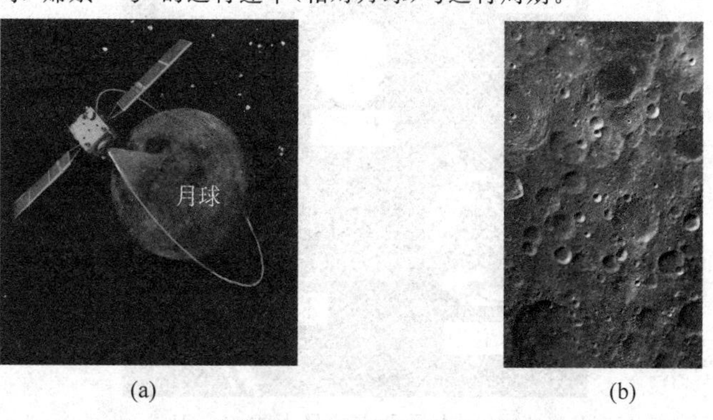

图 2.37 "嫦娥一号"绕月球运行,探测月面

(a)"嫦娥一号"绕行月球;(b)"嫦娥一号"传回的首张月球表面照片

2.10　两根弹簧的劲度系数分别为 k_1 和 k_2。

(1) 试证明它们串联起来时(图 2.38(a)),总的劲度系数为

$$k=\frac{k_1k_2}{k_1+k_2}$$

(2) 试证明它们并联起来时(图 2.38(b)),总的劲度系数为

$$k=k_1+k_2$$

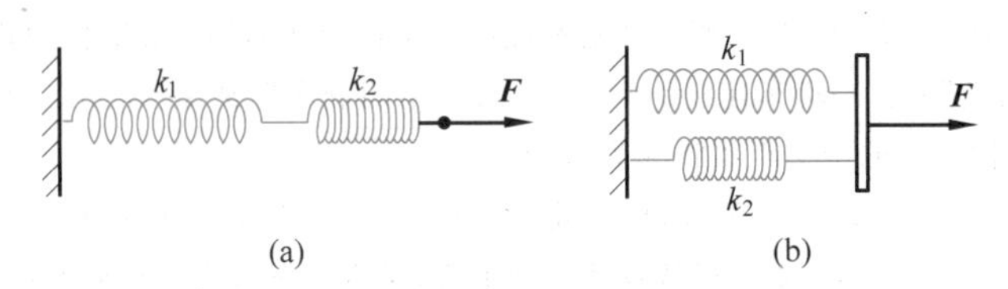

图 2.38　习题 2.10 用图

2.11　如图 2.39 所示,质量 $m=1200$ kg 的汽车在一弯道上行驶,速率 $v=25$ m/s。弯道的水平半径 $R=400$ m,路面外高内低,倾角 $\theta=6°$。

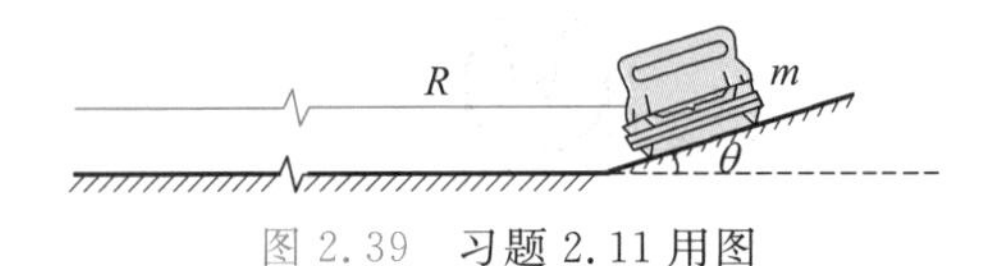

图 2.39　习题 2.11 用图

(1) 求作用于汽车上的水平法向力与摩擦力。

(2) 如果汽车轮与轨道之间的静摩擦系数 $\mu_s=0.9$,要保证汽车无侧向滑动,汽车在此弯道上行驶的最大允许速率应是多大?

2.12　现已知木星有 16 个卫星,其中 4 个较大的是伽利略用他自制的望远镜在 1610 年发现的(图 2.40)。这 4 个"伽利略卫星"中最大的是木卫三,它到木星的平均距离是 1.07×10^6 km,绕木星运行的周期是 7.16 d。试由此求出木星的质量。忽略其他卫星的影响。

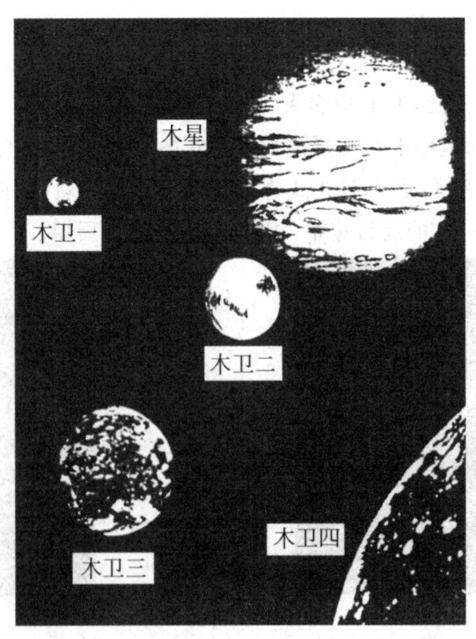

图 2.40　木星和它的最大的 4 个卫星

2.13 美丽的土星环在土星周围从离土星中心 73 000 km 延伸到距土星中心 136 000 km(图 2.41)。它由大小从 10^{-6} m 到 10 m 的粒子组成。若环的外缘粒子的运行周期是 14.2 h,那么由此可求得土星的质量是多大?

图 2.41 卡西尼号越过土星(小图)的光环(2004 年 7 月)

2.14 星体自转的最大转速发生在其赤道上的物质所受向心力正好全部由引力提供之时。

(1) 证明星体可能的最小自转周期为 $T_{\min}=\sqrt{3\pi/(G\rho)}$,其中 ρ 为星体的密度。

(2) 行星密度一般约为 3.0×10^3 kg/m^3,求其可能最小自转周期。

(3) 有的中子星自转周期为 1.6 ms,若它的半径为 10 km,则该中子星的质量至少多大(以太阳质量为单位)?

2.15 证明:一个密度均匀的星体由于自身引力在其中心处产生的压强为

$$p=\frac{2}{3}\pi G\rho^2R^2$$

其中 ρ,R 分别为星体的密度和半径。

已知木星绝大部分由氢原子组成,平均密度约为 1.3×10^3 kg/m^3,半径约为 7.0×10^7 m。试按上式估算木星中心的压强,并以标准大气压(atm)为单位表示(1 atm=1.013×10^5 Pa)。

2.16 设想一个三星系统:三个质量都是 M 的星球稳定地沿同一圆形轨道运动,轨道半径为 R,求此系统的运行周期。

2.17 1996 年用于考查太阳的一个航天器(SOHO)被发射升空,开始绕太阳运行。其轨道在地球轨道内侧不远处而运行周期也是一年,这样它在公转中就和地球保持相对静止。该航天器所在地点被称为拉格朗日点(Lagrange point)[①]。求该点离地球多远。在地球轨道外侧也有这样的点吗?

① "拉格朗日点"还有另外的说法。一个是在地球与月球中间二者的引力正好抵消的那一点。另一个说法是拉格朗日1772 年证明的:在木星轨道上以太阳为基准超前 60°和落后 60°的两个点,它们也总绕着太阳转(图 2.42)。1906 年在超前的那个拉格朗日点上观测到一颗相对于木星和太阳静止的小行星,现今已发现在"前点"上有 9 颗,"后点"上有5 颗小行星。

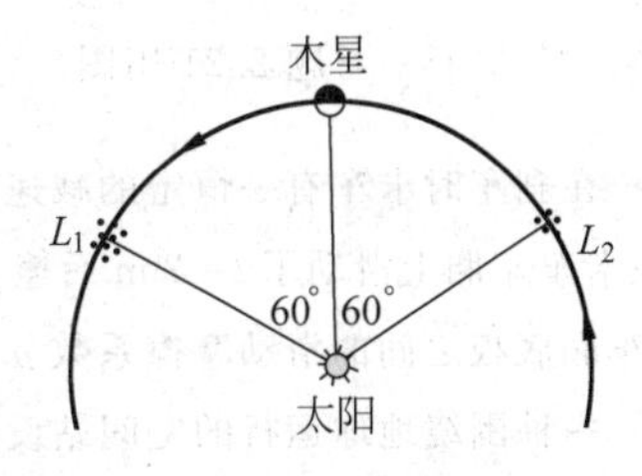

图 2.42 拉格朗日点

2.18 光滑的水平桌面上放置一固定的圆环带，半径为 R。一物体贴着环带内侧运动(图2.43)，物体与环带间的滑动摩擦系数为 μ_k。设物体在某一时刻经 A 点时速率为 v_0，求此后 t 时刻物体的速率以及从 A 点开始所经过的路程。

2.19 一台超级离心机的转速为 5×10^4 r/min，其试管口离转轴 2.00 cm，试管底离转轴 10.0 cm (图2.44)。

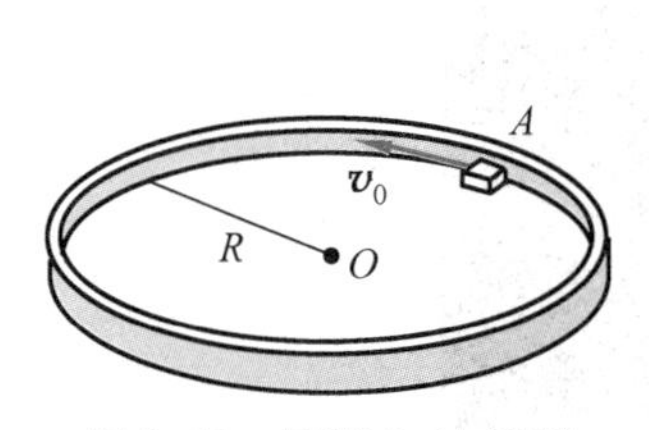

图2.43 习题2.18用图

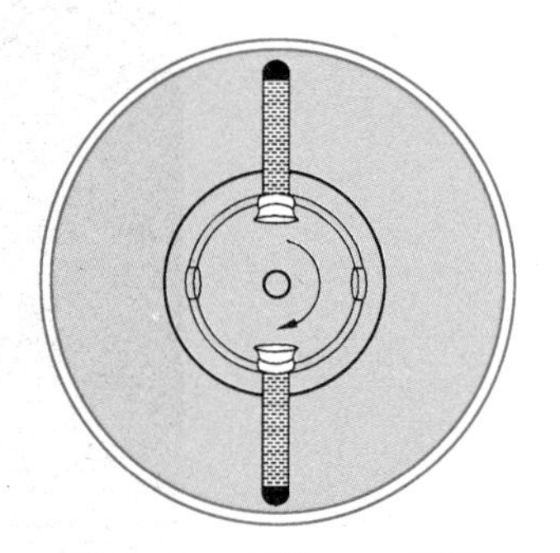

图2.44 习题2.19用图

(1) 求管口和管底的向心加速度各是 g 的几倍。

(2) 如果试管装满 12.0 g 的液体样品，管底所承受的压力多大？相当于几吨物体所受重力？

(3) 在管底一个质量为质子质量 10^5 倍的大分子受的惯性离心力多大？

2.20 直九型直升机的每片旋翼长 5.97 m。若按宽度一定、厚度均匀的薄片计算，旋翼以 400 r/min 的转速旋转时，其根部受的拉力为其受重力的几倍？

2.21 如图2.45所示，一小物体放在一绕竖直轴匀速转动的漏斗壁上，漏斗每秒转 n 圈，漏斗壁与水平面成 θ 角，小物体和壁间的静摩擦系数为 μ_s，小物体中心与轴的距离为 r。为使小物体在漏斗壁上不动，n 应满足什么条件(以 r,θ,μ_s 等表示)？

2.22 如图2.46所示，一个质量为 m_1 的物体拴在长为 L_1 的轻绳上，绳的另一端固定在一个水平光滑桌面的钉子上。另一物体质量为 m_2，用长为 L_2 的绳与 m_1 连接。二者均在桌面上作匀速圆周运动，假设 m_1,m_2 的角速度为 ω，求各段绳子上的张力。

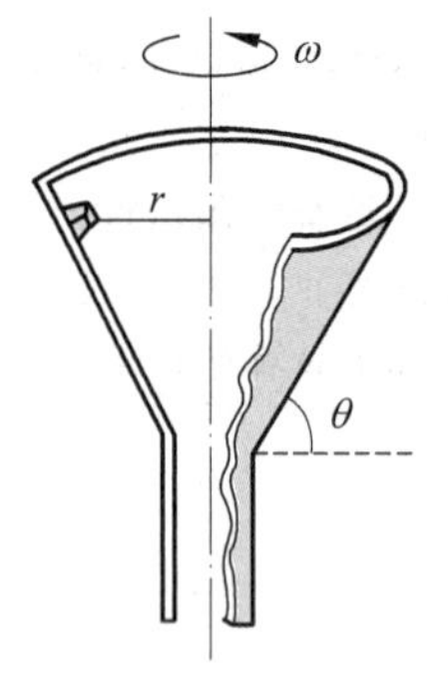

图2.45 习题2.21用图

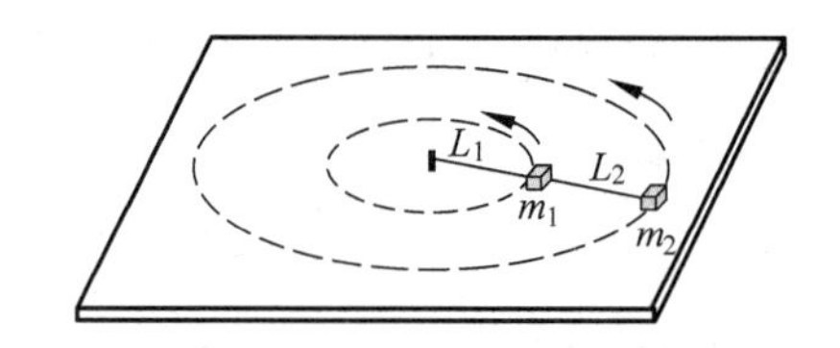

图2.46 习题2.22用图

2.23 在刹车时卡车有一恒定的减速度 $a=7.0\ \mathrm{m/s^2}$。刹车一开始，原来停在上面的一个箱子就开始滑动，它在卡车车厢上滑动了 $l=2$ m 后撞上了车厢的前帮。问此箱子撞上前帮时相对卡车的速率为多大？设箱子与车厢底板之间的滑动摩擦系数 $\mu_k=0.50$。请试用车厢参考系列式求解。

2.24 一种围绕地球运行的空间站设计成一个环状密封圆筒(像一个充气的自行车胎)，环中心的半径是 1.8 km。如果想在环内产生大小等于 g 的人造重力加速度，则环应绕它的轴以多大的角速度旋转？

这人造重力方向如何?

*2.25 一半径为 R 的金属光滑圆环可绕其竖直直径旋转。在环上套有一珠子(图 2.47)。今从静止开始逐渐增大圆环的转速 ω。试求在不同转速下珠子能静止在环上的位置(以珠子所停处的半径与竖直直径的夹角 θ 表示)。这些位置分别是稳定的,还是不稳定的?

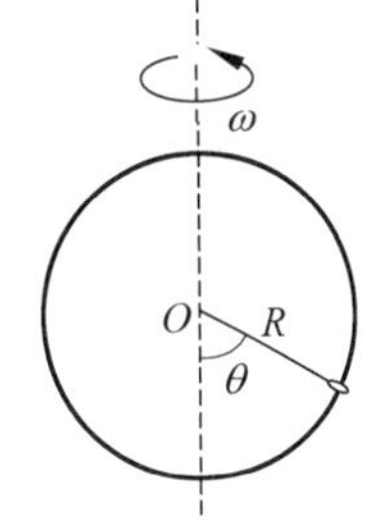

图 2.47 习题 2.25 用图

*2.26 **平流层信息平台**是目前正在研制的一种多用途通信装置。它是在 20～40 km 高空的平流层内放置的充氦飞艇,其上装有信息转发器可进行各种信息传递。由于平流层内有比较稳定的东向或西向气流,所以要固定这种飞艇的位置需要在其上装推进器以平衡气流对飞艇的推力。一种飞艇的设计直径为 50 m,预定放置处的空气密度为 0.062 kg/m^3,风速取 40 m/s,空气阻力系数取 0.016,求固定该飞艇所需要的推进器的推力。如果该推进器的推力效率为 10 mN/W,则该推进器所需的功率多大?(能源可以是太阳能。)

2.27 用式(2.12)的阻力公式及牛顿第二定律可写出物体在流体中下落时的运动微分方程为

$$m\frac{\mathrm{d}v}{\mathrm{d}t}=mg-kv$$

(1) 用直接代入法证明此式的解为

$$v=\frac{mg}{k}(1-\mathrm{e}^{-(k/m)t})$$

(2) $t\to\infty$时的速率就是终极速率,试求此终极速率。

2.28 一种简单的测量水的表面张力系数的方法如下。在一弹簧秤下端吊一只细圆环,先放下圆环使之浸没于水中,然后慢慢提升弹簧秤。待圆环被拉出水面一定高度时,可见接在圆环下面形成了一段环形水膜。这时弹簧秤显示出一定的向上的拉力(图 2.48)。以 r 表示细圆环的半径,以 m 表示其质量,以 F 表示弹簧秤显示的拉力的大小。试证明水的表面张力系数可利用下式求出:

$$\gamma=\frac{F-mg}{4\pi r}$$

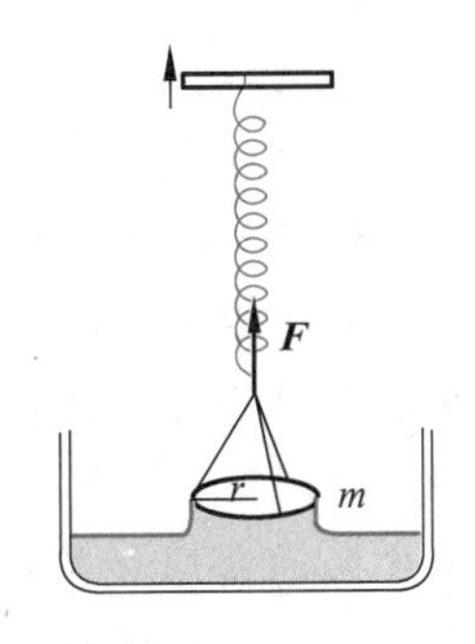

图 2.48 习题 2.28 用图

牛顿

混沌——决定论的混乱

B.1 决定论的可预测性

学习了牛顿力学后，往往会得到这样一种印象，或产生这样一种信念：在物体受力已知的情况下，给定了初始条件，物体以后的运动情况（包括各时刻的位置和速度）就完全决定了，并且可以预测了。这种认识被称做**决定论的可预测性**。验证这种认识的最简单例子是抛体运动。物体受的重力是已知的，一旦初始条件（抛出点的位置和抛出时速度）给定了，物体此后任何时刻的位置和速度也就决定了（参考例 1.3 和例 1.4）。这种情况下可以写出严格的数学运动学方程，即解析解，从而使运动完全可以预测。

牛顿力学的这种决定论的可预测性，其威力曾扩及宇宙天体。1757 年哈雷彗星在预定的时间回归，1846 年海王星在预言的方位上被发现，都惊人地证明了这种认识。这样的威力曾使伟大的法国数学家拉普拉斯夸下海口：给定宇宙的初始条件，我们就能预言它的未来。当今日蚀和月蚀的准确预测、宇宙探测器的成功发射与轨道设计，可以说是在较小范围内实现了拉普拉斯的壮语。牛顿力学在技术中得到了广泛而成功的应用。物理教科书中利用典型的例子对牛顿力学进行了定量的严格的讲解。这些都使得人们对自然现象的决定论的可预测性深信不疑。

但是，这种传统的思想信念在 20 世纪 60 年代遇到了严峻的挑战。人们发现由牛顿力学支配的系统，虽然其运动是由外力决定的，但是在一定条件下却是完全不能预测的。原来，牛顿力学显示出的决定论的可预测性，只是那些受力和位置或速度有线性关系的系统才具有的。这样的系统叫**线性系统**。牛顿力学严格、成功地处理过的系统都是这种线性系统。对于受力较复杂的非线性系统，情况就不同了。下面通过一个实际例子说明这一点。

B.2 决定论的不可预测性

如图 B.1 所示的弹簧振子，它的上端固定在一个框架上。当框架上下振动时，振子也就随着上下振动。振子的这种振动叫受迫振动。

在理想的情况下，即弹力完全符合胡克定律，空气阻力也与速率成正比的情况下，这个弹簧振子就是一个线性系统。它的运动可以根据牛顿定律用数学解析方法求出来。它的振动曲线如图B.2所示。虽然在开始一段短时间内有点起伏，但很快会达到一种振幅和周期都不再改变的稳定状态。在这种情况下，振子的运动是完全决定而且可以预测的。

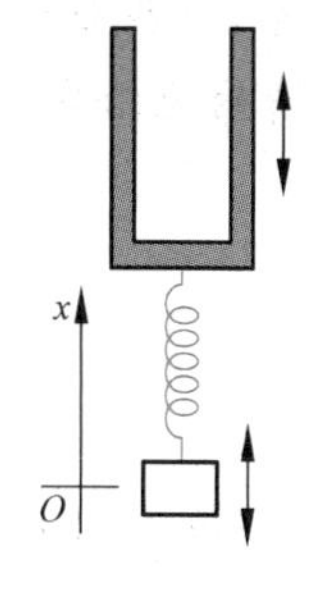

图B.1　受迫振动

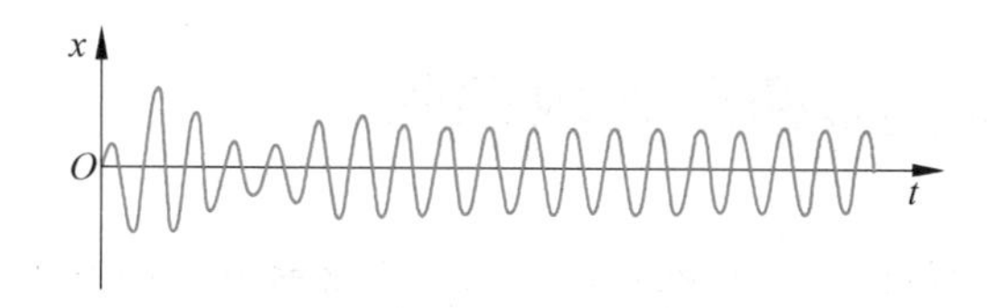

图B.2　受迫振动的振动曲线

如果把实验条件改变一下，如图B.3所示，在振子的平衡位置处放一质量较大的砧块，使振子撞击它以后以同样速率反跳。这时振子所受的撞击力不再与位移成正比，因而系统成为非线性的。对于这一个非线性系统，虽然其运动还是外力决定的，即受牛顿定律决定论的支配，但现在的数学已无法给出其解析解并用严格的数学式表示其运动状态了。可以用实验描绘其振动曲线。虽然在框架振动频率为某些值时，振子的振动最后也能达到周期和振幅都一定的稳定状态(如图B.4所示)，但在框架振动频率为另一些值时，振子的振动曲线如图B.5所示，振动变得完全杂乱而无法预测了，这时振子的运动就进入了混沌状态。

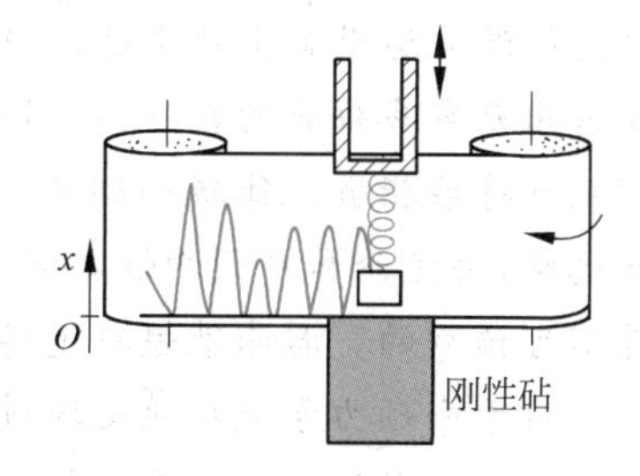

图B.3　反跳振子装置

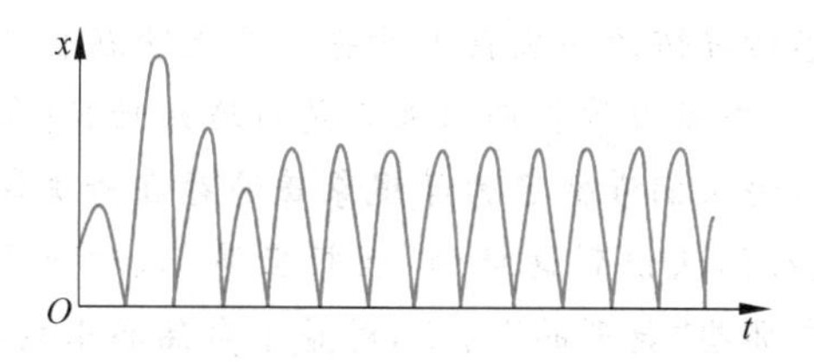

图B.4　反跳振子的稳定振动

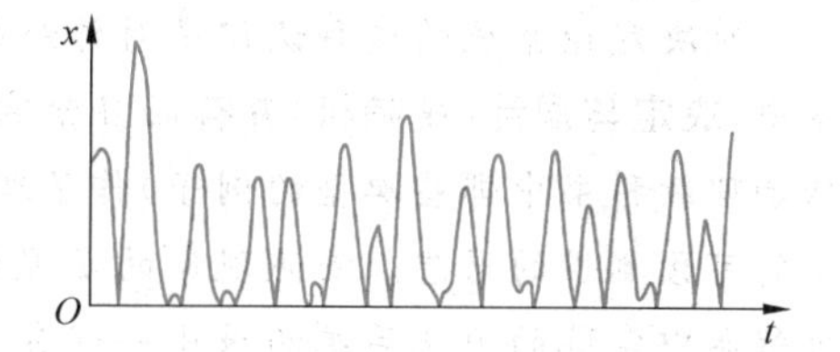

图B.5　反跳振子的混沌运动

反跳振子的混沌运动，除了每一次实验都表现得非常混乱外，在框架振动的频率保持不变的条件下做几次实验，会发现如果初始条件略有不同，振子的振动情况会发生很明显的不同。图B.6画出了5次振子初位置略有不同(其差别已在实验误差范围之内)的混沌振动

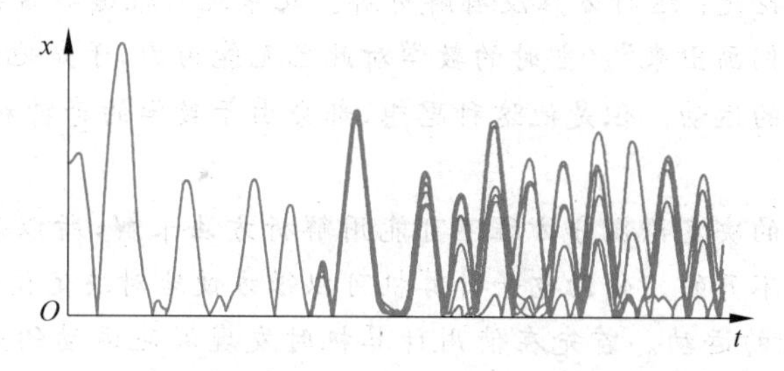

图B.6　反跳振子的混沌运动对初值的敏感性

曲线。最初几次反跳，它们基本上是一样的。但是，随着时间的推移，它们的差别越来越大。这显示了反跳振子的混沌运动对初值的极端敏感性——最初的微小差别会随时间逐渐放大而导致明显的巨大差别。这样，本来任一次混沌运动，由于其混乱复杂，就很难预测，再加上这种对初值的极端敏感性，而初值在任何一次实验中又不可能完全精确地给定，因而，对任何一次混沌运动，其进程就更加不能预测了。

B.3　对初值的敏感性

对初值的极端敏感性是混沌运动的普遍的基本特征。两次只是初值不同的混沌运动，它们的差别随时间的推移越来越大。以 δ_0 表示初值的微小差别，则其后各时刻两运动的差别 $\delta(t)$ 将随时间按**指数规律**增大，即

$$\delta(t) = \delta_0 e^{lt}$$

其中 l 叫**李雅普诺夫指数**，其值随系统性质而异。不同初值的混沌运动之间的差别的迅速扩大给混沌运动带来严重的后果。由于从原则上讲，初值不可能完全准确地给定(因为那需要给出无穷多位数的数字!)，因而在任何实际给定的初始条件下，我们对混沌运动的演变的预测就将按指数规律减小到零。这就是说，我们对稍长时间之后的混沌运动不可能预测！就这样，决定论和可预测性之间的联系被切断了。混沌运动虽然仍是决定论的，但它同时又是不可预测的。**混沌就是决定论的混乱！**

对于牛顿力学成功地处理过的线性系统，不同初值的诸运动之间的差别只是随时间线性扩大。这种较慢的离异使得实际上的运动对初值不特别敏感因而实际上可以预测。但即使如此，如果要预测非常远的将来的运动状态，那也是不可能的。

对决定论系统的这种认识是对传统的物理学思维习惯的一次巨大冲击。它表明在自然界中，**决定与混乱**(或**随机**)**并存**而且紧密互相联系。牛顿力学长期以来只是对理想世界(包括物理教科书中那些典型的例子)作了理想的描述，向人们灌输了力学现象普遍存在着决定论的可预测性的思想。混沌现象的发现和研究，使人们认识到这样的“理想世界”只对应于自然界中实际的力学系统的很小一部分。教科书中那些“典型的”例子，对整个自然界来说，并不典型，由它们得出的结论并不适用于更大范围的自然界。对这更大范围的自然界，必须用新的思想和方法加以重新认识和研究，以便找出适用于它们的新的规律。

决定论的不可预测性这种思想早在19世纪末就由法国的伟大数学家庞加莱在研究三体问题时提出来了。对于三个星体在相互引力作用下的运动，他列出了一组非线性的常微分方程。他研究的结论是：这种方程没有解析解。此系统的轨道非常杂乱，以至于他“甚至于连想也不想要把它们画出来”。当时的数学对此已无能为力，于是他设计了一些新的几何方法来说明这么复杂的运动。但是他这种思想，部分由于数学的奇特和艰难，长期未引起物理学家的足够关注。

由于非线性系统的决定论微分方程不可能用解析方法求解，所以混沌概念的复苏是和电子计算机的出现分不开的。借助电子计算机可以很方便地对决定论微分方程进行数值解法来研究非线性系统的运动。首先在使用计算机时发现混沌运动的是美国气象学家洛伦兹。为了研究大气对流对天气的影响，他抛掉许多次要因素，建立了一组非线性微分方程。解他的方程只能用数值解法——给定初值后一次一次地迭代。他使用的是当时的真空管计

算机。1961年冬的一天,他在某一初值的设定下已算出一系列气候演变的数据。当他再次开机想考察这一系列的更长期的演变时,为了省事,不再从头算起,他把该系列的一个中间数据当作初值输入,然后按同样的程序进行计算。他原来希望得到和上次系列后半段相同的结果。但是,出乎预料,经过短时重复后,新的计算很快就偏离了原来的结果(见图B.7)。他很快意识到,并非计算机出了故障,问题出在他这次作为初值输入的数据上。计算机内原储存的是6位小数0.506 127,但他打印出来的却是3位小数0.506。他这次输入的就是这三位数字。原来以为这不到千分之一的误差无关紧要,但就是这初值的微小差别导致了结果序列的逐渐分离。凭数学的直观他感到这里出现了违背经典概念的新现象,其实际重要性可能是惊人的。他的结论是:**长期的天气预报是不可能的**。他把这种天气对于初值的极端敏感反应用一个很风趣的词——"蝴蝶效应"——来表述。用畅销名著《混沌——开创一门新科学》的作者格莱克的说法,"蝴蝶效应"指的是"今天在北京一只蝴蝶拍动一下翅膀,可能下月在纽约引起一场暴风雨"。

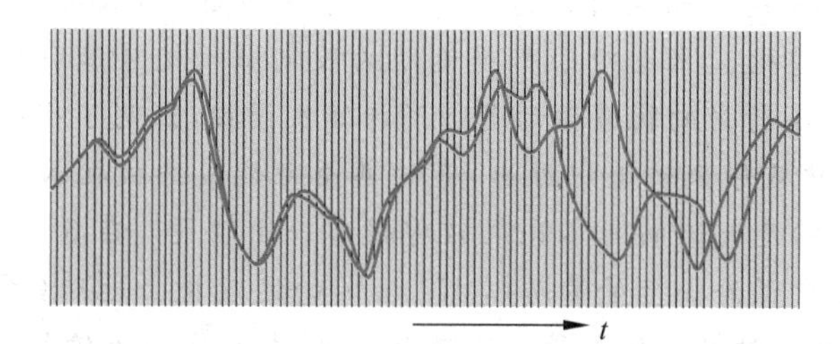

图B.7 洛伦兹的气候演变曲线

B.4 几个混沌现象实例

1. 天体运动的混沌现象

前已述及,三体问题,更不要说更多体的问题,不可能有解析解。对于这类问题,目前只能用计算机进行数值计算。现举一个简单的例子。两个质量相等的大天体M_1和M_2围绕它们的质心作圆周运动。选择它们在其中都静止的参考系来研究另一个质量很小的天体M_3在它们的引力作用下的运动。计算机给出的在一定条件下M_3运动的轨迹如图B.8所示。M_3的运动轨道就是决定论的不可预测的,不可能知道何时M_3绕M_1运动或绕M_2运动,也不能确定M_3何时由M_1附近转向M_2附近。对现时太阳系中行星的运动,并未观察到这种混乱情况。这是因为各行星受的引力主要是太阳的引力。作为一级近似,它们都可以被认为是单独在太阳引力作用下运动而不受其他行星的影响。这样太阳系中行星的运动就可以视为两体问题而有确定的解析解。另一方面,也可以认为太阳系的年龄已够长以致初始的混沌运动已消失,同时年龄又没有大到各可能轨道分离到不可预测的程度(顺便指出,人造宇宙探测器的轨道不出现混沌是因为随时有地面站或宇航员加以控制的缘故)。但是就在太阳系内,也真有在引力作用下的混沌现象发生。结合牛顿力学和混沌理论已证明,冥王星的运动以千万年为时间尺度是混沌的(这一时间尺度虽比它的运行周期250年长得多,但比起太阳系的寿命——50亿年——要短得多了)。哈雷彗星运行周期的微小变动也可用混沌理论来解释。1994年7月苏梅克-列维9号彗星撞上木星这种罕见的太空奇观也很可能就是混沌运动的一种表现。

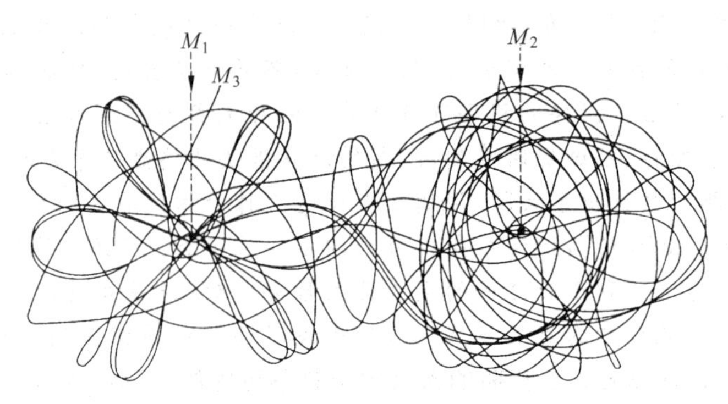

图 B.8 小天体的混沌运动

在太阳系内火星和木星之间分布有一个小行星带。其中的小行星的直径约在 1 km 和 1000 km 之间，它们都围绕太阳运行。由于它们离木星较近，而木星是最大的行星，所以木星对它们的引力不能忽略。木星对小行星运动的长期影响就可能引起小行星进入混沌运动。1985 年有人曾对小行星的轨道运动进行了计算机模拟，证明了小行星的运动的确可能变得混沌，其后果是被从原来轨道中甩出，有的甚至可能最终被抛入地球大气层中成为流星。令人特别感兴趣的是美国的阿尔瓦莱兹曾提出一个理论：在 6500 万年前曾有一颗大的小行星在混沌运动中脱离小行星带而以 10^4 m/s 的速度撞上地球(墨西哥境内现存有撞击后形成的大坑)。撞击时产生的大量尘埃遮天蔽日，引起地球上的气候大变。大量茂盛的植物品种消失，也导致了以植物为食的恐龙及其他动物品种的灭绝。

2. 生物界的混沌

混沌，由于其混乱，往往使人想到灾难。但也正是由于其混乱和多样性，它也提供了充分的选择机会，因此就有可能使得在走出混沌时得到最好的结果。生物的进化就是一个例子。

自然界创造了各种生物以适应各种自然环境，包括灾难性的气候突变。由于自然环境的演变不可预测，生物种族的产生和发展不可能有一个预先安排好的确定程序。自然界在这里利用了混乱来对抗不可预测的环境。它利用无序的突变产生出各种各样的生命形式来适应自然选择的需要。自然选择好像一种反馈，适者生存并得到发展，不适者被淘汰灭绝。可以说，生物进化就是具有反馈的混沌。

人的自体免疫反应也是有反馈的混沌。人体的这种反应是要对付各种各样的微生物病菌和病毒。一种理论认为，如果为此要建立一个确定的程序，那就不但要把现有的各种病菌和病毒都编入打击目录，而且还要列上将来可能出现的病菌和病毒的名字。这种包揽无余的确定程序是不可能建立的。自然界采取了以火攻火的办法利用混沌为人体设计了一种十分经济的程序。在任何一种病菌或病毒入侵后，体内的生产器官就开始制造形状各种各样的分子并把它们运送到病菌入侵处。当发现某一号分子能完全包围入侵者时，就向生产器官发出一个反馈信息。于是生产器官就立即停止生产其他型号的分子而只大量生产这种对路的特定型号的分子。很快，所有入侵者都被这种分子所包围，并通过循环系统把它们带到排泄器官(如肠、肾)而被排出体外。最后，生产器官被通知关闭，一切又恢复正常。

在医学研究中，人们已发现猝死、癫痫、精神分裂症等疾病的根源可能就是混沌。在神经生理测试中，已发现正常人的脑电波是混沌的，而神经病患者的往往简单有序。在所有这些领域，对混沌的研究都有十分重要的意义。

此外，在流体动力学领域还有一种常见的混沌现象。在管道内流体的流速超过一定值时，或是在液流或气流中的障碍物后面，都会出现十分紊乱的流动。这种流动叫**湍流**（或**涡流**）。图 B.9 是在一个圆柱体后面产生的水流涡流图像，图 B.10 是直升机旋翼尖后面的气流涡流图像。这种湍流是流体动力学研究的重要问题，具有很大的实际意义，但至今没有比较满意的理论说明。混沌的发现给这方面的研究提供了可能是非常重要的或必要的手段。

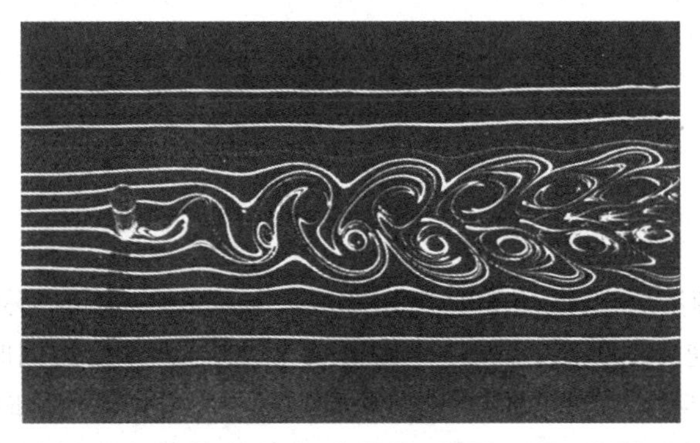

图 B.9　水流涡流

图 B.10　气流涡流

对混沌现象的研究目前不但在自然科学领域受到人们的极大关注，而且已扩展到人文学科，如经济学、社会学等领域。

第 3 章

动量与角动量

第2章讲解了牛顿第二定律，主要是用加速度表示的式(2.3)的形式。该式表示了力和受力物体的加速度的关系，那是一个**瞬时关系**，即与力作用的同时物体所获得的加速度和此力的关系。实际上，力对物体的作用总要延续一段或长或短的时间。在很多问题中，在这段时间内，力的变化复杂，难以细究，而我们又往往只关心在这段时间内力的作用的总效果。这时我们将直接利用式(2.2)表示的牛顿第二定律形式，而把它改写为微分形式并称为动量定理。本章首先介绍动量定理，接着把这一定理应用于质点系，导出了一条重要的守恒定律——动量守恒定律。然后对于质点系，引入了**质心**的概念，并说明了外力和质心运动的关系。后面几节介绍了和动量概念相联系的描述物体转动特征的重要物理量——角动量，在牛顿第二定律的基础上导出了角动量变化率和外力矩的关系——角动量定理，并进一步导出了另一条重要的守恒定律——角动量守恒定律。最后还导出了用于质心参考系的角动量定理。

3.1 冲量与动量定理

把牛顿第二定律公式(2.2)写成微分形式，即

$$\boldsymbol{F}\mathrm{d}t = \mathrm{d}\boldsymbol{p} \tag{3.1}$$

式中乘积 $\boldsymbol{F}\mathrm{d}t$ 叫做在 $\mathrm{d}t$ 时间内质点所受合外力的**冲量**。此式表明在 $\mathrm{d}t$ 时间内质点所受合外力的冲量等于在同一时间内质点的动量的增量。这一表示在一段时间内，外力作用的总效果的关系式叫做**动量定理**。

如果将式(3.1)对 t_0 到 t' 这段有限时间积分，则有

$$\int_{t_0}^{t'} \boldsymbol{F}\mathrm{d}t = \int_{\boldsymbol{p}_0}^{\boldsymbol{p}'} \mathrm{d}\boldsymbol{p} = \boldsymbol{p}' - \boldsymbol{p}_0 \tag{3.2}$$

左侧积分表示在 t_0 到 t' 这段时间内合外力的冲量，以 $\boldsymbol{I}$ 表示此冲量，即

$$\boldsymbol{I} = \int_{t_0}^{t'} \boldsymbol{F}\mathrm{d}t$$

则式(3.2)可写成

$$\boldsymbol{I} = \boldsymbol{p}' - \boldsymbol{p}_0 \tag{3.3}$$

式(3.2)或式(3.3)是动量定理的积分形式，它表明质点在 t_0 到 t' 这段时间内所受的合

外力的冲量等于质点在同一时间内的动量的增量。值得注意的是，要产生同样的动量增量，力大力小都可以：力大，时间可短些；力小，时间需长些。只要外力的冲量一样，就产生同样的动量增量。

动量定理常用于碰撞过程，碰撞一般泛指物体间相互作用时间很短的过程。在这一过程中，相互作用力往往很大而且随时间改变。这种力通常叫**冲力**。例如，球拍反击乒乓球的力，两汽车相撞时的相互撞击的力都是冲力。图 3.1 是清华大学汽车碰撞实验室做汽车撞击固定壁的实验照片与相应的冲力的大小随时间的变化曲线。

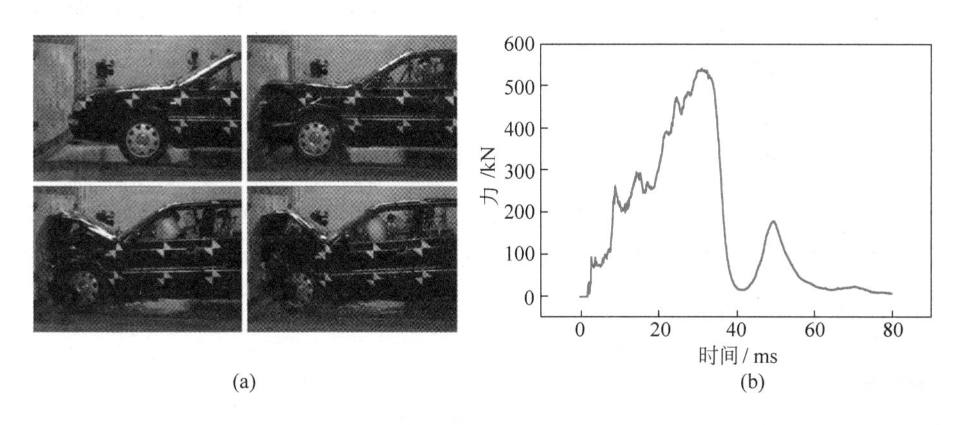

图 3.1 汽车撞击固定壁实验中汽车受壁的冲力

(a) 实验照片；(b) 冲力-时间曲线

对于短时间 Δt 内冲力的作用，常常把式(3.2)改写成

$$\overline{\boldsymbol{F}}\Delta t = \Delta \boldsymbol{p} \tag{3.4}$$

式中 $\overline{\boldsymbol{F}}$ 是**平均冲力**，即冲力**对时间**的平均值。平均冲力只是根据物体动量的变化计算出的平均值，它和实际的冲力的极大值可能有较大的差别，因此它不足以完全说明碰撞所可能引起的破坏性。

例 3.1

汽车碰撞实验。在一次碰撞实验中，一质量为 1200 kg 的汽车垂直冲向一固定壁，碰撞前速率为 15.0 m/s，碰撞后以 1.50 m/s 的速率退回，碰撞时间为 0.120 s。试求：(1)汽车受壁的冲量；(2)汽车受壁的平均冲力。

解 以汽车碰撞前的速度方向为正方向，则碰撞前汽车的速度 $v=15.0$ m/s，碰撞后汽车的速度 $v'=-1.50$ m/s，而汽车质量 $m=1200$ kg。

(1) 由动量定理知汽车受壁的冲量为

$$\begin{aligned} I &= p' - p = mv' - mv = 1200 \times (-1.50) - 1200 \times 15.0 \\ &= -1.98 \times 10^4 \ (\mathrm{N \cdot s}) \end{aligned}$$

(2) 由于碰撞时间 $\Delta t=0.120$ s，所以汽车受壁的平均冲力为

$$\overline{F} = \frac{I}{\Delta t} = \frac{-1.98 \times 10^4}{0.120} = -165 \ (\mathrm{kN})$$

上两个结果的负号表明汽车所受壁的冲量和平均冲力的方向都和汽车碰撞前的速度方向相反。

平均冲力的大小为 165 kN，约为汽车本身重量的 14 倍，瞬时最大冲力还要比这大得多。这种巨大的冲力是车祸的破坏性的根源，而冲力随时间的急速变化所引起的急动度也是造成人身伤害的原因之一。

例 3.2

一个质量 $m=140$ g 的垒球以 $v=40$ m/s 的速率沿水平方向飞向击球手，被击后它以相同速率沿 $\theta=60°$ 的仰角飞出，求垒球受棒的平均打击力。设球和棒的接触时间 $\Delta t=1.2$ ms。

解 本题可用式(3.4)求解。由于该式是矢量式，所以可以用分量式求解，也可直接用矢量关系求解。下面分别给出两种解法。

(1) 用分量式求解。已知 $v_1=v_2=v$，选如图 3.2 所示的坐标系，利用式(3.4)的分量式，由于 $v_{1x}=-v$，$v_{2x}=v\cos\theta$，可得垒球受棒的平均打击力的 x 方向分量为

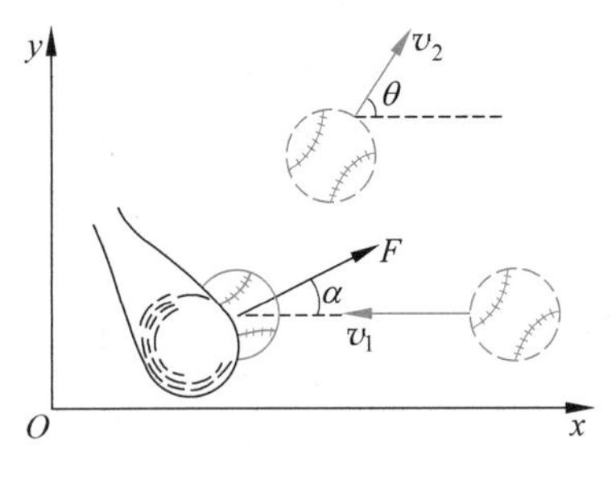

图 3.2 例 3.2 解法(1)图示

$$\overline{F}_x=\frac{\Delta p_x}{\Delta t}=\frac{mv_{2x}-mv_{1x}}{\Delta t}=\frac{mv\cos\theta-m(-v)}{\Delta t}$$

$$=\frac{0.14\times40\times(\cos 60°+1)}{1.2\times10^{-3}}=7.0\times10^3\ \text{(N)}$$

又由于 $v_{1y}=0$，$v_{2y}=v\sin\theta$，可得此平均打击力的 y 方向分量为

$$\overline{F}_y=\frac{\Delta p_y}{\Delta t}=\frac{mv_{2y}-mv_{1y}}{\Delta t}=\frac{mv\sin\theta}{\Delta t}$$

$$=\frac{0.14\times40\times0.866}{1.2\times10^{-3}}=4.0\times10^3\ \text{(N)}$$

球受棒的平均打击力的大小为

$$\overline{F}=\sqrt{\overline{F}_x^2+\overline{F}_y^2}=10^3\times\sqrt{7.0^2+4.0^2}=8.1\times10^3\ \text{(N)}$$

以 α 表示此力与水平方向的夹角，则

$$\tan\alpha=\frac{\overline{F}_y}{\overline{F}_x}=\frac{4.0\times10^3}{7.0\times10^3}=0.57$$

由此得

$$\alpha=30°$$

(2) 直接用矢量公式(3.4)求解。按式(3.4)$\overline{\boldsymbol{F}}\Delta t=\Delta\boldsymbol{p}=m\boldsymbol{v}_2-m\boldsymbol{v}_1$ 形成如图 3.3 中的矢量三角形，其中 $mv_2=mv_1=mv$。由等腰三角形可知，$\overline{F}$ 与水平面的夹角 $\alpha=\theta/2=30°$，且 $\overline{F}\Delta t=2mv\cos\alpha$，于是

$$\overline{F}=\frac{2mv\cos\alpha}{\Delta t}=\frac{2\times0.14\times40\times\cos\alpha}{1.2\times10^{-3}}=8.1\times10^3\ \text{(N)}$$

注意，此打击力约为垒球自重的5900倍！

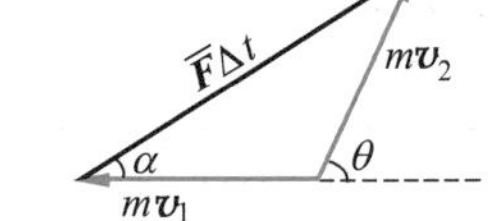

图 3.3 例 3.2 解法(2)图示

例 3.3

一辆装煤车以 $v=3$ m/s 的速率从煤斗下面通过(图 3.4)，每秒钟落入车厢的煤为 $\Delta m=500$ kg。如果使车厢的速率保持不变，应用多大的牵引力拉车厢？(车厢与钢轨间的摩擦忽略不计)

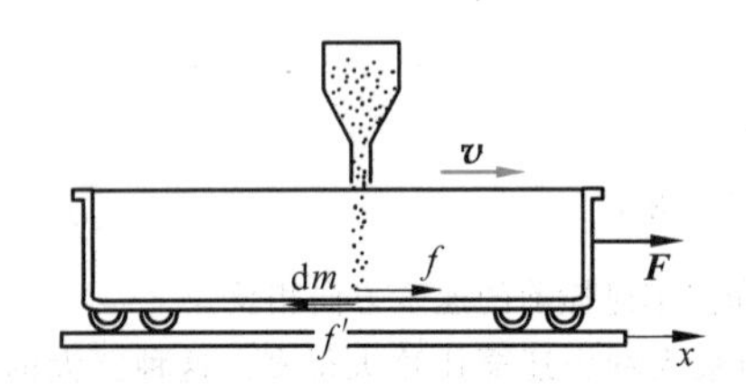

图 3.4 煤 dm 落入车厢被带走

解 先考虑煤落入车厢后运动状态的改变。如图 3.4 所示，以 dm 表示在 dt 时间内落入车厢的煤的质量。它在车厢对它的力 $\boldsymbol{f}$ 带动下在 dt 时间内沿 x 方向的速率由零增加到与车厢速率 v 相同，而动量由 0 增加到 d$m\cdot v$。由动量定理式(3.1)得，对 dm 在 x 方向，应有

$$f\text{d}t=\text{d}p=\text{d}m\cdot v \tag{3.5}$$

对于车厢，在此 dt 时间内，它受到水平拉力 $\boldsymbol{F}$ 和煤 dm 对它的

反作用$\boldsymbol{f}'$的作用。此二力的合力沿 x 方向，为 $\boldsymbol{F}-\boldsymbol{f}'$。由于车厢速度不变，所以动量也不变，式(3.1)给出

$$(F-f')\mathrm{d}t=0 \tag{3.6}$$

由牛顿第三定律

$$f'=f \tag{3.7}$$

联立解式(3.5)～式(3.7)可得

$$F=\frac{\mathrm{d}m}{\mathrm{d}t}\cdot v$$

以 $\mathrm{d}m/\mathrm{d}t=500\ \mathrm{kg/s}$，$v=3\ \mathrm{m/s}$ 代入得

$$F=500\times 3=1.5\times 10^3\ (\mathrm{N})$$

3.2 动量守恒定律

在一个问题中，如果我们考虑的对象包括几个物体，则它们总体上常被称为一个**物体系统**或简称为**系统**。系统外的其他物体统称为**外界**。系统内各物体间的相互作用力称为**内力**，外界物体对系统内任意一物体的作用力称为**外力**。例如，把地球与月球看做一个系统，则它们之间的相互作用力称为内力，而系统外的物体如太阳以及其他行星对地球或月球的引力都是外力。本节讨论一个系统的动量变化的规律。

先讨论由两个质点组成的系统。设这两个质点的质量分别为 m_1，m_2。它们除分别受到相互作用力(内力)$\boldsymbol{f}$ 和 $\boldsymbol{f}'$外，还受到系统外其他物体的作用力(外力)$\boldsymbol{F}_1$，$\boldsymbol{F}_2$，如图 3.5 所示。分别对两质点写出动量定理式(3.1)，得

$$(\boldsymbol{F}_1+\boldsymbol{f})\mathrm{d}t=\mathrm{d}\boldsymbol{p}_1,\quad (\boldsymbol{F}_2+\boldsymbol{f}')\mathrm{d}t=\mathrm{d}\boldsymbol{p}_2$$

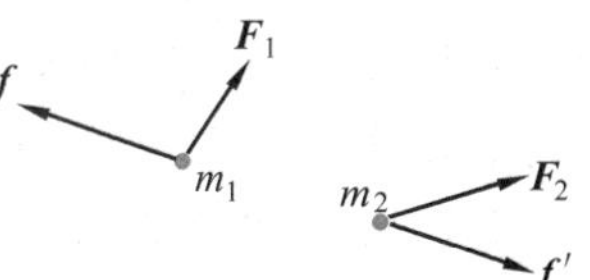

图 3.5 两个质点的系统

将这二式相加，可以得

$$(\boldsymbol{F}_1+\boldsymbol{F}_2+\boldsymbol{f}+\boldsymbol{f}')\mathrm{d}t=\mathrm{d}\boldsymbol{p}_1+\mathrm{d}\boldsymbol{p}_2$$

由于系统内力是一对作用力和反作用力，根据牛顿第三定律，得 $\boldsymbol{f}=-\boldsymbol{f}'$或 $\boldsymbol{f}+\boldsymbol{f}'=0$，因此上式给出

$$(\boldsymbol{F}_1+\boldsymbol{F}_2)\mathrm{d}t=\mathrm{d}(\boldsymbol{p}_1+\boldsymbol{p}_2)$$

如果系统包含两个以上，例如 i 个质点，可仿照上述步骤对各个质点写出牛顿定律公式，再相加。由于系统的各个内力总是以作用力和反作用力的形式成对出现的，所以它们的矢量总和等于零。因此，一般地又可得到

$$\Big(\sum_i \boldsymbol{F}_i\Big)\mathrm{d}t=\mathrm{d}\Big(\sum_i \boldsymbol{p}_i\Big) \tag{3.8}$$

其中 $\sum_i \boldsymbol{F}_i$ 为系统受的合外力，$\sum_i \boldsymbol{p}_i$ 为系统的总动量。式(3.8) 表明，系统的**总动量**随时间的变化率等于该系统所受的**合外力**。内力能使系统内各质点的动量发生变化，但它们对系统的总动量没有影响。(注意："合外力"和"总动量"都是**矢量和!**) 式(3.8) 可称为用于**质点系的动量定理**。

如果在式(3.8) 中，$\sum_i \boldsymbol{F}_i=0$，立即可以得到 $\mathrm{d}\Big(\sum_i \boldsymbol{p}_i\Big)=0$，或

$$\sum_i \boldsymbol{p}_i=\sum_i m_i\boldsymbol{v}_i=\text{常矢量}\quad \Big(\sum_i \boldsymbol{F}_i=0\Big) \tag{3.9}$$

这就是说**当一个质点系所受的合外力为零时，这一质点系的总动量就保持不变**。这一结论叫做**动量守恒定律**。

一个不受外界影响的系统，常被称为**孤立系统**。**一个孤立系统在运动过程中，其总动量一定保持不变**。这也是动量守恒定律的一种表述形式。

应用动量守恒定律分析解决问题时，应该注意以下几点。

(1) 系统动量守恒的条件是合外力为零，即 $\sum_i \boldsymbol{F}_i = 0$。但在外力比内力小得多的情况下，外力对质点系的总动量变化影响甚小，这时可以认为近似满足守恒条件，也就可以近似地应用动量守恒定律。例如两物体的碰撞过程，由于相互撞击的内力往往很大，所以此时即使有摩擦力或重力等外力，也常可忽略它们，而认为系统的总动量守恒。又如爆炸过程也属于内力远大于外力的过程，也可以认为在此过程中系统的总动量守恒。

(2) 动量守恒表示式(3.9)是矢量关系式。在实际问题中，常应用其分量式，即如果系统沿某一方向所受的合外力为零，则该系统沿此方向的总动量的分量守恒。例如，一个物体在空中爆炸后碎裂成几块，在忽略空气阻力的情况下，这些碎块受到的外力只有竖直向下的重力，因此它们的总动量在水平方向的分量是守恒的。

(3) 由于我们是用牛顿定律导出动量守恒定律的，所以它只适用于惯性系。

以上我们从牛顿定律出发导出了以式(3.9)表示的动量守恒定律。应该指出，更普遍的动量守恒定律并不依靠牛顿定律。动量概念不仅适用于以速度 $\boldsymbol{v}$ 运动的质点或粒子，而且也适用于电磁场，只是对于后者，其动量不再能用 $m\boldsymbol{v}$ 这样的形式表示。考虑包括电磁场在内的系统所发生的过程时，其总动量必须也把电磁场的动量计算在内。不但对可以用作用力和反作用力描述其相互作用的质点系所发生的过程，动量守恒定律成立；而且，大量实验证明，对其内部的相互作用不能用力的概念描述的系统所发生的过程，如光子和电子的碰撞，光子转化为电子，电子转化为光子等过程，只要系统不受外界影响，它们的动量都是守恒的。动量守恒定律实际上是关于自然界的一切物理过程的一条最基本的定律。

例 3.4

冲击摆。如图3.6所示，一质量为 M 的物体被静止悬挂着，今有一质量为 m 的子弹沿水平方向以速度 $\boldsymbol{v}$ 射中物体并停留在其中。求子弹刚停在物体内时物体的速度。

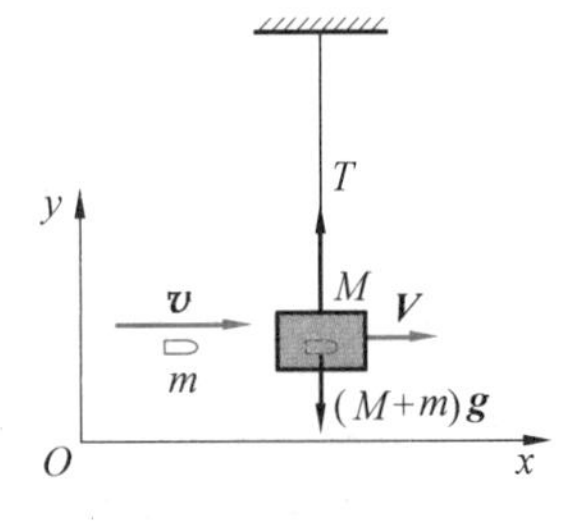

图3.6 例3.4用图

解 由于子弹从射入物体到停在其中所经历的时间很短，所以在此过程中物体基本上未动而停在原来的平衡位置。于是对子弹和物体这一系统，在子弹射入这一短暂过程中，它们所受的水平方向的外力为零，因此水平方向的动量守恒。设子弹刚停在物体中时物体的速度为 $\boldsymbol{V}$，则此系统此时的水平总动量为 $(m+M)V$。由于子弹射入前此系统的水平总动量为 mv，所以有

$$mv = (m+M)V$$

由此得

$$V = \frac{m}{m+M}v$$

例 3.5

如图 3.7 所示，一个有 1/4 圆弧滑槽的大物体的质量为 M，停在光滑的水平面上，另一质量为 m 的小物体自圆弧顶点由静止下滑。求当小物体 m 滑到底时，大物体 M 在水平面上移动的距离。

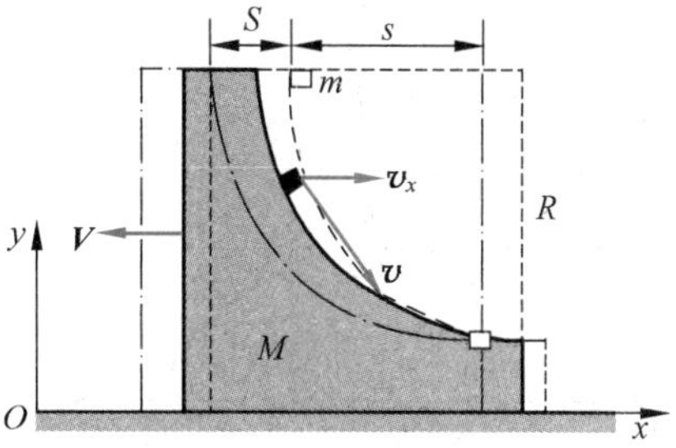

解 选如图 3.7 所示的坐标系，取 m 和 M 为系统。在 m 下滑过程中，在水平方向上，系统所受的合外力为零，因此水平方向上的动量守恒。由于系统的初动量为零，所以，如果以 $\boldsymbol{v}$ 和 $\boldsymbol{V}$ 分别表示下滑过程中任一时刻 m 和 M 的速度，则应该有

$$0 = mv_x + M(-V)$$

因此对任一时刻都应该有

$$mv_x = MV$$

就整个下落的时间 t 对此式积分，有

$$m\int_0^t v_x \mathrm{d}t = M\int_0^t V\mathrm{d}t$$

图 3.7 例 3.5 用图

以 s 和 S 分别表示 m 和 M 在水平方向移动的距离，则有

$$s = \int_0^t v_x \mathrm{d}t, \quad S = \int_0^t V\mathrm{d}t$$

因而有

$$ms = MS$$

又因为位移的相对性，有 $s=R-S$，将此关系代入上式，即可得

$$S = \frac{m}{m+M}R$$

值得注意的是，此距离值与弧形槽面是否光滑无关，只要 M 下面的水平面光滑就行了。

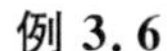

例 3.6

原子核 $^{147}\mathrm{Sm}$ 是一种放射性核，它衰变时放出一 α 粒子，自身变成 $^{143}\mathrm{Nd}$ 核。已测得一静止的 $^{147}\mathrm{Sm}$ 核放出的 α 粒子的速率是 1.04×10^7 m/s，求 $^{143}\mathrm{Nd}$ 核的反冲速率。

解 以 M_0 和 $V_0(V_0=0)$ 分别表示 $^{147}\mathrm{Sm}$ 核的质量和速率，以 M 和 V 分别表示 $^{143}\mathrm{Nd}$ 核的质量和速率，以 m 和 v 分别表示 α 粒子的质量和速率，$\boldsymbol{V}$ 和 $\boldsymbol{v}$ 的方向如图 3.8 所示，以 $^{147}\mathrm{Sm}$ 核为系统。由于衰变只是 $^{147}\mathrm{Sm}$ 核内部的现象，所以动量守恒。结合图 3.8 所示坐标的方向，应有 $\boldsymbol{V}$ 和 $\boldsymbol{v}$ 方向相反，其大小之间的关系为

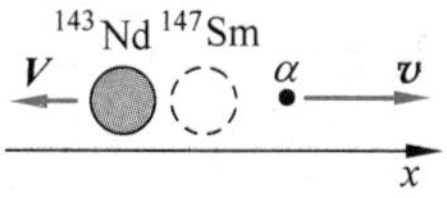

$$M_0V_0 = M(-V) + mv$$

图 3.8 $^{147}\mathrm{Sm}$ 衰变

由此解得 $^{143}\mathrm{Nd}$ 核的反冲速率应为

$$V = \frac{mv - M_0V_0}{M} = \frac{(M_0 - M)v - M_0V_0}{M}$$

代入数值得

$$V = \frac{(147-143)\times1.04\times10^7 - 147\times0}{143} = 2.91\times10^5\ (\mathrm{m/s})$$

例 3.7

粒子碰撞。在一次 α 粒子散射过程中，α 粒子（质量为 m）和静止的氧原子核（质量为

M)发生"碰撞"(如图3.9所示)。实验测出碰撞后α粒子沿与入射方向成$\theta=72°$的方向运动,而氧原子核沿与α粒子入射方向成$\beta=41°$的方向"反冲"。求α粒子碰撞后与碰撞前的速率之比。

解　粒子的这种"碰撞"过程,实际上是它们在运动中相互靠近,继而由于相互斥力的作用又相互分离的过程。考虑由α粒子和氧原子核组成的系统。由于整个过程中仅有内力作用,所以系统的动量守恒。设α粒子碰撞前、后速度分别为$\boldsymbol{v}_1$,$\boldsymbol{v}_2$,氧核碰撞后速度为$\boldsymbol{V}$。选如图3.9所示坐标系,令x轴平行于α粒子的入射方向。根据动量守恒的分量式,有

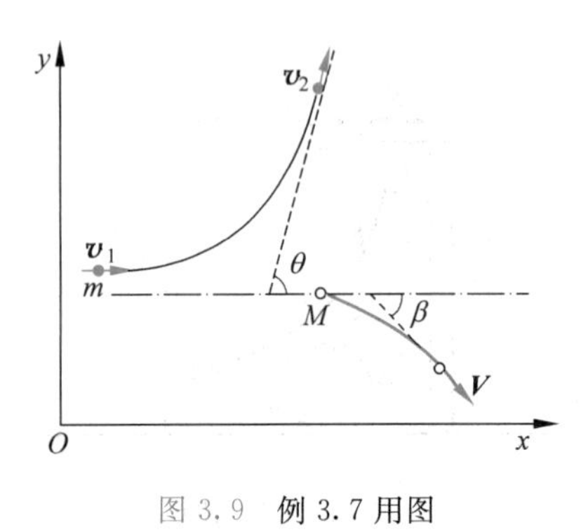

图3.9　例3.7用图

x向　　$mv_2\cos\theta+MV\cos\beta=mv_1$

y向　　$mv_2\sin\theta-MV\sin\beta=0$

两式联立可解出

$$v_1=v_2\cos\theta+\frac{v_2\sin\theta}{\sin\beta}\cos\beta=\frac{v_2}{\sin\beta}\sin(\theta+\beta)$$

$$\frac{v_2}{v_1}=\frac{\sin\beta}{\sin(\theta+\beta)}=\frac{\sin41°}{\sin(72°+41°)}=0.71$$

即α粒子碰撞后的速率约为碰撞前速率的71%。

3.3　火箭飞行原理

火箭是一种利用燃料燃烧后喷出的气体产生的反冲推力的发动机。它自带燃料与助燃剂,因而可以在空间任何地方发动。火箭技术在近代有很大的发展,火箭炮以及各种各样的导弹都利用火箭发动机作动力,空间技术的发展更以火箭技术为基础。各式各样的人造地球卫星、飞船和空间探测器都是靠火箭发动机发射并控制航向的。

火箭飞行原理分析如下。为简单起见,设火箭在自由空间飞行,即它不受引力或空气阻力等任何外力的影响。如图3.10所示,把某时刻t的火箭(包括火箭体和其中尚存的燃料)作为研究的系统,其总质量为M,以v表示此时刻火箭的速率,则此时刻系统的总动量为Mv(沿空间坐标x轴正向)。此后经过$\mathrm{d}t$时间,火箭喷出质量为$\mathrm{d}m$的气体,其喷出速率相对于火箭体为定值u。在$t+\mathrm{d}t$时刻,火箭体的速率增为$v+\mathrm{d}v$。在此时刻系统的总动量为

$$\mathrm{d}m\cdot(v-u)+(M-\mathrm{d}m)(v+\mathrm{d}v)$$

由于喷出气体的质量$\mathrm{d}m$等于火箭质量的减小,即$-\mathrm{d}M$,所以上式可写为

$$-\mathrm{d}M\cdot(v-u)+(M+\mathrm{d}M)(v+\mathrm{d}v)$$

由动量守恒定律可得

$$-\mathrm{d}M\cdot(v-u)+(M+\mathrm{d}M)(v+\mathrm{d}v)=Mv$$

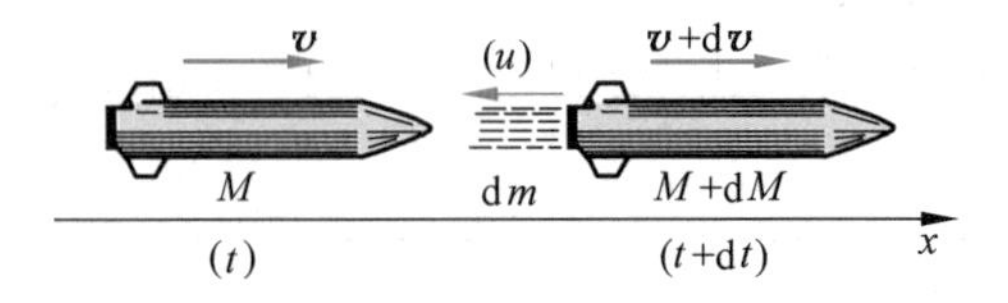

图3.10　火箭飞行原理说明图

展开此等式，略去二阶无穷小量 $\mathrm{d}M \cdot \mathrm{d}v$，可得

$$u\mathrm{d}M + M\mathrm{d}v = 0$$

或者

$$\mathrm{d}v = -u\frac{\mathrm{d}M}{M}$$

设火箭点火时质量为 M_{i}，初速为 v_{i}，燃料烧完后火箭质量为 M_{f}，达到的末速度为 v_{f}，对上式积分则有

$$\int_{v_{\mathrm{i}}}^{v_{\mathrm{f}}} \mathrm{d}v = -u\int_{M_{\mathrm{i}}}^{M_{\mathrm{f}}} \frac{\mathrm{d}M}{M}$$

由此得

$$v_{\mathrm{f}} - v_{\mathrm{i}} = u\ln\frac{M_{\mathrm{i}}}{M_{\mathrm{f}}} \tag{3.10}$$

此式表明，火箭在燃料燃烧后所增加的速率和喷气速率成正比，也与火箭的始末质量比（以下简称**质量比**）的自然对数成正比。

如果只以火箭本身作为研究的系统，以 F 表示在时间间隔 t 到 $t+\mathrm{d}t$ 内喷出气体对火箭体（质量为 $(M-\mathrm{d}m)$）的推力，则根据动量定理，应有

$$F\mathrm{d}t = (M-\mathrm{d}m)[(v+\mathrm{d}v)-v] = M\mathrm{d}v$$

将上面已求得的结果 $M\mathrm{d}v=-u\mathrm{d}M=u\mathrm{d}m$ 代入，可得

$$F = u\frac{\mathrm{d}m}{\mathrm{d}t} \tag{3.11}$$

此式表明，火箭发动机的推力与燃料燃烧速率 $\mathrm{d}m/\mathrm{d}t$ 以及喷出气体的相对速率 u 成正比。例如，一种火箭的发动机的燃烧速率为 1.38×10^4 kg/s，喷出气体的相对速率为 2.94×10^3 m/s，理论上它所产生的推力为

$$F = 2.94\times10^3\times1.38\times10^4 = 4.06\times10^7\ (\mathrm{N})$$

这相当于 4000 t 海轮所受的浮力！

为了提高火箭的末速度以满足发射地球人造卫星或其他航天器的要求，人们制造了若干单级火箭串联形成的多级火箭（通常是三级火箭）。

火箭最早是中国发明的。我国南宋时出现了作烟火玩物的“起火”，其后就出现了利用起火推动的翎箭。明代茅元仪著的《武备志》（1628 年）中记有利用火药发动的“多箭头”（10 支到 100 支）的火箭，以及用于水战的叫做“火龙出水”的二级火箭（见图 3.11，第二级藏在龙体内）。我国现在的火箭技术也已达到世界先进水平。例如长征三号火箭是三级大型运载火箭，全长 43.25 m，最大直径 3.35 m，起飞质量约 202 t，起飞推力为 2.8×10^3 kN。2003 年我们发射了载人宇宙飞船“神舟”5 号。

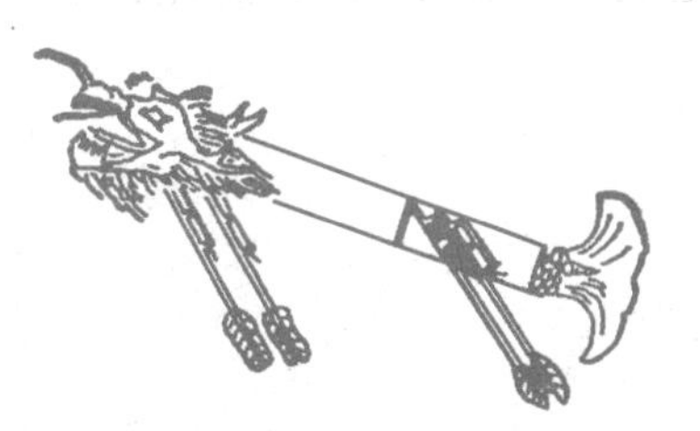

图 3.11　“火龙出水”火箭

3.4　质心

在讨论一个质点系的运动时，我们常常引入**质量中心**（简称**质心**）的概念。设一个质点系由 N 个质点组成，以 $m_1, m_2, \cdots, m_i, \cdots, m_N$ 分别表示各质点的质量，以 $\boldsymbol{r}_1, \boldsymbol{r}_2, \cdots, \boldsymbol{r}_i, \cdots,$

$\boldsymbol{r}_N$ 分别表示各质点对某一坐标原点的位矢(图 3.12)。我们用公式

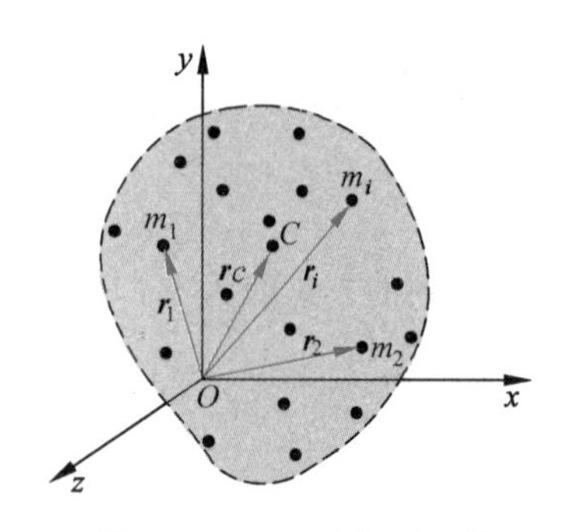

图 3.12　质心的位置矢量

$$\boldsymbol{r}_C = \frac{\sum_i m_i \boldsymbol{r}_i}{\sum_i m_i} = \frac{\sum_i m_i \boldsymbol{r}_i}{m} \tag{3.12}$$

定义这一质点系的质心的位矢,式中 $m = \sum_i m_i$ 是质点系的总质量。作为位置矢量,质心位矢与坐标系的选择有关。但可以证明质心相对于质点系内各质点的相对位置是不会随坐标系的选择而变化的,即质心是相对于质点系本身的一个特定位置。

利用位矢沿直角坐标系各坐标轴的分量,由式(3.12)可以得到质心坐标表示式如下:

$$\left.\begin{aligned} x_C &= \frac{\sum_i m_i x_i}{m} \\ y_C &= \frac{\sum_i m_i y_i}{m} \\ z_C &= \frac{\sum_i m_i z_i}{m} \end{aligned}\right\} \tag{3.13}$$

一个大的连续物体,可以认为是由许多质点(或叫质元)组成的,以 dm 表示其中任一质元的质量,以 $\boldsymbol{r}$ 表示其位矢,则大物体的质心位置可用积分法求得,即有

$$\boldsymbol{r}_C = \frac{\int \boldsymbol{r}\mathrm{d}m}{\int \mathrm{d}m} = \frac{\int \boldsymbol{r}\mathrm{d}m}{m} \tag{3.14}$$

它的三个直角坐标分量式分别为

$$\left.\begin{aligned} x_C &= \int \frac{x\mathrm{d}m}{m} \\ y_C &= \int \frac{y\mathrm{d}m}{m} \\ z_C &= \int \frac{z\mathrm{d}m}{m} \end{aligned}\right\} \tag{3.15}$$

利用上述公式,可求得均匀直棒、均匀圆环、均匀圆盘、均匀球体等形体的质心就在它们的几何对称中心上。

力学上还常应用重心的概念。重心是一个物体各部分所受重力的合力作用点。可以证明尺寸不十分大的物体,它的质心和重心的位置重合。

例 3.8

地月质心。 地球质量 $M_E = 5.98\times10^{24}$ kg,月球质量 $M_M = 7.35\times10^{22}$ kg,它们的中心的距离 $l = 3.84\times10^5$ km(参见图 3.13)。求地-月系统的质心位置。

解 把地球和月球都看做均匀球体，它们的质心就都在各自的球心处。这样就可以把地-月系统看做地球与月球质量分别集中在各自的球心的两个质点。选择地球中心为原点，x轴沿着地球中心与月球中心的连线，则系统的质心坐标

$$x_C = \frac{M_E \cdot 0 + M_M \cdot l}{M_E + M_M} \approx \frac{M_M l}{M_E}$$

$$= \frac{7.35 \times 10^{22}}{5.98 \times 10^{24}} \times 3.84 \times 10^5 = 4.72 \times 10^3 \text{ (km)}$$

这就是地-月系统的质心到地球中心的距离。这一距离约为地球半径（6.37×10^3 km）的 70%，约为地球到月球距离的 1.2%。

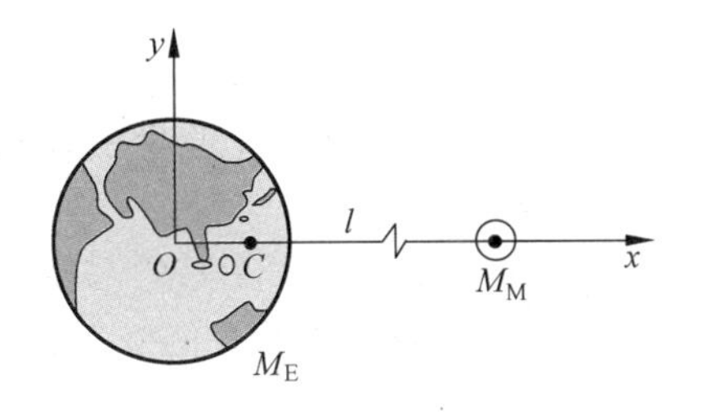

图 3.13 例 3.8 用图

例 3.9

半圆质心。一段均匀铁丝弯成半圆形，其半径为 R，求此半圆形铁丝的质心。

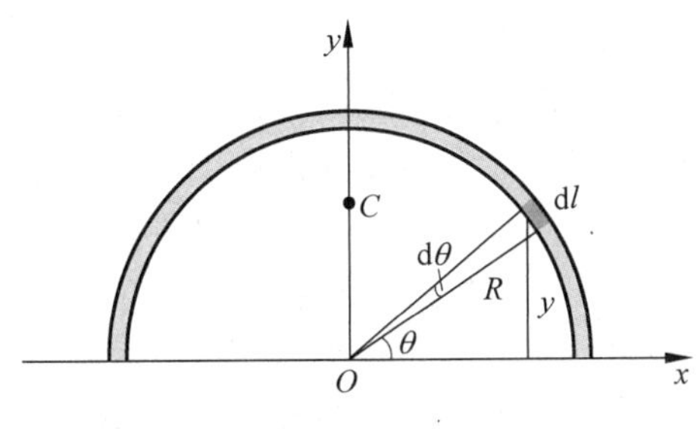

图 3.14 例 3.9 用图

解 选如图 3.14 所示的坐标系，坐标原点为圆心。由于半圆对 y 轴对称，所以质心应该在 y 轴上。任取一小段铁丝，其长度为 dl，质量为 dm。以 ρ_l 表示铁丝的线密度（即单位长度铁丝的质量），则有

$$dm = \rho_l dl$$

根据式(3.15)可得

$$y_C = \frac{\int y \rho_l dl}{m}$$

由于 $y = R\sin\theta$，$dl = R d\theta$，所以

$$y_C = \frac{\int_0^\pi R\sin\theta \cdot \rho_l \cdot R d\theta}{m} = \frac{2\rho_l R^2}{m}$$

铁丝的总质量

$$m = \pi R \rho_l$$

代入上式就可得

$$y_C = \frac{2}{\pi} R$$

即质心在 y 轴上离圆心 $2R/\pi$ 处。注意，这一弯曲铁丝的质心**并不在**铁丝上，但它相对于铁丝的位置是确定的。

3.5 质心运动定理

将式(3.12)中的 $\boldsymbol{r}_C$ 对时间 t 求导，可得出质心运动的速度为

$$\boldsymbol{v}_C = \frac{d\boldsymbol{r}_C}{dt} = \frac{\sum_i m_i \frac{d\boldsymbol{r}_i}{dt}}{m} = \frac{\sum_i m_i \boldsymbol{v}_i}{m} \tag{3.16}$$

由此可得

$$m\boldsymbol{v}_C = \sum_i m_i \boldsymbol{v}_i$$

上式等号右边就是质点系的总动量 $\boldsymbol{p}$,所以有

$$\boldsymbol{p} = m\boldsymbol{v}_C \tag{3.17}$$

即质点系的总动量 $\boldsymbol{p}$ 等于它的总质量与它的质心的运动速度的乘积,此乘积也称做质心的动量 $\boldsymbol{p}_C$。这一总动量的变化率为

$$\frac{\mathrm{d}\boldsymbol{p}}{\mathrm{d}t} = m\frac{\mathrm{d}\boldsymbol{v}_C}{\mathrm{d}t} = m\boldsymbol{a}_C$$

式中 $\boldsymbol{a}_C$ 是质心运动的加速度。由式(3.8)又可得一个质点系的质心的运动和该质点系所受的合外力 $\boldsymbol{F}$ 的关系为

$$\boldsymbol{F} = \frac{\mathrm{d}\boldsymbol{p}}{\mathrm{d}t} = m\boldsymbol{a}_C \tag{3.18}$$

这一公式叫做**质心运动定理**。它表明一个质点系的质心的运动,就如同这样一个质点的运动,该质点质量等于整个质点系的质量并且集中在质心,而此质点所受的力是质点系所受的所有外力之和(实际上可能在质心位置处既无质量,又未受力)。

图 3.15 跳水运动员的运动

质心运动定理表明了"质心"这一概念的重要性。这一定理告诉我们,一个质点系内各个质点由于内力和外力的作用,它们的运动情况可能很复杂。但相对于此质点系有一个特殊的点,即质心,它的运动可能相当简单,只由质点系所受的合外力决定。例如,一颗手榴弹可以看做一个质点系。投掷手榴弹时,将看到它一面翻转,一面前进,其中各点的运动情况相当复杂。但由于它受的外力只有重力(忽略空气阻力的作用),它的质心在空中的运动却和一个质点被抛出后的运动一样,其轨迹是一个抛物线。又如高台跳水运动员离开跳台后,他的身体可以作各种优美的翻滚伸缩动作,但是他的质心却只能沿着一条抛物线运动(图 3.15)。

此外我们知道,当质点系所受的合外力为零时,该质点系的总动量保持不变。由式(3.18)可知,该质点系的质心的速度也将保持不变。因此系统的动量守恒定律也可以说成是:当一质点系所受的合外力等于零时,其质心速度保持不变。

需要指出的是,在这以前我们常常用"物体"一词来代替"质点"。在某些问题中,物体并不太小,因而不能当成质点看待,但我们还是用了牛顿定律来分析研究它们的运动。严格地说,我们是对物体用了式(3.18)那样的质心运动定理,而所分析的运动实际上是物体的质心的运动。在物体作平动的条件下,因为物体中各质点的运动相同,所以完全可以用质心的运动来代表整个物体的运动而加以研究。

*质心参考系

由于质心的特殊性,在分析力学问题时,利用质心参考系常常带来方便。质心参考系就是物体系的质心在其中静止的平动参考系。在很多情况下,就把质心选作质心参考系的原点。既然在此参考系中,$\boldsymbol{v}_C=0$,

由式(3.17)就得出 $\boldsymbol{p}=0$。这就是说，相对于质心参考系，物体系的总动量为零。因此，质心参考系又叫零动量参考系。

例 3.10

一质量 $m_1=50$ kg 的人站在一条质量 $m_2=200$ kg，长度 $l=4$ m 的船的船头上。开始时船静止，试求当人走到船尾时船移动的距离(假定水的阻力不计)。

解 对船和人这一系统，在水平方向上不受外力，因而在水平方向的质心速度不变。又因为原来质心静止，所以在人走动过程中质心始终静止，因而质心的坐标值不变。选如图 3.16 所示的坐标系，图中，C_b 表示船本身的质心，即它的中点。当人站在船的左端时，人和船这个系统的质心坐标

$$x_C=\frac{m_1x_1+m_2x_2}{m_1+m_2}$$

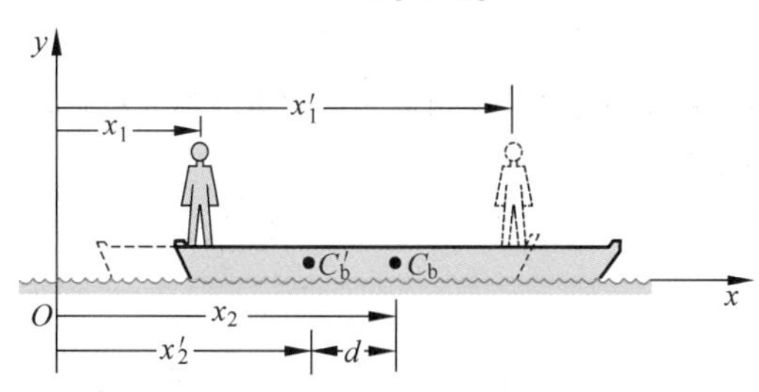

图 3.16 例 3.10 用图

当人移到船的右端时，船的质心如图中 C_b' 所示，它向左移动的距离为 d。这时系统的质心为

$$x'_C=\frac{m_1x_1'+m_2x_2'}{m_1+m_2}$$

由 $x_C=x'_C$ 可得

$$m_1x_1+m_2x_2=m_1x_1'+m_2x_2'$$

即

$$m_2(x_2-x_2')=m_1(x_1'-x_1)$$

由图 3.16 可知

$$x_2-x_2'=d,\quad x_1'-x_1=l-d$$

代入上式，可解得船移动的距离为

$$d=\frac{m_1}{m_1+m_2}l=\frac{50}{50+200}\times4=0.8\ (\mathrm{m})$$

例 3.11

一枚炮弹发射的初速度为 $\boldsymbol{v}_0$，发射角为 θ，在它飞行的最高点炸裂成质量均为 m 的两部分。一部分在炸裂后竖直下落，另一部分则继续向前飞行。求这两部分的着地点以及质心的着地点(忽略空气阻力)。

解 选如图 3.17 所示的坐标系。如果炮弹没有炸裂，则它的着地点的横坐标就应该等于它的射程，即

$$X=\frac{v_0^2\sin2\theta}{g}$$

最高点的 x 坐标为 $X/2$。由于第一部分在最高点竖直下落，所以着地点应为

$$x_1=\frac{v_0^2\sin2\theta}{2g}$$

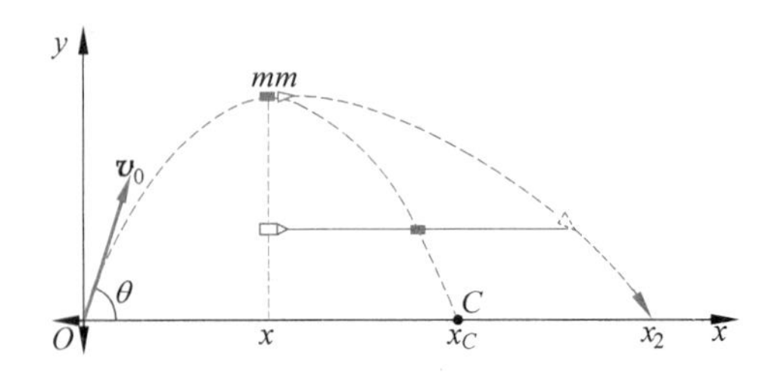

图 3.17　例 3.11 用图

炮弹炸裂时，内力使两部分分开，但因外力是重力，始终保持不变，所以质心的运动仍将和未炸裂的炮弹一样，它的着地点的横坐标仍是 X，即

$$x_C = \frac{v_0^2 \sin 2\theta}{g}$$

第二部分的着地点 x_2 又可根据质心的定义由同一时刻第一部分和质心的坐标求出。由于第二部分与第一部分同时着地，所以着地时，

$$x_C = \frac{mx_1 + mx_2}{2m} = \frac{x_1 + x_2}{2}$$

由此得

$$x_2 = 2x_C - x_1 = \frac{3}{2}\frac{v_0^2 \sin 2\theta}{g}$$

例 3.12

如图 3.18 所示，水平桌面上铺一张纸，纸上放一个均匀球，球的质量为 $M=0.5$ kg。将纸向右拉时会有 $f=0.1$ N 的摩擦力作用在球上。求该球的球心加速度 a_C 以及在从静止开始的 2 s 内，球心相对桌面移动的距离 s_C。

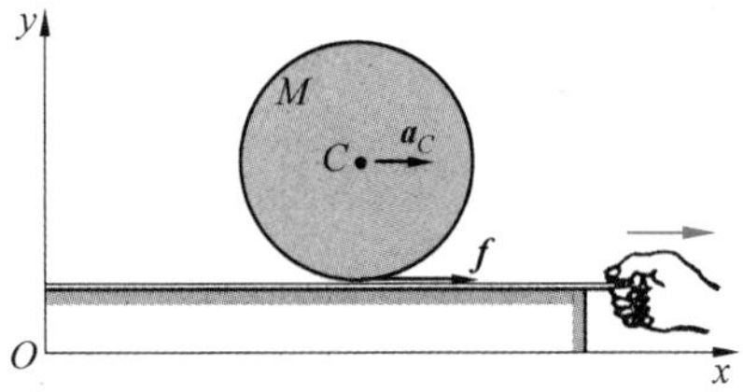

解　如大家熟知的，当拉动纸时，球体除平动外还会转动。它的运动比一个质点的运动复杂。但它的质心的运动比较简单，可以用质心运动定理求解。均匀球体的质心就是它的球心。把整个球体看做一个系统，它在水平方向只受到一个外力，即摩擦力 f。选如图 3.18 所示的坐标系，对球用质心运动定理，可得水平方向的分量式为

$$f = Ma_C$$

图 3.18　例 3.12 用图

由此得球心的加速度为

$$a_C = \frac{f}{M} = \frac{0.1}{0.5} = 0.2\ (\mathrm{m/s^2})$$

从静止开始 2 s 内球心运动的距离为

$$s_C = \frac{1}{2}a_C t^2 = \frac{1}{2} \times 0.2 \times 2^2 = 0.4\ (\mathrm{m})$$

注意，本题中摩擦力的方向和球心位移的方向都和拉纸的方向相同，读者可自己通过实验证实这一点。

例 3.13

直九型直升机的每片旋翼长 5.97 m。若按宽度一定，厚度均匀的薄片计算，旋翼以 400 r/min 的转速旋转时，其根部受的拉力为其所受重力的几倍？

解 由于旋翼宽度一定，厚度均匀，所以其质心应在距旋轴 $L/2$ 处(图 3.19)，质心的加速度 $a_C=\omega^2L/2$。由质心运动定理可得根部对旋翼的拉力为

$$F=ma_C=m\omega^2L/2$$

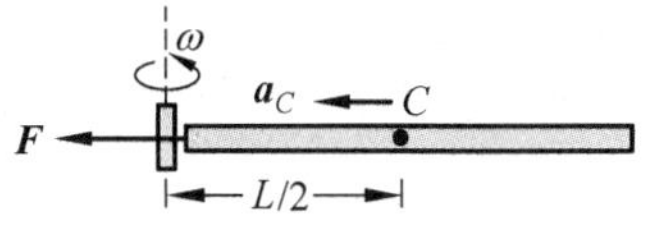

图 3.19 例 3.13 用图

此力为翼片所受重力的倍数为

$$F/mg=\omega^2L/2g$$

将 $\omega=400\ \mathrm{r/min}=2\pi\times400/60=41.9\ \mathrm{rad/s}$，$L=5.97\ \mathrm{m}$，$g=9.81\ \mathrm{m/s^2}$ 代入，可得

$$F/mg=534$$

例 3.14

质量分别为 m_1 和 m_2，速度分别为 $\boldsymbol{v}_1$ 和 $\boldsymbol{v}_2$ 的两质点碰撞后合为一体。求碰撞后二者的共同速度 $\boldsymbol{v}$。在质心参考系中观察，二者的运动如何？

解 如图 3.20 所示，两质点碰撞前的质心速度为

$$\boldsymbol{v}_C=\frac{m_1\boldsymbol{v}_1+m_2\boldsymbol{v}_2}{m_1+m_2}$$

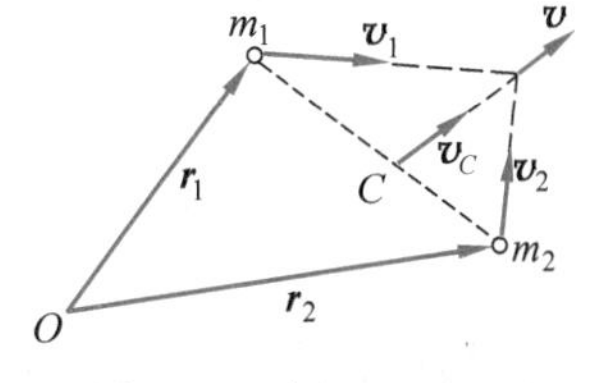

图 3.20 例 3.14 用图

由于在碰撞时无外力作用，此质心速度应保持不变。碰撞后二者合为一体，其质心速度也就是二者的共同速度 $\boldsymbol{v}$。所以有

$$\boldsymbol{v}=\boldsymbol{v}_C=\frac{m_1\boldsymbol{v}_1+m_2\boldsymbol{v}_2}{m_1+m_2}$$

这一结果和用动量守恒定律得出的结果完全相同。

在质心参考系中观察，碰撞前两质点的速度分别为

$$\boldsymbol{v}_1'=\boldsymbol{v}_1-\boldsymbol{v}_C=\frac{m_2}{m_1+m_2}(\boldsymbol{v}_1-\boldsymbol{v}_2)=\frac{m_2}{m_1+m_2}\frac{\mathrm{d}}{\mathrm{d}t}(\boldsymbol{r}_1-\boldsymbol{r}_2)$$

$$\boldsymbol{v}_2'=\boldsymbol{v}_2-\boldsymbol{v}_C=\frac{m_1}{m_1+m_2}(\boldsymbol{v}_2-\boldsymbol{v}_1)=\frac{m_1}{m_1+m_2}\frac{\mathrm{d}}{\mathrm{d}t}(\boldsymbol{r}_2-\boldsymbol{r}_1)$$

此结果说明，二者速度方向相反，沿着二者的连线运动。很明显，

$$m_1\boldsymbol{v}_1'+m_2\boldsymbol{v}_2'=0$$

碰撞后，二者合并到它们的质心上，自然速度为零。这说明，质心参考系是零动量参考系。

3.6 质点的角动量和角动量定理

本节将介绍描述质点运动的另一个重要物理量——**角动量**。这一概念在物理学上经历了一段有趣的演变过程。18 世纪在力学中才定义和开始利用它，直到 19 世纪人们才把它看成力学中的最基本的概念之一，到 20 世纪它加入了动量和能量的行列，成为力学中最重要的概念之一。角动量之所以能有这样的地位，是由于它也服从守恒定律，在近代物理中其运用是极为广泛的。

一个动量为 $\boldsymbol{p}$ 的质点，对惯性参考系中某一固定点 O 的角动量 $\boldsymbol{L}$ 用下述矢积定义：

$$\boldsymbol{L}=\boldsymbol{r}\times\boldsymbol{p}=\boldsymbol{r}\times m\boldsymbol{v} \tag{3.19}$$

式中 $\boldsymbol{r}$ 为质点相对于固定点的径矢(图 3.21)。根据矢积的定义，可知角动量大小为

$$L=rp\sin\varphi=mrv\sin\varphi$$

其中 φ 是 $\boldsymbol{r}$ 和 $\boldsymbol{p}$ 两矢量之间的夹角。$\boldsymbol{L}$ 的方向垂直于 $\boldsymbol{r}$ 和 $\boldsymbol{p}$ 所决定的平面，其指向可用右

手螺旋法则确定，即用右手四指从 $\boldsymbol{r}$ 经小于180°转向 $\boldsymbol{p}$，则拇指的指向为 $\boldsymbol{L}$ 的方向。

按式(3.19)，质点的角动量还取决于它的径矢，因而取决于固定点位置的选择。同一质点，相对于不同的点，它的角动量有不同的值。因此，在说明一个质点的角动量时，必须指明是对哪一个固定点说的。

一个质点沿半径为 r 的圆周运动，其动量 $p=mv$ 时，它对于圆心 O 的角动量的大小为

$$L = rp = mrv \tag{3.20}$$

这个角动量的方向用右手螺旋法则判断，如图3.22所示。

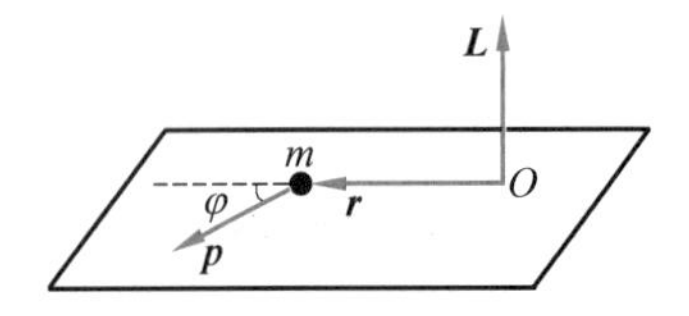

图3.21 质点的角动量

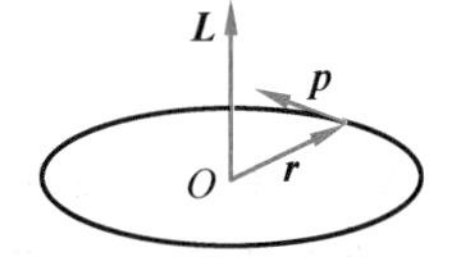

图3.22 圆周运动对圆心的角动量

在国际单位制中，角动量的量纲为 ML^2T^{-1}，单位名称是千克二次方米每秒，符号是 $kg \cdot m^2/s$，也可写做 $J \cdot s$。

例3.15

地球的角动量。地球绕太阳的运动可以近似地看做匀速圆周运动，求地球对太阳中心的角动量。

解 已知从太阳中心到地球的距离 $r=1.5\times10^{11}$ m，地球的公转速度 $v=3.0\times10^4$ m/s，而地球的质量为 $m=6.0\times10^{24}$ kg。代入式(3.20)，即可得地球对于太阳中心的角动量的大小为

$$\begin{aligned} L &= mrv = 6.0\times10^{24}\times1.5\times10^{11}\times3.0\times10^4 \\ &= 2.7\times10^{40}\ (\text{kg}\cdot\text{m}^2/\text{s}) \end{aligned}$$

例3.16

电子的轨道角动量。根据玻尔假设，氢原子内电子绕核运动的角动量只可能是 $h/2\pi$ 的整数倍，其中 h 是普朗克常量，它的大小为 $6.63\times10^{-34}\,\text{kg}\cdot\text{m}^2/\text{s}$。已知电子圆形轨道的最小半径为 $r=0.529\times10^{-10}$ m，求在此轨道上电子运动的频率 ν。

解 由于是最小半径，所以有

$$L = mrv = 2\pi mr^2\nu = \frac{h}{2\pi}$$

于是

$$\nu = \frac{h}{4\pi^2 mr^2} = \frac{6.63\times10^{-34}}{4\pi^2\times9.1\times10^{-31}\times(0.529\times10^{-10})^2} = 6.59\times10^{15}\ (\text{Hz})$$

角动量只能取某些分立的值，这种现象叫**角动量的量子化**。它是原子系统的基本特征之一。根据量子理论，原子中的电子绕核运动的角动量 L 由式

$$L^2 = \hbar^2 l(l+1)$$

给出，式中 $\hbar=h/2\pi$，l 是正整数(0,1,2,…)。本题中玻尔关于角动量的假设还不是量子力学的正确结果。

我们知道，一个质点的线动量(即动量 $\boldsymbol{p}=m\boldsymbol{v}$)的变化率是由质点受的合外力决定的，

那么质点的角动量的变化率又由什么决定呢？

让我们来求角动量对时间的变化率，有

$$\frac{\mathrm{d}\boldsymbol{L}}{\mathrm{d}t}=\frac{\mathrm{d}}{\mathrm{d}t}(\boldsymbol{r}\times\boldsymbol{p})=\boldsymbol{r}\times\frac{\mathrm{d}\boldsymbol{p}}{\mathrm{d}t}+\frac{\mathrm{d}\boldsymbol{r}}{\mathrm{d}t}\times\boldsymbol{p}$$

由于 $\mathrm{d}\boldsymbol{r}/\mathrm{d}t=\boldsymbol{v}$，而 $\boldsymbol{p}=m\boldsymbol{v}$，所以 $(\mathrm{d}\boldsymbol{r}/\mathrm{d}t)\times\boldsymbol{p}$ 为零。又由于线动量的变化率等于质点所受的合外力，所以有

$$\frac{\mathrm{d}\boldsymbol{L}}{\mathrm{d}t}=\boldsymbol{r}\times\boldsymbol{F} \tag{3.21}$$

此式中的矢积叫做合外力对固定点(即计算 $\boldsymbol{L}$ 时用的那个固定点)的**力矩**，以 $\boldsymbol{M}$ 表示力矩，就有

$$\boldsymbol{M}=\boldsymbol{r}\times\boldsymbol{F} \tag{3.22}$$

这样，式(3.21)就可以写成

$$\boldsymbol{M}=\frac{\mathrm{d}\boldsymbol{L}}{\mathrm{d}t} \tag{3.23}$$

这一等式的意义是：**质点所受的合外力矩等于它的角动量对时间的变化率**(力矩和角动量都是对于惯性系中同一固定点说的)。这个结论叫质点的**角动量定理**。①

大家中学已学过力矩的概念，即力 $\boldsymbol{F}$ 对一个支点 O 的力矩的大小等于此力和力臂 $r_\perp$ 的乘积。力臂指的是从支点到力的作用线的垂直距离。如图 3.23 所示，力臂 $r_\perp=r\sin\alpha$。因此，力 $\boldsymbol{F}$ 对支点 O 的力矩的大小就是

$$M=r_\perp F=rF\sin\alpha \tag{3.24}$$

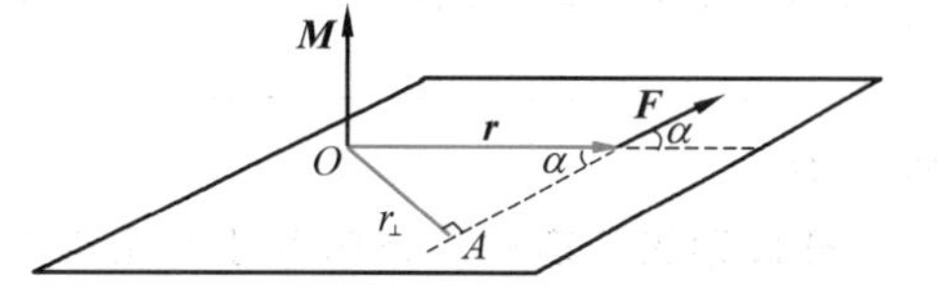

图 3.23 力矩的定义

根据式(3.22)，由矢积的定义可知，这正是由该式定义的力矩的大小。至于力矩的方向，在中学时只指出它有两个“方向”，即“顺时针方向”和“逆时针方向”。其实这种说法只是一种表面的直观的说法，并不具有矢量方向的那种确切的含义。式(3.22)则给出了力矩的确切的定义，它是一个矢量，它的方向垂直于径矢 $\boldsymbol{r}$ 和力 $\boldsymbol{F}$ 所决定的平面，其指向用右手螺旋法则由拇指的指向确定。

在国际单位制中，力矩的量纲为 $\mathrm{ML^2T^{-2}}$，单位名称是牛[顿]米，符号是 N·m。

3.7 角动量守恒定律

根据式(3.23)，如果 $\boldsymbol{M}=0$，则 $\mathrm{d}\boldsymbol{L}/\mathrm{d}t=0$，因而

$$\boldsymbol{L}=\text{常矢量}\quad(\boldsymbol{M}=0) \tag{3.25}$$

这就是说，**如果对于某一固定点，质点所受的合外力矩为零，则此质点对该固定点的角动量矢量保持不变**。这一结论叫做**角动量守恒定律**。

角动量守恒定律和动量守恒定律一样，也是自然界的一条最基本的定律，并且在更广泛情况下它也不依赖牛顿定律。

关于外力矩为零这一条件，应该指出的是，由于力矩 $\boldsymbol{M}=\boldsymbol{r}\times\boldsymbol{F}$，所以它既可能是质点所受的外力为零，也可能是外力并不为零，但是在任意时刻外力总是与质点对于固定点的径矢平行或反平行。下面我们分别就这两种情况各举一个例子。

---

① 式(3.23)也可以写成微分形式 $\mathrm{d}\boldsymbol{L}=\boldsymbol{M}\mathrm{d}t$。

例 3.17

直线运动的角动量。证明：一个质点运动时，如果不受外力作用，则它对于任一固定点的角动量矢量保持不变。

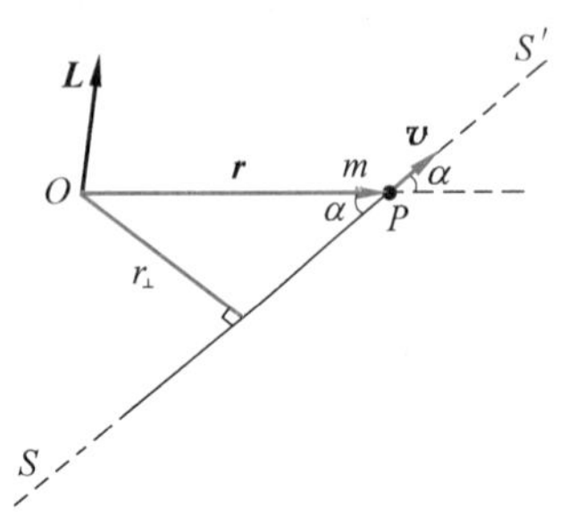

图 3.24 例 3.17 用图

解 根据牛顿第一定律，不受外力作用时，质点将作匀速直线运动。以 $\boldsymbol{v}$ 表示这一速度，以 m 表示质点的质量，则质点的线动量为 $m\boldsymbol{v}$。如图 3.24 所示，以 SS' 表示质点运动的轨迹直线，质点运动经过任一点 P 时，它对于任一固定点 O 的角动量为

$$\boldsymbol{L}=\boldsymbol{r}\times m\boldsymbol{v}$$

这一矢量的方向垂直于 $\boldsymbol{r}$ 和 $\boldsymbol{v}$ 所决定的平面，也就是固定点 O 与轨迹直线 SS' 所决定的平面。质点沿 SS' 直线运动时，它对于 O 点的角动量在任一时刻总垂直于这同一平面，所以它的角动量的方向不变。这一角动量的大小为

$$L=rmv\sin\alpha=r_\perp mv$$

其中 $r_\perp$ 是从固定点到轨迹直线 SS' 的垂直距离，它只有一个值，与质点在运动中的具体位置无关。因此，不管质点运动到何处，角动量的大小也是不变的。

角动量的方向和大小都保持不变，也就是角动量矢量保持不变。

例 3.18

开普勒第二定律。证明关于行星运动的开普勒第二定律：行星对太阳的径矢在相等的时间内扫过相等的面积。

解 行星是在太阳的引力作用下沿着椭圆轨道运动的。由于引力的方向在任何时刻总与行星对于太阳的径矢方向反平行，所以行星受到的引力对太阳的力矩等于零。因此，行星在运动过程中，对太阳的角动量将保持不变。我们来看这个不变意味着什么。

首先，由于角动量 $\boldsymbol{L}$ 的方向不变，表明 $\boldsymbol{r}$ 和 $\boldsymbol{v}$ 所决定的平面的方位不变。这就是说，行星总在一个平面内运动，它的轨道是一个平面轨道(图 3.25)，而 $\boldsymbol{L}$ 就垂直于这个平面。

其次，行星对太阳的角动量的大小为

$$L=mrv\sin\alpha=mr\left|\frac{\mathrm{d}\boldsymbol{r}}{\mathrm{d}t}\right|\sin\alpha=m\lim_{\Delta t\to 0}\frac{r\,|\,\Delta\boldsymbol{r}\,|\,\sin\alpha}{\Delta t}$$

由图 3.25 可知，乘积 $r|\Delta\boldsymbol{r}|\sin\alpha$ 等于阴影三角形的面积(忽略那个小角的面积)的两倍，以 ΔS 表示这一面积，就有

$$r\,|\,\Delta\boldsymbol{r}\,|\,\sin\alpha=2\Delta S$$

将此式代入上式可得

$$L=2m\lim_{\Delta t\to 0}\frac{\Delta S}{\Delta t}=2m\frac{\mathrm{d}S}{\mathrm{d}t}$$

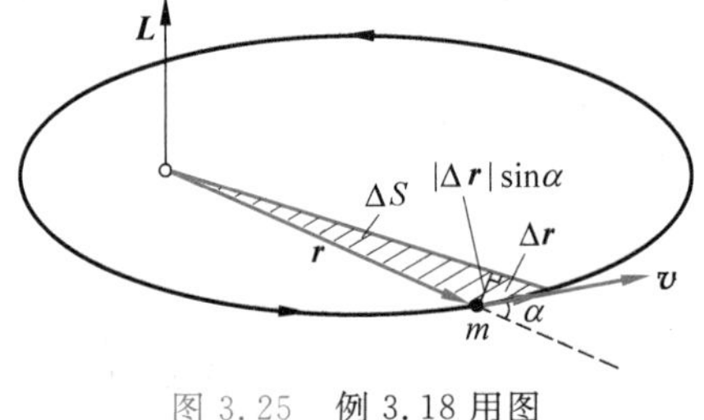

图 3.25 例 3.18 用图

此处 $\mathrm{d}S/\mathrm{d}t$ 为行星对太阳的径矢在单位时间内扫过的面积，叫做行星运动的**掠面速度**。行星运动的角动量守恒又意味着这一掠面速度保持不变。由此，我们可以直接得出行星对太阳的径矢在相等的时间内扫过相等的面积的结论。

例 3.19

α 粒子散射。一 α 粒子在远处以速度 $\boldsymbol{v}_0$ 射向一重原子核，瞄准距离(重原子核到 $\boldsymbol{v}_0$ 直线的距离)为 b(图 3.26)。重原子核所带电量为 Ze。求 α 粒子被散射的角度(即它离开重

原子核时的速度 $\boldsymbol{v}'$ 的方向偏离 $\boldsymbol{v}_0$ 的角度)。

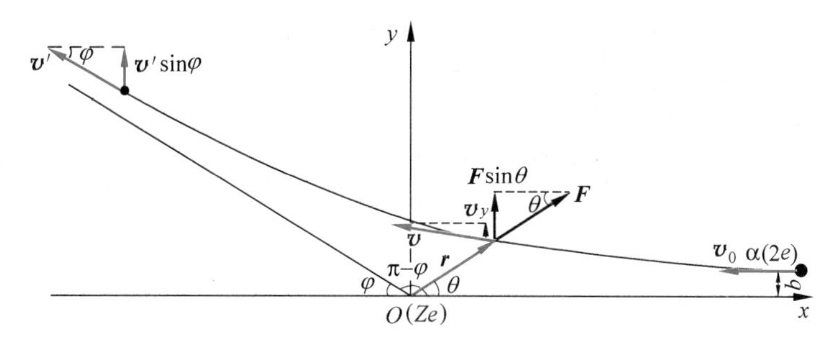

图 3.26　α 粒子被重核 Ze 散射分析图

解　由于重原子核的质量比 α 粒子的质量 m 大得多，所以可以认为重原子核在整个过程中静止。以原子核所在处为原点，可设如图 3.26 的坐标进行分析。在整个散射过程中 α 粒子受到核的库仑力的作用，力的大小为

$$F=\frac{kZe\cdot 2e}{r^2}=\frac{2kZe^2}{r^2}$$

由于此力总沿着 α 粒子的位矢 $\boldsymbol{r}$ 作用，所以此力对原点的力矩为零。于是 α 粒子对原点的角动量守恒。α 粒子在入射时的角动量为 mbv_0，在其后任一时刻的角动量为 $mr^2\omega=mr^2\frac{\mathrm{d}\theta}{\mathrm{d}t}$。角动量守恒给出

$$mr^2\frac{\mathrm{d}\theta}{\mathrm{d}t}=mv_0b$$

为了得到另一个 θ 随时间改变的关系式，沿 y 方向对 α 粒子应用牛顿第二定律，于是有

$$m\frac{\mathrm{d}v_y}{\mathrm{d}t}=F_y=F\sin\theta=\frac{2kZe^2}{r^2}\sin\theta$$

在以上两式中消去 r^2，得

$$\frac{\mathrm{d}v_y}{\mathrm{d}t}=\frac{2kZe^2}{mv_0b}\sin\theta\frac{\mathrm{d}\theta}{\mathrm{d}t}$$

对此式从 α 粒子入射到离开积分，由于入射时 $v_y=0$，离开时 $v_y'=v'\sin\varphi=v_0\sin\varphi$（α 粒子离开重核到远处时，速率恢复到 v_0），而且 $\theta=\pi-\varphi$，所以有

$$\int_0^{v_0\sin\varphi}\mathrm{d}v_y=\frac{2kZe^2}{mv_0b}\int_0^{\pi-\varphi}\sin\theta\mathrm{d}\theta$$

积分可得

$$v_0\sin\varphi=\frac{2kZe^2}{mv_0b}(1+\cos\varphi)$$

此式可进一步化成较简洁的形式，即

$$\cot\frac{1}{2}\varphi=\frac{mv_0^2b}{2kZe^2}$$

1911 年卢瑟福就是利用此式对他的 α 散射实验的结果进行分析，从而建立了他的原子的核式模型。

3.8　质点系的角动量定理

一个质点系对某一定点的角动量定义为其中各质点对该定点的角动量的矢量和，即

$$\boldsymbol{L}=\sum_i\boldsymbol{L}_i=\sum_i\boldsymbol{r}_i\times\boldsymbol{p}_i \tag{3.26}$$

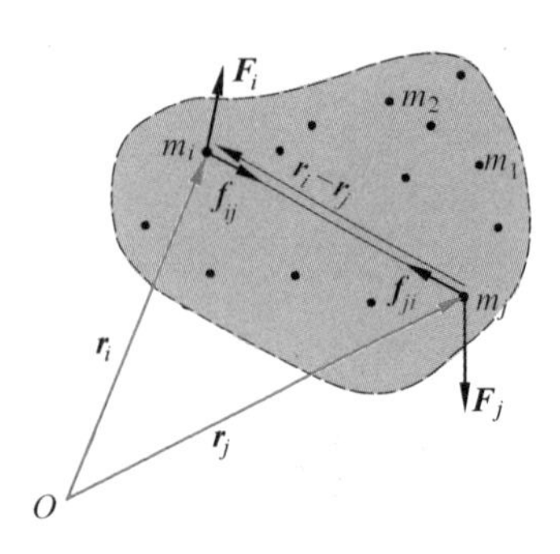

图 3.27　质点系的角动量定理

对于系内任意第 i 个质点，角动量定理式(3.21)给出

$$\frac{\mathrm{d}\boldsymbol{L}_i}{\mathrm{d}t}=\boldsymbol{r}_i\times\left(\boldsymbol{F}_i+\sum_{j\neq i}\boldsymbol{f}_{ij}\right)$$

其中 $\boldsymbol{F}_i$ 为第 i 个质点受系外物体的力，$\boldsymbol{f}_{ij}$ 为它受系内第 j 个质点的内力(图 3.27)；二者之和与径矢 $\boldsymbol{r}_i$ 的矢积表示第 i 个质点所受的对定点 O 的力矩。将上式对系内所有质点求和，可得

$$\frac{\mathrm{d}\boldsymbol{L}}{\mathrm{d}t}=\sum_i\boldsymbol{r}_i\times\boldsymbol{F}_i+\sum_i\left(\boldsymbol{r}_i\times\sum_{j\neq i}\boldsymbol{f}_{ij}\right)=\boldsymbol{M}+\boldsymbol{M}_{\text{in}} \tag{3.27}$$

其中

$$\boldsymbol{M}=\sum_i\boldsymbol{r}_i\times\boldsymbol{F} \tag{3.28}$$

表示质点系所受的合外力矩，即各质点所受的外力矩的矢量和，而

$$\boldsymbol{M}_{\text{in}}=\sum_i\left(\boldsymbol{r}_i\times\sum_{j\neq i}\boldsymbol{f}_{ij}\right) \tag{3.29}$$

表示各质点所受的各内力矩的矢量和。在式(3.29)中，由于内力 $\boldsymbol{f}_{ij}$ 和 $\boldsymbol{f}_{ji}$ 是成对出现的，所以与之相应的内力矩也就成对出现。对 i 和 j 两个质点来说，它们相互作用的力矩之和为

$$\boldsymbol{r}_i\times\boldsymbol{f}_{ij}+\boldsymbol{r}_j\times\boldsymbol{f}_{ji}=(\boldsymbol{r}_i-\boldsymbol{r}_j)\times\boldsymbol{f}_{ij}$$

式中利用了牛顿第三定律 $\boldsymbol{f}_{ji}=-\boldsymbol{f}_{ij}$。又因为满足牛顿第三定律的两个力总是沿着两质点的连线作用，$\boldsymbol{f}_{ij}$ 就和 $(\boldsymbol{r}_i-\boldsymbol{r}_j)$ 共线，而上式右侧矢积等于零，即一对内力矩之和为零。因此由式(3.29)表示的所有内力矩之和为零。于是由式(3.27)得出

$$\boldsymbol{M}=\frac{\mathrm{d}\boldsymbol{L}}{\mathrm{d}t} \tag{3.30}$$

它说明**一个质点系所受的合外力矩等于该质点系的角动量对时间的变化率**(力矩和角动量都相对于惯性系中同一定点)。这就是**质点系的角动量定理**。它和质点的角动量定理式(3.23)具有同样的形式。不过应注意，这里的 $\boldsymbol{M}$ 只包括外力的力矩，内力矩会影响系内某质点的角动量，但对质点系的总角动量并无影响。

在式(3.30)中，如果 $\boldsymbol{M}=0$，立即有 $\boldsymbol{L}=$常矢量，这表明，**当质点系相对于某一定点所受的合外力矩为零时，该质点系相对于该定点的角动量将不随时间改变**。这就是一般情况下的角动量守恒定律。

例 3.20

如图 3.28 所示，质量分别为 m_1 和 m_2 的两个小钢球固定在一个长为 a 的轻质硬杆的两端，杆的中点有一轴使杆可在水平面内自由转动，杆原来静止。另一泥球质量为 m_3，以水平速度 $\boldsymbol{v}_0$ 垂直于杆的方向与 m_2 发生碰撞，碰后二者粘在一起。设 $m_1=m_2=m_3$，求碰撞后杆转动的角速度。

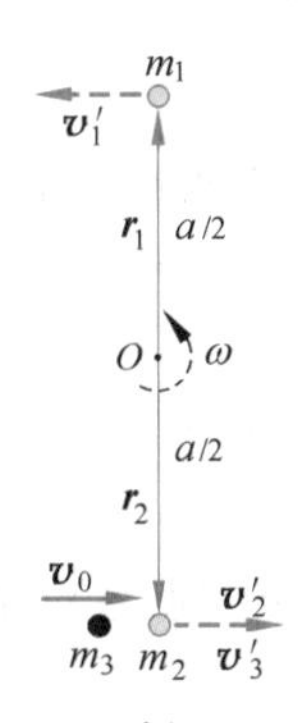

图 3.28　例 3.20 用图

解　考虑这三个质点组成的质点系。相对于杆的中点，在碰撞过程中合外力矩为零，因此对此点的角动量守恒。设碰撞后杆转动的角速度为 ω，则碰撞后三质点的速率 $v_1'=v_2'=v_3'=\frac{a}{2}\omega$。碰撞前，此三质点系统的总角动

量为 $m_3\boldsymbol{r}_2\times\boldsymbol{v}_0$。碰撞后，它们的总角动量为 $m_3\boldsymbol{r}_2\times\boldsymbol{v}_3'+m_2\boldsymbol{r}_2\times\boldsymbol{v}_2'+m_1\boldsymbol{r}_1\times\boldsymbol{v}_1'$。考虑到这些矢积的方向相同，角动量守恒给出下列标量关系：

$$m_3r_2v_0=m_3r_2v_3'+m_2r_2v_2'+m_1r_1v_1'$$

由于 $m_1=m_2=m_3$，$r_1=r_2=a/2$，$v_1'=v_2'=v_3'=\dfrac{a}{2}\omega$，上式给出

$$\omega=\frac{2v_0}{3a}$$

值得注意的是，在此碰撞过程中，质点系的总动量并不守恒（读者可就初末动量自行校核）。这是因为在 m_3 和 m_2 的碰撞过程中，质点系还受到轴 O 的冲量的缘故。

3.9 质心参考系中的角动量

质心是相对于质点系的一个特殊点。考虑相对于质心的角动量就该有特殊的意义。下面先给出相对于惯性系中定点的角动量和相对于质心的角动量的关系，然后再导出应用质心参考系表述的角动量定理。

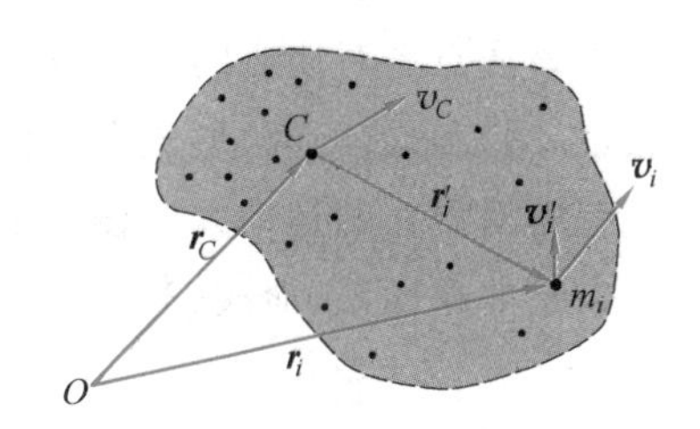

图 3.29 相对于质心的角动量的推导用图

如图 3.29 所示，O 为惯性中一定点，C 为质点系的质心，其位矢为 $\boldsymbol{r}_C$，速度为 $\boldsymbol{v}_C$。质点 i 相对于 O 和 C 的位矢分别为 $\boldsymbol{r}_i$ 和 $\boldsymbol{r}_i'$。相对于惯性系和质心系，质点 i 的速度分别为 $\boldsymbol{v}_i$ 和 $\boldsymbol{v}_i'$。由伽利略速度变换可知

$$\boldsymbol{v}_i=\boldsymbol{v}_C+\boldsymbol{v}_i'$$

质点系对 O 点的角动量为

$$\begin{aligned}\boldsymbol{L}&=\sum m_i\boldsymbol{r}_i\times\boldsymbol{v}_i=\sum m_i(\boldsymbol{r}_C+\boldsymbol{r}_i')\times(\boldsymbol{v}_C+\boldsymbol{v}_i')\\&=\boldsymbol{r}_C\times(m\boldsymbol{v}_C)+\boldsymbol{r}_C\times\sum m_i\boldsymbol{v}_i'+\left(\sum m_i\boldsymbol{r}_i'\right)\times\boldsymbol{v}_C+\sum m_i\boldsymbol{r}_i'\times\boldsymbol{v}_i'\end{aligned}$$

由于 $m\boldsymbol{v}_C=\boldsymbol{p}$ 是质点系的总动量或称“质心的动量”，上式中最后一个等号右侧的第一项可称为“质心相对于 O 点的角动量”。由于质心系是零动量参考系，所以 $\sum m_i\boldsymbol{v}_i'=0$；又由于此处质心参考系的原点就在质心上，所以 $\sum m_i\boldsymbol{r}_i'=0$。这样上式中右侧第二、第三项就都等于零。第四项是在质心参考系中质点系的角动量，可以用 $\boldsymbol{L}_C$ 表示，即

$$\boldsymbol{L}_C=\sum m_i\boldsymbol{r}_i'\times\boldsymbol{v}_i' \tag{3.31}$$

于是有

$$\boldsymbol{L}=\boldsymbol{r}_C\times\boldsymbol{p}+\boldsymbol{L}_C \tag{3.32}$$

这个式子说明：质点系对惯性系中某定点的角动量等于质心对该定点的角动量（叫轨道角动量）加上质点系对质心的角动量。

式(3.32)对时间求导，可得

$$\frac{\mathrm{d}\boldsymbol{L}}{\mathrm{d}t}=\boldsymbol{r}_C\times\frac{\mathrm{d}\boldsymbol{p}}{\mathrm{d}t}+\frac{\mathrm{d}\boldsymbol{L}_C}{\mathrm{d}t} \tag{3.33}$$

对于定点 O，质点系所受的合外力矩为

$$\boldsymbol{M}=\sum \boldsymbol{r}_i\times\boldsymbol{F}_i=\sum(\boldsymbol{r}_C+\boldsymbol{r}_i')\times\boldsymbol{F}_i=\boldsymbol{r}_C\times\sum\boldsymbol{F}_i+\sum\boldsymbol{r}_i'\times\boldsymbol{F}_i$$

由质点系的角动量定理式(3.32)，可得

$$\boldsymbol{r}_C\times\sum\boldsymbol{F}_i+\sum\boldsymbol{r}_i'\times\boldsymbol{F}_i=\boldsymbol{r}_C\times\frac{\mathrm{d}\boldsymbol{p}}{\mathrm{d}t}+\frac{\mathrm{d}\boldsymbol{L}_C}{\mathrm{d}t}$$

由质心运动定理式(3.18)可知，$\sum\boldsymbol{F}_i=\frac{\mathrm{d}\boldsymbol{p}}{\mathrm{d}t}$，在上式中消去相应的两项可得

$$\sum\boldsymbol{r}_i'\times\boldsymbol{F}_i=\frac{\mathrm{d}\boldsymbol{L}_C}{\mathrm{d}t}$$

此式等号左侧是质点系中各质点所受外力对质心的力矩的矢量和，可以用 $\boldsymbol{M}_C$ 表示。于是

$$\boldsymbol{M}_C=\frac{\mathrm{d}\boldsymbol{L}_C}{\mathrm{d}t}\tag{3.34}$$

这就是应用质心系表述的角动量定理。它说明：质点系所受的对质心的合外力矩等于质心参考系中该质点系对质心的角动量的变化率。

式(3.34)和式(3.30)形式上一样，但是式(3.30)只对惯性系中某定点成立。在上面的推导过程中对质心的运动并无任何限制。质心可以在合外力作用下作任何运动，即质心参考系可以是非惯性系，而式(3.34)仍然成立。这里又显示出质心的特殊之处。

提要

1. **动量定理**：合外力的冲量等于质点(或质点系)动量的增量，即

$$\boldsymbol{F}\mathrm{d}t=\mathrm{d}\boldsymbol{p}$$

2. **动量守恒定律**：系统所受合外力为零时，

$$\boldsymbol{p}=\sum_i\boldsymbol{p}_i=\text{常矢量}$$

3. **质心的概念**：质心的位矢

$$\boldsymbol{r}_C=\frac{\sum\limits_i m_i\boldsymbol{r}_i}{m}\quad\text{或}\quad\boldsymbol{r}_C=\frac{\int\boldsymbol{r}\mathrm{d}m}{m}$$

4. **质心运动定理**：质点系所受的合外力等于其总质量乘以质心的加速度，即

$$\boldsymbol{F}=m\boldsymbol{a}_C$$

质心参考系：质心在其中静止的平动参考系，即零动量参考系。

5. **质点的角动量定理**：对于惯性系中某一定点，

力 $\boldsymbol{F}$ 的力矩　　$\boldsymbol{M}=\boldsymbol{r}\times\boldsymbol{F}$

质点的角动量　　$\boldsymbol{L}=\boldsymbol{r}\times\boldsymbol{p}=m\boldsymbol{r}\times\boldsymbol{v}$

角动量定理　　$\boldsymbol{M}=\frac{\mathrm{d}\boldsymbol{L}}{\mathrm{d}t}$

其中 $\boldsymbol{M}$ 为合外力矩，它和 $\boldsymbol{L}$ 都是对同一定点说的。

6. 角动量守恒定律：对某定点，质点受的合力矩为零时，则它对于同一定点的 $\boldsymbol{L}=$ 常矢量。

***7. 应用于质心参考系的角动量定理**

$$\boldsymbol{M}_C = \frac{\mathrm{d}\boldsymbol{L}_C}{\mathrm{d}t}$$

此式适用于质心作任何运动。

思考题

3.1 小力作用在一个静止的物体上，只能使它产生小的速度吗？大力作用在一个静止的物体上，一定能使它产生大的速度吗？

3.2 一人躺在地上，身上压一块重石板，另一人用重锤猛击石板，但见石板碎裂，而下面的人毫无损伤。何故？

3.3 如图 3.30 所示，一重球的上下两面系同样的两根线，今用其中一根线将球吊起，而用手向下拉另一根线，如果向下猛一扽，则下面的线断而球未动。如果用力慢慢拉线，则上面的线断开，为什么？

3.4 汽车发动机内气体对活塞的推力以及各种传动部件之间的作用力能使汽车前进吗？使汽车前进的力是什么力？

3.5 我国东汉时学者王充在他所著《论衡》(公元 28 年)一书中记有："奡(ào)、育，古之多力者，身能负荷千钧，手能决角伸钩，使之自举，不能离地。"说的是古代大力士自己不能把自己举离地面。这个说法正确吗？为什么？

3.6 你自己身体的质心是固定在身体内某一点吗？你能把你的身体的质心移到身体外面吗？

3.7 放烟花时，一朵五彩缤纷的烟花(图 3.31)的质心的运动轨迹如何？(忽略空气阻力与风力)为什么在空中烟花总是以球形逐渐扩大？

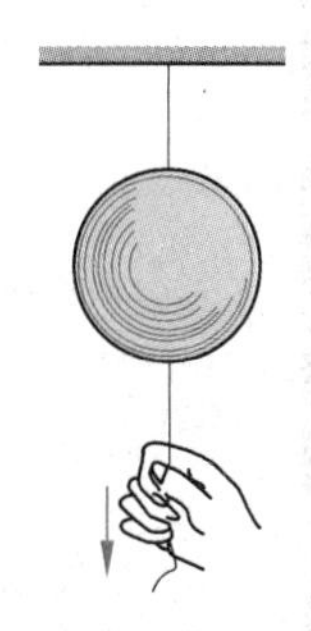

图 3.30　思考题 3.3 用图

图 3.31　烟花盛景

3.8 人造地球卫星是沿着一个椭圆轨道运行的，地心 O 是这一轨道的一个焦点(图 3.32)。卫星经过近地点 P 和远地点 A 时的速率一样吗？它们和地心到 P 的距离 r_1 以及地心到 A 的距离 r_2 有什么关系？

3.9 作匀速圆周运动的质点，对于圆周上某一定点，它的角动量是否守恒？对于通过圆心而与圆面垂直的轴上的任一点，它的角动量是否守恒？对于哪一个定点，它的角动量守恒？

3.10 一个 α 粒子飞过一金原子核而被散射，金核基本上未动(图 3.33)。在这一过程中，对金核中心来说，α 粒子的角动量是否守恒？为什么？α 粒子的动量是否守恒？

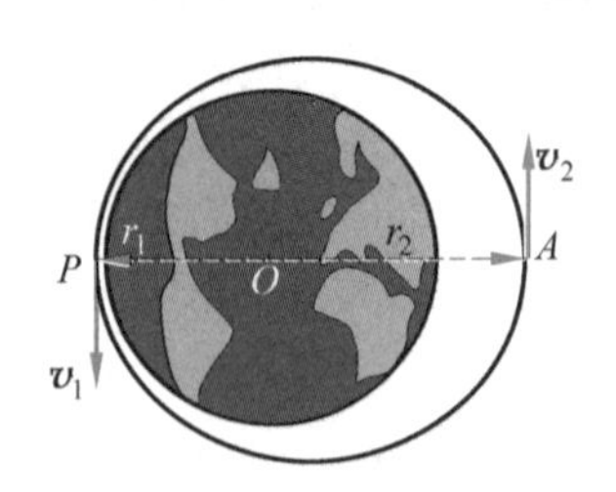

图 3.32　思考题 3.8 用图

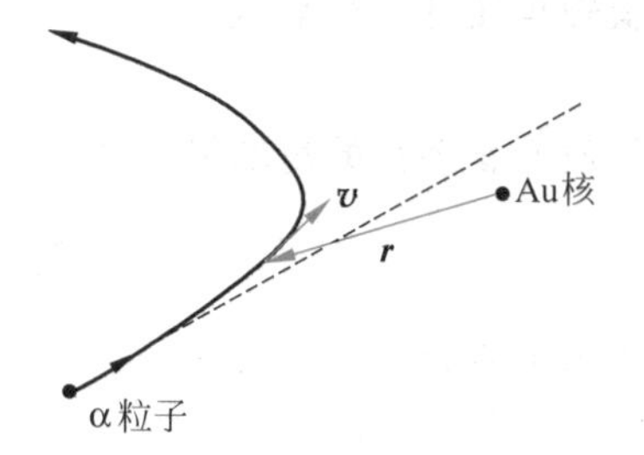

图 3.33　思考题 3.10 用图

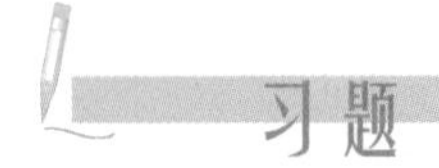

习题

3.1　一小球在弹簧的作用下振动(图 3.34)，弹力 $F=-kx$，而位移 $x=A\cos\omega t$，其中，k，A，ω 都是常量。求在 $t=0$ 到 $t=\pi/2\omega$ 的时间间隔内弹力施于小球的冲量。

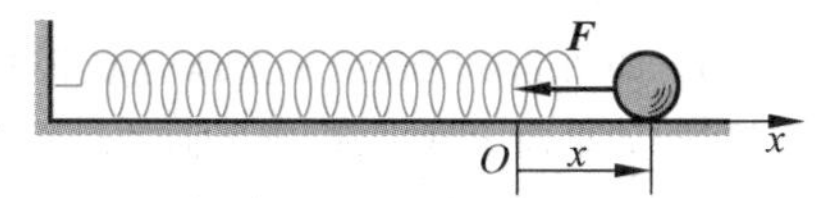

图 3.34　习题 3.1 用图

3.2　一个质量 $m=50$ g，以速率 $v=20$ m/s 作匀速圆周运动的小球，在 1/4 周期内向心力加给它的冲量是多大？

3.3　美国丹佛市每年举办一次“水世界肚皮砸水比赛”，图 3.35 就是 2007 年 6 月 21 日比赛参加者 Hoffman(冠军)跳水的姿态。设他的质量是 150 kg，跳起后离水面最大高度是 5.0 m，碰到水面 0.30 s 后开始缓慢下沉，求他砸水的力多大？

图 3.35　肚皮砸水跳

3.4　自动步枪连发时每分钟射出 120 发子弹，每发子弹的质量为 $m=7.90$ g，出口速率为 735 m/s。求射击时(以分钟计)枪托对肩部的平均压力。

3.5　2007 年 2 月 28 日凌晨 2 时，由乌鲁木齐开出的 5807 次旅客列车在吐鲁番境内突然遭遇 13 级特大飓风袭击，11 节车厢脱轨(图 3.36)，造成了 3 死 34 伤的惨祸。

13 级飓风风速按 137 km/h(38 m/s)计，空气密度为 1.29 kg/m^3，车厢长 22.5 m，高 2.62 m。设大风垂

直吹向车厢侧面，碰到车厢后就停下来。这样，飓风对一节车厢的水平推力多大？

图 3.36 飓风吹倒车厢

3.6 水管有一段弯曲成 90°。已知管中水的流量为 3×10^3 kg/s，流速为 10 m/s。求水流对此弯管的压力的大小和方向。

*3.7 桌面上堆放一串柔软的长链，今拉住长链的一端竖直向上以恒定速度 v_0 上提。试证明：当提起的长度为 l 时，所用的向上的力 $F=\rho_l lg+\rho_l v_0^2$，其中 ρ_l 为长链单位长度的质量。

*3.8 手提住一柔软长链的上端，使其下端刚与桌面接触，然后松手使链自由下落。试证明下落过程中，桌面受的压力等于已落在桌面上的链的重量的 3 倍。

3.9 一个原来静止的原子核，放射性衰变时放出一个动量为 $p_1=9.22\times10^{-21}$ kg·m/s 的电子，同时还在垂直于此电子运动的方向上放出一个动量为 $p_2=5.33\times10^{-21}$ kg·m/s 的中微子。求衰变后原子核的动量的大小和方向。

*3.10 运载火箭的最后一级以 $v_0=7600$ m/s 的速率飞行。这一级由一个质量为 $m_1=290.0$ kg 的火箭壳和一个质量为 $m_2=150.0$ kg 的仪器舱扣在一起。当扣松开后，二者间的压缩弹簧使二者分离，这时二者的相对速率为 $u=910.0$ m/s。设所有速度都在同一直线上，求两部分分开后各自的速度。

3.11 两辆质量相同的汽车在十字路口垂直相撞，撞后二者扣在一起又沿直线滑动了 $s=25$ m 才停下来。设滑动时地面与车轮之间的滑动摩擦系数为 $\mu_k=0.80$。撞后两个司机都声明在撞车前自己的车速未超限制(14 m/s)，他们的话都可信吗？

3.12 一空间探测器质量为 6090 kg，正相对于太阳以 105 m/s 的速率向木星运动。当它的火箭发动机相对于它以 253 m/s 的速率向后喷出 80.0 kg 废气后，它对太阳的速率变为多少？

3.13 在太空静止的一单级火箭，点火后，其质量的减少与初质量之比为多大时，它喷出的废气将是静止的？

*3.14 一质量为 2.72×10^6 kg 的火箭竖直离地面发射，燃料燃烧速率为 1.29×10^3 kg/s。

(1) 它喷出的气体相对于火箭体的速率是多大时才能使火箭刚刚离开地面？

(2) 它以恒定相对速率 5.50×10^4 m/s 喷出废气，全部燃烧时间为 155 s。它的最大上升速率多大？

(3) 在(2)的情形下，当燃料刚燃烧完时，火箭体离地面多高？

*3.15 一架喷气式飞机以 210 m/s 的速度飞行，它的发动机每秒钟吸入 75 kg 空气，在体内与 3.0 kg 燃料燃烧后以相对于飞机 490 m/s 的速度向后喷出。求发动机对飞机的推力。

3.16 水分子的结构如图 3.37 所示。两个氢原子与氧原子的中心距离都是 0.0958 nm，它们与氧原子中心的连线的夹角为 105°。求水分子的质心。

3.17 求半圆形均匀薄板的质心。

3.18 有一正立方体铜块，边长为 a。今在其下半部中央挖去一截面半径为 $a/4$ 的圆柱形洞(图 3.38)。求剩余铜块的质心位置。

3.19 在楼顶释放一质量 $m_1=20$ g 的石子后，1 s 末又自同一点释放另一质量为 $m_2=50$ g 的石子。求在前者释放后 $t(>1)$ s 末，这两个石子系统的质心的速度和加速度。

3.20 哈雷彗星绕太阳运动的轨道是一个椭圆。它离太阳最近的距离是 $r_1=8.75\times10^{10}$ m，此时它的速率是 $v_1=5.46\times10^4$ m/s。它离太阳最远时的速率是 $v_2=9.08\times10^2$ m/s，这时它离太阳的距离 r_2 是多少？

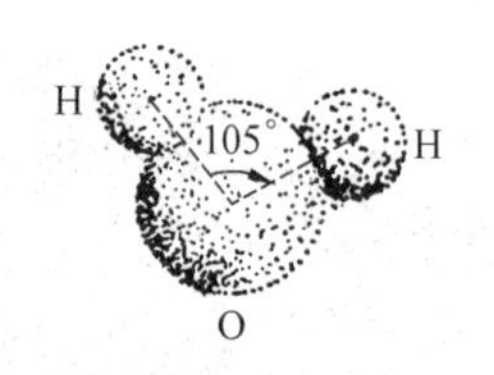

图3.37　习题3.16用图

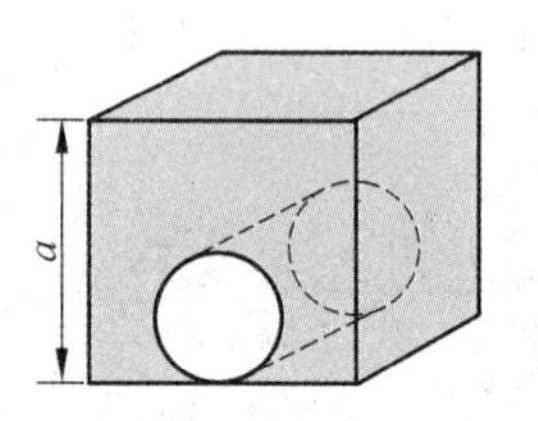

图3.38　习题3.18用图

3.21　求月球对地球中心的角动量及掠面速度。将月球轨道看做是圆，其转动周期按27.3 d计算。

3.22　我国1988年12月发射的通信卫星在到达同步轨道之前，先要在一个大的椭圆形“转移轨道”上运行若干圈。此转移轨道的近地点高度为205.5 km，远地点高度为35 835.7 km。卫星越过近地点时的速率为10.2 km/s。

(1) 求卫星越过远地点时的速率；

(2) 求卫星在此轨道上运行的周期。(提示：用椭圆的面积公式)

3.23　用绳系一小方块使之在光滑水平面上作圆周运动(图3.39)，圆半径为r_0，速率为v_0。今缓慢地拉下绳的另一端，使圆半径逐渐减小。求圆半径缩短至r时，小方块的速率v是多大。

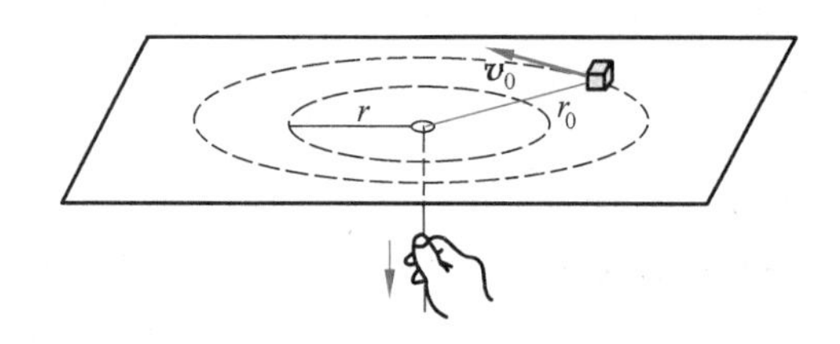

图3.39　习题3.23用图

*3.24　有两个质量都是m的质点，由长度为a的一根轻质硬杆连接在一起，在自由空间二者质心静止，但杆以角速度ω绕质心转动。杆上的一个质点与第三个质量也是m但静止的质点发生碰撞，结果粘在一起。

(1) 碰撞前一瞬间三个质点的质心在何处？此质心的速度多大？

(2) 碰撞前一瞬间，这三个质点对它们的质心的总角动量是多少？碰后一瞬间，又是多少？

(3) 碰撞后，整个系统绕质心转动的角速度多大？

开普勒

第 4 章

功 和 能

如今能量已经成了非常大众化的概念了。例如，人们就常常谈论能源。作为科学的物理概念，大家在中学物理课程中也已学过一些能量以及和它紧密联系的功的意义和计算，例如已学过动能、重力势能以及机械能守恒定律。本章将对这些概念进行复习并加以扩充，将引入弹簧的弹性势能、引力势能的表示式并更全面地讨论能量守恒定律。之后综合动量和动能概念讨论碰撞的规律，并举了不少例题以帮助大家提高对动量和能量的认识与应用它们分析问题的能力。两体问题一节（4.9 节）讲了如何将这类问题化为单体问题以便直接用牛顿定律求其解析解。本章最后介绍了流体动力学的基本概念并用能量守恒定律导出了伯努利定律。

4.1 功

功和能是一对紧密相连的物理量。一质点在力 $\boldsymbol{F}$ 的作用下，发生一无限小的元位移 $\mathrm{d}\boldsymbol{r}$ 时（图 4.1），力对质点做的**功 dA 定义为力 $\boldsymbol{F}$ 和位移 $\mathrm{d}\boldsymbol{r}$ 的标量积**，即

$$\mathrm{d}A = \boldsymbol{F}\cdot\mathrm{d}\boldsymbol{r} = F\,|\,\mathrm{d}\boldsymbol{r}\,|\cos\varphi = F_{\mathrm{t}}\,|\,\mathrm{d}\boldsymbol{r}\,| \tag{4.1}$$

式中 φ 是力 $\boldsymbol{F}$ 与元位移 $\mathrm{d}\boldsymbol{r}$ 之间的夹角，而 $F_{\mathrm{t}}=F\cos\varphi$ 为力 $\boldsymbol{F}$ 在位移 $\mathrm{d}\boldsymbol{r}$ 方向的分力。

图 4.1 功的定义

按式（4.1）定义的功是标量。它没有方向，但有正负。当 $0\leqslant\varphi<\pi/2$ 时，$\mathrm{d}A>0$，力对质点做正功；当 $\varphi=\pi/2$ 时，$\mathrm{d}A=0$，力对质点不做功；当 $\pi/2<\varphi\leqslant\pi$ 时，$\mathrm{d}A<0$，力对质点做负功。对于这最后一种情况，我们也常说成是质点在运动中克服力 $\boldsymbol{F}$ 做了功。

一般地说，质点可以是沿曲线 L 运动，而且所受的力随质点的位置发生变化（图 4.2）。在这种情况下，质点沿路径 L 从 A 点到 B 点力 $\boldsymbol{F}$ 对它做的功 A_{AB} 等于经过各段无限小元位移时力所做的功的总和，可表示为

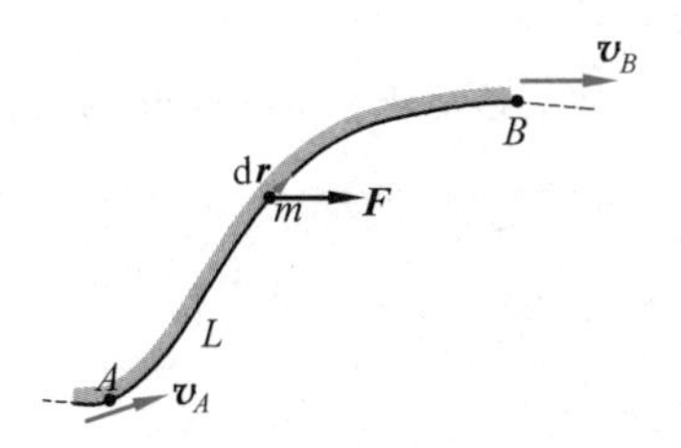

图 4.2 力沿一段曲线做的功

$$A_{AB} = \int_{L\,(A)}^{(B)}\mathrm{d}A = \int_{L\,(A)}^{(B)}\boldsymbol{F}\cdot\mathrm{d}\boldsymbol{r} \tag{4.2}$$

这一积分在数学上叫做力 $\boldsymbol{F}$ 沿路径 L 从 A 到 B 的**线积分**。

比较简单的情况是质点沿直线运动，受与速度方向成 φ

角的恒力作用。这种情况下，式(4.2)给出

$$A_{AB} = \int_{(A)}^{(B)} F \mid \mathrm{d}\boldsymbol{r} \mid \cos\varphi = F\int_{(A)}^{(B)} \mid \mathrm{d}\boldsymbol{r} \mid \cos\varphi$$

$$= Fs_{AB}\cos\varphi \tag{4.3}$$

式中 s_{AB} 是质点从 A 到 B 经过的位移的大小。式(4.3)是大家在中学已学过的公式。

在国际单位制中，功的量纲是 $\mathrm{ML^2T^{-2}}$，单位名称是焦[耳]，符号为 J，

$$1\ \mathrm{J} = 1\ \mathrm{N \cdot m}$$

其他常见的功的非 SI 单位有尔格(erg)、电子伏(eV)，

$$1\ \mathrm{erg} = 10^{-7}\ \mathrm{J}$$

$$1\ \mathrm{eV} = 1.6 \times 10^{-19}\ \mathrm{J}$$

例 4.1

推力做功。一超市营业员用 60 N 的力一次把饮料箱在地板上沿一弯曲路径推动了 25 m，他的推力始终向前并与地面保持 30°。求：营业员这一次推箱子做的功。

解 如图 4.3 所示，$F=60$ N，$s=25$ m，$\varphi=30°$。由式(4.2)可得营业员推箱子做的功为

$$A_F = \int_s \boldsymbol{F} \cdot \mathrm{d}\boldsymbol{r} = \int_s F \mid \mathrm{d}\boldsymbol{r} \mid \cos\varphi = F\cos\varphi \int_s \mathrm{d}s$$

$$= Fs\cos\varphi = 60 \times 25 \times \cos 30° = 1.30 \times 10^3\ (\mathrm{J})$$

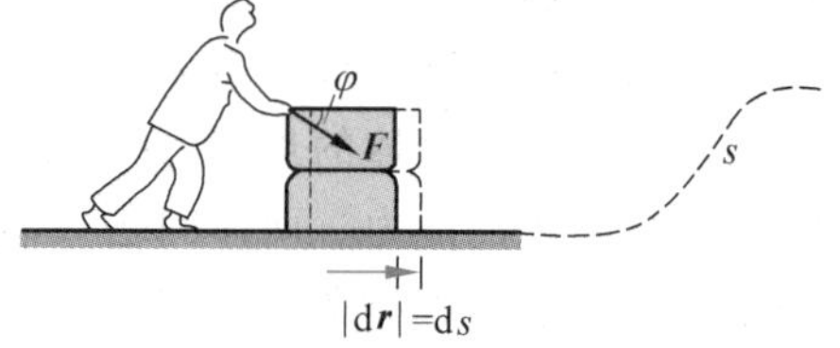

图 4.3 用力推箱

例 4.2

摩擦力做功。马拉爬犁在水平雪地上沿一弯曲道路行走(图 4.4)。爬犁总质量为 3 t，它和地面的滑动摩擦系数 $\mu_k=0.12$。求马拉爬犁行走 2 km 的过程中，路面摩擦力对爬犁做的功。

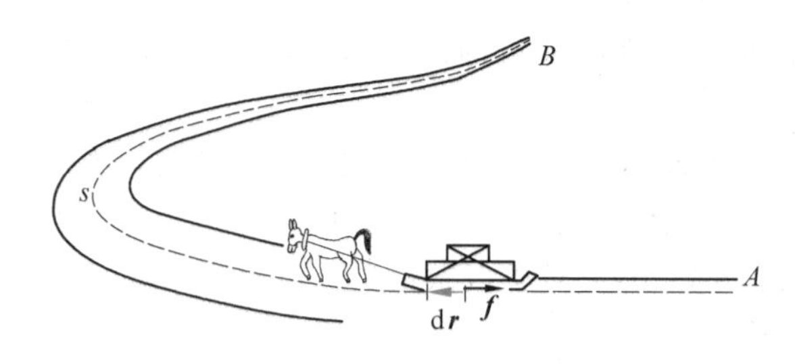

图 4.4 马拉爬犁在雪地上行进

解 这是一个物体沿曲线运动但力的大小不变的例子。爬犁在雪地上移动任一元位移 $\mathrm{d}\boldsymbol{r}$ 的过程中，它受的滑动摩擦力的大小为

$$f = \mu_k N = \mu_k mg$$

由于滑动摩擦力的方向总与位移 $\mathrm{d}\boldsymbol{r}$ 的方向相反(图 4.4)，所以相应的元功应为

$$\mathrm{d}A = \boldsymbol{f} \cdot \mathrm{d}\boldsymbol{r} = -f\,|\mathrm{d}\boldsymbol{r}|$$

以 $\mathrm{d}s=|\mathrm{d}\boldsymbol{r}|$ 表示元位移的大小，即相应的路程，则

$$\mathrm{d}A = -f\mathrm{d}s = -\mu_k mg\,\mathrm{d}s$$

爬犁从 A 移到 B 的过程中，摩擦力对它做的功就是

$$A_{AB}=\int_{(A)}^{(B)}\boldsymbol{f}\cdot \mathrm{d}\boldsymbol{r}=-\int_{(A)}^{(B)}\mu_{\mathrm{k}}mg\,\mathrm{d}s=-\mu_{\mathrm{k}}mg\int_{(A)}^{(B)}\mathrm{d}s$$

上式中最后一积分为从 A 到 B 爬犁实际经过的路程 s，所以

$$A_{AB}=-\mu_{\mathrm{k}}mgs=-0.12\times 3000\times 9.81\times 2000=-7.06\times 10^{6}\ (\mathrm{J})$$

此结果中的负号表示滑动摩擦力对爬犁做了负功。此功的大小和物体经过的路径形状有关。如果爬犁是沿直线从 A 到 B 的，则滑动摩擦力做的功的数值要比上面的小。

例 4.3

重力做功。一滑雪运动员质量为 m，沿滑雪道从 A 点滑到 B 点的过程中，重力对他做了多少功？

解 由式(4.2)可得，在运动员下降过程中，重力对他做的功为

$$A_g=\int_{(A)}^{(B)}m\boldsymbol{g}\cdot \mathrm{d}\boldsymbol{r}$$

由图 4.5 可知，

$$\boldsymbol{g}\cdot \mathrm{d}\boldsymbol{r}=g\,|\,\mathrm{d}\boldsymbol{r}\,|\cos\varphi=-g\mathrm{d}h$$

其中 $\mathrm{d}h$ 为与 $\mathrm{d}\boldsymbol{r}$ 相应的运动员下降的高度。以 h_A 和 h_B 分别表示运动员起始和终了的高度(以滑雪道底为参考零高度)，则有重力做的功为

图 4.5 例 4.3 用图

$$A_g=\int_{(A)}^{(B)}mg\,|\,\mathrm{d}\boldsymbol{r}\,|\cos\varphi=-m\int_{(A)}^{(B)}gh=mgh_A-mgh_B \tag{4.4}$$

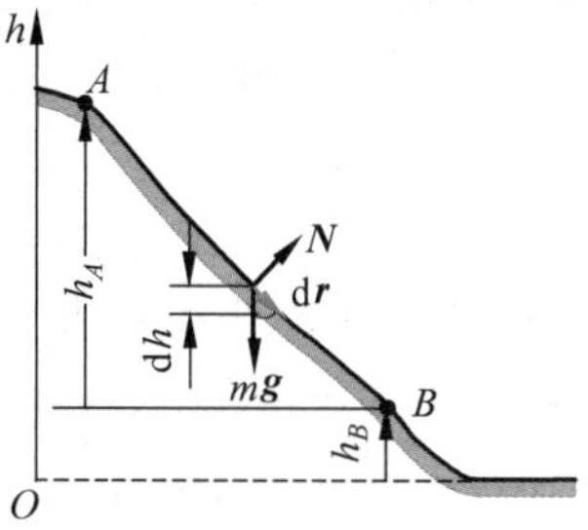

此式表示重力的功只和运动员下滑过程的始末位置(以高度表示)有关，而和下滑过程经过的具体路径形状无关。

例 4.4

弹簧的弹力做功。有一水平放置的弹簧，其一端固定，另一端系一小球(如图 4.6 所示)。求弹簧的伸长量从 x_A 变化到 x_B 的过程中，弹力对小球做的功。设弹簧的劲度系数为 k。

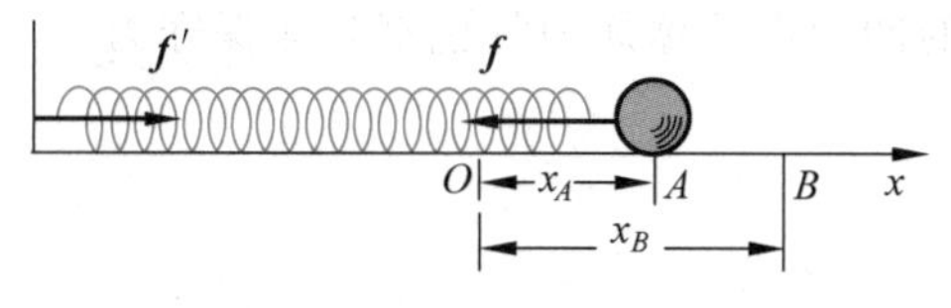

图 4.6 例 4.4 用图

解 这是一个路径为直线而力随位置改变的例子。取 x 轴与小球运动的直线平行，而原点对应于小球的平衡位置。这样，小球在任一位置 x 时，弹力就可以表示为

$$f_x=-kx$$

小球的位置由 A 移到 B 的过程中，弹力做的功为

$$A_{\mathrm{ela}}=\int_{(A)}^{(B)}\boldsymbol{f}\cdot \mathrm{d}\boldsymbol{r}=\int_{x_A}^{x_B}f_x\mathrm{d}x=\int_{x_A}^{x_B}(-kx)\mathrm{d}x$$

计算此积分，可得

$$A_{\mathrm{ela}}=\frac{1}{2}kx_A^2-\frac{1}{2}kx_B^2 \tag{4.5}$$

这一结果说明，如果 $x_B > x_A$，即弹簧伸长时，弹力对小球做负功；如果 $x_B < x_A$，即弹簧缩短时，弹力对小球做正功。

值得注意的是，这一弹力的功只和弹簧的始末形状(以伸长量表示)有关，而和伸长的中间过程无关。

例4.3和例4.4说明了重力做的功和弹力做的功都只决定于做功过程系统的始末位置或形状，而与过程的具体形式或路径无关。这种**做功与路径无关，只决定于系统的始末位置的力称为保守力**。重力和弹簧的弹力都是保守力。例4.2说明摩擦力做的功直接与路径有关，所以摩擦力不是保守力，或者说它是非保守力。

保守力有另一个等价定义：**如果力作用在物体上，当物体沿闭合路径移动一周时，力做的功为零，这样的力就称为保守力**。这可证明如下。如图4.7所示，力沿任意闭合路径 $A1B2A$ 做的功为

$$A_{A1B2A} = A_{A1B} + A_{B2A}$$

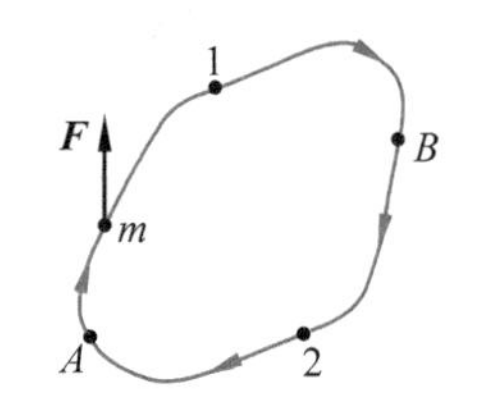

图4.7 保守力沿闭合路径做功

因为对同一力 $\boldsymbol{F}$，当位移方向相反时，该力做的功应改变符号，所以 $A_{B2A} = -A_{A2B}$，这样就有

$$A_{A1B2A} = A_{A1B} - A_{A2B}$$

如果 $A_{A1B2A} = 0$，则 $A_{A1B} = A_{A2B}$。这说明，物体由 A 点到 B 点沿任意两条路径力做的功都相等。这符合前述定义，所以这力是保守力。

这里值得提出的是，在2.3节中已指出，摩擦力是微观上的分子或原子间的电磁力的宏观表现。这些微观上的电磁力是保守力，为什么在宏观上就变成非保守力了呢？这就是因为滑动摩擦力的非保守性是根据**宏观物体**的运动来判定的。一个金属块在桌面上滑动一圈，它的宏观位置复原了，但摩擦力做了功。这和**微观上**分子或原子间的相互作用是保守力并不矛盾。因为即使金属块回到了原来的位置，金属块中以及桌面上它滑动过的部分的所有分子或原子并没有回到原来的状态(包括位置和速度)，实际上是离原来的状态更远了。因此它们之间的微观上的保守力是做了功的，这个功在宏观上就表现为摩擦力做的功。在技术中我们总是采用宏观的观点来考虑问题，因此滑动摩擦力就是一种非保守力。与此类似，碰撞中引起永久变形的冲力以及爆炸力等也都是非保守力。

4.2 动能定理

将牛顿第二定律公式代入功的定义式(4.1)，可得

$$\mathrm{d}A = \boldsymbol{F} \cdot \mathrm{d}\boldsymbol{r} = F_{\mathrm{t}}\,|\mathrm{d}\boldsymbol{r}| = m a_{\mathrm{t}}\,|\mathrm{d}\boldsymbol{r}|$$

由于

$$a_{\mathrm{t}} = \frac{\mathrm{d}v}{\mathrm{d}t}, \quad |\mathrm{d}\boldsymbol{r}| = v\mathrm{d}t$$

所以

$$\mathrm{d}A = mv\mathrm{d}v = \mathrm{d}\left(\frac{1}{2}mv^2\right) \tag{4.6}$$

定义

$$E_{\mathrm{k}} = \frac{1}{2}mv^2 = \frac{p^2}{2m} \tag{4.7}$$

为质点在速度为 $\boldsymbol{v}$ 时的**动能**,则

$$dA = dE_k \tag{4.8}$$

将式(4.6)和式(4.8)沿从 A 到 B 的路径(参看图 4.2)积分,

$$\int_{(A)}^{(B)} dA = \int_{v_A}^{v_B} d\left(\frac{1}{2}mv^2\right)$$

可得

$$A_{AB} = \frac{1}{2}mv_B^2 - \frac{1}{2}mv_A^2$$

或

$$A_{AB} = E_{kB} - E_{kA} \tag{4.9}$$

式中 v_A 和 v_B 分别是质点经过 A 和 B 时的速率,而 E_{kA} 和 E_{kB} 分别是相应时刻质点的动能。式(4.8)和式(4.9)说明:合外力对质点做的功要改变质点的动能,而功的数值就等于质点动能的增量,或者说力对质点做的功是质点动能改变的量度。这一表示力在一段路程上作用的效果的结论叫做用于质点的**动能定理**(或**功-动能定理**)。它也是牛顿定律的直接推论。

由式(4.9)可知,动能和功的量纲和单位都相同,即为 $\mathrm{ML^2T^{-2}}$ 和 J。

例 4.5

以 30 m/s 的速率将一石块扔到一结冰的湖面上,它能向前滑行多远?设石块与冰面间的滑动摩擦系数为 $\mu_k=0.05$。

解 以 m 表示石块的质量,则它在冰面上滑行时受到的摩擦力为 $f=\mu_k mg$。以 s 表示石块能滑行的距离,则滑行时摩擦力对它做的总功为 $A=\boldsymbol{f}\cdot\boldsymbol{s}=-fs=-\mu_k mgs$。已知石块的初速率为 $v_A=30$ m/s,而末速率为 $v_B=0$,而且在石块滑动时只有摩擦力对它做功,所以根据动能定理(式(4.9))可得

$$-\mu_k mgs = 0 - \frac{1}{2}mv_A^2$$

由此得

$$s = \frac{v_A^2}{2\mu_k g} = \frac{30^2}{2\times0.05\times9.8} = 918\ (\mathrm{m})$$

此题也可以直接用牛顿第二定律和运动学公式求解,但用动能定理解答更简便些。基本定律虽然一样,但引入新概念往往可以使解决问题更为简便。

例 4.6

珠子下落又解。利用动能定理重解例 2.3,求线摆下 θ 角时珠子的速率。

解 如图 4.8 所示,珠子从 A 落到 B 的过程中,合外力 $(\boldsymbol{T}+m\boldsymbol{g})$ 对它做的功为(注意 $\boldsymbol{T}$ 总垂直于 $d\boldsymbol{r}$)

$$A_{AB} = \int_{(A)}^{(B)} (\boldsymbol{T}+m\boldsymbol{g})\cdot d\boldsymbol{r} = \int_{(A)}^{(B)} m\boldsymbol{g}\cdot d\boldsymbol{r} = \int_{(A)}^{(B)} mg\ |d\boldsymbol{r}|\cos\alpha$$

由于 $|d\boldsymbol{r}|=l d\alpha$,所以

$$A_{AB} = \int_0^\theta mg\cos\alpha\, l\, d\alpha = mgl\sin\theta$$

对珠子,用动能定理,由于 $v_A=0, v_B=v_\theta$,得

$$mgl\sin\theta = \frac{1}{2}mv_\theta^2$$

由此得

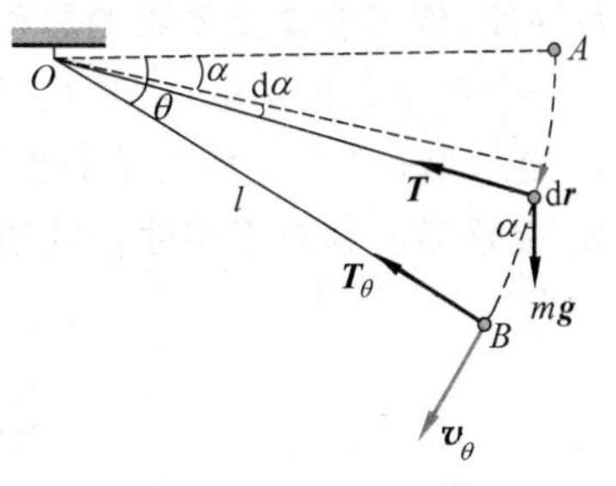

图 4.8 例 4.6 用图

$$v_\theta = \sqrt{2gl\sin\theta}$$

这和例2.3所得结果相同。2.4节中的解法是应用牛顿第二定律进行单纯的数学运算。这里的解法应用了两个新概念:功和动能。在2.4节中,我们对牛顿第二定律公式的两侧都进行了积分。在这里,用动能定理,只需对力的一侧进行积分求功。另一侧,即运动一侧就可以直接写动能之差而不需进行积分了。这就简化了解题过程。

现在考虑由两个有相互作用的质点组成的质点系的动能变化和它们受的力所做的功的关系。

如图4.9所示,以 m_1, m_2 分别表示两质点的质量,以 $\boldsymbol{f}_1, \boldsymbol{f}_2$ 和 $\boldsymbol{F}_1, \boldsymbol{F}_2$ 分别表示它们受的内力和外力,以 $\boldsymbol{v}_{1A}, \boldsymbol{v}_{2A}$ 和 $\boldsymbol{v}_{1B}, \boldsymbol{v}_{2B}$ 分别表示它们在起始状态和终了状态的速度。

由动能定理式(4.9),可得各自受的合外力做的功如下:

对 m_1 $$\int_{(A_1)}^{(B_1)} (\boldsymbol{F}_1 + \boldsymbol{f}_1) \cdot \mathrm{d}\boldsymbol{r}_1 = \int_{(A_1)}^{(B_1)} \boldsymbol{F}_1 \cdot \mathrm{d}\boldsymbol{r}_1 + \int_{(A_1)}^{(B_1)} \boldsymbol{f}_1 \cdot \mathrm{d}\boldsymbol{r}_1 = \frac{1}{2}m_1 v_{1B}^2 - \frac{1}{2}m_1 v_{1A}^2$$

对 m_2 $$\int_{(A_2)}^{(B_2)} (\boldsymbol{F}_2 + \boldsymbol{f}_2) \cdot \mathrm{d}\boldsymbol{r}_2 = \int_{(A_2)}^{(B_2)} \boldsymbol{F}_2 \cdot \mathrm{d}\boldsymbol{r}_2 + \int_{(A_2)}^{(B_2)} \boldsymbol{f}_2 \cdot \mathrm{d}\boldsymbol{r}_2 = \frac{1}{2}m_2 v_{2B}^2 - \frac{1}{2}m_2 v_{2A}^2$$

两式相加可得

$$\int_{(A_1)}^{(B_1)} \boldsymbol{F}_1 \cdot \mathrm{d}\boldsymbol{r}_1 + \int_{(A_2)}^{(B_2)} \boldsymbol{F}_2 \cdot \mathrm{d}\boldsymbol{r}_2 + \int_{(A_1)}^{(B_1)} \boldsymbol{f}_1 \cdot \mathrm{d}\boldsymbol{r}_1 + \int_{(A_2)}^{(B_2)} \boldsymbol{f}_2 \cdot \mathrm{d}\boldsymbol{r}_2$$
$$= \frac{1}{2}m_1 v_{1B}^2 + \frac{1}{2}m_2 v_{2B}^2 - \left(\frac{1}{2}m_1 v_{1A}^2 + \frac{1}{2}m_2 v_{2A}^2\right)$$

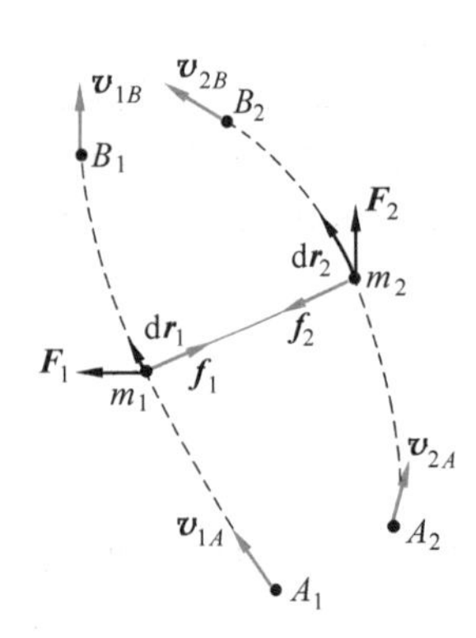

图4.9 质点系的动能定理

此式中等号左侧前两项是外力对质点系所做功之和,用 A_{ex} 表示。左侧后两项是质点系内力所做功之和,用 A_{in} 表示。等号右侧是质点系**总动能**的增量,可写为 $E_{\mathrm{k}B} - E_{\mathrm{k}A}$。这样我们就有

$$A_{\mathrm{ex}} + A_{\mathrm{in}} = E_{\mathrm{k}B} - E_{\mathrm{k}A} \tag{4.10}$$

这就是说,**所有外力对质点系做的功和内力对质点系做的功之和等于质点系总动能的增量**。这一结论很明显地可以推广到由任意多个质点组成的质点系,它就是用于质点系的动能定理。

这里应该注意的是,系统内力的功之和可以不为零,因而可以改变系统的总动能。例如,地雷爆炸后,弹片四向飞散,它们的总动能显然比爆炸前增加了。这就是内力(火药的爆炸力)对各弹片做正功的结果。又例如,两个都带正电荷的粒子,在运动中相互靠近时总动能会减少。这是因为它们之间的内力(相互的斥力)对粒子都做负功的结果。**内力能改变系统的总动能,但不能改变系统的总动量**,这是需要特别注意加以区别的。

一个质点系的动能,常常相对于其**质心参考系**(即质心在其中静止的参考系)加以计算。以 $\boldsymbol{v}_i$ 表示第 i 个质点相对某一惯性系的速度,以 $\boldsymbol{v}'_i$ 表示该质点相对于质心参考系的速度,以 $\boldsymbol{v}_C$ 表示质心相对于惯性系的速度,则由于 $\boldsymbol{v}_i = \boldsymbol{v}'_i + \boldsymbol{v}_C$,故相对于惯性系,质点系的总动能应为

$$E_{\mathrm{k}} = \sum \frac{1}{2}m_i \boldsymbol{v}_i^2 = \sum \frac{1}{2}m_i (\boldsymbol{v}_C + \boldsymbol{v}'_i)^2$$

$$=\frac{1}{2}mv_C^2+\boldsymbol{v}_C\sum m_i\boldsymbol{v}_i'+\sum\frac{1}{2}m_iv_i'^2$$

式中右侧第一项表示质量等于质点系总质量的一个质点以质心速度运动时的动能，叫质点系的**轨道动能**(或说其质心的动能)，以 E_{kC} 表示；第二项中 $\sum m_i\boldsymbol{v}_i'$ 是在质心参考系中质点系的总动量，它当然等于零；第三项是质点系相对于其质心参考系的总动能，叫质点系的**内动能**，以 $E_{k,in}$ 表示。这样，上式就可写成

$$E_k=E_{kC}+E_{k,in} \tag{4.11}$$

此式说明，一个质点系相对于某一惯性系的总动能等于该质点系的轨道动能和内动能之和。这一关系叫**柯尼希定理**。实例之一是，一个篮球在空中运动时，其内部气体相对于地面的总动能等于其中气体分子的轨道动能和它们相对于此气体随篮球运动的质心的动能——内动能——之和。此气体的内动能也就是它的所有分子无规则运动的动能之和。

4.3 势能

本节先介绍**重力势能**。在中学物理课程中，除动能外，大家还学习了势能。质量为 m 的物体在高度 h 处的重力势能为

$$E_p=mgh \tag{4.12}$$

对于这一概念，应明确以下几点。

(1) 只是因为重力是保守力，所以才能有重力势能的概念。重力是保守力，表现为式(4.4)，即

$$A_g=mgh_A-mgh_B$$

此式说明重力做的功只决定于物体的位置(以高度表示)，而正是因为这样，才能定义一个由物体位置决定的物理量——重力势能。重力势能是由其差按下式规定的：

$$A_g=-\Delta E_p=E_{pA}-E_{pB} \tag{4.13}$$

式中 A,B 分别代表重力做功的起点和终点。此式表明，重力做的功等于物体重力势能的减少。

对比式(4.13)和式(4.4)即可得重力势能表示式(4.12)。

(2) 重力势能表示式(4.12)要具有具体的数值，要求预先选定参考高度或称重力势能零点，在该高度时物体的重力势能为零，式(4.12)中的 h 是从该高度向上计算的。

(3) 由于重力是地球和物体之间的引力，所以重力势能应属于物体和地球这一系统，"物体的重力势能"只是一种简略的说法。

(4) 由于式(4.12)中的 h 是地球和物体之间的相对距离的一种表示，所以重力势能的值相对于所选用的任一参考系都是一样的。

下面再介绍**弹簧的弹性势能**。弹簧的弹力也是保守力，这由式(4.5)可看出：

$$A_{ela}=\frac{1}{2}kx_A^2-\frac{1}{2}kx_B^2$$

因此，可以定义一个由弹簧的伸长量 x 所决定的物理量——弹簧的弹性势能。这一势能的差按下式规定：

$$A_{ela}=-\Delta E_p=E_{pA}-E_{pB} \tag{4.14}$$

此式表明：弹簧的弹力做的功等于弹簧的弹性势能的减少。

对比式(4.14)和式(4.5)，可得弹簧的弹性势能表示式为

$$E_p = \frac{1}{2}kx^2 \tag{4.15}$$

当 $x=0$ 时，式(4.15)给出 $E_p=0$，由此可知由式(4.15)得出的弹性势能的"零点"对应于弹簧的伸长为零，即它处于原长的形状。

弹簧的弹性势能当然属于弹簧的整体，而且由于其伸长 x 是弹簧的长度相对于自身原长的变化，所以它的弹性势能也和选用的参考系无关。表示势能随位形变化的曲线叫做**势能曲线**，弹簧的弹性势能曲线如图4.10所示，是一条抛物线。

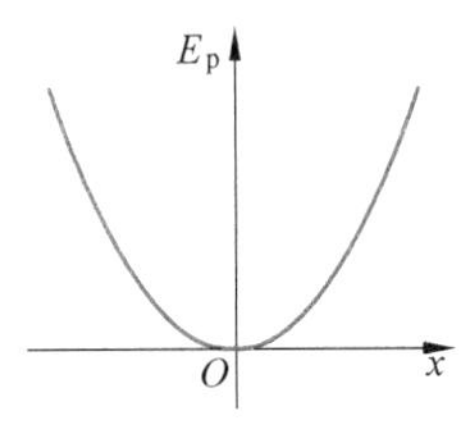

图4.10　弹簧的弹性势能曲线

由以上关于两种势能的说明，可知关于势能的概念我们一般应了解以下几点。

(1) 只有对保守力才能引入势能概念，而且规定保守力做的功等于系统势能的减少，即

$$A_{AB} = -\Delta E_p = E_{pA} - E_{pB} \tag{4.16}$$

(2) 势能的具体数值要求预先选定系统的某一位形为势能零点。

(3) 势能属于有保守力相互作用的系统整体。

(4) 系统的势能与参考系无关。

对于非保守力，例如摩擦力，不能引入势能概念。

例 4.7

一轻弹簧的劲度系数 $k=200$ N/m，竖直静止在桌面上(图4.11)。今在其上端轻轻地放置一质量为 $m=2.0$ kg 的砝码后松手。

(1) 求此后砝码下降的最大距离 y_{max}；

(2) 求砝码下降 $\frac{1}{2}y_{max}$ 时的速度 v。

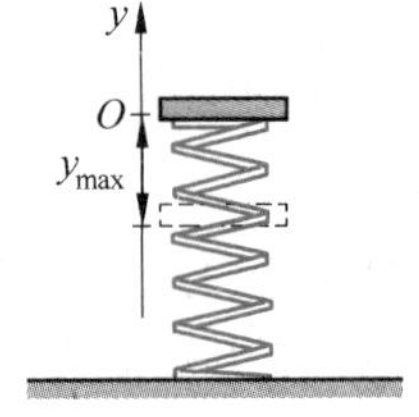

图4.11　例4.7用图

解　(1) 以弹簧静止时其上端为势能零点，则由式(4.13)和式(4.12)得砝码下降过程中重力做的功为

$$A_g = 0 - mg(-y_{max}) = mgy_{max}$$

由式(4.14)和式(4.15)得弹簧弹力做的功为

$$A_{ela} = 0 - \frac{1}{2}k(-y_{max})^2 = -\frac{1}{2}ky_{max}^2$$

对砝码用动能定理，有

$$A_g + A_{ela} = \frac{1}{2}mv_2^2 - \frac{1}{2}mv_1^2$$

由于砝码在 O 处时的速度 $v_1=0$，下降到最低点时速度 v_2 也等于0，所以

$$A_g + A_{ela} = mgy_{max} - \frac{1}{2}ky_{max}^2 = 0$$

解此方程，得

$$y_{max,1} = 0, \quad y_{max,2} = \frac{2mg}{k}$$

解 $y_{max,1}$表示砝码在O处，舍去，取第二解为

$$y_{max}=\frac{2mg}{k}=\frac{2\times2\times9.8}{200}=0.20\ (\mathrm{m})$$

(2) 在砝码下降$y_{max}/2$的过程中，重力做功为

$$A'_g=0-mg\left(-\frac{y_{max}}{2}\right)=\frac{1}{2}mgy_{max}$$

弹力做功为

$$A'_{ela}=0-\frac{1}{2}k\left(-\frac{y_{max}}{2}\right)^2=-\frac{1}{8}ky_{max}^2$$

对砝码用动能定理，有

$$A'_g+A'_{ela}=\frac{1}{2}mgy_{max}-\frac{1}{8}ky_{max}^2=\frac{1}{2}mv^2-0$$

解此方程，可得

$$\begin{aligned}v&=\left(gy_{max}-\frac{k}{4m}y_{max}^2\right)^{1/2}\\&=\left(9.8\times0.20-\frac{200}{4\times2}\times0.20^2\right)^{1/2}\\&=0.98\ (\mathrm{m/s})\end{aligned}$$

本题中计算重力和弹力的功时都应用了势能概念，因此就可以只计算代数差而不必用积分了。这里要注意的是弄清楚系统最初和终了时各处于什么状态。

4.4 引力势能

让我们先来证明万有引力是保守力。

根据牛顿的引力定律，质量分别为m_1和m_2的两质点相距r时相互间引力的大小为

$$f=\frac{Gm_1m_2}{r^2}$$

方向沿着两质点的连线。如图4.12所示，以m_1所在处为原点，当m_2由A点沿任意路径C移动到B点时，引力做的功为

$$A_{AB}=\int_{(A)}^{(B)}\boldsymbol{f}\cdot\mathrm{d}\boldsymbol{r}=\int_{(A)}^{(B)}\frac{Gm_1m_2}{r^2}\ |\mathrm{d}\boldsymbol{r}|\cos\varphi$$

在图4.12中，径矢OB'和OA'长度之差为$B'C'=\mathrm{d}r$。由于$|\mathrm{d}\boldsymbol{r}|$为微小长度，所以$OB'$和$OA'$可视为平行，因而$A'C'\perp B'C'$，于是$|\mathrm{d}\boldsymbol{r}|\cos\varphi=-|\mathrm{d}\boldsymbol{r}|\cos\varphi'=-\mathrm{d}r$。将此关系代入上式可得

$$A_{AB}=-\int_{r_A}^{r_B}\frac{Gm_1m_2}{r^2}\mathrm{d}r=\frac{Gm_1m_2}{r_B}-\frac{Gm_1m_2}{r_A}\tag{4.17}$$

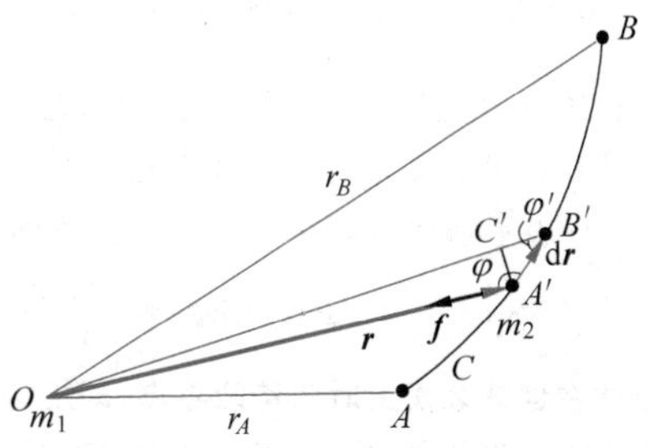

图4.12 引力势能公式的推导

这一结果说明引力的功只决定于两质点间的始末距离而和移动的路径无关。所以，引力是保守力。

由于引力是保守力，所以可以引入势能概念。将式(4.17)和势能差的定义公式(4.16)

($A_{AB}=E_{pA}-E_{pB}$)相比较,可得两质点相距 r 时的引力势能公式为

$$E_p=-\frac{Gm_1m_2}{r} \tag{4.18}$$

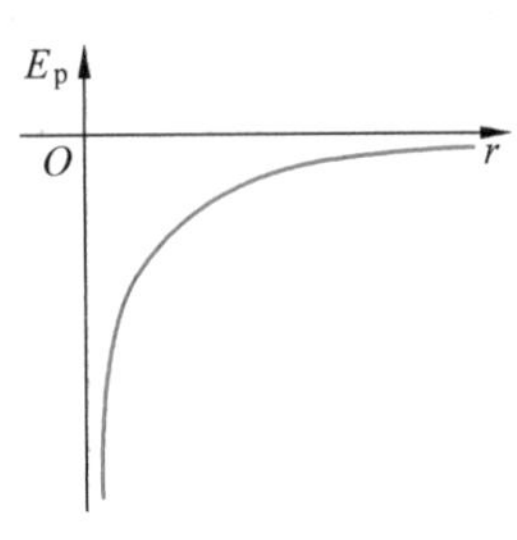

图 4.13 引力势能曲线

在式(4.18)中,当 $r\to\infty$ 时 $E_p=0$。由此可知与式(4.18)相应的引力势能的"零点"参考位形为两质点相距为无限远时。

由于 m_1,m_2 都是正数,所以式(4.18)中的负号表示:两质点从相距 r 的位形改变到势能零点的过程中,引力总做负功。根据这一公式画出的引力势能曲线如图 4.13 所示。

由式(4.18)可明显地看出,引力势能属于 m_1 和 m_2 两质点系统。由于 r 是两质点间的距离,所以引力势能也就和参考系无关。

例 4.8

陨石坠地。一颗重 5 t 的陨石从天外落到地球上,它和地球间的引力做功多少?已知地球质量为 6×10^{21} t,半径为 6.4×10^6 m。

解 "天外"可当做陨石和地球相距无限远。利用保守力的功和势能变化的关系可得

$$A_{AB}=E_{pA}-E_{pB}$$

再利用式(4.20)可得

$$A_{AB}=-\frac{GmM}{r_A}-\left(-\frac{GmM}{r_B}\right)$$

以 $m=5\times10^3$ kg,$M=6.0\times10^{24}$ kg,$G=6.67\times10^{-11}$ N·m²/kg²,$r_A=\infty$,$r_B=6.4\times10^6$ m 代入上式,可得

$$A_{AB}=\frac{GmM}{r_B}=\frac{6.67\times10^{-11}\times5\times10^3\times6.0\times10^{24}}{6.4\times10^6}$$
$$=3.1\times10^{11}\ \text{(J)}$$

这一例子说明,在已知势能公式的条件下,求保守力的功时,可以不管路径如何,也就可以不作积分运算,这当然简化了计算过程。

---

*重力势能和引力势能的关系

由于重力是引力的一个特例,所以重力势能公式就应该是引力势能公式的一个特例。这可证明如下。

让我们求质量为 m 的物体在地面上某一不大的高度 h 时,它和地球系统的引力势能。如图 4.14 所示,以 M 表示地球的质量,以 r 表示物体到地心的距离,由式(4.17)可得

$$E_{pA}-E_{pB}=\frac{GmM}{r_B}-\frac{GmM}{r_A}$$

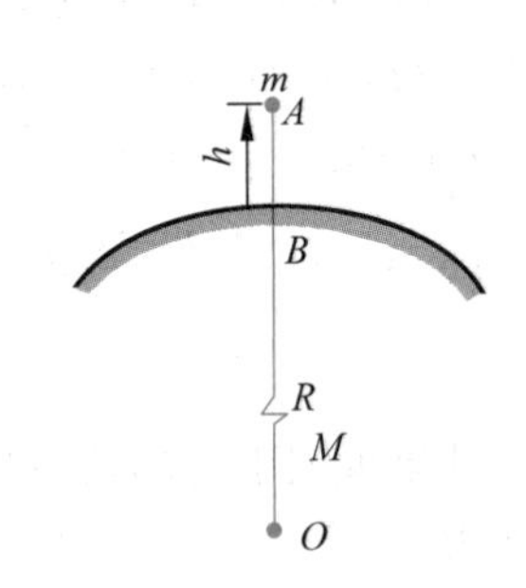

图 4.14 重力势能的推导用图

以物体在地球表面上时为势能零点,即规定 $r_B=R$(地球半径)时,$E_{pB}=0$,则由上式可得物体在地面以上其他高度时的势能为

$$E_{pA}=\frac{GmM}{R}-\frac{GmM}{r_A}$$

物体在地面以上的高度为 h 时,$r_A=R+h$,这时

$$E_{pA}=\frac{GmM}{R}-\frac{GmM}{R+h}=GmM\left(\frac{1}{R}-\frac{1}{R+h}\right)$$
$$=GmM\frac{h}{R(R+h)}$$

设 $h \ll R$，则 $R(R+h) \approx R^2$，因而有

$$E_{pA} = \frac{GmMh}{R^2}$$

由于在地面附近，重力加速度 $g=f/m=GM/R^2$，所以最后得到物体在地面上高度 h 处时重力势能为(去掉下标 A)

$$E_p = mgh$$

这正是大家熟知的公式(4.12)。请注意它和引力势能公式(4.18)在势能零点选择上的不同。

重力势能的势能曲线如图 4.15 所示，它实际上是图 4.13 中一小段引力势能曲线的放大(加上势能零点的改变)。

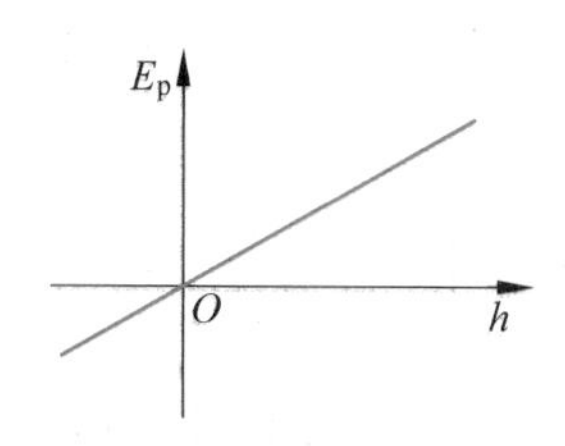

图 4.15 重力势能曲线

4.5 由势能求保守力

在 4.3 节中用保守力的功定义了势能。从数学上说，是用保守力对路径的线积分定义了势能。反过来，我们也应该能从势能函数对路径的导数求出保守力。下面就来说明这一点。

如图 4.16 所示，以 $\mathrm{d}\boldsymbol{l}$ 表示质点在保守力 $\boldsymbol{F}$ 作用下沿某一给定的 $\boldsymbol{l}$ 方向从 A 到 B 的元位移。以 $\mathrm{d}E_p$ 表示从 A 到 B 的势能增量。根据势能定义公式(4.16)，有

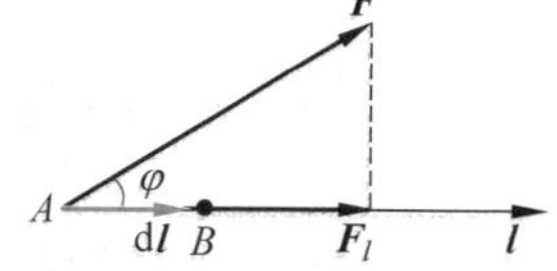

图 4.16 由势能求保守力

$$-\mathrm{d}E_p = A_{AB} = \boldsymbol{F} \cdot \mathrm{d}\boldsymbol{l} = F\cos\varphi\,\mathrm{d}l$$

由于 $F\cos\varphi = F_l$ 为力 $\boldsymbol{F}$ 在 $\boldsymbol{l}$ 方向的分量，所以上式可写做

$$-\mathrm{d}E_p = F_l \mathrm{d}l$$

由此可得

$$F_l = -\frac{\mathrm{d}E_p}{\mathrm{d}l} \tag{4.19}$$

此式说明：**保守力沿某一给定的 $\boldsymbol{l}$ 方向的分量等于与此保守力相应的势能函数沿 $\boldsymbol{l}$ 方向的空间变化率**(即经过单位距离时的变化)**的负值**。

可以用引力势能公式验证式(4.19)。这时取 $\boldsymbol{l}$ 方向为从此质点到另一质点的径矢 $\boldsymbol{r}$ 的方向。引力沿 $\boldsymbol{r}$ 方向的空间变化率应为

$$F_r = -\frac{\mathrm{d}}{\mathrm{d}r}\left(-\frac{Gm_1m_2}{r}\right) = -\frac{Gm_1m_2}{r^2}$$

这实际上就是引力公式。

对于弹簧的弹性势能，可取 $\boldsymbol{l}$ 方向为伸长 $\boldsymbol{x}$ 的方向。这样弹力沿伸长方向的空间变化率就是

$$F_x = -\frac{\mathrm{d}}{\mathrm{d}x}\left(\frac{1}{2}kx^2\right) = -kx$$

这正是关于弹簧弹力的胡克定律公式。

一般来讲，E_p 可以是位置坐标(x,y,z)的多元函数。这时式(4.19)中 $\boldsymbol{l}$ 的方向可依次取 x，y 和 z 轴的方向而得到，相应的保守力沿各轴方向的分量为

$$F_x = -\frac{\partial E_p}{\partial x},\quad F_y = -\frac{\partial E_p}{\partial y},\quad F_z = -\frac{\partial E_p}{\partial z}$$

式中的导数分别是 E_p 对 x，y 和 z 的偏导数。这样，保守力就可表示为

$$\begin{aligned} \boldsymbol{F} &= F_x\boldsymbol{i} + F_y\boldsymbol{j} + F_z\boldsymbol{k} \\ &= -\left(\frac{\partial E_p}{\partial x}\boldsymbol{i} + \frac{\partial E_p}{\partial y}\boldsymbol{j} + \frac{\partial E_p}{\partial z}\boldsymbol{k}\right) \end{aligned} \tag{4.20}$$

这是在直角坐标系中由势能求保守力的最一般的公式。

式(4.20)中括号内的势能函数的空间变化率叫做势能的**梯度**，它是一个矢量。因此可以说，保守力等于相应的势能函数的梯度的负值。

式(4.20)表明保守力应等于势能曲线斜率的负值。例如，在图4.10所示的弹性势能曲线图中，在 $x>0$ 的范围内，曲线的斜率为正，弹力即为负，这表示弹力与 x 正方向相反。在 $x<0$ 的范围内，曲线的斜率为负，弹力即为正，这表示弹力与 x 正方向相同。在 $x=0$ 的点，曲线斜率为零，即没有弹力。这正是弹簧处于原长的情况。

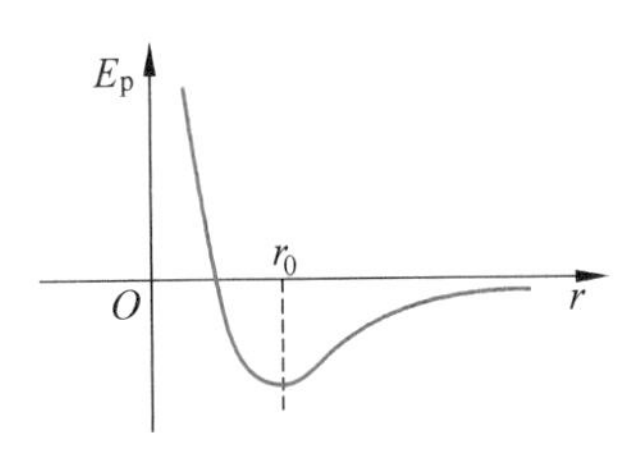

图4.17 双原子分子的势能曲线

在许多实际问题中，往往能先通过实验得出系统的势能曲线。这样便可以根据势能曲线来分析受力情况。例如，图4.17画出了一个双原子分子的势能曲线，r 表示两原子间的距离。由图可知，当两原子间的距离等于 r_0 时，曲线的斜率为零，即两原子间没有相互作用力。这是两原子的平衡间距，在 $r>r_0$ 时，曲线斜率为正，而力为负，表示原子相吸；距离越大，吸力越小。在 $r<r_0$ 时，曲线的斜率为负而力为正，表示两原子相斥，距离越小，斥力越大。

4.6 功能原理和机械能守恒定律

在4.2节中我们已求出了质点系的动能定理公式(4.10)，即

$$A_{ex} + A_{in} = E_{kB} - E_{kA}$$

内力中可能既有保守力，也有非保守力，因此内力的功可以写成保守内力的功 $A_{in,cons}$ 和非保守内力的功 $A_{in,n\text{-}cons}$ 之和。于是有

$$A_{ex} + A_{in,cons} + A_{in,n\text{-}cons} = E_{kB} - E_{kA} \tag{4.21}$$

在4.3节中我们对保守内力定义了势能(见式(4.16))，即有

$$A_{in,cons} = E_{pA} - E_{pB}$$

因此式(4.21)可写做

$$A_{ex} + A_{in,n\text{-}cons} = (E_{kB} + E_{pB}) - (E_{kA} + E_{pA}) \tag{4.22}$$

系统的总动能和势能之和叫做系统的**机械能**，通常用 E 表示，即

$$E = E_k + E_p \tag{4.23}$$

以 E_A 和 E_B 分别表示系统初、末状态时的机械能，则式(4.22)又可写作

$$A_{ex} + A_{in,n\text{-}cons} = E_B - E_A \tag{4.24}$$

此式表明，**质点系在运动过程中，它所受的外力的功与系统内非保守力的功的总和等于它的机械能的增量**。这一关于功和能的关系的结论称为**功能原理**。在经典力学中，它是牛顿定律的一个推论，因此也只适用于惯性系。

一个系统，如果内力中只有保守力，这种系统称为**保守系统**。对于保守系统，式(4.24)中的 $A_{\mathrm{in,n\text{-}cons}}$ 一项自然等于零，于是有

$$A_{\mathrm{ex}} = E_B - E_A = \Delta E \quad (\text{保守系统}) \tag{4.25}$$

一个系统，如果在其变化过程中，没有任何外力对它做功(或者实际上外力对它做的功可以忽略)，这样的系统称为**封闭系统**(或孤立系统)。对于一个封闭的保守系统，式(4.25)中的 $A_{\mathrm{ex}}=0$，于是有 $\Delta E=0$，即

$$E_A = E_B \quad (\text{封闭的保守系统}, A_{\mathrm{ex}} = 0) \tag{4.26}$$

即其机械能保持不变或说守恒。这一陈述也常被称为机械能守恒定律。大家已熟悉的自由落体或抛体运动就服从这一机械能守恒定律。

如果一个封闭系统状态发生变化时，有非保守内力做功，根据式(4.24)，它的机械能当然就不守恒了。例如地雷爆炸时它(变成了碎片)的机械能会增加，两汽车相撞时它们的机械能要减少。但在这种情况下对更广泛的物理现象，包括电磁现象、热现象、化学反应以及原子内部的变化等的研究表明，如果引入更广泛的能量概念，例如电磁能、内能、化学能或原子核能等，则有大量实验证明：**一个封闭系统经历任何变化时，该系统的所有能量的总和是不改变的**，它只能从一种形式变化为另一种形式或从系统内的此一物体传给彼一物体。这就是**普遍的能量守恒定律**。它是自然界的一条普遍的最基本的定律，其意义远远超出了机械能守恒定律的范围，后者只不过是前者的一个特例。

为了对能量有个量的概念，表 4.1 列出了一些典型的能量值。

表 4.1 一些典型的能量值 J

1987 A 超新星爆发	约 1×10^{46}
太阳的总核能	约 1×10^{45}
地球上矿物燃料总储能	约 2×10^{23}
1994 年彗木相撞释放总能量	约 1.8×10^{23}
2004 年我国全年发电量	7.3×10^{18}
1976 年唐山大地震	约 1×10^{18}
1 kg 物质-反物质湮灭	9.0×10^{16}
百万吨级氢弹爆炸	4.4×10^{15}
1 kg 铀裂变	8.2×10^{13}
一次闪电	约 1×10^{9}
1 L 汽油燃烧	3.4×10^{7}
1 人每日需要	约 1.3×10^{7}
1 kg TNT 爆炸	4.6×10^{6}
1 个馒头提供	2×10^{6}
地球表面每平方米每秒接受太阳能	1×10^{3}
一次俯卧撑	约 3×10^{2}
一个电子的静止能量	8.2×10^{-14}
一个氢原子的电离能	2.2×10^{-18}
一个黄色光子	3.4×10^{-19}
HCl 分子的振动能	2.9×10^{-20}

例 4.9

珠子下落再解。利用机械能守恒定律再解例 2.3 求线摆下 θ 角时珠子的速率。

解 如图 4.18 所示，取珠子和地球作为被研究的系统。以线的悬点 O 所在高度为重力势能零点并相对于地面参考系(或实验室参考系)来描述珠子的运动。在珠子下落过程中，绳拉珠子的外力 $\boldsymbol{T}$ 总垂直于珠子的速度 $\boldsymbol{v}$，所以此外力不做功。因此所讨论的系统是一个封闭的保守系统，所以它的机械能守恒，此系统初态的机械能为

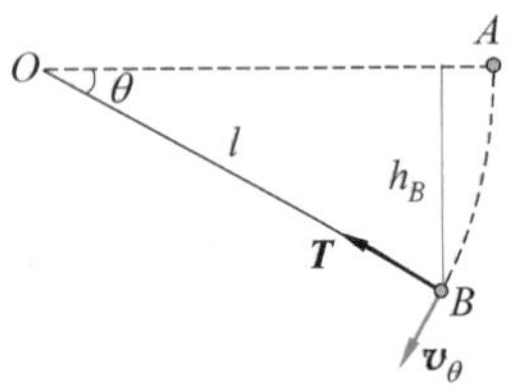

图 4.18 例 4.9 用图

$$E_A = mgh_A + \frac{1}{2}mv_A^2 = 0$$

线摆下 θ 角时系统的机械能为

$$E_B = mgh_B + \frac{1}{2}mv_B^2$$

由于 $h_B = -l\sin\theta$，$v_B = v_\theta$，所以

$$E_B = -mgl\sin\theta + \frac{1}{2}mv_\theta^2$$

由机械能守恒 $E_B = E_A$ 得出

$$-mgl\sin\theta + \frac{1}{2}mv_\theta^2 = 0$$

由此得

$$v_\theta = \sqrt{2gl\sin\theta}$$

与以前得出的结果相同。

读者可能已经注意到，我们已经用了三种不同的方法来解例 2.3。现在可以清楚地比较三种解法的不同。在第一种解法中，我们直接应用牛顿第二定律本身，牛顿第二定律公式的两侧，“力侧”和“运动侧”，都用纯数学方法进行积分运算。在第二种方法中，我们应用了功和动能的概念，这时还需要对力侧进行积分来求功，但是运动侧已简化为只需要计算动能增量了。这一简化是由于对运动侧用积分进行了预处理的结果。现在，我们用了第三种解法，没有用任何积分，只是进行代数的运算，因而计算又大大简化了。这是因为我们又用积分预处理了力侧，也就是引入了势能的概念，并用计算势能差来代替用线积分去计算功的结果。大家可以看到，即使基本定律还是一个，但是引入新概念和建立新的定律形式，也能使我们在解决实际问题时获得很大的益处。以牛顿定律为基础的整个牛顿力学理论体系的大厦可以说都是在这种思想的指导下建立的。

例 4.10

如图 4.19，一辆实验小车可在光滑水平桌面上自由运动。车的质量为 M，车上装有长度为 L 的细杆(质量不计)，杆的一端可绕固定于车架上的光滑轴 O 在竖直面内摆动，杆的另一端固定一钢球，球质量为 m。把钢球托起使杆处于水平位置，这时车保持静止，然后放手，使球无初速地下摆。求当杆摆至竖直位置时，钢球及小车的运动速度。

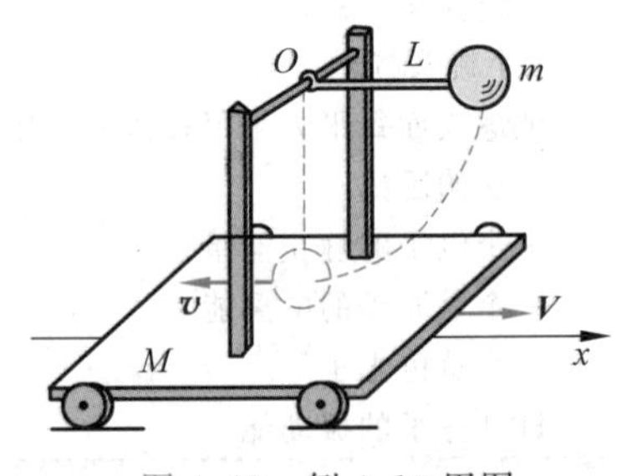

图 4.19 例 4.10 用图

解 设当杆摆至竖直位置时钢球与小车相对于桌面的速度分别为$\boldsymbol{v}$与$\boldsymbol{V}$(如图4.19所示)。因为这两个速度都是未知的,所以必须找到两个方程式才能求解。

先看功能关系。把钢球、小车、地球看做一个系统。此系统所受外力为光滑水平桌面对小车的作用力,此力和小车运动方向垂直,所以不做功。有一个内力为杆与小车在光滑轴O处的相互作用力。由于这一对作用力与反作用力在同一处作用,位移相同而方向相反,所以它们做功之和为零。钢球、小车、地球可以看做一个封闭的保守系统,所以系统的机械能应守恒。以球的最低位置为重力势能的势能零点,则钢球的最初势能为mgL。由于小车始终在水平桌面上运动,所以它的重力势能不变,因而可不考虑。这样,系统的机械能守恒就给出

$$\frac{1}{2}mv^2+\frac{1}{2}MV^2=mgL$$

再看动量关系。这时取钢球和小车为系统,因桌面光滑,此系统所受的水平合外力为零,因此系统在水平方向的动量守恒。列出沿图示水平x轴的分量式,可得

$$MV-mv=0$$

以上两个方程式联立,可解得

$$v=\sqrt{\frac{M}{M+m}2gL}$$

$$V=\frac{m}{M}v=\sqrt{\frac{m^2}{M(M+m)}2gL}$$

上述结果均为正值,这表明所设的速度方向是正确的。

例 4.11

用一个轻弹簧把一个金属盘悬挂起来(图4.20),这时弹簧伸长了$l_1=10$ cm。一个质量和盘相同的泥球,从高于盘$h=30$ cm处由静止下落到盘上。求此盘向下运动的最大距离l_2。

解 本题可分为三个过程进行分析。

首先是泥球自由下落过程。它落到盘上时的速度为

$$v=\sqrt{2gh}$$

接着是泥球和盘的碰撞过程。把盘和泥球看做一个系统,因二者之间的冲力远大于它们所受的外力(包括弹簧的拉力和重力),而且作用时间很短,所以可以认为系统的动量守恒。设泥球与盘的质量都是m,它们碰撞后刚黏合在一起时的共同速度为V,按图4.20写出沿y方向的动量守恒的分量式,可得

$$mv=(m+m)V$$

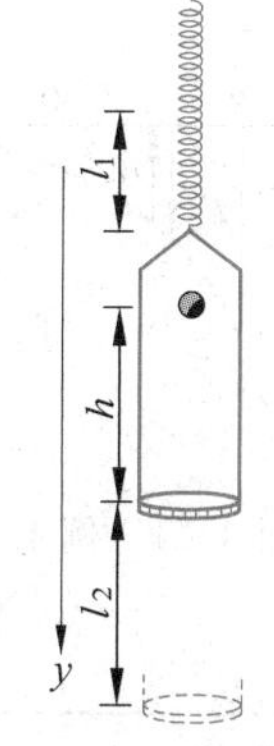

图4.20 例4.11用图

由此得

$$V=\frac{v}{2}=\sqrt{gh/2}$$

最后是泥球和盘共同下降的过程。选弹簧、泥球和盘以及地球为系统,以泥球和盘开始共同运动时为系统的初态,二者到达最低点时为末态。在此过程中系统是一封闭的保守系统,外力(悬点对弹簧的拉力)不做功,所以系统的机械能守恒。以弹簧的自然伸长为它的弹性势能的零点,以盘的最低位置为重力势能零点,则系统的机械能守恒表示为

$$\frac{1}{2}(2m)V^2+(2m)gl_2+\frac{1}{2}kl_1^2=\frac{1}{2}k(l_1+l_2)^2$$

此式中弹簧的劲度系数可以通过最初盘的平衡状态求出,结果是

$$k = mg/l_1$$

将此值以及 $V^2=gh/2$ 和 $l_1=10$ cm 代入上式，化简后可得

$$l_2^2 - 20l_2 - 300 = 0$$

解此方程得

$$l_2 = 30, -10$$

取前一正数解，即得盘向下运动的最大距离为 $l_2=30$ cm。

例 4.12

逃逸速率。求物体从地面出发的**逃逸速率**，即逃脱地球引力所需要的从地面出发的最小速率。地球半径取 $R=6.4\times10^6$ m。

解　选地球和物体作为被研究的系统，它是封闭的保守系统。当物体离开地球飞去时，无外力做功，这一系统的机械能守恒。以 v 表示物体离开地面时的速度，以 v_∞ 表示物体远离地球时的速度(相对于地面参考系)。由于将物体和地球分离无穷远时当做引力势能的零点，所以机械能守恒定律给出

$$\frac{1}{2}mv^2 + \left(-\frac{GMm}{R}\right) = \frac{1}{2}mv_\infty^2 + 0$$

逃逸速度应为 v 的最小值，这和在无穷远时物体的速度 $v_\infty=0$ 相对应，由上式可得逃逸速率

$$v_e = \sqrt{\frac{2GM}{R}}$$

由于在地面上 $\frac{GM}{R^2}=g$，所以

$$v_e = \sqrt{2Rg}$$

代入已知数据可得

$$v_e = \sqrt{2\times6.4\times10^6\times9.8} = 1.12\times10^4\ (\text{m/s})$$

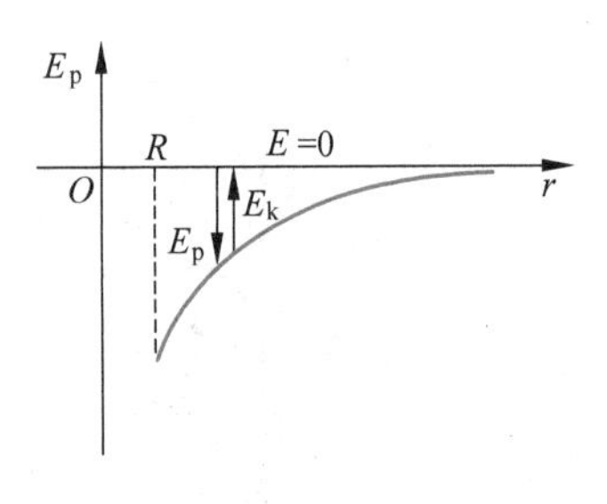

图 4.21　例 4.12 用图

在物体以 v_e 的速度离开地球表面到无穷远处的过程中，它的动能逐渐减小到零，它的势能(负值)大小也逐渐减小到零，在任意时刻机械能总等于零。这些都显示在图 4.21 中。

以上计算出的 v_e 又叫做**第二宇宙速率**。第一宇宙速率是使物体可以环绕地球表面运行所需的最小速率，可以用牛顿第二定律直接求得，其值为 7.90×10^3 m/s。**第三宇宙速率**则是使物体脱离太阳系所需的最小发射速率，稍复杂的计算给出其数值为 1.67×10^4 m/s(相对于地球)。

例 4.13

水星绕太阳运行轨道的近日点到太阳的距离为 $r_1=4.59\times10^7$ km，远日点到太阳的距离为 $r_2=6.98\times10^7$ km。求水星越过近日点和远日点时的速率 v_1 和 v_2。

解　分别以 M 和 m 表示太阳和水星的质量，由于在近日点和远日点处水星的速度方向与它对太阳的径矢方向垂直，所以它对太阳的角动量分别为 mr_1v_1 和 mr_2v_2。由角动量守恒可得

$$mr_1v_1 = mr_2v_2$$

又由机械能守恒定律可得

$$\frac{1}{2}mv_1^2 - \frac{GMm}{r_1} = \frac{1}{2}mv_2^2 - \frac{GMm}{r_2}$$

联立解上面两个方程可得

$$\begin{aligned} v_1 &= \left[2GM\frac{r_2}{r_1(r_1+r_2)}\right]^{1/2} \\ &= \left[2\times 6.67\times 10^{-11}\times 1.99\times 10^{30}\times\frac{6.98}{4.59\times(4.59+6.98)\times 10^{10}}\right]^{1/2} \\ &= 5.91\times 10^4\ (\text{m/s}) \end{aligned}$$

$$v_2 = v_1\frac{r_1}{r_2} = 5.91\times 10^4\times\frac{4.59}{6.98} = 3.88\times 10^4\ (\text{m/s})$$

例 4.14

俯卧撑动作中，双手摁地，躯体上升(图 4.22(a))。对人来说，如何用机械能守恒定律分析这一过程？

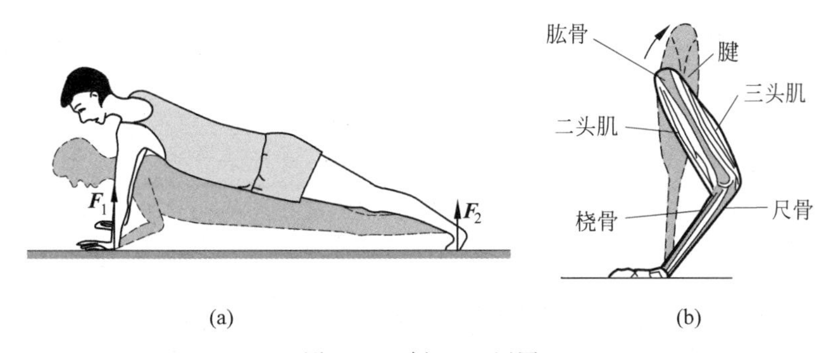

(a)　(b)

图 4.22　例 4.14 用图

(a) 俯卧撑中双手摁地躯体上升；(b) 三头肌收缩做功撑起躯体

解　考虑以人和地球组成的系统。在双手摁地，躯体上升的过程中，没有外力，而地面对双手、双脚的支持力及其反作用力不做功，因为接触点没有相对移动。但过程终了时人体的重力势能 E_p 增大了，根据功能原理式(4.24)，应有

$$A_{\text{in,n-cons}} = E_{pB} - E_{pA}$$

这说明是人体内的非保守力做的功导致了人的重力势能的增加。具体地说，是上臂内与肱骨平行的三头肌收缩而撑起躯体的(图 4.22(b))。这种肌肉收缩做的功等于躯体重力势能的增加。这一过程也符合普遍的能量守恒定律。三头肌的收缩是要消耗肌肉的"生物能"(实质上是化学能)的，所以俯卧撑中躯体上升过程是人体内的生物能转化为躯体的重力势能的过程。

用于质心参考系的功能原理

现在我们就质心参考系来讨论式(4.25)所表示的功能关系。为简单而实用起见，我们假定系统是保守系统。对于这样的系统，$A_{\text{in,n-cons}}=0$。以 $\boldsymbol{F}_i$ 表示系内第 i 个质点所受的外力，以 $\boldsymbol{f}_{ij}$ 表示该质点受系内第 j 个质点的内力，则对该质点，动能定理给出，在系统从初状态 A 过渡到末状态 B 的过程中，

$$\int_A^B \boldsymbol{F}_i\cdot \mathrm{d}\boldsymbol{r}_i + \sum_{j\neq i}\int_A^B \boldsymbol{f}_{ij}\cdot \mathrm{d}\boldsymbol{r}_i = \frac{1}{2}mv_{iB}^2 - \frac{1}{2}mv_{iA}^2$$

对系内各质点的相应的关系式求和，可得

$$\sum_i\int_A^B \boldsymbol{F}_i\cdot \mathrm{d}\boldsymbol{r}_i + \sum_i\sum_{j\neq i}\int_A^B \boldsymbol{f}_{ij}\cdot \mathrm{d}\boldsymbol{r}_i = \sum_i\frac{1}{2}m_iv_{iB}^2 - \sum_i\frac{1}{2}m_iv_{iA}^2 \tag{4.27}$$

以 $\boldsymbol{r}_C$ 和 v_C 分别表示此质点系的质心的位矢和速度，以 $\boldsymbol{r}_i'$ 和 $\boldsymbol{v}_i'$ 表示第 i 个质点相对系统的质心参考系的位矢和速度，则由式(4.27)可得

$$\int_A^B \left(\sum \boldsymbol{F}_i\right)\cdot \mathrm{d}\boldsymbol{r}_C + \sum_i \int_A^B \boldsymbol{F}_i \cdot \mathrm{d}\boldsymbol{r}_i' + \int_A^B \left(\sum_i \sum_{j\neq i} \boldsymbol{f}_{ij}\right)\cdot \mathrm{d}\boldsymbol{r}_C +$$
$$\sum_i \sum_{j\neq i} \int_A^B \boldsymbol{f}_{ij} \cdot \mathrm{d}\boldsymbol{r}_i' = \left(\frac{1}{2}mv_{CB}^2 - \frac{1}{2}mv_{CA}^2\right) +$$
$$\left(\sum_i \frac{1}{2}m_i v_{iB}'^2 - \sum \frac{1}{2}m_i v_{iA}'^2\right) \tag{4.28}$$

此式左侧第三项由于牛顿第三定律而等于零。左侧第一项由质心运动定理式(3.18)可得

$$\int_A^B \left(\sum \boldsymbol{F}_i\right)\cdot \mathrm{d}\boldsymbol{r}_C = \int_A^B m\frac{\mathrm{d}\boldsymbol{v}_C}{\mathrm{d}t}\cdot \mathrm{d}\boldsymbol{r}_C = \frac{1}{2}mv_{CB}^2 - \frac{1}{2}mv_{CA}^2$$

这样就可以和式(4.28)等号右侧第一个括号内容相消。根据势能的定义可知，式(4.28)左侧第四项等于系统的势能的减少，即

$$\sum_i \sum_{j\neq i} \int_A^B \boldsymbol{f}_{ij} \cdot \mathrm{d}\boldsymbol{r}_i' = E_{pA} - E_{pB}$$

再考虑到式(4.28)中左侧第二项是相对于质心参考系外力对系统所做的功之和 A'_{ex}，右侧第二个括号内是系统的内动能的增量 $E_{k,in,B} - E_{k,in,A}$，则式(4.28)最后可化为

$$A'_{ex} = (E_{k,in,B} + E_{pB}) - (E_{k,in,A} + E_{pA}) \tag{4.29}$$

系统的内动能和系统内各质点间的势能的总和称为系统的**内能**，以 E_{in} 表示，即

$$E_{in} = E_{k,in} + E_p \tag{4.30}$$

这样式(4.29)可化为

$$A'_{ex} = E_{in,B} - E_{in,A} \tag{4.31}$$

上式说明，**相对于质心参考系，外力对系统所做的功等于系统内能的增量**。此结论也和质心参考系是否为惯性系无关。这又显示了质心的特殊之处。

内能的概念特别用于讨论由大量粒子(如分子)组成的系统，如一定质量的气体或晶体。气体或晶体的内能就是指相对于其质心系的各质点的动能和质点间势能的总和。式(4.31)所表示的功能关系在第10章有更详细的讨论。在那里，它被改写成热力学第一定律。

4.7 守恒定律的意义

我们已介绍了动量守恒定律、角动量守恒定律和能量守恒定律。自然界中还存在着其他的守恒定律，例如质量守恒定律，电磁现象中的电荷守恒定律，粒子反应中的重子数、轻子数、奇异数、宇称的守恒定律等。守恒定律都是关于变化过程的规律，它们都说的是只要过程满足一定的整体条件，就可以不必考虑过程的细节而对系统的初、末状态的某些特征下结论。**不究过程细节而能对系统的状态下结论，这是各个守恒定律的特点和优点**。在物理学中分析问题时常常用到守恒定律。对于一个待研究的物理过程，物理学家通常首先用已知的守恒定律出发来研究其特点，而先不涉及其细节，这是因为很多过程的细节有时不知道，有时因太复杂而难以处理。只是在守恒定律都用过之后，还未能得到所要求的结果时，才对过程的细节进行细致而复杂的分析。这就是守恒定律在方法论上的意义。

正是由于守恒定律的这一重要意义，所以物理学家们总是想方设法在所研究的现象中找出哪些量是守恒的。一旦发现了某种守恒现象，他们就首先用以整理过去的经验并总结出定律。尔后，在新的事例或现象中对它进行检验，并且借助于它作出有把握的预见。如果在新的现象中发现某一守恒定律不对，人们就会更精确地或更全面地对现象进行观察研究，以便寻找那些被忽视了的因素，从而再认定该守恒定律的正确性。在有些看来守恒定律失效的情况下，人们还千方百计地寻求“补救”的方法，比如扩大守恒量的概念，引进新的形式，

从而使守恒定律更加普遍化。但这也并非都是可能的。曾经有物理学家看到有的守恒定律无法“补救”时，便大胆地宣布了这些守恒定律不是普遍成立的，认定它们是有缺陷的守恒定律。不论是上述哪种情况，都能使人们对自然界的认识进入一个新的更深入的阶段。事实上，每一守恒定律的发现、推广和修正，在科学史上的确都曾对人类认识自然的过程起过巨大的推动作用。

在前面我们都是从牛顿定律出发来导出动量、角动量和机械能守恒定律的，也曾指出这些守恒定律都有更广泛的适用范围。的确，在牛顿定律已不适用的物理现象中，这些守恒定律仍然保持正确，这说明这些守恒定律有更普遍更深刻的根基。现代物理学已确定地认识到这些守恒定律是和自然界的更为普遍的属性——时空对称性——相联系着的。任一给定的物理实验(或物理现象)的发展过程和该实验所在的空间位置无关，即换一个地方做，该实验进展的过程完全一样。这个事实叫**空间平移对称性**，也叫**空间的均匀性**。动量守恒定律就是这种对称性的表现。任一给定的物理实验的发展过程和该实验装置在空间的取向无关，即把实验装置转一个方向，该实验进展的过程完全一样。这个事实叫**空间转动对称性**，也叫**空间的各向同性**。角动量守恒定律就是这种对称性的表现。任一给定的物理实验的进展过程和该实验开始的时间无关，例如，迟三天开始做实验，或现在就开始做，该实验的进展过程完全一样。这个事实叫**时间平移对称性**，也叫**时间的均匀性**。能量守恒定律就是时间的这种对称性的表现。在现代物理理论中，可以由上述对称性导出相应的守恒定律，而且可进一步导出牛顿定律来。这种推导过程已超出本书的范围。但可以进一步指出的是，除上述三种对称性外，自然界还存在着一些其他的对称性。而且，相应于每一种对称性，都存在着一个守恒定律。多么美妙的自然规律啊！(参看“今日物理趣闻C　奇妙的对称性”)

4.8　碰撞

碰撞，一般是指两个物体在运动中相互靠近，或发生接触时，在相对较短的时间内发生强烈相互作用的过程。碰撞会使两个物体或其中的一个物体的运动状态发生明显的变化。例如网球和球拍的碰撞(图4.23)，两个台球的碰撞(图4.24)，两个质子的碰撞(图4.25)，探测器与彗星的相撞(图4.26)，两个星系的相撞(图4.27)等。

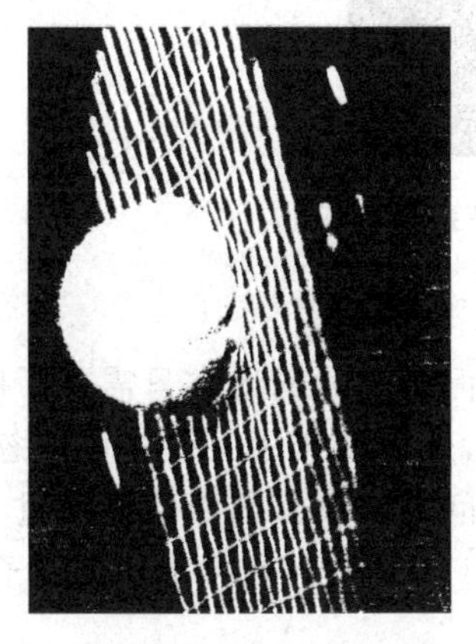
图4.23　网球和球拍的碰撞

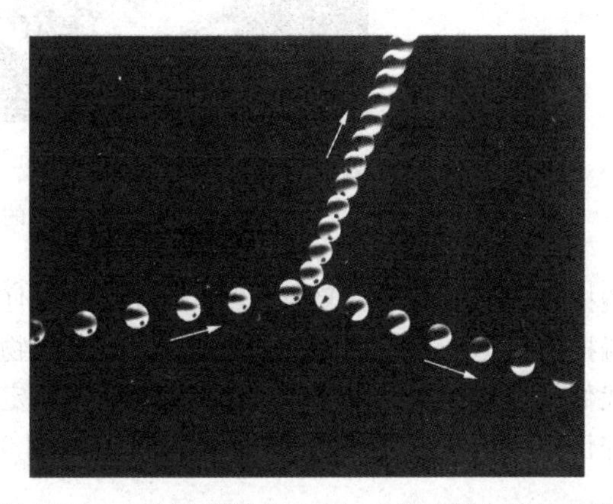
图4.24　一个运动的台球和一个静止的台球的碰撞

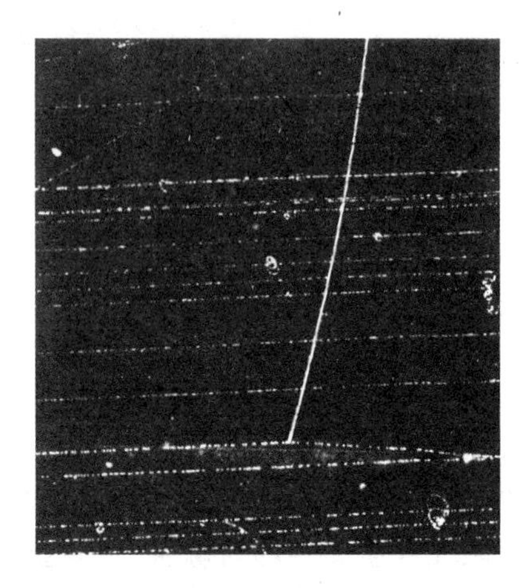

图4.25　气泡室内一个运动的质子和一个静止的质子碰撞前后的径迹

图4.26　2005年7月4日“深度撞击”探测器行经 4.31×10^8 km 后在距地球 1.3×10^8 km 处释放的 372 kg 的撞击器准确地撞上坦普尔1号彗星。小图为探测器发回的撞击时的照片

图4.27　螺旋星系 NGC5194(10^{41} kg)和年轻星系 NGC5195(右，质量小到约为前者的1/3)的碰撞

碰撞过程一般都非常复杂，难以对过程进行仔细分析。但由于我们通常只需要了解物体在碰撞前后运动状态的变化，而对发生碰撞的物体系来说，外力的作用又往往可以忽略，因而我们就可以利用动量、角动量以及能量守恒定律对有关问题求解。前面已经举过几个利用守恒定律求解碰撞问题的例子(如例3.4、例3.7、例4.11等题)，下面再举几个例子。

例 4.15

完全非弹性碰撞。两个物体碰撞后如果不再分开，这样的碰撞叫完全非弹性碰撞。设有两个物体,它们的质量分别为 m_1 和 m_2,碰撞前二者速度分别为 $\boldsymbol{v}_1$ 和 $\boldsymbol{v}_2$,碰撞后合在一起,求由于碰撞而损失的动能。

解 对于这样的两物体系统,由于无外力作用,所以总动量守恒。以 $\boldsymbol{V}$ 表示碰后二者的共同速度,则由动量守恒定律可得

$$m_1\boldsymbol{v}_1+m_2\boldsymbol{v}_2=(m_1+m_2)\boldsymbol{V}$$

由此求得

$$\boldsymbol{V}=\frac{m_1\boldsymbol{v}_1+m_2\boldsymbol{v}_2}{m_1+m_2}$$

由于 m_1 和 m_2 的质心位矢为 $\boldsymbol{r}_C=(m_1\boldsymbol{r}_1+m_2\boldsymbol{r}_2)/(m_1+m_2)$,而 $\boldsymbol{V}=\mathrm{d}\boldsymbol{r}_C/\mathrm{d}t=\boldsymbol{v}_C$,所以这共同速度 $\boldsymbol{V}$ 也就是碰撞前后质心的速度 $\boldsymbol{v}_C$。

由于此完全非弹性碰撞而损失的动能为碰撞前两物体动能之和减去碰撞后的动能,即

$$E_{\mathrm{loss}}=\frac{1}{2}m_1v_1^2+\frac{1}{2}m_2v_2^2-\frac{1}{2}(m_1+m_2)V^2 \tag{4.32}$$

又由柯尼希定理公式(4.11)可知,碰前两物体的总动能等于其内动能 $E_{\mathrm{k,in}}$ 和轨道动能 $\frac{1}{2}(m_1+m_2)v_C^2$ 之和,所以上式给出

$$E_{\mathrm{loss}}=E_{\mathrm{k,in}} \tag{4.33}$$

即完全非弹性碰撞中物体系损失的动能等于该物体系的内动能,即相对于其质心系的动能,而轨道动能保持不变。

在完全非弹性碰撞中所损失的动能并没"消灭",而是转化为其他形式的能量了。例如,转化为分子运动的能量即物体的内能。在粒子物理实验中,常常利用粒子的碰撞引起粒子的转变来研究粒子的行为和规律。引起粒子转变的能量就是碰撞前粒子的内动能,这一能量叫引起转变的**资用能**。早期的粒子碰撞多是利用一个高速的粒子去撞击另一个静止的靶粒子。在这种情况下,入射粒子的动能只有一部分作为资用能被利用。若入射粒子和靶粒子的质量分别为 m 和 M,则资用能只占入射粒子动能的 $M/(m+M)$。为了更有效地利用碰撞前粒子的能量,就应尽可能减少碰前粒子系的轨道动能。这就是现代高能粒子加速器都造成**对撞机**(例如电子正电子对撞机,质子反质子对撞机)的原因。在这种对撞机里,使质量和速率都相同的粒子发生对撞。由于它们的轨道动能为零,所以粒子碰撞前的总动能都可以用来作为资用能而引起粒子的转变。

例 4.16

弹性碰撞。碰撞前后两物体总动能没有损失的碰撞叫做弹性碰撞。两个台球的碰撞近似于这种碰撞。两个分子或两个粒子的碰撞,如果没有引起内部的变化,也都是弹性碰撞。设想两个球的质量分别为 m_1 和 m_2,沿一条直线分别以速度 v_{10} 和 v_{20} 运动,碰撞后仍沿同一直线运动。这样的碰撞叫**对心碰撞**(图 4.28)。求两球发生弹性的对心碰撞后的速度各如何。

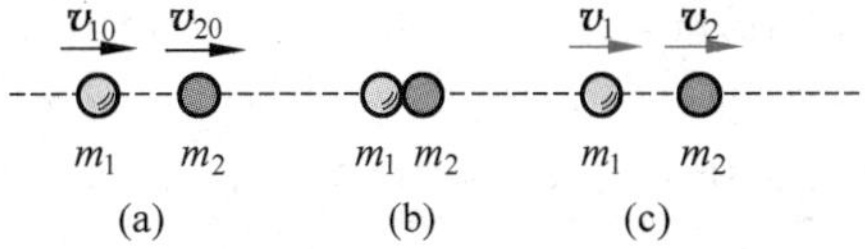

图 4.28 两个球的对心碰撞
(a) 碰撞前; (b) 碰撞时; (c) 碰撞后

解 以 v_1 和 v_2 分别表示两球碰撞后的速度。由于碰撞后二者还沿着原来的直线运动,根据动量守恒定律,及由于是弹性的碰撞,总动能应保持不变,即可得

$$\left.\begin{aligned} m_1 v_{10} + m_2 v_{20} &= m_1 v_1 + m_2 v_2 \\ \frac{1}{2} m_1 v_{10}^2 + \frac{1}{2} m_2 v_{20}^2 &= \frac{1}{2} m_1 v_1^2 + \frac{1}{2} m_2 v_2^2 \end{aligned}\right\} \tag{4.34}$$

联立解这两个方程式可得

$$v_1 = \frac{m_1 - m_2}{m_1 + m_2} v_{10} + \frac{2m_2}{m_1 + m_2} v_{20} \tag{4.35}$$

$$v_2 = \frac{m_2 - m_1}{m_1 + m_2} v_{20} + \frac{2m_1}{m_1 + m_2} v_{10} \tag{4.36}$$

为了明确这一结果的意义，我们举两个特例。

特例1：两个球的质量相等，即 $m_1 = m_2$。这时以上两式给出

$$v_1 = v_{20}, \quad v_2 = v_{10}$$

即碰撞结果是两个球互相交换速度。如果原来一个球是静止的，则碰撞后它将接替原来运动的那个球继续运动。打台球或打克朗棋时常常会看到这种情况，同种气体分子的相撞也常设想为这种情况。

特例2：一球的质量远大于另一球，如 $m_2 \gg m_1$，而且大球的初速为零，即 $v_{20} = 0$。这时，式(4.35)和式(4.36)给出

$$v_1 = -v_{10}, \quad v_2 \approx 0$$

即碰撞后大球几乎不动而小球以原来的速率返回。乒乓球碰铅球，网球碰墙壁(这时大球是墙壁固定于其上的地球)，拍皮球时球与地面的相碰都是这种情形；气体分子与容器壁的垂直碰撞，反应堆中中子与重核的完全弹性对心碰撞也是这样的实例。

例 4.17

弹弓效应。如图 4.29 所示，土星的质量为 5.67×10^{26} kg，以相对于太阳的轨道速率 9.6 km/s 运行；一空间探测器质量为 150 kg，以相对于太阳 10.4 km/s 的速率迎向土星飞行。由于土星的引力，探测器绕过土星沿和原来速度相反的方向离去。求它离开土星后的速度。

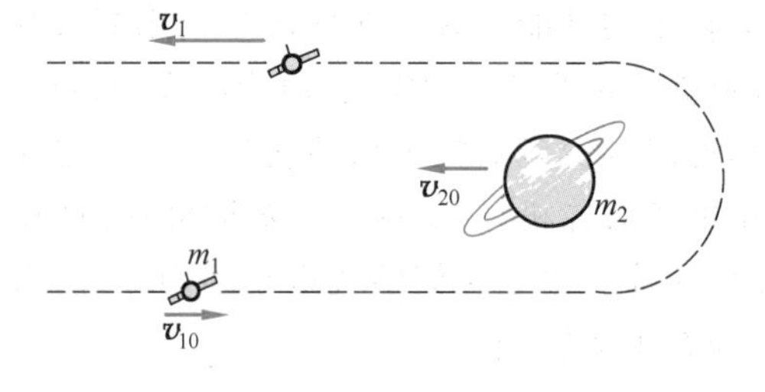

图 4.29 弹弓效应

解 如图 4.29 所示，探测器从土星旁飞过的过程可视为一种无接触的“碰撞”过程。它们遵守守恒定律的情况和例 4.16 两球的弹性碰撞相同，因而速度的变化可用式(4.35)求得。由于土星质量 m_2 远大于探测器的质量 m_1，在式(4.35)中可忽略 m_1 而得出探测器离开土星后的速度为

$$v_1 = -v_{10} + 2v_{20}$$

如图 4.29 所示，以 $\boldsymbol{v}_{10}$ 的方向为正，$v_{10} = 10.4$ km/s，$v_{20} = -9.6$ km/s，因而

$$v_1 = -10.4 - 2\times 9.6 = -29.6\ (\text{km/s})$$

这说明探测器从土星旁绕过后由于引力的作用而速率增大了。这种现象叫做弹弓效应。本例是一种最有利于速率增大的情况。实际上探测器飞近的速度不一定和行星的速度正好反向，但由于引力它绕过行星后的速率还是要增大的。

弹弓效应是航天技术中增大宇宙探测器速率的一种有效办法,又被称为引力助推。1989 年 10 月发射的伽利略探测器(它已于 1995 年 12 月按时到达木星(图 4.30(a))并用了两年时间探测木星大气和它的主要的卫星)就曾利用了这种助推技术。它的轨道设计成一次从金星旁绕过,两次从地球旁绕过(图 4.30(b)),都因为这种助推技术而增加了速率。这种设计有效地减少了它从航天飞机上发射时所需要的能量。另一种设计只需要两年半的时间就可达到木星。但这需要用液氢和液氧作燃料的强大推进器,而这对航天飞机来说是比较昂贵而且危险的。

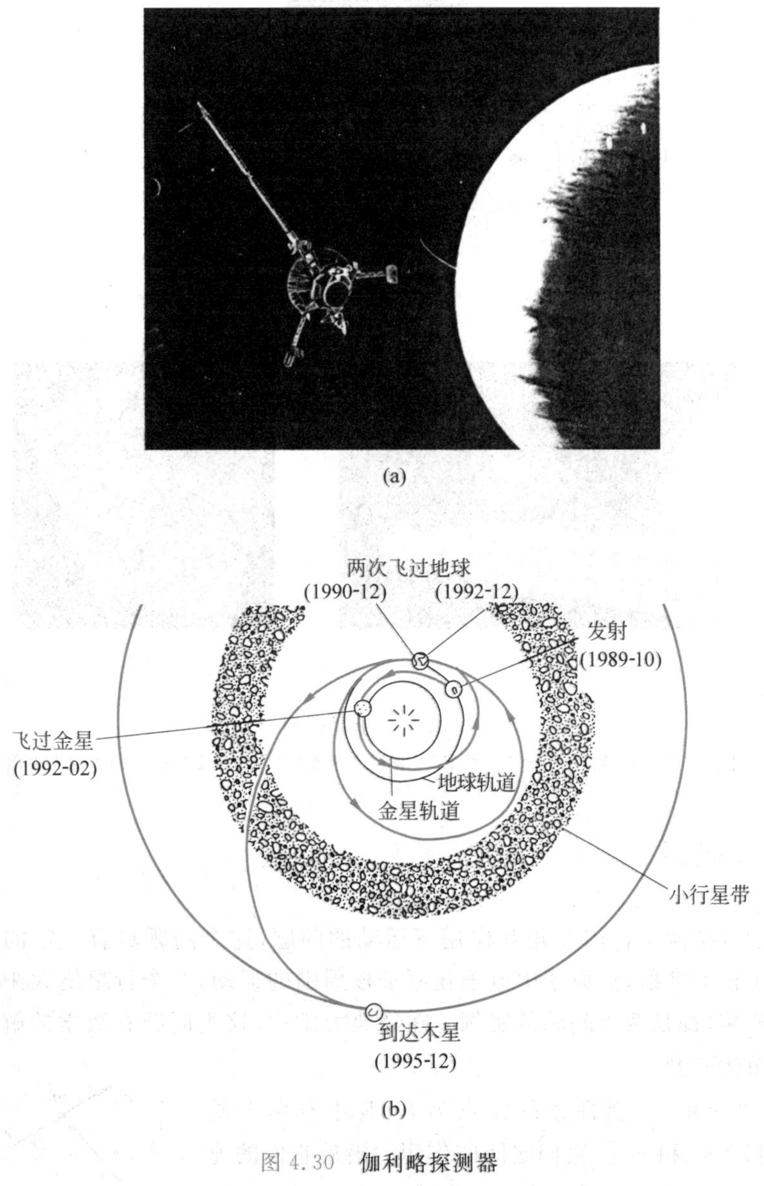

图 4.30 伽利略探测器

(a) 飞临木星;(b) 飞行轨道

美国宇航局 1997 年 10 月 15 日发射了一颗探测土星的核动力航天器——重 5.67 t 的

“卡西尼”号(图4.31)。它航行了7年,行程3.5×10^{9} km。该航天器两次掠过金星,1999年8月在900 km上空掠过地球,然后掠过木星。在掠过这些行星时都利用了引力助推技术来加速并改变航行方向,因而节省了77 t燃料。最后于2004年7月1日准时进入了土星轨道,开始对土星的光环系统和它的卫星进行为时4年的考察。它所携带的“惠更斯”号探测器于2004年12月离开它奔向土星最大的卫星——土卫六,以考察这颗和地球早期(45亿年前)极其相似的天体。20天后,“惠更斯”号飞临土卫六上空,打开降落伞下降并进行拍照和大气监测,随后在土卫六的表面着陆,继续工作约90 min后就永远留在了那里。

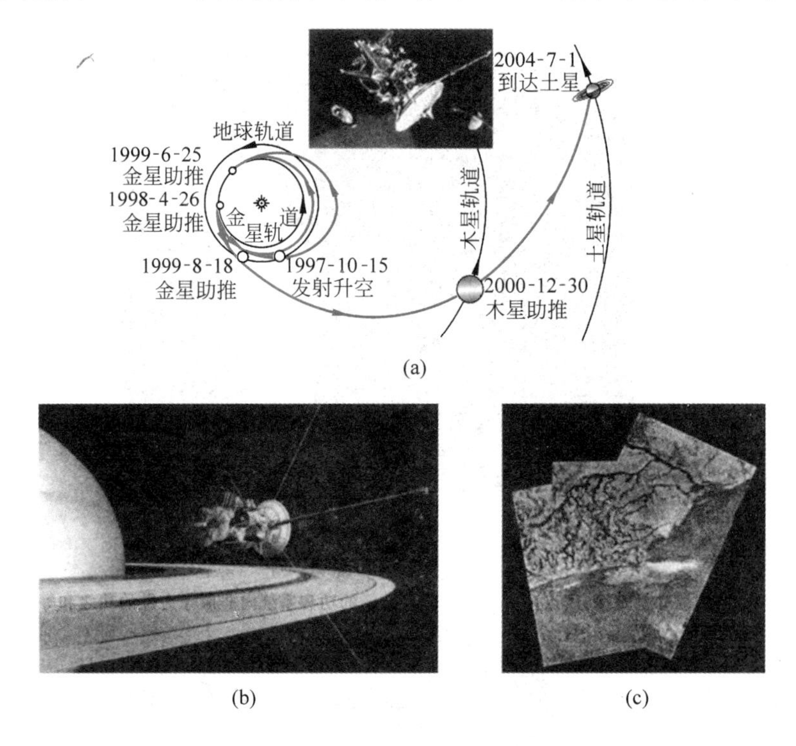

图4.31 土星探测

(a)“卡西尼”号运行轨道;(b)“卡西尼”号越过土星光环;(c)惠更斯拍摄的土卫六表面照片

*4.9 两体问题

两体问题是指两个物体在相互作用下运动的问题,这个问题具有一定的典型意义。α粒子被重原子核的散射,氢原子中电子在原子核周围的运动,一个行星绕太阳的运动(忽略其他星体的影响)都是两体问题的实例。在经典力学中,这类问题有数学的解析解,因为它可以简化为单体问题。

如图4.32所示,一惯性系的原点为O,其中有两个质点,质量分别为m_1和m_2。它们之间的作用力沿着它们的连线而且大小只是它们之间的距离r的函数。由牛顿第三定律,两质点受的力可以一般地分别表示为

$$\boldsymbol{F}_1=F(r)\boldsymbol{e}_r,\quad \boldsymbol{F}_2=-F(r)\boldsymbol{e}_r \tag{4.37}$$

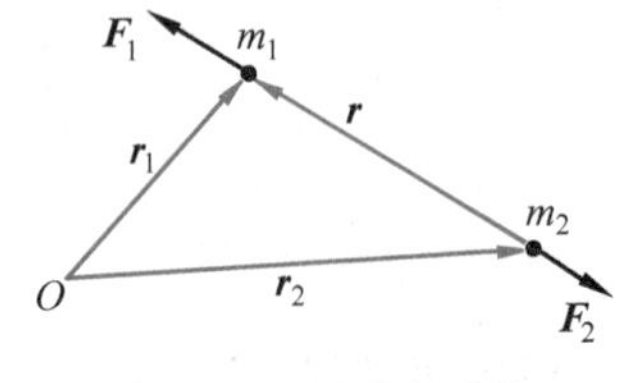

图4.32 两质点系统

其中 $\boldsymbol{r}$ 为由质点 2 指向质点 1 的位矢。由牛顿第二定律，对 m_1，有

$$m_1 \frac{\mathrm{d}^2 \boldsymbol{r}_1}{\mathrm{d}t^2} = \boldsymbol{F}_1 = F(r)\boldsymbol{e}_r \tag{4.38}$$

对 m_2，有

$$m_2 \frac{\mathrm{d}^2 \boldsymbol{r}_2}{\mathrm{d}t^2} = \boldsymbol{F}_2 = -F(r)\boldsymbol{e}_r \tag{4.39}$$

将式(4.38)乘以 m_2，式(4.39)乘以 m_1，再相减可得

$$m_1 m_2 \frac{\mathrm{d}^2 (\boldsymbol{r}_1 - \boldsymbol{r}_2)}{\mathrm{d}t^2} = (m_1 + m_2) F(r)\boldsymbol{e}_r$$

由于 $\boldsymbol{r}_1 - \boldsymbol{r}_2 = \boldsymbol{r}$，所以又有

$$\frac{m_1 m_2}{m_1 + m_2} \frac{\mathrm{d}^2 \boldsymbol{r}}{\mathrm{d}t^2} = F(r)\boldsymbol{e}_r \tag{4.40}$$

令

$$\mu = \frac{m_1 m_2}{m_1 + m_2} \tag{4.41}$$

叫做这两个质点的**约化质量**，则式(4.40)又可写成

$$\mu \frac{\mathrm{d}^2 \boldsymbol{r}}{\mathrm{d}t^2} = F(r)\boldsymbol{e}_r \tag{4.42}$$

这一导出关系式可以理解为质点 1 的运动所遵循的牛顿第二定律公式，其中 $\boldsymbol{r}$ 表示它相对于质点 2(而不是惯性系的原点)的位矢，而它的质量必须用约化质量 μ 代替，或者说，质点 1 的运动和一个质量为约化质量 μ 的质点在一惯性系中受同样的力作用时的运动一样，这一惯性系的原点应取在质点 2 上。这样，两个质点在相互作用下的运动就简化为一个质点的运动，因而可以精确地求解了。

由于在惯性系中有关动量和能量的定理都是从牛顿第二定律导出的，所以，根据式(4.42)，对于两体问题中的一个质点相对于另一质点的运动，上述有关动量和动能定理以同样的形式完全适用，只要把前一质点的惯性质量用约化质量代替就可以了。

在此顺便指出，虽然两体问题可以简化为单体问题而得出精确的数学解析解，但三体问题，且不说更多体问题，就远不是这么简单了。三体问题没有解析解，运动变得不可预测(参看“今日物理趣闻 B 混沌”)。

例 4.18

在实验室内观察到相距很远的一个质子(质量为 m_{p})和一个氦核(质量 $M=4m_{\mathrm{p}}$)相向运动，速率都是 v_0。求二者能达到的最近距离。

解 此题可以借助于实验室参考系或质心参考系求解。下面借助于氦核参考系，即氦核为原点的参考系求解。

先求出质子的约化质量，有

$$\mu = \frac{m_{\mathrm{p}} M}{m_{\mathrm{p}} + M} = \frac{4}{5} m_{\mathrm{p}}$$

在此参考系中，质子的初速度为 $v_0' = 2v_0$，仿引力势能公式(4.18)写出质子(带电量为 e)和氦核(带电量为 $2e$)的电势能公式为 $2ke^2/r$，其中 r 为质子和氦核之间的距离。在氦核参考系中的能量守恒关系式为

$$\frac{1}{2}\mu v'^2_0=\frac{2ke^2}{r_{\min}}$$

由此得

$$r_{\min}=\frac{5}{4}\frac{ke^2}{m_p v_0^2}$$

4.10　流体的稳定流动

本节与4.11节将介绍一些流体运动的知识。流体包括气体和液体，我们将主要讨论液体。实际的流体的运动是非常复杂的，作为初步介绍我们将只讨论最简单最基本的情况，即**理想流体**的运动。

实际的液体，如水，只是在很大的压强下才能被少量地压缩。因此，我们假定理想流体是**不可压缩的**，也就是说，它们在压强的作用下体积不会改变。实际的液体、气体也一样，都具有黏滞性，即液体中相邻的部分相互曳拉从而阻止它们的相对运动。例如，蜂蜜是非常黏滞的，油，甚至水乃至气体都有一定的黏滞性。为简单起见，我们还假定理想流体是**无黏滞性**的，即理想流体的各部分都自由地流动，相互之间以及流体和管道壁之间都没有相互曳拉的作用力。

实际的流体流动时，特别是越过障碍物时，其运动是非常复杂的，因为**湍流**可能出现(图4.33)。为简单起见我们只讨论流体的**稳定流动**或**稳流**。在这种流动中，在整个流道中，流过各点的流体元的速度不随时间改变。例如缓慢流过渠道的水流或流过水管的水流的中部就接近稳流，血管中血液的流动也近似稳流。稳流中流体元速度的分布常用**流线**描绘，图4.34就显示了这种流线图。各条流线都是连续的而且不会相交，流线密的地方流速大，稀疏的地方流速小。

图4.33　稳流(近处河道宽处)和湍流(远处河道窄处)

图4.34　用染色示踪剂显示的流体流过一圆筒的稳流流线图

总之，下面我们将只讨论理想流体(不可压缩而且无黏滞性)的稳定流动。

首先，我们给出流速与流体截面的关系。你一定看到过小河中流水的速率随河道宽窄而变的景象：河道越窄，流动越快；河道越宽，流动越慢。为了求出定量的关系，考虑如图4.35

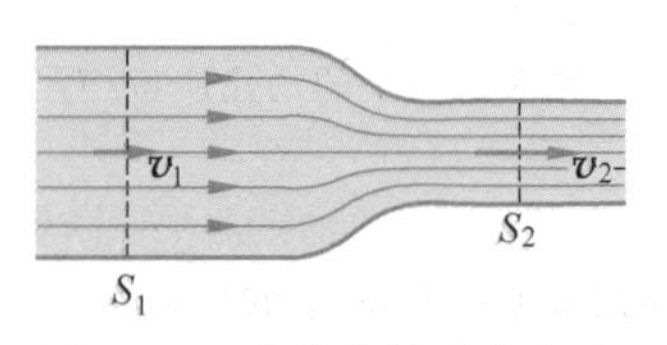

图4.35　流体在管道中流动

所示的水在粗细有变化的管道中流动的情形。以 v_1 和 v_2 分别表示水流过管道截面 S_1 较粗处和流过截面 S_2 较细处的速率。在时间间隔 Δt 内流过两截面处的水的体积分别为 $S_1v_1\Delta t$ 和 $S_2v_2\Delta t$。由于已假定水是理想流体而且是稳流,水就不可能在 S_1 和 S_2 之间发生积聚或短缺,于是流进 S_1 的水的体积必定等于同一时间内从 S_2 流出的水的体积。这样就有

$$S_1v_1\Delta t = S_2v_2\Delta t$$

或

$$S_1v_1 = S_2v_2 \tag{4.43}$$

这一关系式称为稳流的**连续性方程**,它说明管中的流速和管子的横截面积成反比。用橡皮管给花草洒水时,要想流出的水出口速率大一些就把管口用手指封住一些就是这个道理。

4.11 伯努利方程

4.10 节讲过,随着流体流动时横截面积的变化会引起速度的变化,而速度的变化,由牛顿第二定律,是和流体内各部分的相互作用力或压强相联系的。再者,随着流动时的高度变化,重力也会引起速度的变化,把流体作为质点系看待直接应用牛顿定律分析其运动是非常复杂而繁难的工作。于是我们将回到守恒定律,现在是用机械能守恒定律来求出理想流体稳定流动的运动和力的关系。

设想一理想流体沿着一横截面变化的管道流动,而且管道各处的高度不同,如图 4.36 所示。把管道中在时刻 t 的两截面 A 和 B 之间的一段水作为我们研究的系统。经过时间 Δt,由于向前流动,系统的后方和前方分别达到截面 A' 和 B'。在 Δt 内它的后方和前方的截面面积分别是 S_1 和 S_2,速率分别是 v_1 和 v_2,而通过的距离分别是 Δl_1 和 Δl_2。截面 A **后方**的流体以力 $\boldsymbol{F}_1$ 把这段流体由 AB 位置推向 $A'B'$ 位置。这力对这段流体做的功是

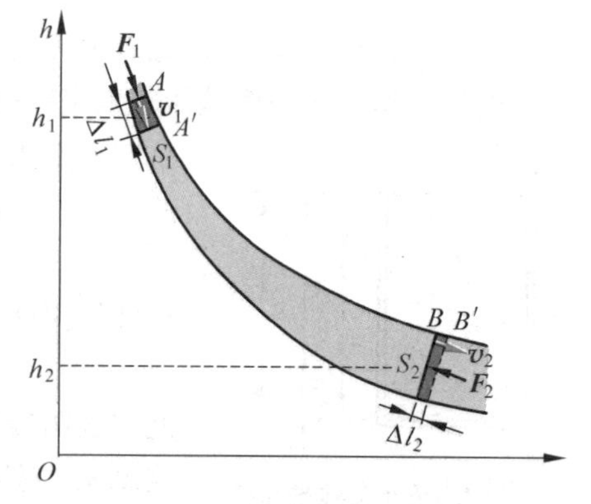

图 4.36 推导伯努利方程用图

$$\Delta W_1 = F_1\Delta l_1 = p_1S_1\Delta l_1 = p_1\Delta V_1 \tag{4.44}$$

其中 p_1 是作用在截面积 S_1 上的压强而 $\Delta V_1 = S_1\Delta l_1$ 是在 Δt 内被推过截面 A 的流体的体积。在同一时间内,在截面 B 前方的流体对 AB 段流体的作用力 $\boldsymbol{F}_2$ 对该段流体做功,其值应为

$$\Delta W_2 = -F_2\Delta l_2 = -p_2S_2\Delta l_2 = -p_2\Delta V_2 \tag{4.45}$$

其中 p_2 是作用在截面积 S_2 上的压强,而 $\Delta V_2 = S_2\Delta l_2$ 是在 Δt 内流出截面积 B 的流体的体积。对被当作系统的那一段流体来说,根据连续方程,AB 间的流体体积应等于 $A'B'$ 间流体的体积,因而也应该有 $\Delta V_1 = \Delta V_2$,以 ΔV 记之。

当流体在管中流动时,其动能和势能都随时间改变。但是由于是稳定流动,在时间 Δt 内,截面 A' 和 B 之间的那段流体的状态没有发生变化。整段流体系统的机械能的变化也就

等于 ΔV_1 内的流体移动到 ΔV_2 时机械能的变化。令 ρ 表示流体的密度，由于流体的不可压缩性，ρ 到处相同，而 ΔV_1 和 ΔV_2 的流体的质量就都是 $\Delta m=\rho\Delta V$。在 Δt 内系统的机械能的变化为

$$\begin{aligned}\Delta E &= \frac{1}{2}\Delta m \cdot v_2^2 + \Delta m \cdot gh_2 - \left(\frac{1}{2}\Delta m \cdot v_1^2 + \Delta m \cdot gh_1\right)\\ &= \left[\frac{1}{2}\rho v_2^2 + \rho gh_2 - \left(\frac{1}{2}\rho v_1^2 + \rho gh_1\right)\right]\Delta V \end{aligned} \tag{4.46}$$

其中 h_1 和 h_2 分别为 ΔV_1 和 ΔV_2 所在的高度。

由于流体是无黏滞的，流体各部分之间以及流体和管壁之间无摩擦力作用。系统的功能原理给出

$$\Delta W_1 + \Delta W_2 = \Delta E$$

代入上面各相应的表示式，可得

$$p_1 - p_2 = \frac{1}{2}\rho v_2^2 + \rho gh_2 - \frac{1}{2}\rho v_1^2 - \rho gh_1$$

或

$$p_1 + \frac{1}{2}\rho v_1^2 + \rho gh_1 = p_2 + \frac{1}{2}\rho v_2^2 + \rho gh_2 \tag{4.47}$$

或

$$p + \frac{1}{2}\rho v^2 + \rho gh = 常量 \tag{4.48}$$

为纪念18世纪流体运动的研究者伯努利，式(4.47)或式(4.48)称为**伯努利方程**。它实际上是用于理想流体流动的机械能守恒定律的特殊形式。

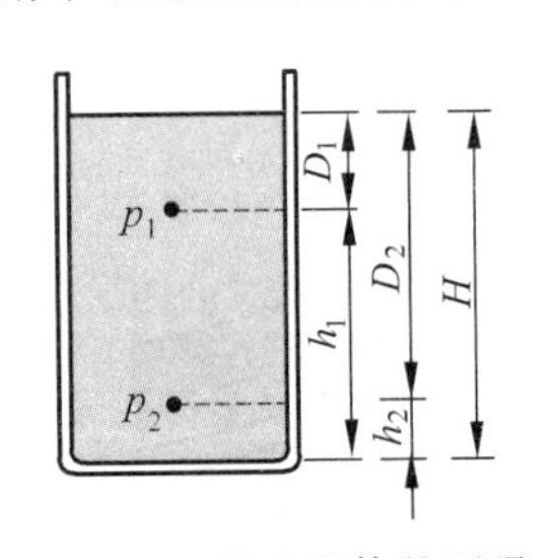

图4.37　静止流体的压强

对于式(4.47)中 $v_1=v_2=0$ 的特殊情况，如图4.37所示的在一大容器中的水，

$$p_1 + \rho gh_1 = p_2 + \rho gh_2$$

用液体深度 D 代替高度 h，由于 $D=H-h$，所以又可得

$$p_2 - p_1 = \rho g(D_2 - D_1) \tag{4.49}$$

此式表明静止的流体内两点的压强差与它们的深度差成正比。这就是大家在中学物理课程中学过的流体静压强的公式。

如果式(4.47)中 $h_1=h_2$，则得

$$p_1 + \frac{1}{2}\rho v_1^2 = p_2 + \frac{1}{2}\rho v_2^2 \tag{4.50}$$

此式表明在水平管道内流动的流体在流速大处其压强小而在流速小处其压强大。

用式(4.50)可以解释足球场的“香蕉球”为什么能沿一弯曲轨道行进。为使球的轨道弯曲，必须把球踢得在它向前飞行的同时还绕自己的轴旋转，由于球向前运动，在球上看来，球周围的空气就向后流动，如图4.38所示(其中球向左飞行，气流向右)。由于旋转，球表面附近的空气就被球表面曳拉得随表面旋转。图4.38中球按顺时针方向旋转，其外面空气也按顺时针方向旋转，速度合成的结果使得球左方空气的流速就小于其右方空气的流速，其流线的疏密大致如图4.38所示。根据式(4.50)，球左侧所受空气的压强就大于球运动前方较远处的压强，而球右侧所受空气的压强将小于球运动前方较远处的压强，但在其前方较远处的

压强是一样的。所以球左侧受空气的压强就大于其右侧受空气的压强，球左侧受的力也就大于右侧受的力。正是这一压力差迫使球偏离直线轨道而转向右方作曲线运动了。

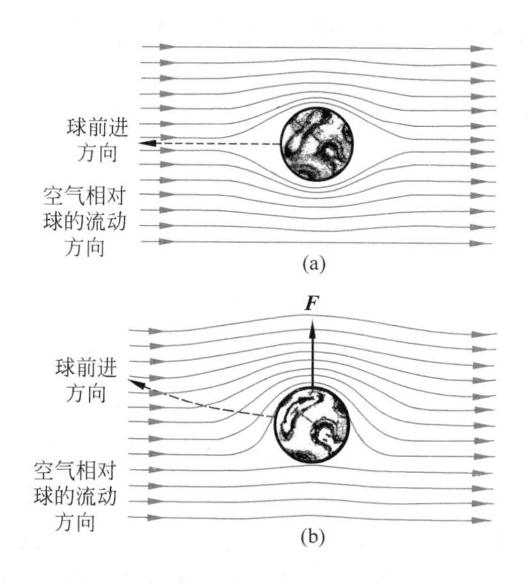

图 4.38 “香蕉球”轨道弯曲的解释

(a) 不旋转的球直进；(b) 旋转的球偏斜

乒乓球赛事中最常见的上旋、下旋、左旋或右旋球的弯曲轨道也都是根据同样的道理产生的。

例 4.19

一水箱底部在其内水面下深度为 D 处安有一水龙头(图 4.39)。当水龙头打开时，箱中的水以多大速率流出？

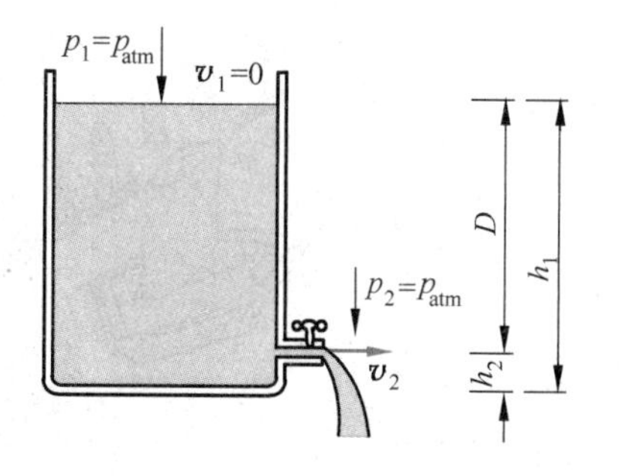

图 4.39 例 4.19 用图

解 箱中水的流动可以认为是从一段非常粗的管子流向一段细管而从出口流出，在粗管中的流速，也就是箱中液面下降的速率非常小，可以认为式(4.47)中的 $v_1=0$。另外由于箱中液面和从龙头中流出的水所受的空气压强都是大气压强，所以 $p_1=p_2=p_{\mathrm{atm}}$。这样式(4.47)就给出

$$\rho g h_1=\rho g h_2+\frac{1}{2}\rho v_2^2$$

由此可得

$$v_2=\sqrt{2g(h_1-h_2)}=\sqrt{2gD} \tag{4.51}$$

这一结果和水自由降落一高度 D 所获得的速率一样。你可以设想一些水从水箱中水面高度直接自由降落到出水口高度，机械能守恒将给出同样结果。

例 4.20

文丘里流速计。这是一个用来测定管道中流体流速或流量的仪器，它是一段具有一狭

窄"喉部"的管,如图4.40所示。此喉部和管道分别与一压强计的两端相通,试用压强计所示的压强差表示管中流体的流速。

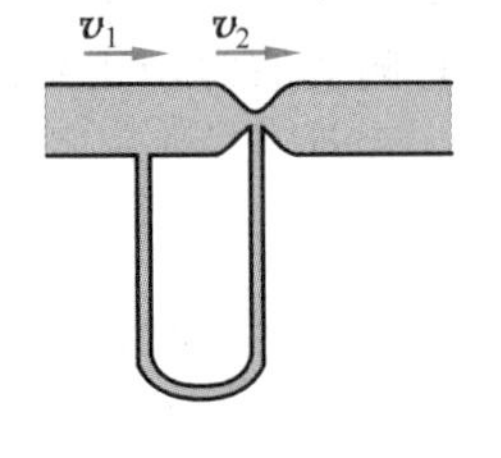

图4.40 文丘里流速计

解 以 S_1 和 S_2 分别表示管道和喉部的横截面积,以 v_1 和 v_2 分别表示通过它们的流速。根据连续性方程,有

$$v_2 = v_1 S_1 / S_2$$

由于管子平放,所以 $h_1 = h_2$。伯努利方程给出

$$p_1 - p_2 = \frac{1}{2}\rho v_2^2 - \frac{1}{2}\rho v_1^2 = \frac{1}{2}\rho v_1^2[(S_1/S_2)^2 - 1]$$

由此得管中流速为

$$v_1 = \sqrt{\frac{2(p_1 - p_2)}{\rho[(S_1/S_2)^2 - 1]}} \tag{4.52}$$

例 4.21

逆风行舟。俗话说:"好船家会使八面风",有经验的水手能够使用风力开船逆风行进,试说明其中的道理。

解 我们可以利用伯努利原理来说明这一现象。如图4.41(a)所示,风沿 $\boldsymbol{v}$ 的方向吹来,以 $\boldsymbol{V}$ 表示船头的指向,即船要前进的方向。AB 为帆,注意帆并不是纯平的,而是弯曲的。因此,气流经过帆时,在帆凸起的一侧,气流速率要大些,而在凹进的一侧,气流的速率要小些(图4.41(b))。这样,根据伯努利方程(这时 $h_1 = h_2$),在帆凹进的一侧,气流的压强要大于帆凸起的一侧的气流的压强,于是对帆就产生了一个**气动压力** $\boldsymbol{f}$,其方向垂直于帆面而偏向船头的方向。此力可按图4.41(c)那样分解为两个分力:指向船头方向的分力 $\boldsymbol{f}_\mathrm{f}$ 和指向船侧的分力 $\boldsymbol{f}_\mathrm{s}$。分力 $\boldsymbol{f}_\mathrm{s}$ 被船在水中的龙骨受水的侧向阻力所平衡,使船不致侧移,船就在分力 $\boldsymbol{f}_\mathrm{f}$ 的推动下向前行进了。

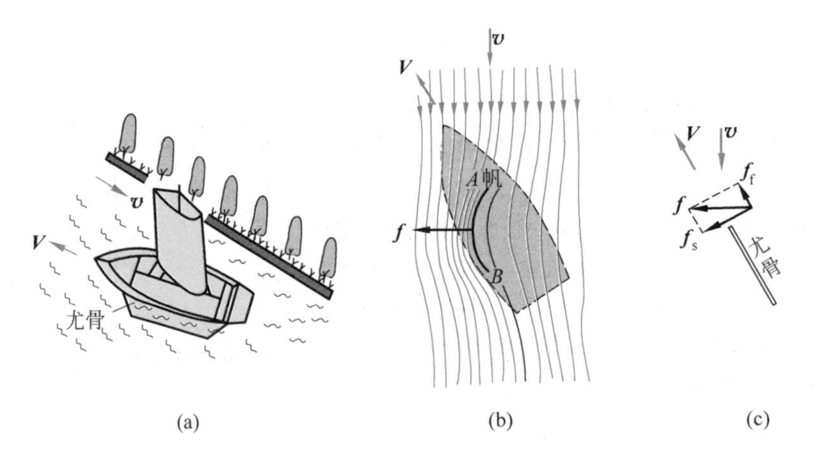

图4.41 逆风行舟原理

(a) 逆风行驶;(b) 空气流线示意图;(c) 推进力 $\boldsymbol{f}_\mathrm{f}$ 的产生

由以上分析可知,船并不能正对着逆风前进,而是要偏一个角度。在逆风正好沿着航道吹来的情况下,船就只能沿"之"字形轨道曲折前进了,帆的形状和方向对船的"逆风"前进是有关键性的影响的。

提要

1. 功

$$dA = \boldsymbol{F} \cdot d\boldsymbol{r}, \quad A_{AB} = \int_{L(A)}^{(B)} \boldsymbol{F} \cdot d\boldsymbol{r}$$

保守力：做功与路径形状无关的力，或者说，沿闭合路径一周做功为零的力。保守力做的功只由系统的初、末位形决定。

2. 动能定理

动能

$$E_k = \frac{1}{2}mv^2$$

对于一个质点，

$$A_{AB} = E_{kB} - E_{kA}$$

对于一个质点系，

$$A_{ex} + A_{in} = E_{kB} - E_{kA}$$

柯尼希定理：对于一个质点系

$$E_k = E_{kC} + E_{k,in}$$

其中 $E_{kC}=\frac{1}{2}mv_C^2$ 为质心的动能，$E_{k,in}$为各质点相对于质心(即在质心参考系内)运动的动能之和。

3. 势能：对保守力可引进势能概念。一个系统的势能 E_p决定于系统的位形，它由势能差定义为

$$A_{AB} = -\Delta E_p = E_{pA} - E_{pB}$$

确定势能 E_p 的值，需要先选定势能零点。

势能属于有保守力相互作用的整个系统，一个系统的势能与参考系无关。

重力势能：$E_p=mgh$，以物体在地面为势能零点。

弹簧的弹性势能：$E_p=\frac{1}{2}kx^2$，以弹簧的自然长度为势能零点。

引力势能：$E_p=-\frac{Gm_1m_2}{r}$，以两质点无穷远分离时为势能零点。

***4. 由势能函数求保守力**

$$F_l = -\frac{dE_p}{dl}$$

5. 功能原理：质点系所受的外力做的功和系统内非保守力做的功之和等于该质点系机械能的增量，即

$$A_{ex} + A_{in,n\text{-}cons} = E_B - E_A, \quad \text{其中机械能 } E = E_k + E_p$$

外力对保守系统做的功等于该保守系统的机械能的增加。

封闭的保守系统的机械能保持不变。

用于质心参考系的机械能守恒定律：对保守系统 $A'_{ex}=E_{in,B}-E_{in,A}$，式中 E_{in}为系统的内能。

6. 守恒定律的意义：不究过程的细节而对系统的初、末状态下结论；相应于自然界的每一种对称性，都存在着一个守恒定律。

7. 碰撞：完全非弹性碰撞：碰后合在一起；弹性碰撞：碰撞时无动能损失。

8. 两体问题：如果质点1的质量换为约化质量 $\mu=\frac{m_1m_2}{m_1+m_2}$，则它相对于 m_2 的运动就可以用牛顿第二定律求得解析解，如同在惯性系中一样。

9. 理想流体的稳定运动：理想流体不可压缩和无黏滞性。

连续性方程：

$$S_1v_1=S_2v_2$$

伯努利方程：

$$p_1+\frac{1}{2}\rho v_1^2+\rho gh_1=p_2+\frac{1}{2}\rho v_2^2+\rho gh_2$$

思考题

4.1　一辆卡车在水平直轨道上匀速开行，你在车上将一木箱向前推动一段距离。在地面上测量，木箱移动的距离与在车上测得的是否一样长？你用力推动木箱做的功在车上和在地面上测算是否一样？一个力做的功是否与参考系有关？一个物体的动能呢？动能定理呢？

4.2　你在五楼的窗口向外扔石块。一次水平扔出，一次斜向上扔出，一次斜向下扔出。如果三个石块质量一样，在下落到地面的过程中，重力对哪一个石块做的功最多？

4.3　一质点的势能随 x 变化的势能曲线如图4.42所示。在 $x=2,3,4,5,6,7$ 诸位置时，质点受的力各是 $+x$ 还是 $-x$ 方向？哪个位置是平衡位置？哪个位置是稳定平衡位置(质点稍微离开平衡位置时，它受的力指向平衡位置，则该位置是稳定的；如果受的力是指离平衡位置，则该位置是不稳定的)？

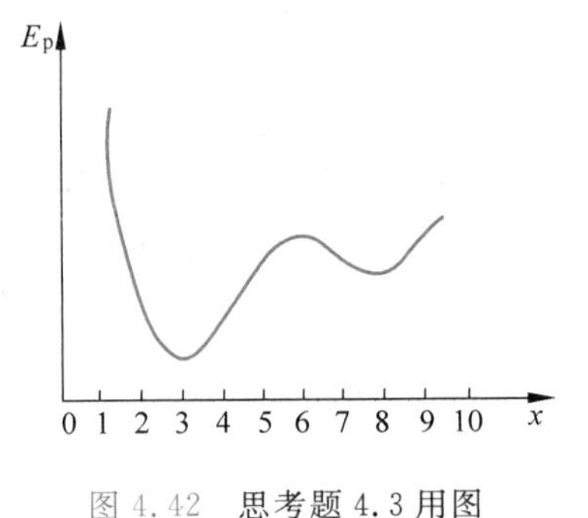

图4.42　思考题4.3用图

4.4　向上扔一石块，其机械能总是由于空气阻力不断减小。试根据这一事实说明石块上升到最高点所用的时间总比它回落到抛出点所用的时间要短些。

4.5　如果两个质点间的相互作用力沿着两质点的连线作用，而大小决定于它们之间的距离，即一般地，$f_1=f_2=f(r)$，这样的力叫**有心力**。万有引力就是一种有心力。任何有心力都是保守力，这个结论对吗？

4.6　对比引力定律和库仑定律的形式，你能直接写出两个电荷(q_1,q_2)相距 r 时的电势能公式吗？这个势能可能有正值吗？

4.7　如图4.43所示，物体 B(质量为 m)放在光滑斜面 A(质量为 M)上。二者最初静止于一个光滑水平面上。有人以 A 为参考系，认为 B 下落高度 h 时的速率 u 满足

$$mgh=\frac{1}{2}mu^2$$

其中 u 是 B 相对于 A 的速度。这一公式为什么错了？正确的公式应如何写？

4.8　如图4.44所示的两个由轻质弹簧和小球组成的系统，都放在水平光滑平面上，今拉长弹簧然后松手。在小球来回运动的过程中，对所选的参考系，两系统的动量是否都改变？两系统的动能是否都改

变？两系统的机械能是否都改变？

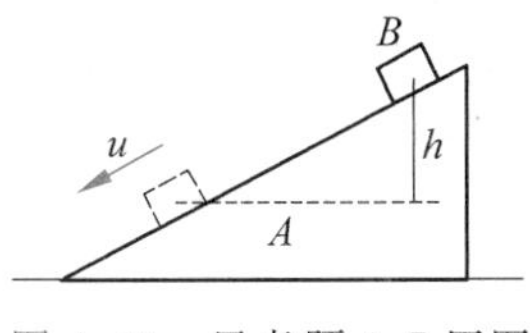

图 4.43 思考题 4.7 用图

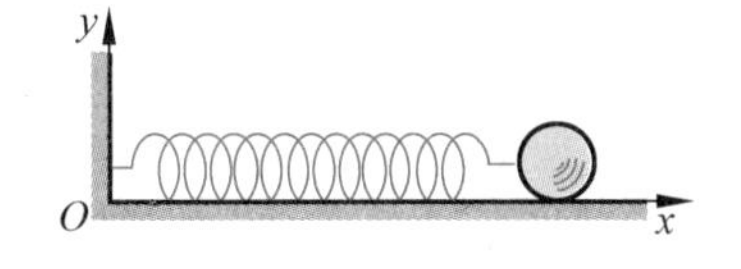

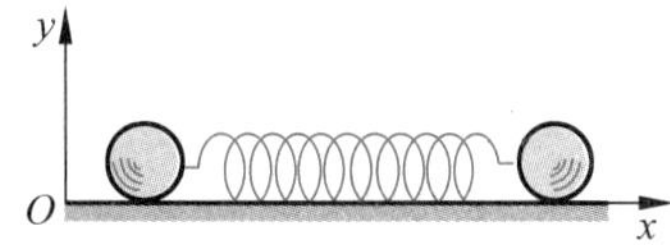

图 4.44 思考题 4.8 用图

4.9 在匀速水平开行的车厢内悬吊一个单摆。相对于车厢参考系，摆球的机械能是否保持不变？相对于地面参考系，摆球的机械能是否也保持不变？

4.10 行星绕太阳 S 运行时（图 4.45），从近日点 P 向远日点 A 运行的过程中，太阳对它的引力做正功还是负功？再从远日点向近日点运行的过程中，太阳的引力对它做正功还是负功？由功判断，行星的动能以及引力势能在这两阶段的运行中分别是增加还是减少？其机械能呢？

4.11 游泳时，水对手的推力是做负功的（参看习题 1.19），水对人头和躯体的阻力或曳力也是做负功的。人所受外力都对他做负功，他怎么还能匀速甚至加速前进呢？试用能量转换分析此问题。

4.12 飞机机翼断面形状及当飞机起飞或飞行时机翼的上下两侧的气流流线如图 4.46 所示。试据图 4.46 说明飞机飞行时受到“升力”的原因。这和气球上升的原因有何不同？

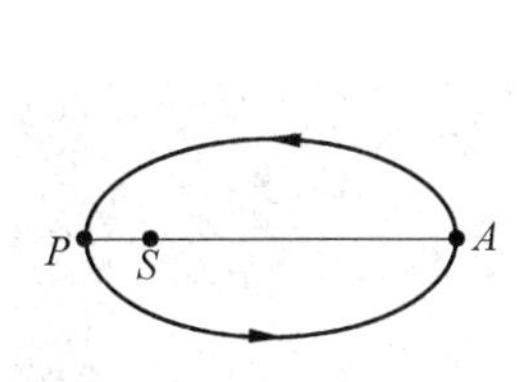

图 4.45 行星的公转运行

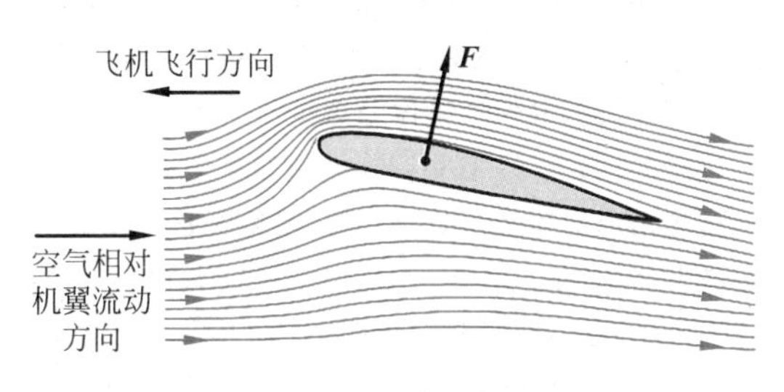

图 4.46 飞机“升力”的产生

4.13 两条船并排航行时（图 4.47）容易相互靠近而致相撞发生事故。这是什么原因？

4.14 在漏斗中放一乒乓球，颠倒过来，再通过漏斗管向下吹气（图 4.48），则发现乒乓球不但不被吹掉，反而牢牢地留在漏斗内，这是什么原因？

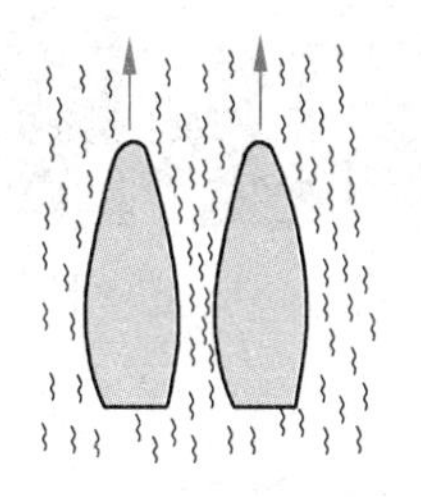

图 4.47 并排开行的船有相撞的危险

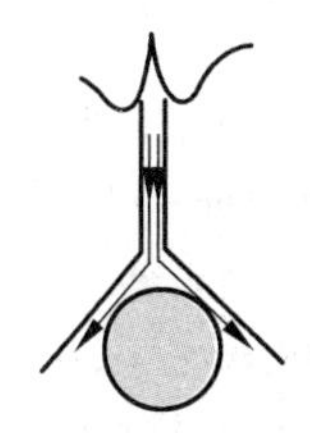

图 4.48 乒乓球吹不掉

习题

4.1 电梯由一个起重间与一个配重组成。它们分别系在一根绕过定滑轮的钢缆的两端（图 4.49）。起重间（包括负载）的质量 $M=1200$ kg，配重的质量 $m=1000$ kg。此电梯由和定滑轮同轴的电动机所驱动。假定起重间由低层从静止开始加速上升，加速度 $a=1.5\ \mathrm{m/s^2}$。

(1) 这时滑轮两侧钢缆的拉力各是多少?

(2) 加速时间 $t=1.0$ s,在此时间内电动机所做功是多少?(忽略滑轮与钢缆的质量)

(3) 在加速 $t=1.0$ s 以后,起重间匀速上升。求它再上升 $\Delta h=10$ m 的过程中,电动机又做了多少功?

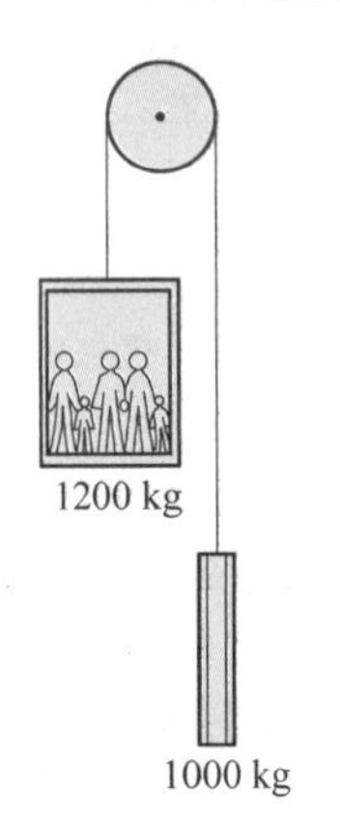

图 4.49 习题 4.1 用图

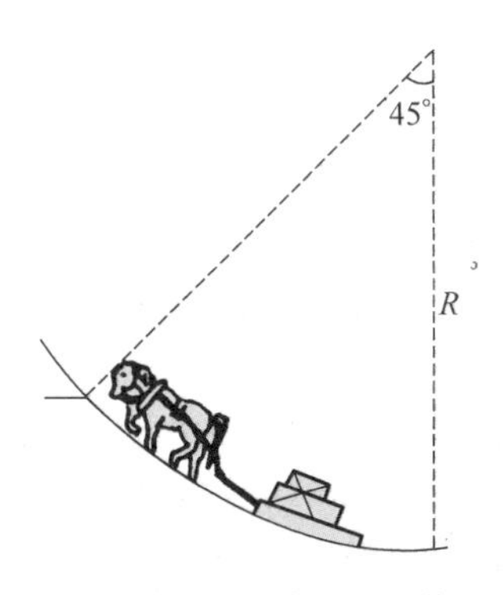

图 4.50 习题 4.2 用图

4.2 一匹马拉着雪橇沿着冰雪覆盖的圆弧形路面极缓慢地匀速移动。设圆弧路面的半径为 R(图 4.50),马对雪橇的拉力总是平行于路面,雪橇的质量为 m,与路面的滑动摩擦系数为 μ_k。当把雪橇由底端拉上 45°圆弧时,马对雪橇做功多少?重力和摩擦力各做功多少?

4.3 2001 年 9 月 11 日美国纽约世贸中心双子塔遭恐怖分子劫持的飞机袭击而被撞毁(图 4.51)。据美国官方发表的数据,撞击南楼的飞机是波音 767 客机,质量为 132 t,速度为 942 km/h。求该客机的动能,这一能量相当于多少 TNT 炸药的爆炸能量?

图 4.51 "9·11"飞机撞高楼

4.4 矿砂由料槽均匀落在水平运动的传送带上,落砂流量 $q=50$ kg/s。传送带匀速移动,速率为 $v=1.5$ m/s。求电动机拖动皮带的功率,这一功率是否等于单位时间内落砂获得的动能?为什么?

4.5 如图 4.52 所示,A 和 B 两物体的质量 $m_A=m_B$,物体 B 与桌面间的滑动摩擦系数 $\mu_k=0.20$,滑轮摩擦不计。试利用功能概念求物体 A 自静止落下 $h=1.0$ m 时的速度。

4.6 如图 4.53 所示,一木块 M 静止在光滑地平面上。一子弹 m 沿水平方向以速度 v 射入木块内前进一段距离 s' 而停在木块内,使木块移动了 s_1 的距离。

(1) 相对于地面参考系,在这一过程中子弹和木块的动能变化各是多少?子弹和木块间的摩擦力对子弹和木块各做了多少功?

(2) 证明子弹和木块的总机械能的增量等于一对摩擦力之一沿相对位移 s' 做的功。

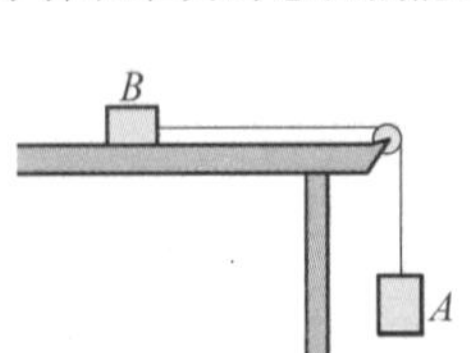

图 4.52 习题 4.5 用图

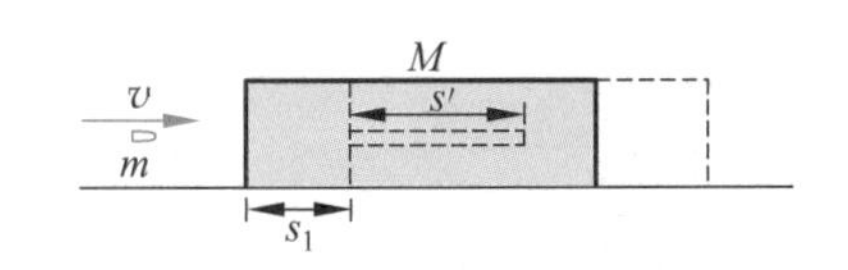

图 4.53 习题 4.6 用图

4.7 参考系 S' 相对于参考系 S 以速度 $\boldsymbol{u}$ 作匀速运动。试用伽利略变换和牛顿定律证明：如果在参考系 S 中，动能定理式(4.9)成立，则在参考系 S' 中，形式完全相同的动能定理也成立，即必然有 $A'_{AB}=\frac{1}{2}mv'^2_B-\frac{1}{2}mv'^2_A$（注意：相对于两参考系的功以及动能并不相等）。

4.8 一竖直悬挂的弹簧(劲度系数为 k)下端挂一物体，平衡时弹簧已有一伸长。若以物体的平衡位置为竖直 y 轴的原点，相应位形作为弹性势能和重力势能的零点。试证：当物体的位置坐标为 y 时，弹性势能和重力势能之和为 $\frac{1}{2}ky^2$。

4.9 一轻质量弹簧原长 l_0，劲度系数为 k，上端固定，下端挂一质量为 m 的物体，先用手托住，使弹簧保持原长。然后突然将物体释放，物体达最低位置时弹簧的最大伸长和弹力是多少？物体经过平衡位置时的速率多大？

4.10 图 4.54 表示质量为 72 kg 的人跳蹦极。弹性蹦极带原长 20 m，劲度系数为 60 N/m。忽略空气阻力。

(1) 此人自跳台跳出后，落下多高时速度最大？此最大速度是多少？

(2) 已知跳台高于下面的水面 60 m。此人跳下后会不会触到水面？

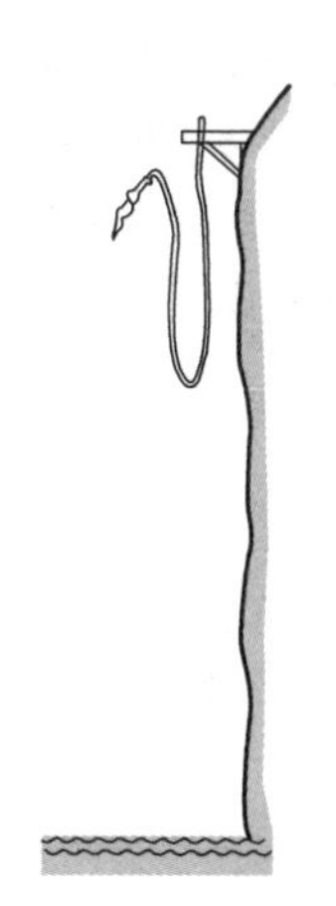

图 4.54 跳蹦极

*4.11 如图 4.55 所示，一轻质弹簧劲度系数为 k，两端各固定一质量均为 M 的物块 A 和 B，放在水平光滑桌面上静止。今有一质量为 m 的子弹沿弹簧的轴线方向以速度 $\boldsymbol{v}_0$ 射入一物块而不复出，求此后弹簧的最大压缩长度。

4.12 如图 4.56 所示，弹簧下面悬挂着质量分别为 m_1，m_2 的两个物体，开始时它们都处于静止状态。突然把 m_1 与 m_2 的连线剪断后，m_1 的最大速率是多少？设弹簧的劲度系数 $k=8.9$ N/m，而 $m_1=500$ g，$m_2=300$ g。

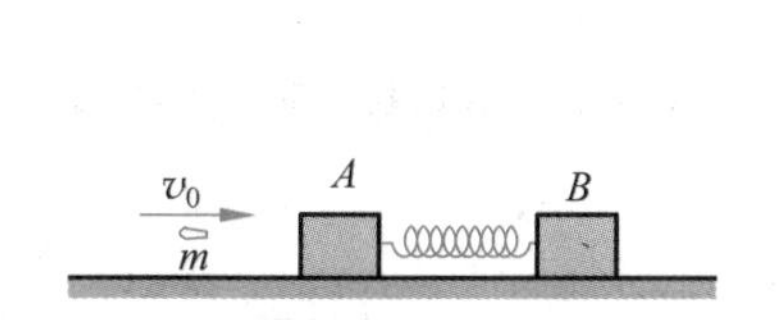

图 4.55 习题 4.11 用图

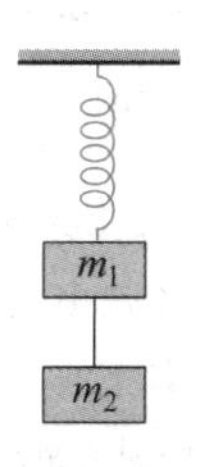

图 4.56 习题 4.12 用图

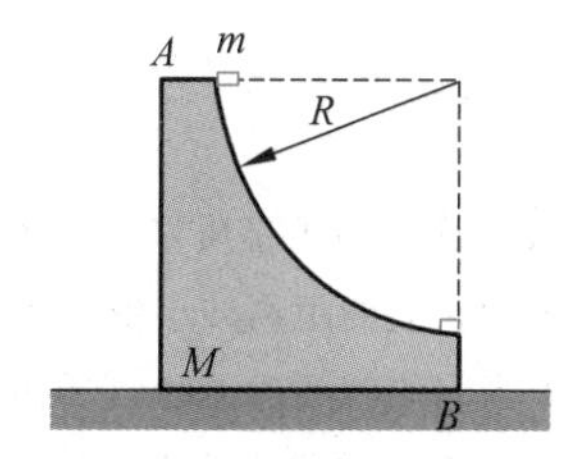

图 4.57 习题 4.13 用图

*4.13 一质量为 m 的物体，从质量为 M 的圆弧形槽顶端由静止滑下，设圆弧形槽的半径为 R，张角为 $\pi/2$(图 4.57)。如所有摩擦都可忽略，求：

(1) 物体刚离开槽底端时，物体和槽的速度各是多少？

(2) 在物体从 A 滑到 B 的过程中，物体对槽所做的功。

(3) 物体到达 B 时对槽的压力。

4.14 证明：一个运动的小球与另一个静止的质量相同的小球作弹性的非对心碰撞后，它们总沿互成直角的方向离开(参看图 4.24 和图 4.25)。

4.15 对于一维情况证明：若两质点以某一相对速率靠近并做弹性碰撞，那么碰撞后恒以同一相对速率离开，即

$$v_{10}-v_{20}=-(v_1-v_2)$$

4.16 一质量为 m 的人造地球卫星沿一圆形轨道运动，离开地面的高度等于地球半径的 2 倍(即 $2R$)。试以 m，R，引力恒量 G，地球质量 M 表示出：

(1) 卫星的动能；

(2) 卫星在地球引力场中的引力势能；

(3) 卫星的总机械能。

*4.17 证明：行星在轨道上运动的总能量为

$$E=-\frac{GMm}{r_1+r_2}$$

式中，M,m 分别为太阳和行星的质量；r_1,r_2 分别为太阳到行星轨道的近日点和远日点的距离。

4.18 发射地球同步卫星要利用“霍曼轨道”(图 4.58)。设发射一颗质量为 500 kg 的地球同步卫星。先把它发射到高度为 1400 km 的停泊轨道上，然后利用火箭推力使它沿此轨道的切线方向进入霍曼轨道。霍曼轨道远地点即同步高度 36 000 km，在此高度上利用火箭推力使之进入同步轨道。

(1) 先后两次火箭推力给予卫星的能量各是多少？

(2) 先后两次推力使卫星的速率增加多少？

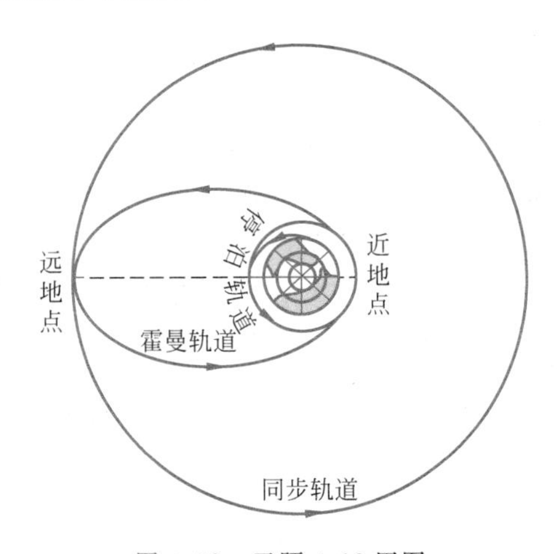

图 4.58 习题 4.18 用图

4.19 两颗中子星质量都是 10^{30} kg，半径都是 20 km，相距 10^{10} m。如果它们最初都是静止的，试求：

(1) 当它们的距离减小到一半时，它们的速度各是多大？

(2) 当它们就要碰上时，它们的速度又将各是多大？

4.20 有一种说法认为地球上的一次灾难性物种(如恐龙)绝灭是由于 6500 万年前一颗大的小行星撞入地球引起的。设小行星的半径是 10 km，密度为 6.0×10^3 kg/m^3(和地球的一样)，它撞入地球将释放多少引力势能？这能量是唐山地震估计能量(见表 4.1)的多少倍？

4.21 一个星体的逃逸速度为光速时，亦即由于引力的作用光子也不能从该星体表面逃离时，该星体就成了一个“黑洞”。理论证明，对于这种情况，逃逸速度公式($v_e=\sqrt{2GM/R}$)仍然正确。试计算太阳要是成为黑洞，它的半径应是多大(目前半径为 $R=7\times10^8$ m)？质量密度是多大？比原子核的平均密度(2.3×10^{17} kg/m^3)大到多少倍？

4.22 理论物理学家霍金认为“黑洞”并不是完全“黑”的，而是不断向外发射物质。这种发射称为黑洞的“蒸发”。他估计一个质量是太阳两倍的黑洞的温度大约是 10^{-6} K，完全蒸发掉需要 10^{67} 年的时间。又据信宇宙大爆炸开始曾产生过许多微型黑洞，但到如今这些微型黑洞都已由于蒸发而消失了。若一个黑洞蒸发完所需的时间和它的质量的 3 次方成正比，而宇宙大爆炸发生在 200 亿年以前，那么当时产生的而至今已蒸发完的最大的微型黑洞的质量和半径各是多少？

4.23 ^{238}U 核放射性衰变放出 α 粒子时释放的总能量是 4.27 MeV，求一个静止的 ^{238}U 核放出的 α 粒子的动能。

*4.24 证明：把两体问题化为单体问题后，一质点在另一质点参考系中的动能等于两质点的内动能。

*4.25 水平光滑桌面上放有质量分别为 M 和 m 的两个物体，二者用一根劲度系数为 k 的弹簧相连而

处于静止状态。今用棒击质量为 m 的物体，使之获得一指向另一物体的速度 $\boldsymbol{v}_0$。试利用约化质量概念求出此后弹簧的最大压缩长度。

*4.26　在实验室内观察到相距很远的一个质子(质量为 m_p)和一个氦核(质量 $M=4m_p$)相向运动，速率都是 v_0。求二者能达到的最近距离(忽略质子和氦核间的引力势能，但二者间的电势能需计入。电势能公式可根据引力势能公式猜出)。

4.27　有的黄河区段的河底高于堤外田地。为了用河水灌溉堤外田地就用虹吸管越过堤面把河水引入田中。虹吸管如图 4.59 所示，是倒 U 形，其两端分别处于河内和堤外的水渠口上。如果河水水面和堤外管口的高度差是 5.0 m，而虹吸管的半径是 0.20 m，则每小时引入田地的河水的体积是多少?

4.28　喷药车的加压罐内杀虫剂水的表面的压强是 $p_0=21$ atm，管道另一端的喷嘴的直径是 0.8 cm(图 4.60)。求喷药时，每分钟喷出的杀虫剂水的体积。设喷嘴和罐内液面处于同一高度。

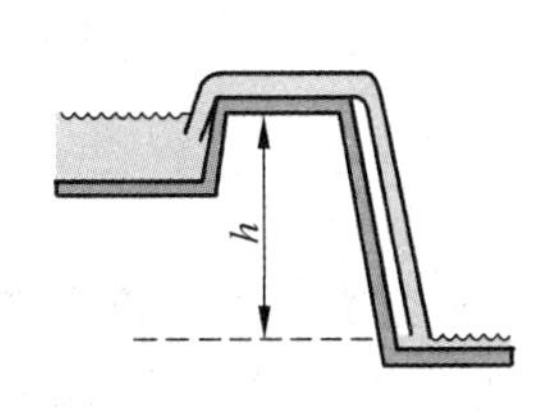

图 4.59　习题 4.27 用图

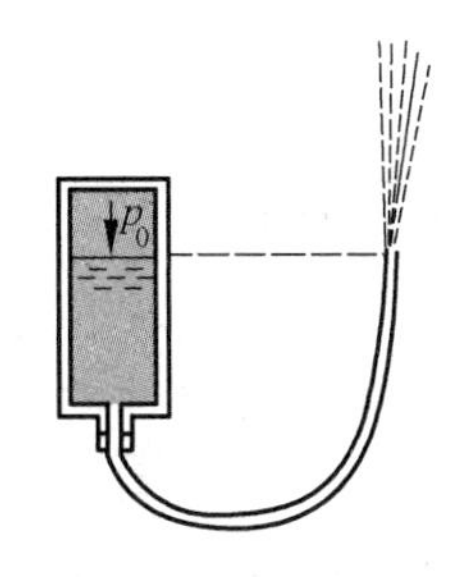

图 4.60　习题 4.28 用图

今日物理趣闻 C

奇妙的对称性

C.1 对称美

人类和自然界都很喜欢对称。

对称是形象美的重要因素之一，远古时期人类就有这种感受了。我国西安半坡遗址出土的陶器(6000 年前遗物)不但具有轴对称性，而且表面还绘有许多优美的对称图案。图 C.1 的鱼纹就是这种图案之一。当今世界利用对称给人以美感的形体到处都可看到。故宫的每座宫殿都是对其中线左右对称的，而整个建筑群也基本上是对南北中心线按东西对称分布的；天坛的祈年殿(图 C.2)则具有严格的对于竖直中心线的轴对称性。这样的设计都给人以庄严、肃穆、优美的感觉。近代建筑群也不乏以对称求美的例子。除建筑外，人们的服饰及其上的图样也常常具有对称性从而增加了体态美。艺术表演上的美也常以对称性来体现。中国残疾人艺术团表演的“千手观音”(图 C.3)就突出地表现了这一点。我国古诗中有一种“回文诗”，顺念倒念(甚至横、斜、绕圈念或从任一字开始念)都成章，这可以说是文学创作中表现出的对称性。宋朝大诗人苏东坡的一首回文诗《题金山寺》是这样写的：

图 C.1　半坡鱼纹

图 C.2　天坛祈年殿

图 C.3　千手观音造型
(北京青年报记者陈中文)

潮随暗浪雪山倾，远浦渔舟钓月明。
桥对寺门松径小，巷当泉眼石波清。
迢迢远树江天晓，蔼蔼红霞晚日晴。
遥望四山云接水，碧峰千点数鸥轻。

大自然的对称表现是随处可见的。植物的叶子几乎都有左右对称的形状(图 C.4)，花的美丽和花瓣的轴对称或左右对称的分布有直接的关系，动物的形体几乎都是左右对称的，蝴蝶的美丽和它的体态花样的左右对称分不开(图 C.5)。在无机界最容易看到的是雪花的对称图像(图 C.6)，这种对称外观是其中水分子排列的严格对称性的表现。分子或原子的对称排列是晶体的微观结构的普遍规律，图 C.7 是铂针针尖上原子对称排列在场离子显微镜下显示出的花样，图 C.8 是用电子显微镜拍摄的白铁矿晶体中 FeS_2 分子的排列图形。

图 C.4 树叶的对称形状

图 C.5 蝴蝶的对称体形

图 C.6 雪花的六角形花样

图 C.7 场离子显微镜显示的铂针针尖图形

图 C.8 电子显微镜拍摄的 FeS_2 分子的对称排列

C.2 对称性种种

上面我们多次谈到对称性，大家好像都理解其含义，但实际上也还都是一些直观的认识。关于对称性的普遍的严格的定义是德国数学家魏尔1951年给出的：**对一个事物进行一次变动或操作，如果经此操作后，该事物完全复原，则称该事物对所经历的操作是对称的，**而该操作就叫**对称操作**。由于操作方式的不同而有若干种不同的对称性，下面介绍几种常见的对称性。

1. 镜像对称或左右对称

图C.1～图C.5都具有这种对称性。它的特点是如果把各图中的中心线设想为一个垂直于图面的平面镜与图面的交线，则各图的每一半都分别是另一半在平面镜内的像。用魏尔对称性的定义来说，是这样的：设x轴垂直于镜面，原点就在镜面上。将一半图形的坐标值x变成$-x$，就得到了另一半图形（图C.9）。x坐标的变号就叫镜像对称操作，也叫**空间反演操作**，相应的对称性称为**镜像对称**。由于左手图像经过这种操作就变成了右手图像，所以这种对称又叫**左右对称**。日常生活中的对称性常常指的是这种对称性，回文诗所表现的对称性可以认为是文学创作中的“镜像对称”。

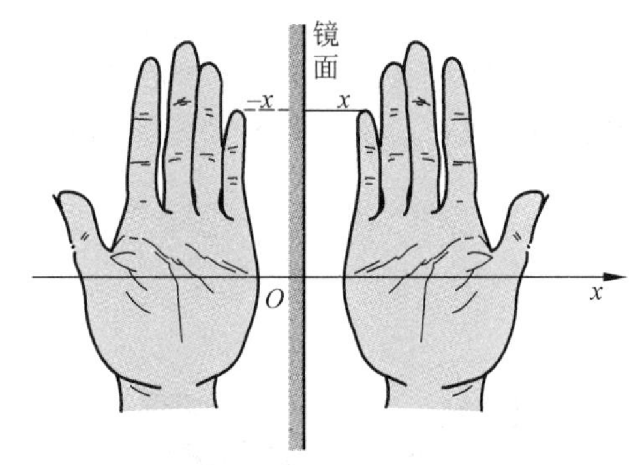

图C.9 镜像对称操作

2. 转动对称

如果使一个形体绕某一固定轴转动一个角度（转动操作），它又和原来一模一样的话，这种对称叫**转动对称**或**轴对称**。轴对称有级次之别。比如图C.4中的树叶图形绕中心线转180°后可恢复原状，而图C.6中的雪花图形绕垂直于纸面的中心轴转动60°后就可恢复原状，我们说后者比前者的对称性级次高。又如图C.2中祈年殿的外形绕其中心竖直轴转过几乎任意角度时都和原状一样，所以它具有更高级次的转动对称性。

如果一个形体对通过某一定点的任意轴都具有转动对称性，则该形体就具有**球对称性**，而那个定点就叫对称中心。具有球对称性的形体，从对称中心出发，各个方向都是一样的，这叫做**各向同性**。

3. 平移对称

一个形体发生一平移后还和原来一模一样的话，该形体就具有**平移对称性**。平移对称性也有高低之分。比如一条无穷长直线对沿自身方向任意大小的平移都是对称的，一个无穷大平面对沿面内的任何平移也都是对称的，但晶体（如食盐）只对沿确定的方向（如沿一列离子的方向）而且一次平移的“步长”具有确定值（如图C.10中的$2d$）的平移才是对称的。我们说，前两种平移对称性比第三种的级次高。

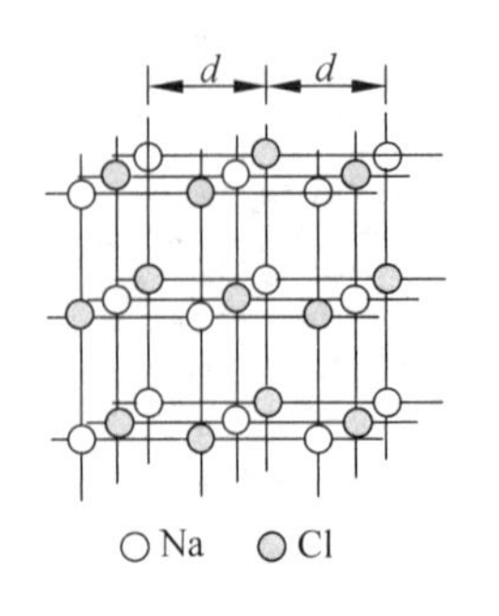

图C.10 食盐晶体的平移对称性

以上是几种简单的空间对称性，事物对时间也有对称性，量子力学研究的微观对象还具有更抽象的对称性，这些在下文都有涉及。

C.3 物理定律的对称性

C.2 节所讨论的对称性都是几何形体的对称性，研究它的规律对艺术、对物理学都有重要的意义。例如，对晶体结晶点阵的对称性的研究是研究晶体微观结构及其宏观性质的很重要的方法和内容。除了这种几何形体的对称性外，在物理学中具有更深刻意义的是物理定律的对称性。量子力学的发展特别表明了这一点。

物理定律的对称性是指经过一定的操作后，物理定律的形式保持不变。因此物理定律的对称性又叫**不变性**。

设想我们在空间某处做一个物理实验，然后将该套实验仪器（连同影响该实验的一切外部因素）平移到另一处。如果给予同样的起始条件，实验将会以完全相同的方式进行，这说明物理定律没有因平移而发生变化。这就是物理定律的空间平移对称性。由于它表明空间各处对物理定律是一样的，所以又叫做**空间的均匀性**。

如果在空间某处做实验后，把整套仪器（连同影响实验的一切外部因素）转一个角度，则在相同的起始条件下，实验也会以完全相同的方式进行，这说明物理定律并没有因转动而发生变化。这就是物理定律的转动对称性。由于它表明空间的各个方向对物理定律是一样的，所以又叫**空间的各向同性**。

还可以举出一个物理定律的对称性，即物理定律对于匀速直线运动的对称性。这说的是，如果我们先在一个静止的车厢内做物理实验，然后使此车厢做匀速直线运动，这时将发现物理实验和车厢静止时完全一样地发生。这说明物理定律不受匀速直线运动的影响（更具体地说，这种对称性是指物理定律在洛伦兹变换下保持形式不变）。

在量子力学中还有经过更抽象的对称操作而物理定律保持形式不变的对称性，如经过全同粒子互换、相移、电荷共轭变换（即粒子与反粒子之间的相互转换）等操作所表现出的对称性等。

关于物理定律的对称性有一条很重要的定律：**对应于每一种对称性都有一条守恒定律**。例如，对应于空间均匀性的是动量守恒定律，对应于空间的各向同性的是角动量守恒定律，对应于空间反演对称的是宇称守恒定律（见 C.4 节），对应于量子力学相移对称的是电荷守恒定律等。

C.4 宇称守恒与不守恒

物理定律具有空间反演对称性吗？可以这样设想：让我们造两只钟，它们所用的材料都一样，只是内部结构和表面刻度做得使一只钟和另一只钟的镜像完全一样（图 C.11）。然后将这两只钟的发条拧得同样紧并且从同一对应位置开始走动。直觉告诉我们这两只钟将会完全按互为镜像的方式走动。这表明把所有东西从“左”式的换成“右”式的，物理定律保持不变。实际上大量的宏观现象和微观过程都表现出这种物理定律的空间反演对称性。

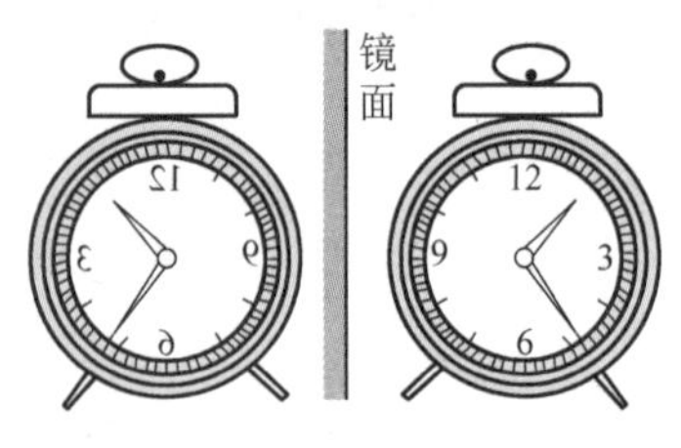

图 C.11 空间反演对称

和空间反演对称性相对应的守恒量叫**宇称**。在经典物理中不曾用到宇称的概念，在量子力学中宇称概念的应用给出关于微观粒子相互作用的很重要的定律——**宇称守恒定律**。下面我们用宏观的例子来说明宇称这一比较抽象的概念。

对于某一状态的系统的镜像和它本身的关系只可能有两种情况。一种是它的镜像和它本身能完全重合或完全一样，一只正放着的圆筒状茶杯和它的镜像(图 C.12)的关系就是这种情况。我们说这样的系统(实际上是指处于某一状态的基本粒子)有**偶宇称**，其宇称值为+1。另一种情况是系统的镜像有左右之分，因而不能完全重合。右手的镜像成为左手(图 C.9)就是这种情况，钟和它的镜像(图 C.11)也是这样。我们说这样的系统(实际上也是指处于某一状态的基本粒子)有**奇宇称**，其宇称值为−1。对应于粒子的轨道运动状态(如氢原子中电子的轨道运动)有**轨道宇称**值。某些粒子还有**内禀宇称**(对应于该粒子的内部结构)，如质子的内禀宇称为+1，π 介子的内禀宇称是−1，等等。宇称具有**可乘性**而不是可加性，一个粒子或一个粒子系统的"总"宇称是各粒子的轨道宇称和内禀宇称的总乘积。宇称守恒定律指的就是在经过某一相互作用后，粒子系统的总宇称和相互作用前粒子系统的总宇称相等。

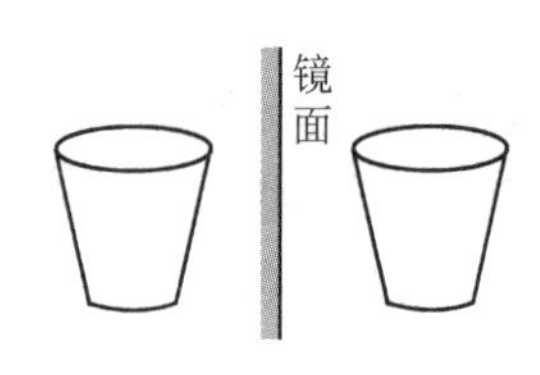

图 C.12 偶宇称

图 C.13 发现宇称不守恒的三位科学家
从左到右依次为李政道、杨振宁和吴健雄

宇称守恒定律原来被认为和动量守恒定律一样是自然界的普遍定律，但后来发现并非如此。1956 年夏天，李政道和杨振宁(图 C.13)在审查粒子相互作用中宇称守恒的实验根据时，发现并没有关于弱相互作用(发生在一些衰变过程中)服从宇称守恒的实验根据。为了说明当时已在实验中发现的困难，他们大胆地提出可能弱相互作用不存在空间反演对称性，因而也不服从宇称守恒定律的假定，并建议做验证这个假定的实验。当年吴健雄(图 C.13)等就做了这样的实验，证明李、杨的假定是符合事实的。该实验是在 0.01 K 的温度下使 ^{60}Co 核在强磁场中排列起来，观察这种核衰变时在各方向上放出的电子的数目。实验结果是放出电子的数目并不是各向相同的，而是沿与 ^{60}Co 自旋方向相反的方向放出的电子数最多(图 C.14)。这样的结果不可能具有空间反演对称性。因为，实际发生的情况的镜像如图 C.14 中虚线所示，这时 ^{60}Co 核自旋的方向反过来了，因此，将是沿与 ^{60}Co 核自旋相同的方向放出的电子数最多。这是

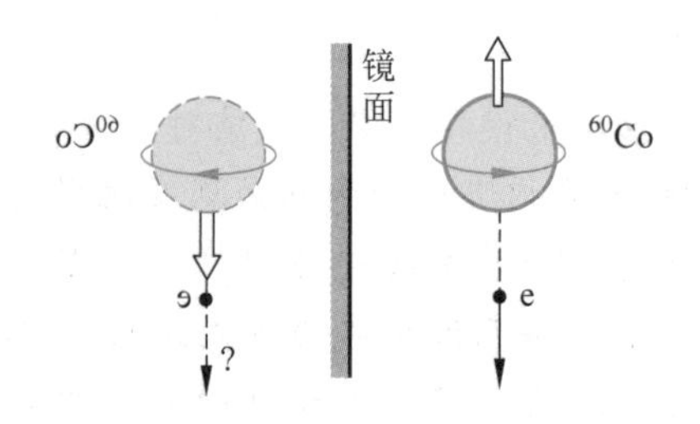

图 C.14 证明空间反演不对称的实验

与实际发生的情况相反的,因而不会发生,也因此这一现象不具有空间反演对称性而不服从宇称守恒定律。宇称不守恒现象的发现在物理学发展史上有重要的意义,这也可由第二年(1957 年)李、杨就获得了诺贝尔物理学奖看出。这样人们就认识到有些守恒定律是“绝对的”,如动量守恒、角动量守恒、能量守恒等,任何自然过程都要服从这些定律;有些守恒定律则有其局限性,只适用于某些过程,如宇称守恒定律只适用于强相互作用和电磁相互作用引起的变化,而在弱相互作用中则不成立。

弱相互作用的一个实例是如下衰变:

$$\Sigma^+ \longrightarrow p + \pi^0$$

实验测得反应前后轨道宇称无变化,但粒子 Σ^+ 和质子 p 的内禀宇称为+1,π^0 介子的内禀宇称为−1。显见反应前后的总宇称符号相反,因而宇称不守恒。

C.5 自然界的不对称现象

宇称不守恒是物理规律的不对称的表现,在自然界还存在着一些不对称的事物,其中最重要的是生物界的不对称性和粒子-反粒子的不对称性。

动物和植物的外观看起来大都具有左右对称性,但是构成它们的蛋白质的分子却只有“左”的一种。我们知道蛋白质是生命的基本物质,它是由多种氨基酸组成的,每种氨基酸都有两种互为镜像的异构体。图 C.15 中画出了丙氨酸(alanine)的两种异构体的模型。利用二氧化碳、乙烷和氨等人工合成的氨基酸,L(左)型和 D(右)型的异构体各占一半。可是,现代生物化学实验已确认:生物体内的蛋白质几乎都是由左型氨基酸组成的,对高等动物尤其如此。已经查明,人工合成的蔗糖也是由等量的左、右两型分子组成,但用甘蔗榨出的蔗糖则只有左型的。有人做过用人工合成的糖培养细菌的实验。当把剩下的糖水加以检验,竟发现其中的糖分子都是右型的。这说明细菌为了实现自己的生命,也只吃那种与自身型类对路的左型糖。所有生物的蛋白质分子几乎都是左型的,这才使那些以生物为食的生物能补充自己而维持生命。但物理规律并不排斥右型生物的存在。如果由于某种原因产生了一只右型猫,虽然按物理规律的空间反演对称性它可以和通常的左型猫一样活动,但由于现实的自然界不存在它能够消化的右型食物,如右型老鼠,这只右型猫很快非饿死不可。饿死的右型猫腐烂后,复归自然,蛋白质就解体成为无机物了。为什么生物界在分子水平上有这种不对称存在,至今还是个谜。

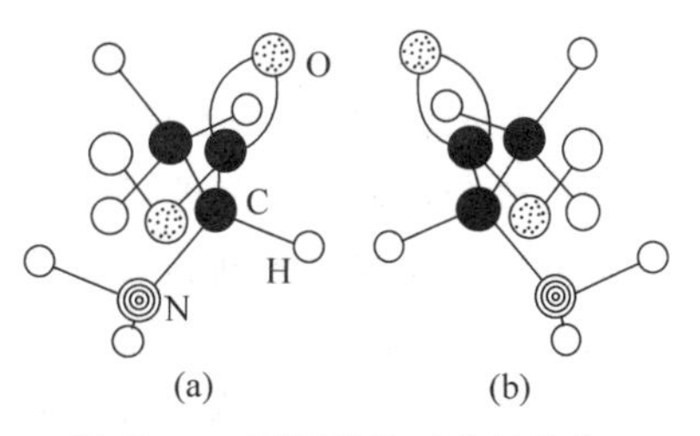

图 C.15 丙氨酸的两种异构体
(a) L(左)型;(b) D(右)型

自然界的另一不对称事实是关于基本粒子的。我们知道,在我们的地球(以及我们已能拿到其岩石的月球)上所有物质都是由质子、中子组成的原子核和核外电子构成的。按照 20 世纪 20 年代狄拉克提出的理论,每种粒子都有自己的反粒子,如反质子(带负电)、反中子、反电子(带正电)等。20 世纪 30 年代后各种反粒子的存在已被实验证实。根据对称性的设想(狄拉克理论指出),在自然界内粒子和反粒子数应该一样。虽然地球、月球甚至整个太阳系中粒子占绝对优势,几乎没有反粒子存在,但宇宙的其他地方“应该”存在着反物质的世界。(物质、反物质相遇时是要湮灭的)由于物质和反物质构成的星体光谱一样,较早的天文学观测手段很难对此下定论。因此许多人相信物质和反物质对称存在的说法。但现在各种天文观测是不利于粒子反粒子对称存在的假定的。例如,可以认定宇宙射线中反质子和质子数的比不超过10^{-4}数量级。为什么有这种粒子反粒子的不对称的存在呢?有人把它归因于宇宙大爆炸初期的某种机遇,但实际上至今并没有完全令人信服的解释。

大自然是喜欢对称的。不对称(无论是物理定律还是具体事物)的存在似乎表明,上帝不愿意大自然十全十美。这正像人们的下述心态一样:绝大多数人喜欢穿具有对称图样的衣服,但在大街上也能看到有的人以他们衣服的图案不对称为美。

C.6 关于时间的对称性

如果我们用一套仪器做实验,显然,该实验进行的方式或秩序是和开始此实验的时刻无关的。比如今天某时刻开始做和推迟一周开始做,我们将得到完全一样的结果。这个事实表示了物理定律的时间平移对称性。可以证明,这种对称性导致能量守恒定律的成立。到目前为止,这种对称性和守恒定律还被认为是"绝对的"。

和空间反演类似,我们可以提出时间反演的操作。它的直观意义是时间倒流。现实中时间是不会倒流的,所以我们不可能直接从事时间反演的实验。但借助于电影我们可以"观察"时间倒流的结果从而理解时间反演的意义。理论分析时,时间反演操作就是把物理定律或某一过程的时间参量变号,即把t换成$-t$,这一操作的结果如何呢?

先看时间反演对个别物理量的影响。在力学中,在时间反演操作下,质点的位置不受影响,但速度是要反向的。正放时物体下落的电影,倒放时该物体要上升,但加速度的方向不变。正放电影时看到物体下落时越来越快,加速度方向向下。同一影片倒放时会看到物体上升,而且越来越慢,加速度方向也是向下。物体的质量与时间反演无关。由于牛顿第二定律是力等于质量乘以加速度,所以经过时间反演操作,力是不变的。这也就是说牛顿定律具有时间反演对称性。电磁学中电荷是时间反演不变的,电流要反向;电场强度E是时间反演不变的,而磁场B要反向。实验表明,电磁学的基本规律——麦克斯韦方程——具有时间反演对称性。量子力学的规律也具有时间反演对称性。

由于上述"第一级定律"的时间反演对称性,受这些规律所"直接"支配的自然过程(指单个粒子或少数粒子参与的过程)按"正"或"倒"的次序进行都是可能发生的。记录两个钢球碰撞过程的电影,正放倒放,你看起来都是"真"的现象,即时序相反的两种现象在自然界都可能实际发生。与此类似,少数几个分子的相互碰撞与运动过程,也是可以沿相反方向实际发生的。这些事实表明了自然过程的**可逆性**。由于这种可逆性,我们不能区别这些基本过程进行方向的正或倒。这也就是说,上述第一级定律没有时间定向的概念,甚至由此也可以说,没有时间的概念。

可是,实际上我们日常看到的现象几乎没有一个是可逆的,所有现象都沿确定方向进行,绝不会按相反方向演变。人只能由小长大,而不能返老还童。茶杯可以摔碎,但那些碎片不会自动聚合起来复原为茶杯。当你看到屏幕上有一杯淡红色的水,其中红色逐渐凝聚,最后形成清水中有一滴红水的图像时,你一定会马上呼叫"电影倒放了",因为自然界实际上不存在这种倒向的过程。这些都说明自然界的实际过程是有一定方向的,是**不可逆**的,不具有时间反演对称性。

我们知道，宏观物体是由大量粒子组成的，我们所看到的宏观现象应是一个个粒子运动的总体表现。那么为什么由第一级规律支配的微观运动(包括粒子的各种相互作用)是可逆的，具有时间反演对称性，而它们的总体所表现的行为却是不可逆的呢？这是因为除了第一级规律外，大量粒子的运动还要遵守"第二级规律"，即统计规律，更具体地说就是热力学第二定律。这一定律的核心思想是大量粒子组成的系统总是要沿着越来越无序或越来越混乱的方向发展。这一定律的发现对时间概念产生了巨大的影响：不可逆赋予时间以确定的方向，自然界是沿确定方向发展的，宇宙有了历史，时间是单向地流着因而也才有真正的时间概念。

宏观现象是不可逆的，微观过程都是可逆的。但 1964 年发现了有的微观过程(如 K_L^0 介子的衰变过程)也显示了时间反演的不对称性，尽管十分微弱。看来，上帝在时间方面也没有给自然界以十全十美的对称。这一微观过程的不对称性会带来什么后果，是尚待研究的问题。

第 5 章

刚体的转动

在讲过用于质点的牛顿定律及其延伸的概念原理之后，本章讲解刚体转动的规律。这些规律大家在中学课程中没有学过。但是只要注意到一个刚体可以看做是一个质点系，其运动规律应该是牛顿定律对这种质点系的应用，本章内容就并不难掌握。本章将先根据质点系的角动量定理式(3.30)导出对刚体的转动定律，接着说明有刚体时的角动量守恒，然后再讲解功能概念对刚体转动的应用。之后用质心运动定理和转动定律说明一些滚动的规律。最后简要地介绍了进动的原理。

5.1 刚体转动的描述

刚体是固体物件的理想化模型。实际的固体在受力作用时总是要发生或大或小的形状和体积的改变。如果在讨论一个固体的运动时，这种形状或体积的改变可以忽略，我们就把这个固体当做刚体处理。这就是说，**刚体是受力时不改变形状和体积的物体**。刚体可以看成由许多质点组成，每一个质点叫做刚体的一个**质元**，刚体这个质点系的特点是，在外力作用下各质元之间的相对位置保持不变。

转动的最简单情况是定轴转动。在这种运动中各质元均作圆周运动，而且各圆的圆心都在一条固定不动的直线上，这条直线叫**转轴**。转动是刚体的基本运动形式之一。刚体的一般运动都可以认为是平动和绕某一转轴转动的结合。作为基础，本章只讨论刚体的定轴转动。

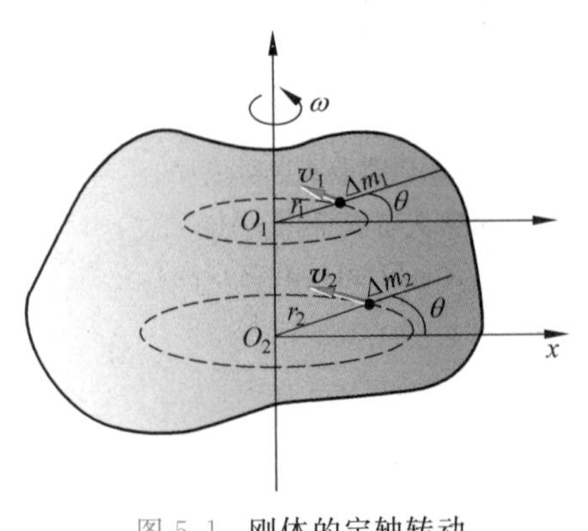

图 5.1 刚体的定轴转动

刚体绕某一固定转轴转动时，各质元的线速度、加速度一般是不同的(图 5.1)。但由于各质元的相对位置保持不变，所以描述各质元运动的角量，如角位移、角速度和角加速度都是一样的。因此描述刚体整体的运动时，用角量最为方便。如在第 1 章讲圆周运动时所提出的，以 $d\theta$ 表示刚体在 dt 时间内转过的角位移，则刚体的角速度为

$$\omega = \frac{d\theta}{dt} \tag{5.1}$$

角速度实际上是矢量，以$\boldsymbol{\omega}$表示。它的方向规定为沿轴的方向，其指向用右手螺旋法则确定（图5.1）。在刚体定轴转动的情况下，角速度的方向只能沿轴取两个方向，相应于刚体转动的两个相反的旋转方向。这种情况下，ω就可用代数方法处理，用正负来区别两个旋转方向。

刚体的角加速度为

$$\alpha=\frac{\mathrm{d}\omega}{\mathrm{d}t}=\frac{\mathrm{d}^2\theta}{\mathrm{d}t^2} \tag{5.2}$$

离转轴的距离为r的质元的线速度和刚体的角速度的关系为

$$v=r\omega \tag{5.3}$$

而其加速度与刚体的角加速度和角速度的关系为

$$a_{\mathrm{t}}=r\alpha \tag{5.4}$$

$$a_{\mathrm{n}}=r\omega^2 \tag{5.5}$$

定轴转动的一种简单情况是匀加速转动。在这一转动过程中，刚体的角加速度α保持不变。以ω_0表示刚体在时刻$t=0$时的角速度，以ω表示它在时刻t时的角速度，以θ表示它在从0到t时刻这一段时间内的角位移，仿照匀加速直线运动公式的推导可得匀加速转动的相应公式

$$\omega=\omega_0+\alpha t \tag{5.6}$$

$$\theta=\omega_0 t+\frac{1}{2}\alpha t^2 \tag{5.7}$$

$$\omega^2-\omega_0^2=2\alpha\theta \tag{5.8}$$

例 5.1

一条缆索绕过一定滑轮拉动一升降机（图5.2），滑轮半径$r=0.5\ \mathrm{m}$，如果升降机从静止开始以加速度$a=0.4\ \mathrm{m/s^2}$匀加速上升，且缆索与滑轮之间不打滑，求：

（1）滑轮的角加速度。

（2）开始上升后，$t=5\ \mathrm{s}$末滑轮的角速度。

（3）在这5 s内滑轮转过的圈数。

解 （1）由于升降机的加速度和轮缘上一点的切向加速度相等，根据式(5.4)可得滑轮的角加速度

$$\alpha=\frac{a_{\mathrm{t}}}{r}=\frac{a}{r}=\frac{0.4}{0.5}=0.8\ (\mathrm{rad/s^2})$$

（2）利用匀加速转动公式(5.6)，由于$\omega_0=0$，所以5 s末滑轮的角速度为

$$\omega=\alpha t=0.8\times5=4\ (\mathrm{rad/s})$$

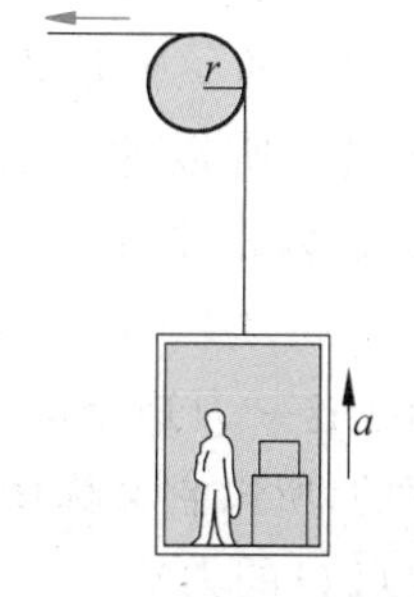

图5.2 例5.1用图

（3）利用公式(5.7)，得滑轮转过的角度

$$\theta=\frac{1}{2}\alpha t^2=\frac{1}{2}\times0.8\times5^2=10\ (\mathrm{rad})$$

与此相应的圈数是$\frac{10}{2\pi}=1.6$（圈）。

5.2　转动定律

绕定轴转动的刚体的动力学规律是用它的角动量的变化来说明的。作为质点系，它应该服从质点系的角动量定理的一般形式，式(3.30)，即

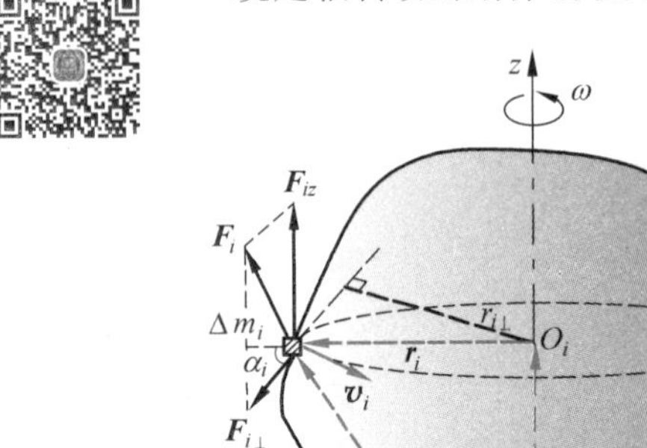

图5.3　M_{iz}的计算

$$M=\frac{\mathrm{d}L}{\mathrm{d}t} \tag{5.9}$$

此式为一矢量式，它沿某一选定的 z 轴的分量式为

$$M_z=\frac{\mathrm{d}L_z}{\mathrm{d}t} \tag{5.10}$$

式中 M_z 和 L_z 分别为质点系所受的合外力矩和它的总角动量沿 z 轴的分量。

对于绕定轴转动的刚体，它的轴固定在惯性系中，我们就**取这转轴为 z 轴**。这样便可以用式(5.10)表示定轴转动的刚体的动力学规律。下面就推导对于刚体的 M_z 和 L_z 的具体形式。

先考虑 M_z。如图5.3所示，以 $\boldsymbol{F}_i$ 表示质元 Δm_i 所受的外力。注意式(5.9)和式(5.10)都是对于定点说的。取轴上一点 O，相对于它来计算 $\boldsymbol{M}_i$ 和 $\boldsymbol{M}_{iz}$。将 $\boldsymbol{F}_i$ 分解为垂直和平行于转轴两个分量 $\boldsymbol{F}_{i\perp}$ 和 $\boldsymbol{F}_{iz}$，则 $\boldsymbol{F}_i$ 对于 O 点的力矩为

$$\boldsymbol{M}_i=\boldsymbol{r}_{Oi}\times\boldsymbol{F}_i=\boldsymbol{r}_{Oi}\times\boldsymbol{F}_{i\perp}+\boldsymbol{r}_{Oi}\times\boldsymbol{F}_{iz}$$

由矢积定义可知，此式最后一项的方向和 z 轴垂直，它在 z 轴方向的分量自然为零。下面看它前面一项在 z 轴方向的分量。

将 $\boldsymbol{r}_{Oi}$ 分解为垂直和平行于转轴的两个分量 $\boldsymbol{r}_i$ 和 $\boldsymbol{r}_{iz}$，则

$$\boldsymbol{r}_{Oi}\times\boldsymbol{F}_{i\perp}=\boldsymbol{r}_i\times\boldsymbol{F}_{i\perp}+\boldsymbol{r}_{iz}\times\boldsymbol{F}_{i\perp}$$

此式中最后一项方向也和 z 轴垂直，它在 z 轴方向的分量也是零。这样 $\boldsymbol{M}_i$ 的 z 轴分量就是 $\boldsymbol{r}_i\times\boldsymbol{F}_{i\perp}$ 的 z 轴分量。由于此矢积的两个因子都垂直于 z 轴，所以这一矢积本身就沿 z 轴，其数值就是 M_{iz}。以 α_i 表示 $\boldsymbol{r}_i$ 和 $\boldsymbol{F}_{i\perp}$ 之间的夹角，则

$$M_{iz}=r_iF_{i\perp}\sin\alpha_i=r_{i\perp}F_{i\perp}$$

由于这一力矩分量是用转轴到质元 Δm_i 的距离 r_i 计算的，所以它又称做**对于转轴的力矩**，以区别于对于定点 O 的力矩。

考虑到所有外力，可得作用在定轴转动的刚体上的合外力矩的 z 向分量，即对于转轴的合外力矩为

$$M_z=\sum M_{iz}=\sum r_iF_{i\perp}\sin\alpha_i \tag{5.11}$$

现在考虑 L_z。如图5.4所示，质元 Δm_i 对于定点 O 的角动量为

$$\boldsymbol{L}_i=\Delta m_i\boldsymbol{r}_{Oi}\times\boldsymbol{v}_i$$

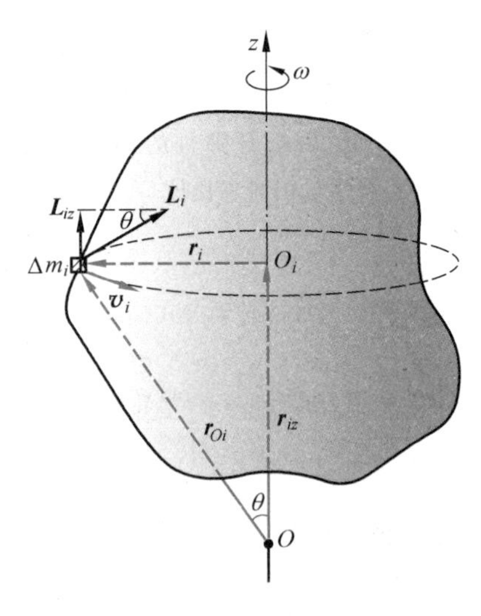

图5.4　L_{iz}的计算

方向如图 5.4 所示，大小为

$$L_i = \Delta m_i r_{Oi} v_i$$

此角动量沿 z 轴的分量为

$$L_{iz} = L_i \sin\theta = \Delta m_i r_{Oi} v_i \sin\theta$$

由于 $r_{Oi}\sin\theta = r_i$，为从 Δm_i 到转轴的垂直距离，而 $v_i = r_i\omega$，所以

$$L_{iz} = \Delta m_i r_i^2 \omega$$

整个刚体的总角动量沿 z 轴的分量，亦即刚体沿 z 轴的角动量为

$$L_z = \sum L_{iz} = \left(\sum \Delta m_i r_i^2\right)\omega \tag{5.12}$$

此式中括号内的物理量 $\sum \Delta m_i r_i^2$ 是由刚体的各质元相对于固定转轴的分布所决定的，与刚体的运动以及所受的外力无关。这个表示刚体本身相对于转轴的特征的物理量叫做**刚体对于转轴的转动惯量**，常以 J_z 表示，即

$$J_z = \sum \Delta m_i r_i^2 \tag{5.13}$$

这样，式(5.12)又可写为

$$L_z = J_z \omega \tag{5.14}$$

利用此式，可以将式(5.10)用于刚体定轴转动的形式而写成

$$M_z = \frac{\mathrm{d}L_z}{\mathrm{d}t} = J_z \frac{\mathrm{d}\omega}{\mathrm{d}t} = J_z \alpha$$

在约定固定轴为 z 轴的情况下，常略去此式中的下标而写成

$$M = J\alpha \tag{5.15}$$

此式表明，**刚体所受的对于某一固定转轴的合外力矩等于刚体对此转轴的转动惯量与刚体在此合外力矩作用下所获得的角加速度的乘积**。这一角动量定理用于刚体定轴转动的具体形式，叫做**刚体定轴转动定律**。

将式(5.15)和牛顿第二定律公式 $\boldsymbol{F}=m\boldsymbol{a}$ 加以对比是很有启发性的。前者中的合外力矩相当于后者中的合外力，前者中的角加速度相当于后者中的加速度，而刚体的转动惯量 J 则和质点的惯性质量 m 相对应。可以说，转动惯量表示刚体在转动过程中表现出的惯性。转动惯量这一词正是这样命名的。

相对于质心的转动定律

上面由式(5.9)，即式(3.30)，导出了式(5.15)，$M=J\alpha$。同样地，可以由式(3.34)，即对质心系的角动量定理，$\boldsymbol{M}_C=\mathrm{d}\boldsymbol{L}_C/\mathrm{d}t$ 导出相对于质心的转动定律

$$M_C = J_C \alpha \tag{5.16}$$

其中 J_C 是刚体对于通过其质心的轴的转动惯量，M_C 是外力对于此轴的合外力矩，α 就是刚体在 M_C 的作用下绕此轴的角加速度。

注意，式(5.15)和式(5.16)虽然形式上一样，但式(5.16)也适用于整个刚体运动的情况，而且不管其通过质心的轴是否加速，式(5.16)都成立。

5.3 转动惯量的计算

应用定轴转动定律式(5.15)时，我们需要先求出刚体对固定转轴(取为 z 轴)的转动惯量。按式(5.13)，转动惯量由下式定义：

$$J = J_z = \sum_i \Delta m_i r_i^2$$

对于质量连续分布的刚体，上述求和应以积分代替，即

$$J = \int r^2 \mathrm{d}m$$

式中 r 为刚体质元 $\mathrm{d}m$ 到转轴的垂直距离。

由上面两公式可知，刚体对某转轴的转动惯量等于刚体中各质元的质量和它们各自离该转轴的垂直距离的平方的乘积的总和，它的大小不仅与刚体的总质量有关，而且和质量相对于轴的分布有关。其关系可以概括为以下三点：

(1) 形状、大小相同的均匀刚体总质量越大，转动惯量越大。

(2) 总质量相同的刚体，质量分布离轴越远，转动惯量越大。

(3) 同一刚体，转轴不同，质量对轴的分布就不同，因而转动惯量就不同。

在国际单位制中，转动惯量的量纲为 ML^2，单位名称是千克二次方米，符号为 $\mathrm{kg \cdot m^2}$。

下面举几个求刚体的转动惯量的例子。

例 5.2

圆环。求质量为 m，半径为 R 的均匀薄圆环的转动惯量，轴与圆环平面垂直并且通过其圆心。

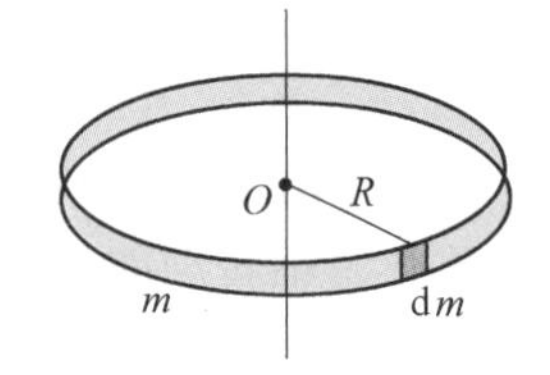

图 5.5　例 5.2 用图

解　如图 5.5 所示，环上各质元到轴的垂直距离都相等，而且等于 R，所以

$$J = \int R^2 \mathrm{d}m = R^2 \int \mathrm{d}m$$

后一积分的意义是环的总质量 m，所以有

$$J = mR^2 \tag{5.17}$$

由于转动惯量是可加的，所以一个质量为 m，半径为 R 的薄壁圆筒对其轴的转动惯量也是 mR^2。

例 5.3

圆盘。求质量为 m，半径为 R，厚为 l 的均匀圆盘的转动惯量，轴与盘面垂直并通过盘心。

解　如图 5.6 所示，圆盘可以认为是由许多薄圆环组成。取任一半径为 r，宽度为 $\mathrm{d}r$ 的薄圆环。它的转动惯量按例 5.2 计算出的结果为

$$\mathrm{d}J = r^2 \mathrm{d}m$$

其中 $\mathrm{d}m$ 为薄圆环的质量。以 ρ 表示圆盘的密度，则有

$$\mathrm{d}m = \rho 2\pi r l \mathrm{d}r$$

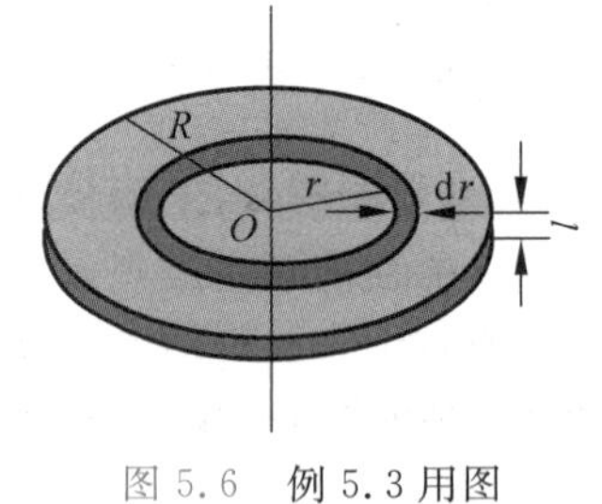

图 5.6　例 5.3 用图

代入上一式可得

$$\mathrm{d}J = 2\pi r^3 l \rho \mathrm{d}r$$

因此

$$J = \int \mathrm{d}J = \int_0^R 2\pi r^3 l \rho \mathrm{d}r = \frac{1}{2}\pi R^4 l \rho$$

由于

$$\rho = \frac{m}{\pi R^2 l}$$

所以

$$J = \frac{1}{2}mR^2 \tag{5.18}$$

此例中对 l 并不限制,所以一个质量为 m,半径为 R 的均匀实心圆柱对其轴的转动惯量也是$\frac{1}{2}mR^2$。

例 5.4

细棒。求长度为 L,质量为 m 的均匀细棒 AB 的转动惯量:

(1) 对于通过棒的一端与棒垂直的轴;

(2) 对于通过棒的中点与棒垂直的轴。

解 (1) 如图 5.7(a)所示,沿棒长方向取 x 轴。取任一长度元 $\mathrm{d}x$。以 ρ_l 表示单位长度的质量,则这一长度元的质量为 $\mathrm{d}m=\rho_l\mathrm{d}x$。对于在棒的一端的轴来说,

$$J_A = \int x^2\,\mathrm{d}m = \int_0^L x^2\rho_l\,\mathrm{d}x = \frac{1}{3}\rho_l L^3$$

将 $\rho_l=m/L$ 代入,可得

$$J_A = \frac{1}{3}mL^2 \tag{5.19}$$

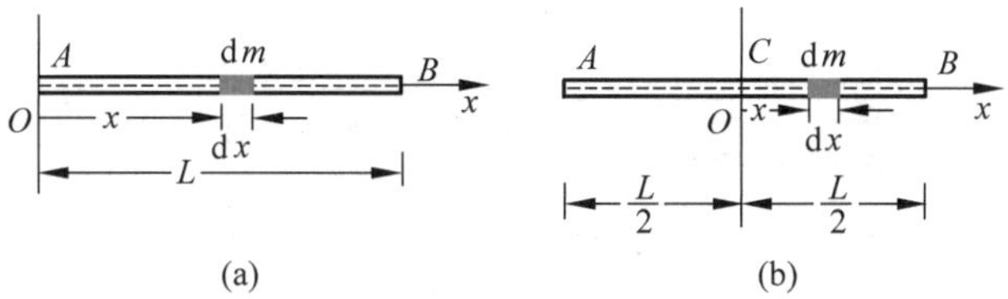

(a) (b)

图 5.7 例 5.4 用图

(2) 对于通过棒的中点的轴来说,如图 5.7(b)所示,棒的转动惯量应为

$$J_C = \int x^2\,\mathrm{d}m = \int_{-\frac{L}{2}}^{+\frac{L}{2}} x^2\rho_l\,\mathrm{d}x = \frac{1}{12}\rho_l L^3$$

以 $\rho_l=m/L$ 代入,可得

$$J_C = \frac{1}{12}mL^2 \tag{5.20}$$

例 5.4 的结果明显地表示,对于不同的转轴,同一刚体的转动惯量不同。我们可以导出一个对不同的轴的转动惯量之间的一般关系。以 m 表示刚体的质量,以 J_C 表示它对于通过其质心 C 的轴的转动惯量。若另一个轴与此轴平行并且相距为 d(图 5.8),则此刚体对于后一轴的转动惯量为

$$J = J_C + md^2 \tag{5.21}$$

这一关系叫做**平行轴定理**。其证明如下。

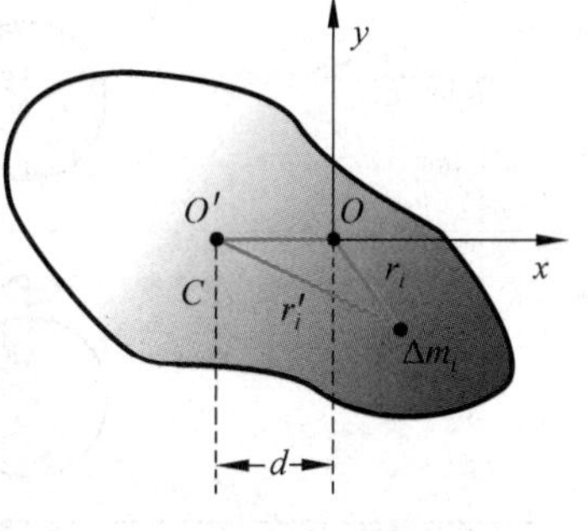

图 5.8 平行轴定理的证明

如图 5.8 所示,两个平行轴都垂直于纸面,一个通过 O,另一个通过 O',这个轴还通过物体质心 C。x 轴在纸面上,与两个轴分别相交于 O 和 O'。质元 Δm_i(不一定

在纸面内)到两个平行轴的距离分别为 r_i 和 r'_i。显然 $r_i^2=x_i^2+y_i^2=(x'_i-d)^2+y_i'^2=x_i'^2+y_i'^2+d^2-2x'_id$,而 $r_i'^2=x_i'^2+y_i'^2$。因此,通过 O 的那个轴的转动惯量为

$$\begin{aligned}J_O&=\sum\Delta m_i(x_i'^2+y_i'^2+d^2-2x'_id)\\&=\sum\Delta m_i(x_i'^2+y_i'^2)+d^2\sum\Delta m_i-2d\sum\Delta m_ix'_i\end{aligned}$$

通过 O',也通过质心的那个轴的转动惯量为 $J_C=\sum\Delta m_i(x_i'^2+y_i'^2)$。因为质心系中质心坐标为零,因而 $\sum\Delta m_ix'_i=0$,从而得到

$$J_O=J_C+md^2$$

这正是式(5.21)。

读者可以自己证明,例5.4中的两个结果符合此公式。作为另一个例子,利用例5.3的结果,可以求出一个均匀圆盘对于通过其边缘一点且垂直于盘面的轴的转动惯量为

$$J=J_C+mR^2=\frac{1}{2}mR^2+mR^2=\frac{3}{2}mR^2$$

一些常见的均匀刚体的转动惯量在表5.1中给出。

表5.1 一些均匀刚体的转动惯量

刚体形状	轴的位置	转动惯量
细杆 (L, m)	通过一端垂直于杆	$\frac{1}{3}mL^2$
细杆 (L, m)	通过中点垂直于杆	$\frac{1}{12}mL^2$
薄圆环(或薄圆筒) (m, R)	通过环心垂直于环面(或中心轴)	mR^2
圆盘(或圆柱体) (m, R)	通过盘心垂直于盘面(或中心轴)	$\frac{1}{2}mR^2$
薄球壳 (m, R)	直径	$\frac{2}{3}mR^2$
球体 (R)	直径	$\frac{2}{5}mR^2$

5.4 转动定律的应用

应用转动定律式(5.15)解题还是比较容易的。不过要特别注意转动轴的位置和指向，也要注意力矩、角速度和角加速度的正负。下面举几个例题。

例 5.5

一个飞轮的质量 $m=60$ kg，半径 $R=0.25$ m，正在以 $\omega_0=1000$ r/min 的转速转动。现在要制动飞轮(图 5.9)，要求在 $t=5.0$ s 内使它均匀减速而最后停下来。求闸瓦对轮子的压力 N 为多大？假定闸瓦与飞轮之间的滑动摩擦系数为 $\mu_k=0.8$，而飞轮的质量可以看做全部均匀分布在轮的外周上。

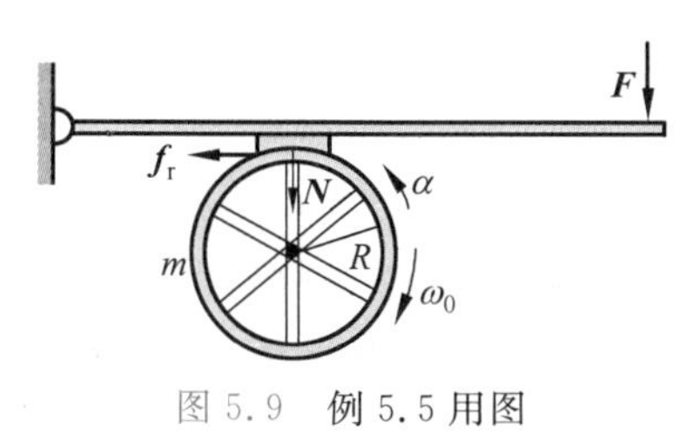

图 5.9 例 5.5 用图

解 飞轮在制动时一定有角加速度，这一角加速度 α 可以用下式求出：

$$\alpha=\frac{\omega-\omega_0}{t}$$

以 $\omega_0=1000$ r/min $=104.7$ rad/s，$\omega=0$，$t=5$ s 代入可得

$$\alpha=\frac{0-104.7}{5}=-20.9\ (\mathrm{rad/s^2})$$

负值表示 α 与 ω_0 的方向相反，和减速转动相对应。

飞轮的这一负角加速度是外力矩作用的结果，这一外力矩就是当用力 $\boldsymbol{F}$ 将闸瓦压紧到轮缘上时对轮缘产生的摩擦力的力矩，以 ω_0 方向为正，则此摩擦力矩应为负值。以 f_r 表示摩擦力的数值，则它对轮的转轴的力矩为

$$M=-f_rR=-\mu NR$$

根据刚体定轴转动定律 $M=J\alpha$，可得

$$-\mu NR=J\alpha$$

将 $J=mR^2$ 代入，可解得

$$N=-\frac{mR\alpha}{\mu}$$

代入已知数值，可得

$$N=-\frac{60\times0.25\times(-20.9)}{0.8}=392\ (\mathrm{N})$$

例 5.6

如图 5.10 所示，一个质量为 M，半径为 R 的定滑轮(当做均匀圆盘)上面绕有细绳。绳的一端固定在滑轮边上，另一端挂一质量为 m 的物体而下垂。忽略轴处摩擦，求物体 m 由静止下落 h 高度时的速度和此时滑轮的角速度。

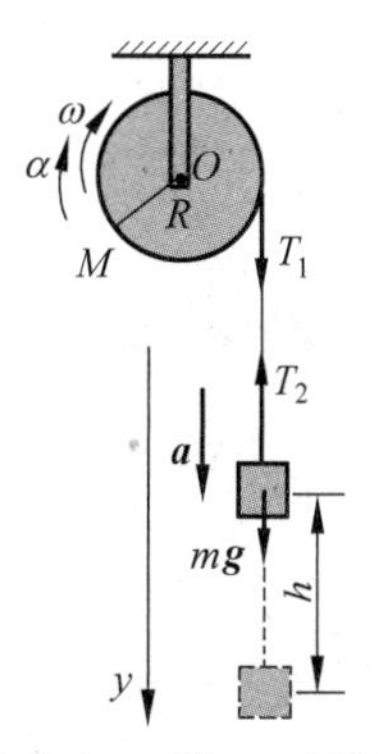

图 5.10 例 5.6 用图

解 图 5.10 中二拉力 $\boldsymbol{T}_1$ 和 $\boldsymbol{T}_2$ 的大小相等，以 T 表示。

对定滑轮 M，由转动定律，对于轴 O，有

$$RT=J\alpha=\frac{1}{2}MR^2\alpha$$

对物体 m，由牛顿第二定律，沿 y 方向，有

$$mg-T=ma$$

滑轮和物体的运动学关系为

$$a = R\alpha$$

联立解以上三式,可得物体下落的加速度为

$$a = \frac{m}{m + \frac{M}{2}} g$$

物体下落高度 h 时的速度为

$$v = \sqrt{2ah} = \sqrt{\frac{4mgh}{2m + M}}$$

这时滑轮转动的角速度为

$$\omega = \frac{v}{R} = \frac{\sqrt{\frac{4mgh}{2m + M}}}{R}$$

例 5.7

一根长 l,质量为 m 的均匀细直棒,其一端有一固定的光滑水平轴,因而可以在竖直平面内转动。最初棒静止在水平位置,求它由此下摆 θ 角时的角加速度和角速度,这时棒受轴的力的大小、方向各如何?

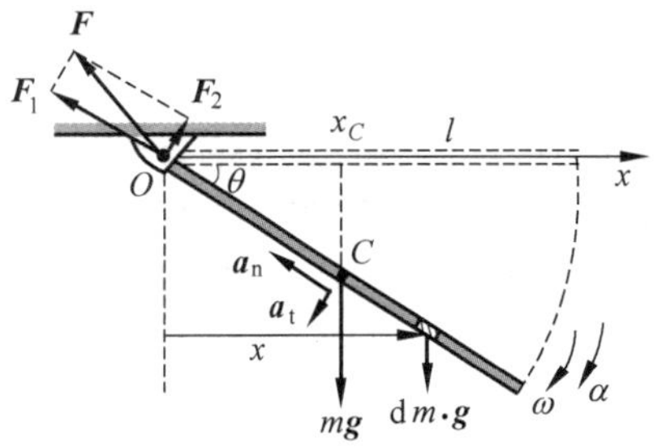

图 5.11　例 5.7 用图

解　讨论此棒的下摆运动时,不能再把它看成质点,而应作为刚体转动来处理。这需要用转动定律。

棒的下摆是一加速转动,所受外力矩即重力对转轴 O 的力矩。取棒上一小段,其质量为 $\mathrm{d}m$ (图 5.11)。在棒下摆任意角度 θ 时,它所受重力对轴 O 的力矩是 $x\mathrm{d}m \cdot g$,其中 x 是 $\mathrm{d}m$ 对轴 O 的水平坐标。整个棒受的重力对轴 O 的力矩就是

$$M = \int x\mathrm{d}m \cdot g = g\int x\mathrm{d}m$$

由质心的定义,$\int x\mathrm{d}m = mx_C$,其中 x_C 是质心对于轴 O 的 x 坐标。因而可得

$$M = mgx_C$$

这一结果说明**重力对整个棒的合力矩就和全部重力集中作用于质心所产生的力矩一样**。

由于

$$x_C = \frac{1}{2} l\cos\theta$$

所以有

$$M = \frac{1}{2} mgl\cos\theta$$

代入定轴转动定律式(5.15)可得棒的角加速度为

$$\alpha = \frac{M}{J} = \frac{\frac{1}{2}mgl\cos\theta}{\frac{1}{3}ml^2} = \frac{3g\cos\theta}{2l}$$

又因为

$$\alpha = \frac{\mathrm{d}\omega}{\mathrm{d}t} = \frac{\mathrm{d}\omega}{\mathrm{d}\theta}\frac{\mathrm{d}\theta}{\mathrm{d}t} = \omega\frac{\mathrm{d}\omega}{\mathrm{d}\theta}$$

所以有

$$\omega\frac{\mathrm{d}\omega}{\mathrm{d}\theta}=\frac{3g\cos\theta}{2l}$$

即

$$\omega\,\mathrm{d}\omega=\frac{3g\cos\theta}{2l}\mathrm{d}\theta$$

两边积分

$$\int_0^\omega\omega\,\mathrm{d}\omega=\int_0^\theta\frac{3g\cos\theta}{2l}\mathrm{d}\theta$$

可得

$$\omega^2=\frac{3g\sin\theta}{l}$$

从而有

$$\omega=\sqrt{\frac{3g\sin\theta}{l}}$$

为了求出棒受轴的力，需考虑棒的质心 C 的运动而用质心运动定理。当棒下摆到 θ 角时，其质心有

法向加速度： $$a_{\mathrm{n}}=\omega^2\frac{l}{2}=\frac{3g\sin\theta}{2}$$

切向加速度： $$a_{\mathrm{t}}=\alpha\frac{l}{2}=\frac{3g\cos\theta}{4}$$

以 $\boldsymbol{F}_1$ 和 $\boldsymbol{F}_2$ 分别表示棒受轴的沿棒的方向和垂直于棒的方向的分力，则由质心运动定理得

法向： $$F_1-mg\sin\theta=ma_{\mathrm{n}}=\frac{3}{2}mg\sin\theta$$

切向： $$mg\cos\theta-F_2=ma_{\mathrm{t}}=\frac{3}{4}mg\cos\theta$$

由此得

$$F_1=\frac{5}{2}mg\sin\theta,\quad F_2=\frac{1}{4}mg\cos\theta$$

棒受轴的力的大小为

$$F=\sqrt{F_1^2+F_2^2}=\frac{1}{4}mg\sqrt{99\sin^2\theta+1}$$

此力与棒此时刻的夹角为

$$\beta=\arctan\frac{F_2}{F_1}=\arctan\frac{\cos\theta}{10\sin\theta}$$

5.5 角动量守恒

用于质点系的角动量定理的分量式(5.10)重写如下：

$$M_z=\frac{\mathrm{d}L_z}{\mathrm{d}t}$$

如果 $M_z=0$，则 $L_z=$常量。这就是说，**对于一个质点系，如果它受的对于某一固定轴的合外力矩为零，则它对于这一固定轴的角动量保持不变**。这个结论叫**对定轴的角动量守恒定律**。这里指的质点系可以不是刚体，其中的质点也可以组成一个或几个刚体。一个刚体的角动

量可以用 $J\omega$(即 $J_z\omega$)求出。应该注意的是一个系统内的各个刚体或质点的角动量必须是对于同一个**固定轴**说的。

定轴转动中的角动量守恒很容易演示。例如让一个人坐在有竖直光滑轴的转椅上,手持哑铃,两臂伸平(图5.12(a)),用手推他,使他转起来。当他把两臂收回使哑铃贴在胸前时,他的转速就明显地增大(图5.12(b))。这个现象可以用角动量守恒解释如下。把人在两臂伸平时和收回以后都当成一个刚体,分别以 J_1 和 J_2 表示他对固定竖直轴的转动惯量,以 ω_1 和 ω_2 分别表示两种状态时的角速度。由于人在收回手臂时对竖直轴并没有受到外力矩的作用,所以他的角动量应该守恒,即 $J_1\omega_1=J_2\omega_2$。很明显,$J_2<J_1$,因此 $\omega_2>\omega_1$。

式(5.10)虽然是对定轴转动说的,但在3.9节已经证明,在物体有整体运动的情况下,如果考虑它绕通过其质心的轴的转动,根据式(3.34),式(5.10)仍然适用,而与质心做何种运动无关。因此,只要物体所受的对于通过其质心的轴的合外力矩为零,它对这根轴的角动量也保持不变。利用角动量守恒定律的这个意义,可以解释许多现象。例如运动员表演空中翻滚时,总是先纵身离地使自己绕通过自身质心的水平轴有一缓慢的转动。在空中时就尽量蜷缩四肢,以减小转动惯量从而增大角速度,迅速翻转。待要着地时又伸开四肢增大转动惯量以便以较小的角速度安稳地落至地面。

刚体的角动量守恒在现代技术中的一个重要应用是**惯性导航**,所用的装置叫**回转仪**,也叫"陀螺"。它的核心部分是装置在**常平架**上的一个质量较大的转子(图5.13)。常平架由套在一起且分别具有竖直轴和水平轴的两个圆环组成。转子装在内环上,其轴与内环的轴垂直。转子是精确地对称于其转轴的圆柱,各轴承均高度润滑。这样转子就具有可以绕其自由转动的三个相互垂直的轴。因此,不管常平架如何移动或转动,转子都不会受到任何力矩的作用。所以一旦使转子高速转动起来,根据角动量守恒定律,它将保持其对称轴在空间的指向不变。安装在船、飞机、导弹或宇宙飞船上的这种回转仪就能指出这些船或飞行器的航向相对于空间某一定向的方向,从而起到导航的作用。在这种应用中,往往用三个这样的回转仪并使它们的转轴相互垂直,从而提供一套绝对的笛卡儿直角坐标系。读者可以想一下,这些转子竟能在浩瀚的太空中认准一个确定的方向并且使自己的转轴始终指向它而不改变。多么不可思议的自然界啊!

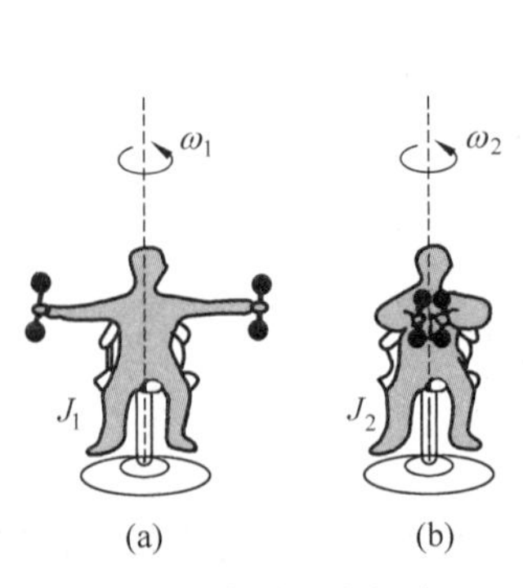

图5.12　角动量守恒演示

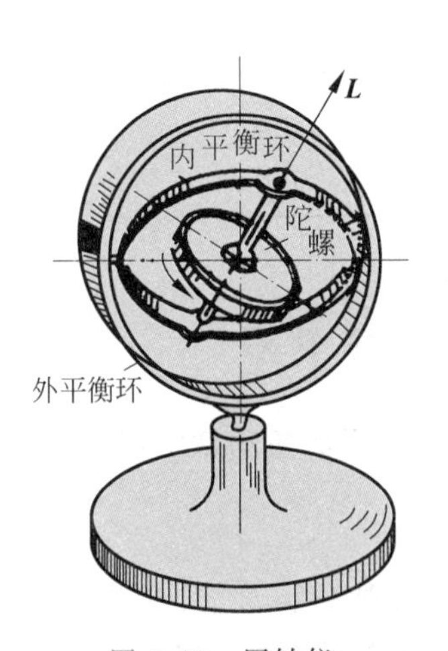

图5.13　回转仪

上述惯性导航装置出现不过100年，但常平架在我国早就出现了。那是西汉(公元1世纪)丁缓设计制造但后来失传的“被中香炉”(图5.14)。他用两个套在一起的环形支架架住一个小香炉，香炉由于受有重力总是悬着。不管支架如何转动，香炉总不会倾倒。遗憾的是这种装置只是用来保证被中取暖时的安全，而没有得到任何技术上的应用。虽然如此，它也闪现了我们祖先的智慧之光。

图5.14 被中香炉

为了对角动量的大小有个量的概念，表5.2列出了一些典型的角动量的数值。

表5.2 典型的角动量的数值 J·s

太阳系所有行星的轨道运动	3.2×10^{43}	玩具陀螺	1×10^{-1}
地球公转	2.7×10^{40}	致密光盘放音	7×10^{-4}
地球自转	5.8×10^{33}	步枪子弹的自旋	2×10^{-3}
直升机螺旋桨(320 r/min)	5×10^{4}	基态的氢原子中电子的轨道运动	1.05×10^{-34}
汽车轮子(90 km/h)	1×10^{2}	电子的自旋	0.53×10^{-34}
电扇叶片	1		

例5.8

一根长 l，质量为 M 的均匀直棒，其一端挂在一个水平光滑轴上而静止在竖直位置。今有一子弹，质量为 m，以水平速度 v_0 射入棒的下端而不复出。求棒和子弹开始一起运动时的角速度。

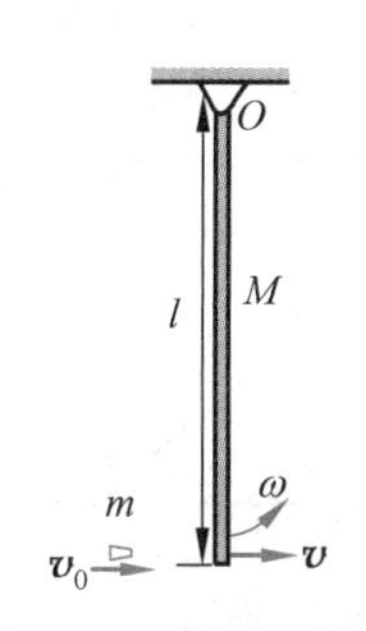

图5.15 例5.8用图

解 由于从子弹进入棒到二者开始一起运动所经过的时间极短，在这一过程中棒的位置基本不变，即仍然保持竖直(图5.15)。因此，对于木棒和子弹系统，在子弹冲入过程中，系统所受的外力(重力和轴的支持力)对于轴 O 的力矩都是零。这样，系统对轴 O 的角动量守恒。以 v 和 ω 分别表示子弹和木棒一起开始运动时木棒端点的速度和角速度，则角动量守恒给出

$$mlv_0 = mlv + \frac{1}{3}Ml^2\omega$$

再利用关系式 $v = l\omega$，就可解得

$$\omega = \frac{3m}{3m+M}\frac{v_0}{l}$$

将此题和例3.4比较一下是很有启发性的。注意，这里，在子弹冲入棒的过程中，木棒和子弹系统的总动量并不守恒。

例5.9

一个质量为 M，半径为 R 的水平均匀圆盘可绕通过中心的光滑竖直轴自由转动。在盘缘上站着一个质量为 m 的人，二者最初都相对地面静止。当人在盘上沿盘边走一周时，盘对地面转过的角度多大？

解 如图5.16所示，对盘和人组成的系统，在人走动时系统所受的对竖直轴的外力矩为零，所以系统对此轴的角动量守恒。以 j 和 J 分别表示人和盘对轴的转动惯量，并以 ω 和 Ω 分别表示任一时刻人和

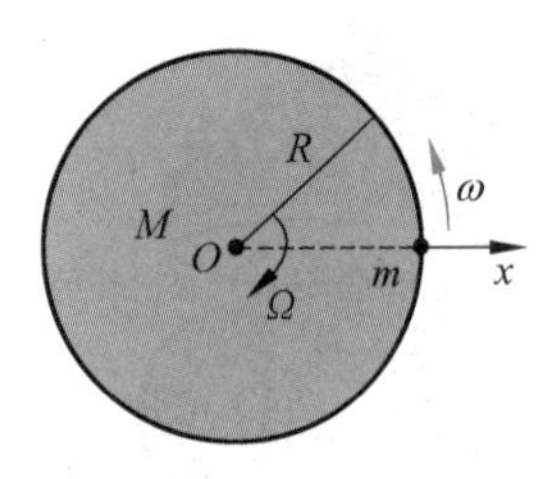

图 5.16　例 5.9 用图

盘绕轴的角速度。由于起始角动量为零，所以角动量守恒给出

$$j\omega - J\Omega = 0$$

其中 $j = mR^2$，$J = \frac{1}{2}MR^2$，以 θ 和 Θ 分别表示人和盘对地面发生的角位移，则

$$\omega = \frac{\mathrm{d}\theta}{\mathrm{d}t},\quad \Omega = \frac{\mathrm{d}\Theta}{\mathrm{d}t}$$

代入上式得

$$mR^2\frac{\mathrm{d}\theta}{\mathrm{d}t} = \frac{1}{2}MR^2\frac{\mathrm{d}\Theta}{\mathrm{d}t}$$

两边都乘以 dt，并积分

$$\int_0^\theta mR^2\mathrm{d}\theta = \int_0^\Theta \frac{1}{2}MR^2\mathrm{d}\Theta$$

由此得

$$m\theta = \frac{1}{2}M\Theta$$

人在盘上走一周时

$$\theta = 2\pi - \Theta$$

代入上式可解得

$$\Theta = \frac{2m}{2m+M}\times 2\pi$$

将此例题和例 3.5 比较一下，也是很有启发性的。

例 5.10

如图 5.17 所示的宇宙飞船对于其中心轴的转动惯量为 $J=2\times10^3\ \mathrm{kg\cdot m^2}$，正以 $\omega=0.2\ \mathrm{rad/s}$ 的角速度绕中心轴旋转。宇航员想用两个切向的控制喷管使飞船停止旋转。每个喷管的位置与轴线距离都是 $r=1.5\ \mathrm{m}$。两喷管的喷气流量恒定，共是 $q=2\ \mathrm{kg/s}$。废气的喷射速率（相对于飞船周边）$u=50\ \mathrm{m/s}$，并且恒定。问喷管应喷射多长时间才能使飞船停止旋转。

解　把飞船和排出的废气 m 当做研究系统，可以认为废气质量远小于飞船质量，所以原来系统对于飞船中心轴的角动量近似地等于飞船自身的角动量，即

$$L_0 = J\omega$$

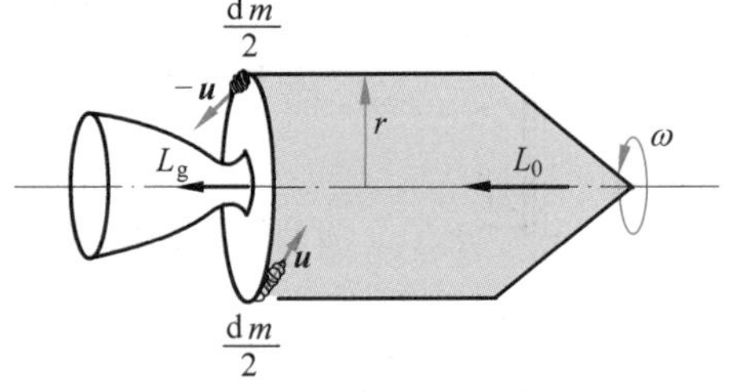

图 5.17　例 5.10 用图

在喷气过程中，以 dm 表示 dt 时间内喷出的气体，这些气体对中心轴的角动量为 $\mathrm{d}m\cdot r(u+v)$，方向与飞船的角动量方向相同。由于 $u=50\ \mathrm{m/s}$，比飞船周边的速率 $v(v=\omega r)$ 大得多，所以此角动量近似地等于 $\mathrm{d}m\cdot ru$。在整个喷气过程中喷出的废气的总的角动量 L_g 应为

$$L_g = \int_0^m \mathrm{d}m\cdot ru = mru$$

式中 m 是喷出废气的总质量。当宇宙飞船停止旋转时，它的角动量为零，系统的总角动量 L_1 就是全部排出的废气的总角动量，即

$$L_1 = L_g = mru$$

在整个喷射过程中，系统所受的对于飞船中心轴的外力矩为零，所以系统对于此轴的角动量守恒，即 $L_0=L_1$。由此得

$$J\omega = mru$$

即

$$m=\frac{J\omega}{ru}$$

而所求的时间为

$$t=\frac{m}{q}=\frac{J\omega}{qru}=\frac{2\times10^3\times0.2}{2\times1.5\times50}=2.67\ (\mathrm{s})$$

5.6 转动中的功和能

在刚体转动时，作用在刚体上某点的力做的功仍用此力和受力作用的质元的位移的点积来定义。但对于刚体这个特殊质点系，在转动中力做的功可以用一个特殊形式表示，下面来导出这个特殊表示式。

以 $\boldsymbol{F}$ 表示作用在刚体上 P 点的外力(图 5.18)，当物体绕固定轴 O(垂直于纸面)有一角位移 $\mathrm{d}\theta$ 时，力 $\boldsymbol{F}$ 做的元功为

$$\mathrm{d}A=\boldsymbol{F}\cdot\mathrm{d}\boldsymbol{r}=F\cos\varphi\,|\,\mathrm{d}\boldsymbol{r}\,|=F\cos\varphi\,r\mathrm{d}\theta$$

由于 $F\cos\varphi$ 是力 $\boldsymbol{F}$ 沿 $\mathrm{d}\boldsymbol{r}$ 方向的分量，因而垂直于 $\boldsymbol{r}$ 的方向，所以 $F\cos\varphi\,r$ 就是力对转轴的力矩 M。因此有

$$\mathrm{d}A=M\mathrm{d}\theta \tag{5.22}$$

即力对转动刚体做的元功等于相应的力矩和角位移的乘积。

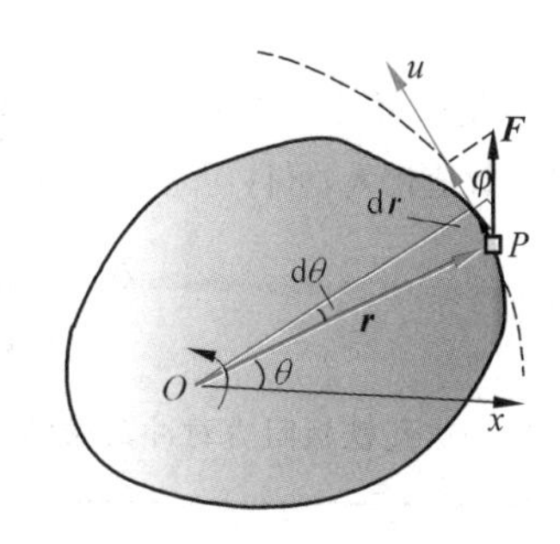

图 5.18 外力矩对刚体做的功

对于有限的角位移，力做的功应该用积分

$$A=\int_{\theta_1}^{\theta_2}M\mathrm{d}\theta \tag{5.23}$$

求得。上式常叫**力矩的功**。它就是力做的功在刚体转动中的特殊表示形式。

力矩做的功对刚体运动的影响可以通过转动定律导出。将转动定律式(5.15)两侧乘以 $\mathrm{d}\theta$ 并积分，可得

$$\int_{\theta_1}^{\theta_2}M\mathrm{d}\theta=\int J\frac{\mathrm{d}\omega}{\mathrm{d}t}\mathrm{d}\theta=\int_{\omega_1}^{\omega_2}J\omega\,\mathrm{d}\omega$$

演算后一积分，可得

$$\int_{\theta_1}^{\theta_2}M\mathrm{d}\theta=\frac{1}{2}J\omega_2^2-\frac{1}{2}J\omega_1^2$$

等式左侧是合外力矩对刚体做的功 A。作为质点系，可证明，绕固定转轴转动的刚体中各质元的总动能，即刚体的转动动能为(见习题 5.14)

$$E_{\mathrm{k}}=\frac{1}{2}J\omega^2 \tag{5.24}$$

这样上式就可写成

$$A=E_{\mathrm{k}2}-E_{\mathrm{k}1} \tag{5.25}$$

这一公式与质点的动能定理类似，我们可称之为**定轴转动的动能定理**。它说明，**合外力矩对一个绕固定轴转动的刚体所做的功等于它的转动动能的增量。**

例 5.11

某一冲床利用飞轮的转动动能通过曲柄连杆机构的传动，带动冲头在铁板上穿孔。已知飞轮的半径为 $r=0.4\ \mathrm{m}$，质量为 $m=600\ \mathrm{kg}$，可以看成均匀圆盘。飞轮的正常转速是 $n_1=240\ \mathrm{r/min}$，冲一次孔转速降低 20%。求冲一次孔，冲头做了多少功？

解　以 ω_1 和 ω_2 分别表示冲孔前后飞轮的角速度，则

$$\omega_1=2\pi n_1/60,\quad \omega_2=(1-0.2)\omega_1=0.8\omega_1$$

由转动动能定理式(5.25)，可得冲一次孔铁板阻力对冲头-飞轮做的功为

$$\begin{aligned}A=E_{\mathrm{k2}}-E_{\mathrm{k1}}&=\frac{1}{2}J\omega_2^2-\frac{1}{2}J\omega_1^2\\&=\frac{1}{2}J\omega_1^2(0.8^2-1)=\frac{1}{4}mr^2\omega_1^2(0.8^2-1)\\&=\frac{1}{3600}\pi^2mr^2n_1^2(0.8^2-1)\end{aligned}$$

将已知数值代入，可得

$$\begin{aligned}A&=\frac{1}{3600}\times\pi^2\times600\times0.4^2\times240^2\times(0.8^2-1)\\&=-5.45\times10^3\ (\mathrm{J})\end{aligned}$$

这是冲一次孔铁板阻力对冲头做的功，它的大小也就是冲一次孔冲头克服此阻力做的功。

如果一个刚体受到保守力的作用，也可以引入势能的概念。例如在重力场中的刚体就具有一定的重力势能，它的重力势能就是它的各质元重力势能的总和。对于一个不太大，质量为 m 的刚体(图5.19)，它的重力势能为

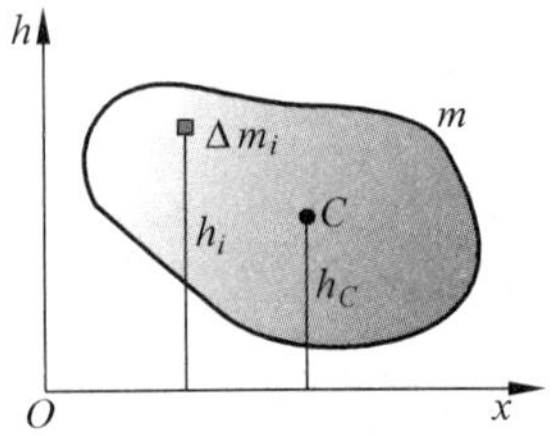

图 5.19　刚体的重力势能

$$E_{\mathrm{p}}=\sum_i\Delta m_igh_i=g\sum_i\Delta m_ih_i$$

根据质心的定义，此刚体的质心的高度应为

$$h_C=\frac{\sum_i\Delta m_ih_i}{m}$$

所以上式可以写成

$$E_{\mathrm{p}}=mgh_C\tag{5.26}$$

这一结果说明，**一个不太大的刚体的重力势能和它的全部质量集中在质心时所具有的势能一样**。

对于包括有刚体的系统，如果在运动过程中，只有保守内力做功，则这系统的机械能也应该守恒。下面举两个例子。

例 5.12

利用机械能守恒定律重解例 5.6，求物体 m 下落 h 高度时的速度。

解　仍参看图 5.10。以滑轮、物体和地球作为研究的系统。在物体 m 下落的过程中，滑轮随同转动。滑轮轴对滑轮的支持力及其反作用力不做功(因为无位移)。$\boldsymbol{T}_1$ 拉动物体做负功，$\boldsymbol{T}_2$ 拉动轮缘做正

功。由于物体下落距离与轮缘转过的距离相等，所以这一对力做的功之和为零。因此，对于所考虑的系统只有重力这一保守力做功，所以机械能守恒。

滑轮的重力势能不变，可以不考虑。取物体的初始位置为重力势能零点，则系统的初态的机械能为零，末态的机械能为

$$\frac{1}{2}J\omega^2+\frac{1}{2}mv^2+mg(-h)$$

机械能守恒给出

$$\frac{1}{2}J\omega^2+\frac{1}{2}mv^2-mgh=0$$

将关系式 $J=\frac{1}{2}MR^2$，$\omega=\frac{v}{R}$ 代入上式，即可求得

$$v=\sqrt{\frac{4mgh}{2m+M}}$$

与例 5.6 得出的结果相同。

例 5.13

利用机械能守恒定律重解例 5.7，求棒下摆 θ 角时的角速度。

解 仍参看图 5.11，取棒和地球为研究的系统，由于在棒下摆的过程中，轴对棒的支持力及其反作用力不做功，只有重力做功，所以系统的机械能守恒。取棒的水平初位置为势能零点，机械能守恒给出

$$\frac{1}{2}J\omega^2+mg(-h_C)=0$$

利用公式 $J=\frac{1}{3}ml^2$，$h_C=\frac{1}{2}l\sin\theta$，就可解得

$$\omega=\sqrt{\frac{3g\sin\theta}{l}}$$

也与前面结果相同。

***例 5.14**

一圆柱形石滚，质量为 $M=250$ kg，半径为 $R=30$ cm，轴半径为 $R_a=5$ cm。今沿轴的上方水平切线方向加以 $F=100$ N 的恒定拉力使之沿水平地面无滑动地滚动。求开始拉动后 $\Delta t=5$ s 内石滚前进的距离以及它在 $t=5$ s 时的前进的速率和滚动的角速度。

解 如图 5.20 所示，设在 $\mathrm{d}t$ 时间内石滚的质心由 C_1 移动到 C，经过的距离为 $\mathrm{d}s$。由于只有滚动而无滑动，石滚的表面上原来与地面上点 P_1 接触的点到现在与地面上点 P 接触的点之间的弧长 $R\mathrm{d}\theta$ 一定等于 $\mathrm{d}s$，其中 $\mathrm{d}\theta$ 是石滚在 $\mathrm{d}t$ 时间内转过的角度。由此，石滚以质心为代表的前进的速率为

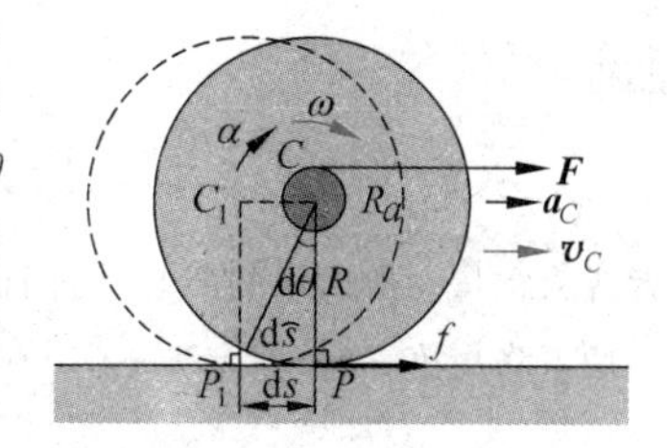

图 5.20 例 5.14 用图

$$v_C=\frac{\mathrm{d}s}{\mathrm{d}t}=\frac{R\mathrm{d}\theta}{\mathrm{d}t}=R\omega$$

式中 ω 为石滚转动的角速率。质心运动的加速度为

$$a_C=\frac{\mathrm{d}v_C}{\mathrm{d}t}=R\frac{\mathrm{d}\omega}{\mathrm{d}t}=R\alpha$$

式中 α 为石滚转动的角加速度。

以上是无滑动的滚动中的运动学关系。现在再看动力学关系。这时要注意石滚除受力 $\boldsymbol{F}$ 外，还必须

受到地面在与石滚面接触处(P 点)对它的**静摩擦力 f**。这是因为如果地面是光滑的，石滚表面与地面接触的点必然向后滑动。只滚不滑要求该点必然相对地面瞬时静止，而这就意味着该点受到了地面的静摩擦力，而且其方向是向前的。据此对石滚用质心运动定律，式(3.18)，可得

$$F + f = Ma_C = MR\alpha$$

再对石滚的质心用转动定理，式(5.16)，可得

$$FR_a - fR = J_C\alpha = \frac{1}{2}MR^2\alpha$$

联立解上二式可得

$$\alpha = \frac{2F(R+R_a)}{3MR^2} = \frac{2\times 100\times(0.30+0.05)}{3\times 250\times 0.30^2} = 1.04\ (\text{rad/s}^2)$$

在起动后，$\Delta t=5$ s 内石滚前进的距离为

$$s = \frac{1}{2}a_C(\Delta t)^2 = \frac{1}{2}R\alpha(\Delta t)^2 = \frac{1}{2}\times 0.30\times 1.04\times 5^2 = 3.9\ (\text{m})$$

在 $t=5$ s 时，石滚前进的速率为

$$v_C = a_C t = R\alpha t = 0.30\times 1.04\times 5 = 1.56\ (\text{m/s})$$

石滚转动的角速度为

$$\omega = \alpha t = 1.04\times 5 = 5.2\ (\text{rad/s})$$

***例 5.15**

一个质量为 m，半径为 R 的均匀实心圆球在倾角为 θ 的斜面上由静止无滑动地滚下。求它滚下高度 h 时的速率和转动的角速度。

解　如图 5.21 所示。球在滚下时除受重力外，由于无滑动，还要受到斜面对它的静摩擦力。如果斜面是光滑的，球必然向下滑动，因而此静摩擦力 f 的方向是沿斜面向上的。

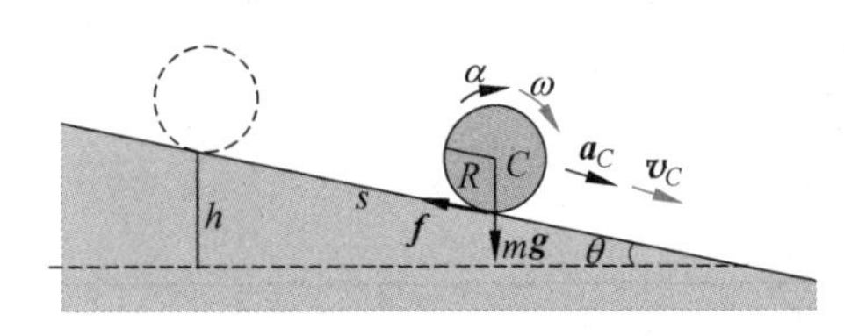

图 5.21　例 5.15 用图

对球，沿斜面方向用质心运动定理式(3.18)，有

$$mg\sin\theta - f = ma_C = mR\alpha$$

对球的质心用转动定理，式(5.16)，有

$$fR = J_C\alpha = \frac{2}{5}mR^2\alpha$$

联立解上两式，可得

$$\alpha = \frac{5g\sin\theta}{7R}$$

由此得

$$a_C = R\alpha = \frac{5}{7}g\sin\theta$$

二者皆为常量。所以球的质心沿斜面方向匀加速下降，而且球对通过质心的水平轴匀加速转动。

球下降高度 h 时，速率为

$$v_C = \sqrt{2a_C s} = \sqrt{2\times\frac{5}{7}g\sin\theta\times\frac{h}{\sin\theta}} = \sqrt{\frac{10}{7}gh}$$

转动的角速度为

$$\omega = v_C/R = \sqrt{\frac{10}{7}gh}\Big/R$$

本题也可以用功能关系求解。球原来有重力势能 mgh。落下高度 h 时具有动能。按柯尼希定理(式(4.11))，

此动能为$\frac{1}{2}mv_C^2+\frac{1}{2}J_C\omega^2$。由于下滚过程中静摩擦力不做功，所以球和地球系统的机械能守恒，即

$$mgh=\frac{1}{2}mv_C^2+\frac{1}{2}J_C\omega^2$$

以$\omega=v_C/R$和$J_C=\frac{2}{5}mR^2$代入，可解得

$$v_C=\sqrt{\frac{10}{7}gh},\quad \omega=\sqrt{\frac{10}{7}gh}\Big/R$$

与上一解法的结果相同。

---

*5.7 进动

本节介绍一种刚体的转动轴不固定的情况。如图5.22所示，一个飞轮(实验室中常用一个自行车轮)的轴的一端做成球形，放在一根固定竖直杆顶上的凹槽内。先使轴保持水平，如果这时松手，飞轮当然要下落。如果使飞轮高速地绕自己的对称轴旋转起来(这种旋转叫自旋)，当松手后，则出乎意料地飞轮并不下落，但它的轴会在水平面内以杆顶为中心转动起来。这种高速自旋的物体的轴在空间转动的现象叫**进动**。

为什么飞轮的自旋轴不下落而转动呢？这可以用角动量定理式(5.9)加以解释。根据式(5.9)，可得出在$\mathrm{d}t$时间内飞轮对支点的自旋角动量矢量$\boldsymbol{L}$的增量为

$$\mathrm{d}\boldsymbol{L}=\boldsymbol{M}\mathrm{d}t \tag{5.27}$$

式中$\boldsymbol{M}$为飞轮所受的对支点的外力矩。在飞轮轴为水平的情况下，以m表示飞轮的质量，则这一力矩的大小为

$$M=rmg$$

在图5.22所示的时刻，$\boldsymbol{M}$的方向为水平而且垂直于$\boldsymbol{L}$的方向，顺着$\boldsymbol{L}$方向看去指向$\boldsymbol{L}$左侧(图5.23)。因此$\mathrm{d}\boldsymbol{L}$的方向也水平向左。既然这增量是水平方向的，所以$\boldsymbol{L}$的方向，也就是自旋轴的方向，就不会向下倾斜，而是要水平向左偏转了。继续不断地向左偏转就形成了自旋轴的转动。这就是说进动现象正是自旋的物体在外力矩的作用下沿外力矩方向改变其角动量矢量的结果。

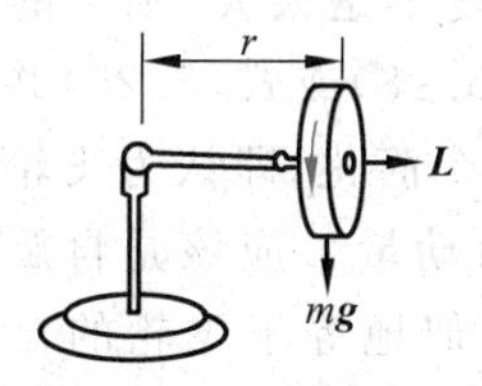

图5.22 进动现象

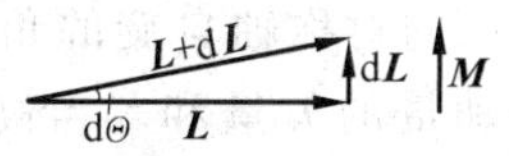

图5.23 $\boldsymbol{L}$,$\boldsymbol{M}$和$\mathrm{d}\boldsymbol{L}$方向关系图(俯视)

在图5.22中，由于飞轮所受的力矩的大小不变，方向总是水平地垂直于$\boldsymbol{L}$，所以进动是匀速的。从图5.23可以看出，在$\mathrm{d}t$时间内自旋轴转过的角度为

$$\mathrm{d}\Theta=\frac{|\mathrm{d}L|}{L}=\frac{M\mathrm{d}t}{L}$$

而相应的角速度，叫**进动角速度**，为

$$\Omega=\frac{\mathrm{d}\Theta}{\mathrm{d}t}=\frac{M}{L} \tag{5.28}$$

常见的进动实例是陀螺的进动。在不旋转时，陀螺就躺在地面上(图5.24(a))。当使它绕自己的对称轴高速旋转时，即使轴线已倾斜，它也不会倒下来(图5.24(b))。它的轴要沿一个圆锥面转动。这一圆锥面的轴线是竖直的，锥顶就在陀螺尖顶与地面接触处。陀螺的这种进动也是重力矩作用的结果。虽然这时重力的方向与陀螺轴线的方向并不垂直，但不难证明，这时陀螺进动的角速度，即它的自旋轴绕竖直轴转动的角速度，可按下式求出：

$$\Omega=\frac{M}{L\sin\theta} \tag{5.29}$$

其中 θ 为陀螺的自旋轴与圆锥的轴线之间的夹角。

技术上利用进动的一个实例是炮弹在空中的飞行(图5.25)。炮弹在飞行时，要受到空气阻力的作用。阻力 $\boldsymbol{f}$ 的方向总与炮弹质心的速度 $\boldsymbol{v}_C$ 方向相反，但其合力不一定通过质心。阻力对质心的力矩就会使炮弹在空中翻转。这样，当炮弹射中目标时，就有可能是弹尾先触目标而不引爆，从而丧失威力。为了避免这种事故，就在炮筒内壁上刻出螺旋线。这种螺旋线叫**来复线**。当炮弹由于发射药的爆炸被强力推出炮筒时，还同时绕自己的对称轴高速旋转。由于这种旋转，它在飞行中受到的空气阻力的力矩将不能使它翻转，而只是使它绕着质心前进的方向进动。这样，它的轴线将会始终只与前进的方向有不大的偏离，而弹头就总是大致指向前方了。

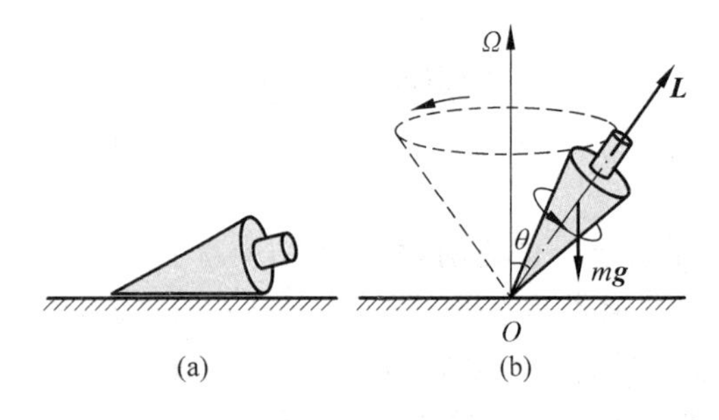

图5.24　陀螺的进动

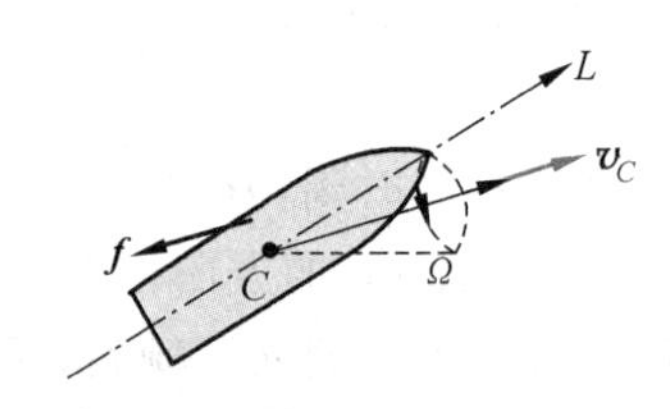

图5.25　炮弹飞行时的进动

应该指出，在图5.22所示的实验中，如果飞轮的自旋速度不是太大，则它的轴线在进动时，还会上上下下周期性地摆动。这种摆动叫**章动**。式(5.28)或式(5.29)并没有给出这种摆动的效果。这是因为我们在推导式(5.28)时做了一个简化，即认为飞轮的总角动量就是它绕自己的对称轴自旋的角动量。实际上它的总角动量 $\boldsymbol{L}$ 应该是自旋角动量和它的进动的角动量的矢量和。当高速旋转时，总角动量近似地等于飞轮的自旋角动量，这样就得出了式(5.28)与式(5.29)。更详尽的分析比较复杂，我们就不讨论了。

提要

1. 刚体的定轴转动

匀加速转动：　$\omega=\omega_0+\alpha t$，　$\theta=\omega_0 t+\frac{1}{2}\alpha t^2$，　$\omega^2-\omega_0^2=2\alpha\theta$

2. 刚体定轴转动定律 $$M_z=\frac{\mathrm{d}L_z}{\mathrm{d}t}$$

以转动轴为 z 轴，$M_z=M$ 为外力对转轴的力矩之和；$L_z=J\omega$，J 为刚体对转轴的转动惯量，则

$$M=J\alpha$$

3. 刚体的转动惯量

$$J=\sum m_i r_i^2,\quad J=\int r^2\mathrm{d}m$$

平行轴定理： $J=J_C+md^2$

4. 刚体转动的功和能

力矩的功： $$A=\int_{\theta_1}^{\theta_2}M\mathrm{d}\theta$$

转动动能： $$E_\mathrm{k}=\frac{1}{2}J\omega^2$$

刚体的重力势能： $E_\mathrm{p}=mgh_C$

机械能守恒定律：只有保守力做功时，

$$E_\mathrm{k}+E_\mathrm{p}=\text{常量}$$

5. 对定轴的角动量守恒：系统(包括刚体)所受的对某一固定轴的合外力矩为零时，系统对此轴的总角动量保持不变。

*6. **进动**：自旋物体在外力矩作用下，自旋轴发生转动的现象。

7. 规律对比：把质点的运动规律和刚体的定轴转动规律对比一下(见表5.3)，有助于从整体上系统地理解力学定律。读者还应了解它们之间的联系。

表5.3 质点的运动规律和刚体的定轴转动规律对比

质点的运动	刚体的定轴转动
速度 $\boldsymbol{v}=\frac{\mathrm{d}\boldsymbol{r}}{\mathrm{d}t}$	角速度 $\omega=\frac{\mathrm{d}\theta}{\mathrm{d}t}$
加速度 $\boldsymbol{a}=\frac{\mathrm{d}\boldsymbol{v}}{\mathrm{d}t}=\frac{\mathrm{d}^2\boldsymbol{r}}{\mathrm{d}t^2}$	角加速度 $\alpha=\frac{\mathrm{d}\omega}{\mathrm{d}t}=\frac{\mathrm{d}^2\theta}{\mathrm{d}t^2}$
质量 m	转动惯量 $J=\int r^2\mathrm{d}m$
力 $\boldsymbol{F}$	力矩 $M=r_\perp F_\perp$ ($\perp$表示垂直转轴)
运动定律 $\boldsymbol{F}=m\boldsymbol{a}$	转动定律 $M=J\alpha$
动量 $\boldsymbol{p}=m\boldsymbol{v}$	动量 $\boldsymbol{p}=\sum_i\Delta m_i\boldsymbol{v}_i$
角动量 $\boldsymbol{L}=\boldsymbol{r}\times\boldsymbol{p}$	角动量 $L=J\omega$
动量定理 $\boldsymbol{F}=\frac{\mathrm{d}(m\boldsymbol{v})}{\mathrm{d}t}$	角动量定理 $M=\frac{\mathrm{d}(J\omega)}{\mathrm{d}t}$
动量守恒 $\sum_i\boldsymbol{F}_i=0$ 时，$\sum_i m_i\boldsymbol{v}_i=$ 恒量	角动量守恒 $M=0$ 时，$\sum J\omega=$ 恒量

续表

质点的运动	刚体的定轴转动
力的功 $A_{AB}=\int_{(A)}^{(B)}\boldsymbol{F}\cdot d\boldsymbol{r}$	力矩的功 $A_{AB}=\int_{\theta_A}^{\theta_B}Md\theta$
动能 $E_k=\frac{1}{2}mv^2$	转动动能 $E_k=\frac{1}{2}J\omega^2$
动能定理 $A_{AB}=\frac{1}{2}mv_B^2-\frac{1}{2}mv_A^2$	动能定理 $A_{AB}=\frac{1}{2}J\omega_B^2-\frac{1}{2}J\omega_A^2$
重力势能 $E_p=mgh$	重力势能 $E_p=mgh_C$
机械能守恒 对封闭的保守系统，$E_k+E_p=$ 恒量	机械能守恒 对封闭的保守系统，$E_k+E_p=$ 恒量

思考题

5.1 一个有固定轴的刚体，受有两个力的作用。当这两个力的合力为零时，它们对轴的合力矩也一定是零吗？当这两个力对轴的合力矩为零时，它们的合力也一定是零吗？举例说明之。

5.2 就自身来说，你作什么姿势和对什么样的轴，转动惯量最小或最大？

5.3 走钢丝的杂技演员，表演时为什么要拿一根长直杆(图5.26)？

5.4 两个半径相同的轮子，质量相同。但一个轮子的质量聚集在边缘附近，另一个轮子的质量分布比较均匀，试问：

(1) 如果它们的角动量相同，哪个轮子转得快？

(2) 如果它们的角速度相同，哪个轮子的角动量大？

5.5 假定时钟的指针是质量均匀的矩形薄片。分针长而细，时针短而粗，两者具有相等的质量。哪一个指针有较大的转动惯量？哪一个有较大的动能与角动量？

5.6 花样滑冰运动员想高速旋转时，她先把一条腿和两臂伸开，并用脚蹬冰使自己转动起来，然后她再收拢腿和臂，这时她的转速就明显地加快了。这是利用了什么原理？

5.7 一个站在水平转盘上的人，左手举一个自行车轮，使轮子的轴竖直(图5.27)。当他用右手拨动轮缘使车轮转动时，他自己会同时沿相反方向转动起来。解释其中的道理。

图5.26 阿迪力走钢丝跨过北京野生动物园上空
(新京报记者陈杰)

图5.27 思考题5.7用图

5.8 刚体定轴转动时，它的动能的增量只决定于外力对它做的功而与内力的作用无关。对于非刚体也是这样吗？为什么？

5.9 一定轴转动的刚体的转动动能等于其中各质元的动能之和，试根据这一理由推导转动动能 $E_k=\frac{1}{2}J\omega^2$。

*5.10 杂技节目“转碟”是用直杆顶住碟底突沿内侧(图5.28)不断晃动，使碟子旋转不停，碟子就不会掉下。为什么？碟子在旋转的同时，整个碟子还要围绕顶杆转。又是为什么？碟子围着顶杆转时，还会上下摆动，这是什么现象？

图5.28 杂技“转碟”

*5.11 抖单筒空竹的人在空竹绕水平轴旋转起来时，为了使两段拉线不致扭缠在一起，他自己就要不断旋转自己的身体(图5.29)。为什么？图5.29所示的人正不断地向右旋转，说明空竹本身是绕自己的轴向什么方向旋转的(用箭头在空竹上标出)？抖双筒空竹时，人还需要旋转吗？

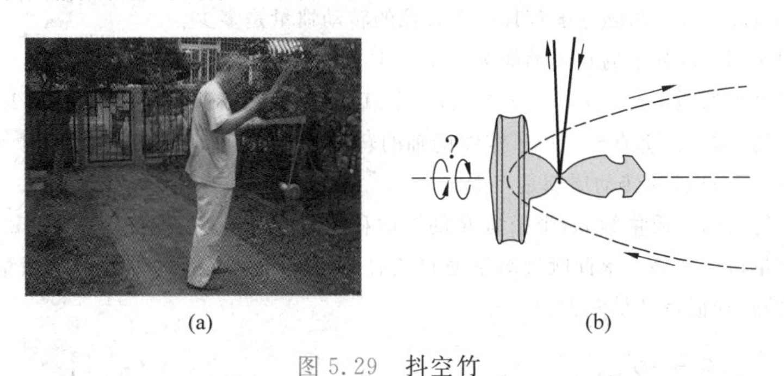

图5.29 抖空竹

(a) 本书第一作者作抖空竹游戏；(b) 单筒空竹运动分析图

习题

5.1 掷铁饼运动员手持铁饼转动1.25圈后松手，此刻铁饼的速度值达到 $v=25$ m/s。设转动时铁饼沿半径为 $R=1.0$ m的圆周运动并且均匀加速，求：

(1) 铁饼离手时的角速度；

(2) 铁饼的角加速度；

(3) 铁饼在手中加速的时间(把铁饼视为质点)。

5.2 一汽车发动机的主轴的转速在7.0 s内由200 r/min均匀地增加到3000 r/min。求：

(1) 在这段时间内主轴的初角速度和末角速度以及角加速度；

(2) 这段时间内主轴转过的角度和圈数。

5.3　地球自转是逐渐变慢的。在1987年完成365次自转比1900年长1.14 s。求在1900年到1987年这段时间内，地球自转的平均角加速度。

5.4　求位于北纬40°的颐和园排云殿(以图5.30中P点表示)相对于地心参考系的线速度与加速度的数值与方向。

5.5　水分子的形状如图5.31所示。从光谱分析得知水分子对AA'轴的转动惯量是$J_{AA'}=1.93\times10^{-47}\ \mathrm{kg\cdot m^2}$，对$BB'$轴的转动惯量是$J_{BB'}=1.14\times10^{-47}\ \mathrm{kg\cdot m^2}$。试由此数据和各原子的质量求出氢和氧原子间的距离$d$和夹角$\theta$。假设各原子都可当质点处理。

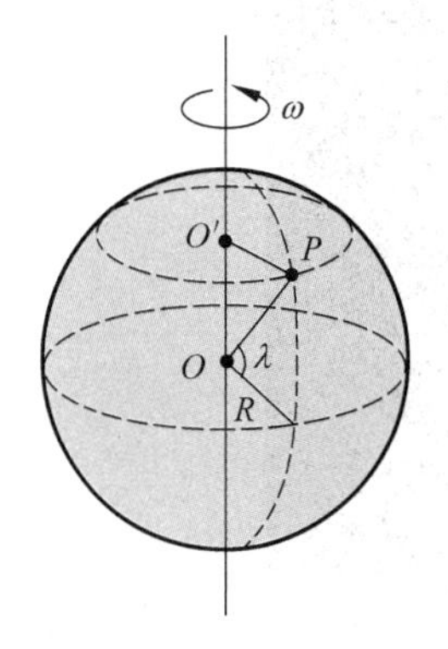

图5.30　习题5.4用图

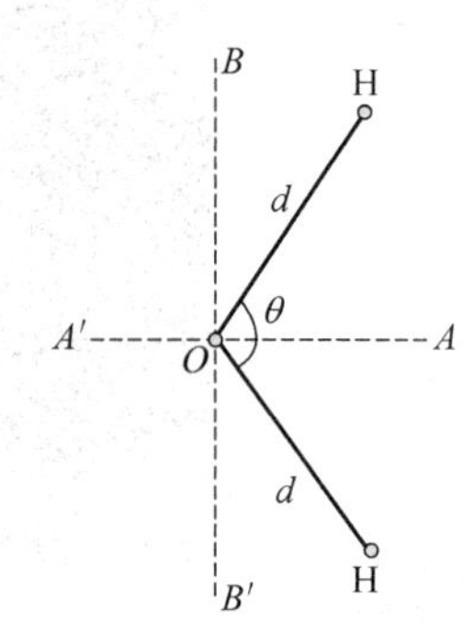

图5.31　习题5.5用图

5.6　C_{60}(Fullerene，富勒烯)分子由60个碳原子组成，这些碳原子各位于一个球形32面体的60个顶角上(图5.32)，此球体的直径为71 nm。

(1) 按均匀球面计算，此球形分子对其一个直径的转动惯量是多少？

(2) 在室温下一个C_{60}分子的自转动能为6.21×10^{-21} J。求它的自转频率。

5.7　一个氧原子的质量是2.66×10^{-26} kg，一个氧分子中两个氧原子的中心相距1.21×10^{-10} m。求氧分子相对于通过其质心并垂直于二原子连线的轴的转动惯量。如果一个氧分子相对于此轴的转动动能是2.06×10^{-21} J，它绕此轴的转动周期是多少？

5.8　一个哑铃由两个质量为m，半径为R的铁球和中间一根长l的连杆组成(图5.33)。和铁球的质量相比，连杆的质量可以忽略。求此哑铃对于通过连杆中心并和它垂直的轴的转动惯量。它对于通过两球的连心线的轴的转动惯量又是多大？

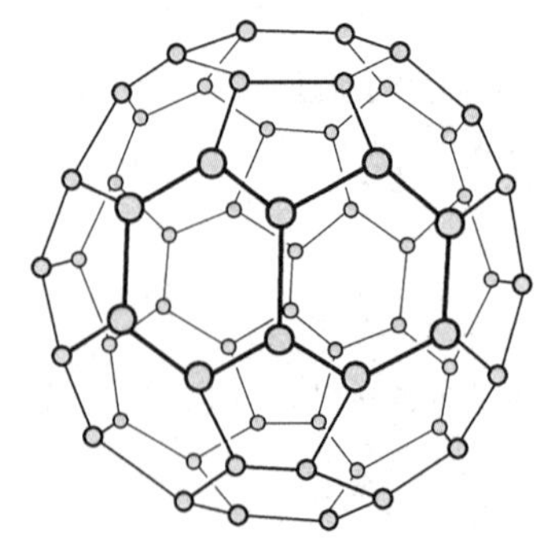

图5.32　习题5.6用图

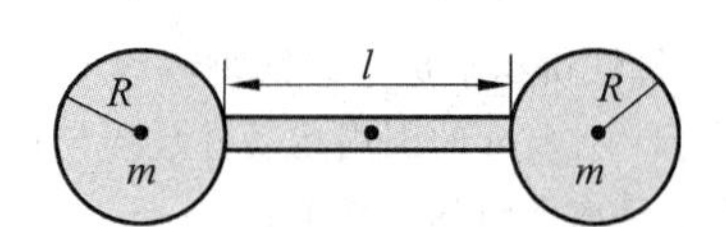

图5.33　习题5.8用图

5.9 在伦敦的英国议会塔楼上的大本钟的分针长 4.50 m，质量为 100 kg；时针长 2.70 m，质量为 60.0 kg。二者对中心轴的角动量和转动动能各是多少？将二者都当成均匀细直棒处理。

*5.10 从一个半径为 R 的均匀薄板上挖去一个直径为 R 的圆板，所形成的圆洞中心在距原薄板中心 $R/2$ 处(图 5.34)，所剩薄板的质量为 m。求此时薄板对于通过原中心而与板面垂直的轴的转动惯量。

5.11 如图 5.35 所示，两物体质量分别为 m_1 和 m_2，定滑轮的质量为 m，半径为 r，可视作均匀圆盘。已知 m_2 与桌面间的滑动摩擦系数为 μ_k，求 m_1 下落的加速度和两段绳子中的张力各是多少？设绳子和滑轮间无相对滑动，滑轮轴受的摩擦力忽略不计。

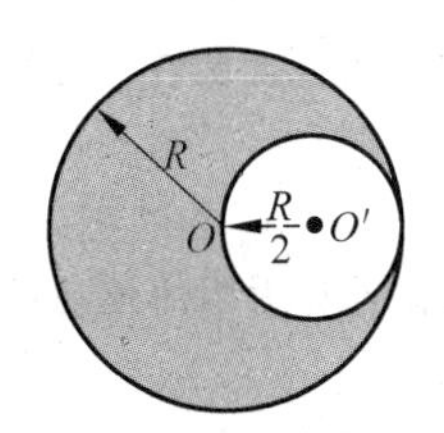

图 5.34 习题 5.10 用图

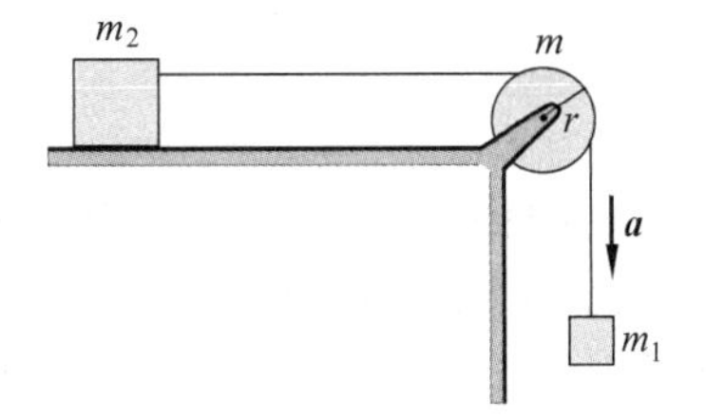

图 5.35 习题 5.11 用图

5.12 一根均匀米尺，在 60 cm 刻度处被钉到墙上，且可以在竖直平面内自由转动。先用手使米尺保持水平，然后释放。求刚释放时米尺的角加速度和米尺到竖直位置时的角速度各是多大？

5.13 从质元的动能表示式 $\Delta E_k = \frac{1}{2}\Delta m v^2$ 出发，导出刚体绕定轴转动的动能表示式 $E_k = \frac{1}{2}J\omega^2$。

5.14 唱机的转盘绕着通过盘心的固定竖直轴转动，唱片放上去后将受转盘的摩擦力作用而随转盘转动(图 5.36)。设唱片可以看成是半径为 R 的均匀圆盘，质量为 m，唱片和转盘之间的滑动摩擦系数为 μ_k。转盘原来以角速度 ω 匀速转动，唱片刚放上去时它受到的摩擦力矩多大？唱片达到角速度 ω 需要多长时间？在这段时间内，转盘保持角速度 ω 不变，驱动力矩共做了多少功？唱片获得了多大动能？

5.15 坐在转椅上的人手握哑铃(图 5.12)。两臂伸直时，人、哑铃和转椅系统对竖直轴的转动惯量为 $J_1 = 2\ \mathrm{kg\cdot m^2}$。在外人推动后，此系统开始以 $n_1 = 15\ \mathrm{r/min}$ 转动。当人的两臂收回，使系统的转动惯量变为 $J_2 = 0.80\ \mathrm{kg\cdot m^2}$ 时，它的转速 n_2 是多大？两臂收回过程中，系统的机械能是否守恒？什么力做了功？做功多少？设轴上摩擦忽略不计。

5.16 图 5.37 中均匀杆长 $L = 0.40$ m，质量 $M = 1.0$ kg，由其上端的光滑水平轴吊起而处于静止。今有一质量 $m = 8.0$ g 的子弹以 $v_0 = 200$ m/s 的速率水平射入杆中而不复出，射入点在轴下 $d = 3L/4$ 处。求：

(1) 子弹停在杆中时杆的角速度；

(2) 杆的最大偏转角。

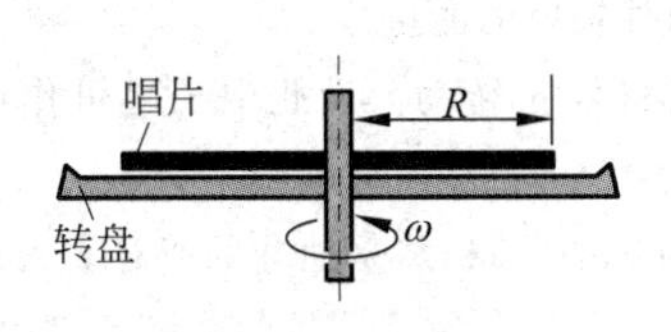

图 5.36 习题 5.14 用图

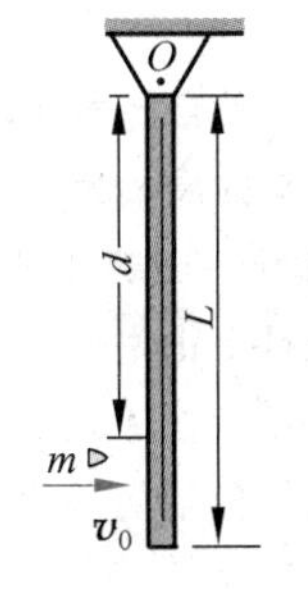

图 5.37 习题 5.16 用图

5.17 一转台绕竖直固定轴转动，每转一周所需时间为 $t = 10$ s，转台对轴的转动惯量为 $J = 1200\ \mathrm{kg\cdot m^2}$。一质量为 $M = 80$ kg 的人，开始时站在转台的中心，随后沿半径向外跑去，当人离转台中心 $r = 2$ m 时转台的角速度是多大？

5.18 两辆质量都是1200 kg的汽车在平直公路上都以72 km/h的高速迎面开行。由于两车质心轨道间距离太小，仅为0.5 m，因而发生碰撞，碰后两车扣在一起，此残体对于其质心的转动惯量为2500 kg·m^2，求：

(1) 两车扣在一起时的旋转角速度；

(2) 由于碰撞而损失的机械能。

5.19 宇宙飞船中有三个宇航员绕着船舱环形内壁按同一方向跑动以产生人造重力。

(1) 如果想使人造重力等于他们在地面上时受的自然重力，那么他们跑动的速率应多大？设他们的质心运动的半径为2.5 m，人体当质点处理。

(2) 如果飞船最初未动，当宇航员按上面速率跑动时，飞船将以多大角速度旋转？设每个宇航员的质量为70 kg，飞船船体对于其纵轴的转动惯量为3×10^5 kg·m^2。

(3) 要使飞船转过30°，宇航员需要跑几圈？

5.20 把太阳当成均匀球体，试由本书的"数值表"给出的有关数据计算太阳的角动量。太阳的角动量是太阳系总角动量(3.3×10^{43} J·s)的百分之几？

*5.21 蟹状星云(图5.38)中心是一颗脉冲星，代号PSR 0531+21。它以十分确定的周期(0.033 s)向地球发射电磁波脉冲。这种脉冲星实际上是转动着的中子星，由中子密聚而成，脉冲周期就是它的转动周期。实测还发现，上述中子星的周期以1.26×10^{-5} s/a的速率增大。

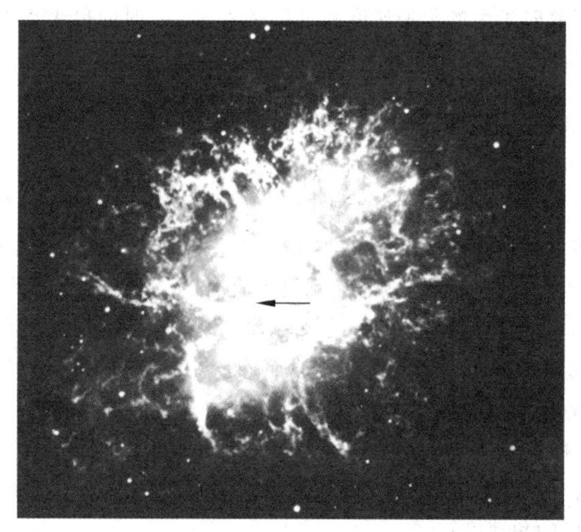

图5.38 蟹状星云现状(箭头所指处是一颗中子星，它是1054年爆发的超新星的残骸)

(1) 求此中子星的自转角加速度。

(2) 设此中子星的质量为1.5×10^{30} kg(近似太阳的质量)，半径为10 km。求它的转动动能以多大的速率(以J/s计)减小。(这减小的转动动能就转变为蟹状星云向外辐射的能量。)

(3) 若这一能量变化率保持不变，该中子星经过多长时间将停止转动。设此中子星可作均匀球体处理。

*5.22 地球对自转轴的转动惯量是$0.33\,MR^2$，其中M是地球的质量，R是地球的半径。求地球的自转动能。

由于潮汐对海岸的摩擦作用，地球自转的速度逐渐减小，每百万年自转周期增加16 s。这样，地球自转动能的减小相当于摩擦消耗多大的功率？一年内消耗的能量相当于我国2004年发电量(7.3×10^{18} kW)的几倍？潮汐对地球的平均力矩多大？

5.23 太阳的热核燃料耗尽时，它将急速塌缩成半径等于地球半径的一颗白矮星。如果不计质量散失，那时太阳的转动周期将变为多少？太阳和白矮星均按均匀球体计算，目前太阳的自转周期按 26 d 计。

*5.24 证明：圆盘在平面上无滑动地滚动时，其上各点相对于平面的速度 $\boldsymbol{v}$ 和圆盘的转动角速度 $\boldsymbol{\omega}$ 有下述关系：

$$\boldsymbol{v} = \boldsymbol{\omega} \times \boldsymbol{r}_P$$

其中角速度矢量 $\boldsymbol{\omega}$ 的方向垂直于盘面，其指向根据盘的转动方向用右手螺旋定则确定，$\boldsymbol{r}_P$ 是从圆盘与平面的瞬时接触点 P 到各点的径矢。上式表明盘上各点在任一瞬时都是绕 P 点运动的。因此，接触点 P 称圆盘的瞬时转动中心。

*5.25 绕有电缆的大轮轴总质量为 $M=1000$ kg，轮半径 $R_1=1.00$ m，电缆在轴上绕至半径为 $R_2=0.60$ m 处。设此时整个轮轴对其中心轴的转动惯量 $J_C=300$ kg · m^2。今用 $F=2000$ N 的力在底部沿水平方向拉电缆，如果轮轴在路面上无滑动地滚动，它将向哪个方向滚动？滚动的角速度多大？质心前进的加速度多大？轮轴受到地面的摩擦力多大？

*5.26 小学生爱玩的“悠悠球”是把一条线绕在一个扁圆柱体的圆柱面上的沟内，再用手抓住线放开的一端上下抖动，使扁圆柱体上下运动的同时还不停地绕其水平轴转动。下面为简单起见假定线就绕在扁圆柱体的圆柱面上并设扁圆柱体的质量为 m，半径为 R。

(1) 若手不动，让圆柱体沿竖直的线自行滚下，它下降的加速度多大？手需用多大的力提住线端？

(2) 若要使圆柱体停留在一定高度上，手需用多大力向上提起线端？圆柱体转动的角加速度多大？

(3) 手若用 $2mg$ 的力向上提起线端，则圆柱体上升的加速度多大？手向上提的加速度多大？

*5.27 地球的自转轴与它绕太阳的轨道平面的垂线间的夹角是 23.5°(图 5.39)。由于太阳和月亮对地球的引力产生力矩，地球的自转轴绕轨道平面的垂线进动，进动一周需时间约 26 000 a。已知地球绕自转轴的转动惯量为 $J=8.05\times10^{37}$ kg · m^2。求地球自旋角动量矢量变化率的大小，即 $|\mathrm{d}\boldsymbol{L}/\mathrm{d}t|$，并求太阳和月亮对地球的合力矩多大？

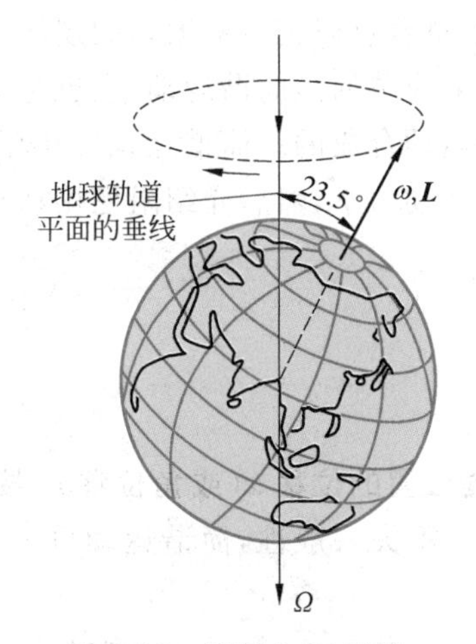

图 5.39 习题 5.27 用图

*5.28 一艘船中装的回转稳定器是一个质量为 50.0 t，半径为 2.00 m 的固体圆盘。它绕着一个竖直轴以 800 r/min 的角速度转动。

(1) 如果用恒定输入功率 7.46×10^4 W 启动，要经过多少时间才能使它从静止达到上述额定转速？

(2) 如果船的轴在船的纵向竖直平面内以 1.00 (°)/s 的角速度进动，说明船体受到了左倾或右倾的多大力矩？

第6章

振　动

物体在一定位置附近所作的往复的运动叫机械振动，简称振动。它是物体的一种运动形式。从日常生活到生产技术以及自然界中到处都存在着振动。一切发声体都在振动，机器的运转总伴随着振动，海浪的起伏以及地震也都是振动，就是晶体中的原子也都在不停地振动着。

广义地说，任何一个物理量随时间的周期性变化都可以叫做振动。例如，电路中的电流、电压，电磁场中的电场强度和磁场强度也都可能随时间作周期性变化。这种变化也可以称为振动——电磁振动或电磁振荡。这种振动虽然和机械振动有本质的不同，但它们随时间变化的情况以及许多其他性质在形式上都遵从相同的规律。因此研究机械振动的规律有助于了解其他种振动的规律，本章着重研究机械振动的规律。

振动有简单和复杂之别。最简单的是简谐运动，它也是最基本的振动，因为一切复杂的振动都可以认为是由许多简谐运动合成的。简谐运动在中学物理课程中已有较多的讨论，下面先简述简谐运动的运动学和动力学，然后介绍阻尼振动和受迫振动，最后说明振动合成的规律。

6.1　简谐运动的描述

质点运动时，如果离开平衡位置的位移 x（或角位移 θ）按正（余）弦规律随时间变化，这种运动称为简谐运动（图 6.1）。不失一般性，简谐运动可以表达为

$$x = A\cos(\omega t + \varphi) \tag{6.1}$$

图 6.1　质点的简谐运动

式中，A 叫简谐运动的**振幅**，它表示质点可能离开原点（即平衡位置）的最大距离；ω 叫简谐运动的**角频率**，它和简谐运动的**周期** T 有以下关系：

$$\omega = \frac{2\pi}{T} \tag{6.2}$$

简谐运动的**频率** ν 为周期 T 的倒数，因而有

$$\omega = 2\pi\nu \tag{6.3}$$

将式(6.2)和式(6.3)代入式(6.1)，又可得简谐运动的表达式为

$$x = A\cos\left(\frac{2\pi}{T}t+\varphi\right)= A\cos\,(2\pi\nu t+\varphi) \tag{6.4}$$

ω,T 和 ν 都是表示简谐运动在时间上的周期性的量。

根据定义,可得简谐运动的速度和加速度分别为

$$\boldsymbol{v}=\frac{\mathrm{d}x}{\mathrm{d}t}=-\omega A\,\sin\,(\omega t+\varphi)=\omega A\cos\left(\omega t+\varphi+\frac{\pi}{2}\right) \tag{6.5}$$

$$a=\frac{\mathrm{d}^2x}{\mathrm{d}t^2}=-\omega^2A\cos\,(\omega t+\varphi)=\omega^2A\cos\,(\omega t+\varphi+\pi) \tag{6.6}$$

比较式(6.1)和式(6.6)可得

$$a=\frac{\mathrm{d}^2x}{\mathrm{d}t^2}=-\omega^2x \tag{6.7}$$

这一关系式说明,**简谐运动的加速度和位移成正比而反向**。

式(6.1)、式(6.5)、式(6.6)的函数关系可用图 6.2 所示的曲线表示,其中表示 x-t 关系的一条曲线叫做**振动曲线**。

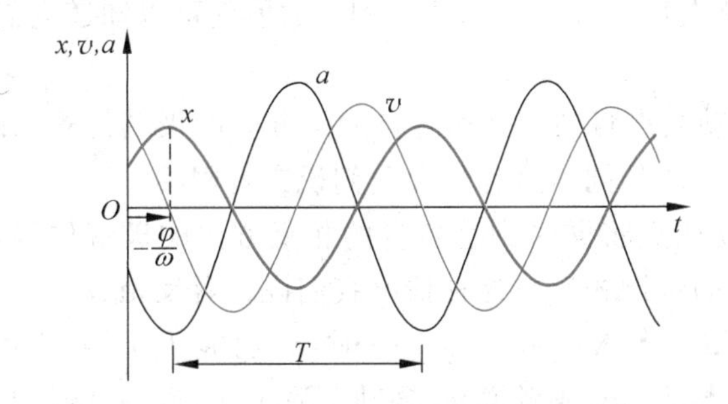

图 6.2　简谐运动的 x,v,a 随时间变化的关系曲线

图 6.3　匀速圆周运动与简谐运动

质点的简谐运动和匀速圆周运动有简单的关系。如图 6.3 所示,质点沿着以平衡位置 O 为中心,半径为 A 的圆周作角速度为 ω 的圆周运动时,它在一直径(取作 x 轴)上投影的运动就是简谐运动。以起始时质点的径矢与 x 轴的夹角为 φ,在时间 t 内该径矢转过的角度为 ωt,则在任意时刻 t 质点在 x 轴上的投影的位置就是

$$x = A\cos\,(\omega t+\varphi)$$

这正是简谐运动的定义公式(6.1)。从图 6.3 还可以看出,质点沿圆周运动的速度和加速度沿 x 轴的分量,即质点在 x 轴上的投影的速度和加速度的表达式,也正是上面简谐运动的速度和加速度的表达式——式(6.5)和式(6.6)。

正是由于简谐运动和匀速圆周运动的这一关系,就常用圆周运动的起始径矢位置图示一简谐运动。例如图 6.4 就表示式(6.1)所表达的简谐运动,简谐运动的这一表示法叫**相量图法**,长度等于振幅的径矢叫**振幅矢量**。

在简谐运动定义公式(6.1)中的量($\omega t+\varphi$)叫做在时刻 t 振动的**相**(或**相位**)。在相量图中,它还有一个直观的几何意义,即在时刻 t 振幅矢量和 x 轴的夹角。从式(6.1)和式(6.5),或者借助于图 6.3,都可以知道,对于一个确定的简谐运动来说,一定的相就对应于振动质点一定时刻的运动状态,即一定时刻的位置和

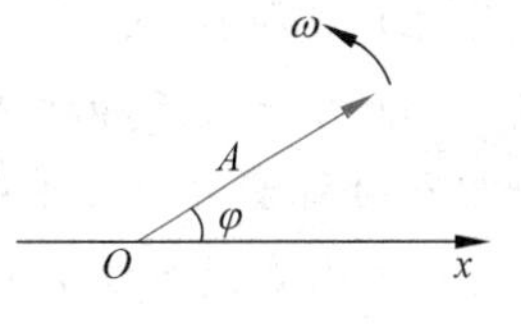

图 6.4　相量图

速度。因此，在说明简谐运动时，常不分别地指出位置和速度，而直接用相表示质点的某一运动状态。例如，当用余弦函数表示简谐运动时，$\omega t+\varphi=0$，即相为零的状态，表示质点在正位移极大处而速度为零；$\omega t+\varphi=\pi/2$，即相为$\pi/2$的状态，表示质点正越过原点并以最大速率向x轴负向运动；$\omega t+\varphi=(3/2)\pi$的状态表示质点也正越过原点但是以最大速率向$x$轴正向运动；等等。因此，相是说明简谐运动时常用到的一个概念。

在初始时刻即$t=0$时，相为φ，因此，φ叫做**初相**。

在式(6.1)中，如果A,ω,φ都知道了，由它表示的简谐运动就确定了。因此，A,ω和φ叫做简谐运动的**三个特征量**。

相的概念在比较两个同频率的简谐运动的步调时特别有用。设有下列两个简谐运动：

$$x_1 = A_1\cos(\omega t+\varphi_1)$$

$$x_2 = A_2\cos(\omega t+\varphi_2)$$

它们的**相差**为

$$\Delta\varphi = (\omega t+\varphi_2)-(\omega t+\varphi_1) = \varphi_2-\varphi_1 \tag{6.8}$$

即它们在任意时刻的相差都等于其初相差而与时间无关。由这个相差的值就可以知道它们的步调是否相同。

如果$\Delta\varphi=0$(或者2π的整数倍)，两振动质点将同时到达各自的同方向的极端位置，并且同时越过原点而且向同方向运动，它们的步调相同。这种情况我们说二者**同相**。

如果$\Delta\varphi=\pi$(或者π的奇数倍)，两振动质点将同时到达各自的相反方向的极端位置，并且同时越过原点但向相反方向运动，它们的步调相反。这种情况我们说二者**反相**。

当$\Delta\varphi$为其他值时，一般地说二者**不同相**。当$\Delta\varphi=\varphi_2-\varphi_1>0$时，$x_2$将先于$x_1$到达各自的同方向极大值，我们说$x_2$振动超前$x_1$振动$\Delta\varphi$，或者说$x_1$振动落后于$x_2$振动$\Delta\varphi$。当$\Delta\varphi<0$时，我们说$x_1$振动超前$x_2$振动$|\Delta\varphi|$。在这种说法中，由于相差的周期是$2\pi$，所以我们把$|\Delta\varphi|$的值限在$\pi$以内。例如，当$\Delta\varphi=(3/2)\pi$时，我们常不说$x_2$振动超前$x_1$振动$(3/2)\pi$，而改写成$\Delta\varphi=(3/2)\pi-2\pi=-\pi/2$，且说$x_2$振动落后于$x_1$振动$\pi/2$，或说$x_1$振动超前$x_2$振动$\pi/2$。

相不但用来表示两个相同的作简谐运动的物理量的步调，而且可以用来表示频率相同的不同的物理量变化的步调。例如在图6.2中加速度a和位移x反相，速度v超前位移$\pi/2$，而落后于加速度$\pi/2$。

例 6.1

简谐运动。一质点沿x轴作简谐运动，振幅$A=0.05$ m，周期$T=0.2$ s。当质点正越过平衡位置向负x方向运动时开始计时。

(1) 写出此质点的简谐运动的表达式；

(2) 求在$t=0.05$ s时质点的位置、速度和加速度；

(3) 另一质点和此质点的振动频率相同，但振幅为0.08 m，并和此质点反相，写出这另一质点的简谐运动表达式；

(4) 画出两振动的相量图。

解　(1) 取平衡位置为坐标原点，以余弦函数表示简谐运动，则$A=0.05$ m，$\omega=2\pi/T=10\pi$ s^{-1}。由于$t=0$时$x=0$且$v<0$，所以$\varphi=\pi/2$。因此，此质点简谐运动表达式为

$$x = A\cos(\omega t + \varphi) = 0.05\cos(10\pi t + \pi/2)$$①

(2) $t=0.05$ s 时，

$$x = 0.05\cos(10\pi \times 0.05 + \pi/2) = 0.05\cos\pi = -0.05 \text{ m}$$

此时质点正在负 x 向最大位移处；

$$v = -\omega A\sin(\omega t + \varphi) = -0.05 \times 10\pi\sin(10\pi \times 0.05 + \pi/2) = 0$$

此时质点瞬时停止；

$$a = -\omega^2 A\cos(\omega t + \varphi)$$
$$= -(10\pi)^2 0.05\cos(10\pi \times 0.05 + \pi/2) \approx 49.3 \text{ m/s}^2$$

此时质点的瞬时加速度指向平衡位置。

(3) 由于频率相同，另一反相质点的初相与此质点的初相差就是 π(或 $-\pi$)。这另一质点的简谐运动表达式应为

$$x' = A'\cos(\omega t + \varphi - \pi) = 0.08\cos(10\pi t - \pi/2)$$

(4) 两振动的相量图见图 6.5。

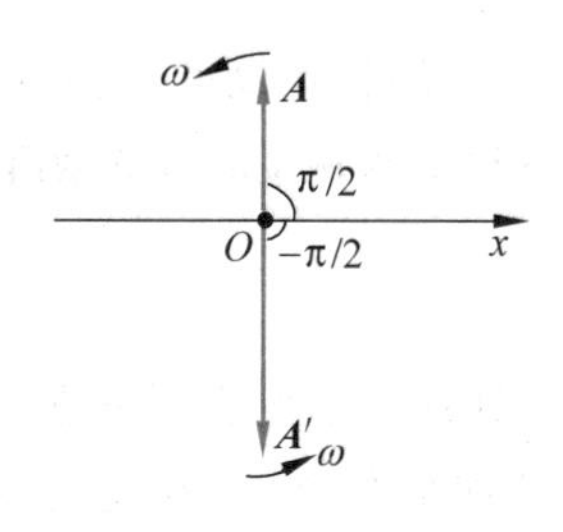

图 6.5　例 6.1 中两振动的相量图

6.2　简谐运动的动力学

作简谐运动的质点，它的加速度和对于平衡位置的位移有式(6.7)所示的关系，即

$$a = \frac{d^2 x}{dt^2} = -\omega^2 x$$

根据牛顿第二定律，质量为 m 的质点沿 x 方向作简谐运动，沿此方向所受的合外力就应该是

$$F = m\frac{d^2 x}{dt^2} = -m\omega^2 x$$

由于对同一个简谐运动，m，ω 都是常量，所以可以说：**一个作简谐运动的质点所受的沿位移方向的合外力与它对于平衡位置的位移成正比而反向**。这样的力称为**回复力**。

反过来，如果一个质点沿 x 方向运动，它受到的合外力 F 与它对于平衡位置的位移 x 成正比而反向，即

$$F = -kx \tag{6.9}$$

其中，k 为比例常量，则由牛顿第二定律，可得

$$F = m\frac{d^2 x}{dt^2} = -kx \tag{6.10}$$

或

$$a = \frac{d^2 x}{dt^2} = -\frac{k}{m}x \tag{6.11}$$

微分方程的理论证明，这一微分方程的解**一定**取式(6.1)的形式，即

$$x = A\cos(\omega t + \varphi)$$

因此可以说，在式(6.9)所示的合外力作用下，质点一定作简谐运动。这样，式(6.9)所表示的外力就是质点作简谐运动的充要条件。所以就可以说，**质点在与对平衡位置的位移成正**

---

① 本章表达式中各量用数值表示时，除特别指明外，均用国际单位制单位。

比而反向的合外力作用下的运动就是简谐运动。这可以作为**简谐运动的动力学定义**，式(6.10)就叫做简谐运动的**动力学方程**。

将式(6.7)和式(6.11)加以对比，还可以得出简谐运动的角频率为

$$\omega=\sqrt{\frac{k}{m}} \tag{6.12}$$

这就是说，简谐运动的角频率由振动系统本身的性质(包括力的特征和物体的质量)所决定。这一角频率叫振动系统的**固有角频率**，相应的周期叫振动系统的**固有周期**，其值为

$$T=\frac{2\pi}{\omega}=2\pi\sqrt{\frac{m}{k}} \tag{6.13}$$

和处理一般的力学问题一样，除了知道式(6.9)所示外力条件外，还需要知道初始条件，即 $t=0$ 时的位移 x_0 和速度 v_0，才能决定简谐运动的具体形式。由式(6.1)和式(6.5)可知

$$x_0=A\cos\varphi,\quad v_0=-\omega A\sin\varphi \tag{6.14}$$

由此可解得

$$A=\sqrt{x_0^2+\frac{v_0^2}{\omega^2}} \tag{6.15}$$

$$\varphi=\arctan\left(-\frac{v_0}{\omega x_0}\right) \tag{6.16}$$

在用式(6.16)确定 φ 时，一般说来，在 $-\pi$ 到 π 之间有两个值，因此应将此二值代回式(6.14)中以判定取舍。

简谐运动的三个特征量 A,ω,φ 都知道了，这个简谐运动的情况就完全确定了。

例 6.2

弹簧振子。图6.6所示为一水平弹簧振子，O 为振子的平衡位置，选作坐标原点。弹簧对小球(即振子)的弹力遵守胡克定律，即 $F=-kx$，其中 k 为弹簧的劲度系数。(1)证明：振子的运动为简谐运动。(2)已知弹簧的劲度系数为 $k=15.8\ \mathrm{N/m}$，振子的质量为 $m=0.1\ \mathrm{kg}$。在 $t=0$ 时振子对平衡位置的位移 $x_0=0.05\ \mathrm{m}$，速度 $v_0=-0.628\ \mathrm{m/s}$。写出相应的简谐运动的表达式。

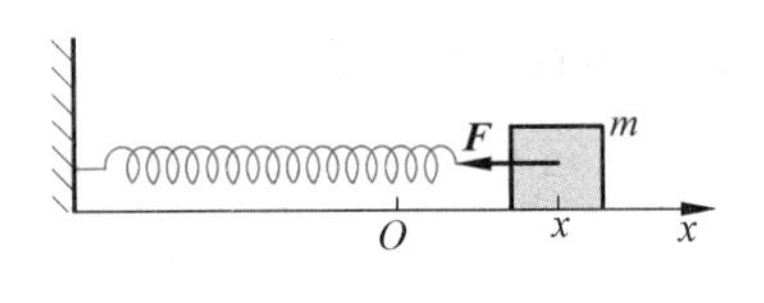

图6.6 水平弹簧振子

解 (1) 以胡克定律表示的振子所受的水平合力表示式说明此合力与振子在其平衡位置的位移成正比而反向。根据定义，此力作用下的振子的水平运动应为简谐运动。

(2) 要写出此简谐运动的表达式，需要知道它的三个特征量 A,ω,φ。角频率决定于系统本身的性质，由式(6.12)可得

$$\omega=\sqrt{\frac{k}{m}}=\sqrt{\frac{15.8}{0.1}}\approx 12.57\ (\mathrm{s^{-1}})=4\pi\ (\mathrm{s^{-1}})$$

A 和 φ 由初始条件决定，由式(6.15)得

$$A=\sqrt{x_0^2+\frac{v_0^2}{\omega^2}}=\sqrt{0.05^2+\frac{(-0.628)^2}{12.57^2}}\approx 7.07\times10^{-2}\ (\mathrm{m})$$

又由式(6.16)得

$$\varphi=\arctan\left(-\frac{v_0}{\omega x_0}\right)=\arctan\left(-\frac{-0.628}{12.57\times0.05}\right)\approx\arctan 1=\frac{\pi}{4}\text{ 或 }-\frac{3}{4}\pi$$

由于 $x_0=A\cos\varphi=0.05\ \mathrm{m}>0$，所以取 $\varphi=\pi/4$。

由此，以平衡位置为原点所求简谐运动的表达式应为

$$x=7.07\times10^{-2}\cos\left(4\pi t+\frac{\pi}{4}\right)$$

例 6.3

单摆的小摆角振动。如图 6.7 所示的单摆摆长为 l，摆锤质量为 m。证明：单摆的小摆角振动是简谐运动并求其周期。

解 当摆线与竖直方向成 θ 角时，忽略空气阻力，摆球所受的合力沿圆弧切线方向的分力，即重力在这一方向的分力，为 $mg\sin\theta$。取逆时针方向为角位移 θ 的正方向，则此力应写成

$$f_t=-mg\sin\theta$$

在**角位移 θ 很小时**，$\sin\theta\approx\theta$，所以

$$f_t=-mg\theta \tag{6.17}$$

由于摆球的切向加速度为 $a_t=\frac{\mathrm{d}v}{\mathrm{d}t}=l\frac{\mathrm{d}\omega}{\mathrm{d}t}=l\frac{\mathrm{d}^2\theta}{\mathrm{d}t^2}$，所以由牛顿第二定律可得

$$ml\frac{\mathrm{d}^2\theta}{\mathrm{d}t^2}=-mg\theta$$

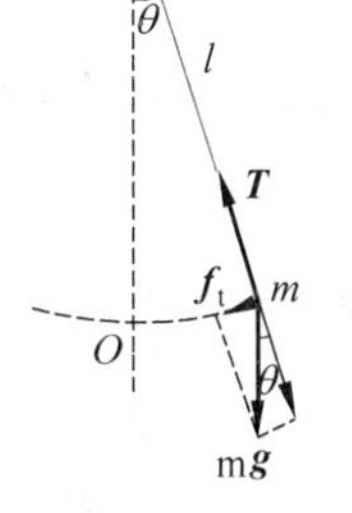

图 6.7 单摆

或

$$\frac{\mathrm{d}^2\theta}{\mathrm{d}t^2}=-\frac{g}{l}\theta \tag{6.18}$$

这一方程和式(6.11)具有相同的形式，其中的常量 g/l 相当于式(6.11)中的常量 k/m。由此可以得出结论：**在摆角很小的情况下，单摆的振动是简谐运动**。这一振动的角频率，根据式(6.12)应为

$$\omega=\sqrt{\frac{g}{l}}$$

而由式(6.2)可知单摆振动的周期为

$$T=\frac{2\pi}{\omega}=2\pi\sqrt{\frac{l}{g}} \tag{6.19}$$

这就是在中学物理课程中大家已熟知的周期公式。

式(6.17)表示的力也和位移(或角位移)成正比而反向，和上例的弹性力类似。这种形式上与弹性力类似的力叫**准弹性力**。

在稳定平衡位置附近的微小振动

在弹簧振子和单摆的例子中，物体作简谐运动都是在恢复力作用下进行的。物体离开平衡位置时就要受到恢复力的作用而返回。这一平衡位置称做**稳定平衡位置**。根据力和势能的关系，在稳定平衡位置处，振动系统的势能必取最小值，而势能曲线在稳定平衡位置处应该达到最低点。由于势能曲线在其最低点附近足够小的范围内都可以用抛物线近似，所以质点在稳定平衡位置的微小振动就都是简谐运动(图 6.8 所示的弹簧振子的势能曲线是抛物线，它的振动就是简谐运动)。下面用解析方法来说明这一点。

以 $E_p=E_p(x)$ 表示振动系统的势能函数(这里只讨论一维的情况)。将稳定平衡位置取作原点，在此处振动质点应该受力为零。根据力和势能的关系，应该有

$$F=-\left(\frac{\mathrm{d}E_p}{\mathrm{d}x}\right)_{x=0}=0 \tag{6.20}$$

又由于平衡是稳定的，所以还应该有

$$\left(\frac{\mathrm{d}^2 E_p}{\mathrm{d}x^2}\right)_{x=0} > 0 \tag{6.21}$$

现在将 $E_p(x)$在 $x=0$ 处展开成泰勒级数，即

$$E_p(x) = E_p(x_0) + \left(\frac{\mathrm{d}E_p}{\mathrm{d}x}\right)_{x=0} x + \frac{1}{2!}\left(\frac{\mathrm{d}^2 E_p}{\mathrm{d}x^2}\right)_{x=0} x^2 + \frac{1}{3!}\left(\frac{\mathrm{d}^3 E_p}{\mathrm{d}x^3}\right)_{x=0} x^3 + \cdots$$

在位移 x 足够小时，可以忽略 x^3 以及更高次方项，于是有

$$E_p(x) \approx E_p(x_0) + \left(\frac{\mathrm{d}E_p}{\mathrm{d}x}\right)_{x=0} x + \frac{1}{2}\left(\frac{\mathrm{d}^2 E_p}{\mathrm{d}x^2}\right)_{x=0} x^2$$

由式(6.20)可知，此式等号右侧第二项为零，于是质点受的力为

$$F(x) = -\frac{\mathrm{d}E_p}{\mathrm{d}x} = -\left(\frac{\mathrm{d}^2 E_p}{\mathrm{d}x^2}\right)_{x=0} x \tag{6.22}$$

令

$$\left(\frac{\mathrm{d}^2 E_p}{\mathrm{d}x^2}\right)_{x=0} = k \tag{6.23}$$

由式(6.21)可知，$k>0$。于是式(6.22)变为

$$F(x) = -kx$$

这正是与位移成正比而反向的恢复力的表示式。因此，在稳定平衡位置附近的微小振动就是简谐运动，而且其振动的角频率为

$$\omega = \sqrt{\frac{k}{m}} = \left[\frac{1}{m}\left(\frac{\mathrm{d}^2 E_p}{\mathrm{d}x^2}\right)_{x=0}\right]^{1/2} \tag{6.24}$$

例 6.4

已知氢分子内两原子的势能可表示为

$$E_p = E_{p0}\left[\mathrm{e}^{-(x-x_0)/b} - 2\mathrm{e}^{-(x-x_0)/2b}\right]$$

其中 $E_{p0}=4.7\ \mathrm{eV}$，$x_0=7.4\times10^{-11}\ \mathrm{m}$，$x$ 为两原子之间的距离，b 为一特征长度。

(1) 试证明：两原子的平衡间距为 x_0，而且是稳定平衡间距。

(2) 已测得氢分子中两原子的微小振动频率为 $\nu=1.3\times10^{14}\ \mathrm{Hz}$，一个氢原子的质量是 $m=1.67\times10^{-27}\ \mathrm{kg}$。求上面的势能表示式中 b 的值。

解 (1) 一个氢原子受的力应为

$$F = -\frac{\mathrm{d}E_p}{\mathrm{d}x} = -\frac{E_{p0}}{b}\left[-\mathrm{e}^{-(x-x_0)/b} + \mathrm{e}^{-(x-x_0)/2b}\right]$$

平衡间距对应于 $F=0$，由上式可得 $x=x_0$ 或∞。间距无穷大对应于氢分子已解离，所以氢分子中两原子的平衡间距应为 x_0。

又因

$$\left(\frac{\mathrm{d}^2 E_p}{\mathrm{d}x^2}\right)_{x=x_0} = \frac{E_{p0}}{2b^2} > 0$$

所以 $x=x_0$ 为稳定平衡间距。

(2) 由式(6.23)

$$k = \left(\frac{\mathrm{d}^2 E_p}{\mathrm{d}x^2}\right)_{x=x_0} = \frac{E_{p0}}{2b^2}$$

由于两氢原子都相对于其质心运动，所以

$$\nu=\frac{\omega}{2\pi}=\frac{1}{2\pi}\sqrt{\frac{2k}{m}}=\frac{1}{2\pi b}\sqrt{\frac{E_{p0}}{m}}$$

由此得

$$b=\frac{1}{2\pi\nu}\sqrt{\frac{E_{p0}}{m}}$$

$$=\frac{1}{2\pi\times1.3\times10^{14}}\sqrt{\frac{4.7\times1.6\times10^{-19}}{1.67\times10^{-27}}}\approx2.6\times10^{-11}(\mathrm{m})$$

6.3 简谐运动的能量

仍以图 6.6 所示的水平弹簧振子为例。当物体的位移为 x，速度为 $v=\mathrm{d}x/\mathrm{d}t$ 时，弹簧振子的总机械能为

$$E=E_{\mathrm{k}}+E_{\mathrm{p}}=\frac{1}{2}mv^2+\frac{1}{2}kx^2 \tag{6.25}$$

利用式(6.1)和式(6.5)，可得任意时刻弹簧振子的弹性势能和动能分别为

$$E_{\mathrm{p}}=\frac{1}{2}kx^2=\frac{1}{2}kA^2\cos^2(\omega t+\varphi) \tag{6.26}$$

$$E_{\mathrm{k}}=\frac{1}{2}mv^2=\frac{1}{2}m\omega^2A^2\sin^2(\omega t+\varphi) \tag{6.27}$$

应用(6.12)式的关系，即

$$\omega^2=\frac{k}{m}$$

可得

$$E_{\mathrm{k}}=\frac{1}{2}kA^2\sin^2(\omega t+\varphi) \tag{6.28}$$

因此，弹簧振子系统的总机械能为

$$E=E_{\mathrm{k}}+E_{\mathrm{p}}=\frac{1}{2}kA^2 \tag{6.29}$$

由此可知，弹簧振子的总能量不随时间改变，即其机械能守恒。这一点是和弹簧振子在振动过程中没有外力对它做功的条件相符合的。

式(6.29)还说明弹簧振子的总能量和振幅的平方成正比，这一点对其他的简谐运动系统也是正确的。振幅不仅给出了简谐运动的运动范围，而且还反映了振动系统总能量的大小，或者说反映了振动的**强度**。

图 6.8 弹簧振子的势能曲线

弹簧振子作简谐运动时的能量变化情况可以在势能曲线图上查看。如图 6.8 所示，弹簧振子的势能曲线为抛物线。在一次振动中总能量为 E，保持不变。在位移为 x 时，势能和动能分别由 xa 和 ab 直线段表示。当位移到达 $+A$ 和 $-A$ 时，振子动能为零，开始返回运动。振子不可能越过势能曲线到达势能更大的区域，因为到那里振子的动能应为负值，而这是不可能的[①]。

还可以利用式(6.26)和式(6.27)求出弹簧振子的势能和动能对时间的平均值。根据对时间的平均值的定义可得

$$\overline{E}_p = \frac{1}{T}\int_0^T E_p \mathrm{d}t = \frac{1}{T}\int_0^T \frac{1}{2}kA^2\cos^2(\omega t+\varphi)\mathrm{d}t = \frac{1}{4}kA^2$$

$$\overline{E}_k = \frac{1}{T}\int_0^T E_k \mathrm{d}t = \frac{1}{T}\int_0^T \frac{1}{2}kA^2\sin^2(\omega t+\varphi)\mathrm{d}t = \frac{1}{4}kA^2$$

即弹簧振子的势能和动能的平均值相等而且等于总机械能的一半。这一结论也同样适用于其他的简谐运动。

6.4 阻尼振动

前面几节讨论的简谐运动，都是物体在弹性力或准弹性力作用下产生的，没有其他的力，如阻力的作用。这样的简谐运动又叫做**无阻尼自由振动**（“尼”字据《辞海》也是阻止的意思）。实际上，任何振动系统总还要受到阻力的作用，这时的振动叫做**阻尼振动**。由于在阻尼振动中，振动系统要不断地克服阻力做功，所以它的能量将不断地减少。因而阻尼振动的振幅也不断地减小，故而被称为**减幅振动**。

通常的振动系统都处在空气或液体中，它们受到的阻力就来自它们周围的这些介质。实验指出，当运动物体的速度不太大时，介质对运动物体的阻力与速度成正比。又由于阻力总与速度方向相反，所以阻力 f_r 与速度 v 就有下述的关系：

$$f_r = -\gamma v = -\gamma\frac{\mathrm{d}x}{\mathrm{d}t} \tag{6.31}$$

式中 γ 为正的比例常数，它的大小由物体的形状、大小、表面状况以及介质的性质决定。

质量为 m 的振动物体，在弹性力（或准弹性力）和上述阻力作用下运动时，运动方程应为

$$m\frac{\mathrm{d}^2x}{\mathrm{d}t^2} = -kx - \gamma\frac{\mathrm{d}x}{\mathrm{d}t} \tag{6.32}$$

令

$$\omega_0^2 = \frac{k}{m}, \quad 2\beta = \frac{\gamma}{m}$$

这里 ω_0 为振动系统的固有角频率，β 称为**阻尼系数**。以此代入式(6.32)可得

$$\frac{\mathrm{d}^2x}{\mathrm{d}t^2} + 2\beta\frac{\mathrm{d}x}{\mathrm{d}t} + \omega_0^2 x = 0 \tag{6.33}$$

这是一个微分方程。在阻尼作用较小（即 $\beta<\omega_0$）时，此方程的解为

$$x = A_0 e^{-\beta t}\cos(\omega t + \varphi_0) \tag{6.34}$$

---

① 对于微观的振动系统，如分子内原子的振动，其能量和振动的频率 ν 有关，而且是“量子化”的。其能量的可能值为

$$E = \left(n + \frac{1}{2}\right)h\nu, \quad n = 0,1,2,\cdots \tag{6.30}$$

式中，h 为普朗克常量；n 为振动“量子数”，只能取自然数，每一个 n 值，对应于一个振动能级。

图6.8表示的振子不可能越过势能曲线的现象也只限于经典的简谐运动。微观的振动粒子是可以越过势能曲线所形成的障壁而进入势能更大的区域的，这就是所谓“隧道效应”。

其中

$$\omega=\sqrt{\omega_0^2-\beta^2} \tag{6.35}$$

而 A_0 和 φ_0 是由初始条件决定的积分常数。式(6.34)即阻尼振动的表达式，图 6.9 画出了相应的位移时间曲线。

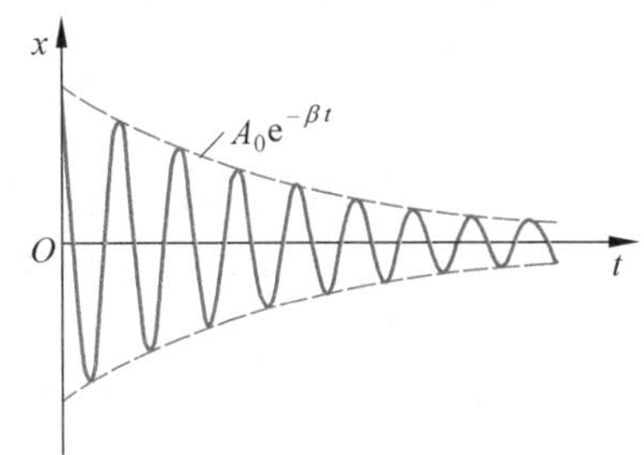

图 6.9 阻尼振动图线

式(6.34)中的 $A_0e^{-\beta t}$ 可以看做是随时间变化的振幅，它随时间是按指数规律衰减的。这种振幅衰减的情况在图 6.9 中可以清楚地看出来。阻尼作用愈大，振幅衰减得愈快。显然阻尼振动不是简谐运动；它也不是严格的周期运动，因为位移并不能恢复原值。这时仍然把因子 $\cos(\omega t+\varphi_0)$ 的相变化 2π 所经历的时间，亦即相邻两次沿同方向经过平衡位置相隔的时间，叫周期。这样，阻尼振动的周期为

$$T=\frac{2\pi}{\omega}=\frac{2\pi}{\sqrt{\omega_0^2-\beta^2}} \tag{6.36}$$

很明显，阻尼振动的周期比振动系统的固有周期要长。

由于振幅 $A_0e^{-\beta t}$ 不断减小，振动能量也不断减小。由于振动能量和振幅的平方成正比，可以证明(请读者自行完成证明)，当 $\beta\leqslant\omega_0$ 时(这种情况称为**弱阻尼**)，有

$$E\approx E_0e^{-2\beta t} \tag{6.37}$$

其中 E_0 为起始能量。能量减小到起始能量的 1/e 所经过的时间为

$$\tau=\frac{1}{2\beta} \tag{6.38}$$

这一时间可以作为阻尼振动的特征时间而称为**时间常量**，或叫鸣响时间。阻尼越小，则时间常数越大，鸣响时间也越长。

在通常情况下，阻尼很难避免，振动常常是阻尼的。对这种实际振动，常常用在鸣响时间内可能振动的次数来比较振动的“优劣”，振动次数越多越“好”。因此，技术上就用这一次数的 2π 倍定义为阻尼振动的**品质因数**，并以 Q 表示，因此又称为振动系统的 **Q 值**。于是

$$Q=2\pi\frac{\tau}{T}=\omega\tau \tag{6.39}$$

在阻尼不严重的情况下，此式中的 T 和 ω 就可以用振动系统的固有周期和固有角频率计算。一般音叉和钢琴弦的 Q 值为几千，即它们在敲击后到基本听不见之前大约可以振动几千次，无线电技术中的振荡回路的 Q 值为几百，激光器的光学谐振腔的 Q 值可达 10^7。

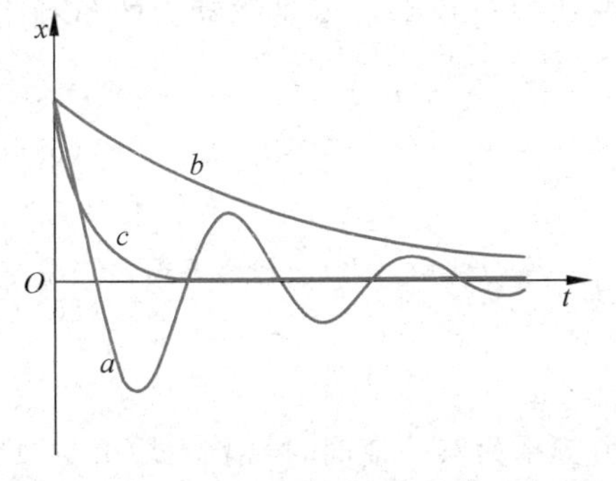

图 6.10 三种阻尼的比较

图 6.9 所示的阻尼较小的阻尼运动叫**欠阻尼**(也见图 6.10 中的曲线 a)。阻尼作用过大时，物体的运动将不再具有任何周期性，物体将从原来远离平衡位置的状态慢慢回到平衡位置(图 6.10 中的曲线 b)。这种情况称为**过阻尼**。

阻尼的大小适当，则可以使运动处于一种**临界阻尼**状态。此时系统还是一次性地回到平衡状态，

但所用的时间比过阻尼的情况要短(图 6.10 中的曲线 c)。因此当物体偏离平衡位置时，如果要它以最短的时间一次性地回到平衡位置，就常用施加临界阻尼的方法。

6.5 受迫振动 共振

实际的振动系统总免不了由于阻力而消耗能量，这会使振幅不断衰减。但这时也能够得到等幅的，即振幅并不衰减的振动，这是由于对振动系统施加了周期性外力因而不断地补充能量的缘故。这种周期性外力叫**驱动力**，在驱动力作用下的振动就叫**受迫振动**。

受迫振动是常见的。例如，如果电动机的转子的质心不在转轴上，则当电动机工作时它的转子就会对基座加一个周期性外力(频率等于转子的转动频率)而使基座作受迫振动。扬声器中和纸盆相连的线圈，在通有音频电流时，在磁场作用下就对纸盆施加周期性的驱动力而使之发声。人们听到声音也是耳膜在传入耳蜗的声波的周期性压力作用下作受迫振动的结果。

为简单起见，设驱动力是随时间按余弦规律变化的简谐力 $H\cos\omega t$。由于同时受到弹性力和阻力的作用，物体受迫振动的运动方程为

$$m\frac{\mathrm{d}^2x}{\mathrm{d}t^2}=-kx-\gamma\frac{\mathrm{d}x}{\mathrm{d}t}+H\cos\omega t \tag{6.40}$$

令

$$\omega_0^2=\frac{k}{m},\quad 2\beta=\frac{\gamma}{m},\quad h=\frac{H}{m}$$

则上一式可改写成

$$\frac{\mathrm{d}^2x}{\mathrm{d}t^2}+2\beta\frac{\mathrm{d}x}{\mathrm{d}t}+\omega_0^2x=h\cos\omega t \tag{6.41}$$

这个微分方程的解为

$$x=A_0\mathrm{e}^{-\beta t}\cos\left(\sqrt{\omega_0^2-\beta^2}\,t+\varphi_0\right)+A\cos(\omega t+\varphi) \tag{6.42}$$

此式表明，受迫振动可以看成是两个振动合成的。一个振动由此式的第一项表示，它是一个减幅的振动。经过一段时间后，这一分振动就减弱到可以忽略不计了。余下的就只有上式中后一项表示的振幅不变的振动，这就是受迫振动达到稳定状态时的等幅振动。因此，受迫振动的稳定状态就由下式表示：

$$x=A\cos(\omega t+\varphi) \tag{6.43}$$

可以证明(将式(6.43)代入式(6.41)即可)，此等幅振动的角频率 ω 就是驱动力的角频率，而振幅为

$$A=\frac{h}{[(\omega_0^2-\omega^2)^2+4\beta^2\omega^2]^{1/2}} \tag{6.44}$$

稳态受迫振动与驱动力的相差为

$$\varphi=\arctan\frac{-2\beta\omega}{\omega_0^2-\omega^2} \tag{6.45}$$

这些都与初始条件无关。

对一定的振动系统，改变驱动力的频率，当驱动力频率为某一值时，振幅 A(式(6.44))会达到极大值。用求极值的方法可得使振幅达到极大值的角频率为

$$\omega_{\mathrm{r}}=\sqrt{\omega_0^2-2\beta^2} \tag{6.46}$$

相应的最大振幅为

$$A_{\mathrm{r}}=\frac{H/m}{2\beta\sqrt{\omega_0^2-\beta^2}} \tag{6.47}$$

在弱阻尼即 $\beta \ll \omega_0$ 的情况下，由式(6.46)可看出，当 $\omega_{\mathrm{r}}=\omega_0$，即驱动力频率等于振动系统的固有频率时，振幅达到最大值。我们把这种振幅达到最大值的现象叫做**共振**①。

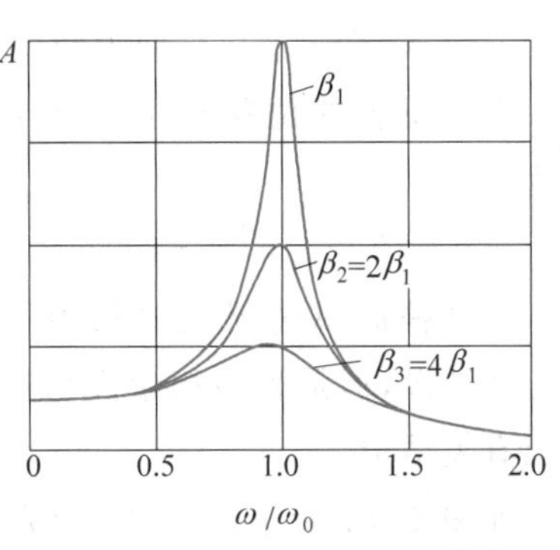

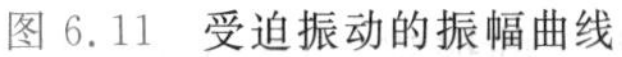

图 6.11 受迫振动的振幅曲线

在几种阻尼系数不同的情况下受迫振动的振幅随驱动力的角频率变化的情况如图 6.11 所示。

可以证明，在共振时，振动速度和驱动力同相，因而，驱动力总是对系统做正功，系统能最大限度地从外界得到能量。这就是共振时振幅最大的原因②。

共振现象是极为普遍的，在声、光、无线电、原子内部及工程技术中都常遇到。共振现象有有利的一面，例如，许多仪器就是利用共振原理设计的：收音机利用电磁共振(电谐振)进行选台，一些乐器利用共振来提高音响效果，核内的核磁共振被利用来进行物质结构的研究以及医疗诊断等。共振也有不利的一面，例如共振时因为系统振幅过大会造成机器设备的损坏等。1940 年著名的美国塔科马海峡大桥断塌的部分原因就是阵阵大风引起的桥的共振。图 6.12(a)是该桥要断前某一时刻的振动形态，图(b)是桥断后的惨状。

(a)

(b)

图 6.12 塔科马海峡大桥的共振断塌

6.6 同一直线上同频率的简谐运动的合成

在实际的问题中，常常会遇到几个简谐运动的合成(或叠加)。例如，当两列声波同时传到空间某一点时，该点空气质点的运动就是两个振动的合成。一般的振动合成问题比较复

---

① 一般来讲，可以证明，当驱动力频率正好等于系统固有频率时，受迫振动的速度幅达到极大值。这叫做**速度共振**。上面讲的振幅达到极大值的现象叫做**位移共振**。在弱阻尼的情况下，二者可不加区分。

② 关于受迫振动的能量，可参看：白守仁.受迫振动中的能量转换.大学物理，1984，6：19。

杂，下面先讨论在同一直线上的频率相同的两个简谐运动的合成。

设两个在同一直线上的同频率的简谐运动的表达式分别为

$$x_1 = A_1 \cos(\omega t + \varphi_1)$$
$$x_2 = A_2 \cos(\omega t + \varphi_2)$$

式中，A_1，A_2 和 φ_1，φ_2 分别为两个简谐运动的振幅和初相，x_1，x_2 表示在同一直线上，相对同一平衡位置的位移。在任意时刻合振动的位移为

$$x = x_1 + x_2$$

对这种简单情况虽然利用三角公式不难求得合成结果，但是利用相量图可以更简捷直观地得出有关结论。

如图 6.13 所示，A_1，A_2 分别表示简谐运动 x_1 和 x_2 的振幅矢量，A_1，A_2 的合矢量为 A，而 A 在 x 轴上的投影 $x = x_1 + x_2$。

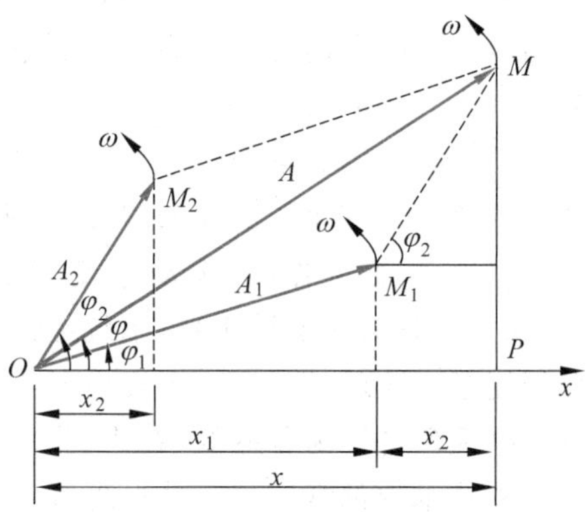

图 6.13 在 x 轴上的两个同频率的简谐运动合成的相量图

因为 A_1，A_2 以相同的角速度 ω 匀速旋转，所以在旋转过程中平行四边形的形状保持不变，因而合矢量 A 的长度保持不变，并以同一角速度 ω 匀速旋转。因此，合矢量 A 就是相应的合振动的振幅矢量，而合振动的表达式为

$$x = A\cos(\omega t + \varphi)$$

参照图 6.13，利用余弦定理可求得合振幅为

$$A = \sqrt{A_1^2 + A_2^2 + 2A_1A_2\cos(\varphi_2 - \varphi_1)} \tag{6.48}$$

由直角△OMP 可以求得合振动的初相 φ 满足

$$\tan\varphi = \frac{A_1\sin\varphi_1 + A_2\sin\varphi_2}{A_1\cos\varphi_1 + A_2\cos\varphi_2} \tag{6.49}$$

式(6.48)表明合振幅不仅与两个分振动的振幅有关，还与它们的初相差 $\varphi_2 - \varphi_1$ 有关。下面是两个重要的特例。

(1) 两分振动同相

$$\varphi_2 - \varphi_1 = 2k\pi, \quad k = 0, \pm 1, \pm 2, \cdots$$

这时 $\cos(\varphi_2 - \varphi_1) = 1$，由式(6.48)得

$$A = \sqrt{A_1^2 + A_2^2 + 2A_1A_2} = A_1 + A_2$$

合振幅最大，振动曲线如图 6.14(a)所示。

(2) 两分振动反相

$$\varphi_2 - \varphi_1 = (2k + 1)\pi, \quad k = 0, \pm 1, \pm 2, \cdots$$

这时 $\cos(\varphi_2 - \varphi_1) = -1$，由式(6.48)得

$$A = \sqrt{A_1^2 + A_2^2 - 2A_1A_2} = |A_1 - A_2|$$

合振幅最小，振动曲线如图 6.14(b)所示。当 $A_1 = A_2$ 时，$A = 0$，说明两个同幅反相的振动

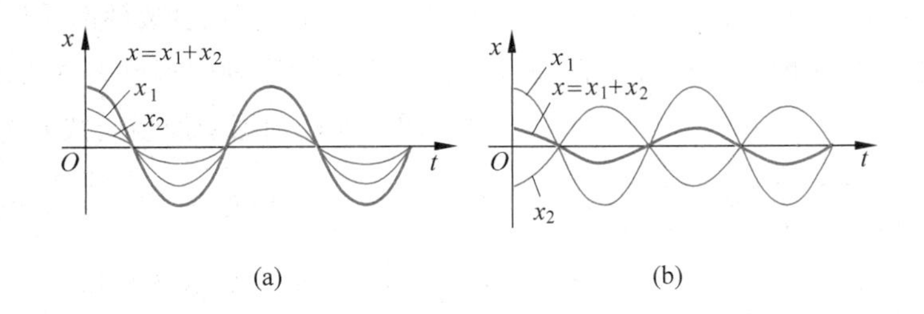

图 6.14 振动合成曲线

(a) 两振动同相；(b) 两振动反相

合成的结果将使质点处于静止状态。

当相差 $\varphi_2-\varphi_1$ 为其他值时，合振幅的值在 A_1+A_2 与 $|A_1-A_2|$ 之间。

6.7 同一直线上不同频率的简谐运动的合成

如果在一条直线上的两个分振动频率不同，合成结果就比较复杂了。从相量图看，由于这时 A_1 和 A_2 的角速度不同，它们之间的夹角就要随时间改变，它们的合矢量也将随时间改变。该合矢量在 x 轴上的投影所表示的合运动将不是简谐运动。下面我们不讨论一般的情形，而只讨论两个振幅相同的振动的合成。

设两分振动的角频率分别为 ω_1 与 ω_2，振幅都是 A。由于二者频率不同，总会有机会二者同相(表现在相量图上是两分振幅矢量在某一时刻重合)。我们就从此时刻开始计算时间，因而二者的初相相同。这样，两分振动的表达式可分别写成

$$x_1 = A\cos(\omega_1 t+\varphi)$$

$$x_2 = A\cos(\omega_2 t+\varphi)$$

应用三角学中的和差化积公式可得合振动的表达式为

$$\begin{aligned} x &= x_1+x_2 = A\cos(\omega_1 t+\varphi)+A\cos(\omega_2 t+\varphi) \\ &= 2A\cos\frac{\omega_2-\omega_1}{2}t\cos\left(\frac{\omega_2+\omega_1}{2}t+\varphi\right) \end{aligned} \tag{6.50}$$

在一般情形下，我们察觉不到合振动有明显的周期性。但当两个分振动的频率都较大而其差很小时，就会出现明显的周期性。我们就来说明这种特殊的情形。

式(6.50)中的两因子 $\cos\frac{\omega_2-\omega_1}{2}t$ 及 $\cos\left(\frac{\omega_2+\omega_1}{2}t+\varphi\right)$ 表示两个周期性变化的量。根据所设条件，$\omega_2-\omega_1\ll\omega_2+\omega_1$，第二个量的频率比第一个的大很多，即第一个的周期比第二个的大很多。这就是说，第一个量的变化比第二个量的变化慢得多，以致在某一段较短时间内第二个量反复变化多次时，第一个量几乎没有变化。因此，对于由这两个因子的乘积决定的运动可近似地看成振幅为 $\left|2A\cos\frac{\omega_2-\omega_1}{2}t\right|$(因为振幅总为正，所以取绝对值)，角频率为 $\frac{\omega_1+\omega_2}{2}$ 的谐振动。所谓近似谐振动，就是因为振幅是随时间改变的缘故。由于振幅的这种

改变也是周期性的，所以就出现振动忽强忽弱的现象，这时的振动合成的图线如图6.15所示。频率都较大但相差很小的两个同方向振动合成时所产生的这种合振动忽强忽弱的现象叫做**拍**。单位时间内振动加强或减弱的次数叫**拍频**。拍频的值可以由振幅公式 $\left|2A\cos\frac{\omega_2-\omega_1}{2}t\right|$ 求出。由于这里只考虑绝对值，而余弦函数的绝对值在一个周期内两次达到最大值，所以单位时间内最大振幅出现的次数应为振动 $\left(\cos\frac{\omega_2-\omega_1}{2}t\right)$ 的频率的两倍，即拍频为

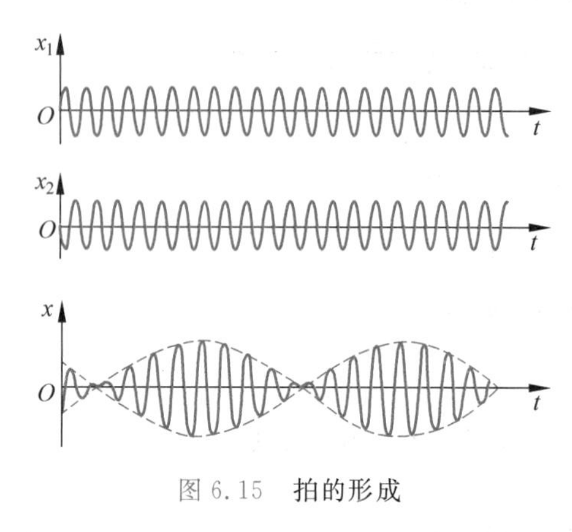

图6.15 拍的形成

$$\nu = 2\times\frac{1}{2\pi}\left(\frac{\omega_2-\omega_1}{2}\right)=\frac{\omega_2}{2\pi}-\frac{\omega_1}{2\pi}=\nu_2-\nu_1 \tag{6.51}$$

这就是说，**拍频为两分振动频率之差**。

式(6.51)常用来测量频率。如果已知一个高频振动的频率，使它和另一频率相近但未知的振动叠加，测量合成振动的拍频，就可以求出后者的频率。

*6.8 谐振分析

从6.7节关于振动合成的讨论知道，两个在同一直线上而频率不同的简谐运动合成的结果仍是振动，但一般不再是简谐运动。现在再来看一个频率比为1∶2的两个简谐运动合成的例子。设

$$x = x_1 + x_2 = A_1\sin\omega t + A_2\sin 2\omega t$$

合振动的 x-t 曲线如图6.16所示。可以看出合振动不再是简谐运动，但仍是周期性振动。合振动的频率就是那个较低的振动的频率。一般地说，如果分振动不是两个，而是两个以上而且各分振动的频率都是其中一个最低频率的整数倍，则上述结论仍然正确，即合振动仍是周期性的，其频率等于那个最低的频率。合振动的具体变化规律则与分振动的个数、振幅比例关系及相差有关。图6.17是说明由若干分简谐运动合成“方波”的图线。图6.17(a)表示方波的合振动图线，其频率为 ν。图6.17(b)，(c)，(d)依次为频率是 ν，3ν，5ν 的简谐运动的图线。这三个简谐运动的合成图线如图6.17(e)所示。它已和方波振动图线相近了，如果再加上频率更高而振幅适当的若干简谐运动，就可以合成相当准确的方波振动了。

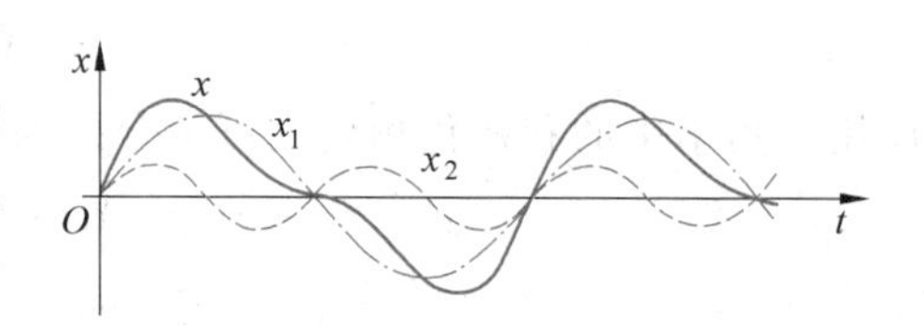

图6.16 频率比为1∶2的两个简谐运动的合成

以上讨论的是振动的合成，与之相反，任何一个复杂的周期性振动都可以分解为一系列简谐运动之和。这种把一个复杂的周期性振动分解为许多简谐运动之和的方法称为**谐振分析**。

根据实际振动曲线的形状，或它的位移时间函数关系，求出它所包含的各种简谐运动的频

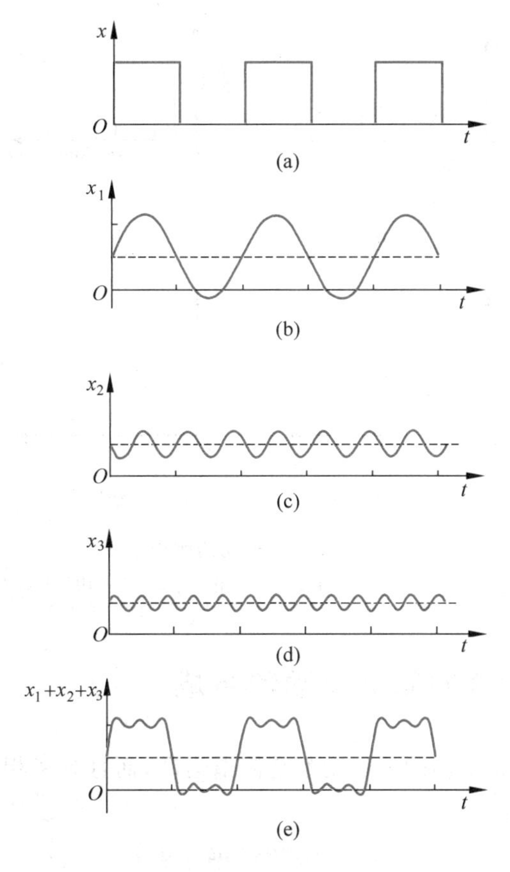

图 6.17 “方波”的合成

率和振幅的数学方法叫**傅里叶分析**，它指出：一个周期为 T 的周期函数 $F(t)$可以表示为

$$F(t)=\frac{a_0}{2}+\sum_{k=1}^{\infty}[A_k\cos(k\omega t+\varphi_k)] \tag{6.52}$$

其中各分振动的振幅 A_k 与初相 φ_k 可以用数学公式根据 $F(t)$求出。这些分振动中频率最低的称为**基频振动**，它的频率就是原周期函数 $F(t)$的频率，这一频率也就叫**基频**。其他分振动的频率都是基频的整数倍，依次分别称为二次、三次、四次……**谐频**。

不仅周期性振动可以分解为一系列频率为最低频率整数倍的简谐运动，而且任意一种非周期性振动也可以分解为许多简谐运动。不过对非周期性振动的谐振分析要用傅里叶变换处理，这里不再介绍。

通常用**频谱**表示一个实际振动所包含的各种谐振成分的振幅和它们的频率的关系。周期性振动的频谱是分立的**线状谱**(如图 6.18 中(a)，(b)所示)，而非周期性振动的频谱密集成连续谱(如图 6.18 中(c)，(d)所示)。

谐振分析无论对实际应用或理论研究，都是十分重要的方法，因为实际存在的振动大多不是严格的简谐运动，而是比较复杂的振动。在实际现象中，一个复杂振动的特征总跟组成它们的各种不同频率的谐振成分有关。例如，同为 C 音，音调(即基频)相同，但钢琴和胡琴发出的 C 音的音色不同，就是因为它们所包含的高次谐频的个数与振幅不同。

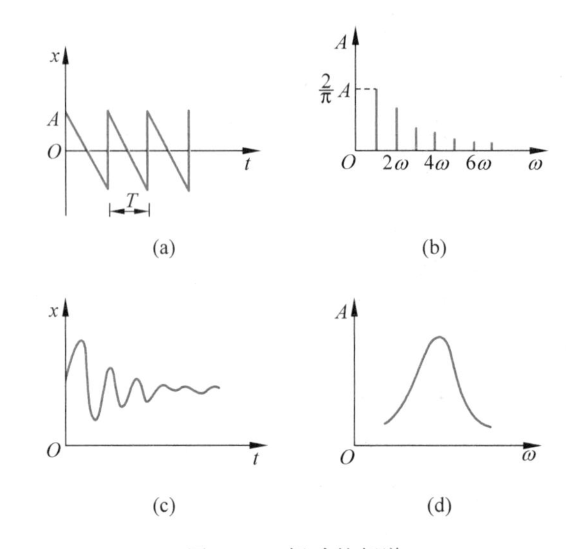

图 6.18 振动的频谱

(a) 锯齿波；(b) 锯齿波的频谱；(c) 阻尼振动；(d) 阻尼振动的频谱

*6.9 两个相互垂直的简谐运动的合成

设一个质点沿 x 轴和 y 轴的分运动都是简谐运动，而且频率相同。两分运动的表达式分别为

$$x = A_x \cos(\omega t + \varphi_x) \tag{6.53}$$

$$y = A_y \cos(\omega t + \varphi_y) \tag{6.54}$$

质点在任意时刻对于其平衡位置的位移应是两个分位移的矢量和。质点运动的轨迹则随两分运动的相差而改变。

如果二分简谐运动同相，则 x,y 值将同时为零并将按同一比例连续增大或减小，这样质点合运动的轨迹将是一条通过原点而斜率为正值的直线段，如图 6.19(a)所示。如果二分简谐运动反相，则 x,y 值也将同时为零但一正一负地按同一比例增大或减小。这样质点的合运动的轨迹将是一条通过原点而斜率为负值的直线段，如图 6.19(e)所示。

如果二分简谐运动相差 $\pi/2$，例如 $\varphi_y-\varphi_x=\pi/2$，则 x,y 值不可能同时为零，而是一个为零时另一个是极大值(正的或负的)，而且是 y 先达到其正极大而 x 后达到其正极大。这样，质点运动的轨迹就是一个**右旋**的，长短半轴分别是 A_y 和 A_x 的正椭圆，如图 6.19(c)所示。同理，如果 $\varphi_y-\varphi_x=3\pi/2$，则质点的轨迹将是一个同样的椭圆，不过是**左旋**的，如图 6.19(g)所示。在这两种情况下，如果两分运动的振幅相等，即 $A_x=A_y$，则质点合运动的轨迹将分别是右旋和左旋的圆周。

如果二分简谐运动的相差为其他值，则质点的合运动将是不同的斜置的椭圆，如图 6.19 中其他图所示。在所有这些情况下，质点运动的周期就是两分运动的周期。

两个频率不同的相互垂直的简谐运动的合成结果比较复杂，但如果二者的频率**有简单的整数比**，则合成的质点的运动将具有**封闭的稳定**的运动轨迹。图 6.20 画出了频率比 ν_y/ν_x 分别等于 1/2,2/3 和 3/4 的三个分简谐运动合成的质点运动的轨迹。这种图称为李萨如图，它常被用来比较两个简谐运动的频率。

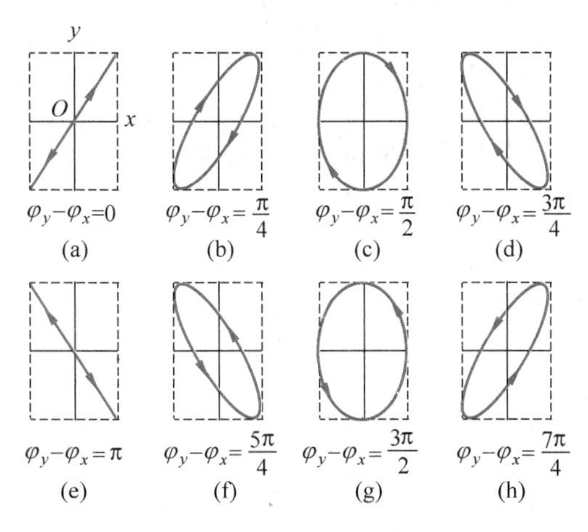

图 6.19　相互垂直的两个简谐运动的合成的轨迹与走向

$\nu_y:\nu_x=1:2$　$\nu_y:\nu_x=2:3$　$\nu_y:\nu_x=3:4$

图 6.20　李萨如图

最后应该指出，和合成相反，一个质点的圆运动或椭圆运动可以分解为相互垂直的两个同频率的简谐运动。这种运动的分解方法在研究光的偏振时就常常用到。

提要

1. 简谐运动的运动学定义式： $x=A\cos(\omega t+\varphi)$

三个特征量：振幅 A　决定于振动的能量；

角频率 ω　决定于振动系统的性质，$\omega=\frac{2\pi}{T}$，$\omega=2\pi\nu$；

初相 φ　决定于起始时刻的选择。

$$v=-\omega A\sin(\omega t+\varphi)$$

$$a=-\omega^2 A\cos(\omega t+\varphi)=-\omega^2 x$$

简谐运动可以用相量图表示。

2. 振动的相： $(\omega t+\varphi)$

两个振动的相差：同相 $\Delta\varphi=2k\pi$，　反相 $\Delta\varphi=(2k+1)\pi$

3. 简谐运动的动力学定义

$$F=-kx$$

由于

$$\frac{\mathrm{d}^2x}{\mathrm{d}t^2}=-\omega^2 x$$

由牛顿第二定律可得

$$\omega=\sqrt{\frac{k}{m}},\quad T=2\pi\sqrt{\frac{m}{k}}$$

初始条件决定振幅和初相：

$$A=\sqrt{x_0^2+\frac{v_0^2}{\omega^2}},\quad \varphi=\arctan\left(-\frac{v_0}{\omega x_0}\right)$$

4. 简谐运动实例

弹簧振子(劲度系数 k)： $\frac{d^2x}{dt^2}=-\frac{k}{m}x,\quad \omega=\sqrt{\frac{k}{m}},\quad T=2\pi\sqrt{\frac{m}{k}}$

单摆(摆长 l)小摆角振动： $\frac{d^2\theta}{dt^2}=-\frac{g}{l}\theta,\quad \omega=\sqrt{\frac{g}{l}},\quad T=2\pi\sqrt{\frac{l}{g}}$

在稳定平衡位置的微小振动： $k=\left(\frac{d^2E_p}{dx^2}\right)_{x=x_0},\quad \omega=\sqrt{\frac{k}{m}}$

5. 简谐运动的能量：机械能 E 保持不变。

$$E=E_k+E_p=\frac{1}{2}m\left(\frac{dx}{dt}\right)^2+\frac{1}{2}kx^2=\frac{1}{2}kA^2$$

这能量反映振动的强度，和振幅的平方成正比。

$$\overline{E}_k=\overline{E}_p=\frac{1}{2}E$$

6. 阻尼振动：欠阻尼(阻力较小)情况下

$$A=A_0e^{-\beta t}$$

时间常数： $\tau=\frac{1}{2\beta}$

Q 值： $Q=2\pi\frac{\tau}{T}=\omega\tau$

过阻尼(阻力较大)情况下，质点慢慢回到平衡位置，不再振动；

临界阻尼(阻力适当)情况下，质点以最短时间回到平衡位置不再振动。

7. 受迫振动：是在周期性的驱动力作用下的振动。稳态时的振动频率等于驱动力的频率；当驱动力的频率等于振动系统的固有频率时发生共振现象，这时系统最大限度地从外界吸收能量。

8. 两个简谐运动的合成

(1) 同一直线上的两个同频率振动：合振动的振幅决定于两分振动的振幅和相差：同相时，$A=A_1+A_2$，反相时，$A=|A_1-A_2|$。

(2) 同一直线上的两个不同频率的振动：两分振动频率都很大而频率差很小时，产生**拍**的现象。拍频等于二分振动的频率差。

* **9. 谐振分析**：一个非简谐运动可以分解为振幅和频率不同的许多简谐振动，其组成可以用频谱表示。

* **10. 两个相互垂直的简谐运动的合成**：两个分简谐运动的频率相同时，合成的质点运动的轨迹为直线段或椭圆，视二者的相差而定。频率不同而有简单整数比时，则合成的质点的轨迹形成李萨如图。

思考题

6.1 什么是简谐运动？下列运动中哪个是简谐运动？

(1) 拍皮球时球的运动；

（2）锥摆的运动；

（3）一小球在半径很大的光滑凹球面底部的小幅度摆动。

6.2 如果把一弹簧振子和一单摆拿到月球上去，它们的振动周期将如何改变？

6.3 当一个弹簧振子的振幅增大到两倍时，试分析它的下列物理量将受到什么影响：振动的周期、最大速度、最大加速度和振动的能量。

6.4 把一单摆从其平衡位置拉开，使悬线与竖直方向成一小角度 φ，然后放手任其摆动。如果从放手时开始计算时间，此 φ 角是否振动的初相？单摆的角速度是否振动的角频率？

6.5 已知一简谐运动在 $t=0$ 时物体正越过平衡位置，试结合相量图说明由此条件能否确定物体振动的初相。

6.6 稳态受迫振动的频率由什么决定？改变这个频率时，受迫振动的振幅会受到什么影响？

6.7 弹簧振子的无阻尼自由振动是简谐运动，同一弹簧振子在简谐驱动力持续作用下的稳态受迫振动也是简谐运动，这两种简谐运动有什么不同？

6.8 任何一个实际的弹簧都是有质量的，如果考虑弹簧的质量，弹簧振子的振动周期将变大还是变小？

6.9 简谐运动的一般表达式为

$$x = A\cos(\omega t + \varphi)$$

此式可以改写成

$$x = B\cos\omega t + C\sin\omega t$$

试用振幅 A 和初相 φ 表示振幅 B 和 C，并用相量图说明此表示形式的意义。

6.10 一个弹簧，劲度系数为 k，一质量为 m 的物体挂在它的下面。若把该弹簧分割成两半，物体挂在分割后的一根弹簧上，问分割前后两个弹簧振子的频率是否一样？二者的关系如何？

习题

6.1 一个小球和轻弹簧组成的系统，按

$$x = 0.05\cos\left(8\pi t + \frac{\pi}{3}\right)$$

的规律振动。

（1）求振动的角频率、周期、振幅、初相、最大速度及最大加速度；

（2）求 $t=1$ s，2 s，10 s 等时刻的相；

（3）分别画出位移、速度、加速度与时间的关系曲线。

6.2 有一个和轻弹簧相连的小球，沿 x 轴作振幅为 A 的简谐运动。该振动的表达式用余弦函数表示。若 $t=0$ 时，球的运动状态分别为：(1) $x_0=-A$；(2)过平衡位置向 x 正方向运动；(3)过 $x=A/2$ 处，且向 x 负方向运动。试用相量图法分别确定相应的初相。

6.3 已知一个谐振子（即作简谐运动的质点）的振动曲线如图 6.21 所示。

（1）求与 a,b,c,d,e 各状态相应的相；

（2）写出振动表达式；

（3）画出相量图。

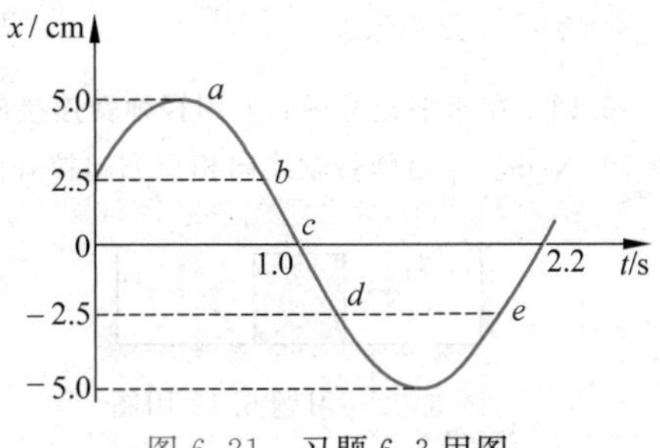

图 6.21 习题 6.3 用图

6.4 作简谐运动的小球，速度最大值为 $v_m = 3$ cm/s，振幅 $A = 2$ cm，若从速度为正的最大值的某时刻开始计算时间，

(1) 求振动的周期；

(2) 求加速度的最大值；

(3) 写出振动表达式。

6.5 一水平弹簧振子，振幅 $A = 2.0\times10^{-2}$ m，周期 $T = 0.50$ s。当 $t = 0$ 时，

(1) 振子过 $x = 1.0\times10^{-2}$ m 处，向负方向运动；

(2) 振子过 $x = -1.0\times10^{-2}$ m 处，向正方向运动。

分别写出以上两种情况下的振动表达式。

6.6 两个谐振子作同频率、同振幅的简谐运动。第一个振子的振动表达式为 $x_1 = A\cos(\omega t + \varphi)$，当第一个振子从振动的正方向回到平衡位置时，第二个振子恰在正方向位移的端点。

(1) 求第二个振子的振动表达式和二者的相差；

(2) 若 $t = 0$ 时，第一个振子 $x_1 = -A/2$，并向 x 负方向运动，画出二者的 x-t 曲线及相量图。

6.7 两个质点平行于同一直线并排作同频率、同振幅的简谐运动。在振动过程中，每当它们经过振幅一半的地方时相遇，而运动方向相反。求它们的相差，并作相量图表示之。

6.8 一弹簧振子，弹簧劲度系数为 $k = 25$ N/m，当振子以初动能 0.2 J 和初势能 0.6 J 振动时，试回答：

(1) 振幅是多大？

(2) 位移是多大时，势能和动能相等？

(3) 位移是振幅的一半时，势能多大？

6.9 将一劲度系数为 k 的轻质弹簧上端固定悬挂起来，下端挂一质量为 m 的小球，平衡时弹簧伸长为 b。试写出以此平衡位置为原点的小球的动力学方程，从而证明小球将作简谐运动并求出其振动周期。若它的振幅为 A，它的总能量是否还是 $\frac{1}{2}kA^2$？（总能量包括小球的动能和重力势能以及弹簧的弹性势能，两种势能均取平衡位置为势能零点。）

*6.10 在分析图 6.6 所示弹簧振子的振动时，都忽略了弹簧的质量，现在考虑一下弹簧质量的影响。设弹簧质量为 m'，沿弹簧长度均匀分布，振子质量为 m。以 v 表示振子在某时刻的速度，弹簧各点的速度和它们到固定端的长度成正比。证明：

(1) 此时刻弹簧振子的动能为 $\frac{1}{2}\left(m + \frac{m'}{3}\right)v^2$，从而可知此系统的有效质量为 $m + \frac{m'}{3}$。

(2) 此系统的角频率应为 $\left[k\Big/\left(m + \frac{m'}{3}\right)\right]^{1/2}$。

6.11 将劲度系数分别为 k_1 和 k_2 的两根轻弹簧串联在一起，竖直悬挂着，下面系一质量为 m 的物体，做成一在竖直方向振动的弹簧振子，试求其振动周期。

*6.12 劲度系数分别为 k_1 和 k_2 的两根弹簧和质量为 m 的物体相连，如图 6.22 所示，试写出物体的动力学方程并证明该振动系统的振动周期为

$$T = 2\pi\sqrt{\frac{m}{k_1 + k_2}}$$

*6.13 在水平光滑桌面上用轻弹簧连接两个质量都是 0.05 kg 的小球（图 6.23），弹簧的劲度系数为 1×10^3 N/m。今沿弹簧轴线向相反方向拉开两球然后释放，求此后两球振动的频率。

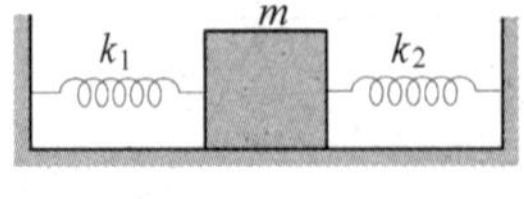

图 6.22 习题 6.12 用图

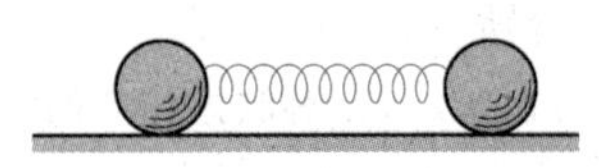
图 6.23 习题 6.13 用图

*6.14　设想穿过地球挖一条直细隧道(图 6.24)，隧道壁光滑。在隧道内放一质量为 m 的球，它离隧道中点的距离为 x。设地球为均匀球体，质量为 M_E，半径为 R_E。

(1) 求球受的重力。(提示：球只受其所在处内侧的球面以内的地球质量的引力作用。)

(2) 证明球在隧道内在重力作用下的运动是简谐运动，并求其周期。

(3) 近地圆轨道人造地球卫星的周期多大？

*6.15　一物体放在水平木板上，物体与板面间的静摩擦系数为 0.50。

(1) 当此板沿水平方向作频率为 2.0 Hz 的简谐运动时，要使物体在板上不致滑动，振幅的最大值应是多大？

(2) 若令此板改作竖直方向的简谐运动，振幅为 5.0 cm，要使物体一直保持与板面接触，则振动的最大频率是多少？

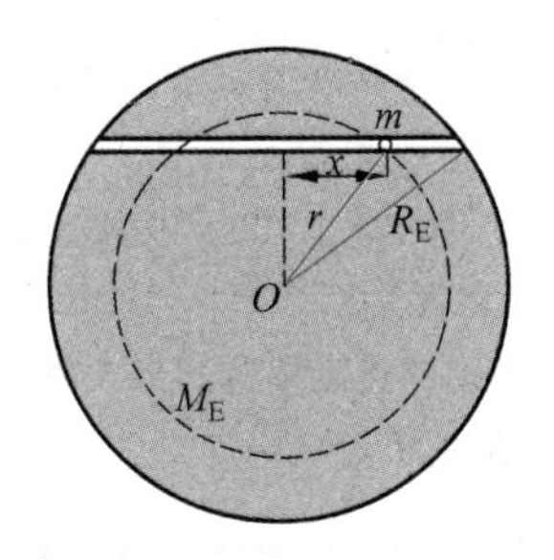

图 6.24　习题 6.14 用图

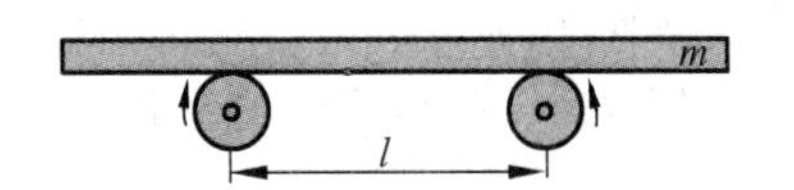

图 6.25　习题 6.16 用图

6.16　如图 6.25 所示，一块均匀的长木板质量为 m，对称地平放在相距 $l=20$ cm 的两个滚轴上。如图所示，两滚轴的转动方向相反，已知滚轴表面与木板间的摩擦系数为 $\mu=0.5$。今使木板沿水平方向移动一段距离后释放，证明此后木板将作简谐运动并求其周期。

6.17　质量为 $m=121$ g 的水银装在 U 形管中，管截面积 $S=0.30\ \mathrm{cm}^2$。当水银面上下振动时，其振动周期 T 是多大？水银的密度为 $13.6\ \mathrm{g/cm}^3$。忽略水银与管壁的摩擦。

*6.18　行星绕太阳的运行速度可分解为径向分速度 $v_r=\frac{\mathrm{d}r}{\mathrm{d}t}$和角向(垂直于径向)分速度 $v_\theta=r\frac{\mathrm{d}\theta}{\mathrm{d}t}$。因此，质量为 m 的行星的机械能可写成

$$E=\frac{1}{2}m\left(\frac{\mathrm{d}r}{\mathrm{d}t}\right)^2+\frac{1}{2}mr^2\left(\frac{\mathrm{d}\theta}{\mathrm{d}t}\right)^2-\frac{GmM_S}{r}$$

式中 M_S 为太阳的质量，r 为太阳到行星的径矢。

(1) 证明：以 L 表示行星对太阳的恒定角动量，则有

$$E=\frac{1}{2}m\left(\frac{\mathrm{d}r}{\mathrm{d}t}\right)^2+\frac{1}{2}\frac{L^2}{mr^2}-\frac{GmM_S}{r}$$

(2) 对于圆轨道，$r=r_0$；对于一近似圆轨道，$r=r_0+x$，$x\ll r_0$。证明：对于此近似圆轨道，近似地有

$$E=\frac{1}{2}m\left(\frac{\mathrm{d}x}{\mathrm{d}t}\right)^2+\frac{3}{2}\frac{L^2}{mr_0^4}x^2-\frac{GmM_S}{r_0^3}x^2-\frac{GmM_S}{2r_0}$$

(3) 和简谐运动的能量公式(6.25)对比，可知上式除最后一项的附加常量外，它表示行星沿径向作简谐运动。证明：和此简谐运动相应的“等效劲度系数”为

$$k=\frac{GM_Sm}{r_0^3}$$

(4) 证明：上述径向简谐运动的周期等于该行星公转的周期。画出此行星的近似圆运动的轨道图形。

6.19　一质量为 m 的刚体在重力力矩的作用下绕固定的水平轴 O 作小幅度无阻尼自由摆动，如图 6.26 所示。设刚体质心 C 到轴线 O 的距离为 b，刚体对轴线 O 的转动惯量为 I。试用转动定律写出此刚体绕轴 O 的动

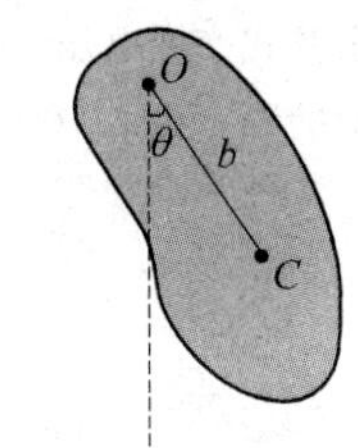

图 6.26　习题 6.19 用图

力学方程，并证明 OC 与竖直线的夹角 θ 的变化为简谐运动，而且振动周期为

$$T = 2\pi\sqrt{\frac{I}{mgb}}$$

6.20　一细圆环质量为 m，半径为 R，挂在墙上的钉子上。求它的微小摆动的周期。

*6.21　HCl 分子中两离子的平衡间距为 1.3×10^{-10} m，势能可近似地表示为

$$E_{\mathrm{p}}(r) = -\frac{e^2}{4\pi\varepsilon_0 r} + \frac{B}{r^9}$$

式中 r 为两离子间的距离。

(1) 试求 HCl 分子的微小振动的频率。(由于 Cl 离子的质量比质子质量大得多，可以认为 Cl 离子不动。)

(2) 利用式(6.30)，并设 HCl 分子处于基态振动能级($n=1$)，按经典简谐运动计算，求其中质子振动的振幅。

6.22　一单摆在空气中摆动，摆长为 1.00 m，初始振幅为 $\theta_0=5°$。经过 100 s，振幅减为 $\theta_1=4°$。再经过多长时间，它的振幅减为$\theta_2=2°$。此单摆的阻尼系数多大？Q 值多大？

*6.23　证明：当驱动力的频率等于系统的固有频率时，受迫振动的速度幅达到最大值。

6.24　一质点同时参与两个在同一直线上的简谐运动，其表达式为

$$x_1 = 0.04\cos\left(2t+\frac{\pi}{6}\right)$$

$$x_2 = 0.03\cos\left(2t-\frac{\pi}{6}\right)$$

试写出合振动的表达式。

6.25　三个同方向、同频率的简谐振动为

$$x_1 = 0.08\cos\left(314t+\frac{\pi}{6}\right)$$

$$x_2 = 0.08\cos\left(314t+\frac{\pi}{2}\right)$$

$$x_3 = 0.08\cos\left(314t+\frac{5\pi}{6}\right)$$

求：(1) 合振动的角频率、振幅、初相及振动表达式；

(2) 合振动由初始位置运动到 $x=\frac{\sqrt{2}}{2}A$(A 为合振动振幅)所需最短时间。

*6.26　一质点同时参与相互垂直的两个简谐运动：

$$x = 0.06\cos 20\pi t$$

$$y = 0.04\cos(20\pi t + \pi/2)$$

试证明其轨迹为一正椭圆(即其长短轴分别沿两个坐标轴)并求其长半轴和短半轴的长度以及绕行周期。此质点的绕行是右旋(即顺时针)还是左旋(即逆时针)的？

*6.27　李萨如图可用来测量频率。例如在示波器的水平和垂直输入端分别加上余弦式交变电压，荧光屏上出现如图 6.27 所示的闭合曲线，已知水平方向振动的频率为 2.70×10^4 Hz，求垂直方向的振动频率。

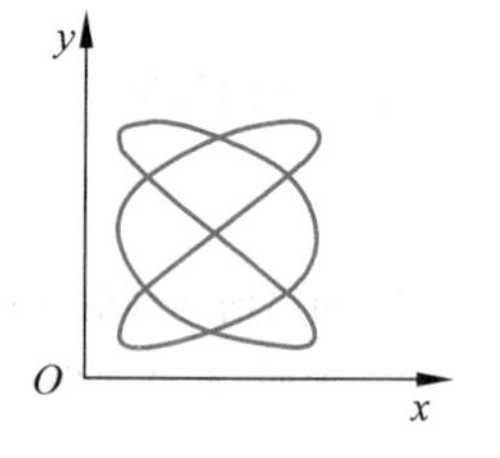

图 6.27　习题 6.27 用图

第 7 章

波　　动

一定的扰动的传播称为波动，简称波。机械扰动在介质中的传播称为机械波，如声波、水波、地震波等。变化电场和变化磁场在空间的传播称为电磁波，如无线电波、光波、X射线等。虽然各类波的本质不同，各有其特殊的性质和规律，但是在形式上它们也具有许多相同的特征和规律，如都具有一定的传播速度，都伴随着能量的传播，都能产生反射、折射、干涉和衍射等现象。本章主要讨论机械波的基本规律，其中有许多对电磁波也是适用的。近代物理研究发现，微观粒子具有明显的二象性——粒子性与波动性，因此研究微观粒子的运动规律时，波动概念也是重要的基础。本章先介绍机械波特别是简谐波的形成过程、波函数及其特征。再说明波的传播速度和弹性介质的性质的关系以及波动传送能量的规律。接着讲述波的传播规律——惠更斯原理，以及波的一种叠加现象——驻波。然后介绍多普勒效应。最后讲述复波与群速度的概念。

7.1　行波

把一根橡皮绳的一端固定在墙上，用手沿水平方向将它拉紧(图 7.1)。当手猛然向上抖动一次时，就会看到一个突起状的扰动沿绳向另一端传去。这是因为各段绳之间都有相互作用的弹力联系着。当用手向上抖动绳的这一端的第一个质元时，它就带动第二个质元向上运动，第二个又带动第三个，依次下去。当手向下拉动第一个质元回到原来位置时，它也要带动第二个质元回来，而后第三个质元、第四个质元等也将被依次带动回到各自原来的位置。结果，由手抖动引起的扰动就不限在绳的这一端而是要向另一端传开了。这种扰动的传播就叫**行波**，取其"行走"之意。抖动一次的扰动叫**脉冲**，脉冲的传播叫**脉冲波**。

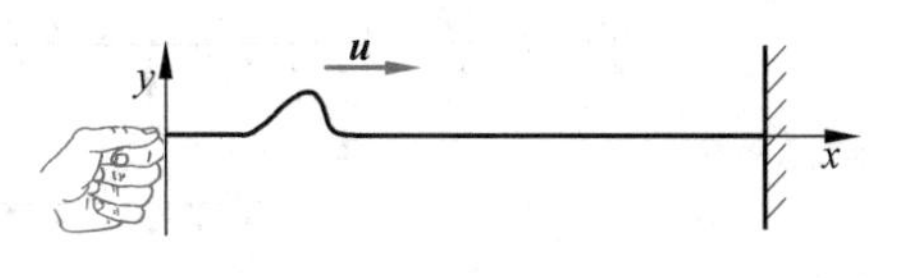

图 7.1　脉冲横波的产生

像图 7.1 所示那种情况，扰动中质元的运动方向和扰动的传播方向垂直，这种波叫**横波**。横波在外形上有峰有谷。

对如图 7.2 中的长弹簧用手在其一端沿水平方向猛然向前推一下，则靠近手的一小段弹簧就突然被压缩。由于各段弹簧之间的弹力作用，这一压缩的扰动也会沿弹簧向另一端传播而形成一个脉冲波。在这种情况下，扰动中质元的运动方向和扰动的传播方向在一条直线上，这种波叫**纵波**。纵波形成时，介质的密度发生改变，时疏时密。

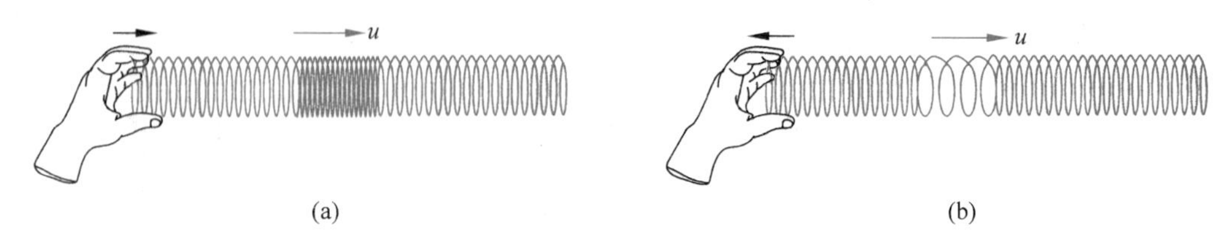

图 7.2 脉冲纵波的产生
(a) 密脉冲；(b) 疏脉冲

横波和纵波是弹性介质内波的两种基本形式。要特别注意的是，不管是横波还是纵波，都只是扰动(即一定的运动形态)的传播，介质本身并没有发生沿波的传播方向的**迁移**。

7.2 简谐波

脉冲波貌似简单，实际上是比较复杂的。最简单的波是**简谐波**，它所传播的扰动形式是简谐运动。正像复杂的振动可以看成是由许多简谐运动合成的一样，任何复杂的波都可以看成是由许多简谐波叠加而成的。因此，研究简谐波的规律具有重要意义。

简谐波可以是横波，也可以是纵波。一根弹性棒中的简谐横波和简谐纵波的形成过程分别如图 7.3 和图 7.4 所示。两图中把弹性棒划分成许多相同的质元，图中各点表示各质元中心的位置。最上面的(a)行表示振动就要从左端开始的状态，各质元都均匀地分布在各自的平衡位置上。下面各行依次画出了几个典型时刻(振动周期的分数倍)各质元的位置与其**形变**(见 7.3 节)的情况。从图中可以明显地看出，在横波中各质元发生**剪切形变**，外形有

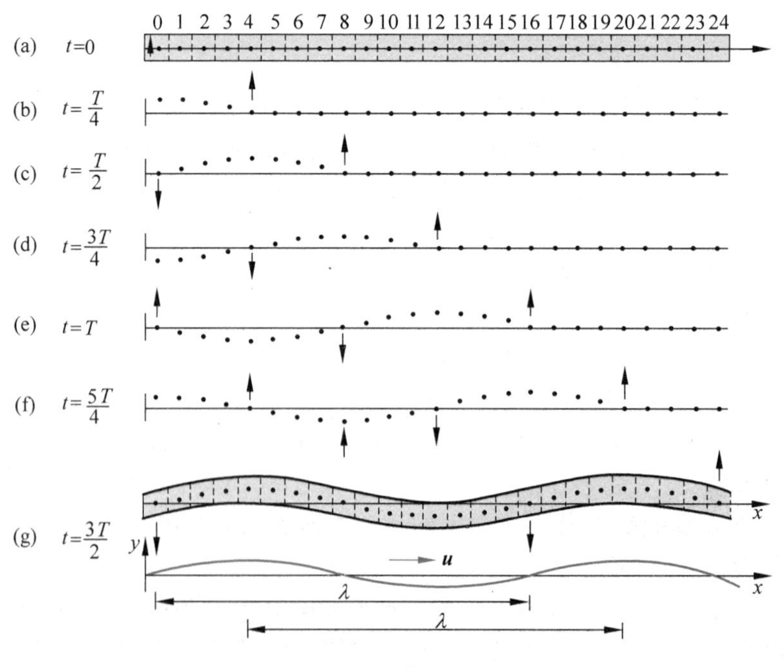

图 7.3 弹性棒中横波的形成过程

峰谷之分；在纵波中，各质元发生**线变**(或**体积改变**)，因而介质的密度发生改变，各处密疏不同。图中用 $\boldsymbol{u}$ 表示简谐运动传播的速度，也就是波动的**传播速度**。图中的小箭头表示相应质元振动的方向。小箭头所在的各质元都正越过各自的平衡位置，因而具有最大的**振动速度**。从图中还可以看出，这些质元还同时发生着最大的形变。图中最下面的(g)行是波形曲线。

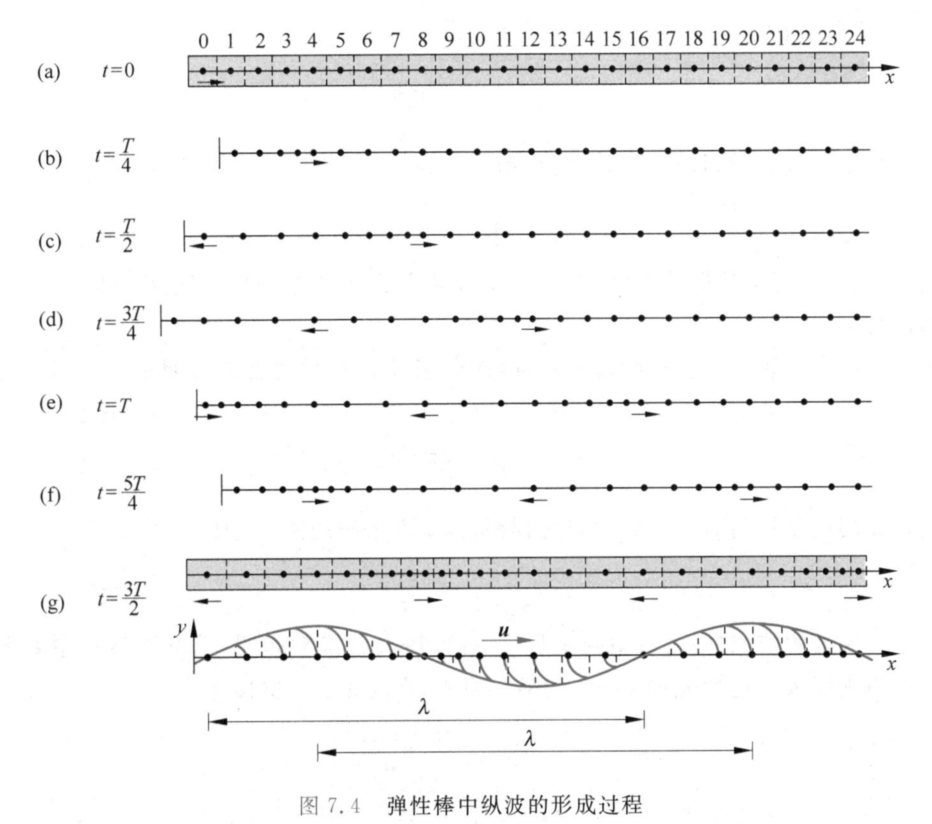

图 7.4 弹性棒中纵波的形成过程

简谐波在介质中传播时，各质元都在作简谐运动，它们的位移随时间不断改变。由于各质元开始振动的时刻不同，各质元的简谐运动并不同步，即在同一时刻各质元的位移随它们位置的不同而不同。各质元的位移 y 随其平衡位置 x 和时间 t 变化的数学表达式叫做简谐波的**波函数**，它可以通过以下的步骤写出来。

如图 7.3 和图 7.4 所示，沿棒长的方向取 x 轴，以棒的左端为原点 O。设位于原点的质元的振动表达式为

$$y_0 = A\cos\omega t \tag{7.1}$$

由于波沿 x 轴正向传播，所以在 $x>0$ 处的各质元将依次较晚开始振动。以 $\boldsymbol{u}$ 表示振动传播的速度，则位于 x 处的质元开始振动的时刻将比原点晚 x/u 这样一段时间，因此在时刻 t 位于 x 处的质元的位移应该等于原点在这之**前** x/u，亦即 $(t-x/u)$ 时刻的位移。由式(7.1)可得位于 x 处的质元在时刻 t 的位移应为

$$y = A\cos\omega\left(t-\frac{x}{u}\right) \tag{7.2}$$

式中 A 称为简谐波的振幅①，ω 称为简谐波的角频率。式(7.2)就是要写出的简谐波的波函数②。

式(7.2)中 $\omega\left(t-\frac{x}{u}\right)$ 为在 x 处的质点在时刻 t 的**相**(或相位)。式(7.2)表明，在同一时刻，各质元的相位不同；沿波的传播方向，各质元的相位依次落后。对于某一给定的相 $\varphi=\omega\left(t-\frac{x}{u}\right)$，它所在的位置 x 和时刻 t 有下述关系：

$$x=ut-\frac{\varphi u}{\omega}$$

即给定的相的位置随时间而改变，它的移动速度为

$$\frac{\mathrm{d}x}{\mathrm{d}t}=u$$

这说明，简谐波中扰动传播的速度，即波速 u，也就是振动的相的传播速度。因此，这一速度又叫**相速度**。

简谐波中任一质元都在作简谐运动，因而简谐波具有**时间上的周期性**。简谐运动的周期为

$$T=\frac{2\pi}{\omega} \tag{7.3}$$

这也就是波的周期。周期的倒数为波的频率，以 ν 表示波的频率，则有

$$\nu=\frac{1}{T}=\frac{\omega}{2\pi} \tag{7.4}$$

由于波函数式(7.2)中含有空间坐标 x，所以该余弦函数表明，简谐波还有**空间上的周期性**。在与坐标为 x 的质元相距 Δx 的另一质元，在时刻 t 的位移为

$$\begin{aligned}y_{x+\Delta x}&=A\cos\omega\left(t-\frac{x+\Delta x}{u}\right)\\&=A\cos\left[\omega\left(t-\frac{x}{u}\right)-\frac{\omega\Delta x}{u}\right]\end{aligned}$$

很明显，如果 $\omega\Delta x/u=2\pi$ 或 2π 的整数倍，则此质元和位于 x 处的质元在同一时刻的位移就相同，或者说，它们将同相地振动。**两个相邻的同相质元之间的距离**为 $\Delta x=2\pi u/\omega$，以 λ 表示此距离，就有

$$\lambda=\frac{2\pi u}{\omega}=uT \tag{7.5}$$

这个表示简谐波的空间周期性的特征量叫做**波长**。由式(7.5)可看出，波长就等于一周期内简谐扰动传播的距离，或者，更准确地说，**波长等于一周期内任一给定的相所传播的距离**。

由式(7.4)和式(7.5)可得

$$u=\lambda\nu \tag{7.6}$$

这就是说，**简谐波的相速度等于其波长与频率的乘积**。

---

① 式(7.2)假定振幅不变，这表示波的能量没有衰减，参看7.5节波的能量。

② 一般说来，若已知原点位移随时间的变化形式为 $y_0=f(t)$，则当此变化沿 x 轴正向传播时，其波函数当为 $y=f(t-x/u)$。在某 t_0 时刻的波形曲线应是和 $y=f(t_0-x/u)$ 相应的曲线。

在某一给定的时刻 $t=t_0$，式(7.2)给出

$$y_{t_0}=A\cos\left(\omega t_0-\frac{2\pi}{\lambda}x\right) \tag{7.7}$$

这一公式说明在同一时刻，各质元(中心)的位移随它们平衡位置的坐标做正弦变化，它给出 t_0 时刻波形的"照相"。和式(7.7)对应的 y-x 曲线就叫**波形曲线**。在图 7.3 和图 7.4 中的(g)就画出了在时刻 $t=\frac{3}{2}T$ 时的波形曲线。其中横波的波形曲线直接反映了横波中各质元的位移。纵波的波形曲线中 y 轴所表示的位移实际上是沿着 x 轴方向的，各质元的位移向左为负，向右为正。把位移转到 y 轴方向标出，就连成了与横波波形相似的正弦曲线。

由于波传播时任一给定的相都以速度 $\boldsymbol{u}$ 向前移动，所以波的传播在空间内就表现为整个波形曲线以速度 **$\boldsymbol{u}$ 向前平移**。图 7.5 就画出了波形曲线的平移，在 Δt 时间内向前平移了 $u\Delta t$ 的一段距离。

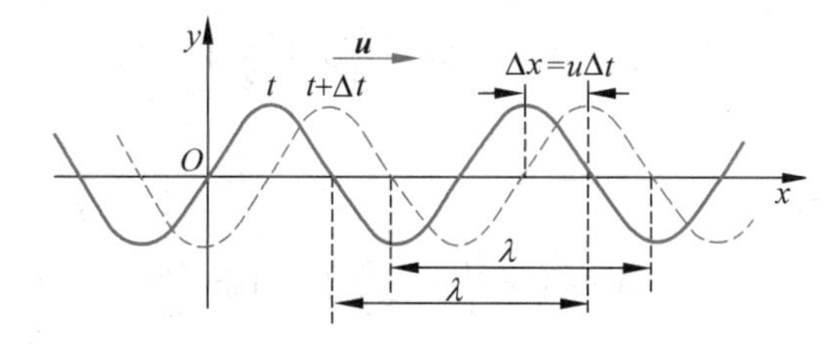

图 7.5 简谐波的波形曲线及其随时间的平移

对简谐波，还常用**波数** k 来表示其特征，k 的定义是

$$k=\frac{2\pi}{\lambda} \tag{7.8}$$

如果把横波中相接的一峰一谷算作一个"完整波"，式(7.8)可理解为：波数等于在 2π 的长度内含有的"完整波"的数目。

根据 λ,ν,T,k 等的关系，沿 x 正向传播的简谐波的波函数还可以写成下列形式：

$$y=A\cos(\omega t-kx) \tag{7.9}$$

或

$$y=A\cos 2\pi\left(\frac{t}{T}-\frac{x}{\lambda}\right) \tag{7.10}$$

如果简谐波是沿 **$\boldsymbol{x}$ 轴负向**传播的，则在时刻 t 位于 x 处的质元的位移应该等于原点在这之后 x/u，亦即 $(t+x/u)$ 时刻的位移。因此，将式(7.2)、式(7.9)和式(7.10)中的**负号改为正号**，就可以得到相应的波函数了。

还需说明的是，这里写出的波函数是对一根棒上的行波来说的，但它也可以描述平面简谐波。在一个体积甚大的介质中，如果有一个平面上的质元都同相地沿同一方向作简谐运动，这种振动也会在介质中沿垂直于这个平面的方向传播开去而形成空间的行波。选波的传播方向为 x 轴的方向，则 x 坐标相同的平面上的质元的振动都是同相的。这些同相振动的点组成的面叫**同相面**或**波面**。像这种同相面是平面的波就叫**平面简谐波**。代表传播方向的直线称做**波线**(图 7.6)。很明显，

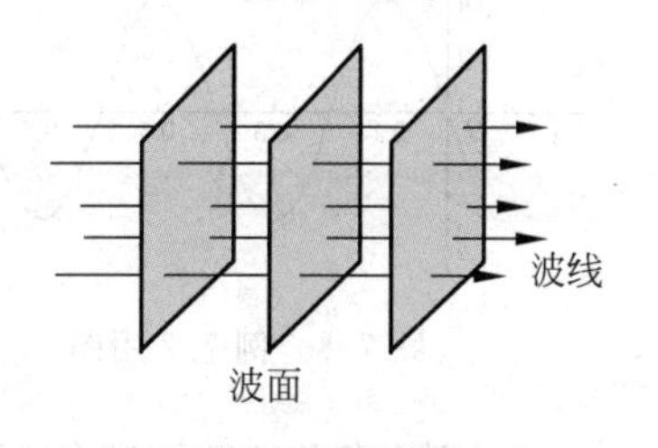

图 7.6 平面波

式(7.2)、式(7.9)和式(7.10)能够描述这种波传播时介质中各质元的振动情况,因此它们又都是平面简谐波的波函数。

例 7.1

一列平面简谐波以波速 u 沿 x 轴正向传播,波长为 λ。已知在 $x_0=\lambda/4$ 处的质元的振动表达式为 $y_{x0}=A\cos\omega t$。试写出波函数,并在同一张坐标图中画出 $t=T$ 和 $t=5T/4$ 时的波形图。

解　设在 x 轴上 P 点处的质点的坐标为 x,则它的振动要比 x_0 处质点的振动晚 $(x-x_0)/u=\left(x-\frac{\lambda}{4}\right)\Big/u$ 这样一段时间,因此 P 点的振动表达式为

$$y=A\cos\omega\left(t-\frac{x-\lambda/4}{u}\right)$$

或

$$y=A\cos\left(\omega t-\frac{2\pi}{\lambda}x+\frac{\pi}{2}\right)$$

这就是所求的波函数。

$t=0$ 时的波形由下式给出:

$$y=A\cos\left(-\frac{2\pi}{\lambda}x+\frac{\pi}{2}\right)=A\sin\frac{2\pi}{\lambda}x$$

由于波的时间上的周期性,在 $t=T$ 时的波形图线应向右平移一个波长,即和上式给出的相同。在 $t=\frac{5}{4}T$ 时,波形曲线应较上式给出的向 x 正向平移一段距离 $\Delta x=u\Delta t=u\left(\frac{5}{4}T-T\right)=\frac{1}{4}uT=\frac{1}{4}\lambda$。两时刻的波形曲线如图 7.7 所示。

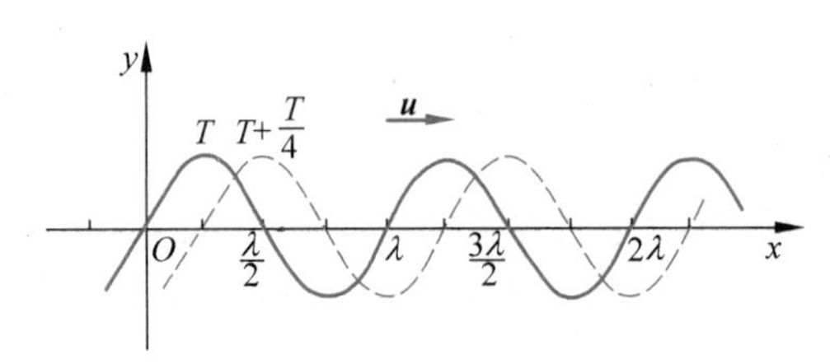

图 7.7　例 7.1 用图

例 7.2

一条长线用水平力张紧,其上产生一列简谐横波向左传播,波速为 20 m/s。在 $t=0$ 时它的波形曲线如图 7.8 所示。

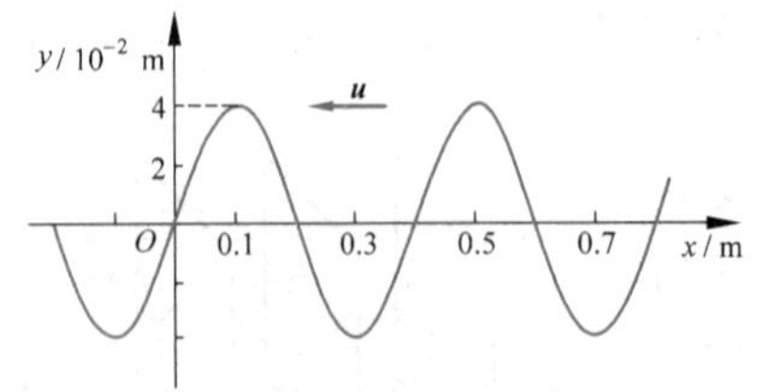

图 7.8　例 7.2 用图

(1) 求波的振幅、波长和波的周期;

(2) 按图设 x 轴方向写出波函数;

(3) 写出质点振动速度表达式。

解　(1) 由图 7.8 可直接看出 $A=4.0\times10^{-2}$ m,$\lambda=0.4$ m,于是得

$$T=\frac{\lambda}{u}=\frac{0.4}{20}=\frac{1}{50}\ \text{(s)}$$

(2) 在波传播的过程中,整个波形图向左平移,于是可得原点 O 处质元的振动表达式为

$$y_0 = A\cos\left(2\pi\frac{t}{T} - \frac{\pi}{2}\right)$$

而波函数为

$$y = A\cos\left(2\pi\frac{t}{T} - \frac{\pi}{2} + \frac{2\pi}{\lambda}x\right)$$

将上面的 A, T 和 λ 的值代入可得

$$y = 4.0\times 10^{-2}\cos\left(100\pi t + 5\pi x - \frac{\pi}{2}\right)$$

(3) 位于 x 处的介质质元的振动速度为

$$v = \frac{\partial y}{\partial t} = 12.6\cos(100\pi t + 5\pi x)$$

将此函数和波函数相比较,可知振动速度也以波的形式向左传播。要注意质元的振动速度(其最大值为12.6 m/s)和波速(为恒定值20 m/s)的区别。

7.3 物体的弹性形变

机械波是在弹性介质内传播的。为了说明机械波的动力学规律,先介绍一些有关物体的弹性形变的基本知识。

物体,包括固体、液体和气体,在受到外力作用时,形状或体积都会发生或大或小的变化。这种变化统称为**形变**。当外力不太大因而引起的形变也不太大时,去掉外力,形状或体积仍能复原。这个外力的限度叫**弹性限度**。在弹性限度内的形变叫**弹性形变**,它和外力具有简单的关系。

由于外力施加的方式不同,形变可以有以下几种基本形式。

1. 线变

一段固体棒,当在其两端沿轴的方向加以方向相反大小相等的外力时,其长度会发生改变,称为**线变**,如图7.9所示。伸长或压缩视二力的方向而定。以 F 表示力的大小,以 S 表示棒的横截面积,则 F/S 叫做**应力**。以 l 表示棒原来的长度,以 Δl 表示在外力 F 作用下的长度变化,则相对变化 $\Delta l/l$ 叫**线应变**。实验表明,在弹性限度内,**应力和线应变成正比**。这一关系叫做**胡克定律**,写成公式为

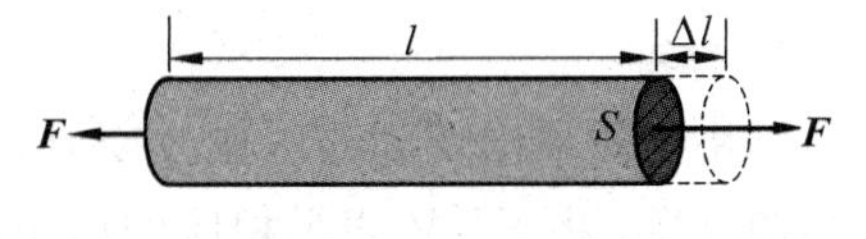

图7.9 线变

$$\frac{F}{S} = E\frac{\Delta l}{l} \tag{7.11}$$

式中 E 为关于线变的比例常量,它随材料的不同而不同,叫**杨氏模量**。将式(7.11)改写成

$$F = \frac{ES}{l}\Delta l = k\Delta l \tag{7.12}$$

在外力不太大时,Δl 较小,S 基本不变,因而 ES/l 近似为一常数,可用 k 表示。式(7.12)即是常见的外力和棒的长度变化成正比的公式,k 称为**劲度系数**,简称**劲度**。

材料发生线变时,它具有弹性势能。类比弹簧的弹性势能公式,由式(7.12)可得弹性势能为

$$W_p = \frac{1}{2}k(\Delta l)^2 = \frac{1}{2}\frac{ES}{l}(\Delta l)^2 = \frac{1}{2}ESl\left(\frac{\Delta l}{l}\right)^2$$

注意到 $Sl=V$ 为材料的总体积，就可以得知，当材料发生线变时，单位体积内的弹性势能为

$$w_p = \frac{1}{2}E\left(\frac{\Delta l}{l}\right)^2 \tag{7.13}$$

即等于杨氏模量和线应变的平方的乘积的一半。

在纵波形成时，介质中各质元都发生线变(图7.9)，各质元内就有如式(7.13)给出的弹性势能。

2. 剪切形变

一块矩形材料，当它的两个侧面受到与侧面平行的大小相等方向相反的力作用时，形状就要发生改变，如图7.10虚线所示。这种形变称为**剪切形变**，也简称**剪切**。外力 F 和施力面积 S 之比称为**剪应力**。施力面积相互错开而引起的材料角度的变化 $\varphi=\Delta d/D$ 称为**剪应变**。在弹性限度内，剪应力也和剪应变成正比，即

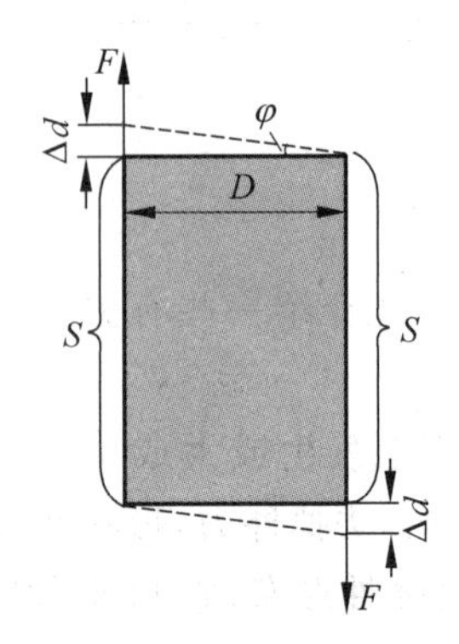

图7.10 剪切形变

$$\frac{F}{S} = G\varphi = G\frac{\Delta d}{D} \tag{7.14}$$

式中 G 称为**剪切模量**，它是由材料性质决定的常量。式(7.14)即用于剪切形变的胡克定律公式。

材料发生剪切形变时，也具有弹性势能。也可以证明：材料发生剪切变时，单位体积内的弹性势能等于剪切模量和应变平方的乘积的一半，即

$$w_p = \frac{1}{2}G\varphi^2 = \frac{1}{2}G\left(\frac{\Delta d}{D}\right)^2 \tag{7.15}$$

在横波形成时，介质中各质元都发生剪切形变(图7.3)，各质元内就有如式(7.15)给出的弹性势能。

3. 体变

一块物质周围受到的压强改变时，其体积也会发生改变，如图7.11所示。以 Δp 表示压强的改变，以 $\Delta V/V$ 表示相应的体积的相对变化即**体应变**，则胡克定律表示式为

$$\Delta p = -K\frac{\Delta V}{V} \tag{7.16}$$

式中 K 叫**体弹模量**，总取正数，它的大小随物质种类的不同而不同。式(7.16)中的负号表示压强的增大总导致体积的缩小。

体弹模量的倒数叫**压缩率**。以 κ 表示压缩率，则有

$$\kappa = \frac{1}{K} = -\frac{1}{V}\frac{\Delta V}{\Delta p} \tag{7.17}$$

可以证明，在发生体积压缩形变时，单位体积内的弹性势能也等于相应的弹性模量(K)与应变($\Delta V/V$)的平方的乘积的一半。

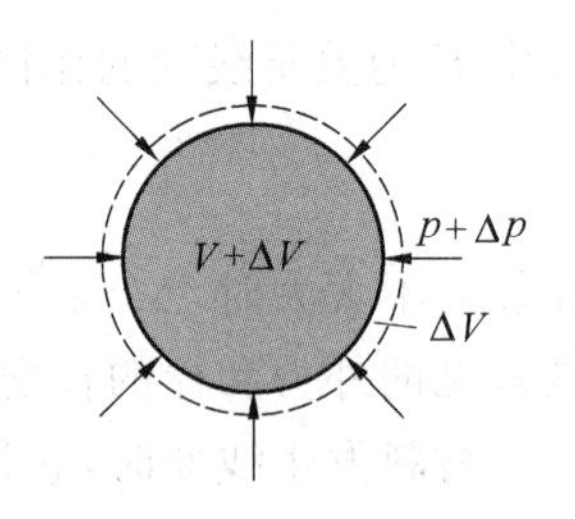

图7.11 体变

几种材料的弹性模量如表7.1所示。

表 7.1　几种材料的弹性模量　$10^{11}\,\mathrm{N/m^2}$

材　料	杨氏模量 E	剪切模量 G	体弹模量 K
玻璃	0.55	0.23	0.37
铝	0.7	0.30	0.70
铜	1.1	0.42	1.4
铁	1.9	0.70	1.0
钢	2.0	0.84	1.6
水	—	—	0.02
酒精	—	—	0.0091

7.4　弹性介质中的波速

弹性介质中的波是靠介质各质元间的弹性力作用而形成的。因此弹性越强的介质，在其中形成的波的传播速度就会越大；或者说，弹性模量越大的介质中，波的传播速度就越大。另外，波的速度还应和介质的密度有关。因为密度越大的介质，其中各质元的质量就越大，其惯性就越大，前方的质元就越不容易被其后紧接的质元的弹力带动。这必将延缓扰动传播的速度。因此，密度越大的介质，其中波的传播速度就越小。下面我们以棒中横波为例推导波的速度与弹性介质的弹性模量及密度的定量关系。

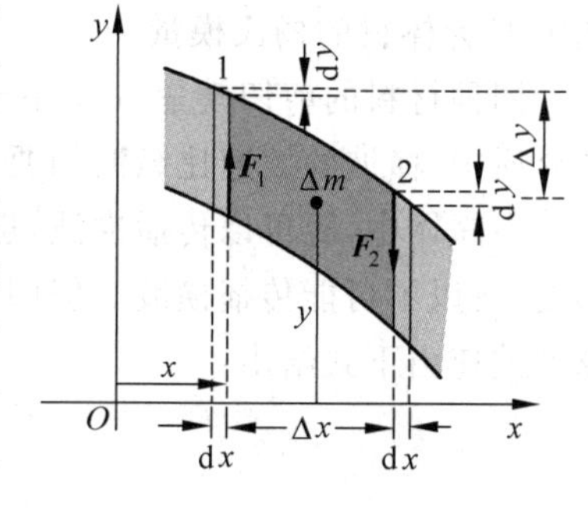

图 7.12　推导波的速度用图

如图 7.12 所示，取图 7.3 中棒中横波形成时棒的任一长度为 Δx 的质元。以 S 表示棒的横截面积，则此质元的质量为 $\Delta m=\rho S\Delta x$，其中 ρ 为棒材的质量密度。由于剪切形变，此质元将分别受到其前方和后方介质对它的剪应力。其后方介质薄层 1 由于剪切形变而产生的对它的作用力为(据式(7.14)，此处 $\Delta d=\mathrm{d}y, D=\mathrm{d}x$)

$$F_1 = SG\left(\frac{\partial y}{\partial x}\right)_x \text{①}$$

其后方介质薄层 2 对它的作用力为

$$F_2 = SG\left(\frac{\partial y}{\partial x}\right)_{x+\Delta x}$$

这一质元受的合力为

$$\begin{aligned} F_2 - F_1 &= SG\left[\left(\frac{\partial y}{\partial x}\right)_{x+\Delta x} - \left(\frac{\partial y}{\partial x}\right)_x\right] = SG\,\frac{\mathrm{d}}{\mathrm{d}x}\left(\frac{\partial y}{\partial x}\right)\Delta x \\ &= SG\,\frac{\partial^2 y}{\partial x^2}\Delta x \end{aligned} \tag{7.18}$$

---

① 由于波函数 y 是 x 和 t 的二元函数，此处形变是某一时刻棒的形变，所以此处 y 对 x 的求导是在 t 不变的情况下进行的。保持 t 不变而求得的 y 对 x 的导数叫 y 对 x 的**偏导数**，运算符号由“d”换成“∂”。

由于此合力的作用，此质元在 y 方向产生振动加速度$\frac{\partial^2 y}{\partial t^2}$。由牛顿第二定律可得，对此段质元

$$SG\frac{\partial^2 y}{\partial x^2}\Delta x = \rho S\Delta x\frac{\partial^2 y}{\partial t^2} \tag{7.19}$$

等式两边消去 $S\Delta x$，得

$$\frac{G}{\rho}\frac{\partial^2 y}{\partial x^2} = \frac{\partial^2 y}{\partial t^2} \tag{7.20}$$

此二元二阶微分方程的解取波函数的形式。如果将波函数式(7.2)代入式(7.20)中的 y，分别对 x 和 t 求其二阶偏导数，即可得

$$u^2 = G/\rho$$

于是得弹性棒中横波的速度为

$$u = \sqrt{\frac{G}{\rho}} \tag{7.21}$$

这和本节开始时的定性分析是相符的。

用类似的方法可以导出棒中的纵波的波速为

$$u = \sqrt{\frac{E}{\rho}} \tag{7.22}$$

式中 E 为棒材的杨氏模量。

同种材料的剪切模量 G 总小于其杨氏模量 E(这在表7.1中可以看出来)，因此在同一种介质中，横波的波速比纵波的要小些。

在固体中，既可以传播横波，也可以传播纵波。在液体和气体中，由于不可能发生剪切形变，所以不可能传播横波。但因为它们具有体变弹性，所以能传播纵波。液体和气体中的纵波波速由下式给出：

$$u = \sqrt{\frac{K}{\rho}} \tag{7.23}$$

式中，K 为介质的体弹模量；ρ 为其密度。

至于一条细绳中的横波，其中的波速由下式决定：

$$u = \sqrt{\frac{F}{\rho_l}} \tag{7.24}$$

式中，F 为细绳中的张力；ρ_l 为其质量线密度，即单位长度的质量。

对于气体，可以由式(7.23)导出其中纵波(即声波)的波速。

由理想气体状态方程 $p=\frac{\rho}{M}RT$，其中 ρ 为气体的质量密度，M 为气体的摩尔质量，$R=8.31\text{J}/(\text{mol}\cdot\text{K})$，为气体的普适常数，$T$ 为气体的理想气体温标。同时考虑到声波的频率比较大，在气体质元振动的一个周期内来不及传热，该过程是绝热的，理想气体的绝热过程满足 $pV\gamma=C$，其中 γ 为气体定压热容与定体热容的比(对于空气，该值约为1.4)，C 为一待定常数。据此可以得到

$$\frac{\mathrm{d}p}{\mathrm{d}V} = -\frac{\gamma p}{V} = -\frac{\gamma\rho RT}{MV}$$

由此可得 $K=\gamma\rho RT/M$，代入式(7.23)可得

$$u=\sqrt{\frac{\gamma p}{\rho}}=\sqrt{\frac{\gamma RT}{M}} \tag{7.25}$$

此式给出，对同一种气体，其中纵波波速明显地决定于其温度。实际上，即使对于固体或液体，其中的波速也和温度有关(因为弹性和密度都和温度有关)。

表 7.2 给出了一些波速的数值。

表 7.2　一些介质中波速的数值　　m/s

介　质	棒中纵波	无限大介质中纵波	无限大介质中横波
硬玻璃	5170	5640	3280
铝	5000	6420	3040
铜	3750	5010	2270
电解铁	5120	5950	3240
低碳钢	5200	5960	3235
海水(25℃)	—	1531	—
蒸馏水(25℃)	—	1497	—
酒精(25℃)	—	1207	—
二氧化碳(气体 0℃)	—	259	—
空气(干燥 0℃)	—	331	—
氢气(0℃)	—	1284	—

7.5　波的能量

在弹性介质中有波传播时，介质的各质元由于运动而具有动能。同时又由于产生了形变(参看图 7.3 和图 7.4)，所以还具有弹性势能。这样，随同扰动的传播就有机械能量的传播，这是波动过程的一个重要特征。本节以棒内简谐横波为例说明能量传播的定量表达式。为此先求任一质元的动能和弹性势能。

设介质的密度为 ρ，一质元的体积为 ΔV，其中心的平衡位置坐标为 x。当平面简谐波

$$y=A\cos\omega\left(t-\frac{x}{u}\right)$$

在介质中传播时，此质元在时刻 t 的运动(即振动)速度为

$$v=\frac{\partial y}{\partial t}=-\omega A\sin\omega\left(t-\frac{x}{u}\right)$$

它在此时刻的振动动能为

$$\begin{aligned}\Delta W_{\mathrm{k}}&=\frac{1}{2}\rho\Delta V v^2\\&=\frac{1}{2}\rho\Delta V\omega^2A^2\sin^2\omega\left(t-\frac{x}{u}\right)\end{aligned} \tag{7.26}$$

此质元的应变(为切应变，参看图 7.3 和图 7.12)

$$\frac{\partial y}{\partial x}=-\frac{A\omega}{u}\sin\omega\left(t-\frac{x}{u}\right)$$

根据式(7.15),它的弹性势能为

$$\Delta W_{\mathrm{p}} = \frac{1}{2}G\left(\frac{\partial y}{\partial x}\right)^2 \Delta V = \frac{1}{2}\frac{G}{u^2}\omega^2 A^2 \sin^2\omega\left(t - \frac{x}{u}\right)\Delta V$$

由式(7.21)可知 $u^2 = G/\rho$,因而上式又可写作

$$\Delta W_{\mathrm{p}} = \frac{1}{2}\rho\omega^2 A^2 \Delta V \sin^2\omega\left(t - \frac{x}{u}\right) \tag{7.27}$$

和式(7.26)相比较可知,在平面简谐波中,每一质元的**动能和弹性势能是同相**地随时间变化的(这在图7.3和图7.4中可以清楚地看出来。质元经过其平衡位置时具有最大的振动速度,同时其形变也最大),而且**在任意时刻都具有相同的数值**。振动动能和弹性势能的这种关系是波动中质元不同于孤立的振动系统的一个重要特点。

将式(7.26)和式(7.27)相加,可得质元的总机械能为

$$\Delta W = \Delta W_{\mathrm{k}} + \Delta W_{\mathrm{p}} = \rho\omega^2 A^2 \Delta V \sin^2\omega\left(t - \frac{x}{u}\right) \tag{7.28}$$

这个总能量随时间作周期性变化,时而达到最大值,时而为零。质元的能量的这一变化特点是能量在传播时的表现。

波传播时,介质单位体积内的能量叫波的**能量密度**。以 w 表示能量密度,则介质中 x 处在时刻 t 的能量密度是

$$w = \frac{\Delta W}{\Delta V} = \rho\omega^2 A^2 \sin^2\omega\left(t - \frac{x}{u}\right) \tag{7.29}$$

在一周期内(或一个波长范围内)能量密度的平均值叫**平均能量密度**,以 $\overline{w}$ 表示。由于正弦的平方在一周期内的平均值为1/2,所以有

$$\overline{w} = \frac{1}{2}\rho\omega^2 A^2 = 2\pi^2\rho A^2\nu^2 \tag{7.30}$$

此式表明,平均能量密度和介质的密度、振幅的平方以及频率的平方成正比。这一公式虽然是由平面简谐波导出的,但对于各种弹性波均适用。

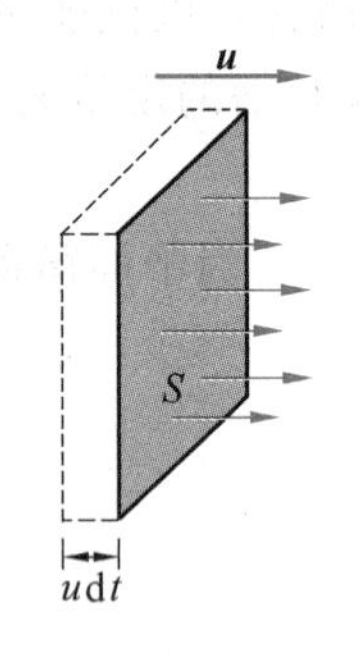

图7.13 波的强度的计算

对波动来说,更重要的是它传播能量的本领。如图7.13所示,取垂直于波的传播方向的一个面积 S,在 $\mathrm{d}t$ 时间内通过此面积的能量就是此面积后方体积为 $u\mathrm{d}t\mathrm{d}S$ 的立方体内的能量,即 $\mathrm{d}W = wu\mathrm{d}tS$。把式(7.29)的 w 值代入可得单位时间内通过面积 S 的能量为

$$P = \frac{wu\,\mathrm{d}tS}{\mathrm{d}t} = wuS = \rho u\omega^2 A^2 S\sin^2\omega\left(t - \frac{x}{u}\right) \tag{7.31}$$

此 P 称为通过面积 S 的**能流**。**通过垂直于波的方向的单位面积的能流的时间平均值,称为波的强度**。以 I 表示波的强度,就有

$$I = \frac{\overline{P}}{S} = \overline{w}u$$

再利用式(7.30),可得

$$I = \frac{1}{2}\rho\omega^2 A^2 u \tag{7.32}$$

由于波的强度和振幅有关，所以借助于式(7.32)和能量守恒概念可以研究波传播时振幅的变化。

设有一平面波在均匀介质中沿 x 方向行进。图 7.14 中画出了为同样的波线所限的两个截面积 S_1 和 S_2。假设介质不吸收波的能量，根据能量守恒，在一周期内通过 S_1 和 S_2 面的能量应该相等。以 I_1 表示 S_1 处的强度，以 I_2 表示 S_2 处的强度，则应该有

$$I_1 S_1 T = I_2 S_2 T$$

利用式(7.32)，则有

$$\frac{1}{2}\rho u\omega^2 A_1^2 S_1 T = \frac{1}{2}\rho u\omega^2 A_2^2 S_2 T \tag{7.33}$$

对于平面波，$S_1 = S_2$，因而有

$$A_1 = A_2$$

这就是说，在均匀的不吸收能量的介质中传播的平面波的振幅保持不变。这一点我们在 7.3 节中写平面简谐波的波函数时已经用到了。

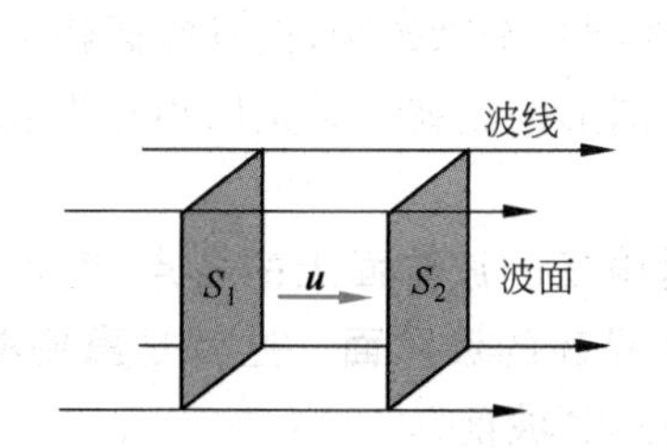

图 7.14 平面波中能量的传播

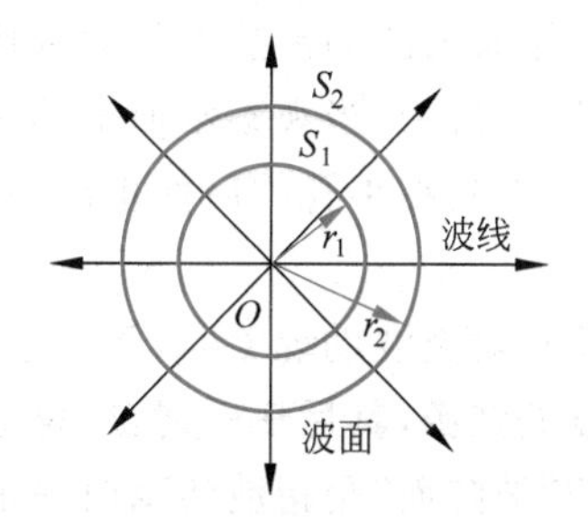

图 7.15 球面波中能量的传播

波面是球面的波叫**球面波**。如图 7.15 所示，球面波的波线沿着半径向外。如果球面波在均匀无吸收的介质中传播，则振幅将随 r 改变。设以点波源 O 为圆心画半径分别为 r_1 和 r_2 的两个球面(图 7.15)。在介质不吸收波的能量的条件下，一个周期内通过这两个球面的能量应该相等。这时式(7.33)仍然正确，不过 S_1 和 S_2 应分别用球面积 $4\pi r_1^2$ 和 $4\pi r_2^2$ 代替。由此，对于球面波应有

$$A_1^2 r_1^2 = A_2^2 r_2^2$$

或

$$A_1 r_1 = A_2 r_2 \tag{7.34}$$

即振幅与离点波源的距离成反比。以 A_1 表示离波源的距离为单位长度处的振幅，则在离波源任意距离 r 处的振幅为 $A = A_1/r$。由于振动的相位随 r 的增加而落后的关系和平面波类似，所以球面简谐波的波函数应该是

$$y = \frac{A_1}{r}\cos\omega\left(t - \frac{r}{u}\right) \tag{7.35}$$

实际上，波在介质中传播时，介质总要吸收波的一部分能量，因此即使在平面波的情况下，波的振幅，因而波的强度也要沿波的传播方向逐渐减小，所吸收的能量通常转换成介质的内能或热。这种现象称为**波的吸收**。

例 7.3

用聚焦超声波的方法在水中可以产生强度达到 $I=120\ \mathrm{kW/cm^2}$ 的超声波。设该超声波的频率为 $\nu=500\ \mathrm{kHz}$，水的密度为 $\rho=10^3\ \mathrm{kg/m^3}$，其中声速为 $u=1500\ \mathrm{m/s}$。求这时液体质元振动的振幅。

解 由式(7.32)，$I=\dfrac{1}{2}\rho\omega^2A^2u$，可得

$$A=\frac{1}{\omega}\sqrt{\frac{2I}{\rho u}}=\frac{1}{2\pi\nu}\sqrt{\frac{2I}{\rho u}}$$

$$=\frac{1}{2\pi\times 500\times 10^3}\sqrt{\frac{2\times 120\times 10^7}{10^3\times 1500}}\approx 1.27\times 10^{-5}\ (\mathrm{m})$$

可见液体中超声波的振幅实际上是很小的。当然，它还是比水分子间距(10^{-10} m)大得多。

7.6 惠更斯原理与波的反射和折射

本节介绍有关波的传播方向的规律。

如图 7.16 所示，当观察水面上的波时，如果这波遇到一个障碍物，而且障碍物上有一个小孔，就可以看到在小孔的后面也出现了圆形的波，这圆形的波就好像是以小孔为波源产生的一样。

惠更斯在研究波动现象时，于 1690 年提出：**介质中任一波阵面上的各点，都可以看做是发射子波的波源，其后任一时刻，这些子波的包迹就是新的波阵面**。这就是**惠更斯原理**。这里所说的“波阵面”是指波传播时最前面那个波面，也叫“波前”。

根据惠更斯原理，只要知道某一时刻的波阵面就可以用几何作图法确定下一时刻的波阵面。因此，这一原理又叫惠更斯作图法，其应用在中学物理课程中已经作了举例说明。

例如，如图 7.17(a)所示，以波速 u 传播的平面波在某一时刻的波阵面为 S_1，在经过时

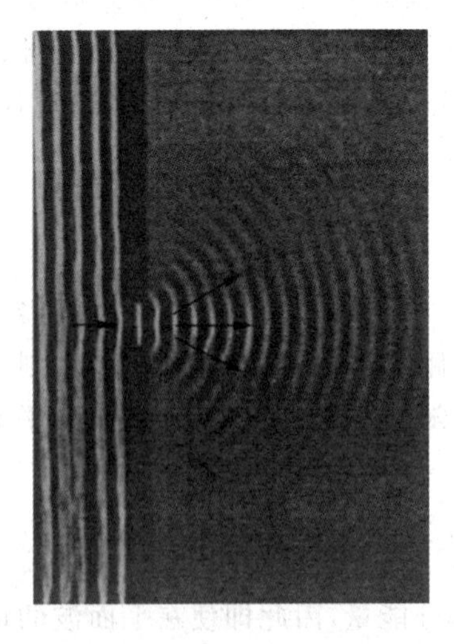

图 7.16 障碍物的小孔成为新波源

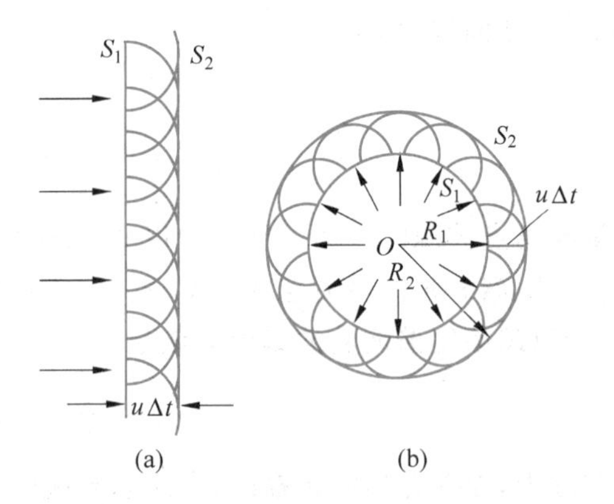

图 7.17 用惠更斯作图法求新波阵面
(a) 平面波；(b) 球面波

间 Δt 后其上各点发出的子波(以小的半圆表示)的包迹仍是平面,这就是此时新的波阵面,已从原来的波阵面向前推进了 $u\Delta t$ 的距离。对在各向同性的介质中传播的球面波,则可如图 7.17(b)中所示的那样,利用同样的作图法由某一时刻的球面波阵面 S_1 画出经过时间 Δt 后的新的波阵面 S_2,它仍是球面。

对于平面波传播时遇到有缝的障碍物的情况,画出由缝处波阵面上各点发出的子波的包迹,则会显示出波能绕过缝的边界向障碍物的后方几何阴影内传播,这就是波的**衍射现象**(图 7.18)。

用惠更斯作图法可以说明波入射到两种均匀而且各向同性的介质的分界面上时传播方向改变的规律,也就是波的反射和折射的规律。

设有一平面波以波速 u 入射到两种介质的分界面上。根据惠更斯作图法,入射波传到的分界面上的各点都可看做发射子波的波源。作出某一时刻这些子波的包迹,就能得到新的波阵面,从而确定反射波和折射波的传播方向。

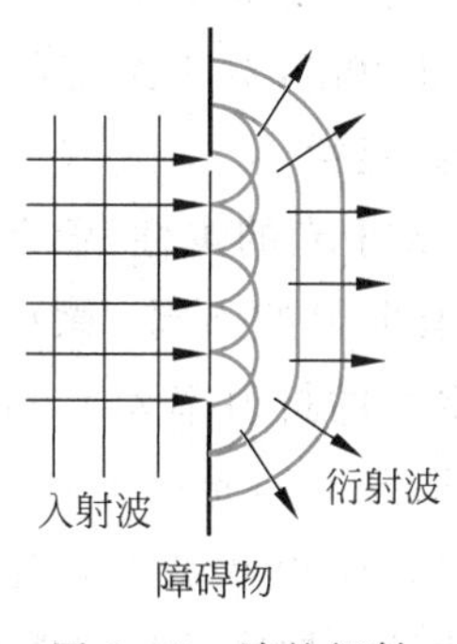

图 7.18　波的衍射

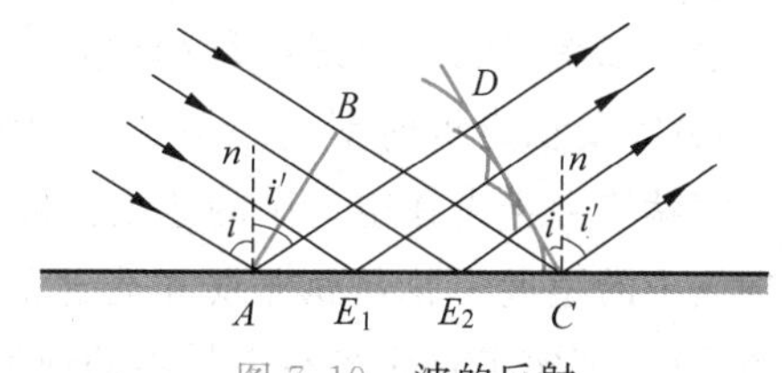

图 7.19　波的反射

先说明波的反射定律。如图 7.19 所示,设入射波的波阵面和两种介质的分界面均垂直于图面。在时刻 t,此波阵面与图面的交线 AB 到达图示位置,A 点和界面相遇。此后 AB 上各点将依次到达界面。设经过相等的时间此波阵面与图面的交线依次与分界面在 E_1,E_2 和 C 点相遇,而在时刻$(t+\Delta t)$,B 点到达 C 点。我们可以作出此时刻界面上各点发出的子波的包迹。为了清楚起见,图中只画出了 A,E_1,E_2 和 C 点发出的子波。因为波在同一介质中传播,波速 u 不变,所以在 $t+\Delta t$ 时刻,从 A,E_1,E_2 发出的子波半径分别是 d,$2d/3$,$d/3$,这里 $d=u\Delta t$。显然,这些子波的包迹面也是与图面垂直的平面。它与图面的交线为 CD,而且$AD=BC$。作垂直于此波阵面的直线,即得**反射线**。与入射波阵面 AB 垂直的线称为**入射线**。令 An,Cn 为分界面的法线,则由图可看出任一条入射线和它的反射线以及入射点的法线在同一平面内。令 i 表示入射角,i' 表示反射角,则由图中还可以看出,两个直角$\triangle BAC$,$\triangle DCA$ 全等,因此$\angle BAC=\angle DCA$,所以 $i=i'$,即入射角等于反射角。这就是**波的反射定律**。

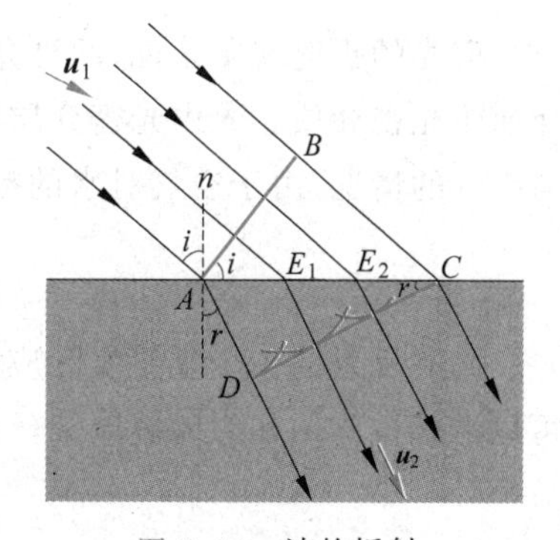

图 7.20　波的折射

如果波能进入第二种介质,则由于在两种介质中波速(指相速)不相同,在分界面上要发生折射现象。如图 7.20 所示,以 u_1,u_2 分别表示波在第一和第二种介质中的波速。仍如图7.19所示，设时刻 t 入射波波阵面 AB 到达图示位置。其后经过相等的时间此波阵面依次到达 E_1，E_2 和 C 点，而在 $t+\Delta t$ 时，B 点到达 C 点。画出 $t+\Delta t$ 时刻，从 A，E_1，E_2 发出的在第二种介质中的子波，子波半径分别为 d，$2d/3$，$d/3$，但这里 $d=u_2\Delta t$。这些子波的包迹也是与图面垂直的平面，它与图面的交线为 CD，而且 $\Delta t=BC/u_1=AD/u_2$。作垂直于此波阵面的直线，即得**折射线**。以 r 表示折射角，则有 $\angle ACD=r$。再以 i 表示入射角，则有 $\angle BAC=i$。由图中可明显地看出

$$BC = u_1\Delta t = AC\sin i$$

$$AD = u_2\Delta t = AC\sin r$$

两式相除得

$$\frac{\sin i}{\sin r} = \frac{u_1}{u_2} = n_{21} \tag{7.36}$$

由于不同介质中的波速 u 为不同的常量，所以比值 $n_{21}=u_1/u_2$ 对于给定的两种介质来说就是常数，称为第二种介质对于第一种介质的**相对折射率**[①]。由此得出，对于给定的两种介质，入射角的正弦与折射角的正弦之比等于常数，这就是**波的折射定律**。

反射定律和折射定律也用于说明光的反射和折射。历史上关于光的本性，曾有微粒说和波动说之争。二者对光的反射解释相似，但对折射的解释则有明显的不同：微粒说为解释折射定律，就需要认定折射率 $n_{21}=u_2/u_1$。因此，例如，水对空气的折射率大于1，所以光在水中的速度就应大于光在空气中的速度。波动说则相反，按式(7.36)，光在水中的速度应小于光在空气中的速度。孰是孰非要靠光速的实测结果来判定。1850年傅科首先测出了光在水中的速度，证实了它比光在空气中的速度小。这就最后否定了原来的光的微粒说。

由式(7.36)可得

$$\sin r = \frac{u_2}{u_1}\sin i$$

如果 $u_2>u_1$，则当入射角 i 大于某一值时，等式右侧的值将大于1而使折射角 i 无解。这时将没有折射线产生，入射波将全部反射回原来的介质。这种现象叫**全反射**。产生全反射的最小入射角称为**临界角**。以 A 表示波从介质1射向介质2($u_2>u_1$)时的临界角，则由于相应的折射角为90°，所以由式(7.36)可得

$$\sin A = \frac{u_1}{u_2} = n_{21} \tag{7.37}$$

就光的折射现象来说，两种介质相比，在其中光速较大的介质叫光疏介质，光速较小的介质叫光密介质。光由光密介质射向光疏介质时，就会发生全反射现象。对于光从水中射向空气的情况，由于空气对水的折射率为1/1.33，所以全反射临界角为

$$A = \arcsin\frac{1}{1.33} \approx 48.7^\circ$$

光的反射的一个重要实际应用是制造光纤，它是现代光通信技术必不可少的材料。光可以沿着被称做光纤的玻璃细丝传播(图7.21)，这是由于光纤表皮的折射率小于芯的折射

---

① 对光的传播来说，某种介质对真空的相对折射率 $n=c/u$ 就叫这种介质的**折射率**。很易证明，$n_{21}=n_2/n_1$。

率的缘故。

近年来发展起来的**导管 X 光学**也应用了全反射现象。由于对 X 光来说，玻璃对真空的折射率小于 1，所以 X 光从真空(或空气)射向玻璃表面时也会发生全反射现象。如果制成内表面非常光滑的空心玻璃管，使 X 光以大于临界角的入射角射入管内，则 X 光就可以沿导管传播。利用弯曲的导管就可以改变 X 光的传播方向。这种管子就成了 X **光导管**。

X 光导管的一种重要实际应用是用毛细管束来做 X 光透镜。如图 7.22(a)所示的 X 光透镜可以将发散的 X 光束会聚成很小的束斑，以大大提高 X 光束的功率密度。如图 7.22(b)所示的 X 光半透镜则可以把发散的 X 光束转化为平行光束。目前，X 光透镜已应用于 X 光荧光分析、X 光衍射分析、深亚微米 X 射线光刻、医疗诊断以及 X 光天文望远镜等领域。

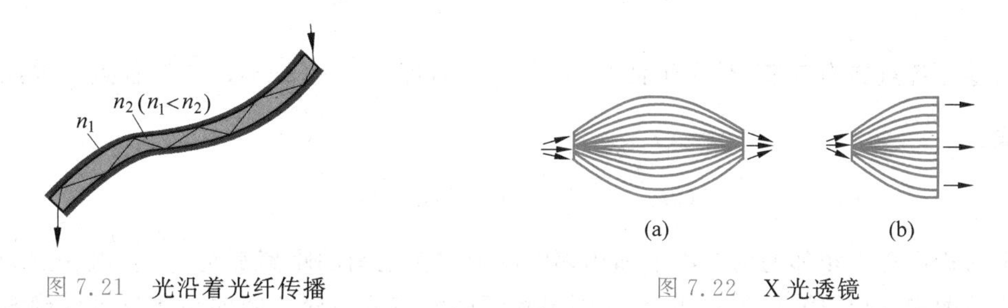

图 7.21　光沿着光纤传播

图 7.22　X 光透镜

7.7　波的叠加　驻波

观察和研究表明：几列波可以保持各自的特点(频率、波长、振幅、振动方向等)同时通过同一介质，好像在各自的传播过程中没有遇到其他波一样。因此，在几列波相遇或叠加的区域内，任一点的位移，为各个波单独在该点产生的位移的合成。这一关于波的传播的规律称为波的传播的**独立性**或**波的叠加原理**。

管弦乐队合奏或几个人同时讲话时，空气中同时传播着许多声波，但我们仍能够辨别出各种乐器的音调或各个人的声音，这就是波的独立性的例子。通常天空中同时有许多无线电波在传播，我们仍能随意接收到某一电台的广播，这是电磁波传播的独立性的例子。

当人们研究的波的强度越来越大时，发现波的叠加原理并不是普遍成立的，只有当波的强度较小时(在数学上，这表示为波动方程是**线性的**)，它才正确。对于强度甚大的波，它就失效了。例如，强烈的爆炸声就有明显的相互影响。

几列波叠加可以产生许多独特的现象，**驻波**就是一例。在同一介质中两列频率、振动方向相同，而且振幅也相同的简谐波，在同一直线上沿相反方向传播时就叠加形成驻波。

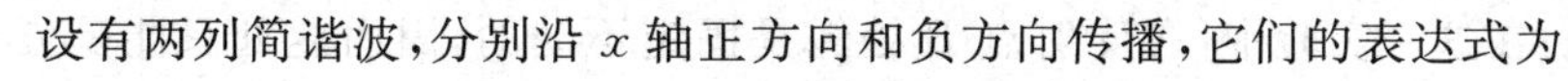

设有两列简谐波，分别沿 x 轴正方向和负方向传播，它们的表达式为

$$y_1 = A\cos\left(\omega t - \frac{2\pi}{\lambda}x\right)$$

$$y_2 = A\cos\left(\omega t + \frac{2\pi}{\lambda}x\right)$$

其合成波为

$$y = y_1 + y_2 = A\cos\left(\omega t - \frac{2\pi}{\lambda}x\right) + A\cos\left(\omega t + \frac{2\pi}{\lambda}x\right)$$

利用三角关系可以求出

$$y = 2A\cos\frac{2\pi}{\lambda}x\ \cos\omega t \tag{7.38}$$

此式就是驻波的表达式[①]。式中 $\cos\omega t$ 表示简谐运动，而 $\left|2A\cos\frac{2\pi}{\lambda}x\right|$ 就是这简谐运动的振幅。这一函数不满足 $y(t+\Delta t, x+u\Delta t)=y(t,x)$，因此它**不表示行波**，只表示各点都在作简谐运动。各点的振动频率相同，就是原来的波的频率。但各点的振幅随位置的不同而不同。振幅最大的各点称为**波腹**，对应于使 $\left|\cos\frac{2\pi}{\lambda}x\right|=1$ 即 $\frac{2\pi}{\lambda}x=k\pi$ 的各点。因此波腹的位置为

$$x = k\frac{\lambda}{2},\quad k = 0, \pm 1, \pm 2, \cdots$$

振幅为零的各点称为**波节**，对应于使 $\left|\cos\frac{2\pi x}{\lambda}\right|=0$，即 $\frac{2\pi x}{\lambda}=(2k+1)\frac{\pi}{2}$ 的各点。因此波节的位置为

$$x = (2k+1)\frac{\lambda}{4},\quad k = 0, \pm 1, \pm 2, \cdots$$

由以上两式可算出相邻的两个波节和相邻的两个波腹之间的距离都是 $\lambda/2$。这一点为我们提供了一种测定行波波长的方法，只要测出相邻两波节或波腹之间的距离就可以确定原来两列行波的波长 λ。

式(7.38)中的振动因子为 $\cos\omega t$，但不能认为驻波中各点的振动的相都是相同的。因为系数 $2A\cos(2\pi/\lambda)x$ 在 x 值不同时是有正有负的。把相邻两个波节之间的各点叫做一段，则由余弦函数取值的规律可以知道，$\cos(2\pi/\lambda)x$ 的值对于同一段内的各点有相同的符号，对于分别在相邻两段内的两点则符号相反。以 $|2A\cos(2\pi/\lambda)x|$ 作为振幅，这种符号的相同或相反就表明，在驻波中，**同一段上的各点的振动同相，而相邻两段中的各点的振动反相**。因此，驻波实际上就是分段振动的现象。在驻波中，没有振动状态或相位的传播，也没有能量的传播，所以才称之为驻波。

图 7.23 画出了驻波形成的物理过程，其中点线表示向右传播的波，虚线表示向左传播的波，粗实线表示合成振动。图中各行依次表示 $t=0, T/8, T/4, 3T/8, T/2$ 各时刻各质点的分位移和合位移。从图中可看出波腹(a)和波节(n)的位置。

图 7.24 为用电动音叉在绳上产生驻波的简图，波腹和波节的形象看得很清楚。这一驻波是由音叉在绳中引起的向右传播的波和在 B 点反射后向左传播的波合成的结果。改变拉紧绳的张力，就能改变波在绳上传播的速度。当这一速度和音叉的频率正好使得绳长为**半波长的整数倍**时，在绳上就能有驻波产生。

值得注意的是，在这一实验中，在反射点 B 处绳是固定不动的，因而此处只能是波节。从振动合成考虑，这意味着反射波与入射波的相在此处正好相反，或者说，入射波在反射时有 π 的**相跃变**。由于 π 的相跃变相当于波程差为半个波长，所以这种入射波在反射时发生反相的现象也常称为**半波损失**。当波在自由端反射时，则没有相跃变，形成的驻波在此端将出现波腹。

---

① 驻波函数式(7.38)也是函数微分方程(7.20)的解，可将式(7.38)代入式(7.20)加以证明。

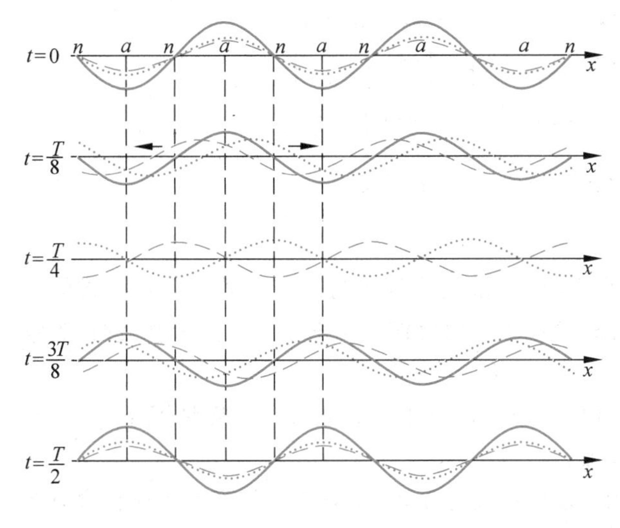

图 7.23 驻波的形成

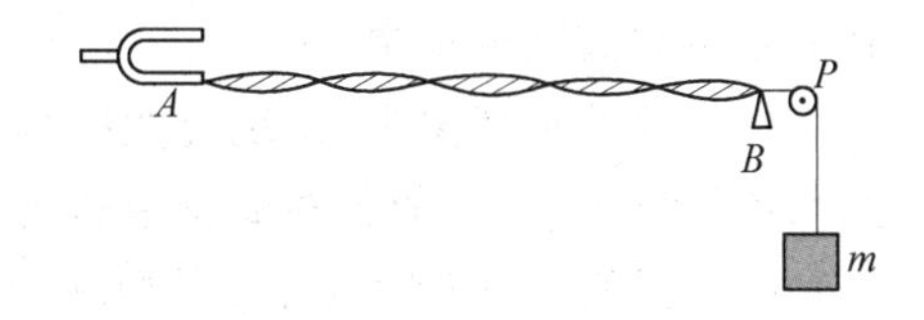

图 7.24 绳上的驻波

一般情况下，入射波在两种介质分界处反射时是否发生半波损失，与波的种类、两种介质的性质以及入射角的大小有关。在垂直入射时，它由介质的密度和波速的乘积 ρu 决定。相对来讲，ρu 较大的介质称为**波密介质**，ρu 较小的称为**波疏介质**。当波从波疏介质垂直入射到与波密介质的界面上反射时，有半波损失，形成的驻波在界面处出现波节。反之，当波从波密介质垂直入射到与波疏介质的界面上反射时，无半波损失，界面处出现波腹。

在范围有限的介质内产生的驻波有许多重要的特征。例如将一根弦线的两端用一定的张力固定在相距 L 的两点间，当拨动弦线时，弦线中就产生来回的波，它们就合成而形成驻波。但**并不是**所有波长的波都能形成驻波。由于绳的两个端点固定不动，所以这两点必须是波节，因此驻波的波长必须满足下列条件：

$$L = n\frac{\lambda}{2}, \quad n = 1,2,3,\cdots$$

以 λ_n 表示与某一 n 值对应的波长，则由上式可得容许的波长为

$$\lambda_n = \frac{2L}{n} \tag{7.39}$$

这就是说能在弦线上形成驻波的波长值是不连续的，或者，用现代物理的语言说，波长是"**量子化**"的。由关系式 $\nu=\frac{u}{\lambda}$ 可知，频率也是量子化的，相应的可能频率为

$$\nu_n = n\frac{u}{2L}, \quad n = 1,2,3,\cdots \tag{7.40}$$

其中，$u=\sqrt{F/\rho_l}$ 为弦线中的波速。上式中的频率叫弦振动的**本征频率**，也就是它发出的声波的频率。每一频率对应于一种可能的振动方式。频率由式(7.40)决定的振动方式，称为弦线振动的**简正模式**，其中最低频率 ν_1 称为**基频**，其他较高频率 $\nu_2,\nu_3,\cdots$ 都是基频的**整数倍**，它们各以其对基频的倍数而称为二次、三次……**谐频**。图 7.25 中画出了频率为 ν_1,ν_2,ν_3 的 3 种简正模式。

简正模式的频率称为系统的固有频率。如上所述，一个驻波系统有许多个固有频率。

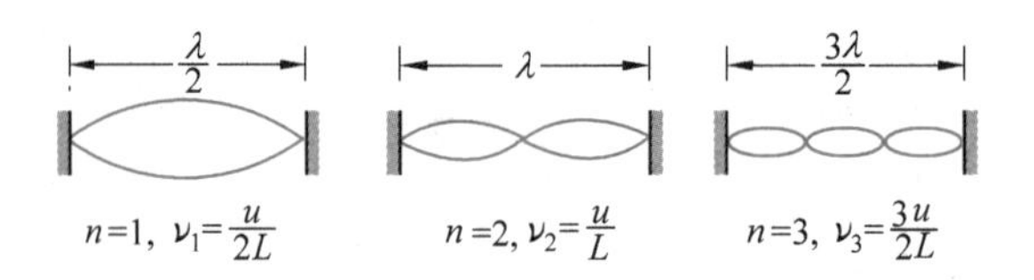

图 7.25 两端固定弦的几种简正模式

这和弹簧振子只有一个固有频率不同。

当外界驱动源以某一频率激起系统振动时，如果这一频率与系统的某个简正模式的频率相同（或相近），就会激起强驻波。这种现象称为**驻波共振**。用电动音叉演示驻波时，观察到的就是驻波共振现象。

在驻波共振现象中，系统究竟按哪种模式振动，取决于初始条件。一般情况下，一个驻波系统的振动，是它的各种简正模式的叠加。

弦乐器的发声就服从驻波的原理。当拨动弦线使它振动时，它发出的声音中就包含有各种频率。管乐器中的管内的空气柱、锣面、鼓皮、钟、铃等振动时也都是驻波系统（图 7.26），它们振动时也同样各有其相应的简正模式和共振现象，但其简正模式要比弦的复杂得多。

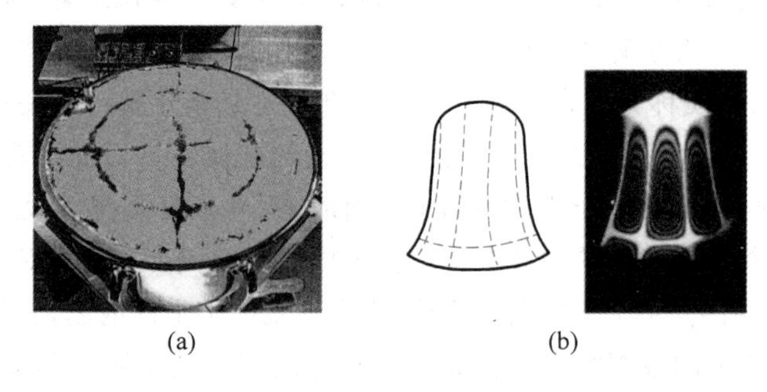

图 7.26 二维驻波

(a) 鼓皮以某一模式振动时，才能在其上的碎屑聚集在不振动的地方，显示出二维驻波的"节线"的形状(R. Resnick)；(b) 钟以某一模式振动时"节线"的分布（左图）和该模式的全息照相（右图），其中白线对应于"节线"(T. D. Rossing)

乐器振动发声时，其**音调**由基频决定，同时发出的谐频的频率和强度决定声音的**音色**。

例 7.4

一只二胡的"千斤"（弦的上方固定点）和"码子"（弦的下方固定点）之间的距离是 $L=0.3\ \text{m}$（图 7.27）。其上一根弦的质量线密度为 $\rho_l=3.8\times10^{-4}\ \text{kg/m}$，拉紧它的张力 $F=9.4\ \text{N}$。求此弦所发的声音的基频是多少？此弦的三次谐频振动的节点在何处？

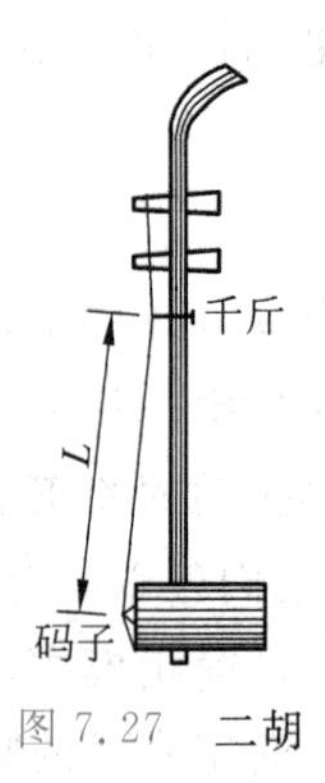

图 7.27 二胡

解 此弦中产生的驻波的基频为

$$\nu_1=\frac{u}{2L}=\frac{1}{2L}\sqrt{\frac{F}{\rho_l}}$$

$$=\frac{1}{2\times0.3}\sqrt{\frac{9.4}{3.8\times10^{-4}}}\approx262\ (\text{Hz})$$

这就是它发出的声波的基频，是“C”调。三次谐频振动时，整个弦长为$\frac{1}{2}\lambda_3$的3倍。因此，从“千斤”算起，节点应在0，10，20，30 cm处。

7.8 声波

声波通常是指空气中形成的纵波①。频率在20～20 000 Hz之间的声波，能引起人的听觉，称为**可闻声波**，也简称**声波**。频率低于20 Hz的叫做**次声波**，高于20 000 Hz的叫做**超声波**。

介质中有声波传播时的压力与无声波时的静压力之间有一差额，这一差额称为**声压**。声波是疏密波，在稀疏区域，实际压力小于原来静压力，声压为负值；在稠密区域，实际压力大于原来静压力，声压为正值。它的表示式可如下求得。

把表示体积弹性形变的公式即式(7.16)

$$\Delta p = -K\frac{\Delta V}{V}$$

应用于介质的一个小质元，则Δp就表示声压。对平面简谐声波来讲，体应变$\Delta V/V$也等于$\partial y/\partial x$。以p表示声压，则有

$$p = -K\frac{\partial y}{\partial x} = -K\frac{\omega}{u}A\sin\omega\left(t-\frac{x}{u}\right)$$

由于纵波波速即声速$u=\sqrt{\frac{K}{\rho}}$（见式(7.23)），所以上式又可改写为

$$p = -\rho u\omega A\sin\omega\left(t-\frac{x}{u}\right)$$

而声压的振幅为

$$p_{\mathrm{m}} = \rho uA\omega \tag{7.41}$$

声强就是声波的强度，根据式(7.32)，声强为

$$I = \frac{1}{2}\rho uA^2\omega^2$$

再利用式(7.41)，还可得

$$I = \frac{1}{2}\frac{p_{\mathrm{m}}^2}{\rho u} \tag{7.42}$$

引起人的听觉的声波，不仅有一定的频率范围，还有一定的声强范围。能够引起人的听觉的声强范围大约为10^{-12}～1 W/m^2。声强太小，不能引起听觉；声强太大，将引起痛觉。

由于可闻声强的数量级相差悬殊，通常用**声级**来描述声波的强弱。规定声强$I_0=10^{-12}$ W/m^{2}作为测定声强的标准，某一声强I的声级用L表示：

$$L = \lg\frac{I}{I_0} \tag{7.43}$$

声级L的单位名称为贝[尔]，符号为B。通常用分贝(dB)为单位，1B＝10dB。这样

---

① 一般地讲，弹性介质中的纵波都被称为声波。

式(7.43)可表示为

$$L = 10\lg\frac{I}{I_0}\ (\text{dB}) \tag{7.44}$$

声音响度是人对声音强度的主观感觉，它与声级有一定的关系，声级越大，人感觉越响。表7.3给出了常遇到的一些声音的声级。

表7.3 几种声音的声强、声级和响度

声源	声强/(W/m²)	声级/dB	响度
聚焦超声波	10^{9}	210	
炮声	1	120	
痛觉阈	1	120	
铆钉机	10^{-2}	100	震耳
闹市车声	10^{-5}	70	响
通常谈话	10^{-6}	60	正常
室内轻声收音机	10^{-8}	40	较轻
耳语	10^{-10}	20	轻
树叶沙沙声	10^{-11}	10	极轻
听觉	10^{-12}	0	

例7.5

《三国演义》中有大将张飞喝断当阳桥的故事。设张飞大喝一声声级为140 dB，频率为400 Hz。问：

(1) 张飞喝声的声压幅和振幅各是多少？

(2) 如果一个士兵的喝声声级为90 dB，张飞一喝相当于多少士兵同时大喝一声？

解 (1) 由式(7.44)，以I表示张飞喝声的声强，则

$$140 = 10\lg\frac{I}{I_0}$$

由此得

$$I = I_0\times 10^{14} = 10^{-12}\times 10^{14} = 100\ (\text{W/m}^2)$$

由式(7.42)，张飞喝声的声压幅为

$$p_{\text{m}} = \sqrt{2\rho uI} = \sqrt{2\times 1.29\times 340\times 100}\approx 3.0\times 10^{2}\ (\text{N/m}^2)$$

由式(7.32)，空气质元的振幅为

$$A = \frac{1}{\omega}\sqrt{\frac{2I}{\rho u}} = \frac{1}{2\pi\times 400}\sqrt{\frac{2\times 100}{1.29\times 340}}\approx 2.7\times 10^{-4}\ (\text{m})$$

(2) 由式(7.44)，以I_1表示每一士兵喝声的声强，则

$$I_1 = I_0\times 10^{9} = 10^{-12}\times 10^{9} = 10^{-3}\ (\text{W/m}^2)$$

而

$$\frac{I}{I_1} = \frac{100}{10^{-3}} = 10^{5}$$

即张飞一喝相当于10万士兵同时齐声大喝。

声波是由振动的弦线（如提琴弦线、人的声带等）、振动的空气柱（如风琴管、单簧管等）、振动的板与振动的膜（如鼓、扬声器等）等产生的机械波。近似周期性或者由少数几个近似

周期性的波合成的声波，如果强度不太大时会引起愉快悦耳的**乐音**。波形不是周期性的或者是由个数很多的一些周期波合成的声波，听起来是**噪声**。

超声波

超声波一般由具有磁致伸缩或压电效应的晶体的振动产生。它的显著特点是频率高，波长短，衍射不严重，因而具有良好的定向传播特性，而且易于聚焦。也由于其频率高，因而超声波的声强比一般声波大得多，用聚焦的方法，可以获得声强高达 10^9 W/m^2 的超声波。超声波穿透本领很大，特别是在液体、固体中传播时，衰减很小。在不透明的固体中，能穿透几十米的厚度。超声波的这些特性，在技术上得到广泛的应用。

利用超声波的定向发射性质，可以探测水中物体，如探测鱼群、潜艇等，也可用来测量海深。由于海水的导电性良好，电磁波在海水中传播时，吸收非常严重，因而电磁雷达无法使用。利用声波雷达——声呐，可以探测出潜艇的方位和距离。

因为超声波碰到杂质或介质分界面时有显著的反射，所以可以用来探测工件内部的缺陷。超声探伤的优点是不损伤工件，而且由于穿透力强，因而可以探测大型工件，如用于探测万吨水压机的主轴和横梁等。此外，在医学上可用来探测人体内部的病变，如"B超"仪就是利用超声波来显示人体内部结构的图像。

目前超声探伤正向着显像方向发展，如用声电管把声信号变换成电信号，再用显像管显示出目的物的像来。随着激光全息技术的发展，声全息也日益发展起来。把声全息记录的信息再用光显示出来，可直接看到被测物体的图像。声全息在地质、医学等领域有着重要的意义。

由于超声波能量大而且集中，所以也可以用来切削、焊接、钻孔、清洗机件，还可以用来处理种子和促进化学反应等。

超声波在介质中的传播特性，如波速、衰减、吸收等与介质的某些特性(如弹性模量、浓度、密度、化学成分、黏度等)或状态参量(如温度、压力、流速等)密切有关，利用这些特性可以间接测量其他有关物理量。这种非声量的声测法具有测量精度高、速度快等优点。

由于超声波的频率与一般无线电波的频率相近，因此利用超声元件代替某些电子元件，可以起到电子元件难以起到的作用。超声延迟线就是其中一例。因为超声波在介质中的传播速度比起电磁波小得多，用超声波延迟时间就方便得多。

次声波

次声波又称亚声波，一般指频率在 10^{-4}～20 Hz 之间的机械波，人耳听不到。它与地球、海洋和大气等的大规模运动有密切关系。例如火山爆发、地震、陨石落地、大气湍流、雷暴、磁暴等自然活动中，都有次声波产生，因此已成为研究地球、海洋、大气等大规模运动的有力工具。

次声波频率低，衰减极小，具有远距离传播的突出优点。在大气中传播几千公里后，吸收还不到万分之几分贝。因此对它的研究和应用受到越来越多的重视，已形成现代声学的一个新的分支——次声学。

*7.9 地震波

地震是一种严重的自然灾害，它起源于地壳内岩层的突然破裂。一年内全球大概发生约百万次地震，但绝大多数不能被人感知而只能由地震仪记录到，只有少数(几十次)造成或大或小的灾难。

发生岩层破裂的**震源**一般在地表下几千米到几百千米的地方，震源正上方地表的那一点叫**震中**。从震源和震中发出的地震波在地球内部有两种形式：纵波和横波，它们被地震学家分别称为 P 波(纵波)和 S 波(横波)。P 波的传播速度从地壳内的 5 km/s 到地幔深处的 14 km/s。S 波的速度较小，3～8 km/s。两种波速的区别被用来计算震源的位置。P 波和 S 波传到地球表面时会发生反射，反射时会产生沿地表传播的**表面波**。表面波也有两种形式：一种是扭曲波，使地表发生扭曲；另一种使地表上下波动，就像大洋面上的水波那样。P 波、S 波以及表面波的到达都可以用地震仪在不同时刻记录下来(图 7.28)。

世界上最早的地震仪是公元 132 年汉代张衡创制的“候风地动仪”(图 7.29)。它是一个形似酒樽的容器，内部正中立有一根上粗下细的“都柱”。樽的外表对称地装有八条龙。龙头朝下，口内各含一颗铜丸。龙口上颚是活动的，通过曲杠杆和樽内都柱接触，平时都柱平衡直立。一旦有地震波从某方传来，都柱就会倒向此方，压下曲杠杆而打开龙口，龙口内铜丸即下落到正下方的蛙口中，啷一声就告诉看守人地震的发生以及震源的方向。这种地震仪在西方迟至 1500 多年才见到。

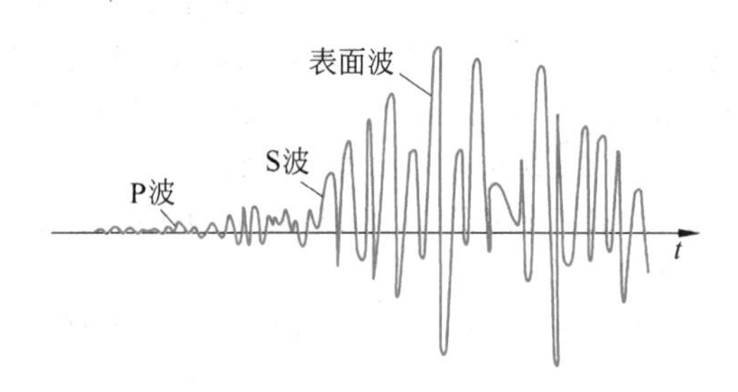

图 7.28　地震波的记录

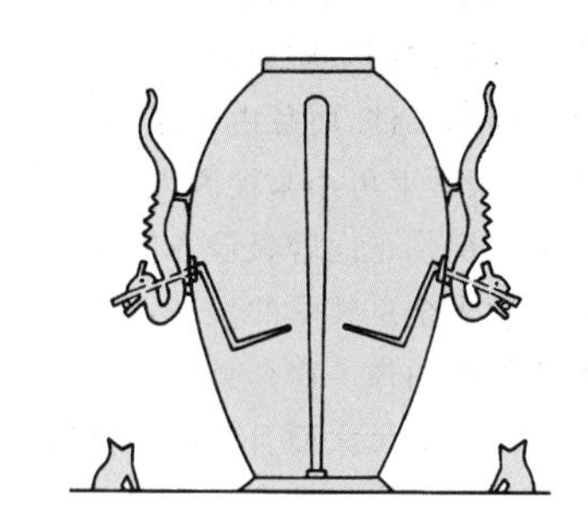

图 7.29　候风地动仪纵切面图

地震波的振幅可以大到几米(例如 1976 年唐山大地震地表起伏可达 1 米多)，因而能造成巨大灾害。一次强地震所释放的能量可以达到 10^{17}～10^{18} J。一次地震释放的能量 E 通常用里氏地震级 M 表示，它们之间的关系是

$$M = 0.67 \lg E - 2.9 \tag{7.45}$$

例如，一次里氏 7 级地震释放的能量约为 10^{15} J，这大约相当于百万吨级氢弹爆炸所放出的能量。

地震波中的 P 波可以在固体和液体中传播，而 S 波则只能在固体中传播(因为液体不可能发生切变)，它们又都能在固体和液体交界面处反射或折射。因此，对地震波的详细分析可以推知它们传播所经过的介质分布情况。目前对地球内部结构的认识几乎全部来自对地震波的分析(图 7.30)。人造地震可以帮助了解地壳内地层的分布，它是石油和天然气勘探的一种重要手段。此外，对地震波的分析也是检测地下核试验的一种可靠方法。

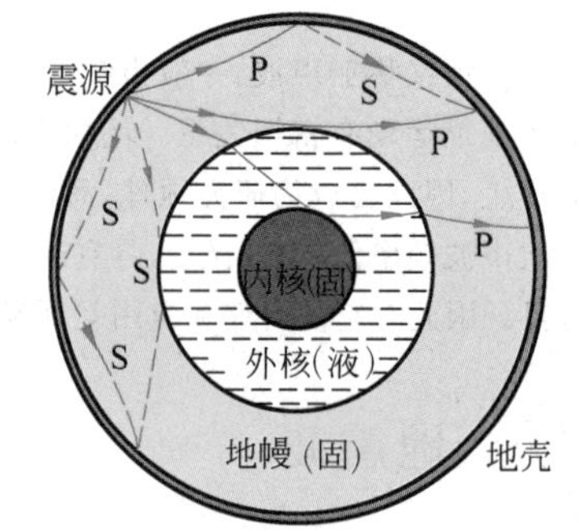

图 7.30　地震波与地球内部结构

*7.10　水波

水波是一种常见的波，从“风乍起，吹皱一池春水”的涟漪，到飓风引起的海面上的惊涛骇浪。形成水波的恢复力不是弹性力，而是水的表面张力和重力。微风拂过，水面形成的涟

漪细波主要是表面张力作用的结果。这种波叫**表面张力波**，它的波长很短，一般不大于几厘米。这种波的速度由水的表面张力系数 σ 和密度 ρ 决定，即有

$$u=\sqrt{\frac{2\pi\sigma}{\rho\lambda}} \tag{7.46}$$

海面上飓风劲吹产生的大波或洋底地震引起的海啸，波长为几米、几百米甚至几百千米。这种巨浪振荡的恢复力主要是重力。这种波叫**重力波**。下面只简要介绍有较重要实际意义的重力波。

水有深浅之别。对水波来说，深浅是相对于水波波长来说的。水的深度 h 较波长 λ 为甚小时为浅水。研究指出，浅水面上水波波速 u 和波长无关，只由深度决定，其关系为

$$u=\sqrt{gh}\quad (h\ll\lambda) \tag{7.47}$$

例如，由洋底地震引起的海啸的波长一般为 100～400 km。太平洋的平均深度为 4.3 km，对海啸来说，太平洋算是浅水，因此海啸在太平洋上的传播速度就是

$$\begin{aligned} u &= \sqrt{9.8\times4.3\times10^{3}} \\ &\approx 205\ (\mathrm{m/s}) = 740\ (\mathrm{km/h}) \end{aligned}$$

这大约等于现今大型喷气式客机的飞行速度！

值得注意的是，海啸波在开阔的大洋表面的浪高（从谷底到峰尖的高度差）不过 1 m 左右，不甚显眼。但随着向海岸传播，由式(7.47)决定的波速越来越小，前面的波越来越慢，后浪赶前浪，浪头就越集越高，可达几十米，形成排山倒海巨浪拍岸的壮观场面。这对沿岸设施可能造成巨大的损害。

对于深水，即 $h\gg\lambda$ 的情况，研究指出，水面波的波速和波长有关，其关系式①为

$$u=\sqrt{\frac{g\lambda}{2\pi}}\quad (h\gg\lambda) \tag{7.48}$$

不管浅水波和深水波，表面上水的质元的运动并不是上下的简谐运动而是圆周运动。水面下水的质元的运动是椭圆运动，越深运动范围越小（图 7.31）。这样，水波的波形图线并不是正弦曲线，而是如常看到的谷宽峰尖的形状（图 7.32(a)）。浪高太大（经验指出，大于波长的 1/7）时，峰尖就要崩碎（图 7.32(b)），形成白浪滔天的景观。

海浪具有很大的能量，可以掀翻船只造成灾难，但也可以加以利用，现在已设计制造了波浪发电机供海上航标用电。

---

① 液体表面波速的一般公式为

$$u=\sqrt{\left(\frac{g\lambda}{2\pi}+\frac{2\pi\sigma}{\rho\lambda}\right)\tanh\frac{2\pi h}{\lambda}} \tag{7.49}$$

式中，σ 为液体表面张力系数；ρ 为液体密度；h 为水深，当 $h\gg\lambda$ 时，$\tanh\frac{2\pi h}{\lambda}\approx1$，上式给出

$$u=\sqrt{\frac{g\lambda}{2\pi}+\frac{2\pi\sigma}{\rho\lambda}}$$

此式中，当 λ 足够大时，忽略根号下第二项，即得式(7.48)的深水重力波公式。当 λ 足够小时，即得表面张力波波速公式 $u=\sqrt{2\pi\sigma/\rho\lambda}$。

当 $h\ll\lambda$ 时，$\tanh\frac{2\pi h}{\lambda}\approx\frac{2\pi h}{\lambda}$，式(7.49)给出 $u=\sqrt{gh+\frac{4\pi^2\sigma h}{\rho\lambda^2}}$。由于 $\lambda\gg h$，根号下第二项可以忽略，于是就得浅水重力波公式(7.47)。

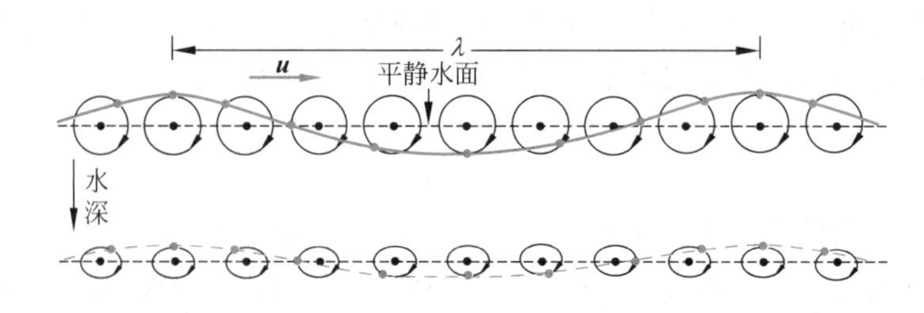

图 7.31 水波中水的质元的运动

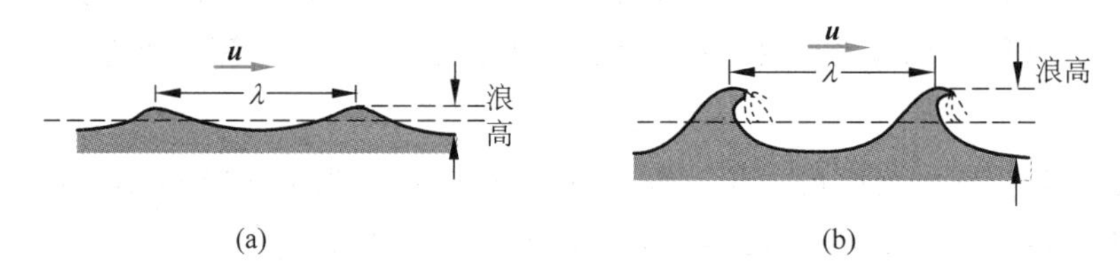

图 7.32 海面波的波形

(a) 浪高较小；(b) 浪高较大

7.11 多普勒效应

在前面的讨论中，波源和接收器相对于介质都是静止的，所以波的频率和波源的频率相同，接收器接收到的频率和波的频率相同，也和波源的频率相同。如果波源或接收器或两者相对于介质运动，则发现接收器接收到的频率和波源的振动频率不同。这种接收器接收到的频率有赖于波源或观察者运动的现象，称为**多普勒效应**。例如，当高速行驶的火车鸣笛而来时，我们听到的汽笛音调变高，当它鸣笛离去时，我们听到的音调变低，这种现象是声学的多普勒效应。本节讨论这一效应的规律。为简单起见，假定波源和接收器在同一直线上运动。波源相对于介质的运动速度用 v_S 表示，接收器相对于介质的运动速度用 v_R 表示，波速用 u 表示。波源的频率、接收器接收到的频率和波的频率分别用 ν_S，ν_R 和 ν 表示。在此处，三者的意义应区别清楚：波源的频率 ν_S 是波源在单位时间内振动的次数，或在单位时间内发出的“完整波”的个数；接收器接收到的频率 ν_R 是接收器在单位时间内接收到的振动数或完整波数；波的频率 ν 是介质质元在单位时间内振动的次数或单位时间内通过介质中某点的完整波的个数，它等于波速 u 除以波长 λ。这三个频率可能互不相同。下面分几种情况讨论。

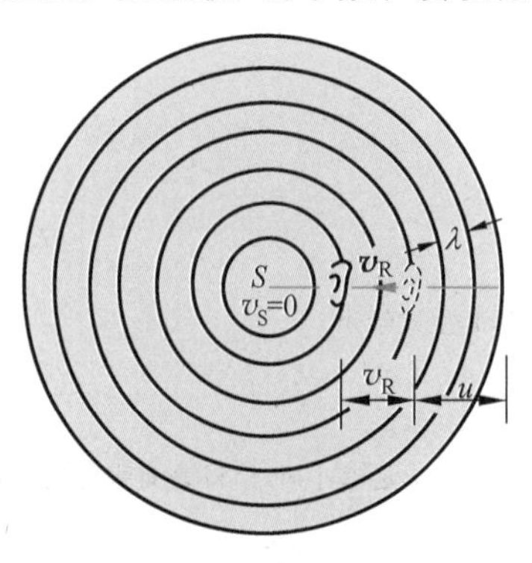

图 7.33 波源静止时的多普勒效应

(1) 相对于介质波源不动，接收器以速度 v_R 运动(图 7.33)。

若接收器向着静止的波源运动，接收器在单位时间内接收到的完整波的数目比它静止时接收的多。因为波源发出的波以速度 u 向着接收器传播，同时接收器以速度 v_R 向着静止的波源运动，因而多接收了一些完整波数。在单位时间内接收器接收到的完整波的数目等于分

布在 $u+v_R$ 距离内完整波的数目(见图 7.33),即

$$\nu_R=\frac{u+v_R}{\lambda}=\frac{u+v_R}{\frac{u}{\nu}}=\frac{u+v_R}{u}\nu$$

此式中的 ν 是波的频率。由于波源在介质中静止,所以波的频率就等于波源的频率,因此有

$$\nu_R=\frac{u+v_R}{u}\nu_S \tag{7.50}$$

这表明,当接收器向着静止波源运动时,接收到的频率为波源频率的$(1+v_R/u)$倍。

当接收器离开波源运动时,通过类似的分析,可求得接收器接收到的频率为

$$\nu_R=\frac{u-v_R}{u}\nu_S \tag{7.51}$$

即此时接收到的频率低于波源的频率。

(2) 相对于介质接收器不动,波源以速度 v_S 运动(图 7.34(a))。

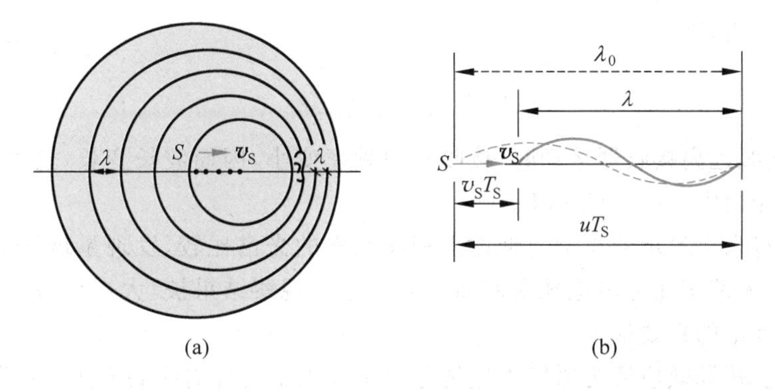

图 7.34　波源运动时的多普勒效应

波源运动时,波的频率不再等于波源的频率。这是由于当波源运动时,它所发出的相邻的两个同相振动状态是在不同地点发出的,这两个地点相隔的距离为 $v_S T_S$,T_S 为波源的周期。如果波源是向着接收器运动的,这后一地点到前方最近的同相点之间的距离是现在介质中的波长。若波源静止时介质中的波长为 λ_0($\lambda_0=uT_S$),则现在介质中的波长为(见图 7.34(b))

$$\lambda=\lambda_0-v_S T_S=(u-v_S)T_S=\frac{u-v_S}{\nu_S}$$

现时波的频率为

$$\nu=\frac{u}{\lambda}=\frac{u}{u-v_S}\nu_S$$

由于接收器静止,所以它接收到的频率就是波的频率,即

$$\nu_R=\frac{u}{u-v_S}\nu_S \tag{7.52}$$

此时接收器接收到的频率大于波源的频率。

当波源远离接收器运动时,通过类似的分析,可得接收器接收到的频率为

$$\nu_R=\frac{u}{u+v_S}\nu_S \tag{7.53}$$

这时接收器接收到的频率小于波源的频率。

(3) 相对于介质波源和接收器同时运动。

综合以上两种分析，可得当波源和接收器相向运动时，接收器接收到的频率为

$$\nu_R = \frac{u + v_R}{u - v_S}\nu_S \tag{7.54}$$

当波源和接收器彼此离开时，接收器接收到的频率为

$$\nu_R = \frac{u - v_R}{u + v_S}\nu_S \tag{7.55}$$

电磁波(如光)也有多普勒现象。和声波不同的是，电磁波的传播不需要什么介质，因此只是光源和接收器的相对速度 v 决定接收的频率。可以用相对论证明，当光源和接收器在同一直线上运动时，如果二者相互接近，则

$$\nu_R = \sqrt{\frac{1 + v/c}{1 - v/c}}\ \nu_S \tag{7.56}$$

如果二者相互远离，则

$$\nu_R = \sqrt{\frac{1 - v/c}{1 + v/c}}\ \nu_S \tag{7.57}$$

由此可知，当光源远离接收器运动时，接收到的频率变小，因而波长变长，这种现象叫做“红移”，即在可见光谱中移向红色一端。

天文学家将来自星球的光谱与地球上相同元素的光谱比较，发现星球光谱几乎都发生红移，这说明星体都正在远离地球向四面飞去。这一观察结果被“大爆炸”的宇宙学理论的倡导者视为其理论的重要证据。

电磁波的多普勒效应还为跟踪人造地球卫星提供了一种简便的方法。在图7.35中，卫星从位置1运动到位置2的过程中，向着跟踪站的速度分量减小，在从位置2到位置3的过程中，离开跟踪站的速度分量增加。因此，如果卫星不断发射恒定频率的无线电信号，则当卫星经过跟踪站上空时，地面接收到的信号频率是逐渐减小的。如果把接收到的信号与接收站另外产生的恒定信号合成拍，则拍频可以产生一个听得见的声音。卫星经过上空时，这种声音的音调降低。

上面讲过，当波源向着接收器运动时，接收器接收到的频率比波源的频率大，它的值由式(7.52)给出。但这一公式当波源的速度 v_S 超过波速时将失去意义，因为这时在任一时刻波源本身将超过它此前发出的波的波前，在波源前方不可能有任何波动产生。这种情况如图7.36所示。

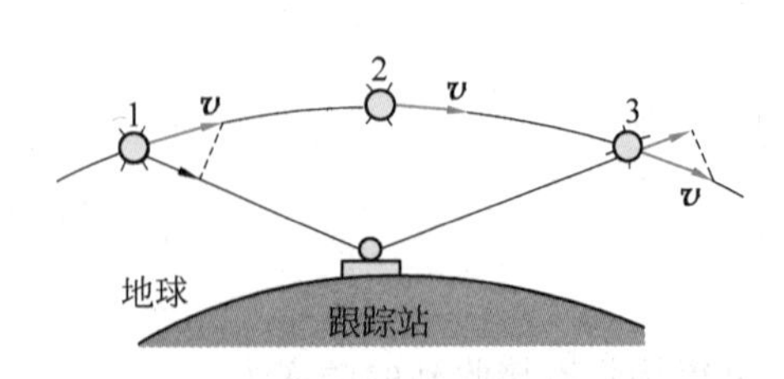

图7.35　卫星—跟踪站连线方向上分速度的变化

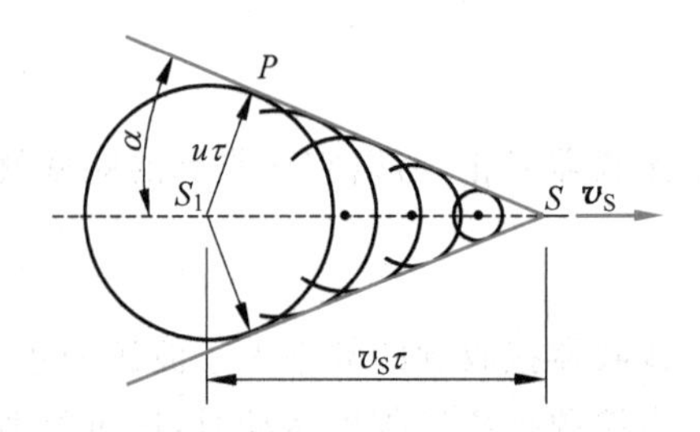

图7.36　冲击波的产生

当波源经过 S_1 位置时发出的波在其后 τ 时刻的波阵面为半径等于 $u\tau$ 的球面，但此时刻波源已前进了 $v_S\tau$ 的距离到达 S 位置。在整个 τ 时间内，波源发出的波到达的前沿形成了一个圆锥面，这个圆锥面叫**马赫锥**，其半顶角 α 由下式决定：

$$\sin\alpha=\frac{u}{v_S} \tag{7.58}$$

当飞机、炮弹等以超音速飞行时，都会在空气中激起这种圆锥形的波。这种波称为**冲击波**。冲击波面到达的地方，空气压强突然增大。过强的冲击波掠过物体时甚至会造成损害（如使窗玻璃碎裂），这种现象称为**声爆**。

类似的现象在水波中也可以看到。当船速超过水面上的水波波速时，在船后就激起以船为顶端的 V 形波，这种波叫**艏波**（图 7.37）。

图 7.37 青龙峡湖面游艇激起的艏波弯曲优美
（新京报记者苏里）

当带电粒子在介质中运动，其速度超过该介质中的光速（这光速小于真空中的光速 c）时，会辐射锥形的电磁波，这种辐射称为**切连科夫辐射**。高能物理实验中利用这种现象来测定粒子的速度。

例 7.6

一警笛发射频率为 1500 Hz 的声波，并以 22 m/s 的速度向某方向运动，一人以 6 m/s 的速度跟踪其后，求他听到的警笛发出声音的频率以及在警笛后方空气中声波的波长。设没有风，空气中声速 $u=330$ m/s。

解 已知 $\nu_S=1500$ Hz，$v_S=22$ m/s，$v_R=6$ m/s，则此人听到的警笛发出的声音的频率为

$$\nu_R=\frac{u+v_R}{u+v_S}\nu_S=\frac{330+6}{330+22}\times1500\approx1432\ (\text{Hz})$$

警笛后方空气中声波的频率

$$\nu=\frac{u}{u+v_S}\nu_S=\frac{330}{330+22}\times1500\approx1406\ (\text{Hz})$$

相应的空气中声波波长为

$$\lambda=\frac{u}{\nu}=\frac{u+v_S}{\nu_S}=\frac{330+22}{1500}\approx0.23\ (\text{m})$$

应该注意，警笛后方空气中声波的频率并不等于警笛后方的人接收到的频率，这是因为人向着声源跑去时，又多接收了一些完整波的缘故。

---

*7.12 行波的叠加和群速度

和振动的合成类似，几个频率相同、波速相同、振动方向相同的简谐波叠加后，合成波仍然是简谐波。但是，不同频率的简谐波叠加后，合成波就不再是简谐波了，一般比较复杂，故称为**复波**。介质中有复波产生时，各质元的运动不再是简谐运动，波形图也不再是余弦曲线。图7.38画出了两个复波的波形图(实曲线)，它们都是频率比为3∶1的两列简谐波的合成，只是图7.38(a)中两波的相差和图(b)中两波的相差不同。图7.39是振幅相等、频率相近的两列简谐波合成的复波的波形图，它实际上表示了振动合成中的拍现象。

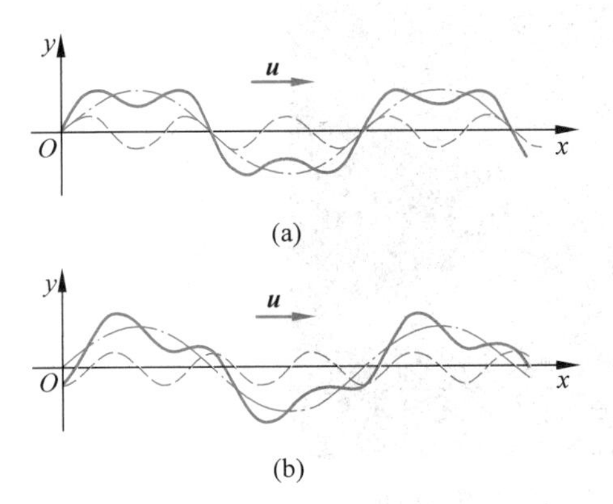

图7.38 频率比为3∶1的两列简谐波的合成

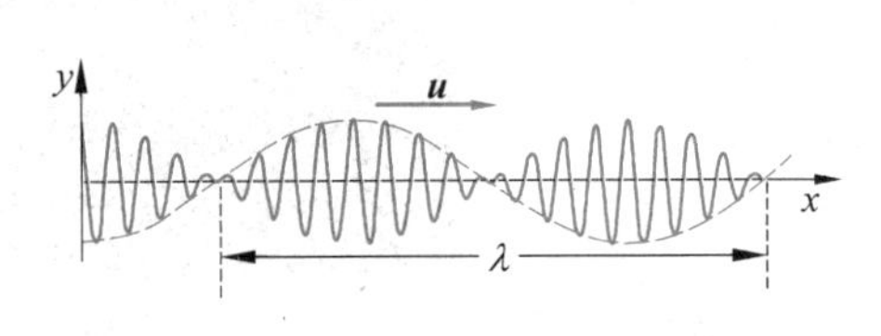

图7.39 频率相近的两列余弦波的合成波

几列简谐波可以合成为复波，一列任意的波，周期性的甚至非周期性的，如一个脉冲波，都可以分解为许多简谐波。这一分解所用的数学方法是傅里叶分析。

简谐波在介质中的传播速度，即相速度，和介质的种类有关。在有些介质中，不同频率的简谐波的相速度都一样，这种介质叫**无色散介质**。在有些介质中，相速度随频率的不同而改变。这种媒质叫**色散介质**。在无色散介质中，不同频率的简谐波具有相同的传播速度，因而合成的复波也以同样的速度传播，而且在传播过程中波形保持不变。在色散介质中，情况则不同。由于各成分波的相速度不同，因而合成的复波的传播呈现复杂的情况。下面就两列沿同一方向传播的，振幅相同、频率相近而且相速度差别不大的两列简谐波的合成作一说明。

设有两列沿 x 轴正向传播的简谐波，其波函数分别为

$$y_1 = A\cos(\omega_1 t - k_1 x)$$

$$y_2 = A\cos(\omega_2 t - k_2 x)$$

式中，$k_1=\frac{\omega_1}{u_1}$，$k_2=\frac{\omega_2}{u_2}$分别为两列波的波数；u_1 和 u_2 分别是两列波的相速度。这两列波的合成波为

$$\begin{aligned} y &= y_1 + y_2 \\ &= 2A\cos\left(\frac{\omega_1-\omega_2}{2}t-\frac{k_1-k_2}{2}x\right)\cos\left(\frac{\omega_1+\omega_2}{2}t-\frac{k_1+k_2}{2}x\right) \end{aligned} \tag{7.59}$$

令

$$\bar{\omega}=\frac{\omega_1+\omega_2}{2},\quad \bar{k}=\frac{k_1+k_2}{2}$$

$$\omega_g=\frac{\omega_1-\omega_2}{2},\quad k_g=\frac{k_1-k_2}{2}$$

$$A_g=2A\cos(\omega_g t-k_g x)$$

则式(7.59)可写为

$$\begin{aligned}y&=2A\cos(\omega_g t-k_g x)\cos(\bar{\omega}t-\bar{k}x)\\&=A_g\cos(\bar{\omega}t-\bar{k}x)\end{aligned}\tag{7.60}$$

由于 ω_1 和 ω_2 很相近，所以 $\omega_g=\frac{\omega_1-\omega_2}{2}\ll\omega_1$ 或 ω_2，而 $\bar{\omega}\approx\omega_1$ 或 ω_2。又由于相速度 u_1 和 u_2 差别不大，所以 $k_g=\frac{k_1-k_2}{2}\ll k_1$ 或 k_2，而 $\bar{k}\approx k_1$ 或 k_2。这样，由式(7.60)所表示的合成波就可看成是振幅 A_g 以频率 ω_g 缓慢变化着而各质元以频率 $\bar{\omega}$ 迅速振动着的波。合成波的波形曲线也如图 7.39 所示，实线表示高频振动传播的波形，虚线表示振幅变化的波形。质元振动的相为$(\bar{\omega}t-\bar{k}x)$，也就是合成波的相。认准某一确定的相，即令$(\bar{\omega}t-\bar{k}x)=$常量，可求得复波的**相速度**为

$$u=\frac{dx}{dt}=\frac{\bar{\omega}}{\bar{k}}\tag{7.61}$$

如果忽略两成分波的相速度的差别，这一相速度也就等于成分波的相速度。

由于振幅的变化，合成波显现为一团一团振动向前传播。这样的一团叫一个**波群**或**波包**。波群的运动就由式(7.60)中的 A_g 表示。波群的运动速度叫**群速度**，它可以通过令$(\omega_g t-k_g x)=$常量求得。以 u_g 表示群速度，则

$$u_g=\frac{dx}{dt}=\frac{\omega_g}{k_g}=\frac{\omega_1-\omega_2}{k_1-k_2}=\frac{\Delta\omega}{\Delta k}$$

在色散介质中 ω 随 k 连续变化而频差很小时，可用$\frac{d\omega}{dk}$代替$\frac{\Delta\omega}{\Delta k}$，于是

$$u_g=\frac{d\omega}{dk}\tag{7.62}$$

利用 $u=\omega/k=\nu\lambda$ 和 $k=2\pi/\lambda$ 的关系，还可以把上式改写为

$$u_g=u-\lambda\frac{du}{d\lambda}\tag{7.63}$$

对于无色散介质，相速度 u 与频率无关，即为常量，ω 与 k 成正比，于是

$$u_g=\frac{d\omega}{dk}=u$$

即群速度等于相速度。对于色散介质，群速度和相速度可能有很大差别。

信号和能量随着复波传播，其传播的速度就是波包移动的速度，即群速度。理想的简谐波在无限长的时间内始终以同一振幅振动，并不传播信号和能量，和它相对应的相速度 u 只表示简谐波中各点相位之间的关系，并不是信号和能量的传播速度。

图 7.39 表示的由波包组成的复波，只是在无色散或色散不大的介质中传播的情形。这种情况下，波包具有稳定的形状。如果介质的色散(即 $du/d\lambda$)较大，则由于各成分波的相速

的显著差异，波包在传播过程中会逐渐摊平、拉开以致最终弥散消失。这种情况下，群速度的概念也就失去意义了。

例 7.7

根据7.10节关于水面波的波速公式计算各种水面波的群速度。

解 将所给相速度公式(7.48)代入式(7.63)中，即可得深海波浪的群速度为

$$u_{d,g} = u_d - \lambda \frac{du_d}{d\lambda} = u_d - \frac{1}{2}\sqrt{\frac{g\lambda}{8\pi}} = \frac{u_d}{2}$$

用式(7.47)得浅海波浪的群速度为

$$u_{s,g} = u_s - \lambda \frac{du_s}{d\lambda} = u_s$$

用式(7.46)得涟漪波的群速度为

$$u_{r,g} = u_r - \lambda \frac{du_r}{d\lambda} = u_r + \frac{1}{2}\sqrt{\frac{2\pi\sigma}{\rho\lambda}} = \frac{3}{2}u_r$$

---

*7.13 孤子

7.12节讲了在色散介质中波的叠加会形成波包。在那里介质虽然是色散的(即相速度和频率或波长有关)，但也是线性的(即相速度与振幅无关)。这种线性关系也是7.12节利用叠加原理的根据。7.12节也指出了，在线性介质中形成波包，一般并不稳定，会在传播过程中逐渐弥散消失。如果介质是**非线性的**，则有可能形成一种不弥散的波包——**孤立波**。

早在1834年，英国的一位造船工程师S. Russel正骑马沿运河行进，发现河内一只船突然停止时，它的前方水面上形成了一个光滑而轮廓清晰的大鼓包沿运河向前推进。他一直跟踪观察，发现这一鼓包保持着约30 ft(英尺，1 ft≈0.3 m)长和1～1.5 ft高的形状一直前进了约1 mile(英里，1 mile≈1609.3 m)的距离才在运河的拐弯处消失了。这种形状保持不变的鼓包向前传播的现象现在称做孤立波。

1895年两位德国科学家Korteweg和de Vries对孤立波的形成作出了合理的解释，认为它是介质的色散效应和非线性效应共同起作用的结果。他们设计了一个数学模型，取介质中的波动方程为

$$\frac{\partial y}{\partial t} - 6y\frac{\partial y}{\partial x} + \frac{\partial^3 y}{\partial x^3} = 0 \tag{7.64}$$

这一方程被称为KdV方程(需要注意的是，式中的 y 和 x 并不具有长度的量纲)，它的一个特解是

$$y = -\frac{u}{2}\text{sech}^2\left[\frac{\sqrt{u}}{2}(x - ut)\right] \tag{7.65}$$

这个波的波形就是一个波包(图7.40)，它以恒定速度 u 向前传播，其振幅 $u/2$ 为定值(注意这里显示出了速度和振幅有关的非线性效应)。式(7.65)就是一种孤立波的数学表示式。

就物理原因来说，式(7.64)中的第三项表示介质的色散作用，因而叫做**色散项**。它使波包弥散。式(7.64)中第二项叫**非线性项**。它的作用是使波包能量重新分配从而使频率扩

展，空间坐标收缩，波包被压挤，如果这两种相反的效应相互抵消，就会形成形状不变的孤立波。由式(7.68)表示的“单孤子”就是这样形成的。

式(7.64)还有其他特解，其中的“双孤子解”说明孤立波的一个重要特征，即碰撞不变性：两个孤子在传播过程中相遇，碰撞后各自的波形和速度都不变。如图7.41所示，振幅一大一小的两个孤立波向右传播，振幅大的速度大，追赶振幅小的。$t=0$ 时在 $x\approx 0$ 处追上并发生碰撞，而后各自仍以原有的振幅和速度传播，不过振幅小的落在了后边。正是由于这种碰撞不变性表明孤立波的稳定性，类似于两粒子的碰撞，所以孤立波又称做“**孤立子**”或简称“**孤子**”。

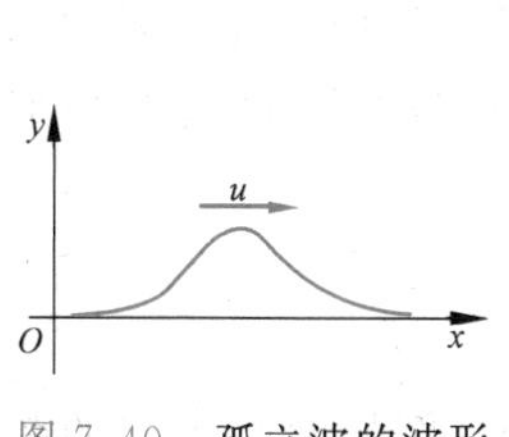

图7.40　孤立波的波形

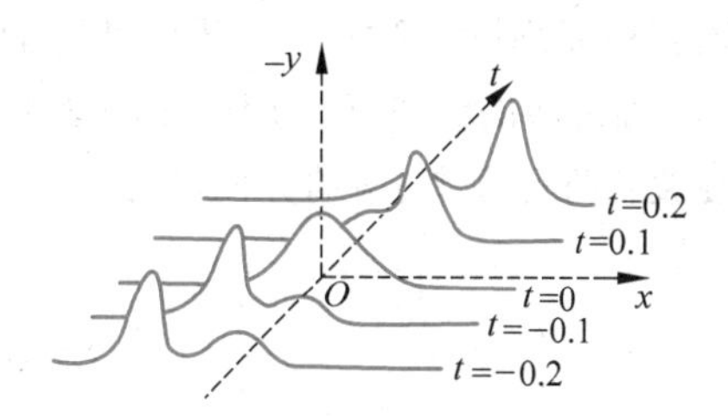

图7.41　两个孤子的碰撞

自20世纪60年代人们开始注意研究非线性条件下的孤子以来，已发现了其他类型的孤子。目前许多领域中都在用孤子理论开展研究。例如，等离子体中的电磁波和声波，晶体中位错的传播，蛋白质的能量的高效率传播，神经系统中信号的传播，高温超导的孤子理论解释，介子的非线性场论模型，等等。由于光纤中光学孤子可以进行压缩而且传输过程中光学孤子形状不变，利用光纤孤子进行通信就有容量大、误码率低、抗干扰能力强、传输距离长等优点。所以目前各国都在竞相研究光纤孤子通信，有的实验室已实现了距离为 10^6 km 的信号传输。

提要

1. 行波：扰动的传播。机械波在介质中传播时，只是扰动在传播，介质并不随波迁移。

2. 简谐波：简谐运动的传播。波形成时，各质元都在振动，但步调不同；沿波的传播方向，各质元的相位依次落后。

简谐波波函数

$$y = A\cos\omega\left(t \mp \frac{x}{u}\right) = A\cos 2\pi\left(\frac{t}{T} \mp \frac{x}{\lambda}\right)$$
$$= A\cos(\omega t \mp kx)$$

负号用于沿 x 轴正向传播的波，正号用于沿 x 轴负向传播的波；式中周期 $T=\frac{2\pi}{\omega}=\frac{1}{\nu}$，波数 $k=\frac{2\pi}{\lambda}$，相速度 $u=\lambda\nu$，波长 λ 是沿波的传播方向两相邻的同相质元间的距离。

3. 弹性介质中的波速

横波波速　　$u=\sqrt{G/\rho}$，　G 为剪切模量，　ρ 为密度；

纵波波速　　$u=\sqrt{E/\rho}$，　E 为杨氏模量，　ρ 为密度；

液体气体中纵波波速 $u=\sqrt{K/\rho}$, K 为体弹模量, ρ 为密度;

拉紧的绳中的横波波速 $u=\sqrt{F/\rho_l}$, F 为绳中张力, ρ_l 为线密度。

4. 简谐波的能量:任一质元的动能和弹性势能同相地变化。

平均能量密度 $\overline{w}=\dfrac{1}{2}\rho\omega^2A^2$

波的强度 $I=\overline{w}u=\dfrac{1}{2}\rho\omega^2A^2u$

5. 惠更斯原理(作图法):介质中波阵面上各点都可看做子波波源,其后任一时刻这些子波的包迹就是新的波阵面。用此作图法可说明波的反射定律,折射定律以及全反射现象。

6. 驻波:两列频率、振动方向和振幅都相同而传播方向相反的简谐波叠加形成驻波,其表达式为

$$y=2A\cos\frac{2\pi}{\lambda}x\cos\omega t$$

它实际上是稳定的分段振动,有波节和波腹。在有限的介质中(例如两端固定的弦线上)的驻波波长是量子化的。

7. 声波

声级 $L=10\ \lg\dfrac{I}{I_0}$ (dB), $I_0=10^{-12}\ \mathrm{W/m^2}$

空气中的声速 $u=\sqrt{\dfrac{\gamma RT}{M}}$

8. 地震波:有 P 波(纵波)、S 波(横波)、表面波之别。里氏地震级 M 与该次地震释放的能量 E 的关系为

$$M=0.67\lg E-2.9$$

9. 水波:形成水波的恢复力是表面张力(涟漪波)和重力(深水)。水波中的水质元作圆周(或椭圆)运动。水越深,水质元运动范围越小。

10. 多普勒效应:接收器接收到的频率与接收器(R)及波源(S)的运动有关。

波源静止 $\nu_R=\dfrac{u+v_R}{u}\nu_S$,接收器向波源运动时 v_R 取正值;

接收器静止 $\nu_R=\dfrac{u}{u-v_S}\nu_S$,波源向接收器运动时 v_S 取正值。

光学多普勒效应:决定于光源和接收器的相对运动。光源和接收器相对速度为 v 时,

$$\nu_R=\sqrt{\frac{c\pm v}{c\mp v}}\nu_S$$

波源速度超过它发出的波的速度时,产生冲击波。

马赫锥半顶角 α $\sin\alpha=\dfrac{u}{v_S}$

*__11. 群速度__:色散介质中,波包以群速度传播。

$$u_g=\frac{d\omega}{dk}=u-\lambda\frac{du}{d\lambda}$$

信号和能量以群速度传播。

思考题

7.1 设某时刻横波波形曲线如图 7.42 所示，试分别用箭头表示出图中 A,B,C,D,E,F,G,H,I 等质点在该时刻的运动方向，并画出经过 1/4 周期后的波形曲线。

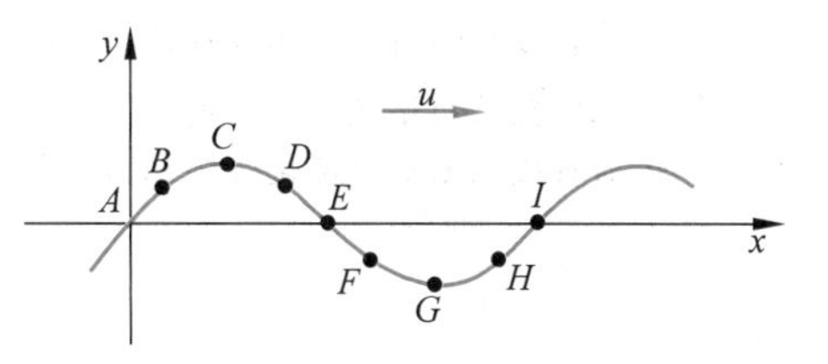

图 7.42 思考题 7.1 用图

7.2 沿简谐波的传播方向相隔 Δx 的两质点在同一时刻的相差是多少？分别以波长 λ 和波数 k 表示之。

7.3 在相同温度下氢气和氦气中的声速哪个大些？

7.4 拉紧的橡皮绳上传播横波时，在同一时刻，何处动能密度最大？何处弹性势能密度最大？何处总能量密度最大？何处这些能量密度最小？

7.5 驻波中各质元的相有什么关系？为什么说相没有传播？

7.6 在图 7.23 的驻波形成图中，在 $t=T/4$ 时，各质元的能量是什么能？大小分布如何？在 $t=T/2$ 时，各质元的能量是什么能？大小分布又如何？波节和波腹处的质元的能量各是如何变化的？

7.7 二胡调音时，要旋动上部的旋杆，演奏时手指压触弦线的不同部位，就能发出各种音调不同的声音。这都是什么缘故？

7.8 哨子和管乐器如风琴管、笛、箫等发声时，吹入的空气湍流使管内空气柱产生驻波振动。管口处是"自由端"形成纵波波腹。另一端如果封闭(图 7.43)，则为"固定端"，形成纵波波节；如果开放，则也是自由端，形成波腹。图 7.43(a)还画出了闭管中空气柱的基频简正振动模式曲线，表示 $\lambda_1=4L$。你能画出下两个波长较短的谐频简正振动模式曲线吗？请在图 7.43(b)、(c)中画出。此闭管可能发出的声音的频率和管长应该有什么关系？

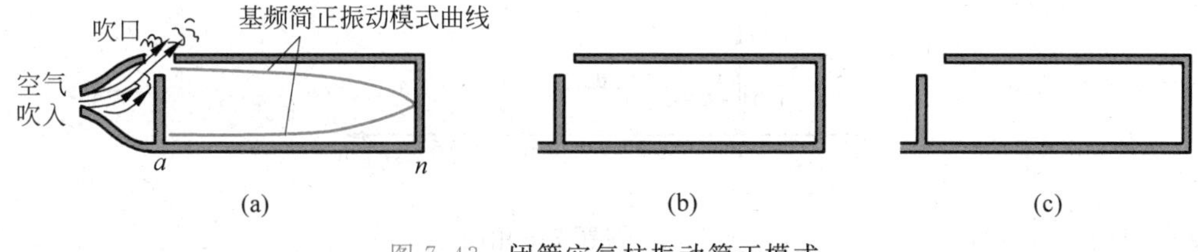

图 7.43 闭管空气柱振动简正模式

(a) 基频；(b)、(c) 谐频

7.9 利用拍现象可以根据标准音叉的频率测出另一待测音叉的频率。但拍频只给出二者的频率差，不能肯定哪个音叉的频率较高。如果给你一块橡皮泥，你能肯定地测出待测音叉的频率吗？

7.10 两个喇叭并排放置，由同一话筒驱动，以相同的功率向前发送声波。下述两种情况下，在它们前方较远处的 P 点的声强和单独一个喇叭发声时在该点的声强相比如何(用倍数或分数说明)？

(1) P 点到两个喇叭的距离相等；

(2) P 点到两个喇叭的距离差半个波长。

*7.11 如果地震发生时，你站在地面上。P 波怎样摇晃你？S 波怎样摇晃你？你先感到哪种摇晃？

*7.12 曾经说过，波传播时，介质的质元并不随波迁移。但水面上有波形成时，可以看到漂在水面上的树叶沿水波前进的方向移动。这是为什么？

7.13 如果在你做健身操时，头顶有飞机飞过，你会发现你向下弯腰和向上直起时所听到的飞机声音音调不同。为什么？何时听到的音调高些？

7.14 在有北风的情况下，站在南方的人听到在北方的警笛发出的声音和无风的情况下听到的有何不同？你能导出一个相应的公式吗？

7.15 声源向接收器运动和接收器向声源运动，都会产生声波频率增高的效果。这两种情况有何区别？如果两种情况下的运动速度相同，接收器接收的频率会有不同吗？若声源换为光源接收器接收光的频率，结果又如何？

*7.16 2004年圣诞节泰国避暑胜地普吉岛遭遇海啸袭击，损失惨重。报道称涌上岸的海浪高达10 m以上。这是从远洋传来的波浪靠近岸边时后浪推前浪拥塞堆集的结果。你能用浅海水面波速公式$u_s=\sqrt{gh}$来解释这种海啸高浪头的形成过程吗？

*7.17 二硫化碳对钠黄光的折射率为1.64，由此算得光在二硫化碳中的速度为1.83×10^8 m/s，但用光信号的传播直接测出的二硫化碳中钠黄光的速度为1.70×10^8 m/s。你能解释这个差别吗？

习题

7.1 太平洋上有一次形成的洋波速度为740 km/h，波长为300 km。这种洋波的频率是多少？横渡太平洋8000 km的距离需要多长时间？

7.2 一简谐横波以0.8 m/s的速度沿一长弦线传播。在$x=0.1$ m处，弦线质点的位移随时间的变化关系为$y=0.05\sin(1.0-4.0t)$。试写出波函数。

7.3 一横波沿绳传播，其波函数为

$$y=2\times10^{-2}\sin 2\pi(200t-2.0x)$$

求：(1) 此横波的波长、频率、波速和传播方向；

(2) 绳上质元振动的最大速度并与波速比较。

7.4 据报道，1976年唐山大地震时，当地某居民曾被猛地向上抛起2 m高。设地震横波为简谐波，且频率为1 Hz，波速为3 km/s，它的波长多大？振幅多大？

7.5 一平面简谐波在$t=0$时的波形曲线如图7.44所示。

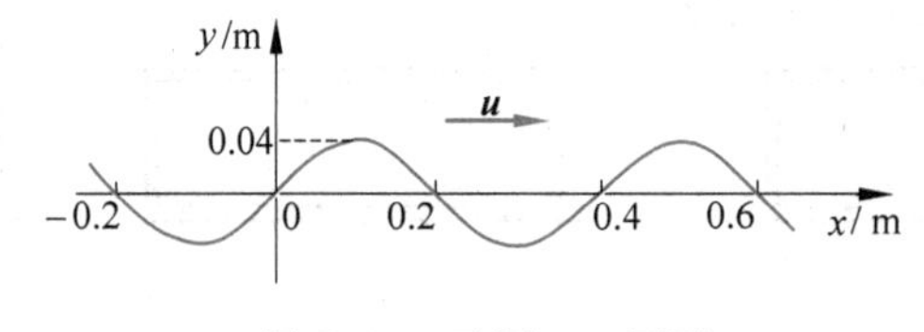

图7.44 习题7.5用图

(1) 已知$u=0.08$ m/s，写出波函数；

(2) 画出$t=T/8$时的波形曲线。

7.6 已知波的波函数为$y=A\cos\pi(4t+2x)$。

(1) 写出$t=4.2$ s时各波峰位置的坐标表示式，并计算此时离原点最近一个波峰的位置，该波峰何时通过原点？

(2) 画出$t=4.2$ s时的波形曲线。

7.7 频率为500 Hz的简谐波，波速为350 m/s。

(1) 沿波的传播方向，相差为60°的两点间相距多远？

(2) 在某点，时间间隔为10^{-3} s的两个振动状态，其相差多大？

7.8 在钢棒中声速为5100 m/s，求钢的杨氏模量(钢的密度$\rho=7.8\times10^3$ kg/m^3)。

7.9 证明固体或液体受到均匀压强p时的弹性势能密度为$\frac{1}{2}K\left(\frac{\Delta V}{V}\right)^2$。注意，对固体和液体来说，$\Delta V\ll V$。

7.10　钢轨中声速为 5.1×10^3 m/s。今有一声波沿钢轨传播，在某处振幅为 1×10^{-9} m，频率为 1×10^3 Hz。钢的密度为 7.9×10^3 kg/m^3，钢轨的截面积按 15 cm^2 计。试求：

(1) 该声波在该处的强度；

(2) 该声波在该处通过钢轨输送的功率。

*7.11　行波中能量的传播是后面介质对前面介质做功的结果。参照图 7.12，先求出棒的一段长度 Δx 的左端面 S 受后方介质的拉力的表示式，再写出此端面的振动速度表示式，然后求出此拉力的功率。此结果应与式(7.31)相同。

7.12　位于 A,B 两点的两个波源，振幅相等，频率都是 100 Hz，相差为 π，若 A,B 相距 30 m，波速为 400 m/s，求 AB 连线上二者之间叠加而静止的各点的位置。

7.13　一驻波波函数为

$$y = 0.02\cos 20x \cos 750t$$

求：(1) 形成此驻波的两行波的振幅和波速各为多少？

(2) 相邻两波节间的距离多大？

(3) $t=2.0\times10^{-3}$ s 时，$x=5.0\times10^{-2}$ m 处质点振动的速度多大？

7.14　一平面简谐波沿 x 正向传播，如图 7.45 所示，振幅为 A，频率为 ν，传播速度为 u。

(1) $t=0$ 时，在原点 O 处的质元由平衡位置向 x 轴正方向运动，试写出此波的波函数；

(2) 若经分界面反射的波的振幅和入射波的振幅相等，试写出反射波的波函数，并求在 x 轴上因入射波和反射波叠加而静止的各点的位置。

7.15　超声波源常用压电石英晶片的驻波振动。如图 7.46 在两面镀银的石英晶片上加上交变电压，晶片中就沿其厚度的方向上以交变电压的频率产生驻波，有电极的两表面是自由的而成为波腹。设晶片的厚度 d 为2.00 mm，石英片中沿其厚度方向声速是 5.74×10^3 m/s 要想激起石英片发生基频振动，外加电压的频率应是多少？

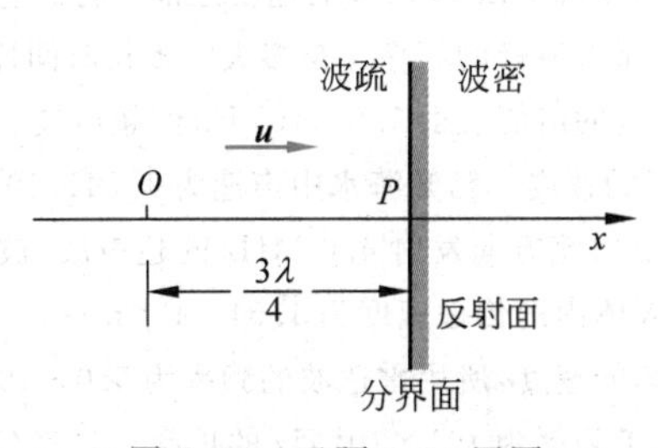

图 7.45　习题 7.14 用图

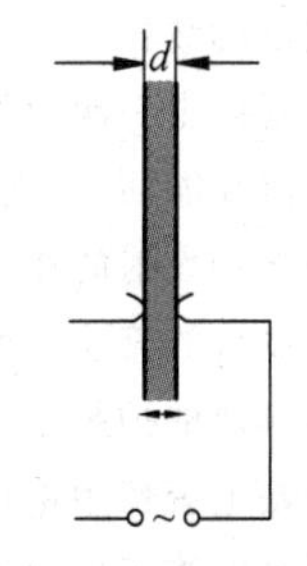

图 7.46　习题 7.15 用图

7.16　一日本妇女的喊声曾创吉尼斯世界纪录，达到 115 dB。这喊声的声强多大？后来一中国女孩破了这个纪录，她的喊声达到 141 dB，这喊声的声强又是多大？

7.17　图 7.47 所示为一次智利地震时在美国华盛顿记录下来的地震波图，其中显示了 P 波和 S 波到达的相对时间。如果 P 波和 S 波的平均速度分别为 8 km/s 与 6 km/s，试估算此次地震震中到华盛顿的距离。

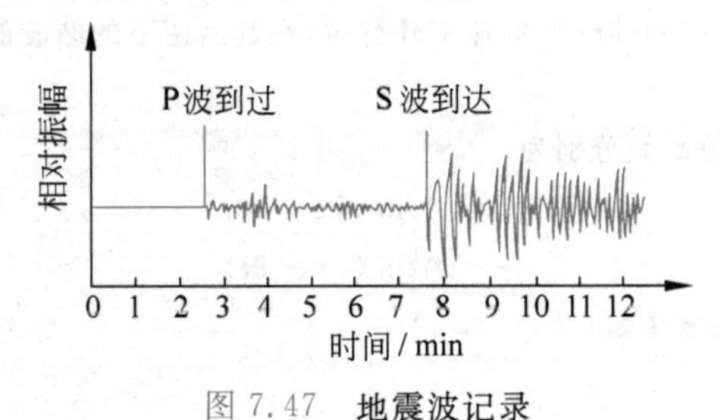

图 7.47　地震波记录

7.18 1976年唐山大地震为里氏9.2级(图7.48)。试根据地震能量公式(7.45)求那次地震所释放的总能量,此能量相当于几个百万吨级氢弹爆炸所释放的能量?(“百万吨”是指相当的TNT炸药的质量,1 kg TNT炸药爆炸时释放的能量为4.6×10^6 J。)

图7.48 地震后的唐山(新华道两边的房子全部倒塌了)

7.19 在海岸抛锚的船因海浪传来而上下振荡,振荡周期为4.0 s,振幅为60 cm,传来的波浪每隔25 m有一波峰。求:

(1) 海波的速度;

*(2) 海面上水的质点作圆周运动的线速度,并和波速比较。由此可知波传播能量的速度可以比介质质元本身运动的速度大得多。

7.20 一摩托车驾驶者撞人后驾车逃逸,一警车发现后开警车鸣笛追赶。两者均沿同一直路开行。摩托车速率为80 km/h,警车速率120 km/h。如果警笛发声频率为400 Hz,空气中声速为330 m/s。摩托车驾驶者听到的警笛声的频率是多少?

7.21 海面上波浪的波长为120 m,周期为10 s。一艘快艇以24 m/s的速度迎浪开行。它撞击浪峰的频率是多大?多长时间撞击一次?如果它顺浪开行,它撞击浪峰的频率又是多大?多长时间撞击一次?

7.22 一驱逐舰停在海面上,它的水下声呐向一驶近的潜艇发射1.8×10^4 Hz的超声波。由该潜艇反射回来的超声波的频率和发射的相差220 Hz,求该潜艇的速度。已知海水中声速为1.54×10^3 m/s。

7.23 主动脉内血液的流速一般是0.32 m/s。今沿血流方向发射4.0 MHz的超声波,被红细胞反射回的波与原发射波将形成的拍频是多少?已知声波在人体内的传播速度为1.54×10^3 m/s。

7.24 公路检查站上警察用雷达测速仪测来往汽车的速度,所用雷达波的频率为5.0×10^{10} Hz。发出的雷达波被一迎面开来的汽车反射回来,与入射波形成了频率为1.1×10^4 Hz的拍频。此汽车是否已超过了限定车速100 km/h。

7.25 物体超过声速的速度常用**马赫数**表示,马赫数定义为物体速度与介质中声速之比。一架超音速飞机以马赫数为2.3的速度在5000 m高空水平飞行,声速按330 m/s计。

(1) 求空气中马赫锥的半顶角的大小。

(2) 飞机从人头顶上飞过后要经过多长时间人才能听到飞机产生的冲击波声?

7.26 千岛湖水面上快艇以60 km/h的速率开行时,在其后留下的艏波的张角约为10°(图7.49)。试估算湖面水波的静水波速。

7.27 有两列平面波,其波函数分别为

$$y_1 = A\sin(5x-10t)$$
$$y_2 = A\sin(4x-9t)$$

求:(1) 两波叠加后,合成波的波函数;

(2) 合成波的群速度;

图 7.49 习题 7.26 用图

(3) 一个波包的长度。

*7.28 沿固定细棒传播的弯曲波(棒的中心线像弦上横波那样运动,但各小段棒并不发生切变)的"色散关系"为

$$\omega = \alpha k^2$$

式中 α 为正的常量,由棒材的性质和截面尺寸决定。试求这种波的群速度和相速度的关系。

*7.29 大气上层电离层对于短波无线电波是色散介质,其色散关系为

$$\omega^2 = \omega_p^2 + c^2 k^2$$

其中,c 是光在真空中的速度;ω_p 为一常量。求在电离层中无线电波的相速度 u 和群速度 u_g,并证明 $uu_g = c^2$。

7.30 远方一星系发来的光的波长经测量是地球上同类原子发的光的波长的 3/2 倍。求该星系离开地球的退行速度。

*7.31 证明在图 7.38 中复波的一个波包的长度为

$$\Delta x = \frac{\lambda^2}{\Delta \lambda}$$

并进而证明

$$\Delta x \Delta k = 2\pi \tag{7.66}$$

以 Δt 表示波包的延续时间,即它通过某一定点的时间,则 $\Delta t = \Delta x / u_g$,再证明

$$\Delta t \Delta \nu = 1 \tag{7.67}$$

这一关系式说明波包(或脉冲)延续时间越短,合成此波包的成分波的频率分布越宽。

式(7.66)和式(7.67)是波的通性,也用于微观粒子的波动性。在量子力学中这两式表示微观粒子的"不确定关系"。

*7.32 17 世纪费马曾提出:光从某一点到达另一点所经过的实际路径是那一条所需时间最短的路径。试根据这一"费马原理"证明光的反射定律($i' = i$)和折射定律式(7.36)。参考图 7.50,其中 Q_1 和 Q_2 为光线先后经过的两定点。

7.33 **超声电机**。超声电机是利用压电材料的电致伸缩效应制成的。因其中压电材料的工作频率在超声范围,所以称超声电机。一种超声电机的基本结构如图 7.51(a)所示,在一片薄金属弹性体 M 的下表面黏附上复合压电陶瓷片 P_1 和 P_2(每一片的两半的电极化方向相反,如箭头所示),构成电机的"定子"。金属片 M 的上方压上金属滑块 R 作为电机的"转子"。当交流电信号加在压电陶瓷片上时,其电极化方向与信号中电场方向相同的半片略变厚,其电极化方向相反的半片略变薄。这将导致压电片上方的金属片局部发生弯曲振动。由于输入 P_1 和 P_2 的信号的相位不同,就有弯曲行波在金属片中产生。这种波的竖

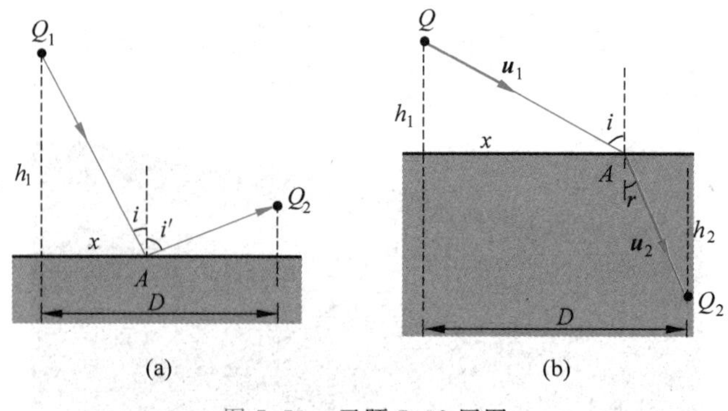

图 7.50　习题 7.32 用图

(a) 反射；(b) 折射

直和水平的两个分量的位移函数分别为

$$\xi_y = A_y \sin(\omega t - kx),\quad \xi_x = A_x \cos(\omega t - kx)$$

式中 ω 即信号的，也就是该信号引起的弹性金属片中波的频率。这样，金属表面每一质元（x 一定）的合运动都将是两个相互垂直的振动的合成（图 7.51(b)），在其与上面金属滑块接触处的各质元（从左向右）都将依次向左运动。在这接触处涂有摩擦材料，借助于摩擦力，金属滑块将被推动向左运动，形成电机的基本动作。

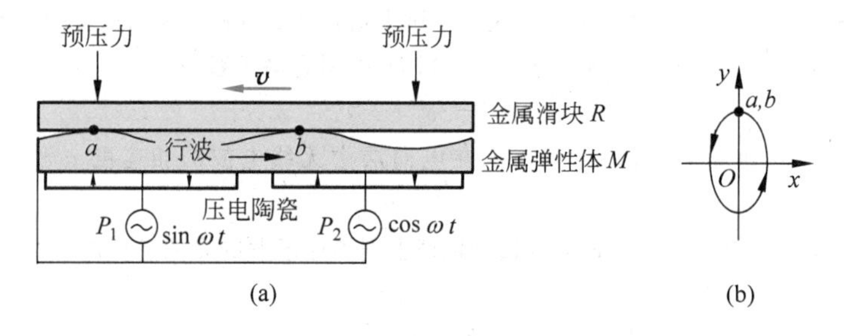

图 7.51　超声电机

(a) 一种超声电机结构图；(b) a，b 两点的运动

如果将薄金属弹性体做成扁环形体，在其下面沿环的方向黏附压电陶瓷片，在其上压上环形金属滑块，则在输入交流电信号时，滑块将被摩擦带动进行旋转，这将做成旋转的超声电机。

超声电机通常都造得很小，它和微型电磁电机相比具有体积小、转矩大、惯性小、无噪声等优点，现已被应用到精密设备，如照相机、扫描隧穿显微镜甚至航天设备中。图 7.52 是清华大学物理系声学研究室 2001 年研制的直径 1 mm、长 5 mm、重 36 mg 的旋转超声电机，曾用于 OCT 内窥镜中驱动其中的扫描反射镜。

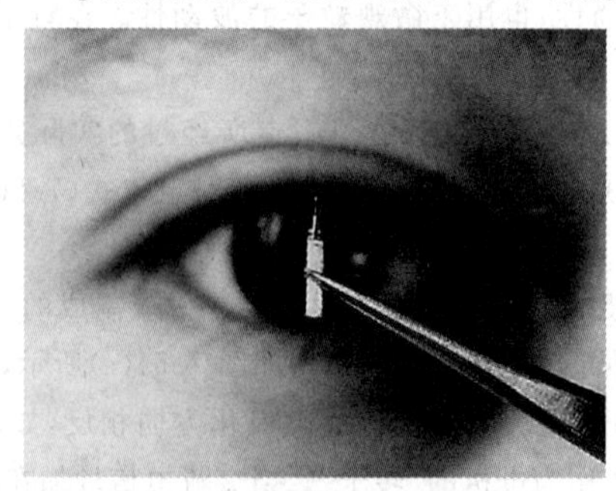

图 7.52　清华大学声学研究室研制的直径 1 mm 的旋转超声电机（镊子夹住的）

就图 7.51 所示的超声电机证明：

(1) 薄金属片中各质元的合运动轨迹都是正椭圆，其轨迹方程为

$$\frac{\xi_x^2}{A_x^2}+\frac{\xi_y^2}{A_y^2}=1$$

(2) 薄金属片与金属滑块接触时的水平速率都是

$$v=-\omega A_x$$

负号表示此速度方向沿图 7.51 中 x 负方向，即向左。

第 8 章

狭义相对论基础

以上各章介绍了牛顿力学最基本的内容，牛顿力学的基础就是以牛顿命名的三条定律。这理论是在 17 世纪形成的，在以后的两个多世纪里，牛顿力学对科学和技术的发展起了很大的推动作用，而自身也得到了很大的发展。历史踏入 20 世纪时，物理学开始深入扩展到微观高速领域，这时发现牛顿力学在这些领域不再适用，物理学的发展要求对牛顿力学以及某些长期认为是不言自明的基本概念作出根本性的改革，这就是相对论和量子力学的建立。本章介绍相对论的基础知识，量子力学的基本概念将在第 5 篇“量子物理”中简单介绍。

8.1 牛顿相对性原理和伽利略变换

力学是研究物体的运动的，物体的运动就是它的位置随时间的变化。为了定量研究这种变化，必须选定适当的参考系，而力学概念，如速度、加速度等，以及力学规律都是对一定的参考系才有意义的。在处理实际问题时，视问题的方便，可以选用不同的参考系。相对于任一参考系分析研究物体的运动时，都要应用基本力学定律。这里就出现了这样的问题，对于不同的参考系，基本力学定律的形式是完全一样的吗？

运动既然是物体位置随时间的变化，那么，无论是运动的描述或是运动定律的说明，都离不开长度和时间的测量。因此，和上述问题紧密联系而又更根本的问题是：相对于不同的参考系，长度和时间的测量结果是一样的吗？

物理学对于这些根本问题的解答，经历了从牛顿力学到相对论的发展。下面先说明牛顿力学是怎样理解这些问题的，然后再着重介绍狭义相对论的基本内容。

对于上面的第一个问题，牛顿力学的回答是干脆的：对于任何惯性参考系，牛顿定律都成立。也就是说，对于不同的惯性系，力学的基本定律——牛顿定律，其形式都是一样的。因此，在任何惯性系中观察，同一力学现象将按同样的形式发生和演变。这个结论叫**牛顿相对性原理**或**力学相对性原理**，也叫做伽利略不变性。这个思想首先是伽利略表述的。在宣扬哥白尼的日心说时，为了解释地球的表观上的静止，他曾以大船作比喻，生动地指出：在“以任何速度前进，只要运动是匀速的，同时也不这样那样摆动”的大船船舱内，观察各种力学现象，如人的跳跃，抛物，水滴的下落，烟的上升，鱼的游动，甚至蝴蝶和苍蝇的飞行等，你会发现，它们都会和船静止不动时一样地发生。人们并不能从这些现象来判断大船是否在运动。无独有偶，这种关于相对性原理的思想，在我国古籍中也有记述，成书于东汉时代（比伽利略要早约 1500 年！）的《尚书纬·考灵曜》中有这样的记述："地恒动不止而人不知，譬如人在大舟中，闭牖而坐，舟行而不觉也"（图 8.1）。

图 8.1 舟行而不觉

在作匀速直线运动的大船内观察任何力学现象，都不能据此判断船本身的运动。只有打开舷窗向外看，当看到岸上灯塔的位置相对于船不断地在变化时，才能判定船相对于地面是在运动的，并由此确定航速。即使这样，也只能作出相对运动的结论，并不能肯定"究竟"是地面在运动，还是船在运动。只能确定两个惯性系的相对运动速度，谈论某一惯性系的绝对运动（或绝对静止）是没有意义的。这是力学相对性原理的一个重要结论。

关于空间和时间的问题，牛顿有的是**绝对空间**和**绝对时间**概念，或**绝对时空观**。所谓绝对空间是指长度的量度与参考系无关，绝对时间是指时间的量度和参考系无关。这也就是说，同样两点间的距离或同样的前后两个事件之间的时间间隔，无论在哪个惯性系中测量都是一样的。牛顿本人曾说过："绝对空间，就其本性而言，与外界任何事物**无关**，而永远是相同的和不动的。"还说过："绝对的、真正的和数学的时间自己流逝着，并由于它的本性而均匀地与任何外界对象**无关**地流逝着。"还有，在牛顿那里，时间和空间的量度是**相互独立**的。

牛顿的这种绝对空间与绝对时间的概念是一般人对空间和时间概念的理论总结。我国唐代诗人李白在他的《春夜宴桃李园序》中的词句："夫天地者，万物之逆旅；光阴者，百代之过客"，也表达了相同的意思。

牛顿的相对性原理和他的绝对时空概念是有直接联系的，下面就来说明这种联系。

设想两个相对作匀速直线运动的参考系，分别以直角坐标系 $S(O,x,y,z)$ 和 $S'(O',x',y',z')$ 表示（图 8.2），两者的坐标轴分别相互平行，而且 x 轴和 x' 轴重合在一起。S' 相对于 S 沿 x 轴方向以速度 $\boldsymbol{u}=u\boldsymbol{i}$ 运动。

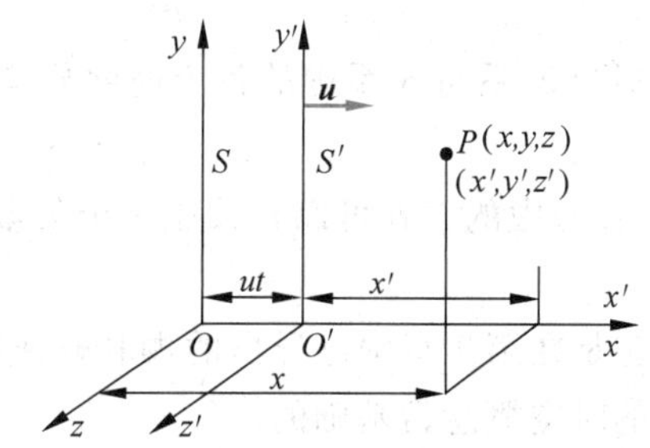

图 8.2 相对作匀速直线运动的两个参考系 S 和 S'

为了测量时间，设想在 S 和 S' 系中各处各有自己的钟，所有的钟结构完全相同，而且同一参考系中的所有的钟都是校准好而同步的，它们分别指示时刻 t 和 t'。为了对比两个参考系中所测的时间，我们假定两个参考系中的钟都以原点 O' 和 O 重合的时刻作为计算时间的零点。让我们找出两个参考系测出的同一质点到达某一位置 P 的时刻以及该位置的空间坐标之间的关系。

由于时间量度的绝对性，质点到达 P 时，两个参考系中 P 点附近的钟给出的时刻数值一定相等，即

$$t' = t \tag{8.1}$$

由于空间量度的绝对性，由 P 点到 xz 平面（亦即 $x'z'$ 平面）的距离，由两个参考系测出的数值也是一样的，即

$$y' = y \tag{8.2}$$

同理

$$z' = z \tag{8.3}$$

至于 x 和 x' 的值，由 S 系测量，x 应该等于此时刻两原点之间的距离 ut 加上 $y'z'$ 平面到 P 点的距离。这后一距离由 S' 系量得为 x'。若由 S 系测量，根据绝对空间概念，这后一距离应该一样，即也等于 x'。所以，在 S 系中测量就应该有

$$x = x' + ut$$

或

$$x' = x - ut \tag{8.4}$$

将式(8.2)～式(8.4)写到一起，就得到下面一组变换公式：

$$x' = x - ut, \quad y' = y, \quad z' = z, \quad t' = t \tag{8.5}$$

此即**伽利略坐标变换**，它是绝对时空概念的直接反映。

由公式(8.5)可进一步求得速度变换公式。将其中前 3 式对时间求导，考虑到 $t = t'$，可得

$$\frac{\mathrm{d}x'}{\mathrm{d}t'} = \frac{\mathrm{d}x}{\mathrm{d}t} - u, \quad \frac{\mathrm{d}y'}{\mathrm{d}t'} = \frac{\mathrm{d}y}{\mathrm{d}t}, \quad \frac{\mathrm{d}z'}{\mathrm{d}t'} = \frac{\mathrm{d}z}{\mathrm{d}t}$$

式中

$$\frac{\mathrm{d}x'}{\mathrm{d}t'} = v_x', \quad \frac{\mathrm{d}y'}{\mathrm{d}t'} = v_y', \quad \frac{\mathrm{d}z'}{\mathrm{d}t'} = v_z'$$

与

$$\frac{\mathrm{d}x}{\mathrm{d}t} = v_x, \quad \frac{\mathrm{d}y}{\mathrm{d}t} = v_y, \quad \frac{\mathrm{d}z}{\mathrm{d}t} = v_z$$

分别为 S' 系与 S 系中的各个速度分量，因此可得速度变换公式为

$$v_x' = v_x - u, \quad v_y' = v_y, \quad v_z' = v_z \tag{8.6}$$

式(8.6)中的三式可以合并成一个矢量式，即

$$\boldsymbol{v}' = \boldsymbol{v} - \boldsymbol{u} \tag{8.7}$$

这正是在第 1 章中已导出的伽利略速度变换公式(1.39)。由上面的推导可以看出它是以绝对的时空概念为基础的。

将式(8.7)再对时间求导，可得出加速度变换公式。由于 $\boldsymbol{u}$ 与时间无关，所以有

$$\frac{\mathrm{d}\boldsymbol{v}'}{\mathrm{d}t'} = \frac{\mathrm{d}\boldsymbol{v}}{\mathrm{d}t}$$

即

$$\boldsymbol{a}' = \boldsymbol{a} \tag{8.8}$$

这说明同一质点的加速度在不同的惯性系内测得的结果是一样的。

在牛顿力学里，质点的质量和运动速度没有关系，因而也不受参考系的影响。牛顿力学中的力只跟质点的相对位置或相对运动有关，因而也是和参考系无关的。因此，只要 $\boldsymbol{F} = m\boldsymbol{a}$ 在参考系 S 中是正确的，那么，对于参考系 S' 来说，由于 $\boldsymbol{F}' = \boldsymbol{F}$，$m' = m$ 以及式(8.8)，则必然有

$$\boldsymbol{F}' = m'\boldsymbol{a}' \tag{8.9}$$

即对参考系 S' 说，牛顿定律也是正确的。一般地说，牛顿定律对任何惯性系都是正确的。

这样，我们就由牛顿的绝对时空概念(以及“绝对质量”概念)得到了牛顿相对性原理。

8.2 爱因斯坦相对性原理和光速不变

在牛顿等对力学进行深入研究之后，人们对其他物理现象，如光和电磁现象的研究也逐步深入了。19 世纪中叶，已形成了比较严整的电磁理论——麦克斯韦理论。它预言光是一种电磁波，而且不久也为实验所证实。在分析与物体运动有关的电磁现象时，也发现有符合相对性原理的实例。例如在电磁感应现象中，只是磁体和线圈的相对运动决定线圈内产生的感生电动势。因此，也提出了同样的问题，对于不同的惯性系，电磁现象的基本规律的形式是一样的吗？如果用伽利略变换对电磁现象的基本规律进行变换，发现这些规律对不同的惯性系并不具有相同的形式。就这样，伽利略变换和电磁现象符合相对性原理的设想发生了矛盾。

在这个问题中，光速的数值起了特别重要的作用。以 c 表示在某一参考系 S 中测得的光在真空中的速率，以 c' 表示在另一参考系 S' 中测得的光在真空的速率，如果根据伽利略变换，就应该有

$$c' = c \pm u$$

式中 u 为 S' 相对于 S 的速度，它前面的正负号由 $\boldsymbol{c}$ 和 $\boldsymbol{u}$ 的方向相反或相同而定。但是麦克斯韦的电磁场理论给出的结果与此不相符，该理论给出的光在真空中的速率

$$c = \frac{1}{\sqrt{\varepsilon_0 \mu_0}} \tag{8.10}$$

其中 $\varepsilon_0 = 8.85 \times 10^{-12} \mathrm{C}^2 \cdot \mathrm{N}^{-1} \cdot \mathrm{m}^{-2}$(或 F/m)，$\mu_0 = 1.26 \times 10^{-6} \mathrm{N} \cdot \mathrm{s}^2 \cdot \mathrm{C}^{-2}$(或 H/m)，是两个电磁学常量。将这两个值代入上式，可得

$$c \approx 2.99 \times 10^8 \ \mathrm{m/s}$$

由于 ε_0，μ_0 与参考系无关，因此 c 也应该与参考系无关。这就是说在任何参考系内测得的光在真空中的速率都应该是这一数值。这一结论还为后来的很多精确的实验(最著名的是 1887 年迈克尔逊和莫雷做的实验)和观察所证实①。它们都明确无误地证明光速的测量结果与光源和测量者的相对运动无关，亦即与参考系无关。这就是说，光或电磁波的运动不服从伽利略变换！

正是根据光在真空中的速率与参考系无关这一性质，在精密的激光测量技术的基础上，现在把光在真空中的速率规定为一个基本的物理常量，其值规定为

$$c = 299\ 792\ 458 \ \mathrm{m/s}$$

SI 的长度单位“m”就是在光速的这一规定的基础上规定的(参看 1.1 节)。

光速与参考系无关这一点是与人们的预计相反的，因日常经验总是使人们确信伽利略变换是正确的。但是要知道，日常遇到的物体运动的速率比起光速来是非常小的，炮弹飞出炮口的速率不过 10^3 m/s，人造卫星的发射速率也不过 10^4 m/s，不及光速的万分之一。我们本来不能也不应该轻率地期望在低速情况下适用的规律在很高速的情况下也一定能适用。

① 参看习题 1.25。

伽利略变换和电磁规律的矛盾促使人们思考下述问题：是伽利略变换是正确的，而电磁现象的基本规律不符合相对性原理呢？还是已发现的电磁现象的基本规律是符合相对性原理的，而伽利略变换，实际上是绝对时空概念，应该修正呢？爱因斯坦对这个问题进行了深入的研究，并在1905年发表了《论动体的电动力学》这篇著名的论文，对此问题作出了对整个物理学都有根本变革意义的回答。在该文中他把下述“思想”提升为“公设”即基本假设：

物理规律对所有惯性系都是一样的，不存在任何一个特殊的（例如“绝对静止”的）惯性系。

爱因斯坦称这一假设为相对性原理，我们称之为**爱因斯坦相对性原理**。和牛顿相对性原理加以比较，可以看出前者是后者的推广，使相对性原理不仅适用于力学现象，而且适用于所有物理现象，包括电磁现象在内。这样，我们就可以料到，在任何一个惯性系内，不但是力学实验，而且任何物理实验都不能用来确定本参考系的运动速度。绝对运动或绝对静止的概念，从整个物理学中被排除了。

在把相对性原理作为基本假设的同时，爱因斯坦在那篇著名论文中还把另一论断，即**在所有惯性系中，光在真空中的速率都相等**，作为另一个基本假设提了出来。这一假设称为**光速不变原理**[①]。就是在看来这样简单而且最一般的两个假设的基础上，爱因斯坦建立了一套完整的理论——狭义相对论，而把物理学推进到了一个新的阶段。由于在这里涉及的只是无加速运动的惯性系，所以叫**狭义相对论**，以别于后来爱因斯坦发展的**广义相对论**，在那里讨论了作加速运动的参考系。

既然选择了相对性原理，那就必须修改伽利略变换，爱因斯坦从考虑**同时性的相对性**开始导出了一套新的时空变换公式——洛伦兹变换。

8.3 同时性的相对性和时间延缓

爱因斯坦对物理规律和参考系的关系进行考查时，不仅注意到了物理规律的具体形式，而且注意到了更根本更普遍的问题——关于时间和长度的测量问题，首先是时间的概念。他对牛顿的绝对时间概念提出了怀疑，并且，据他说，从16岁起就开始思考这个问题了。经过10年的思考，终于得到了他的异乎寻常的结论：时间的量度是相对的！对于不同的参考系，同样的先后两个事件之间的时间间隔是不同的。

爱因斯坦的论述是从讨论“同时性”概念开始的[②]。在1905年发表的《论动体的电动力学》那篇著名论文中，他写道：“如果我们要描述一个质点的运动，我们就以时间的函数来给出它的坐标值。现在我们必须记住，这样的数学描述，只有在我们十分清楚懂得‘时间’在这

① 如果把光速当成一个“物理规律”，则光速不变原理就成了相对性原理的一个推论，无须作为一条独立的假设提出。更应注意的是，相对论理论不应该是电磁学的一个分支，不应该依赖光速的极限性。可以在空间的均匀性和各向同性的“基本假设”的基础上，根据相对性原理导出洛伦兹变换而建立相对论理论。这就更说明了爱因斯坦的相对性思想的普遍性和基础意义。关于不用光速的相对论论证可参看：Mermin N D. Relativity without light. Am J Phys，1984，52(2)：119-124；Terletskii Y P. Paradoxes in the Theory of Relativity. New York：Plenum Press，1968，Sec. 7.

② 杨振宁称同时性的相对性是“关键性、革命性的思想”，他还评论说：“洛伦兹有其数学，没有其物理；庞加莱有其哲学，也没有其物理。而26岁的爱因斯坦敢于质疑人类关于时间的错误的原始观念，坚持同时性是相对的，才能从而打开了通向新的微观物理之门。”——见：物理与工程，2005，6：2.

里指的是什么之后才有物理意义。我们应该考虑到：凡是时间在里面起作用的我们的一切判断，总是关于同时的事件的判断。比如我们说，‘那列火车 7 点钟到达这里’，这大概是说，‘我的表的短针指到 7 同火车到达是同时的事件’。”

注意到了同时性，我们就会发现，和光速不变紧密联系在一起的是：在某一惯性系中同时发生的两个事件，在相对于此惯性系运动的另一惯性系中观察，并不是同时发生的。这可由下面的思想实验看出来。

仍设如图 8.2 所示的两个参考系 S 和 S'，设在坐标系 S' 中的 x' 轴上的 A'，B' 两点各放置一个接收器，每个接收器旁各有一个静止于 S' 的钟，在 $A'B'$ 的中点 M' 上有一闪光光源（图 8.3）。今设光源发出一闪光，由于 $M'A'=M'B'$，而且向各个方向的光速是一样的，所以闪光必将同时传到两个接收器，或者说，光到达 A' 和到达 B' 这两个事件在 S' 系中观察是同时发生的。

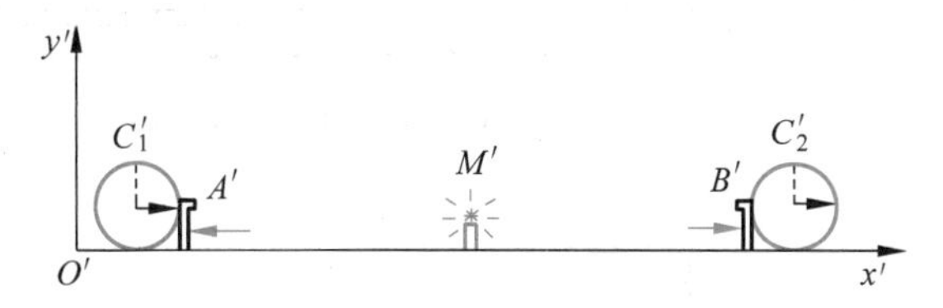

图 8.3 在 S' 系中观察，光同时到达 A' 和 B'

在 S 系中观察这两个同样的事件，其结果又如何呢？如图 8.4 所示，在光从 M' 发出到达 A' 这一段时间内，A' 已迎着光线走了一段距离，而在光从 M' 出发到达 B' 这段时间内，B' 却背着光线走了一段距离。

显然，光线从 M' 发出到达 A' 所走的距离比到达 B' 所走的距离要短。因为这两个方向的光速还是一样的（光速与光源和观察者的相对运动无关），所以光必定先到达 A' 而后到达 B'，或者说，光到达 A' 和到达 B' 这两个事件在 S 系中观察并不是同时发生的。这就说明，**同时性是相对的**[①]。

如果 M,A,B 是固定在 S 系的 x 轴上的一套类似装置，则用同样分析可以得出，在 S 系中同时发生的两个事件，在 S' 系中观察，也不是同时发生的。分析这两种情况的结果还可以得出下一结论：沿两个惯性系相对运动方向发生的两个事件，在其中一个惯性系中表现为同时的，在另一惯性系中观察，则总是**在前一惯性系运动的后方的那一事件先发生**。

由图 8.4 也很容易了解，S' 系相对于 S 系的速度越大，在 S 系中所测得的沿相对速度方向配置的两事件之间的时间间隔就越长。这就是说，对不同的参考系，沿相对速度方向配置的同样的两个事件之间的时间间隔是不同的。这也就是说，**时间的测量是相对的**。

下面我们来导出时间量度和参考系相对速度之间的关系。

如图 8.5(a)所示，设在 S' 系中 A' 点有一闪光光源，它近旁有一只钟 C'。在平行于 y' 轴方向离 A' 距离为 d 处放置一反射镜，镜面向 A'。今令光源发出一闪光射向镜面又反射回 A'，光从 A' 发出到再返回 A' 这两个事件相隔的时间由钟 C' 给出，它应该是

① 这一结论和人类的“原始观念”是相违背的。参见：张三慧. 同时性的相对性与经典同时性. 物理通报，2001，2：9.

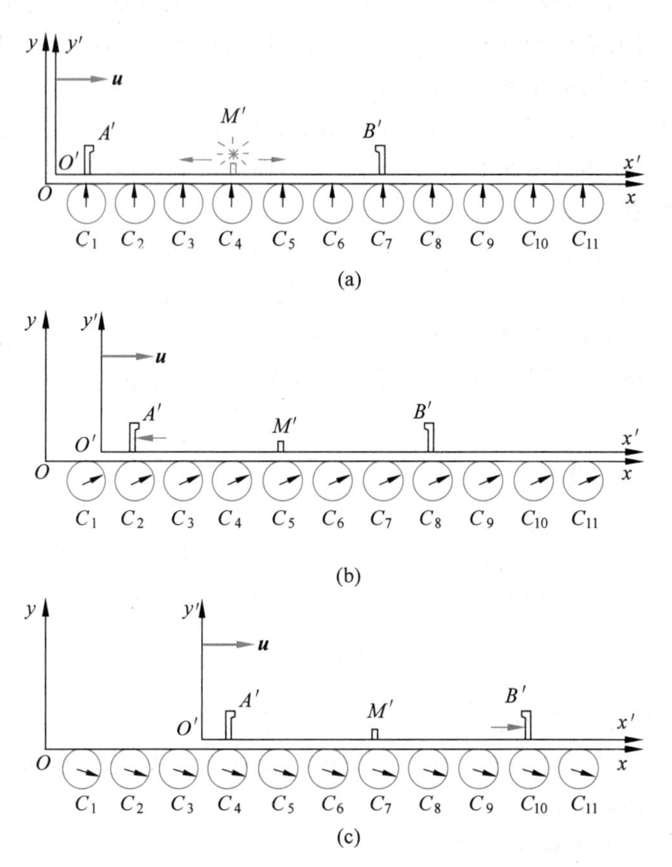

图 8.4　在 S 系中观察

(a) 光由 M' 发出；(b) 光到达 A'；(c) 光到达 B'

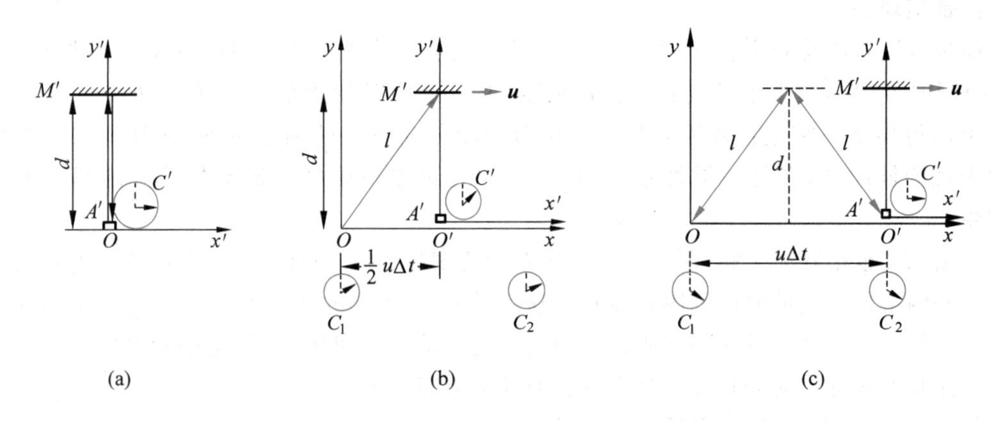

图 8.5　光由 A' 到 M'，再返回 A'

(a) 在 S' 系中测量；(b)、(c) 在 S 系中测量

$$\Delta t' = \frac{2d}{c} \tag{8.11}$$

在 S 系中测量，光从 A' 发出再返回 A' 这两个事件相隔的时间又是多长呢？首先，我们

看到，由于 S' 系的运动，这两个事件并不发生在 S 系中的同一地点。为了测量这一时间间隔，必须利用沿 x 轴配置的许多静止于 S 系的经过校准而同步的钟 C_1，C_2 等，而待测时间间隔由光从 A' 发出和返回 A' 时，A' 所邻近的钟 C_1 和 C_2 给出。我们还可以看到，在 S 系中测量时，光线由发出到返回并不沿同一直线进行，而是沿一条折线(图 8.5(b)、(c))。为了计算光经过这条折线的时间，需要算出在 S 系中测得的斜线 l 的长度。为此，我们先说明，在 S 系中测量，沿 y 方向从 A' 到镜面的距离也是 d(这里应当怀疑一下牛顿的绝对长度的概念)，这可以由下述火车钻洞的假想实验得出。

设在山洞外停有一列火车，车厢高度与洞顶高度相等。现在使车厢匀速地向山洞开去。这时它的高度是否和洞顶高度相等呢？或者说，高度是否和运动有关呢？假设高度由于运动而变小了，这样，在地面上观察，由于运动的车厢高度减小，它当然能顺利地通过山洞。如果在车厢上观察，则山洞是运动的，由相对性原理，洞顶的高度应减小，这样车厢势必在山洞外被阻住。这就发生了矛盾。但车厢能否穿过山洞是一个确定的物理事实，应该和参考系的选择无关，因而上述矛盾不应该发生。这说明上述假设是错误的。因此在满足相对性原理的条件下，车厢和洞顶的高度不应因运动而减小。这也就是说，垂直于相对运动方向的长度测量与运动无关，因而在图 8.5 各分图中，由 S 系观察，A' 和反射镜之间沿 y 方向的距离都是 d。

以 Δt 表示在 S 系中测得的闪光由 A' 发出到返回 A' 所经过的时间。由于在这段时间内，A' 移动了距离 $u\Delta t$，所以

$$l=\sqrt{d^2+\left(\frac{u\Delta t}{2}\right)^2} \tag{8.12}$$

由光速不变，又有

$$\Delta t=\frac{2l}{c}=\frac{2}{c}\sqrt{d^2+\left(\frac{u\Delta t}{2}\right)^2}$$

由此式解出

$$\Delta t=\frac{2d}{c}\frac{1}{\sqrt{1-u^2/c^2}}$$

和式(8.11)比较可得

$$\Delta t=\frac{\Delta t'}{\sqrt{1-u^2/c^2}} \tag{8.13}$$

此式说明，如果在某一参考系 S' 中发生在同一地点的两个事件相隔的时间是 $\Delta t'$，则在另一参考系 S 中测得的这两个事件相隔的时间 Δt 总是要长一些，二者之间差一个 $\sqrt{1-u^2/c^2}$ 因子。这就从数量上显示了时间测量的相对性。

在某一参考系中**同一地点先后发生的两个事件之间的时间间隔**叫**固有时**，它是静止于此参考系中的一只钟测出的。在上面的例子中，$\Delta t'$ 就是光从 A' 发出又返回 A' 所经历的固有时。由式(8.13)可看出，**固有时最短**。固有时和在其他参考系中测得的时间的关系，如果用钟走得快慢来说明，就是 S 系中的观察者把相对于他运动的那只 S' 系中的钟和自己的许多同步的钟对比，发现那只钟慢了，那只运动的钟的一秒对应于这许多静止的同步的钟的好几秒。这个效应叫做运动的钟**时间延缓**。

应注意，时间延缓是一种相对效应。也就是说，S'系中的观察者会发现静止于S系中而相对于自己运动的任一只钟比自己的参考系中的一系列同步的钟走得慢。这时S系中的一只钟给出固有时，S'系中的钟给出的不是固有时。

由式(8.13)还可以看出，当$u \ll c$时，$\sqrt{1-u^2/c^2} \approx 1$，而$\Delta t \approx \Delta t'$。这种情况下，同样的两个事件之间的时间间隔在各参考系中测得的结果都是一样的，即时间的测量与参考系无关。这就是牛顿的绝对时间概念。由此可知，牛顿的绝对时间概念实际上是相对论时间概念在参考系的相对速度很小时的近似。

例 8.1

一飞船以$u=9\times10^3$ m/s的速率相对于地面(我们假定为惯性系)匀速飞行。飞船上的钟走了5 s的时间，用地面上的钟测量是经过了多少时间？

解 因为$\Delta t'$为固有时，$u=9\times10^3$ m/s，$\Delta t'=5$ s，所以

$$\Delta t = \frac{\Delta t'}{\sqrt{1-u^2/c^2}} = \frac{5}{\sqrt{1-[(9\times10^3)/(3\times10^8)]^2}}$$

$$\approx 5\left[1+\frac{1}{2}\times(3\times10^{-5})^2\right] = 5.000\,000\,002\ (\text{s})$$

此结果说明对于飞船的这样大的速率来说，时间延缓效应实际上是很难测量出来的。

例 8.2

带正电的π介子是一种不稳定的粒子。当它静止时，平均寿命为2.5×10^{-8} s，过后即衰变为一个μ介子和一个中微子。今产生一束π介子，在实验室测得它的速率为$u=0.99c$，并测得它在衰变前通过的平均距离为52 m。这些测量结果是否一致？

解 如果用平均寿命$\Delta t'=2.5\times10^{-8}$ s和速率u相乘，得

$$0.99\times3\times10^8\times2.5\times10^{-8}\approx7.4\ (\text{m})$$

这和实验结果明显不符。若考虑相对论时间延缓效应，$\Delta t'$是静止π介子的平均寿命，为固有时，当π介子运动时，在实验室测得的平均寿命应是

$$\Delta t = \frac{\Delta t'}{\sqrt{1-u^2/c^2}} = \frac{2.5\times10^{-8}}{\sqrt{1-0.99^2}} \approx 1.8\times10^{-7}\ (\text{s})$$

在实验室测得它通过的平均距离应该是

$$u\Delta t = 0.99\times3\times10^8\times1.8\times10^{-7}\approx53\ (\text{m})$$

和实验结果很好地符合。

这是符合相对论的一个高能粒子的实验。实际上，近代高能粒子实验，每天都在考验着相对论，而相对论每次也都经受住了这种考验。

8.4 长度收缩

现在讨论长度的测量。8.3节已说过，垂直于运动方向的长度测量是与参考系无关的。沿运动方向的长度测量又如何呢？

应该明确的是，长度测量是和同时性概念密切相关的。在某一参考系中测量棒的长度，

就是要测量它的两端点在**同一时刻**的位置之间的距离。这一点在测量静止的棒的长度时并不明显地重要，因为它的两端的位置不变，不管是否同时记录两端的位置，结果总是一样的。但在测量运动的棒的长度时，同时性的考虑就带有决定性的意义了。如图 8.6 所示，要测量正在行进的汽车的长度 l，就**必须在同一时刻**记录车头的位置 x_2 和车尾的位置 x_1，然后算出来 $l=x_2-x_1$（图 8.6(a)）。如果两个位置不是在同一时刻记录的，例如在记录了 x_1 之后过一会再记录 x_2（图 8.6(b)），则 x_2-x_1 就和两次记录的时间间隔有关系，它的数值显然不代表汽车的长度。

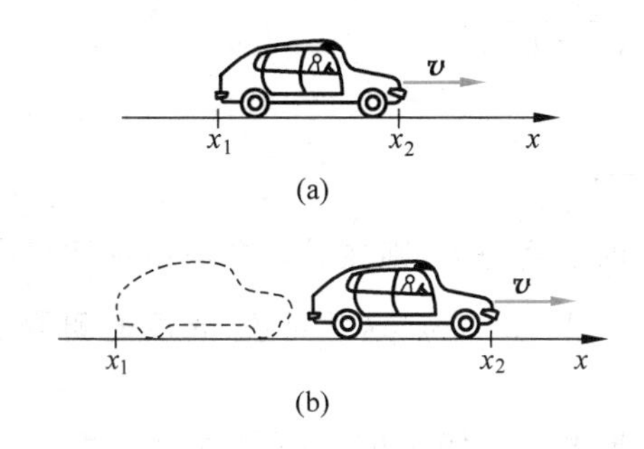

图 8.6 测量运动的汽车的长度

(a) 同时记录 x_1 和 x_2；(b) 先记录 x_1，后记录 x_2

根据爱因斯坦的观点，既然同时性是相对的，那么长度的测量也必定是相对的。长度测量和参考系的运动有什么关系呢？

仍假设如图 8.2 所示的两个参考系 S 和 S'。有一根棒 $A'B'$ 固定在 x' 轴上，在 S' 系中测得它的长度为 l'。为了求出它在 S 系中的长度 l，我们假想在 S 系中某一时刻 t_1，B' 端经过 x_1，如图 8.7(a)，在其后 $t_1+\Delta t$ 时刻 A' 经过 x_1。由于棒的运动速度为 u，在 $t_1+\Delta t$ 这一时刻 B' 端的位置一定在 $x_2=x_1+u\Delta t$ 处，如图 8.7(b)。根据上面所说长度测量的规定，在 S 系中棒长就应该是

$$l = x_2 - x_1 = u\Delta t \tag{8.14}$$

现在再看 Δt，它是 B' 端和 A' 端相继通过 x_1 点这两个事件之间的时间间隔。由于 x_1 是 S 系中一个固定地点，所以 Δt 是这两个事件之间的固有时。

从 S' 系看来，棒是静止的，由于 S 系向左运动，x_1 这一点相继经过 B' 和 A' 端（图 8.8）。由于棒长为 l'，所以 x_1 经过 B' 和 A' 这两个事件之间的时间间隔 $\Delta t'$，在 S' 系中测量为

$$\Delta t' = \frac{l'}{u} \tag{8.15}$$

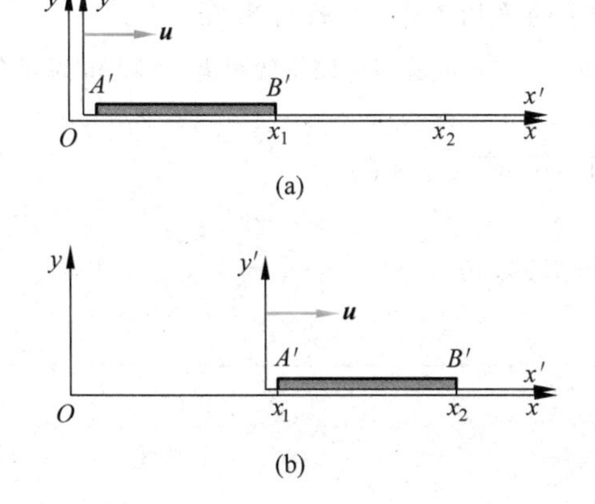

图 8.7 在 S 系中测量运动的棒 $A'B'$ 长度

(a) 在 t_1 时刻 $A'B'$ 的位置；(b) 在 $t_1+\Delta t$ 时刻 $A'B'$ 的位置

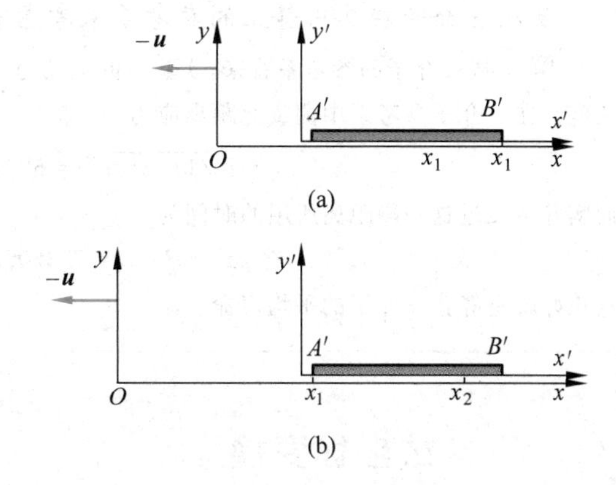

图 8.8 在 S' 系中观察的结果

(a) x_1 经过 B' 点；(b) x_1 经过 A' 点

Δt 和 $\Delta t'$ 都是指同样两个事件之间的时间间隔，根据时间延缓关系，有

$$\Delta t = \Delta t' \sqrt{1-u^2/c^2} = \frac{l'}{u}\sqrt{1-u^2/c^2}$$

将此式代入式(8.14)即可得

$$l = l' \sqrt{1-u^2/c^2} \tag{8.16}$$

此式说明，如果在某一参考系(S')中，一根静止的棒的长度是 l'，则在另一参考系中测得的同一根棒的长度 l 总要短些，二者之间相差一个因子 $\sqrt{1-u^2/c^2}$。这就是说，**长度的测量也是相对的**。

棒静止时测得的它的长度叫**棒的静长**或**固有长度**。上例中的 l' 就是固有长度。由式(8.16)可看出，**固有长度最长**。这种长度测量值的不同显然只适用于棒沿着运动方向放置的情况。这种效应叫做运动的棒(纵向)的**长度收缩**。

也应该指出，长度收缩也是一种相对效应。静止于 S 系中沿 x 方向放置的棒，在 S' 系中测量，其长度也要收缩。此时，l 是固有长度，而 l' 不是固有长度。

由式(8.16)可以看出，当 $u \ll c$ 时，$l \approx l'$。这时又回到了牛顿的绝对空间的概念：空间的量度与参考系无关。这也说明，牛顿的绝对空间概念是相对论空间概念在相对速度很小时的近似。

例 8.3

固有长度为 5 m 的飞船以 $u=9\times10^3$ m/s 的速率相对于地面匀速飞行时，从地面上测量，它的长度是多少？

解 l' 即为固有长度，$l'=5$ m，$u=9\times10^3$ m/s，所以

$$l = l'\sqrt{1-u^2/c^2} = 5\sqrt{1-[(9\times10^3)/(3\times10^8)]^2}$$

$$\approx 5\left[1-\frac{1}{2}\times(3\times10^{-5})^2\right] = 4.999\,999\,998\ (\text{m})$$

这个结果和静长 5 m 的差别是难以测出的。

例 8.4

试从 π 介子在其中静止的参考系来考虑 π 介子的平均寿命(参照例 8.2)。

解 从 π 介子的参考系看来，实验室的运动速率为 $u=0.99\,c$，实验室中测得的距离 $l=52$ m 为固有长度。在 π 介子参考系中测量此距离应为

$$l' = l\sqrt{1-u^2/c^2} = 52\times\sqrt{1-0.99^2} \approx 7.3\ (\text{m})$$

而实验室飞过这一段距离所用的时间为

$$\Delta t' = l'/u = 7.3/0.99c \approx 2.5\times10^{-8}\ (\text{s})$$

这正好就是静止 π 介子的平均寿命。

8.5 洛伦兹坐标变换

在 8.1 节中我们根据牛顿的绝对时空概念导出了伽利略坐标变换。现在我们根据爱因斯坦的相对论时空概念导出相应的另一组坐标变换式——洛伦兹坐标变换。

仍然设 S,S'两个参考系如图 8.9 所示，S'以速度 $\boldsymbol{u}$ 相对于 S 运动，二者原点 O,O'在 $t=t'=0$ 时重合。我们求由两个坐标系测出的在某时刻发生在 P 点的一个事件（例如一次爆炸）的两套坐标值之间的关系。在该时刻，在 S'系中测量（图 8.9(b)）时刻为 t'，从 $y'z'$平面到 P 点的距离为 x'。在 S 系中测量（图 8.9(a)），该同一时刻为 t，从 yz 平面到 P 点的距离 x 应等于此时刻两原点之间的距离 ut 加上 $y'z'$平面到 P 点的距离。但这后一段距离在 S 系中测量，其数值不再等于 x'，根据长度收缩，应等于 $x'\sqrt{1-u^2/c^2}$，因此在 S 系中测量的结果应为

$$x = ut + x'\sqrt{1-u^2/c^2} \tag{8.17}$$

或者

$$x' = \frac{x-ut}{\sqrt{1-u^2/c^2}} \tag{8.18}$$

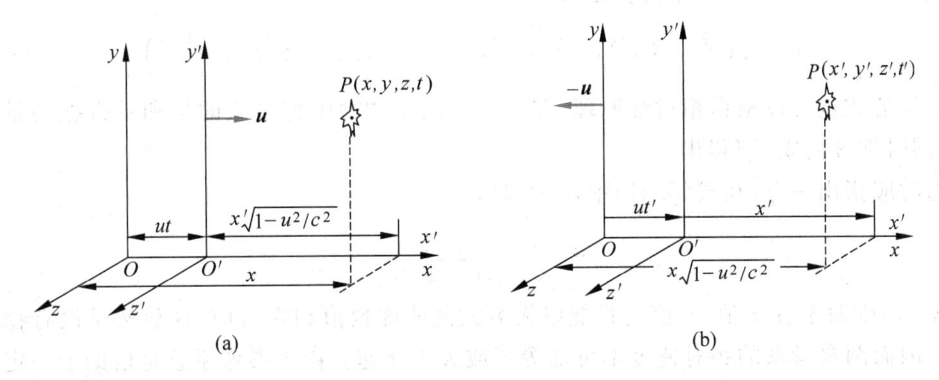

图 8.9 洛伦兹坐标变换的推导

(a) 在 S 系中测量；(b) 在 S'系中测量

为了求得时间变换公式，可以先求出以 x 和 t'表示的 x'的表示式。在 S'系中观察时，yz 平面到 P 点的距离应为 $x\sqrt{1-u^2/c^2}$，而 OO'的距离为 ut'，这样就有

$$x' = x\sqrt{1-u^2/c^2} - ut' \tag{8.19}$$

在式(8.17)、式(8.19)中消去 x'，可得

$$t' = \frac{t-\frac{u}{c^2}x}{\sqrt{1-u^2/c^2}} \tag{8.20}$$

在 8.3 节中已经指出，垂直于相对运动方向的长度测量与参考系无关，即 $y'=y, z'=z$，将上述变换式列到一起，有

$$x' = \frac{x-ut}{\sqrt{1-u^2/c^2}},\quad y'=y,\quad z'=z,\quad t' = \frac{t-\frac{u}{c^2}x}{\sqrt{1-u^2/c^2}} \tag{8.21}$$

式(8.21)称为**洛伦兹坐标变换**①。

① 这一套坐标变换是洛伦兹先于爱因斯坦导出的，但他未正确地说明它的深刻的物理含义。1905 年爱因斯坦根据相对论思想重新导出了这一套公式。为尊重洛伦兹的贡献，庞加莱把它取名为洛伦兹[坐标]变换。

可以明显地看出，当 $u \ll c$ 时，洛伦兹坐标变换就约化为伽利略坐标变换。这也正如已指出过的，牛顿的绝对时空概念是相对论时空概念在参考系相对速度很小时的近似。

与伽利略坐标变换相比，洛伦兹坐标变换中的时间坐标明显地和空间坐标有关。这说明，在相对论中，时间空间的测量**互相不能分离**，它们联系成一个整体了。因此在相对论中常把一个事件发生时的位置和时刻联系起来称为它的**时空坐标**。

在现代相对论的文献中，常用下面两个恒等符号：

$$\beta \equiv \frac{u}{c}, \quad \gamma \equiv \frac{1}{\sqrt{1-\beta^2}} \tag{8.22}$$

这样，洛伦兹坐标变换就可写成

$$x' = \gamma(x - \beta ct), \quad y' = y, \quad z' = z, \quad t' = \gamma\left(t - \frac{\beta}{c}x\right) \tag{8.23}$$

对此式解出 x, y, z, t，可得**逆变换公式**

$$x = \gamma(x' + \beta ct'), \quad y = y', \quad z = z', \quad t = \gamma\left(t' + \frac{\beta}{c}x'\right) \tag{8.24}$$

此逆变换公式也可以根据相对性原理，在正变换式(8.23)中把带撇的量和不带撇的量相互交换，同时把 β 换成 $-\beta$ 得出。

这时应指出一点，在式(8.21)中，$t=0$ 时，

$$x' = \frac{x}{\sqrt{1-u^2/c^2}}$$

如果 $u \geqslant c$，则对于各 x 值，x' 值将只能以无穷大值或虚数值和它对应，这显然是没有物理意义的。因而两参考系的相对速度不可能等于或大于光速。由于参考系总是借助于一定的物体(或物体组)而确定的，所以我们也可以说，根据狭义相对论的基本假设，任何物体相对于另一物体的速度不能等于或超过真空中的光速，即在真空中的光速 c 是一切实际物体运动速度的极限①。其实这一点我们从式(8.13)已经可以看出了，在8.9节中还要介绍关于这一结论的直接实验验证。

这里可以指出，洛伦兹坐标变换式(8.21)在理论上具有根本性的重要意义，这就是，基本的物理定律，包括电磁学和量子力学的基本定律，都在而且应该在洛伦兹坐标变换下保持不变。这种不变显示出物理定律对匀速直线运动的对称性，这种对称性也是自然界的一种基本的对称性——**相对论性对称性**。

例 8.5

长度收缩验证。用洛伦兹坐标变换验证长度收缩公式(8.16)。

解 设在 S' 系中沿 x' 轴放置一根静止的棒，它的长度为 $l' = x_2' - x_1'$。由洛伦兹坐标变换，得

$$l' = \frac{x_2 - ut_2}{\sqrt{1-u^2/c^2}} - \frac{x_1 - ut_1}{\sqrt{1-u^2/c^2}} = \frac{x_2 - x_1}{\sqrt{1-u^2/c^2}} - \frac{u(t_2 - t_1)}{\sqrt{1-u^2/c^2}}$$

遵照测量运动棒的长度时棒两端的位置必须同时记录的规定，要使 $x_2 - x_1 = l$ 表示在 S 系中测得的棒长，就必须有 $t_2 = t_1$。这样上式就给出

---

① 关于光速是极限速度的问题，现在仍不断引起讨论。对此感兴趣的读者可参看：张三慧．谈谈超光速．物理通报，2002，10．45．

$$l'=\frac{l}{\sqrt{1-u^2/c^2}} \quad 或 \quad l=l'\sqrt{1-u^2/c^2}$$

这就是式(8.16)。

例 8.6

同时性的相对性验证。用洛伦兹坐标变换验证同时性的相对性。

解 从根本上说，洛伦兹坐标变换来源于爱因斯坦的同时性的相对性，它自然也能反过来把这一相对性表现出来。例如，对于 S 系中的两个事件 $A(x_1,0,0,t_1)$ 和 $B(x_2,0,0,t_2)$，在 S' 系中它的时空坐标将是 $A(x_1',0,0,t_1')$ 和 $B(x_2',0,0,t_2')$。由洛伦兹变换，得

$$t_1'=\frac{t_1-\frac{u}{c^2}x_1}{\sqrt{1-u^2/c^2}}, \quad t_2'=\frac{t_2-\frac{u}{c^2}x_2}{\sqrt{1-u^2/c^2}}$$

因此

$$t_2'-t_1'=\frac{(t_2-t_1)-\frac{u}{c^2}(x_2-x_1)}{\sqrt{1-u^2/c^2}} \tag{8.25}$$

如果在 S 系中，A，B 是在不同的地点(即 $x_2\neq x_1$)，但是在同一时刻(即 $t_2=t_1$)发生，则由上式可得 $t_2'\neq t_1'$，即在 S' 系中观察，A，B 并不是同时发生的。这就说明了同时性的相对性。

关于事件发生的时间顺序

由式(8.25)还可以看出，如果 $t_2>t_1$，即在 S 系中观察，B 事件迟于 A 事件发生，则对于不同的 (x_2-x_1) 值，$(t_2'-t_1')$ 可以大于、等于或小于零，即在 S' 系中观察，B 事件可能迟于、同时或先于 A 事件发生。这就是说，两个事件发生的时间顺序，在不同的参考系中观察，有可能颠倒。不过，应该注意，这只限于两个互不相关的事件。

对于有因果关系的两个事件，它们发生的顺序，在任何惯性系中观察，都是不应该颠倒的。所谓的 A，B 两个事件有因果关系，就是说 B 事件是 A 事件引起的。例如，在某处的枪口发出子弹算作 A 事件，在另一处的靶上被此子弹击穿一个洞算作 B 事件，这 B 事件当然是 A 事件引起的。又例如在地面上某雷达站发出一雷达波算作 A 事件，在某人造地球卫星上接收到此雷达波算作 B 事件，这 B 事件也是 A 事件引起的。一般地说，A 事件引起 B 事件的发生，必然是从 A 事件向 B 事件传递了一种"作用"或"信号"，例如上面例子中的子弹或无线电波。这种"信号"在 t_1 时刻到 t_2 时刻这段时间内，从 x_1 到达 x_2 处，因而传递的速度是

$$v_s=\frac{x_2-x_1}{t_2-t_1}$$

这个速度就叫"**信号速度**"。由于信号实际上是一些物体或无线电波、光波等，因而信号速度总不能大于光速。对于这种有因果关系的两个事件，式(8.25)可改写成

$$\begin{aligned} t_2'-t_1' &= \frac{t_2-t_1}{\sqrt{1-u^2/c^2}}\left(1-\frac{u}{c^2}\frac{x_2-x_1}{t_2-t_1}\right) \\ &= \frac{t_2-t_1}{\sqrt{1-u^2/c^2}}\left(1-\frac{u}{c^2}v_s\right) \end{aligned}$$

由于 $u<c$，$v_s\leqslant c$，所以 uv_s/c^2 总小于 1。这样，$(t_2'-t_1')$ 就总跟 (t_2-t_1) 同号。这就是说，在 S 系中观察，如果 A 事件先于 B 事件发生(即 $t_2>t_1$)，则在任何其他参考系 S' 中观察，A 事件也总是先于 B 事件发生，时间顺序不会颠倒。狭义相对论在这一点上是符合因果关系的要求的。

例 8.7

北京和上海直线相距 1000 km,在某一时刻从两地同时各开出一列火车。现有一艘飞船沿从北京到上海的方向在高空掠过,速率恒为 $u=9$ km/s。求宇航员测得的两列火车开出时刻的间隔,哪一列先开出?

解　取地面为 S 系,坐标原点在北京,以北京到上海的方向为 x 轴正方向,北京和上海的位置坐标分别是 x_1 和 x_2。取飞船为 S'系。

现已知两地距离是

$$\Delta x = x_2 - x_1 = 10^6 \ (\mathrm{m})$$

而两列火车开出时刻的间隔是

$$\Delta t = t_2 - t_1 = 0$$

以 t_1'和 t_2'分别表示在飞船上测得的从北京发车的时刻和从上海发车的时刻,则由洛伦兹变换可知

$$t_2' - t_1' = \frac{(t_2 - t_1) - \dfrac{u}{c^2}(x_2 - x_1)}{\sqrt{1 - u^2/c^2}} = \frac{-\dfrac{u}{c^2}(x_2 - x_1)}{\sqrt{1 - u^2/c^2}}$$

$$= \frac{-\dfrac{9\times 10^3}{(3\times 10^8)^2}\times 10^6}{\sqrt{1-\left(\dfrac{9\times 10^3}{3\times 10^8}\right)^2}} \approx -10^{-7} \ (\mathrm{s})$$

这一负的结果表示:宇航员发现从上海发车的时刻比从北京发车的时刻早 10^{-7} s。

8.6　相对论速度变换

在讨论速度变换时,我们首先注意到,各速度分量的定义如下:

在 S 系中　　$v_x = \dfrac{\mathrm{d}x}{\mathrm{d}t}, \quad v_y = \dfrac{\mathrm{d}y}{\mathrm{d}t}, \quad v_z = \dfrac{\mathrm{d}z}{\mathrm{d}t}$

在 S' 系中　　$v_x' = \dfrac{\mathrm{d}x'}{\mathrm{d}t'}, \quad v_y' = \dfrac{\mathrm{d}y'}{\mathrm{d}t'}, \quad v_z' = \dfrac{\mathrm{d}z'}{\mathrm{d}t'}$

在洛伦兹变换公式(8.23)中,对 t'求导,可得

$$\frac{\mathrm{d}x'}{\mathrm{d}t'} = \frac{\dfrac{\mathrm{d}x'}{\mathrm{d}t}}{\dfrac{\mathrm{d}t'}{\mathrm{d}t}} = \frac{\dfrac{\mathrm{d}x}{\mathrm{d}t} - \beta c}{1 - \dfrac{\beta}{c}\dfrac{\mathrm{d}x}{\mathrm{d}t}}$$

$$\frac{\mathrm{d}y'}{\mathrm{d}t'} = \frac{\dfrac{\mathrm{d}y'}{\mathrm{d}t}}{\dfrac{\mathrm{d}t'}{\mathrm{d}t}} = \frac{\dfrac{\mathrm{d}y}{\mathrm{d}t}}{\gamma\left(1 - \dfrac{\beta}{c}\dfrac{\mathrm{d}x}{\mathrm{d}t}\right)}$$

$$\frac{\mathrm{d}z'}{\mathrm{d}t'} = \frac{\dfrac{\mathrm{d}z'}{\mathrm{d}t}}{\dfrac{\mathrm{d}t'}{\mathrm{d}t}} = \frac{\dfrac{\mathrm{d}z}{\mathrm{d}t}}{\gamma\left(1 - \dfrac{\beta}{c}\dfrac{\mathrm{d}x}{\mathrm{d}t}\right)}$$

利用上面的速度分量定义公式,这些式子可写作

$$\left.\begin{aligned}
v_x' &= \frac{v_x - \beta c}{1 - \dfrac{\beta}{c} v_x} = \frac{v_x - u}{1 - \dfrac{u v_x}{c^2}} \\
v_y' &= \frac{v_y}{\gamma\left(1 - \dfrac{\beta}{c} v_x\right)} = \frac{v_y}{1 - \dfrac{u v_x}{c^2}} \sqrt{1 - u^2/c^2} \\
v_z' &= \frac{v_z}{\gamma\left(1 - \dfrac{\beta}{c} v_x\right)} = \frac{v_z}{1 - \dfrac{u v_x}{c^2}} \sqrt{1 - u^2/c^2}
\end{aligned}\right\} \tag{8.26}$$

这就是**相对论速度变换公式**，可以明显地看出，当 u 和 v 都比 c 小很多时，它们就约化为伽利略速度变换公式(8.6)。

对于光，设在 S 系中一束光沿 x 轴方向传播，其速率为 c，则在 S' 系中，$v_x = c$，$v_y = v_z = 0$ 按式(8.26)，光的速率应为

$$v' = v_x' = \frac{c - u}{1 - \dfrac{cu}{c^2}} = c$$

仍然是 c。这一结果和相对速率 u 无关。也就是说，光在任何惯性系中速率都是 c。正应该这样，因为这是相对论的一个出发点。

在式(8.26)中，将带撇的量和不带撇的量互相交换，同时把 u 换成 $-u$，可得速度的逆变换式如下：

$$\left.\begin{aligned}
v_x &= \frac{v_x' + \beta c}{1 + \dfrac{\beta}{c} v_x'} = \frac{v_x' + u}{1 + \dfrac{u v_x'}{c^2}} \\
v_y &= \frac{v_y'}{\gamma\left(1 + \dfrac{\beta}{c} v_x'\right)} = \frac{v_y'}{1 + \dfrac{u v_x'}{c^2}} \sqrt{1 - u^2/c^2} \\
v_z &= \frac{v_z'}{\gamma\left(1 + \dfrac{\beta}{c} v_x'\right)} = \frac{v_z'}{1 + \dfrac{u v_x'}{c^2}} \sqrt{1 - u^2/c^2}
\end{aligned}\right\} \tag{8.27}$$

例 8.8

速度变换。在地面上测到有两个飞船分别以 $+0.9c$ 和 $-0.9c$ 的速度向相反方向飞行。求一飞船相对于另一飞船的速度有多大？

解 如图 8.10，设 S 为速度是 $-0.9c$ 的飞船在其中静止的参考系，则地面对此参考系以速度 $u = 0.9c$ 运动。以地面为参考系 S'，则另一飞船相对于 S' 系的速度为 $v_x' = 0.9c$，由公式(8.27)可得所求速度为

$$v_x = \frac{v_x' + u}{1 + u v_x'/c^2} = \frac{0.9c + 0.9c}{1 + 0.9 \times 0.9} = \frac{1.80}{1.81} c \approx 0.994c$$

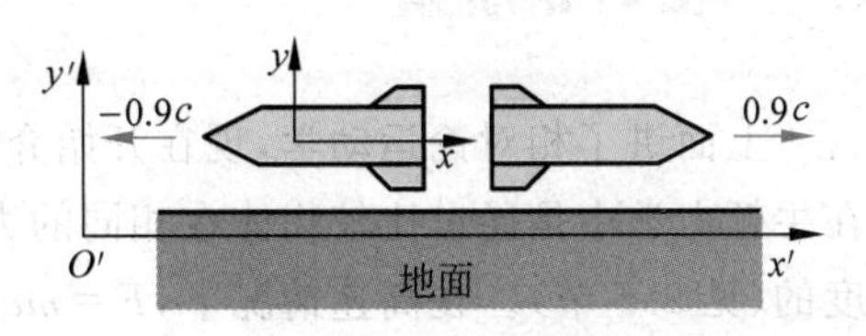

图 8.10 例 8.8 用图

这和伽利略变换($v_x = v_x' + u$)给出的结果($1.8c$)是不同的，此处 $v_x < c$。一般地说，按相对论速度变换，在 u 和 v' 都小于 c 的情况下，v 不可能大于 c。

值得指出的是，相对于地面来说，上述两飞船的“相对

速度”确实等于 1.8c，这就是说，由地面上的观察者测量，两飞船之间的距离是按 $2\times0.9c$ 的速率增加的。但是，就一个物体来讲，它对任何其他物体或参考系，其速度的大小是不可能大于 c 的，而这一速度正是速度这一概念的真正含义。

例 8.9

在太阳参考系中观察，一束星光垂直射向地面，速率为 c，而地球以速率 u 垂直于光线运动。求在地面上测量，这束星光的速度的大小与方向各如何？

解 以太阳参考系为 S 系(图 8.11(a))，以地面参考系为 S' 系(图 8.11(b))。S' 系以速度 $\boldsymbol{u}$ 向右运动。在 S 系中，星光的速度为 $v_y=-c,\ v_x=0,\ v_z=0$。在 S' 系中星光的速度根据式(8.26)，应为

$$v_x'=-u$$

$$v_y'=v_y\sqrt{1-u^2/c^2}=-c\sqrt{1-u^2/c^2}$$

$$v_z'=0$$

由此可得这星光速度的大小为

$$v'=\sqrt{v_x'^2+v_y'^2+v_z'^2}=\sqrt{u^2+c^2-u^2}=c$$

即仍为 c。其方向用光线方向与竖直方向(即 y' 轴)之间的夹角 α 表示，则有

$$\tan\alpha=\frac{|v_x'|}{|v_y'|}=\frac{u}{c\sqrt{1-u^2/c^2}}$$

由于 $u=3\times10^4$ m/s (地球公转速率)，这比光速小得多，所以有

$$\tan\alpha\approx\frac{u}{c}$$

将 u 和 c 值代入，可得

$$\tan\alpha\approx\frac{3\times10^4}{3\times10^8}=10^{-4}$$

即

$$\alpha\approx20.6''$$

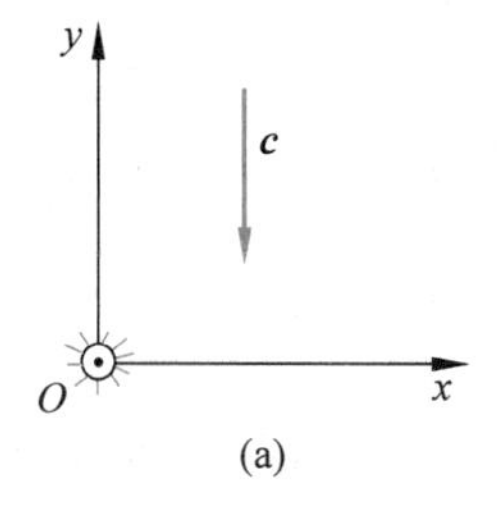

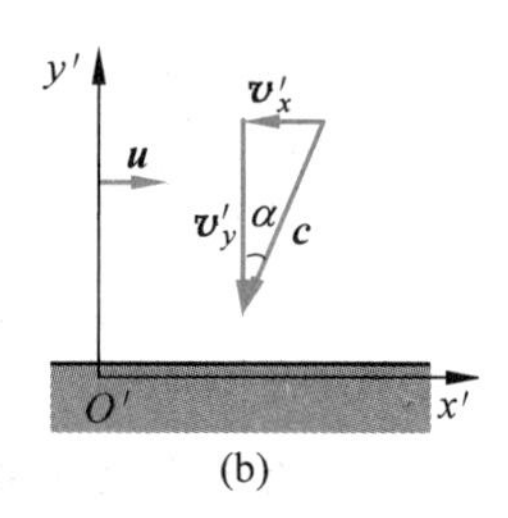

图 8.11 例 8.9 用图

8.7 相对论质量

上面讲了相对论运动学，现在开始介绍相对论动力学。动力学中一个基本概念是质量，在牛顿力学中是通过比较物体在相同的力作用下产生的加速度来比较物体的质量并加以量度的(见 2.1 节)。在高速情况下，$F=ma$ 不再成立，这样质量的概念也就无意义了。这时我们注意到动量这一概念。在牛顿力学中，一个质点的动量的定义是

$$\boldsymbol{p}=m\boldsymbol{v} \tag{8.28}$$

式中质量与质点的速率无关，也就是质点静止时的质量可以称为**静止质量**。根据式(8.28)，一个质点的动量是和速率成正比的，在高速情况下，实验发现，质点(例如电子)的动量也随其速率增大而增大，但比正比增大要快得多。在这种情况下，如果继续以式(8.28)定义质点的动量，就必须把这种非正比的增大归之于质点的质量随其速率的增大而增大。以 m 表示一般的质量，以 m_0 表示静止质量。实验给出的质点的动量比 p/m_0v 也就是质量比 m/m_0 随质点的速率变化的图线如图 8.12 所示。

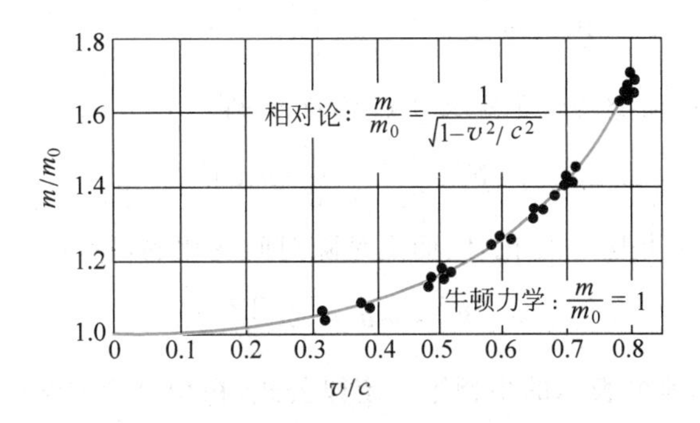

图 8.12 电子的 m/m_0 随速率 v 变化的曲线

我们已指出过，动量守恒定律是比牛顿定律更为基本的自然规律(见 3.2 节和 4.7 节)。根据这一定律的要求，采用式(8.28)的动量定义，利用洛伦兹变换可以导出一相对论质量-速率关系：

$$m=\frac{m_0}{\sqrt{1-v^2/c^2}}=\gamma m_0 \tag{8.29}$$

式中 m 是比牛顿质量(静止质量 m_0)意义更为广泛的质量，称为**相对论质量**(本节末给出一种推导)。静止质量是质点相对于参考系静止时的质量，它是一个确定的不变的量。

要注意式(8.29)中的速率是质点相对于相关的参考系的速率，而**不是**两个参考系的相对速率。同一质点相对于不同的参考系可以有不同的质量，式(8.29)中的 $\gamma=(1-v^2/c^2)^{-1/2}$，虽然形式上和式(8.22)中的 $\gamma=(1-u^2/c^2)^{-1/2}$ 相同，但 v 和 u 的意义是不相同的。

当 $v\ll c$ 时，式(8.29)给出 $m\approx m_0$，这时可以认为物体的质量与速率无关，等于其静质量。这就是牛顿力学讨论的情况。从这里也可以看出牛顿力学的结论是相对论力学在速度非常小时的近似。

实际上，在一般技术中宏观物体所能达到的速度范围内，质量随速率的变化非常小，因而可以忽略不计。例如，当 $v=10^4$ m/s 时，物体的质量和静质量相比的相对变化为

$$\begin{aligned}\frac{m-m_0}{m_0}&=\frac{1}{\sqrt{1-\beta^2}}-1\approx\frac{1}{2}\beta^2\\&=\frac{1}{2}\times\left(\frac{10^4}{3\times10^8}\right)^2\approx5.6\times10^{-10}\end{aligned}$$

在关于微观粒子的实验中，粒子的速率经常会达到接近光速的程度，这时质量随速率的改变就非常明显了。例如，当电子的速率达到 $v=0.98c$ 时，按式(8.29)可以算出此时电子的质

量为

$$m = 5.03m_0$$

有一种粒子，例如光子，具有质量，但总是以速度 c 运动。根据式(8.29)，在 m 有限的情况下，只可能是 $m_0=0$。这就是说，以光速运动的粒子其静质量为零。

由式(8.29)也可以看到，当 $v>c$ 时，m 将成为虚数而无实际意义，这也说明，在真空中的光速 c 是一切物体运动速度的极限。

利用相对论质量表示式(8.29)，相对论动量可表示为

$$\boldsymbol{p} = m\boldsymbol{v} = \frac{m_0 \boldsymbol{v}}{\sqrt{1-v^2/c^2}} = \gamma m_0 \boldsymbol{v} \tag{8.30}$$

在相对论力学中仍然用动量变化率定义质点受的力，即

$$\boldsymbol{F} = \frac{\mathrm{d}\boldsymbol{p}}{\mathrm{d}t} = \frac{\mathrm{d}}{\mathrm{d}t}(m\boldsymbol{v}) \tag{8.31}$$

仍是正确的。但由于 m 是随 v 变化，因而也是随时间变化的，所以它不再和表示式

$$\boldsymbol{F} = m\boldsymbol{a} = m\frac{\mathrm{d}\boldsymbol{v}}{\mathrm{d}t}$$

等效。这就是说，用加速度表示的牛顿第二定律公式，在相对论力学中不再成立。

式(8.29)的推导

如图8.13，设在 S' 系中有一粒子，原来静止于原点 O'，在某一时刻此粒子分裂为完全相同的两半 A 和 B，分别沿 x' 轴的正向和反向运动。根据动量守恒定律，这两半的速率应该相等，我们都以 u 表示。

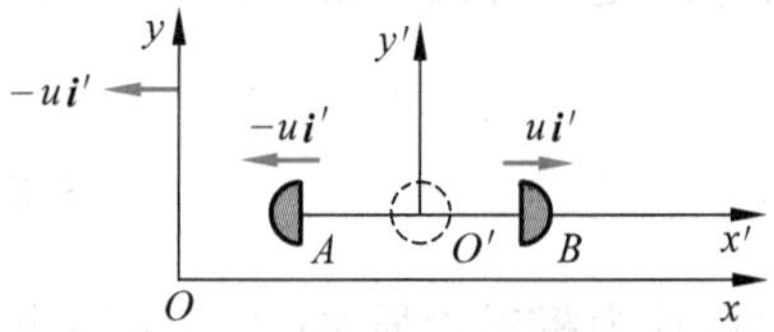

图8.13 在 S' 系中观察粒子的分裂和 S 系的运动

设另一参考系 S，以 u 的速率沿 $-\boldsymbol{i}'$ 方向运动。在此参考系中，A 将是静止的，而 B 是运动的。我们以 m_A 和 m_B 分别表示二者的质量。由于 O' 的速度为 $u\boldsymbol{i}$，所以根据相对论速度变换，B 的速度应是

$$v_B = \frac{2u}{1+u^2/c^2} \tag{8.32}$$

方向沿 x 轴正向。在 S 系中观察，粒子在分裂前的速度，即 O' 的速度为 $u\boldsymbol{i}$，因而它的动量为 $Mu\boldsymbol{i}$，此处 M 为粒子分裂前的总质量。在分裂后，两个粒子的总动量为 $m_B v_B \boldsymbol{i}$。根据动量守恒，应有

$$Mu\boldsymbol{i} = m_B v_B \boldsymbol{i} \tag{8.33}$$

在此我们合理地假定在 S 参考系中粒子在分裂前后质量也是守恒的①，即 $M=m_A+m_B$，上式可改写成

$$(m_A+m_B)u = \frac{2m_B u}{1+u^2/c^2} \tag{8.34}$$

如果用牛顿力学中质量的概念，质量和速率无关，则应有 $m_A=m_B$，这样式(8.34)不能成立，动量也不再守恒了。为了使动量守恒定律在任何惯性系中都成立，而且动量定义仍然保持式(8.28)的形式，就不能再认为 m_A 和 m_B 都和速率无关，而必须认为它们都是各自速率的函数。这样 m_A 将不再等于 m_B，由式(8.34)可解得

$$m_B = m_A \frac{1+u^2/c^2}{1-u^2/c^2}$$

① 对本推导的“假定”，曾有人提出质疑，本书作者曾给予解释。见：张三慧. 关于相对论质速关系推导方法的商榷. 大学物理，1999，3，30.

再由式(8.32),可得

$$u=\frac{c^2}{v_B}\left(1-\sqrt{1-v_B^2/c^2}\right)$$

代入上一式消去 u 可得

$$m_B=\frac{m_A}{\sqrt{1-v_B^2/c^2}} \tag{8.35}$$

这一公式说明,在 S 系中观察,m_A,m_B 有了差别。由于 A 是静止的,它的质量叫**静质量**,以 m_0 表示。粒子 B 如果静止,质量也一定等于 m_0,因为这两个粒子是完全相同的。B 是以速率 v_B 运动的,它的质量不等于 m_0。以 v 代替 v_B,并以 m 代替 m_B 表示粒子以速率 v 运动时的质量,则式(8.32)可写作

$$m=\frac{m_0}{\sqrt{1-v^2/c^2}}$$

这正是我们要证明的式(8.29)。

*8.8 力和加速度的关系

在相对论力学中,式(8.31)给出

$$\boldsymbol{F}=m\frac{\mathrm{d}\boldsymbol{v}}{\mathrm{d}t}+\boldsymbol{v}\frac{\mathrm{d}m}{\mathrm{d}t} \tag{8.36}$$

为了具体说明力和加速度的关系,考虑运动的法向和切向,上式可写成

$$\begin{aligned}\boldsymbol{F}=\boldsymbol{F}_\mathrm{n}+\boldsymbol{F}_\mathrm{t}&=m\left(\frac{\mathrm{d}\boldsymbol{v}}{\mathrm{d}t}\right)_\mathrm{n}+m\left(\frac{\mathrm{d}\boldsymbol{v}}{\mathrm{d}t}\right)_\mathrm{t}+\boldsymbol{v}\frac{\mathrm{d}m}{\mathrm{d}t}\\&=m\boldsymbol{a}_\mathrm{n}+m\boldsymbol{a}_\mathrm{t}+\boldsymbol{v}\frac{\mathrm{d}m}{\mathrm{d}t}\end{aligned}$$

由于(参见 1.6 节)$a_\mathrm{n}=v^2/R$, $a_\mathrm{t}=\mathrm{d}v/\mathrm{d}t$,而且 $\boldsymbol{v}\frac{\mathrm{d}m}{\mathrm{d}t}$ 也沿切线方向,所以由此式可得法向分量式

$$F_\mathrm{n}=ma_\mathrm{n}=\frac{m_0}{(1-v^2/c^2)^{1/2}}a_\mathrm{n} \tag{8.37}$$

和切向分量式

$$F_\mathrm{t}=ma_\mathrm{t}+v\frac{\mathrm{d}m}{\mathrm{d}t}=\frac{\mathrm{d}(mv)}{\mathrm{d}t}=\frac{m_0}{(1-v^2/c^2)^{3/2}}\frac{\mathrm{d}v}{\mathrm{d}t}$$

或

$$F_\mathrm{t}=\frac{m_0}{(1-v^2/c^2)^{3/2}}a_\mathrm{t} \tag{8.38}$$

由式(8.37)和式(8.38)可知,在高速情况下,物体受的力不但在数值上不等于质量乘以加速度,而且由于两式中 a_n 和 a_t 的系数不同,所以力的方向和加速度的方向也不相同(图 8.14)。还可以看出,随着物体速度的增大,要再增大物体的速度,就需要越来越大的外力,因而也就越来越困难,而且增加速度的大小比起改变速度的方向更加困难。近代粒子加速器的建造正是遇到了并且逐步克服着这样的困难。

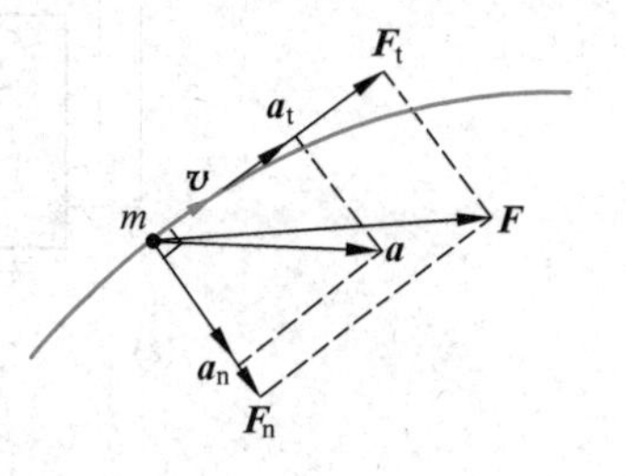

图 8.14 力和加速度的关系

对于匀速圆周运动,由于 $a_\mathrm{t}=0$,所以质点的运动就只由式(8.37)决定。这一公式和此情况下牛顿力学的公式相同,所以关于力、速度、半径、周期的计算都可以套用牛顿力学给出的结果,不过其中的质量要用式(8.29)表示的相对论质量代入。

8.9　相对论动能

在相对论动力学中，动能定理(式(4.9))仍被应用，即力 $\boldsymbol{F}$ 对一质点做的功使质点的速率由零增大到 v 时，力所做的功等于质点最后的动能。以 E_k 表示质点速率为 v 时的动能，则可由质速关系式(8.29)导出(见本节末)，即有

$$E_k = mc^2 - m_0c^2 \tag{8.39}$$

这就是**相对论动能**公式，式中 m 和 m_0 分别是质点的相对论质量和静止质量。

式(8.39)显示，质点的相对论动能表示式和其牛顿力学表示式$\left(E_k=\frac{1}{2}mv^2\right)$明显不同。但是，当 $v \ll c$ 时，由于

$$\frac{1}{\sqrt{1-v^2/c^2}} = 1+\frac{1}{2}\frac{v^2}{c^2}+\cdots \approx 1+\frac{1}{2}\frac{v^2}{c^2}$$

则由式(8.39)可得

$$E_k = \frac{m_0c^2}{\sqrt{1-v^2/c^2}} - m_0c^2 \approx m_0c^2\left(1+\frac{1}{2}\frac{v^2}{c^2}\right) - m_0c^2 = \frac{1}{2}m_0v^2$$

这时又回到了牛顿力学的动能公式。

注意，相对论动量公式(8.28)和相对论动量变化率公式(8.31)，在形式上都与牛顿力学公式一样，只是其中 m 要换成相对论质量。但相对论动能公式(8.39)和牛顿力学动能公式形式上不一样，只是把后者中的 m 换成相对论质量并不能得到前者。

由式(8.39)可以得到粒子的速率由其动能表示为

$$v^2 = c^2\left[1-\left(1+\frac{E_k}{m_0c^2}\right)^{-2}\right] \tag{8.40}$$

此式表明，当粒子的动能 E_k 由于力对它做的功增多而增大时，它的速率也逐渐增大。但无论 E_k 增到多大，速率 v 都不能无限增大，而有一极限值 c。我们又一次看到，对粒子来说，存在着一个极限速率，它就是光在真空中的速率 c。

粒子速率有一极限这一结论，已于1962年被贝托齐用实验直接证实，他的实验装置大致如图8.15(a)所示。电子由静电加速器加速后进入一无电场区域，然后打到铝靶上。电

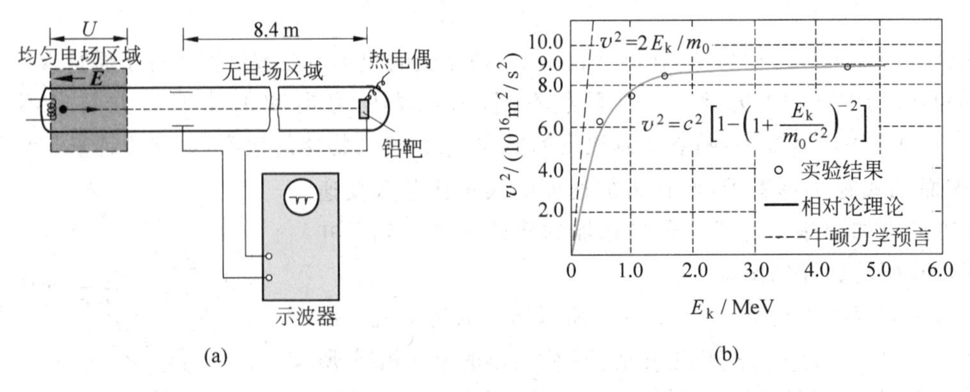

图8.15　贝托齐极限速率实验

(a) 装置示意图；(b) 实验结果

子通过无电场区域的时间可以由示波器测出，因而可以算出电子的速率。电子的动能就是它在加速器中获得的能量，等于电子电量和加速电压的乘积。这一能量还可以通过测定铝靶由于电子撞击而获得的热量加以核算，结果二者相符。贝托齐的实验结果如图 8.15(b)所示，它明确地显示出电子动能增大时，其速率趋近于极限速率 c，而按牛顿公式电子速率是会很快地无限制地增大的。

式(8.39)的推导

对静止质量为 m_0 的质点，应用动能定理式(4.9)可得

$$E_k = \int_{(v=0)}^{(v)} \boldsymbol{F} \cdot \mathrm{d}\boldsymbol{r} = \int_{(v=0)}^{(v)} \frac{\mathrm{d}(m\boldsymbol{v})}{\mathrm{d}t} \cdot \mathrm{d}\boldsymbol{r} = \int_{(v=0)}^{(v)} \boldsymbol{v} \cdot \mathrm{d}(m\boldsymbol{v})$$

由于 $\boldsymbol{v} \cdot \mathrm{d}(m\boldsymbol{v}) = m\boldsymbol{v} \cdot \mathrm{d}\boldsymbol{v} + \boldsymbol{v} \cdot \boldsymbol{v}\mathrm{d}m = mv\mathrm{d}v + v^2\mathrm{d}m$，又由式(8.29)，可得

$$m^2c^2 - m^2v^2 = m_0^2c^2$$

两边求微分，有

$$2mc^2\mathrm{d}m - 2mv^2\mathrm{d}m - 2m^2v\mathrm{d}v = 0$$

即

$$c^2\mathrm{d}m = v^2\mathrm{d}m + mv\mathrm{d}v$$

所以有

$$\boldsymbol{v} \cdot \mathrm{d}(m\boldsymbol{v}) = c^2\mathrm{d}m$$

代入上面求 E_k 的积分式内可得

$$E_k = \int_{m_0}^{m} c^2\mathrm{d}m$$

由此得

$$E_k = mc^2 - m_0c^2$$

这正是**相对论动能**公式(8.39)。

8.10 相对论能量

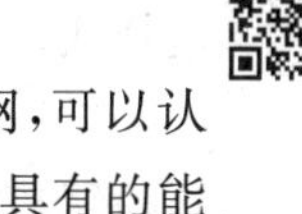

在相对论动能公式(8.39)$E_k = mc^2 - m_0c^2$ 中，等号右端两项都具有能量的量纲，可以认为 m_0c^2 表示粒子静止时具有的能量，叫**静能**。而 mc^2 表示粒子以速率 v 运动时所具有的能量，这个能量是在相对论意义上粒子的总能量，以 E 表示此相对论能量，则

$$E = mc^2 \tag{8.41}$$

在粒子速率等于零时，总能量就是静能①

$$E_0 = m_0c^2 \tag{8.42}$$

这样式(8.39)也可以写成

$$E_k = E - E_0 \tag{8.43}$$

即粒子的动能等于粒子该时刻的总能量和静能之差。

把粒子的能量 E 和它的质量 m(甚至是静质量 m_0)直接联系起来的结论是相对论最有意义的结论之一。**一定的质量相应于一定的能量，二者的数值只相差一个恒定的因子 c^2。**按式(8.42)计算，和一个电子的静质量 0.911×10^{-30} kg 相应的静能为 8.19×10^{-14} J 或 0.511 MeV，和一个质子的静质量 1.673×10^{-27} kg 相应的静能为 1.503×10^{-10} J 或 938 MeV。

① 对静质量 $m_0=0$ 的粒子，静能为零，即不存在处于静止状态的这种粒子。

这样，质量就被赋予了新的意义，即物体所含能量的量度。在牛顿那里，质量是惯性质量，也是产生引力的基础。从牛顿质量到爱因斯坦质量是物理概念发展的重要事例之一。

按相对论的概念，几个粒子在相互作用(如碰撞)过程中，最一般的能量守恒应表示为

$$\sum_i E_i = \sum_i (m_i c^2) = \text{常量}^{①} \tag{8.44}$$

由此公式立即可以得出，在相互作用过程中

$$\sum_i m_i = \text{常量} \tag{8.45}$$

这表示质量守恒。在历史上**能量守恒和质量守恒是分别发现的两条相互独立的自然规律，在相对论中二者完全统一起来了**。应该指出，在科学史上，质量守恒只涉及粒子的静质量，它只是相对论质量守恒在粒子能量变化很小时的近似。一般情况下，当涉及的能量变化比较大时，以上守恒给出的粒子的静质量也是可以改变的。爱因斯坦在1905年首先指出："就一个粒子来说，如果由于自身内部的过程使它的能量减小了，它的静质量也将相应地减小。"他又接着指出："用那些所含能量是高度可变的物体(比如用镭盐)来验证这个理论，不是不可能成功的。"后来的事实正如他预料的那样，在放射性蜕变、原子核反应以及高能粒子实验中，无数事实都证明了式(8.41)所表示的质量能量关系的正确性。原子能时代可以说是随同这一关系的发现而到来的。

在核反应中，以 m_{01} 和 m_{02} 分别表示反应粒子和生成粒子的总的静质量，以 E_{k1} 和 E_{k2} 分别表示反应前后它们的总动能。利用能量守恒定律式(8.43)，有

$$m_{01}c^2 + E_{k1} = m_{02}c^2 + E_{k2}$$

由此得

$$E_{k2} - E_{k1} = (m_{01} - m_{02})c^2 \tag{8.46}$$

$E_{k2}-E_{k1}$ 表示核反应后与前相比，粒子总动能的增量，也就是核反应所释放的能量，通常以 ΔE 表示；$m_{01}-m_{02}$ 表示经过反应后粒子的总的静质量的减小，叫**质量亏损**，以 Δm_0 表示。这样式(8.46)就可以表示成

$$\Delta E = \Delta m_0 c^2 \tag{8.47}$$

这说明核反应中释放一定的能量相应于一定的质量亏损。这个公式是关于原子能的一个基本公式。

例 8.10

如图8.16所示，在参考系 S 中，有两个静质量都是 m_0 的粒子 A，B 分别以速度 $\boldsymbol{v}_A = v\boldsymbol{i}$，$\boldsymbol{v}_B = -v\boldsymbol{i}$ 运动，相撞后合在一起为一个静质量为 M_0 的粒子，求 M_0。

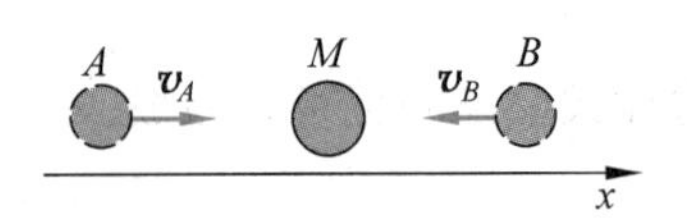

图8.16 例8.10用图

解 以 M 表示合成粒子的质量，其速度为 $\mathbf{V}$，则根据动量守恒

$$m_B\boldsymbol{v}_B + m_A\boldsymbol{v}_A = M\mathbf{V}$$

由于 A，B 的静质量一样，速率也一样，因此 $m_A = m_B$，又因为 $\boldsymbol{v}_A = -\boldsymbol{v}_B$，所以上式给出 $\mathbf{V}=0$，即合成粒子是静止的，于是有

$$M = M_0$$

---

① 若有光子参与，需计入光子的能量 $E = h\nu$ 以及质量 $m = h\nu/c^2$。

根据能量守恒

$$M_0 c^2 = m_A c^2 + m_B c^2$$

即

$$M_0 = m_A + m_B = \frac{2m_0}{\sqrt{1 - v^2/c^2}}$$

此结果说明，M_0 不等于 $2m_0$，而是大于 $2m_0$。

例 8.11

热核反应。在一种热核反应

$$^2_1\text{H} + ^3_1\text{H} \longrightarrow ^4_2\text{He} + ^1_0\text{n}$$

中，各种粒子的静质量如下：

氘核($^2_1$H)	$m_D = 3.3437 \times 10^{-27}$ kg
氚核($^3_1$H)	$m_T = 5.0049 \times 10^{-27}$ kg
氦核($^4_2$He)	$m_{He} = 6.6425 \times 10^{-27}$ kg
中子(n)	$m_n = 1.6750 \times 10^{-27}$ kg

求这一热核反应释放的能量是多少？

解 这一反应的质量亏损为

$$\begin{aligned}\Delta m_0 &= (m_D + m_T) - (m_{He} + m_n) \\ &= [(3.3437 + 5.0049) - (6.6425 + 1.6750)] \times 10^{-27} \\ &\approx 0.0311 \times 10^{-27}\ (\text{kg})\end{aligned}$$

相应释放的能量为

$$\Delta E = \Delta m_0 c^2 = 0.0311 \times 10^{-27} \times 9 \times 10^{16} = 2.799 \times 10^{-12}\ (\text{J})$$

1 kg 的这种核燃料所释放的能量为

$$\frac{\Delta E}{m_D + m_T} = \frac{2.799 \times 10^{-12}}{8.3486 \times 10^{-27}} \approx 3.35 \times 10^{14}\ (\text{J/kg})$$

这一数值是 1 kg 优质煤燃烧所释放热量(约 7×10^6 cal/kg$=2.93\times10^7$ J/kg)的 1.15×10^7 倍，即 1000 多万倍！即使这样，这一反应的"释能效率"，即所释放的能量占燃料的相对论静能之比，也不过是

$$\frac{\Delta E}{(m_D + m_T)c^2} = \frac{2.799 \times 10^{-12}}{8.3486 \times 10^{-27} \times (3 \times 10^8)^2} \approx 0.37\%$$

例 8.12

中微子质量。大麦哲伦云中超新星 1987A 爆发时发出大量中微子。以 m_ν 表示中微子的静质量，以 E 表示其能量($E \gg m_\nu c^2$)。已知大麦哲伦云离地球的距离为 d(约 1.6×10^5 l. y.)，求中微子发出后到达地球所用的时间。

解 由式(8.41)，有

$$E = mc^2 = \frac{m_\nu c^2}{\sqrt{1 - v^2/c^2}}$$

得

$$v = c\left[1 - \left(\frac{m_\nu c^2}{E}\right)^2\right]^{1/2}$$

由于 $E \gg m_\nu c^2$，所以可得

$$v \approx c\left[1 - \frac{(m_\nu c^2)^2}{2E^2}\right]$$

由此得所求时间为

$$t=\frac{d}{v}\approx\frac{d}{c}\left[1-\frac{(m_\nu c^2)^2}{2E^2}\right]^{-1}\approx\frac{d}{c}\left[1+\frac{(m_\nu c^2)^2}{2E^2}\right]$$

此式曾用于测定1987A发出的中微子的静质量。实际上是测出了两束能量相近的中微子到达地球上接收器的时间差(约几秒)和能量E_1和E_2,然后根据式

$$\Delta t=t_2-t_1\approx\frac{d}{c}\frac{(m_\nu c^2)^2}{2}\left(\frac{1}{E_2^2}-\frac{1}{E_1^2}\right)$$

来求出中微子的静质量。用这种方法估算出的结果是$m_\nu c^2\leqslant 20$ eV。

8.11　动量和能量的关系

将相对论能量公式$E=mc^2$和动量公式$\boldsymbol{p}=m\boldsymbol{v}$相比,可得

$$\boldsymbol{v}=\frac{c^2}{E}\boldsymbol{p}\tag{8.48}$$

将$\boldsymbol{v}$值代入能量公式$E=mc^2=m_0c^2/\sqrt{1-v^2/c^2}$中,整理后可得

$$E^2=p^2c^2+m_0^2c^4\tag{8.49}$$

这就是相对论动量能量关系式。如果以E,pc和m_0c^2分别表示一个三角形三边的长度,则它们正好构成一个直角三角形(图8.17)。

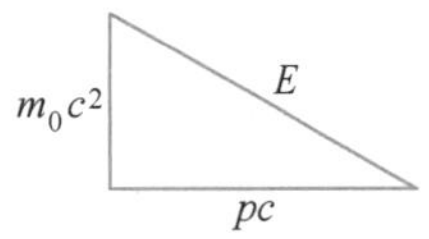

图8.17　相对论动量能量三角形

对动能是E_k的粒子,用$E=E_k+m_0c^2$代入式(8.49)可得

$$E_k^2+2E_km_0c^2=p^2c^2$$

当$v\ll c$时,粒子的动能E_k要比其静能m_0c^2小得多,因而上式中第一项与第二项相比,可以略去,于是得

$$E_k=\frac{p^2}{2m_0}$$

我们又回到了牛顿力学的动能表达式。

例8.13

资用能。在高能实验室内,一个静质量为m,动能为$E_k(E_k\gg mc^2)$的高能粒子撞击一个静止的、静质量为M的靶粒子时,它可以引发后者发生转化的资用能多大?

解　在讲解例4.15时曾得出结论,在完全非弹性碰撞中,碰撞系统的机械能总有一部分要损失而变为其他形式的能量,而这损失的能量等于碰撞系统在其质心系中的能量。这一部分能量为转变成其他形式能量的资用能,在高能粒子碰撞过程中这一部分能量就是转化为其他种粒子的能量。由于粒子速度一般很大,所以要用相对论动量、能量公式求解。

粒子碰撞时,先是要形成一个复合粒子,此复合粒子迅即分裂转化为其他粒子。以M'表示此复合粒子的静质量。考虑碰撞开始到形成复合粒子的过程。

碰撞前,入射粒子的能量为

$$E_m=E_k+mc^2=\sqrt{p^2c^2+m^2c^4}$$

由此可得

$$p^2c^2=E_k^2+2mc^2E_k$$

其中p为入射粒子的动量。

碰撞前，两个粒子的总能量为

$$E = E_m + E_M = E_k + (m+M)c^2$$

碰撞所形成的复合粒子的能量为

$$E' = \sqrt{p'^2c^2 + M'^2c^4}$$

其中 p'表示复合粒子的动量。由动量守恒知 $p'=p$，因而有

$$E' = \sqrt{p^2c^2 + M'^2c^4} = \sqrt{E_k^2 + 2mc^2E_k + M'^2c^4}$$

由能量守恒 $E'=E$，可得

$$\sqrt{E_k^2 + 2mc^2E_k + M'^2c^4} = E_k + (m+M)c^2$$

此式两边平方后移项可得

$$M'c^2 = \sqrt{2Mc^2E_k + [(m+M)c^2]^2}$$

由于 M'是复合粒子的静质量，所以 $M'c^2$ 就是它在自身质心系中的能量，也就是可以引起粒子转化的资用能。因此以动能 E_k 入射的粒子的资用能就是

$$E_{av} = \sqrt{2Mc^2E_k + [(m+M)c^2]^2}$$

欧洲核子研究中心的超质子加速器原来是用能量为 270 GeV 的质子(静质量为 938 MeV≈1 GeV)去轰击静止的质子，其资用能按上式算为

$$E_{av} = \sqrt{2\times1\times270+(1+1)^2} = \sqrt{544} \approx 23\ (\text{GeV})$$

可见效率是非常低的。为了改变这种状况，1982 年将这台加速器改装成了对撞机，它使能量都是 270 GeV 的质子发生对撞。这时由于实验室参考系就是对撞质子的质心系，所以资用能为 $270\times2=540$ (GeV)，因而可以引发需要高能量的粒子转化。正是因为这样，翌年就在这台对撞机上发现了静能分别为 81.8 GeV 和 92.6 GeV 的 $W^{\pm}$ 粒子和 Z^0 粒子，从而证实了电磁力和弱力统一的理论预测，强有力地支持了该理论的成立。

在研究高速物体的运动时，有时需要在不同的参考系之间对动量和能量进行变换。下面介绍这种变换的公式。

仍如前设 S,S'两参考系(见图 8.9)，先看动量的 x'方向分量

$$p_x' = \frac{m_0 v_x'}{\sqrt{1-v'^2/c^2}}$$

利用速度变换公式可先求得

$$\sqrt{1-v'^2/c^2} = \sqrt{1-(v_x'^2+v_y'^2+v_z'^2)/c^2} = \frac{\sqrt{(1-u^2/c^2)(1-v^2/c^2)}}{1-\dfrac{uv_x}{c^2}}$$

将此式和 v_x'的变换式(8.26)代入 p_x'，并利用式(8.29)和式(8.41)，得

$$\begin{aligned} p_x' &= \frac{m_0(v_x-u)}{\sqrt{(1-u^2/c^2)(1-v^2/c^2)}} \\ &= \frac{m_0 v_x}{\sqrt{(1-u^2/c^2)(1-v^2/c^2)}} - \frac{m_0 uc^2}{\sqrt{(1-u^2/c^2)(1-v^2/c^2)}c^2} \\ &= \frac{1}{\sqrt{1-u^2/c^2}}[p_x - uE/c^2] \end{aligned}$$

或写成

$$p_x' = \gamma(p_x - \beta E/c)$$

其中

$$\gamma = (1-u^2/c^2)^{-1/2}, \quad \beta = u/c$$

用类似的方法可得

$$p_y' = \frac{m_0 v_y'}{\sqrt{1-v'^2/c^2}} = \frac{m_0 v_y\sqrt{1-u^2/c^2}}{\sqrt{(1-u^2/c^2)(1-v^2/c^2)}}$$
$$= \frac{m_0 v_y}{\sqrt{1-v^2/c^2}}$$

即

$$p_y' = p_y$$

同理

$$p_z' = p_z$$

而

$$E' = m'c^2 = \frac{m_0 c^2}{\sqrt{1-v'^2/c^2}} = \frac{m_0 c^2\left(1-\dfrac{uv_x}{c^2}\right)}{\sqrt{(1-u^2/c^2)(1-v^2/c^2)}}$$
$$= \gamma(E - \beta c p_x)$$

将上述有关变换式列在一起，可得相对论动量-能量变换式如下：

$$\left.\begin{aligned} p_x' &= \gamma\left(p_x - \frac{\beta E}{c}\right) \\ p_y' &= p_y \\ p_z' &= p_z \\ E' &= \gamma(E - \beta c p_x) \end{aligned}\right\} \tag{8.50}$$

将带撇的和不带撇的量交换，并把 β 换成 $-\beta$，可得逆变换式如下：

$$\left.\begin{aligned} p_x &= \gamma\left(p_x' + \frac{\beta E'}{c}\right) \\ p_y &= p_y' \\ p_z &= p_z' \\ E &= \gamma(E' + \beta c p_x') \end{aligned}\right\} \tag{8.51}$$

值得注意的是，在相对论中动量和能量在变换时紧密地联系在一起了。这一点实际上是相对论时空量度的相对性及紧密联系的反映。

还可以注意的是，式(8.50)所表示的 $\boldsymbol{p}$ 和 E/c^2 的变换关系和洛伦兹变换式(8.23)所表示的 $\boldsymbol{r}$ 和 t 的变换关系一样，即用 p_x, p_y, p_z 和 E/c^2 分别代替式(8.23)中的 x, y, z, t 就可以得到式(8.50)。

*8.12　相对论力的变换

在相对论中，如在8.7节中已指出的，力仍等于动量变化率。导出了动量变化率的变换，也就导出了力的变换公式。力和动量变化率的关系 $\boldsymbol{F}=\mathrm{d}\boldsymbol{p}/\mathrm{d}t$ 的分量式是

$$F_x=\frac{\mathrm{d}p_x}{\mathrm{d}t},\quad F_y=\frac{\mathrm{d}p_y}{\mathrm{d}t},\quad F_z=\frac{\mathrm{d}p_z}{\mathrm{d}t}$$

由式(8.51)和洛伦兹逆变换式(8.24)，可得

$$F_x=\frac{\mathrm{d}p_x}{\mathrm{d}t}=\frac{\frac{\mathrm{d}p_x}{\mathrm{d}t'}}{\frac{\mathrm{d}t}{\mathrm{d}t'}}=\frac{\gamma\left(\frac{\mathrm{d}p_x'}{\mathrm{d}t'}+\frac{u}{c^2}\frac{\mathrm{d}E'}{\mathrm{d}t'}\right)}{\gamma\left(1+\frac{u}{c^2}\frac{\mathrm{d}x'}{\mathrm{d}t'}\right)}=\frac{F_x'+\frac{\beta\mathrm{d}E'}{c\,\mathrm{d}t'}}{1+\frac{\beta}{c}v_x'}\tag{8.52}$$

为了求出 $\mathrm{d}E'/\mathrm{d}t'$，我们利用公式(8.49)，在 S' 系中有

$$E'^2=p'^2c^2+m_0^2c^4=c^2\boldsymbol{p}'\cdot\boldsymbol{p}'+m_0^2c^4$$

将此式对 t' 求导，可得

$$E'\frac{\mathrm{d}E'}{\mathrm{d}t'}=c^2\boldsymbol{p}'\cdot\frac{\mathrm{d}\boldsymbol{p}'}{\mathrm{d}t'}=c^2\boldsymbol{p}'\cdot\boldsymbol{F}'$$

再将 $E'=m'c^2$ 和 $\boldsymbol{p}'=m'\boldsymbol{v}'$ 代入可得

$$\frac{\mathrm{d}E'}{\mathrm{d}t'}=\boldsymbol{F}'\cdot\boldsymbol{v}'$$

将此结果代入式(8.52)，即可得 x 方向分力的变换式。用类似方法还可以得到 y 方向和 z 方向分力的变换式。把它们列在一起，即为

$$\left.\begin{aligned}F_x&=\frac{F_x'+\frac{\beta}{c}\boldsymbol{F}'\cdot\boldsymbol{v}'}{1+\frac{\beta}{c}v_x'}\\F_y&=\frac{F_y'}{\gamma\left(1+\frac{\beta}{c}v_x'\right)}\\F_z&=\frac{F_z'}{\gamma\left(1+\frac{\beta}{c}v_x'\right)}\end{aligned}\right\}\tag{8.53}$$

以上三式即相对论力的变换公式，式中

$$\gamma=(1-u^2/c^2)^{-\frac{1}{2}},\quad \beta=u/c$$

如果一粒子在 S' 系中静止(即 $\boldsymbol{v}'=0$)，它受的力为 $\boldsymbol{F}'$，则上一变换式给出，在 S 系中观测，该粒子受的力将为

$$F_x=F_x',\quad F_y=\frac{1}{\gamma}F_y',\quad F_z=\frac{1}{\gamma}F_z'\tag{8.54}$$

由于 $\boldsymbol{v}'=0$，所以在 S 系中观察，粒子的速度 $\boldsymbol{v}=\boldsymbol{u}$。这样式(8.54)又可以这样理解：在粒子静止于其中的参考系内测得粒子受的力是 $\boldsymbol{F}'$，则在粒子以速度 $\boldsymbol{v}$ 运动的参考系中测量时，此力沿运动方向的分量不变，而沿垂直于运动方向的分量减小到 $1/\gamma$，其中

$$\gamma=\left(1-\frac{v^2}{c^2}\right)^{-\frac{1}{2}}$$

提要

1. 牛顿绝对时空观：长度和时间的测量与参考系无关。

伽利略坐标变换式　　$x'=x-ut,\quad y'=y,\quad z'=z,\quad t'=t$

伽利略速度变换式 $v_x'=v_x-u,\quad v_y'=v_y,\quad v_z'=v_z$

2. 狭义相对论基本假设

爱因斯坦相对性原理；

光速不变原理。

3. 同时性的相对性

时间延缓 $\Delta t=\dfrac{\Delta t'}{\sqrt{1-u^2/c^2}}$ （$\Delta t'$ 为固有时）

长度收缩 $l=l'\sqrt{1-u^2/c^2}$ （l' 为固有长度）

4. 洛伦兹变换

坐标变换式

$$x'=\frac{x-ut}{\sqrt{1-u^2/c^2}},\quad y'=y,\quad z'=z,$$

$$t'=\frac{t-\dfrac{u}{c^2}x}{\sqrt{1-u^2/c^2}}$$

速度变换式

$$v_x'=\frac{v_x-u}{1-\dfrac{uv_x}{c^2}}$$

$$v_y'=\frac{v_y}{1-\dfrac{uv_x}{c^2}}\sqrt{1-u^2/c^2}$$

$$v_z'=\frac{v_z}{1-\dfrac{uv_x}{c^2}}\sqrt{1-u^2/c^2}$$

5. 相对论质量

$$m=\frac{m_0}{\sqrt{1-v^2/c^2}}\quad (m_0\text{ 为静质量})$$

6. 相对论动量

$$\boldsymbol{p}=m\boldsymbol{v}=\frac{m_0\boldsymbol{v}}{\sqrt{1-v^2/c^2}}$$

7. 相对论能量 $E=mc^2$

相对论动能 $E_k=E-E_0=mc^2-m_0c^2$

相对论动量能量关系式 $E^2=p^2c^2+m_0^2c^4$

8. 相对论动量-能量变换式

$$p_x'=\gamma\left(p_x-\frac{\beta E}{c}\right),\quad p_y'=p_y$$

$$p_z'=p_z,\quad E'=\gamma(E-\beta cp_x)$$

***9. 相对论力的变换式**

$$F_x=\frac{F_x'+\dfrac{\beta}{c}\boldsymbol{F}'\cdot\boldsymbol{v}'}{1+\dfrac{\beta}{c}v_x'}$$

$$F_y = \frac{F_y'}{\gamma\left(1+\frac{\beta}{c}v_x'\right)}$$

$$F_z = \frac{F_z'}{\gamma\left(1+\frac{\beta}{c}v_x'\right)}$$

思考题

8.1 什么是力学相对性原理？在一个参考系内作力学实验能否测出这个参考系相对于惯性系的加速度？

8.2 同时性的相对性是什么意思？为什么会有这种相对性？如果光速是无限大，是否还会有同时性的相对性？

8.3 前进中的一列火车的车头和车尾各遭到一次闪电轰击，据车上的观察者测定这两次轰击是同时发生的。试问，据地面上的观察者测定它们是否仍然同时？如果不同时，何处先遭到轰击？

8.4 如果在 S'系中两事件的 x'坐标相同(例如把图 8.3 中的 M'和 A'，B'沿 y'轴方向配置)，那么当在 S'系中观察到这两个事件同时发生时，在 S 系中观察它们是否也同时发生？

8.5 如图 8.18 所示，在 S 和 S'系中的 x 和 x'轴上分别固定有 5 个钟。在某一时刻，原点 O 和 O'正好重合，此时钟 C_3 和钟 C_3' 都指零。若在 S 系中观察，试画出此时刻其他各钟的指针所指的方位。

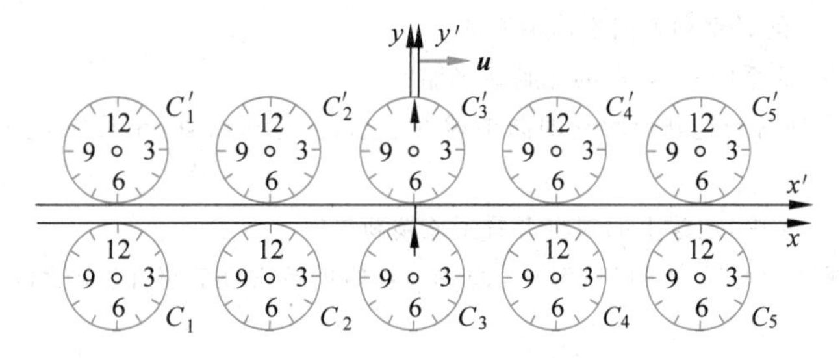

图 8.18 思考题 8.5 用图

8.6 在某一参考系中同一地点、同一时刻发生的两个事件，在任何其他参考系中观察都将是同时发生的，对吗？

8.7 长度的量度和同时性有什么关系？为什么长度的量度会和参考系有关？长度收缩效应是否因为棒的长度受到了实际的压缩？

8.8 相对论的时间和空间概念与牛顿力学的有何不同？有何联系？

8.9 在相对论中，在垂直于两个参考系的相对速度方向的长度的量度与参考系无关，而为什么在这方向上的速度分量却又和参考系有关？

8.10 能把一个粒子加速到光速吗？为什么？

8.11 什么叫质量亏损？它和原子能的释放有何关系？

习题

8.1 一根直杆在 S 系中观察，其静止长度为 l，与 x 轴的夹角为 θ，试求它在 S'系中的长度和它与 x'轴的夹角。

8.2　静止时边长为 a 的正立方体，当它以速率 u 沿与它的一个边平行的方向相对于 S' 系运动时，在 S' 系中测得它的体积将是多大？

8.3　S 系中的观察者有一根米尺固定在 x 轴上，其两端各装一手枪。固定于 S' 系中的 x' 轴上有另一根长刻度尺。当后者从前者旁边经过时，S 系的观察者同时扳动两枪，使子弹在 S' 系中的刻度上打出两个记号。求在 S' 尺上两记号之间的刻度值。在 S' 系中观察者将如何解释此结果。

8.4　在 S 系中观察到在同一地点发生两个事件，第二事件发生在第一事件之后 2 s。在 S' 系中观察到第二事件在第一事件后 3 s 发生。求在 S' 系中这两个事件的空间距离。

8.5　在 S 系中观察到两个事件同时发生在 x 轴上，其间距离是 1 m。在 S' 系中观察这两个事件之间的距离是 2 m。求在 S' 系中这两个事件的时间间隔。

8.6　一只装有无线电发射和接收装置的飞船，正以 $\frac{4}{5}c$ 的速度飞离地球。当宇航员发射一无线电信号后，信号经地球反射，60 s 后宇航员才收到返回信号。

(1) 在地球反射信号的时刻，从飞船上测得的地球离飞船多远？

(2) 当飞船接收到反射信号时，地球上测得的飞船离地球多远？

8.7　一宇宙飞船沿 x 方向离开地球（S 系，原点在地心），以速率 $u=0.80c$ 航行，宇航员观察到在自己的参考系（S' 系，原点在飞船上）中，在时刻 $t'=-6.0\times10^8$ s，$x'=1.8\times10^{17}$ m，$y'=1.2\times10^{17}$ m，$z'=0$ 处有一超新星爆发，他把这一观测通过无线电发回地球，在地球参考系中该超新星爆发事件的时空坐标如何？假定飞船飞过地球时其上的钟与地球上的钟的示值都指零。

*8.8　在习题 8.7 中，由于光从超新星传到飞船需要一定的时间，所以宇航员的报告并非直接测量的结果，而是从光到达飞船的时刻和方向推算出来的。

(1) 试问在何时刻（S' 系中）超新星的光到达飞船？

(2) 假定宇航员在他看到超新星时立即向地球发信息，在什么时刻（S 系中）地球上的观察者收到此信息？

(3) 在什么时刻（S 系中）地球上的观察者看到该超新星？

8.9　地球上的观察者发现一只以速率 $0.60c$ 向东航行的宇宙飞船将在 5 s 后同一个以速率 $0.80c$ 向西飞行的彗星相撞。

(1) 飞船中的人们看到彗星以多大速率向他们接近。

(2) 按照他们的钟，还有多少时间允许他们离开原来航线避免碰撞。

8.10　一光源在 S' 系的原点 O' 发出一光线，其传播方向在 $x'y'$ 平面内并与 x' 轴夹角为 θ'，试求在 S 系中测得的此光线的传播方向，并证明在 S 系中此光线的速率仍是 c。

*8.11　参照图 8.9 所示的两个参考系 S 和 S'，设一质点在 S 系中沿 x 方向以速度 $\boldsymbol{v}=\boldsymbol{v}(t)$ 运动，有加速度 $\boldsymbol{a}$。证明：在 S' 系中它的加速度 $\boldsymbol{a}'$ 为

$$\boldsymbol{a}'=\frac{(1-u^2/c^2)^{3/2}}{(1-uv/c^2)^3}\boldsymbol{a}$$

显然，这一关系和伽利略变换给出的结果不同。当 $u,v\ll c$ 时，此结果说明什么？

8.12　一个静质量为 m_0 的质点在恒力 $\boldsymbol{F}=F\boldsymbol{i}$ 的作用下开始运动，经过时间 t，它的速度 v 和位移 x 各是多少？在时间很短（$t\ll m_0c/F$）和时间很长（$t\gg m_0c/F$）的两种极限情况下，v 和 x 的值又各是多少？

8.13　在什么速度下粒子的动量等于非相对论动量的两倍？又在什么速度下粒子的动能等于非相对论动能的两倍。

8.14　在北京正负电子对撞机中，电子可以被加速到动能为 $E_k=2.8\times10^9$ eV。

(1) 这种电子的速率和光速相差多少？

(2) 这样的一个电子动量多大？

(3) 这种电子在周长为 240 m 的储存环内绕行时，它受的向心力多大？需要多大的偏转磁场？

8.15　最强的宇宙射线具有 50 J 的能量，如果这一射线是由一个质子形成的，这样一个质子的速率和光速差多少 m/s？

8.16　一个质子的静质量为 $m_p=1.672\ 65\times10^{-27}$ kg，一个中子的静质量为 $m_n=1.674\ 95\times10^{-27}$ kg，一个质子和一个中子结合成的氘核的静质量为 $m_D=3.343\ 65\times10^{-27}$ kg。求结合过程中放出的能量是多少 MeV？这能量称为氘核的结合能，它是氘核静能量的百分之几？

一个电子和一个质子结合成一个氢原子，结合能是 13.58 eV，这一结合能是氢原子静能量的百分之几？已知氢原子的静质量为 $m_H=1.673\ 23\times10^{-27}$ kg。

8.17　太阳发出的能量是由质子参与一系列反应产生的，其总结果相当于下述热核反应：

$$ {}_1^1\mathrm{H}+{}_1^1\mathrm{H}+{}_1^1\mathrm{H}+{}_1^1\mathrm{H}\longrightarrow{}_4^2\mathrm{He}+2{}_1^0\mathrm{e} $$

已知一个质子（${}_1^1\mathrm{H}$）的静质量是 $m_p=1.6726\times10^{-27}$ kg，一个氦核（${}_4^2\mathrm{He}$）的静质量是 $m_{He}=6.6425\times10^{-27}$ kg。一个正电子（${}_1^0\mathrm{e}$）的静质量是 $m_e=0.0009\times10^{-27}$ kg。

（1）这一反应释放多少能量？

（2）这一反应的释能效率多大？

（3）消耗 1 kg 质子可以释放多少能量？

（4）目前太阳辐射的总功率为 $P=3.9\times10^{26}$ W，它一秒钟消耗多少千克质子？

（5）目前太阳约含有 $m=1.5\times10^{30}$ kg 质子。假定它继续以上述（4）求得的速率消耗质子，这些质子可供消耗多长时间？

8.18　20 世纪 60 年代发现的类星体的特点之一是它发出极强烈的辐射。这一辐射的能源机制不可能用热核反应来说明。一种可能的巨大能源机制是黑洞或中子星吞食或吸积远处物质时所释放的引力能。

（1）1 kg 物质从远处落到地球表面上时释放的引力能是多少？释能效率（即所释放能量与落到地球表面的物质的静能的比）又是多大？

（2）1 kg 物质从远处落到一颗中子星表面时释放的引力能是多少？（设中子星的质量等于一个太阳的质量而半径为 10 km。）释能效率又是多大？和习题 8.17 所求热核反应的释能效率相比又如何？

8.19　两个质子以 $\beta=0.5$ 的速率从一共同点反向运动，求：

（1）每个质子相对于共同点的动量和能量；

（2）一个质子在另一个质子处于静止的参考系中的动量和能量。

8.20　能量为 22 GeV 的电子轰击静止的质子时，其资用能多大？

8.21　北京正负电子对撞机设计为使能量都是 2.8 GeV 的电子和正电子发生对撞。这一对撞的资用能是多少？如果用高能电子去轰击静止的正电子而想得到同样多的资用能，入射高能电子的能量应多大？

8.22　用动量-能量的相对论变换式证明 $E^2-c^2p^2$ 是一不变量（即在 S 和 S' 系中此式的数值相等：$E^2-c^2p^2=E'^2-c^2p'^2$）。

*8.23　根据爱因斯坦质能公式（8.42），质量具有能量，把这一关系式代入牛顿引力公式，可得两静止质子之间的引力和二者的能量 E_0 成正比。

（1）一个静止的质子的静能量是多少？

（2）在现实世界中，两静止质子间的电力要比引力大 10^{36} 倍。要使二者间引力等于电力，质子的能量需要达到多少？这能量[①]是现今粒子加速器（包括在建的）的能量范围（10^3 GeV）的多少倍？

爱因斯坦

① 这一能量可以认为是包括引力在内的四种基本自然力“超统一”的能量尺度，它和使两质子间引力的“量子修正”超过引力经典值的“能量涨落”值 10^{19} GeV，只差一个数量级。10^{19} GeV 称为**普朗克能量**，是现今物理学能理解的最高能量尺度。

弯曲的时空——广义相对论简介

自1687年《自然哲学的数学原理》问世以来，牛顿力学取得了很大的成功与发展。很少有理论能和万有引力定律的预言的准确性相比拟。但即使如此，牛顿的理论也不是十分完善的。一个例子是水星的近日点的进动(图 D.1)。水星轨道长轴的方向在空间不是固定的，在一世纪内会转动 5601″([角]秒)。用牛顿理论计算出所有行星对它的影响后，还差 43″，与观测不符。另外，牛顿引力理论有一个很严重的缺陷，就是它认为引力的传播不需要时间。例如，如果太阳表面某处突然爆发日珥(喷出明亮的气团)，按牛顿理论，其引力变化在地球上应该即时就能发现。这一点直接违反了狭义相对论，因为这一理论指出任何信号的传播速度是不能大于光速的。

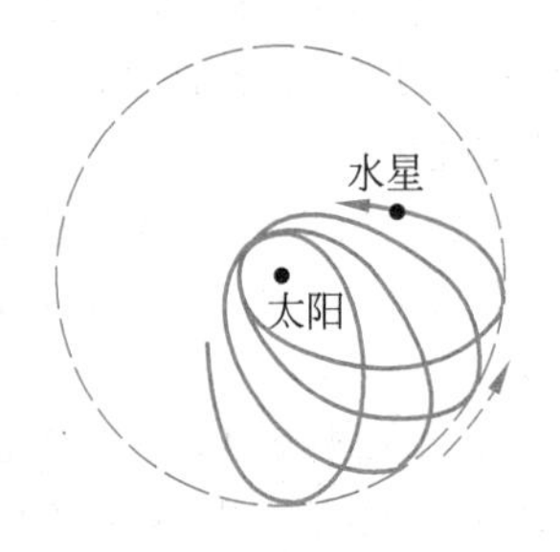

图 D.1　水星近日点的进动

建立狭义相对论之后，爱因斯坦即开始研究关于引力的新理论，并且终于在 1915 年创立了广义相对论。狭义相对论告诉我们，空间和时间不是绝对的，它们和参考系的运动有关。广义相对论则告诉我们，在引力物体的近旁，空间和时间要被扭曲。行星的轨道运动并不是由于什么引力的作用，而是由于这种时空的扭曲。引力就是弯曲时空的表现。

D.1　等效原理

关于引力作用的一个重要事实是伽利略首先在比萨斜塔上演示给人们的，即：在地面上一个范围不大的空间内，一切物体都以同一加速度 $\boldsymbol{g}$ 下落。由这一事实可以导出：一个物体的惯性质量 m_i 等于其引力质量 m_g。因为，由牛顿第二定律和万有引力定律可得，对一个自由落体来说，

$$\frac{GMm_g}{r^2}=m_i g$$

从而有

$$\frac{m_i}{m_g}=\frac{gr^2}{GM}$$

式中 r 为物体距地心的距离，M 为地球的质量，G 为引力恒量。既然事实证明，一切物体的

加速度 g 都相同，那么，对一切物体，m_i/m_g 就是一个常数。在选取各量的适当单位后，就可以得出 $m_i=m_g$ 的结论。

是爱因斯坦首先注意到这一结论的重要性的。他曾写道："……在引力场中一切物体都具有同一加速度。这条定律也可以表述为惯性质量同引力质量相等的定律。它当时就使我认识到它的全部重要性。我为它的存在感到极为惊奇，并猜想其中必定有一把可以更加深入地了解惯性和引力的钥匙。"

根据上述事实以及由它得出的 $m_i=m_g$ 的结论，可以设想，如果建造一个可以自由运动的小实验室，并在其中观察物体的运动，则当这个实验室自由下落时，将会看到室内物体处于完全失重的状态，即没有引力作用的状态。实际上，在绕地球的轨道上运行的太空船就是这样的实验室，它也具有加速度 $\boldsymbol{g}$，其中物体和宇航员都处于完全失重的状态(图 D.2)。从宇航员看来，所有飞船内的物体都好像没有受到引力一样。在飞船这样的参考系内，重力的影响消除了。不受外力作用时，静止的物体将保持静止，运动的物体将保持匀速直线运动，就好像发生在惯性系内一样。一个在引力作用下自由下落的参考系叫**局部惯性系**。这样一个参考系只能是"局部的"，因为范围一大，其中各处 $\boldsymbol{g}$ 的方向和大小就可能有显著的不同，而通过参考系的运动同时对其中所有物体都消除重力的影响就是不可能的了。现代灵敏的加速度计甚至能测出飞船两端 $\boldsymbol{g}$ 的不同。但在下面的讨论中我们将忽略这个不同。

图 D.2 英国物理学家史蒂芬·霍金

2007 年 4 月 26 日体验失重飞行，他不是在太空船中，而是在飞机中。该飞机升空后，先是从 7300 m 高度冲上 9800 m 高度，接着又俯冲回 7300 m 高度。沿这一段弧形轨道运动类似在太空船中，提供了 24 s 的失重环境

局部惯性系和真正的惯性系没有本质差别这一点说明：不仅匀速直线运动有相对性，而且加速运动也有相对性——在自由下落的飞船内，宇航员无法通过任何力学实验来查出飞船的加速度。1911 年，爱因斯坦在形成广义相对论之前就提出，这一广义的运动相对性不仅适用于力学现象，而且适用于其他物理现象。他把这个关于引力的假设叫做**等效原理**。他写道："在一个局部惯性系中，重力的效应消失了；在这样一个参考系中，所有物理定律和在一个在太空中远离任何引力物体的真正惯性系中的一样。反过来说，一个在太空中加速的参考系中将会出现表观的引力；在这样的参考系中，物理定律就和该参考系静止于一个引力物体附近一样。"简单说来，就是引力和加速度等效。这个原理是广义相对论的基础。下面我们看从这一原理可以得出些什么结论。

D.2 光线的偏折和空间弯曲

从等效原理可以得出的第一个结论是在引力场中各处光的速率应当相等。设想在太阳周围各处有许多太空船，他们都瞬时静止(对太阳)，但是已开始自由下落。在每一个太空船中，引力已消失。等效原理要求在这些太空船中光的速率都和在真正惯性系中的一样，即 3×10^8 m/s。由于这些太空船是对太阳瞬时静止的，所以在它们内部测出的光速也等于在太阳引力场中各处的光速，因而它们也都应该相等。

从等效原理可以得出的另一结论是光线在引力场中要发生偏折。设想一太空船正向太阳自由下落。由于在船内引力已消失，在太空船中和在惯性系中一样，从太空船一侧垂直船壁射向另一侧的光将直线前进(图 D.3(a))。但在太阳坐标系中观察，由于太空船加速下落，所以光线将沿曲线传播。根据等效原理，光线将沿引力的方向偏折(图 D.3(b))。

光线的引力偏折在自然界中应能观察到，例如，从地球上观察某一发光星体，当太阳移近光线时，从星体发的光将从太阳表面附近经过。太阳引力的作用将使光线发生偏折，从而星体的视位置将偏离它的实际位置(图 D.4)。由于星光比太阳光弱得多，所以要观察这种星体的视位置偏离只可能在日全蚀时进行。事实上 1919 年日全蚀时，天文学家的确观察到了这种偏离，之后还进行了多次这种观察。星体位置偏离大致都在 1.5″ 到 2.0″ 之间，和广义相对论的理论预言值 1.75″ 符合得相当好。

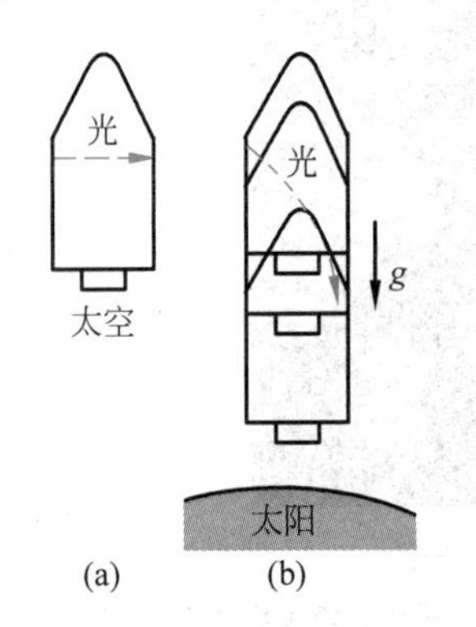

图 D.3 光线在引力场中偏折

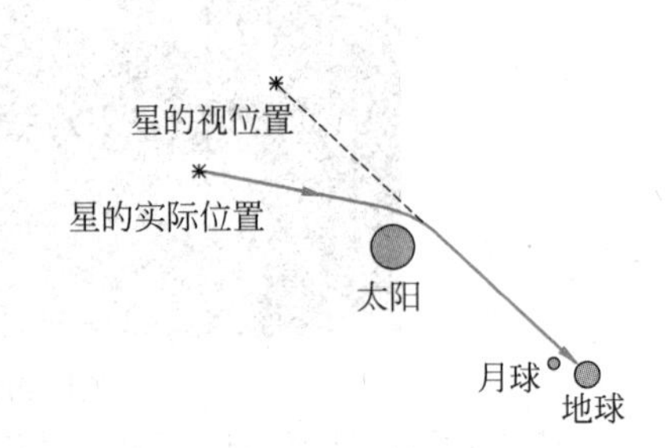

图 D.4 日全食时对星的观察

近年来关于光线偏折的更可靠的验证是利用了类星体发射的无线电波。进行这种观察，当然要等到太阳、类星体和地球差不多在一条直线上的时候。可巧人们发现类星体 3C279 每年 10 月 8 日都在这样的位置上。利用这样的时机测得的无线电波经过太阳表面附近时发生的偏折为 1.7″或 1.8″。

值得注意的是，光线在太阳附近的偏折意味着光速在太阳附近要减小。为了说明这一点，在图 D.5 中画出了光波波面传播的情形。波面总是垂直于光线的，正像以横队前进的士兵的排面和队伍前进的方向垂直一样。从图中可以明显地看出光线的偏折就意味着波面的转向，而这又意味着波面靠近太阳那一侧的速率要减小。这正如前进中的横队向右转时，排面右部的士兵要减慢前进的速度一样。

光速在太阳附近要减小这一预言已经用雷达波(波长几厘米)直接证实了。人们曾向金星(以及水星、人造天体)发射雷达波并接收其反射波。当太阳行将跨过金星和地球之间时,雷达波在往返的路上都要经过太阳附近。实验测出,在这种情况下,雷达波往返所用的时间比雷达波不经过太阳附近时的确要长些,而且所增加的数值和理论计算也符合得很好。这一现象叫**雷达回波延迟**。

光速在太阳附近要减小这一事实和前面提过的,光速应不受引力影响的结论是相矛盾的。怎样解决这个矛盾呢?答案只能是这样:从地球到金星的距离,当经过太阳附近时,由于引力的作用而变长了,因而光所经过的时间要长些,并不是因为光速变小了,而是因为距离变长了。这是和欧几里得几何学的推断不相同的。例如,考虑一个由相互垂直的四边组成的正方形(图 D.6),靠近太阳那一边(AB)比离太阳远的那一边(CD)要长。欧几里得几何学在此失效了——**空间不再是平展的,而是被引力弯曲或扭曲了的**。

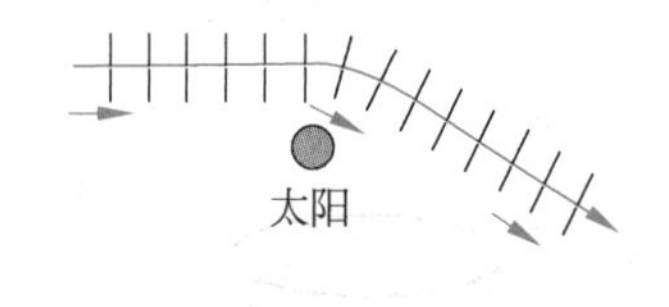

图 D.5 在太阳附近光波波面的转向

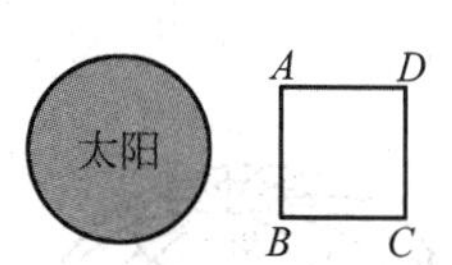

图 D.6 太阳附近的空间弯曲

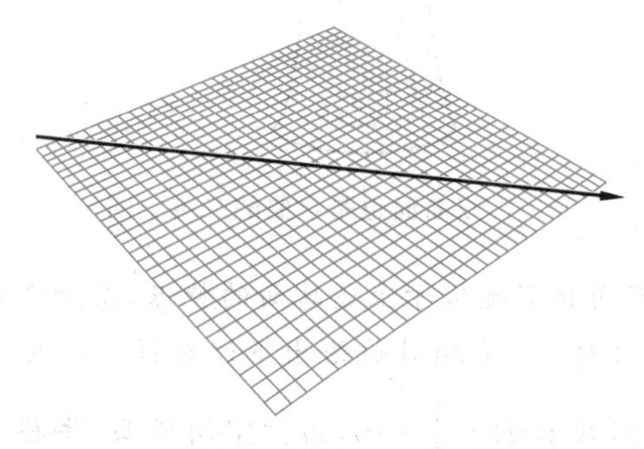

图 D.7 平展的二维空间

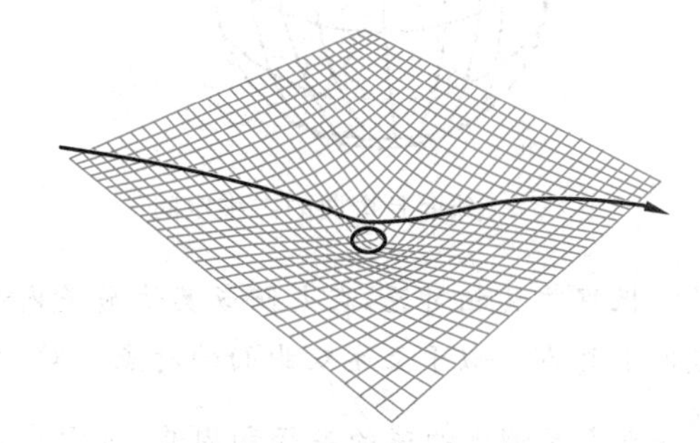

图 D.8 弯曲的二维空间

为了得到这种弯曲空间的直观形象,让我们设想二维空间的情形。图 D.7 画出一个平展的二维空间,图 D.8 画出了当一个"太阳"放入这二维空间时的情形:这二维空间产生了一个坑。在这畸变的二维空间上两点 AB 之间的距离比它们之间的直线距离(即平展时的距离)要长些,由于光速不变,它从"太阳"附近经过时用的时间自然应该长些,这就解决了上述矛盾。计算表明,对于刚擦过太阳传播的光来说,从金星到地球的距离增加了约 30 km(总距离为 2.6×10^8 km)。

以上说明了如何由等效原理得到太阳附近空间是弯曲的结论。弯曲的空间是爱因斯坦广义相对论的出发点。

D.3 广义相对论

广义相对论的基本论点是:**引力来源于弯曲**。太阳或其质量周围的空间发生弯曲,这种弯曲影响光和行星的运动,使它按照现在实际的方式运动。太阳对光和行星并没有任何力的作用，它只是使时空发生弯曲，而光或行星只是沿这一弯曲时空中的可能的“最短”的路线运动。因此爱因斯坦的广义相对论是一种**关于引力的几何理论**，有人把它称做“几何动力学”，即和物质有相互作用的、动力学的、弯曲时空的几何学。

我们不可能想象出一个弯曲的三维空间图像，因为那需要事先想象出第四维或第五维，以便三维空间能弯曲到里面去。但幸运的是，我们可以查知三维空间的弯曲而不要进入更高的维中从外面来看它。为此还利用二维空间模型。考虑一个小甲虫在一个二维空间即一个曲面上活动而不能离开它。如果曲面是一个球面，它可以通过下面的测量来知道它活动的空间是弯曲的。如图D.9所示，它可以测量一个圆的周长及半径，而发现周长小于半径的2π倍。它还可以测一个三角形(其三个边都是三个顶点间的最短线)的三内角和，发现它大于180°。和欧几里得几何学的结论相比，甲虫就知道它所活动的空间是弯曲的。如果甲虫在一个双曲面上活动，它将发现圆的周长大于半径的2π倍，而三角形的三内角和将小于180°(图D.10)。

图D.9 球面是弯曲的二维空间

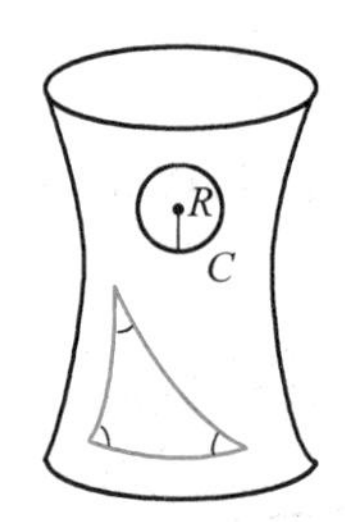

图D.10 双曲面也是弯曲的二维空间

根据广义相对论，在太阳或其他质量内部的空间具有类似于上述球面的特点，而外部的空间则具有类似于上述双曲面的特点。对于均匀球体，广义相对论给出下述结果：以R和C分别表示测出的球的半径和周长，对于平展空间，应有$R-\frac{C}{2\pi}=0$，由于空间弯曲，半径R要比$\frac{C}{2\pi}$大一数值ΔR，

$$\Delta R = R - \frac{C}{2\pi} \tag{D.1}$$

广义相对论给出

$$\Delta R \approx \frac{4GM}{3c^2} \tag{D.2}$$

式中M是球体质量，G和c分别是万有引力恒量和光速。广义相对论还给出球体内的三角形的三内角和比180°大的数值为

$$\Delta\theta \approx \frac{\sqrt{2}GM}{Rc^2} \tag{D.3}$$

把上述公式用于地球，可得地球周长比$2\pi R$要小5.9 mm，$\Delta\theta\approx2.0\times10^{-4}{''}$。对于太阳来说，其周长比$2\pi R$约小23 km，$\Delta\theta\approx0.62''$。

对于太阳和地球来说，广义相对论所预言的空间弯曲是太小了，根本不可能直接用测量来验证，只能通过它的影响间接地显示出来，例如上面讲过的雷达回波延迟。另一个显示空间弯曲的现象就是水星近日点的进动。在平展空间中，牛顿理论给出水星将沿椭圆运动。按照广义相对论，太阳周围的空间像“碗”一样地弯曲了，近似于一个“圆锥”。图D.11(a)画的是一个平展空间中的椭圆。要使此平面变成一个圆锥面从而近似碗状的弯曲空间，必须从面上切去一块(图D.11(b))，然后把切口接合起来，这样一来，在轨道的接合处就出现了一个交叉。当行星运动到此交叉点时，它将不再进入原来的轨道，而要越过原来的轨道向前了(图D.11(c))。这就是广义相对论对水星近日点进动的模拟说明。理论的计算结果在量上也是符合实际观察结果的。这可由表D.1列出的几个行星的近日点进动的观测值和理论值的比较看出。近年来关于PSR1913+16脉冲双星的近星点进动值测得为4.226 621(11)(°)/a，也与广义相对论的理论结果相符。由于这个值比行星进动值大数万倍，它更是对理论的强有力的验证。

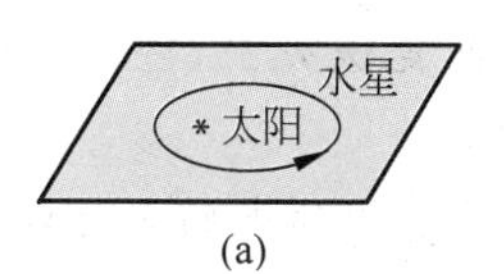

(a)

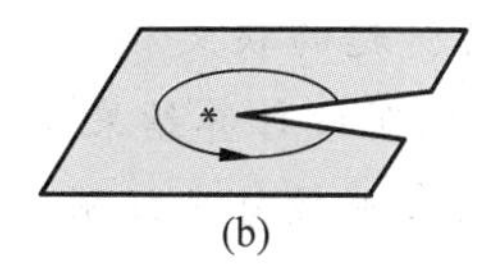
(b)

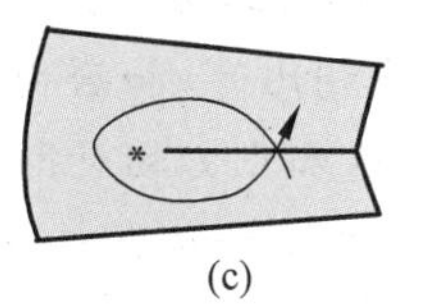
(c)

图D.11 空间弯曲导致近日点的进动

表D.1 几个行星的近日点进动值

行　星	观测值	理论值
水星	(43.11″±0.45″)/100a	43.03″/100a
金星	(8.4″±4.8″)/100a	8.6″/100a
地球	(5.0″±1.2″)/100a	3.8″/100a
伊卡鲁斯小行星	(9.8″±0.8″)/100a	10.3″/100a

D.4 引力时间延缓

上面介绍了空间的弯曲。实际上，广义相对论给出的结论比这要复杂得多。它指出，不但空间弯曲，而且有与之相联系的时间“弯曲”。对于图D.6所示的情况，不但四边形靠近太阳那一边的长度比远离太阳那一边的长，而且靠近太阳的地方时间也要长些，或者说，靠近太阳的钟比远离太阳的钟走得要慢一些，这种效应叫**引力时间延缓**。它也是等效原理的一个推论。

如图D.12(a)所示，设想在地面建造一间实验室，在室内地板和天花板上各安装一只同样的钟。为了比较这两只钟的快慢，我们设下面的钟和一个无线电发报机联动，每秒(或每几分之一秒)向上发出一信号，同时上面的钟附有一收报机，它可以把收到的无线电信号的频率与自己走动的频率相比较。现在应用等效原理，将此

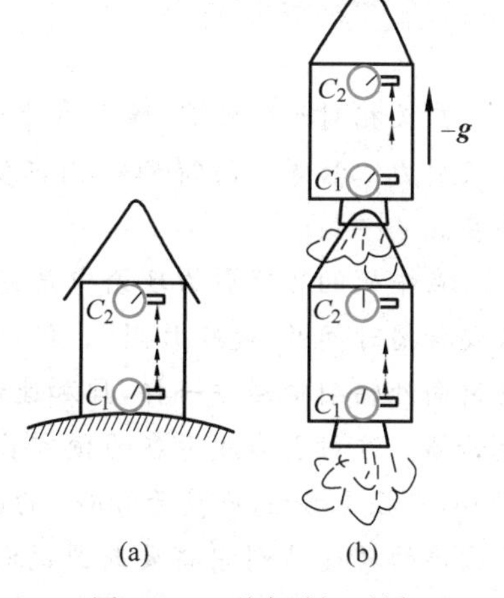

图D.12 引力时间延缓

实验室用一太空船代替。如果此船以加速度 $-g$ 运动，则在船内发生的一切将和地面实验室发生的一样。为方便起见，设太空船在太空惯性系中从静止开始运动时，下面的发报机开始发报。由于太空船作加速度运动，所以当信号经过一定的时间到达上面的收报机时，这收报机已具有了一定的速度。又由于这速度的方向和信号传播的方向相同，所以收报机收到的连续两次信号之间的时间间隔一定比它近旁的钟所示的一秒的时间长。由于上下两只钟的快慢是通过这无线电信号加以比较的，所以下面的钟走得比上面的钟慢。用等效原理再回到地球上的实验室里，就得到靠近地面的那只钟比上面的钟慢。这就是引力时间延缓效应。

引力时间延缓效应是非常小的，地面上的钟因此比远高空的钟仅慢 10^{-9}。但用现代非常精密的原子钟，还是能测出这微小的效应。1972 年有人曾做过这样的实验：用两组原子钟，一组留在地面上，另一组装入喷气客机作高空(约一万米)环球飞行。当飞行的钟返回原地与留下的钟相比时，扣除由于运动引起的狭义相对论时间延缓效应，得到高空的钟快了 1.5×10^{-7} s，这和广义相对论引力时间延缓计算结果相符合。

引力时间延缓效应也可以用引力红移现象来证明。原子发出的光频率可以看做是一种钟的计时信号，振动一次好比秒针走一格，算做一"秒"。由于引力效应，在太阳表面上的钟慢，即在太阳表面上原子发出的光的频率比远离太阳的地方的同种原子发出的光的频率要低。因此，在地面上接收到的太阳上钾原子发出的光比地面上的钾原子发出的光的频率要低。由于在可见光范围内，从紫到红频率越来越低，所以这种光的频率减小的现象叫红移。又因为这种红移是引力引起的，所以叫**引力红移**。根据广义相对论，太阳引起的引力红移将使频率减小 2×10^{-6}，对太阳光谱的分析证实了这一预言。

引力红移在地面实验室也测到了。1960 年在哈佛大学曾利用 20 m 高的楼进行了这一实验。在楼顶安置一个 γ 射线源，在楼底安装接收器，由于 γ 射线的吸收过程严格地和频率有关，所以可以测出 γ 射线由楼顶到达楼底时频率的改变。尽管广义相对论预言这一高度引起的引力红移只有 2×10^{-15}，但实验还是成功了，准确度达到了 1%。1976 年还进行了利用火箭把原子钟带到 10^4 km 高空来测定引力的时间效应的实验。在这一高度的钟比地面的钟要快 4.5×10^{-10}。实验结果和这一理论值相符，误差小于 0.01%。

D.5　引力波

广义相对论的预言，除了在上述的光线的引力偏折，雷达回波延迟，行星近日点的进动以及引力红移等方面得到观测证实以外，近年来另一个有说服力的证实是关于引力波的存在。

在牛顿的万有引力理论中是完全没有引力波的概念的，因为牛顿的万有引力是一种不需要传播时间的"超距作用"。但是广义相对论指出，正像加速运动(如作圆运动或振动)的电荷向外辐射电磁波一样，作加速运动的质量也向外辐射**引力波**。引力波是横波而且以光速传播。这种引力波存在的预言长期未被证实，原因是引力波实在太弱了。例如，用一根长 20 m，直径 1.6 m，质量为 500 t 的圆棒，让它绕垂直轴高速转动，它将发射引力波。但是即使圆棒的转速达到它将要断裂的程度(约 28 r/s)，它发射引力波的功率也不过 2.2×10^{-19} W。即使用今天最先进的技术，也不可能测出这样小的功率。

天体的质量很大，可能是较强的引力辐射源。行星绕日公转时，也会向外发射引力波。以最大的行星——木星——为例，它由于公转而发射引力波的功率也只有 10^{-17} W。双星虽然发出引力波的功率较大，但是它们发出的引力波到达地球表面时的强度非常小。例如天琴座β双星发出的引力波到达地面时的强度只有 3.8×10^{-18} W/m²，仙后座η双星发来的则只有 1.4×10^{-32} W/m²（地面上太阳光的强度约 10^{3} W/m²）。这样弱的强度目前还是无法测出的。虽然有人曾设计并制造了接收来自空间的引力波的"天线"（一个直径 96 cm，长 151 cm，质量为 3.5 t 的铝棒），但是还是没有获得收到引力波信号的确切结果。看来，目前直接检测到引力波的可能性很小。

关于引力波存在的证实在 1974 年出现了一个小的转折。当年赫尔斯(R. A. Hulse)和泰勒(J. H. Taylor)发现一个其中之一是脉冲星的双星系统。该脉冲星代号为 PSR 1913+16(PSR 表示脉冲星，1913 是赤经的小时和分，+16 是赤纬的度数)。该脉冲星和它的伴星的质量差不多相等，都约为太阳质量的 1.4 倍。它们围绕共同的质心运动，二者的距离约等于月球到地球距离的几倍，轨道偏心率为 0.617。它们的轨道速率约为光速的千分之一。这样大质量而相距很近的星体以这样高的速率沿偏心率很大的轨道运动应该是一个发射较强引力波的系统，它们构成了一个检验广义相对论预言的一个理想的"天空实验室"。

这一天空实验室的成功还特别得力于那颗脉冲星。脉冲星是一种星体演化末期形成的"中子星"。它全由中子构成，密度很大(10^{17} kg/m³)，体积很小(半径约 10 km)。它具有很强的磁场(表面磁场可达 10^{8} T～10^{9} T，PSR 1913+16 的表面磁场为 2.3×10^{6} T，而地磁场约为 10^{-5} T)，带电粒子不能从外部冲到星体上，但在两磁极处除外，在这里带电粒子可以沿磁感线加速冲进。这样便在两磁极处形成两个电磁辐射锥(图 D.13)。在一般情况下，中子星的磁轴和自转轴并不重合，因此电磁辐射锥便在空间扫过一个锥面。如果凑巧辐射锥扫过地球，地球上就能接收到它扫过时形成的电磁脉冲。这就是脉冲星的脉冲来源。脉冲周期就是中子星的自转周期，实验测出的脉冲周期具有高度稳定性。PSR 1913+16 脉冲星的周期是 59 ms，这一自转周期还有一稳定的增长。PSR 1913+16 脉冲星的自转周期增长速率是 8.6×10^{-18} s/s。

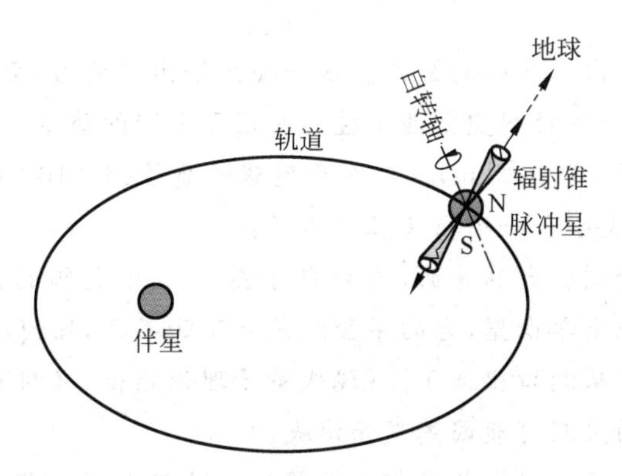

图 D.13 PSR 1913+16 脉冲星运动示意图

对验证广义相对论有重要意义的现象是双星的轨道周期的变化。图 D.13 画出了在伴星坐标系中脉冲星轨道运动的示意图。根据所测到的脉冲周期的变化，按多普勒效应可算出脉冲星的轨道周期。1975 年测量的结果是 27 906.981 61 s，1993 年测量的结果是

27 906.980 780 7(9) s(约 7 h 45 min)。逐年测量结果显示轨道周期逐渐减小,这减小可用广义相对论的引力辐射理论说明。由于引力辐射,双星系统要损失能量,因而其轨道运动周期就减小。对 PSR 1913+16 脉冲星说,这一轨道周期的减小率的理论值是$(2.4025\pm0.0001)\times10^{-12}$ s/s,长达 18 年的连续观测得到的周期减小率为$(2.4101\pm0.0085)\times10^{-12}$ s/s,其符合程度是相当高的。

上述长期的连续的对于 PSR 1913+16 脉冲双星运动的观测与研究是赫尔斯和泰勒于 1974 年发现该脉冲双星后有目的地完成的。由于他们的辛勤工作及其结果对验证广义相对论的重要意义,他们获得了 1993 年诺贝尔物理学奖。

D.6 黑洞

在太阳系内爱因斯坦广义相对论效应是非常小的,牛顿理论和爱因斯坦理论的差别只有用非常精密的仪器才能测出来。为了发现明显的广义相对论效应,必须在宇宙中寻找引力特别强的地方。现代宇宙学指出,引力特别强的地方是黑洞。从理论上讲,黑洞是星体演化的“最后”阶段,这时星体由于其本身的质量的相互吸引而塌缩成体积“无限小”而密度“无限大”的奇态。在这种状态下星体只表现为非常强的引力场。任何物质,不管是电子、质子、原子、太空船等,一旦进入黑洞就永远不可能再逃出了。甚至连光子也没有逃出黑洞的希望。因此在外面看不见黑洞,这也是它所以被叫做黑洞的原因。

我们已经知道,对于一个半径为 R,质量为 M 的均匀球状星体,牛顿定律给出的逃逸速度是

$$v=\sqrt{\frac{2GM}{R}} \tag{D.4}$$

如果此星体的质量非常大以至于这一公式给出的速度比光速还大时,光就不能从中射出了。这个星体就变成了黑洞。用光速 c 代替此式中的 v,可以得到

$$R=\frac{2GM}{c^2} \tag{D.5}$$

很凑巧,广义相对论也给出了同样的公式。这一公式给出质量为 M 的物体成为黑洞时所应该具有的最大半径。这一半径叫**史瓦西半径**。对应于太阳的质量(2×10^{30} kg),这一半径为 3.0 km(现时太阳半径为 7×10^5 km)。对应于地球的质量(6×10^{24} kg),这一半径为 9 mm,即地球变成黑洞时它的大小和一个指头肚差不多!

在黑洞附近,空间受到极大的弯曲,这相当于图 D.8 中太阳的位置处出现了一个无底洞,在这个洞边上围有一个单向壁,它的半径就是史瓦西半径,任何物体跨过此单向壁后,只能越陷越深,永远不能再从洞口出来了。(现代量子理论指出,黑洞有“蒸发”现象,可以有物质从黑洞逸出,以致小的黑洞可能因蒸发而消失。)

在一个黑洞内部,空间和时间是能相互转换的。从单向壁向黑洞中心不是一段空间距离,而是一段时间间隔,黑洞的中心点不是一个空间点,而是一个时间的点。因此在黑洞中,引力场不是恒定的,而是随时间变化的。这引力场将演变到黑洞中各处引力场的强度都变成无限大为止。这种演变是很快的。例如对于一个具有太阳质量的黑洞,这段演变只需 10^{-5}s。但是从外面看,黑洞并没有任何演变,它将永远保持它的形态不变。这个看来是矛

盾的结论其根源在于引力时间延缓。

前面说过引力能使时钟变慢，在黑洞附近引力时间延缓效应很大。在到达单向壁时，这一时间延缓效应是如此之大，以致此处的钟和远处同样的钟相比就慢得停下来了。如果我们设想一个宇航员驾驶飞船到了单向壁上，则从外面远离黑洞的人看来，他的一切生命过程（脉搏、呼吸、肌肉动作）几乎都停下来了，他好像被冻起来了一样。可是宇航员本身并未发现自己有什么变化，他自我感觉正常，只是周围远处的一切都加速了。与此相似，从外面看，黑洞中发生任何变化都需要无限长的时间。也就是说，看不出它有什么变化。

现在天文学家认为有些星体就是黑洞，其中最出名的是天鹅座X—1，它是天鹅座内一个强X射线源。天文学家经过分析认为天鹅X—1是一对双星，它由两个星组成。一个是通常的发光星体，它有30倍于太阳的质量。另一个猜想就是黑洞，它大约有10倍于太阳的质量，而直径小于300 km。这两个星体相距很近，都绕着共同的质心运动，周期大约是5.6 d，黑洞不断地从亮星拉出物质。这些物质先是绕着黑洞旋转，在进入黑洞前要被黑洞的强大引力加速，并且由于被压缩而发热，温度可高达1亿摄氏度。在这样高温下的物质中粒子发生碰撞时就能向外发射X射线，这就是地面上观察到的X射线。一旦这些物质进入单向壁，就什么也不能再向外发射了。因此，黑洞是黑的，但是它周围的物质由于发射X光而发亮。

有些天文学家认为我们的银河系以及河外中可能存在着许多黑洞，但在地球上能用我们的仪器看到的黑洞只有那些类似上面所述的双星系统。孤立的黑洞都隐藏在宇宙空间，它们是看不见的，我们只能通过它们的引力来检测它们。

第2篇　热学

热学研究的是自然界中物质与冷热有关的性质及这些性质变化的规律。

冷热是人们对自然界的一种最普通的感觉，人类文化对此早有记录。我国山东大汶口文化（6000年前）遗址发现的陶器刻画符号，就有如图1所示的“热”字。该符号是“繁体字”，上面是日，中间是火，下面是山。它表示在太阳照射下，山上起了火。这当然反映了人们对热的感觉。现今的“热”字虽然和这一符号不同，但也离不开它下面那四点所代表的火字。

对冷热的客观本质以及有关现象的定量研究起自约300年前。先是人们建立了温度的概念，用它来表示物体的冷热程度。伽利略就曾制造了一种“验温器”（如图2）。他用一根长玻璃管，上端和一玻璃泡连通，下端开口，插在一个盛有带颜色的水的玻璃容器内，他根据管内水面的高度来判断其周围的“热度”。他的玻璃管上没有刻

图1

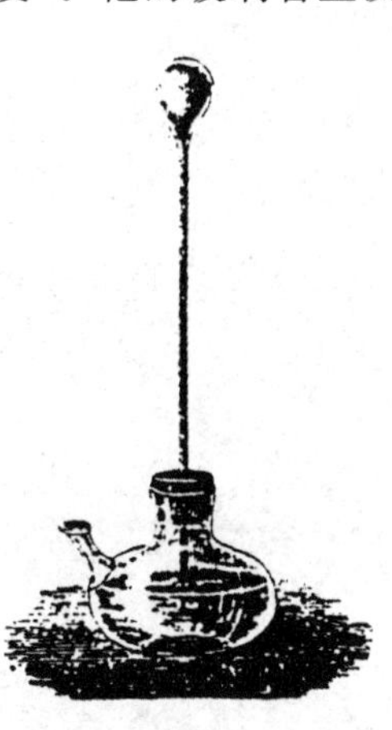

图2

度，因此还不能定量地测定温度。此后，人们不断设计制造了比较完善的能定量测定温度的温度计，并建立了几种温标。今天仍普遍使用的摄氏温标就是1742年瑞典天文学家摄尔修斯(A. Celsius)建立的。

温度概念建立之后，人们就探讨物体的温度为什么会有高低的不同。最初人们把这种不同归因于物体内所含的一种假想的无重量的“热质”的多少。利用这种热质的守恒规律曾定量地说明了许多有关热传递、热平衡的现象，甚至热机工作的一些规律。18世纪末伦福特伯爵(Count Rumford)通过观察大炮膛孔工作中热的不断产生，否定了热质说，明确指出热是“运动”。这一概念随后就被迈耶(R. J. Mayer)通过计算和焦耳(J. P. Joule)通过实验得出的热功当量加以定量地确认了。此后，经过亥姆霍兹(Hermann von Helmholtz)、克劳修斯(R. Clausius)、开尔文(Kelvin, William Thomson, Lord)等人的努力，逐步精确地建立了热量是能量传递的一种量度的概念，并根据大量实验事实总结出了关于热现象的宏观理论——热力学。热力学的主要内容是两条基本定律——热力学第一定律和热力学第二定律。这些定律都具有高度的普遍性和可靠性，但由于它们不涉及物质的内部具体结构，所以显得不够深刻。

对热现象研究的另一途径是从物质的微观结构出发，以每个微观粒子遵循的力学定律为基础，利用统计规律来导出宏观的热学规律。这样形成的理论称为统计物理或统计力学。统计力学是从19世纪中叶麦克斯韦(J. C. Maxwell)等对气体动理论的研究开始，后经玻耳兹曼(L. Boltzmann)、吉布斯(J. W. Gibbs)等人在经典力学的基础上发展为系统的经典统计力学。20世纪初，建立了量子力学。在量子力学的基础上，狄拉克(P. A. M. Dirac)、费米(E. Fermi)、玻色(S. Bose)、爱因斯坦等人又创立了量子统计力学。由于统计力学是从物质的微观结构出发的，所以更深刻地揭露了热现象以及热力学定律的本质。这不但使人们对自然界的认识深入了一大步，而且由于了解了物质的宏观性质和微观因素的关系，也使得人们在实践中，例如在控制材料的性能以及制取新材料的研究方面，大大提高了自觉性。因此，统计力学在近代物理各个领域都起着很重要的作用。

在本篇热学中，我们将介绍统计物理的基本概念和气体动理论的基本内容以及热力学的基本定律，并尽可能相互补充地加以讲解。

第9章

温度和气体动理论

本章先从宏观角度介绍平衡态温度、状态方程等热学基本概念，然后在气体的微观特征——大量分子的无规则运动——的基础上讲解平衡态统计理论的基本知识，即气体动理论。这包括气体的压强、温度的微观意义和气体分子的麦克斯韦速率分布、玻耳兹曼分布等规律。之后介绍实际气体的宏观行为及其近似微观理论——范德瓦耳斯方程。最后通过输运过程的简介，说明一些非平衡态的基本知识。关于气体的统计理论是整个物理学的基础理论之一，读者通过本章的学习，可理解其基本特点、思想和方法。

9.1 平衡态

在热学中，我们把作为研究对象的一个物体或一组物体称为**热力学系统**，简称为**系统**，系统以外的物体称为**外界**。

一个系统的各种性质不随时间改变的状态叫做**平衡态**，热学中研究的平衡态包括力学平衡，但也要求其他所有的性质，包括冷热的性质，保持不变。对处于平衡态的系统，其状态可用少数几个可以直接测量的物理量来描述。例如封闭在汽缸中的一定量的气体，其平衡态就可以用其体积、压强以及组分比例来描述(图9.1)。这样的描述称为**宏观描述**，所用的物理量叫系统的**宏观状态参量**。

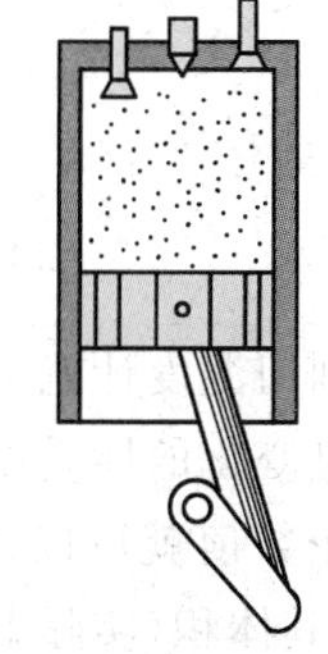

图9.1 气体作为系统

平衡态只是一种宏观上的寂静状态，在微观上系统并不是静止不变的。在平衡态下，组成系统的大量分子还在不停地无规则地运动着，这些微观运动的总效果也随时间不停地急速地变化着，只不过其总的平均效果不随时间变化罢了。因此我们讲的平衡态从微观的角度应该理解为**动态平衡**。

基于实际的热力学系统都是由分子构成的这一事实，也可以通过对分子运动状态的说明来描述系统的宏观状态。这样的描述称为**微观描述**。但由于分子的数量巨大，且各分子的运动在相互作用和外界的作用下极其复杂，要逐个说明各分子的运动是不可能的。所以对系统的微观描述都采用**统计**的方法。在平衡态下，系统的宏观参量就是说明单个分子运动的**微观参量**(如质量、速度、能量等)的**统计平均值**。本章将对这一方法加以详细的介绍。

由于一个实际的系统总要受到外界的干扰，所以严格的不随时间变化的平衡态是不存在的。平衡态是一个理想的概念，是在一定条件下对实际情况的概括和抽象。但在许多实际问题中，往往可以把系统的实际状态近似地当做平衡态来处理，而比较简便地得出与实际情况基本相符的结论。因此，平衡态是热学理论中的一个很重要的概念。

本书热学部分只限于讨论组分单一的系统，特别是单纯的气体系统，而且只讨论涉及其平衡态的性质。

9.2　温度的概念

将两个物体(或多个物体)放到一起使之接触并不受外界干扰(例如，将热水倒入玻璃杯内放到保温箱内(图9.2))，由于相互的能量传递，经过足够长的时间，它们必然达到一个平衡态。这时我们的直觉认为它们的冷热一样，或者说它们的温度相等。这就给出了温度的定性定义：**共处于平衡态的物体，它们的温度相等。**

图9.2　水和杯在保温箱内会达到热平衡

温度的完全定义需要有温度的数值表示法，这一表示方法基于以下实验事实，即：**如果物体 *A* 和物体 *B* 能分别与物体 *C* 的同一状态处于平衡态**(图9.3(a))，**那么当把这时的 *A* 和 *B* 放到一起时，二者也必定处于平衡态**(图9.3(b))。这一事实被称为**热力学第零定律**。根据这一定律，要确定两个物体是否温度相等，即是否处于平衡态，就不需要使二者直接接触，只要利用一个"第三者"加以"沟通"就行了，这个"第三者"就被称为**温度计**。

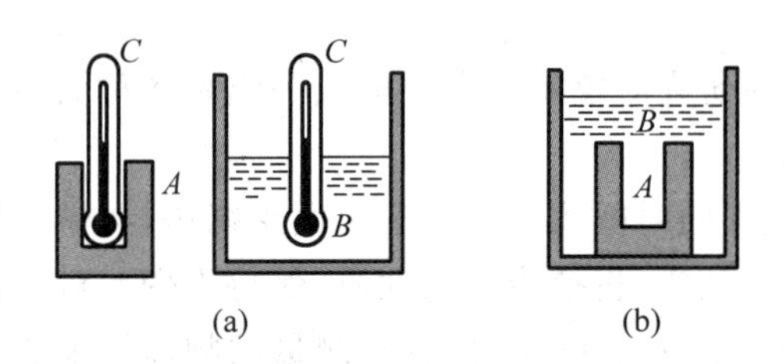

图9.3　热力学第零定律的说明

(a) *A*(铁槽)和 *B*(一定量的水)分别和 *C*(测温器)的同一状态处于平衡态；
(b) *A* 和 *B* 放到一起也一定处于平衡态

利用温度计就可以定义温度的数值了，为此，选定一种物质作为测温物质，以其随温度有明显变化的性质作为温度的标志。再选定一个或两个特定的"**标准状态**"作为温度"**定点**"并赋予数值就可以建立一种**温标**来测量其他温度了。常用的一种温标是用水银作测温物质，以其体积(实际上是把水银装在毛细管内观察水银面的高度)随温度的膨胀作为温度标志。以1 atm下水的冰点和沸点为两个定点，并分别赋予二者的温度数值为0与100。然后，在标有0和100的两个水银面高度之间刻记100份相等的距离，每一份表示1度，记作1℃。这样就做成了一个水银温度计，由它给出的温度叫**摄氏温度**。这种温度计量方法叫**摄氏温标**。

建立了温度概念，我们就可以说，**两个相互接触的物体，当它们的温度相等时，它们就达到了一种平衡态**。这样的平衡态称为**热平衡**。

以上所讲的温度的概念是它的宏观意义。温度的微观本质，即它和分子运动的关系将在 9.7 节中介绍。

9.3 理想气体温标

一种有重要理论和实际意义的温标叫**理想气体温标**。它是用理想气体作测温物质的，那么什么是理想气体呢?

玻意耳定律指出：一定质量的气体，在一定温度下，其压强 p 和体积 V 的乘积是个常量，即

$$pV = \text{常量} \quad (\text{温度不变}) \tag{9.1}$$

对不同的温度，这一常量的数值不同。各种气体都近似地遵守这一定律，而且压强越小，与此定律符合得也越好。为了表示气体的这种共性，我们引入理想气体的概念。**理想气体就是在各种压强下都严格遵守玻意耳定律的气体**。它是各种实际气体在压强趋于零时的极限情况，是一种理想模型。

既然对一定质量的理想气体，它的 pV 乘积只决定于温度，所以我们就可以据此**定义**一个温标，称为**理想气体温标**，这一温标指示的温度值与该温度下一定质量的理想气体的 pV 乘积成正比，以 T 表示理想气体温标指示的温度值，则应有

$$pV \propto T \tag{9.2}$$

这一定义只能给出两个温度数值的比，为了确定某一温度的数值，还必须规定一个特定温度的数值。1954 年国际上规定的**标准温度定点**为水的**三相点**，即水、冰和水汽共存而达到平衡态时(图 9.4 所示装置的中心管内)的温度(这时水汽的压强是 4.58 mmHg，约 609 Pa)。这个温度称为水的**三相点温度**，以 T_3 表示此温度，它的数值**规定**为

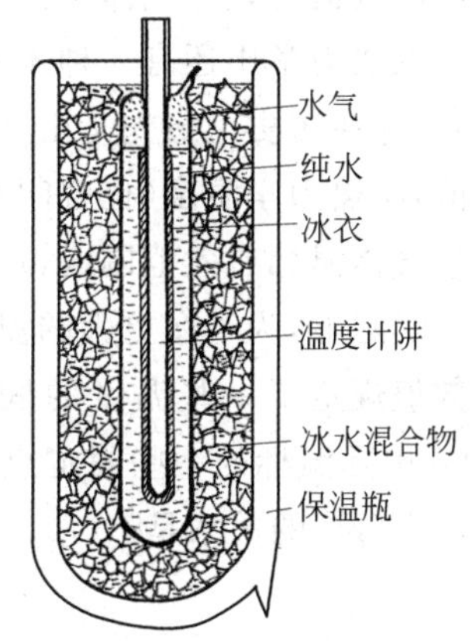

图 9.4 水的三相点装置

$$T_3 \equiv 273.16 \text{ K} \tag{9.3}$$

式中 K 是理想气体温标的温度单位的符号，该单位的名称为开[尔文]。

以 p_3，V_3 表示一定质量的理想气体在水的三相点温度下的压强和体积，以 p，V 表示该气体在任意温度 T 时的压强和体积，由式(9.2)和式(9.3)，T 的数值可由下式决定：

$$\frac{T}{T_3} = \frac{pV}{p_3V_3}$$

或

$$T = T_3 \frac{pV}{p_3V_3} = 273.16 \frac{pV}{p_3V_3} \tag{9.4}$$

这样，只要测定了某状态的压强和体积的值，就可以确定和该状态相应的温度数值了。

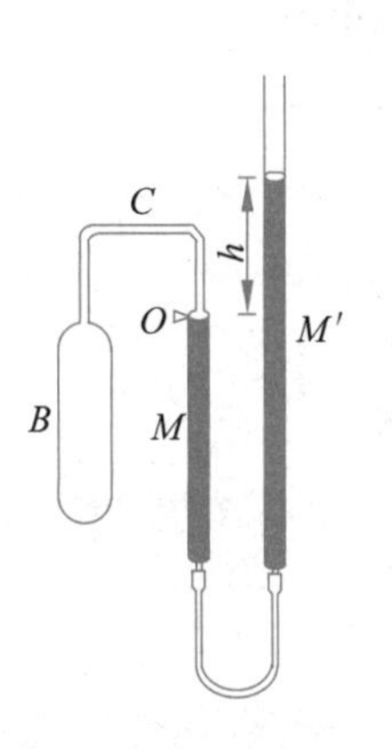

图 9.5 定体气体温度计

实际上测定温度时，总是保持一定质量的气体的体积(或压强)不变而测它的压强(或体积)，这样的温度计叫**定体**(或定压)气体温度计。图 9.5 是定体气体温度计的结构示意图。在充气泡 B(通常用铂或铂合金做成)内充有气体，通过一根毛细管 C 和

水银压强计的左臂 M 相连。测量时，使 B 与待测系统相接触。上下移动压强计的右臂 M'，使 M 中的水银面在不同的温度下始终保持与指示针尖 O 同一水平，以保持 B 内气体的体积不变。当待测温度不同时，由气体实验定律知，气体的压强也不同，它可以由 M 与 M' 中的水银面高度差 h 及当时的大气压强测出。如以 p 表示测得的气体压强，则根据式(9.4)可求出待测温度数值应是

$$T = 273.16 \frac{p}{p_3} \tag{9.5}$$

由于实际仪器中的充气泡内的气体并不是"理想气体"，所以利用此式计算待测温度时，事先必须对压强加以修正。此外，还需要考虑由于容器的体积、水银的密度随温度变化而引起的修正。

理想气体温标利用了气体的性质，因此在气体要液化的温度下，当然就不能用这一温标表示温度了。气体温度计所能测量的最低温度约为 0.5 K(这时用低压 ^{3}He 气体)，低于此温度的数值对理想气体温标来说是无意义的。

在热力学中还有一种不依赖于任何物质的特性的温标叫**热力学温标**(也曾叫绝对温标)。它在历史上最先是由开尔文引进的(见 10.6 节)，通常也用 T 表示，这种温标指示的数值，叫**热力学温度**(也曾叫绝对温度)。它的 SI 单位为开[尔文]，符号为 K。可以证明，在理想气体温标有效范围内，理想气体温标和热力学温标是完全一致的，因而都用 K 作单位。

实际上，为了在更大的温度范围内标定各种实用的温度计，国际上按最接近热力学温标的数值规定了一些温度的**固定点**。用这些固定点标定的温标叫**国际温标**。现在采用的 1990 国际温标的一些固定点在表 9.1 中用 * 号标记。以 t(℃)表示摄氏温度，它和热力学温度 T(K) 的关系是

$$t = T - 273.15 \tag{9.6}$$

表 9.1 给出了一些实际的温度值。表中最后一行给出了 1995 年朱棣文等利用激光冷却的方法①获得的目前为止实验室内达到的最低温度，即 2.4×10^{-11} K 。这已经非常接近 0 K 了，但还不到 0 K。实际上，要想获得越低的温度就越困难，而热学理论已给出：**热力学零度**(也称绝对零度)**是不能达到的！** 这个结论称为**热力学第三定律**。

表 9.1　一些实际的温度值

激光管内正发射激光的气体	<0 K(负温度)②
宇宙大爆炸后的 10^{-43} s	10^{32} K
氢弹爆炸中心	10^{8} K
实验室内已获得的最高温度	6×10^{7} K
太阳中心	1.5×10^{7} K
地球中心	4×10^{3} K
乙炔焰	2.9×10^{3} K
金的凝固点*	1337.33 K
地球上出现的最高温度(利比亚)	331 K(58℃)

① 参见第 5 篇"量子物理"中"今日物理趣闻 M　激光应用二例"。

② 负温度指的是系统的热力学温度值为**负值**，它是从统计意义上对系统状态的一种描述，见 28.6 节"激光"。

续表

吐鲁番盆地最高温度	323 K(50℃)
水的三相点*	273.16 K(0.01℃)
地球上出现的最低温度(南极)	185 K(−88℃)
氮的沸点(1 atm)	77 K
氢的三相点*	13.8033 K
氦的沸点(1 atm)	4.2 K
星际空间	2.7 K
用激光冷却法获得的最低温度	2.4×10^{-11} K

9.4 理想气体状态方程

由式(9.4)可得,对一定质量的同种理想气体,任一状态下的 pV/T 值都相等(都等于 p_3V_3/T_3),因而可以有

$$\frac{pV}{T}=\frac{p_0V_0}{T_0} \tag{9.7}$$

其中 p_0,V_0,T_0 为**标准状态**下相应的状态参量值。

实验又指出,在一定温度和压强下,气体的体积和它的质量 m 或摩尔数 ν 成正比。若以 $V_{m,0}$ 表示气体在标准状态下的摩尔体积,则 ν mol 气体在标准状态下的体积应为 $V_0=\nu V_{m,0}$,以此 V_0 代入式(9.7),可得

$$pV=\nu\frac{p_0V_{m,0}}{T_0}T \tag{9.8}$$

阿伏伽德罗定律指出,在相同温度和压强下,1 mol 的各种理想气体的体积都相同①,因此式(9.8)中的 $p_0V_{m,0}/T_0$ 的值就是一个对各种理想气体都一样的常量。用 R 表示此常量,则有

$$\begin{aligned}R&\equiv\frac{p_0V_{m,0}}{T_0}=\frac{1.013\times10^5\times22.4\times10^{-3}}{273.15}\\&=8.31\ (\mathrm{J/(mol\cdot K)})\end{aligned} \tag{9.9}$$

此 R 称为**普适气体常量**。利用 R,式(9.8)可写作

$$pV=\nu RT \tag{9.10}$$

或

$$pV=\frac{m}{M}RT \tag{9.11}$$

上式中 m 是气体的质量,M 是气体的摩尔质量。式(9.10)或式(9.11)表示了**理想气体在任一平衡态下各宏观状态参量之间的关系,称理想气体状态方程**。它是由实验结果(玻意耳定律、阿伏伽德罗定律)和理想气体温标的定义综合得到的。各种实际气体,在通常的压强和不太低的温度的情况下,都近似地遵守这个状态方程,而且压强越低,近似程度越高。

---

① 根据1986年国际科学协会数据委员会推荐的基本物理常数,在标准状态下,状态参量的值为:$T_0=273.15$ K,$p_0=1$ atm$=1.013\times10^5$ Pa,$V_{m,0}=22.4$ L/mol。

1 mol 的任何气体中都有 N_A 个分子，

$$N_A = 6.023\times 10^{23}/\text{mol}$$

这一数值叫**阿伏伽德罗常量**。

若以 N 表示体积 V 中的气体分子总数，则 $\nu = N/N_A$。引入另一普适常量，称为**玻耳兹曼常量**，用 k 表示：

$$k \equiv \frac{R}{N_A} = 1.38\times 10^{-23}\ \text{J/K} \tag{9.12}$$

则理想气体状态方程(9.10)又可写作

$$pV = NkT \tag{9.13}$$

或

$$p = nkT \tag{9.14}$$

其中 $n = N/V$ 是单位体积内气体分子的个数，叫气体分子数密度。

按上式计算，在标准状态下，1 cm^3 空气中约有 2.9×10^{19} 个分子。

例 9.1

一房间的容积为 5 m×10 m×4 m。白天气温为 21℃，大气压强为 0.98×10^5 Pa，到晚上气温降为 12℃而大气压强升为 1.01×10^5 Pa。窗是开着的，从白天到晚上通过窗户漏出了多少空气(以 kg 表示)？视空气为理想气体并已知空气的摩尔质量为 29.0 g/mol。

解　已知条件可列为 $V = 5\times 10\times 4 = 200\ \text{m}^3$；白天 $T_d = 21℃ = 294$ K，$p_d = 0.98\times 10^5$ Pa；晚上 $T_n = 12℃ = 285$ K，$p_n = 1.01\times 10^5$ Pa；$M = 29.0\times 10^{-3}$ kg/mol。以 m_d 和 m_n 分别表示在白天和晚上室内空气的质量，则所求漏出空气的质量应为 $m_d - m_n$。

由理想气体状态方程式(9.11)可得

$$m_d = \frac{p_d V_d}{T_d}\frac{M}{R},\quad m_n = \frac{p_n V_n}{T_n}\frac{M}{R}$$

由于 $V_d = V_n = V$，所以

$$\begin{aligned} m_d - m_n &= \frac{MV}{R}\left(\frac{p_d}{T_d} - \frac{p_n}{T_n}\right) \\ &= \frac{29.0\times 10^{-3}\times 200}{8.31}\left(\frac{0.98\times 10^5}{294} - \frac{1.01\times 10^5}{285}\right) \\ &= -14.6\ (\text{kg}) \end{aligned}$$

此结果的负号表示，实际上是从白天到晚上有 14.6 kg 的空气流进了房间。

例 9.2

恒温气压。求大气压强 p 随高度 h 变化的规律，设空气的温度不随高度改变。

解　如图 9.6 所示，设想在高度 h 处有一薄层空气，其底面积为 S，厚度为 $\mathrm{d}h$，上下两面的气体压强分别为 $p+\mathrm{d}p$ 和 p。该处空气密度为 ρ，则此薄层受的重力为 $\mathrm{d}mg = \rho g S\mathrm{d}h$。力学平衡条件给出

$$(p+\mathrm{d}p)S + \rho g S\mathrm{d}h = pS$$

$$\mathrm{d}p = -\rho g\mathrm{d}h$$

视空气为理想气体，由式(9.11)可以导出

$$\rho = \frac{pM}{RT}$$

将此式代入上一式可得

$$\mathrm{d}p = -\frac{pMg}{RT}\mathrm{d}h \tag{9.15}$$

将右侧的 p 移到左侧，再两边积分：

$$\int_{p_0}^{p}\frac{\mathrm{d}p}{p} = -\int_0^h \frac{Mg}{RT}\mathrm{d}h = -\frac{Mg}{RT}\int_0^h \mathrm{d}h$$

可得

$$\ln\frac{p}{p_0} = -\frac{Mg}{RT}h$$

或

$$p = p_0 \mathrm{e}^{-Mgh/RT} \tag{9.16}$$

即大气压强随高度按指数规律减小。这一公式称做**恒温气压公式**。

按此式计算，取 $M=29.0\ \mathrm{g/mol}$，$T=273\ \mathrm{K}$，$p_0=1.00\ \mathrm{atm}$。在珠穆朗玛峰（图 9.7）峰顶，$h=8844.43\ \mathrm{m}$（2005 年测定值），大气压强应为 0.33 atm。实际上由于珠峰峰顶温度很低，该处大气压强要比这一计算值小。一般地说，恒温气压公式（9.16）只能在高度不超过 2 km 时才能给出比较符合实际的结果，而这就是一种**高度计**的原理。

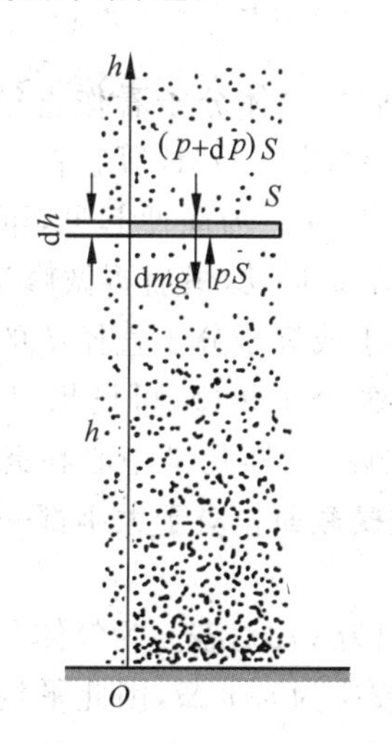

图 9.6　例 9.2 用图

图 9.7　本书第一作者在飞机上拍的珠峰雄姿

实际上，大气的状况很复杂，其中的水蒸气含量、太阳辐射强度、气流的走向等因素都有较大的影响，大气温度也并不随高度一直降低。在 10 km 高空，温度约为 −50℃。再往高处去，温度反而随高度而升高了。火箭和人造卫星的探测发现，在 400 km 以上，温度甚至可达 10^3 K 或更高。

9.5　气体分子的无规则运动

下面开始介绍气体动理论，就是从分子运动论的观点来说明气体的宏观性质，以说明统计物理学的一些基本特点与方法。大家已知道气体的宏观性质是分子无规则运动的整体平均效果。本节将介绍气体分子无规则运动的特征，即分子的无规则碰撞与平均自由程概念，以帮助大家对气体分子的无规则运动有些具体的形象化的理解。

由于分子运动是无规则的，一个分子在任意连续两次碰撞之间所经过的自由路程是不同的(图9.8)。在一定的宏观条件下,一个气体分子在连续两次碰撞之间所可能经过的各段自由路程的平均值叫**平均自由程**,用$\bar{\lambda}$表示。它的大小显然和分子的碰撞频繁程度有关。一个分子在单位时间内所受到的平均碰撞次数叫**平均碰撞频率**,以$\bar{z}$表示。若$\bar{v}$代表气体分子运动的平均速率,则在Δt时间内,一个分子所经过的平均距离就是$\bar{v}\Delta t$,而所受到的平均碰撞次数是$\bar{z}\Delta t$。由于每一次碰撞都将结束一段自由程,所以平均自由程应是

$$\bar{\lambda}=\frac{\bar{v}\Delta t}{\bar{z}\Delta t}=\frac{\bar{v}}{\bar{z}} \tag{9.17}$$

图9.8　气体分子的自由程

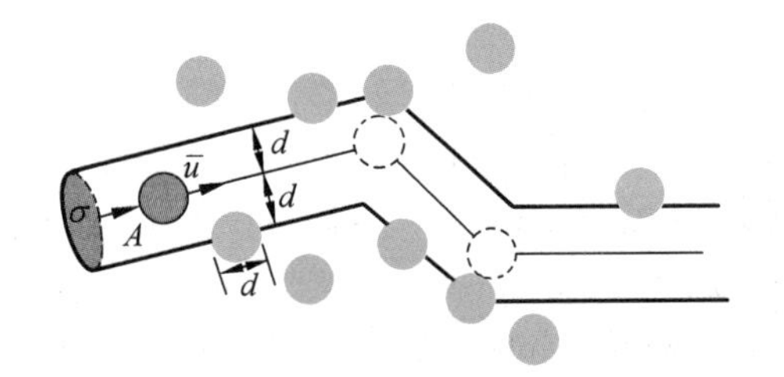

图9.9　$\bar{z}$的计算

有哪些因素影响$\bar{z}$和$\bar{\lambda}$值呢?以同种分子的碰撞为例,我们把气体分子看作直径为d的钢球。为了计算$\bar{z}$,我们可以设想"跟踪"一个分子,例如分子A(图9.9),计算它在一段时间Δt内与多少分子相碰。对碰撞来说,重要的是分子间的相对运动。为简便起见,可先假设其他分子都静止不动,只有分子A在它们之间以平均相对速率$\bar{u}$运动,最后再做修正。

在分子A运动过程中,显然只有其中心与A的中心间距小于或等于分子直径d的那些分子才有可能与A相碰。因此,为了确定在时间Δt内A与多少分子相碰,可设想以A为中心的运动轨迹为轴线,以分子直径d为半径作一曲折的圆柱体,这样凡是中心在此圆柱体内的分子都会与A相碰,圆柱体的截面积为σ,叫做分子的**碰撞截面**。对于大小都一样的分子,$\sigma=\pi d^2$。

在Δt时间内,A所走过的路程为$\bar{u}\Delta t$,相应的圆柱体的体积为$\sigma\bar{u}\Delta t$,若n为气体分子数密度,则此圆柱体内的总分子数,亦即A与其他分子的碰撞次数应为$n\sigma\bar{u}\Delta t$,因此平均碰撞频率为

$$\bar{z}=\frac{n\sigma\bar{u}\Delta t}{\Delta t}=n\sigma\bar{u} \tag{9.18}$$

可以证明(见习题9.9),气体分子的平均相对速率$\bar{u}$与平均速率$\bar{v}$之间有下列关系:

$$\bar{u}=\sqrt{2}\,\bar{v} \tag{9.19}$$

将此关系代入式(9.18)可得

$$\bar{z}=\sqrt{2}\sigma\bar{v}n=\sqrt{2}\pi d^2\bar{v}n \tag{9.20}$$

将此式代入式(9.17),可得平均自由程为

$$\bar{\lambda}=\frac{1}{\sqrt{2}\sigma n}=\frac{1}{\sqrt{2}\pi d^2 n} \tag{9.21}$$

这说明,平均自由程与分子的直径的平方及分子的数密度成反比,而与平均速率无关。又因为$p=nkT$,所以式(9.21)又可写为

$$\bar{\lambda}=\frac{kT}{\sqrt{2}\pi d^2 p} \tag{9.22}$$

这说明当温度一定时，平均自由程和压强成反比。

对于空气分子，$d\approx3.5\times10^{-10}$ m。利用式(9.22)可求出在标准状态下，空气分子的$\bar{\lambda}\approx6.9\times10^{-8}$ m，即约为分子直径的 200 倍。这时 $\bar{z}\approx6.5\times10^{9}$/s。每秒钟内一个分子竟发生几十亿次碰撞！

在 0℃，不同压强下空气分子的平均自由程计算结果如表 9.2 所列。由此表可看出，压强低于 1.33×10^{-2} Pa(即 10^{-4} mmHg，相当于普通白炽灯泡内的空气压强)时，空气分子的平均自由程已大于一般气体容器的线度(1 m 左右)，在这种情况下空气分子在容器内相互之间很少发生碰撞，只是不断地来回碰撞器壁，因此气体分子的平均自由程就应该是容器的线度。还应该指出，即使在 1.33×10^{-4} Pa 的压强下，1 cm^3 内还有 3.5×10^{10}个分子！

表 9.2　0℃时不同压强下空气分子的平均自由程(计算结果)

p/Pa	$\bar{\lambda}$/m
1.01×10^{5}	6.9×10^{-8}
1.33×10^{2}	5.2×10^{-5}
1.33	5.2×10^{-3}
1.33×10^{-2}	5.2×10^{-1}
1.33×10^{-4}	52

9.6 理想气体的压强

气体对容器壁有压强的作用，从微观来看，此压强是大量气体分子在无规则运动中对容器壁碰撞的结果。本节将根据气体动理论对气体的压强作出定量的说明。为简单起见，我们讨论理想气体的压强。关于理想气体，我们在 9.3 节中已给出**宏观**的定义。为了从微观上解释气体的压强，需要先了解理想气体的分子及其运动的特征。对于这些我们只能根据气体的表现作出一些假设，建立一定的模型，然后进行理论推导，最后再将导出的结论与实验结果进行比较，以判定假设是否正确。

气体动理论关于理想气体模型的基本微观假设的内容可分为两部分。一部分是关于分子个体的，另一部分是关于分子集体的。

1. 关于每个分子的力学性质的假设

(1) 分子本身的线度比起分子之间的平均距离来说，小得很多，以致可以忽略不计。

(2) 除碰撞瞬间外，分子之间和分子与容器壁之间均无相互作用。

(3) 分子在不停地运动着，分子之间及分子与容器壁间发生着频繁的碰撞，这些碰撞都是完全弹性的，即在碰撞前后气体分子的动能是守恒的。

(4) 分子的运动遵从经典力学规律。

以上这些假设可概括为理想气体分子的一种微观模型：理想气体分子像一个个极小的彼此间无相互作用的遵守经典力学规律的弹性质点。

2. 关于分子集体的统计性假设

(1) 每个分子运动速度各不相同，而且通过碰撞不断发生变化。

(2) 平衡态时,若忽略重力的影响,每个分子的位置处在容器内空间任何一点的机会(或概率)是一样的,或者说,**分子按位置的分布是均匀的**。如以 N 表示容器体积 V 内的分子总数,则分子数密度应到处一样,并且有

$$n=\frac{\mathrm{d}N}{\mathrm{d}V}=\frac{N}{V}\tag{9.23}$$

(3) 平衡态时,气体分子的运动是完全无规则的,这表现为每个分子的速度指向任何方向的机会(或概率)都是一样的,或者说,**分子速度按方向的分布是均匀的**。因此速度的每个分量的平方的平均值应该相等,即

$$\overline{v_x^2}=\overline{v_y^2}=\overline{v_z^2}\tag{9.24}$$

其中各速度分量的平方的平均值按下式定义:

$$\overline{v_x^2}=\frac{v_{1x}^2+v_{2x}^2+\cdots+v_{Nx}^2}{N}$$

由于每个分子的速率 v_i 和速度分量有下述关系:

$$v_i^2=v_{ix}^2+v_{iy}^2+v_{iz}^2$$

所以取等号两侧的平均值,可得

$$\overline{v^2}=\overline{v_x^2}+\overline{v_y^2}+\overline{v_z^2}$$

将式(9.24)代入上式得

$$\overline{v_x^2}=\overline{v_y^2}=\overline{v_z^2}=\frac{1}{3}\,\overline{v^2}\tag{9.25}$$

上述(2),(3)两个假设实际上是关于分子无规则运动的假设。它是一种**统计性假设**,只适用于**大量分子的集体**。上面的 $n,\overline{v_x^2},\overline{v_y^2},\overline{v_z^2},\overline{v^2}$ 等都是**统计平均值**,只对大量分子的集体才有确定的意义。因此在考虑如式(9.23)中的 $\mathrm{d}V$ 时,从宏观上来说,为了表明容器中各点的分子数密度,它应该是非常小的体积元;但从微观上来看,在 $\mathrm{d}V$ 内应包含大量的分子。因而 $\mathrm{d}V$ 应是**宏观小、微观大**的体积元,不能单纯地按数学极限来了解 $\mathrm{d}V$ 的大小。在我们遇到的一般情形,这个物理条件完全可以满足。例如,在标准状态下,1 cm^3 空气中有 2.7×10^{19} 个分子,若 $\mathrm{d}V$ 取 $10^{-9}\ \mathrm{cm}^3$(即边长为 0.001 cm 的正立方体),这在宏观上看是足够小的了。但在这样小的体积 $\mathrm{d}V$ 内还包含 10^{10} 个分子,因而 $\mathrm{d}V$ 在微观上看还是非常大的。分子数密度 n 就是对这样的体积元内可能出现的分子数统计平均的结果。当然,由于分子不停息地作无规则运动,不断地进进出出,因而 $\mathrm{d}V$ 内的分子数 $\mathrm{d}N$ 是不断改变的,而 $\mathrm{d}N/\mathrm{d}V$ 值也就是不断改变的,各时刻的 $\mathrm{d}N/\mathrm{d}V$ 值相对于平均值 n 的差别叫**涨落**。通常 $\mathrm{d}V$ 总是取得这样大,使这一涨落比起平均值 n 可以小到忽略不计。

在上述假设的基础上,可以定量地推导理想气体的压强公式。为此设一定质量的某种理想气体,被封闭在体积为 V 的容器内并处于平衡态。分子总数为 N,每个分子的质量为 m,各个分子的运动速度不同。为了讨论方便,我们把所有分子**按速度区间分为若干组**,在每一组内各分子的速度大小和方向都差不多相同。例如,第 i 组分子的速度都在 $\boldsymbol{v}_i$ 到 $\boldsymbol{v}_i+\mathrm{d}\boldsymbol{v}_i$ 这一区间内,它们的速度基本上都是 $\boldsymbol{v}_i$,以 n_i 表示这一组分子的数密度,则总的分子数密度应为

$$n=n_1+n_2+\cdots+n_i+\cdots$$

从微观上看,气体对容器壁的压力是气体分子对容器壁频繁碰撞的总的平均效果。为了计算相应的压强,我们选取容器壁上一小块面积 $\mathrm{d}A$,取垂直于此面积的方向为直角坐标

系的 x 轴方向(图 9.10),首先考虑速度在 $\boldsymbol{v}_i$ 到 $\boldsymbol{v}_i+\mathrm{d}\boldsymbol{v}_i$ 这一区间内的分子对器壁的碰撞。设器壁是光滑的(由于分子无规则运动,大量分子对器壁碰撞的平均效果在沿器壁方向上都相互抵消了,对器壁无切向力作用。这相当于器壁是光滑的)。在碰撞前后,每个分子在 y,z 方向的速度分量不变。由于碰撞是完全弹性的,分子在 x 方向的速度分量由 v_{ix} 变为 $-v_{ix}$,其动量的变化是 $m(-v_{ix})-mv_{ix}=-2mv_{ix}$。按动量定理,这就等于每个分子在一次碰撞器壁的过程中器壁对它的冲量。根据牛顿第三定律,每个分子对器壁的冲量的大小应是 $2mv_{ix}$,方向垂直指向器壁。

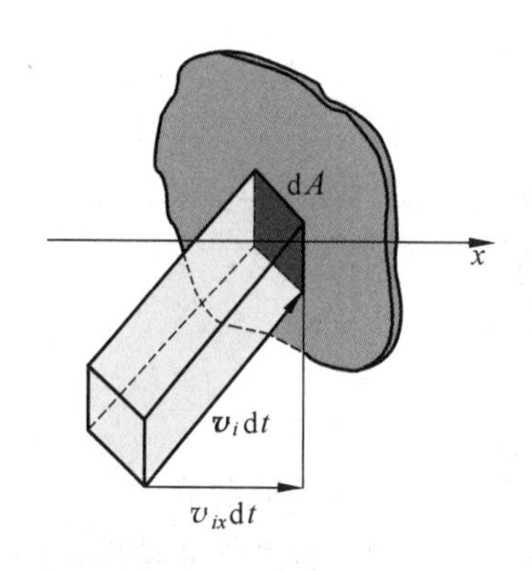

图 9.10 速度基本上是 $\boldsymbol{v}_i$ 的这类分子对 $\mathrm{d}A$ 的碰撞

在 $\mathrm{d}t$ 时间内有多少个速度基本上是 $\boldsymbol{v}_i$ 的分子能碰到 $\mathrm{d}A$ 面积上呢?凡是在底面积为 $\mathrm{d}A$,斜高为 $v_i\mathrm{d}t$(高为 $v_{ix}\mathrm{d}t$)的斜形柱体内的分子在 $\mathrm{d}t$ 时间内都能与 $\mathrm{d}A$ 相碰。由于这一斜柱体的体积为 $v_{ix}\mathrm{d}t\mathrm{d}A$,所以这类分子的数目是

$$n_i v_{ix}\mathrm{d}A\mathrm{d}t$$

这些分子在 $\mathrm{d}t$ 时间内对 $\mathrm{d}A$ 的总冲量的大小为

$$n_i v_{ix}\mathrm{d}A\mathrm{d}t(2mv_{ix})$$

计算 $\mathrm{d}t$ 时间内碰到 $\mathrm{d}A$ 上所有分子对 $\mathrm{d}A$ 的总冲量的大小 d^2I①,应把上式对所有 $v_{ix}>0$ 的各个速度区间的分子求和(因为 $v_{ix}<0$ 的分子不会向 $\mathrm{d}A$ 撞去),因而有

$$\mathrm{d}^2 I=\sum_{(v_{ix}>0)} 2mn_i v_{ix}^2\mathrm{d}A\mathrm{d}t$$

由于分子运动的无规则性,$v_{ix}>0$ 与 $v_{ix}<0$ 的分子数应该各占分子总数的一半。又由于此处求和涉及的是 v_{ix} 的平方,所以如果 $\sum$ 表示对所有分子(即不管 v_{ix} 为何值)求和,则应有

$$\mathrm{d}^2 I=\frac{1}{2}\left(\sum_i 2mn_i v_{ix}^2\mathrm{d}A\mathrm{d}t\right)=\sum_i mn_i v_{ix}^2\mathrm{d}A\mathrm{d}t$$

各个气体分子对器壁的碰撞是断续的,它们给予器壁冲量的方式也是一次一次断续的。但由于分子数极多,因而碰撞**极其频繁**。它们对器壁的碰撞宏观上就成了**连续地**给予冲量,这也就在宏观上表现为气体对容器壁有**持续的压力**作用。根据牛顿第二定律,气体对 $\mathrm{d}A$ 面积上的作用力的大小应为 $\mathrm{d}F=\mathrm{d}^2I/\mathrm{d}t$。而气体对容器壁的宏观压强就是

$$p=\frac{\mathrm{d}F}{\mathrm{d}A}=\frac{\mathrm{d}^2I}{\mathrm{d}t\mathrm{d}A}=\sum_i mn_i v_{ix}^2=m\sum_i n_i v_{ix}^2$$

由于

$$\overline{v_x^2}=\frac{\sum n_i v_{ix}^2}{n}$$

所以

$$p=nm\overline{v_x^2}$$

再由式(9.25)又可得

① 因为此总冲量为两个无穷小 $\mathrm{d}t$ 和 $\mathrm{d}A$ 所限,所以在数字上相应的总冲量的大小应记为 d^2I。

$$p = \frac{1}{3} n m \overline{v^2}$$

或

$$p = \frac{2}{3} n \left(\frac{1}{2} m \overline{v^2} \right) = \frac{2}{3} n \bar{\varepsilon}_t \tag{9.26}$$

其中

$$\bar{\varepsilon}_t = \frac{1}{2} m \overline{v^2} \tag{9.27}$$

为分子的**平均平动动能**。

式(9.26)就是气体动理论的压强公式，它把宏观量 p 和统计平均值 n 和 $\bar{\varepsilon}_t$（或 $\overline{v^2}$）联系起来。它表明气体压强具有统计意义，即它对于大量气体分子才有明确的意义。实际上，在推导压强公式的过程中所取的 dA，dt 都是"**宏观小微观大**"的量。因此在 dt 时间内撞击 dA 面积上的分子数是非常大的，这才使得压强有一个稳定的数值。对于微观小的时间和微观小的面积，碰撞该面积的分子数将很少而且变化很大，因此也就不会产生有一稳定数值的压强。对于这种情况宏观量压强也就失去意义了。

9.7　温度的微观意义

将式(9.26)与式(9.14)对比，可得

$$\frac{2}{3} n \bar{\varepsilon}_t = nkT$$

或

$$\bar{\varepsilon}_t = \frac{3}{2} kT \tag{9.28}$$

此式说明，各种理想气体在平衡态下，它们的分子**平均平动动能**只和温度有关，并且与热力学温度成正比。

式(9.28)是一个很重要的关系式。它说明了温度的微观意义，即热力学温度是分子平均平动动能的量度。粗略地说，温度反映了物体内部分子无规则运动的激烈程度。再详细一些，关于温度概念应注意以下几点：

(1) 温度是描述热力学系统**平衡态**的一个物理量。这一点在从宏观上引入温度概念时就明确地说明了。当时曾提到热平衡是一种动态平衡，式(9.28)更定量地显示了"动态"的含义。对处于非平衡态的系统，不能用温度来描述它的状态(如果系统整体上处于非平衡态，但各个微小局部和平衡态差别不大时，也往往以不同的温度来描述各个局部的状态)。

(2) 温度是一个**统计**概念。式(9.28)中的平均值就表明了这一点。因此，温度只能用来描述大量分子的集体状态，对单个分子谈论它的温度是毫无意义的。

(3) 温度所反映的运动是分子的**无规则运动**。式(9.28)中分子的平动动能是分子的无规则运动的平动动能。温度和物体的整体运动无关，物体的整体运动是其中所有分子的一种有规则运动(即系统的机械运动)的表现。因此式(9.28)中的平均平动动能是相对于系统的**质心参考系**测量的，系统内所有分子的平动动能的总和就是系统的**内动能**。例如，物体在

平动时，其中所有分子都有一个共同的速度，和这一速度相联系的动能是物体的轨道动能。温度和物体的轨道动能无关。例如，匀高速行驶的车厢内的空气温度并不一定比静止车厢内的空气温度高。正因为温度反映的是分子的无规则运动，所以这种运动又称**分子热运动**。

(4) 式(9.28)根据气体分子的热运动的平均平动动能说明了温度的微观意义。实际上，不仅是平均平动动能，而且分子热运动的平均转动动能和平均振动动能也都和温度有直接的关系。这将在9.8节介绍。

由式(9.27)和式(9.28)可得

$$\frac{1}{2}m\overline{v^2} = \frac{3}{2}kT$$

由此得

$$\overline{v^2} = 3kT/m$$

于是有

$$\sqrt{\overline{v^2}} = \sqrt{\frac{3kT}{m}} = \sqrt{\frac{3RT}{M}} \tag{9.29}$$

$\sqrt{\overline{v^2}}$叫气体分子的**方均根速率**，常以v_{rms}表示，是分子速率的一种统计平均值。式(9.29)说明，在同一温度下，质量大的分子其方均根速率小。

例 9.3

求0℃时氢分子和氧分子的平均平动动能和方均根速率。

解 已知

$$T = 273.15\ \mathrm{K}$$
$$M_{\mathrm{H_2}} = 2.02\times10^{-3}\ \mathrm{kg/mol}$$
$$M_{\mathrm{O_2}} = 32\times10^{-3}\ \mathrm{kg/mol}$$

H_2分子与O_2分子的平均平动动能相等，均为

$$\bar{\varepsilon}_{\mathrm{t}} = \frac{3}{2}kT = \frac{3}{2}\times1.38\times10^{-23}\times273.15$$
$$= 5.65\times10^{-21}\ (\mathrm{J}) = 3.53\times10^{-2}\ (\mathrm{eV})$$

H_2分子的方均根速率

$$v_{\mathrm{rms,H_2}} = \sqrt{\frac{3RT}{M_{\mathrm{H_2}}}} = \sqrt{\frac{3\times8.31\times273.15}{2.02\times10^{-3}}}$$
$$= 1.84\times10^{3}\ (\mathrm{m/s})$$

O_2分子的方均根速率

$$v_{\mathrm{rms,O_2}} = \sqrt{\frac{3RT}{M_{\mathrm{O_2}}}} = \sqrt{\frac{3\times8.31\times273.15}{32.00\times10^{-3}}} = 461\ (\mathrm{m/s})$$

此后一结果说明，在常温下气体分子的平均速率与声波在空气中的传播速率数量级相同。

例 9.4

“量子零度”。按式(9.28)，当温度趋近0 K时，气体分子的平均平动动能趋近于0，即分子要停止运动。这是经典理论的结果。金属中的自由电子也在不停地作热运动，组成“电子气”，在低温下并不遵守经典统计规律。量子理论给出，即使在0 K时，电子气中电子的平均平动动能并不等于零。例如，铜块中的自由电子在0 K时的平均平动动能为4.23 eV。如果按经典理论计算，这样的能量相当于多高的温度？

解　由式(9.28)可得

$$T=\frac{2\bar{\varepsilon}_t}{3k}=\frac{2\times4.23\times1.6\times10^{-19}}{3\times1.38\times10^{-23}}=3.19\times10^4(\mathrm{K})$$

量子理论给出的结果与经典理论结果的差别如此之大!

9.8　能量均分定理

9.7节讲了在平衡态下气体分子的平均平动动能和温度的关系,那里只考虑了分子的平动。实际上,各种分子都有一定的内部结构。例如,有的气体分子为单原子分子(如He,Ne),有的为双原子分子(如H_2,N_2,O_2),有的为多原子分子(如CH_4,H_2O)。因此,气体分子除了平动之外,还可能有转动及分子内原子的振动。为了用统计的方法计算分子的平均转动动能和平均振动能量,以及平均总能量,需要引入**运动自由度**的概念。

按经典力学理论,一个物体的能量常能以“平方项”之和表示。例如一个自由物体的平动动能可表示为$E_{k,t}=\frac{1}{2}mv_x^2+\frac{1}{2}mv_y^2+\frac{1}{2}mv_z^2$,转动动能可表示为$E_{k,r}=\frac{1}{2}J_x\omega_x^2+\frac{1}{2}J_y\omega_y^2+\frac{1}{2}J_z\omega_z^2$,而一维振子的能量为$E=\frac{1}{2}kx^2+\frac{1}{2}mv^2$等。一个物体的能量表示式中这样的平方项的数目称做物体的运动自由度数,简称自由度。

考虑气体分子的运动能量时,对单原子分子,当做质点看待,只需计算其平动动能。一个单原子分子的自由度就是3。这3个自由度叫**平动自由度**。以t表示平动自由度,就有$t=3$。对双原子分子,除了计算其平动动能外,还有转动动能。以其两原子的连线为x轴,则它对此轴的转动惯量J_x甚小,与之相应的转动能量可略去。于是,一个双原子分子的**转动自由度**就是$r=2$。对一个多原子分子,其转动自由度应为$r=3$。

仔细来讲,考虑双原子分子或多原子分子的能量时,还应考虑分子中原子的振动。但是经典物理不能对分子振动的能量作出正确的说明,正确的说明需要量子力学[①];另外在常温下用经典方法认为分子是刚性的也能给出与实验大致相符的结果;所以作为统计概念的初步介绍,下面将不考虑分子内部的振动而认为气体分子都是刚性的。这样,一个气体分子的运动自由度就如表9.3所示。

表9.3　气体分子的自由度

分子种类	平动自由度t	转动自由度r	总自由度$i(i=t+r)$
单原子分子	3	0	3
刚性双原子分子	3	2	5
刚性多原子分子	3	3	6

现在考虑气体分子的每一个自由度的**平均动能**。9.7节已讲过,一个分子的平均平动动能为

$$\bar{\varepsilon}_t=\frac{1}{2}m\overline{v^2}=\frac{3}{2}kT$$

① 参看10.3节。

利用分子运动的无规则性表示式(9.25)，即

$$\overline{v_x^2}=\overline{v_y^2}=\overline{v_z^2}=\frac{1}{3}\overline{v^2}$$

可得

$$\frac{1}{2}m\overline{v_x^2}=\frac{1}{2}m\overline{v_y^2}=\frac{1}{2}m\overline{v_z^2}=\frac{1}{3}\left(\frac{1}{2}m\overline{v^2}\right)=\frac{1}{2}kT \tag{9.30}$$

此式中前三个平方项的平均值各和一个平动自由度相对应，因此它说明分子的每一个平动自由度的平均动能都相等，而且等于$\frac{1}{2}kT$。

式(9.30)所表示的规律是一条统计规律，它只适用于大量分子的集体。各平动自由度的平动动能相等，是气体分子在无规则运动中不断发生碰撞的结果。由于碰撞是无规则的，所以在碰撞过程中动能不但在分子之间进行交换，而且还可以从一个平动自由度转移到另一个平动自由度上去。由于在各个平动自由度中并没有哪一个具有特别的优势，因而**平均来讲**，各平动自由度就具有相等的平均动能。

这种能量的分配，在分子有转动的情况下，应该还扩及转动自由度。也就是说，在分子的无规则碰撞过程中，平动和转动之间以及各转动自由度之间也可以交换能量(试想两个枣仁状的橄榄球在空中的任意碰撞)，而且就能量来说这些自由度中也没有哪个是特殊的。因而就得出更为一般的结论：各自由度的平均动能都是相等的。在理论上，经典统计物理可以更严格地证明：**在温度为 T 的平衡态下，气体分子每个自由度的平均能量都相等，而且等于$\frac{1}{2}kT$**。这一结论称为**能量均分定理**。在经典物理中，这一结论也适用于液体和固体分子的无规则运动。

根据能量均分定理，如果一个气体分子的总自由度数是 i，则它的**平均总动能**就是

$$\bar{\varepsilon}_{\mathrm{k}}=\frac{i}{2}kT \tag{9.31}$$

将表 9.3 的 i 值代入，可得几种气体分子的平均总动能如下：

单原子分子 $\bar{\varepsilon}_{\mathrm{k}}=\frac{3}{2}kT$

刚性双原子分子 $\bar{\varepsilon}_{\mathrm{k}}=\frac{5}{2}kT$

刚性多原子分子 $\bar{\varepsilon}_{\mathrm{k}}=3kT$

作为质点系的总体，宏观上气体具有**内能**。气体的内能是指它所包含的所有分子的无规则运动的动能和分子间的相互作用势能的总和。对于理想气体，由于分子之间无相互作用力，所以分子之间无势能，因而理想气体的内能就是它的所有分子的动能的总和。以 N 表示一定的理想气体的分子总数，由于每个分子的平均动能由式(9.31)决定，所以该理想气体的内能应是

$$E=N\bar{\varepsilon}_{\mathrm{k}}=N\frac{i}{2}kT$$

由于 $k=R/N_{\mathrm{A}}$，$N/N_{\mathrm{A}}=\nu$，即气体的摩尔数，所以上式又可写成

$$E=\frac{i}{2}\nu RT \tag{9.32}$$

对已讨论的几种理想气体,它们的内能如下:

单原子分子气体 $E=\frac{3}{2}\nu RT$

刚性双原子分子气体 $E=\frac{5}{2}\nu RT$

刚性多原子分子气体 $E=3\nu RT$

这些结果都说明一定的理想气体的内能**只是温度的函数,而且和热力学温度成正比**。这个经典统计物理的结果在与室温相差不大的温度范围内和实验近似地符合。在本篇中也只按这种结果讨论有关理想气体的能量问题。

9.9 麦克斯韦速率分布律

在9.6节中关于理想气体的气体动理论的统计假设中,有一条是每个分子运动速度各不相同,而且通过碰撞不断发生变化。对任何一个分子来说,在任何时刻它的速度的方向和大小受到许多偶然因素的影响,因而是不能预知的。但从整体上统计地说,气体分子的速度还是有规律的。早在1859年(当时分子概念还是一种假说)麦克斯韦就用概率论证明了(见本节末)在平衡态下,理想气体的分子按速度的分布是有确定的规律的,这个规律现在称为**麦克斯韦速度分布律**。如果不管分子运动速度的方向如何,只考虑分子按速度的大小即速率的分布,则相应的规律称为**麦克斯韦速率分布律**。作为统计规律的典型例子,我们在本节介绍麦克斯韦速率分布律。

先介绍**速率分布函数**的意义。从微观上说明一定质量的气体中所有分子的速率状况时,因为分子数极多,而且各分子的速率通过碰撞又在不断地改变,所以不可能逐个加以说明。因此就采用统计的说明方法,也就是指出在总数为 N 的分子中,具有各种速率的分子各有多少或它们各占分子总数的百分比多大。这种说明方法就叫给出**分子按速率的分布**。正像为了说明一个学校的学生年龄的总状况时,并不需要指出一个个学生的年龄,而只要给出各个年龄段的学生是多少,即学生数目按年龄的分布,就可以了。

按经典力学的概念,气体分子的速率 v 可以连续地取0到无限大的任何数值。因此,说明分子按速率分布时就需要采取按速率区间分组的办法,例如可以把速率以10 m/s的间隔划分为0~10 m/s,10~20 m/s,20~30 m/s,…的区间,然后说明各区间的分子数是多少。一般地讲,速率分布就是要指出速率在 v 到 $v+\mathrm{d}v$ 区间的分子数 $\mathrm{d}N_v$ 是多少,或是 $\mathrm{d}N_v$ 占分子总数 N 的百分比,即 $\mathrm{d}N_v/N$ 是多少。这一百分比在各速率区间是不相同的,即它应是速率 v 的函数。同时,在速率区间 $\mathrm{d}v$ 足够小的情况下,这一百分比还应和区间的大小成正比,因此,应该有

$$\frac{\mathrm{d}N_v}{N}=f(v)\mathrm{d}v \tag{9.33}$$

或

$$f(v)=\frac{\mathrm{d}N_v}{N\mathrm{d}v} \tag{9.34}$$

式中函数 $f(v)$ 称为速率分布函数,它的物理意义是:**速率在速率 v 所在的单位速率区间内的分子数占分子总数的百分比**。

将式(9.33)对所有速率区间积分，将得到所有速率区间的分子数占总分子数百分比的总和。它显然等于1，因而有

$$\int_0^N \frac{\mathrm{d}N_v}{N} = \int_0^\infty f(v)\mathrm{d}v = 1 \tag{9.35}$$

所有分布函数必须满足的这一条件称为**归一化条件**。

速率分布函数的意义还可以用**概率**的概念来说明。各个分子的速率不同，可以说成是一个分子具有各种速率的概率不同。式(9.33)的 $\mathrm{d}N_v/N$ 就是一个分子的速率在速率 v 所在的 $\mathrm{d}v$ 区间内的概率，式(9.34)中的 $f(v)$ 就是一个分子的速率在速率 v 所在的单位速率区间的概率。在概率论中，$f(v)$ 叫做分子速率分布的**概率密度**。它对所有可能的速率积分就是一个分子具有不管什么速率的概率。这个"总概率"当然等于1，这也就是式(9.35)所表示的归一化条件的概率意义。

麦克斯韦速率分布律就是在一定条件下的速率分布函数的具体形式。它指出：**在平衡态下，气体分子速率在 v 到 $v+\mathrm{d}v$ 区间内的分子数占总分子数的百分比为**

$$\frac{\mathrm{d}N_v}{N} = 4\pi\left(\frac{m}{2\pi kT}\right)^{3/2} v^2 \mathrm{e}^{-mv^2/2kT}\mathrm{d}v \tag{9.36}$$

和式(9.33)对比，可得**麦克斯韦速率分布函数**为

$$f(v) = 4\pi\left(\frac{m}{2\pi kT}\right)^{3/2} v^2 \mathrm{e}^{-mv^2/2kT} \tag{9.37}$$

式中 T 是气体的热力学温度，m 是一个分子的质量，k 是玻耳兹曼常量。由式(9.37)可知，对一给定的气体(m 一定)，麦克斯韦速率分布函数只和温度有关。以 v 为横轴，以 $f(v)$ 为纵轴，画出的图线叫做**麦克斯韦速率分布曲线**(图9.11)，它能形象地表示出气体分子按速率分布的情况。图中曲线下面宽度为 $\mathrm{d}v$ 的小窄条面积就等于在该区间内的分子数占分子总数的百分比 $\mathrm{d}N_v/N$。

从图9.11可以看出，按麦克斯韦速率分布函数确定的速率很小和速率很大的分子数都很少。在某一速率 v_p 处函数有一极大值，v_p 叫**最概然速率**，它的物理意义是：若把整个速率范围分成许多相等的小区间，则 v_p 所在的区间内的分子数占分子总数的百分比最大。v_p 可以由下式求出：

$$\left.\frac{\mathrm{d}f(v)}{\mathrm{d}v}\right|_{v_\mathrm{p}} = 0$$

由此得

$$v_\mathrm{p} = \sqrt{\frac{2kT}{m}} = \sqrt{\frac{2RT}{M}} \approx 1.41\sqrt{\frac{RT}{M}} \tag{9.38}$$

而 $v=v_\mathrm{p}$ 时，

$$f(v_\mathrm{p}) = \frac{1}{\mathrm{e}}\sqrt{\frac{8m}{\pi kT}} \tag{9.39}$$

式(9.38)表明，v_p 随温度的升高而增大，又随 m 增大而减小。图9.11画出了氮气在不同温度下的速率分布函数，可以看出温度对速率分布的影响，温度越高，最概然速率越大，$f(v_\mathrm{p})$ 越小。由于曲线下的面积恒等于1，所以温度升高时曲线变得平坦些，并向高速区域扩展。也就是说，温度越高，速率较大的分子数越多。这就是通常所说的温度越高，分子运动越剧烈的真正含义。

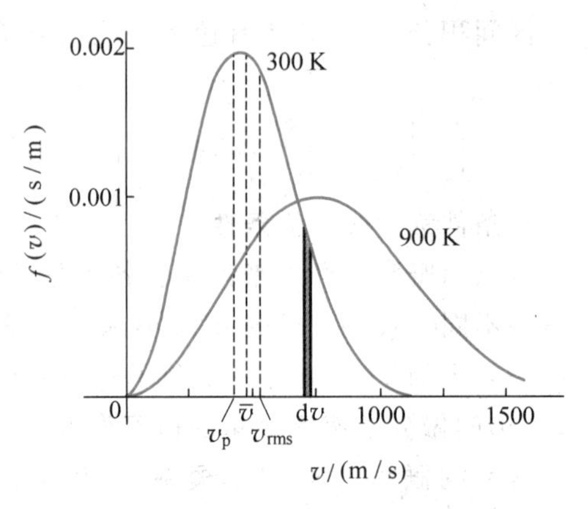

图 9.11 N_2 气体的麦克斯韦速率分布曲线

应该指出,麦克斯韦速率分布定律是一个统计规律,它只适用于大量分子组成的气体。由于分子运动的无规则性,在任何速率区间 v 到 $v+\mathrm{d}v$ 内的分子数都是不断变化的。式(9.36)中的 $\mathrm{d}N_v$ 只表示在这一速率区间的分子数的统计平均值。为使 $\mathrm{d}N_v$ 有确定的意义,区间 $\mathrm{d}v$ 必须是宏观小微观大的。如果区间是微观小的,$\mathrm{d}N_v$ 的数值将十分不确定,因而失去实际意义。至于说速率正好是某一确定速率 v 的分子数是多少,那就根本没有什么意义了。

已知速率分布函数,可以求出分子运动的**平均速率**。平均速率的定义是

$$\bar{v}=\left(\sum^{N}v_i\right)\Big/N=\int v\mathrm{d}N_v/N=\int_0^{\infty}vf(v)\mathrm{d}v \tag{9.40}$$

将麦克斯韦速率分布函数式(9.37)代入式(9.40),可求得平衡态下理想气体分子的平均速率为

$$\bar{v}=\sqrt{\frac{8kT}{\pi m}}=\sqrt{\frac{8RT}{\pi M}}\approx 1.60\sqrt{\frac{RT}{M}} \tag{9.41}$$

还可以利用速率分布函数求 v^2 的平均值。由平均值的定义

$$\overline{v^2}=\left(\sum^{N}v_i^2\right)\Big/N=\int v^2\mathrm{d}N_v/N=\int_0^{\infty}v^2f(v)\mathrm{d}v$$

将麦克斯韦速率分布函数式(9.37)代入,可得

$$\overline{v^2}=\int_0^{\infty}v^4 4\pi\left(\frac{m}{2\pi kT}\right)^{3/2}\mathrm{e}^{-mv^2/2kT}\mathrm{d}v=3\,kT/m$$

这一结果的平方根,即方均根速率为

$$v_{\mathrm{rms}}=\sqrt{\overline{v^2}}=\sqrt{\frac{3kT}{m}}=\sqrt{\frac{3RT}{M}}\approx 1.73\sqrt{\frac{RT}{M}} \tag{9.42}$$

此结果与式(9.29)相同。

由式(9.38)、式(9.41)和式(9.42)确定的三个速率值 v_p,$\bar{v}$,v_{rms} 都是在统计意义上说明大量分子的运动速率的典型值。它们都与 $\sqrt{T}$ 成正比,与 $\sqrt{m}$ 成反比。其中 v_{rms} 最大,$\bar{v}$ 次之,v_p 最小。三种速率有不同的应用,例如,讨论速率分布时要用 v_p,计算分子的平均平动动能时要用 v_{rms},以后讨论分子的碰撞次数时要用 $\bar{v}$。

例 9.5

大气组成。计算 He 原子和 N_2 分子在 20℃时的方均根速率，并以此说明地球大气中为何没有氦气和氢气而富有氮气和氧气。

解 由式(9.42)可得

$$v_{\mathrm{rms,He}}=\sqrt{\frac{3RT}{M_{\mathrm{He}}}}=\sqrt{\frac{3\times 8.31\times 293}{4.00\times 10^{-3}}}=1.35\ (\mathrm{km/s})$$

$$v_{\mathrm{rms,N_2}}=\sqrt{\frac{3RT}{M_{\mathrm{N_2}}}}=\sqrt{\frac{3\times 8.31\times 293}{28.0\times 10^{-3}}}=0.417\ (\mathrm{km/s})$$

地球表面的逃逸速度为 11.2 km/s，例 9.5 中算出的 He 原子的方均根速率约为此逃逸速率的 1/8，还可算出 H_2 分子的方均根速率约为此逃逸速率的 1/6。这样，似乎 He 原子和 H_2 分子都难以逃脱地球的引力而散去。但是由于速率分布的原因，还有相当多的 He 原子和 H_2 分子的速率超过了逃逸速率而可以散去。现在知道宇宙中原始的化学成分(现在仍然如此)大部分是氢(约占总质量的 3/4)和氦(约占总质量的 1/4)。地球形成之初，大气中应该有大量的氢和氦。正是由于相当数目的 H_2 分子和 He 原子的方均根速率超过了逃逸速率，它们不断逃逸。几十亿年过去后，如今地球大气中就没有氢气和氦气了。与此不同的是，N_2 和 O_2 分子的方均根速率只有逃逸速率的 1/25，这些气体分子逃逸的可能性就很小了。于是地球大气今天就保留了大量的氮气(约占大气质量的 76%)和氧气(约占大气质量的 23%)。

实际上大气化学成分的起因是很复杂的，许多因素还不清楚。就拿氦气来说，1963 年根据人造卫星对大气上层稀薄气体成分的分析，证实在几百千米的高空(此处温度可达 1000 K)，空气已稀薄到接近真空，那里有一层氦气，叫“氦层”，其上更有一层“氢层”，实际上是“质子层”。

麦克斯韦速度分布律和速率分布律的推导

根据麦克斯韦在 1859 年发表的论文《气体动力理论的说明》，速度分布律及速率分布律的推导过程大致如下。设总粒子数为 N，粒子速度在 x,y,z 三个方向的分量分别为 v_x,v_y,v_z。

(1) 以 $\mathrm{d}N_{v_x}$ 表示速度分量 v_x 在 v_x 到 $v_x+\mathrm{d}v_x$ 之间的粒子数，则一个粒子在此 $\mathrm{d}v_x$ 区间出现的概率为 $\mathrm{d}N_{v_x}/N$。粒子在不同的 v_x 附近区间 $\mathrm{d}v_x$ 内出现的概率不同，用分布函数 $g(v_x)$ 表示在单位 v_x 区间粒子出现的概率，则应有

$$\frac{\mathrm{d}N_{v_x}}{N}=g(v_x)\mathrm{d}v_x \tag{9.43}$$

系统处于平衡态时，容器内各处粒子数密度 n 相同，粒子朝任何方向运动的概率相等。因此相应于速度分量 v_y,v_z 也应有相同形式的分布函数 $g(v_y),g(v_z)$，使得相应的概率可表示为

$$\frac{\mathrm{d}N_{v_y}}{N}=g(v_y)\mathrm{d}v_y$$

$$\frac{\mathrm{d}N_{v_z}}{N}=g(v_z)\mathrm{d}v_z$$

(2) 假设上述三个概率是彼此独立的，又根据独立概率相乘的概率原理，可得粒子出现在 v_x 到 $v_x+\mathrm{d}v_x$，v_y 到 $v_y+\mathrm{d}v_y$，v_z 到 $v_z+\mathrm{d}v_z$ 间的概率为

$$\frac{\mathrm{d}N_v}{N}=g(v_x)g(v_y)g(v_z)\mathrm{d}v_x\mathrm{d}v_y\mathrm{d}v_z=F\mathrm{d}v_x\mathrm{d}v_y\mathrm{d}v_z$$

式中 $F=g(v_x)g(v_y)g(v_z)$，即为速度分布函数。

(3) 由于粒子向任何方向运动的概率相等，所以速度分布应与粒子的速度方向无关。因而速度分布函数应只是速度大小

$$v=\sqrt{v_x^2+v_y^2+v_z^2}$$

的函数。这样，速度分布函数就可以写成下面的形式：

$$g(v_x)g(v_y)g(v_z)=F(v_x^2+v_y^2+v_z^2)$$

要满足这一关系，函数 $g(v_x)$ 应具有 $C\mathrm{e}^{Av_x^2}$ 的形式。因此可得

$$F=C\mathrm{e}^{Av_x^2}\cdot C\mathrm{e}^{Av_y^2}\cdot C\mathrm{e}^{Av_z^2}=C^3\mathrm{e}^{A(v_x^2+v_y^2+v_z^2)}=C^3\mathrm{e}^{Av^2}$$

现在来定常数 C 及 A。考虑到具有无限大速率的粒子出现的概率极小，故 A 应为负值。令 $A=-1/\alpha^2$，则

$$\frac{\mathrm{d}N_v}{N}=C^3\mathrm{e}^{-(v_x^2+v_y^2+v_z^2)/\alpha^2}\mathrm{d}v_x\mathrm{d}v_y\mathrm{d}v_z \tag{9.44}$$

由于粒子的速率在从 $-\infty$ 到 $+\infty$ 的全部速率区间内出现的概率应等于1，即分布函数应满足归一化条件，所以

$$\int\frac{\mathrm{d}N_v}{N}=C^3\int_{-\infty}^{+\infty}\mathrm{e}^{-v_x^2/\alpha^2\,\mathrm{d}v_x}\int_{-\infty}^{+\infty}\mathrm{e}^{-v_y^2/\alpha^2\,\mathrm{d}v_y}\int_{-\infty}^{+\infty}\mathrm{e}^{-v_z^2/\alpha^2\,\mathrm{d}v_z}=1$$

利用积分公式

$$\int_{-\infty}^{+\infty}\mathrm{e}^{-\lambda u^2}\mathrm{d}u=\sqrt{\frac{\pi}{\lambda}}$$

得

$$C^3(\pi\alpha^2)^{3/2}=1$$

由此得

$$C=\frac{1}{\alpha\sqrt{\pi}}$$

代入式(9.44)得

$$\frac{\mathrm{d}N_v}{N}=\frac{1}{\alpha^3\sqrt{\pi^3}}\mathrm{e}^{-(v_x^2+v_y^2+v_z^2)/\alpha^2}\mathrm{d}v_x\mathrm{d}v_y\mathrm{d}v_z \tag{9.45}$$

这就是麦克斯韦速度分布律。

(4) 由式(9.45)还可以导出速率分布律。为此设想一个用三个相互垂直的轴分别表示 v_x,v_y,v_z 的"速度空间"。在这一空间内从原点到任一点 (v_x,v_y,v_z) 的连线都代表一个粒子可能具有的速度(图9.12)。由于速率分布与速度的方向无关，所以粒子的速率出现在同一速率 v 处的速率区间 $\mathrm{d}v$ 内的概率相同。这一速率区间是半径为 v，厚度为 $\mathrm{d}v$ 的球壳，其总体积为 $4\pi v^2\mathrm{d}v$。将式(9.45)中的 $\mathrm{d}v_x\mathrm{d}v_y\mathrm{d}v_z$ 换成 $4\pi v^2\mathrm{d}v$ 即可得粒子的速率在 v 到 $v+\mathrm{d}v$ 区间出现的概率为

$$\frac{\mathrm{d}N_v}{N}=\frac{4}{\alpha^3\sqrt{\pi}}v^2\mathrm{e}^{-v^2/\alpha^2}\mathrm{d}v \tag{9.46}$$

这就是麦克斯韦速率分布律。

(5) 确定常数 α。用式(9.46)可求出粒子的速率平方的平均值为

$$\overline{v^2}=\frac{3}{2}\alpha^2 \tag{9.47}$$

9.7节曾由压强微观公式和理想气体状态方程得出式(9.29)，即

$$\overline{v^2}=\frac{3kT}{m}$$

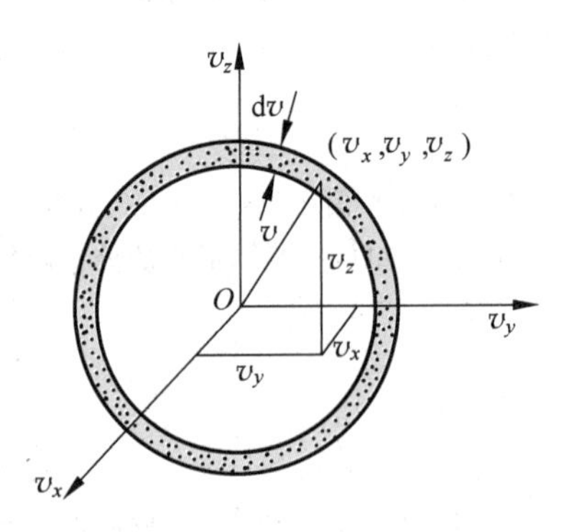

图9.12　速度空间

与式(9.47)比较可得

$$\alpha^2 = \frac{2kT}{m}$$

将此 α^2 的值代入式(9.45)和式(9.46)就可得到麦克斯韦速度分布律及速率分布律，即

$$F(\boldsymbol{v}) = \frac{\mathrm{d}N_{\boldsymbol{v}}}{N\mathrm{d}v_x\mathrm{d}v_y\mathrm{d}v_z} = \left(\frac{m}{2\pi kT}\right)^{3/2} \mathrm{e}^{-mv^2/2kT} \tag{9.48}$$

$$f(v) = \frac{\mathrm{d}N_v}{N\mathrm{d}v} = 4\pi\left(\frac{m}{2\pi kT}\right)^{3/2} v^2 \mathrm{e}^{-mv^2/2kT}$$

沿 x 方向的速度分量 v_x 的分布律应为

$$g(v_x) = \frac{\mathrm{d}N_{v_x}}{N\mathrm{d}v_x} = \left(\frac{m}{2\pi kT}\right)^{1/2} \mathrm{e}^{-mv_x^2/2kT}$$

例 9.6

用麦克斯韦按速度分量分布函数，求单位时间内碰撞到单位面积容器壁上的分子数 Γ。

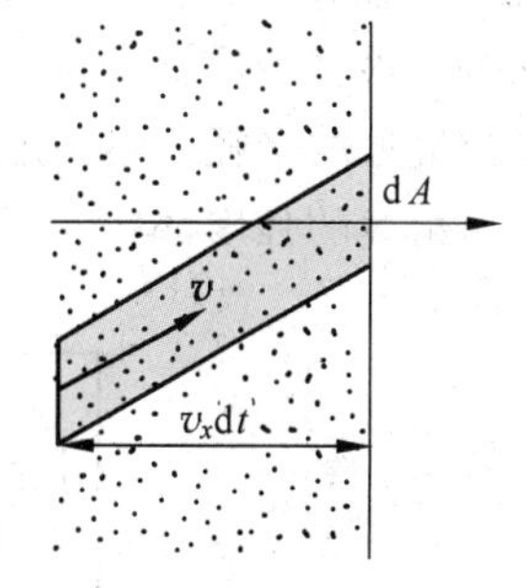

图 9.13　例 9.6 用图

解　先计算 $\mathrm{d}t$ 时间内碰到 $\mathrm{d}A$ 面积容器壁上速度在 $\mathrm{d}v_x$ 区间的分子数。如图 9.13 所示，设 x 轴方向垂直于 $\mathrm{d}A$ 向外，则此分子数为

$$\mathrm{d}n_{v_x}\ v_x\ \mathrm{d}t\ \mathrm{d}A$$

$\mathrm{d}n_{v_x}$ 为在 $\mathrm{d}v_x$ 区间的分子数密度，它和总的分子数密度 n 的关系为

$$\mathrm{d}n_{v_x} = ng(v_x)\mathrm{d}v_x$$

代入上一式，并除以 $\mathrm{d}t\mathrm{d}A$，可得单位时间内碰撞到单位器壁面积上，速度在 $\mathrm{d}v_x$ 区间的分子数为

$$\mathrm{d}\Gamma = ng(v_x)v_x\mathrm{d}v_x$$

由于

$$g(v_x) = \left(\frac{m}{2\pi kT}\right)^{1/2} \mathrm{e}^{-mv_x^2/2kT}$$

所以单位时间内碰撞到单位面积器壁上的分子总数应为

$$\Gamma = \int \mathrm{d}\Gamma = \int_0^\infty n\left(\frac{m}{2\pi kT}\right)^{1/2} \mathrm{e}^{-mv_x^2/2kT} v_x\mathrm{d}v_x$$

注意，此积分的积分域只能取 $v_x>0$，因为 $v_x<0$ 的分子不可能碰上 $\mathrm{d}A$。此积分很容易用变换变量法求出，其结果为

$$\Gamma = n\left(\frac{kT}{2\pi m}\right)^{1/2} \tag{9.49}$$

注意到平均速率 $\bar{v} = \sqrt{8kT/\pi m}$，上式又可写成

$$\Gamma = \frac{1}{4}n\bar{v}$$

如果器壁有一小孔，则式(9.49)给出的 Γ 值就是单位时间内泄漏出单位面积小孔的分子数。由式(9.49)可知，相同时间内泄漏出的分子数和分子的质量的平方根成反比。这个关系被用来富集天然铀中的 $^{235}\mathrm{U}$。天然铀中 $^{238}\mathrm{U}$ 的丰度为 99.3%，$^{235}\mathrm{U}$ 的丰度仅为 0.7%。链式反应实际用到的是 $^{235}\mathrm{U}$，为了把 $^{235}\mathrm{U}$ 从天然铀中分离出来，就先把固态铀转换成气体化合物 $\mathrm{UF_6}$，其中 $^{235}\mathrm{U}$ 的丰度和天然铀相同。将此气体通入一容器中，使它通过一多孔隔膜向另一容器中泄漏，然后再通过一多孔隔膜向第三级容器中泄漏，并如此逐级泄漏下去。由于每一级泄漏都会使质量较小的 $^{235}\mathrm{UF_6}$ 的密度增大一些，最后 $^{235}\mathrm{UF_6}$ 的丰度就会大大增加。经过两千多级的泄漏，$^{235}\mathrm{U}$ 的丰度可达 99% 以上。

9.10 麦克斯韦速率分布律的实验验证

由于未能获得足够高的真空，所以在麦克斯韦导出速率分布律的当时，还不能用实验验证它。直到20世纪20年代由于真空技术的发展，这种验证才有了可能。史特恩(O. Stern)于1920年最早测定分子速率，1934年我国物理学家葛正权曾测定过铋(Bi)蒸气分子的速率分布，实验结果都与麦克斯韦分布律大致相符。下面介绍1955年密勒(R. C. Miller)和库什(P. Kusch)做的比较精确地验证麦克斯韦速率分布定律的实验[①]。

他们的实验所用的仪器如图9.14所示。图9.14(a)中O是蒸气源，选用钾或铊的蒸气。在一次实验中所用铊蒸气的温度是870 K，其蒸气压为0.4256 Pa。R是一个用铝合金制成的圆柱体，图9.14(b)表示其真实结构。该圆柱长$L=20.40$ cm，半径$r=10.00$ cm，可以绕中心轴转动，它用来精确地测定从蒸气源开口逸出的金属原子的速率，为此在它上面沿纵向刻了很多条螺旋形细槽，槽宽$l=0.0424$ cm，图中画出了其中一条。细槽的入口狭缝处和出口狭缝处的半径之间夹角为$\varphi=4.8°$。在出口狭缝后面是一个检测器D，用它测定通过细槽的原子射线的强度，整个装置放在抽成高真空(1.33×10^{-5} Pa)的容器中。

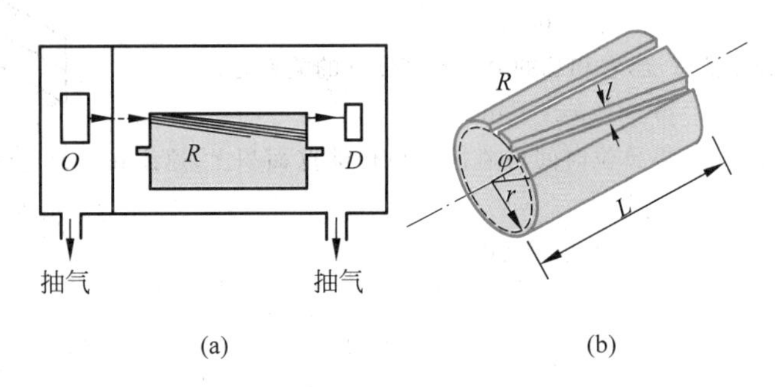

图9.14 密勒-库什的实验装置

当R以角速度ω转动时，从蒸气源逸出的各种速率的原子都能进入细槽，但并不都能通过细槽从出口狭缝飞出，只有那些速率v满足关系式

$$\frac{L}{v}=\frac{\varphi}{\omega}$$

或

$$v=\frac{\omega}{\varphi}L \tag{9.50}$$

的原子才能通过细槽，而其他速率的原子将沉积在槽壁上。因此，R实际上是个滤速器，改变角速度ω，就可以让不同速率的原子通过。槽有一定宽度，相当于夹角φ有一$\Delta\varphi$的变化范围，相应地，对于一定的ω，通过细槽飞出的所有原子的速率并不严格地相同，而是在一定的速率范围v到$v+\Delta v$之内。改变ω，对不同速率范围内的原子射线检测其强度，就可以验证原子速率分布是否与麦克斯韦速率分布律一致。

---

① 麦克斯韦速率分布定律本是对理想气体建立的。但由于这里指的分子的速率是分子质心运动的速率，又由于质心运动的动能总是作为分子总动能的独立的一项出现，所以，即使对非理想气体，麦克斯韦速率分布仍然成立。实验结果就证明了这一点，因为实验中所用的气体都是实际气体而非真正的理想气体。

需要指出的是，**通过细槽**的原子和从**蒸气源逸出的射线**中的原子以及**蒸气源内**原子的速率分布都不同。在蒸气源内速率在 v 到 $v+\Delta v$ 区间内的原子数与 $f(v)\Delta v$ 成正比。由于速率较大的原子有更多的机会逸出，所以在原子射线中，在相应的速率区间的原子数还应和 v 成正比，因而应和 $vf(v)\Delta v$ 成正比。据速率的公式(9.50)可知，能通过细槽的原子的速率区间 $|\Delta v|=\frac{\omega L}{\varphi^2}\Delta\varphi=\frac{v}{\varphi}\Delta\varphi$，因而通过细槽的速率在 Δv 区间的原子数应与 $v^2 f(v)\Delta\varphi$ 成正比。由于 $\Delta\varphi=l/r$ 是常数，所以由式(9.37)可知，通过细槽到达检测器的、速率在 v 到 $v+\Delta v$ 区间的原子数以及相应的强度应和 $v^4 \mathrm{e}^{-mv^2/2kT}$ 成正比，其极大值应出现在 $v_p'=(4kT/m)^{1/2}$ 处。图 9.15 中的理论曲线(实线)就是根据这一关系画出的，横轴表示 v/v_p'，纵轴表示检测到的原子射线强度。图中小圆圈和三角黑点是密勒和库什的两组实验值，实验结果与理论曲线的密切符合，表明蒸气源内的原子的速率分布遵守麦克斯韦速率分布律。

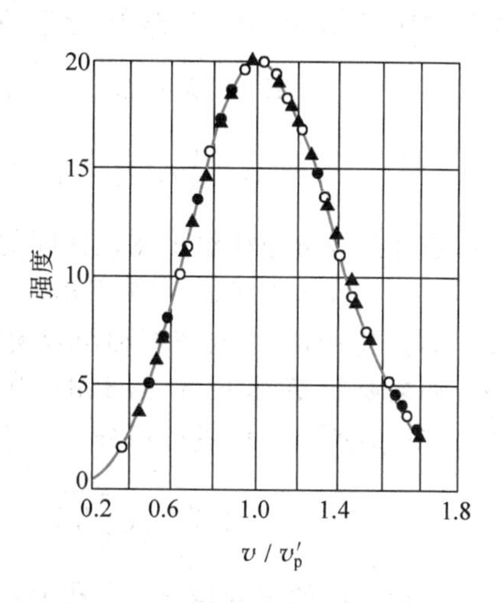

图 9.15 密勒-库什的实验结果

在通常情况下，实际气体分子的速率分布和麦克斯韦速率分布律能很好地符合，但在密度大的情况下就不符合了，这是因为在密度大的情况下，经典统计理论的基本假设不成立了。在这种情况下必须用量子统计理论才能说明气体分子的统计分布规律。

*9.11 玻耳兹曼分布律

9.9 节与 9.10 节讨论了理想气体分子按速率的分布。那里未考虑分子速度的方向，更仔细的讨论应该指出分子按速度是如何分布的，即指出速度分量分别在 v_x 到 $v_x+\mathrm{d}v_x$，v_y 到 $v_y+\mathrm{d}v_y$，v_z 到 $v_z+\mathrm{d}v_z$ 区间的分子数或百分比是多少。这里 $\mathrm{d}v_x\mathrm{d}v_y\mathrm{d}v_z$ 叫**速度区间**。除了分子按速度分布外，更一般的情况下，如对在外力场中的气体，还需要指明它们的分子按**空间位置**的分布，即要指出位置坐标分别在 x 到 $x+\mathrm{d}x$，y 到 $y+\mathrm{d}y$，z 到 $z+\mathrm{d}z$ 区间的分子数或百分比。这里 $\mathrm{d}x\mathrm{d}y\mathrm{d}z$ 叫**位置区间**。这样，一般来讲，从微观上统计地说明理想气体的状态时，以速度和位置表示一个分子的状态就需要指出其分子在 $\mathrm{d}v_x\mathrm{d}v_y\mathrm{d}v_z\mathrm{d}x\mathrm{d}y\mathrm{d}z$ 所限定的各个**状态区间**的分子数或百分比。这种一般的分布遵守什么规律呢?

在麦克斯韦速率分布函数中，可能已注意到指数因子 $\mathrm{e}^{-mv^2/2kT}$。由于 $\frac{1}{2}mv^2=E_k$ 是分子的平动动能，所以分子的速率分布与它们的平动动能有关。实际上，麦克斯韦已导出了理想气体分子按**速度**的分布(式(9.48))，即在**速度区间** $\mathrm{d}v_x\mathrm{d}v_y\mathrm{d}v_z$ 的分子数与该区间内分子的平动动能 E_k 有关，而且与 $\mathrm{e}^{-E_k/kT}$ **成正比**。玻耳兹曼将这一规律推广，得出：**在温度为 T 的平衡态下，任何系统的微观粒子按状态的分布，即在某一状态区间的粒子数与该状态区间的一个粒子的能量 E 有关，而且与 $\mathrm{e}^{-E/kT}$ 成正比**。这个结论称为**玻耳兹曼分布律**，它是统计物理中适用于任何系统的一个基本定律，$\mathrm{e}^{-E/kT}$ 为**玻耳兹曼因子**。这个定律说明，在能量越大的状态区间内的粒子数越小，而且随着能量的增大，大小相等的状态区间里的粒子数按指数规律急剧地减小。

作为玻耳兹曼分布律的实例，我们考虑在重力场中理想气体分子按位置的分布。由于重力的影响，分子的位置分布不再是均匀的，而是下密上疏，定性地如图 9.16 所示。由于在状态区间 $\mathrm{d}v_x\mathrm{d}v_y\mathrm{d}v_z\mathrm{d}x\mathrm{d}y\mathrm{d}z$ 分子的总能量为

$$E = E_\mathrm{k} + E_\mathrm{p} = \frac{1}{2}mv^2 + E_\mathrm{p}$$

$$= \frac{1}{2}m(v_x^2 + v_y^2 + v_z^2) + E_\mathrm{p}$$

所以玻耳兹曼分布律给出在该区间的分子数为

$$\mathrm{d}N = C\mathrm{e}^{-(E_\mathrm{k}+E_\mathrm{p})/kT}\mathrm{d}v_x\mathrm{d}v_y\mathrm{d}v_z\mathrm{d}x\mathrm{d}y\mathrm{d}z \tag{9.51}$$

其中 C 是比例常数，与速度和位置无关。

图 9.16　重力场中分子的分布示意图

如果要计算体积元 $\mathrm{d}x\mathrm{d}y\mathrm{d}z$ 中的总分子数，就可以将式(9.51)对所有速度进行积分。由于 E_p 与速度无关，所以在这体积元中的分子数就是

$$\mathrm{d}N' = C\left[\iiint_{-\infty}^{+\infty}\mathrm{e}^{-m(v_x^2+v_y^2+v_z^2)/2kT}\mathrm{d}v_x\mathrm{d}v_y\mathrm{d}v_z\right]\mathrm{e}^{-E_\mathrm{p}/kT}\mathrm{d}x\mathrm{d}y\mathrm{d}z$$

由于方括号内的积分是一个定积分，其值可与 C 合并成另一常数 C'，所以

$$\mathrm{d}N' = C'\mathrm{e}^{-E_\mathrm{p}/kT}\mathrm{d}x\mathrm{d}y\mathrm{d}z$$

由此可得在体积元 $\mathrm{d}x\mathrm{d}y\mathrm{d}z$ 内的分子数密度为

$$n = \frac{\mathrm{d}N'}{\mathrm{d}x\mathrm{d}y\mathrm{d}z} = C'\mathrm{e}^{-E_\mathrm{p}/kT}$$

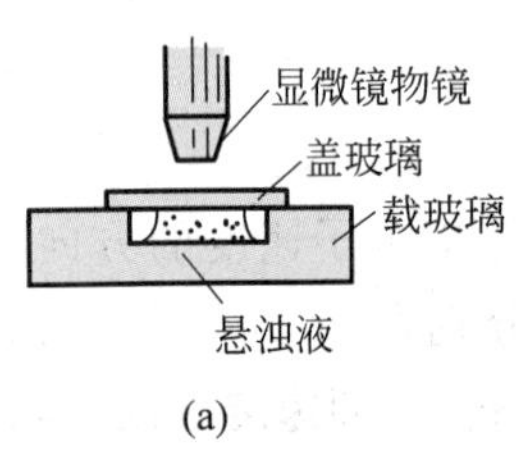

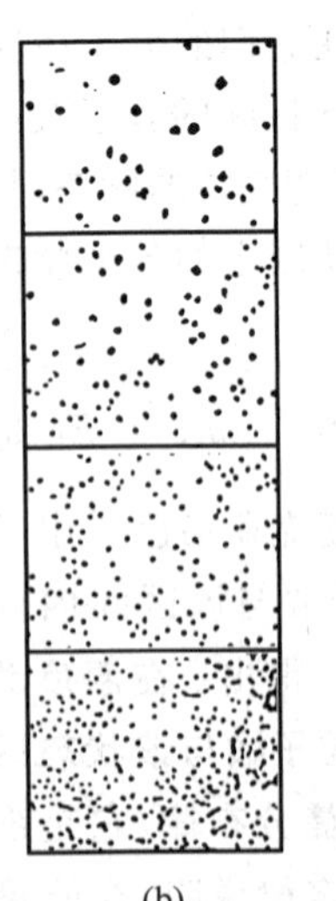

图 9.17　皮兰实验

如果以 n_0 表示在 $E_\mathrm{p}=0$ 处的分子数密度，则上式给出

$$n_0 = C'$$

因此，上式可写成

$$n = n_0\mathrm{e}^{-E_\mathrm{p}/kT}$$

将 $E_\mathrm{p}=mgh$（此处以 h 代替纵坐标 z）代入，则可得

$$n = n_0\mathrm{e}^{-mgh/kT} \tag{9.52}$$

其中 m 是一个分子的质量。以 $m/k=M/R$ 代入上式还可得

$$n = n_0\mathrm{e}^{-Mgh/RT} \tag{9.53}$$

这两个公式就是玻耳兹曼分布律给出的在重力场中的分子或粒子**按高度分布**的定律。这一定律说明粒子数密度随高度按指数规律减小。1909 年皮兰(J. B. Perrin)曾数了在显微镜下的悬浊液内不同高度处悬浮的粒子的数目(图 9.17)，其结果直接证实了这一分布规律，并求出了阿伏伽德罗常数 N_A。这个实验结果在物理学史上最后确立了分子存在的真实性。

根据式(9.53)还可以导出大气压强随高度的变化关系。由式(9.14)，$p=nkT$，再利用式(9.53)，即可得在 h 高度处的大气压压强为

$$p = n_0\mathrm{e}^{-Mgh/RT}kT = p_0\mathrm{e}^{-Mgh/RT} \tag{9.54}$$

式中 $p_0=n_0kT$ 是高度为零处的压强，这就是恒温气压公式(9.16)。

9.12 实际气体等温线

9.6 节用气体动理论说明了理想气体的性质，它能相当近似地解释实际气体在通常温度和压强范围内的宏观表现。下面我们要用气体动理论说明在温度和压强更大的范围内实际气体的性质。首先介绍由实验得出的实际气体等温线。

在 p-V 图上理想气体的等温线是双曲线(pV=常数)。实验测得的实际气体等温线，特别在较大压强和较低温度范围内，与双曲线有明显的背离。1869 年安德鲁斯(T. Andrews)首先仔细地对 CO_2 气体的等温变化做了实验，得出的几条等温线如图 9.18 所示(图中横坐标为摩尔体积 V_m)。在较高温度(如 48.1℃)时，等温线与双曲线接近，CO_2 气体表现得和理想气体近似。在较低温度(如 13℃)下，等温压缩气体时，最初随着体积的减小，气体的压强逐渐增大(图中 AB 段)。当压强增大到约 49 atm 后，进一步压缩气体时，气体的压强将保持不变(图中 BC 段)，但汽缸中出现了液体，压缩只能使气体等压地向液体转变。在这个过程中**液体与其蒸气共存而且能处于平衡的状态**。这时的蒸气叫**饱和蒸气**，对应的压强叫**饱和蒸气压**。在一定的温度下饱和蒸气压有一定的值。当蒸气全部液化(C 点)后，再增大压强只能引起液体体积的微小收缩(图中 CD 段)，这说明液体的可压缩性很小。

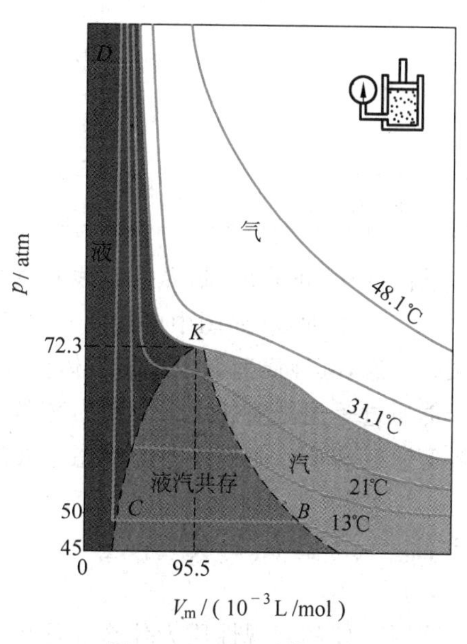

图 9.18 CO_2 的等温线

在稍高一些的温度下压缩气体，也观察到同样的过程，只是温度越高时，气体开始液化时的摩尔体积越小，而完全变成液体时的摩尔体积越大，致使表示液汽共存的水平饱和线段越来越短，且温度越高，饱和蒸气压越大。

CO_2 的 31.1℃等温线是一条特殊的等温线。在这一温度下，没有液汽共存的转变过程。较低温度时见到的水平线段(BC 段)在这一温度时缩为一点 K。在 K 点所表示的状态下，气体和液体的摩尔体积相等。在高于 31.1℃的温度下，对气体进行等温压缩，它就再不会转变为液体，如 48.1℃等温线所示。我们把 31.1℃称**临界温度** T_c，它是区别气体能否被等温压缩成液体的温度界限。相应的等温线叫**临界等温线**。在临界等温线上汽液转变点 K 是该曲线上斜率为零的一个拐点。K 点叫做**临界点**，它所表示的状态叫**临界态**，其压强和摩尔体积分别叫做**临界压强** p_c 和**临界摩尔体积** $V_{m,c}$，而 T_c，p_c 和 $V_{m,c}$ 统称为**临界参量**。几种物质的临界参量如表 9.4 所示。从表 9.4 中可以看出，有些物质(如 NH_3，H_2O)的临界温度高于室温，所以在常温下压缩就可以使之液化。但有些物质(如氧、氮、氢、氦等)的临界温度很低，所以在 19 世纪上半叶还没有办法使它们液化。当时还未发现临界温度的规律，于是人们就称这些气体为“永久气体”或“真正气体”。在认识到物质具有临界温度这一事实后，人们便开始发展低温技术。在 19 世纪后半叶到 20 世纪初所有气体都能被液化了。在进一步发展低温技术后,还能做到使所有的液体都凝成固体。最后一个被液化的气体是氦,它在1908年被液化,并在1928年被进一步凝成固体。

表 9.4 几种物质的临界参量

物质种类	T_c/K	$p_c/(1.013\times10^5\,\mathrm{Pa})$	$V_{m,c}/(10^{-3}\,\mathrm{L/mol})$
He	5.3	2.26	57.6
H_2	33.3	12.8	64.9
N_2	126.1	33.5	84.6
O_2	154.4	49.7	74.2
CO_2	304.3	72.3	95.5
NH_3	408.3	113.3	72.5
H_2O	647.2	217.7	45.0
C_2H_5OH	516	63.0	153.9

从图9.18可看出,临界等温线和联结各等温线上的液化开始点(如B点)和液化终了点(如C点)的曲线(如图中虚线),把物质的p-V图分成了四个区域。在临界等温线以上的区域是气态,其性质近似于理想气体。在临界等温线以下,KB曲线右侧,物质也是气态,但由于能通过等温压缩被液化而称为**蒸气**或**汽**。BKC曲线以下是液汽共存的饱和状态。在临界等温线和KC曲线以左的状态是液态。

*9.13 范德瓦耳斯方程

实际气体的宏观性质为什么和理想气体有差别呢?这可以追溯到它们的分子性质的差别。对于理想气体,我们认为它们的分子之间除了在碰撞的瞬时外没有相互作用力。但是实际的分子都是由电子和带正电的原子核组成的,它们之间实际上总存在着相互作用力。对实验结果的理论分析表明,两个分子间的相互作用力随两分子中心之间的距离r变化的情况可用图9.19中的曲线表示。当$r<r_0$时,两分子的相互作用表现为斥力。当$r>r_0$时,表现为引力。两分子分离较远时,例如,$r>s$时,两分子的相互作用几乎等于零,而可以忽略。s称为分子力的**有效作用距离**。当$r=r_0$时,两分子也无相互作用。此r_0称为**平衡距离**。由图可看出,当两个相向运动的分子彼此接近至$r<r_0$时,相互斥力迅速增大。这强大的斥力将阻止两者进一步靠近,好像两个分子都是有一定大小的球体一样。

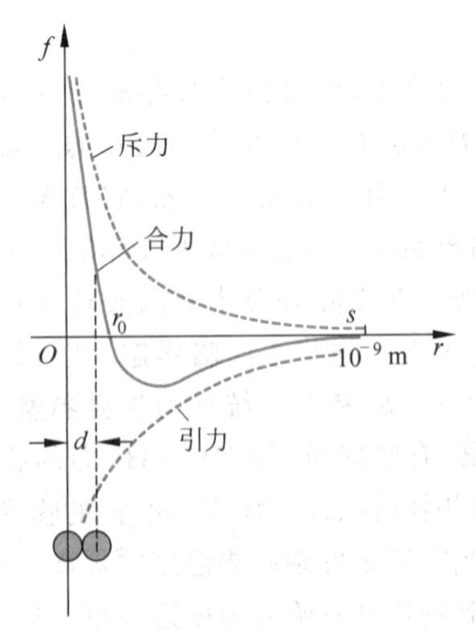

图 9.19 分子力示意图

为了初步考虑分子间相互作用对气体宏观性质的影响,我们就简化地认为当两个分子的中心距离达到某一值d时,**斥力**变为无限大,因而两个分子中心距离不可能再小于d。这相当于把分子设想为直径为d的刚性球,这d就叫做分子的**有效直径**。实验表明,分子有效直径的数量级为10^{-10} m。中心距离超过d时,两分子间只有引力作用,其有效作用距离s大约是分子有效直径的几十到几百倍。这样,我们就建立了比理想气体分子模型更接近实际气体分子的分子模型——有吸引力的刚性球模型。下面根据这个粗略模型来修正理想气体状态方程,从而得出更接近实际气体性质的状态方程。

我们知道,1 mol 理想气体的状态方程可写成

$$p=\frac{RT}{V'_{\mathrm{m}}} \tag{9.55}$$

式中 V'_{m} 是 1 mol 气体所占的可被压缩的,也就是分子能在其中自由活动的空间的体积。对理想气体来说,由于分子本身的大小可忽略不计,所以这一体积就等于实验测出的气体的体积,即气体所占的容器的容积 V_{m}。

如果认为气体分子是刚性球,则分子本身具有一定体积。这时 1 mol 气体所占的可被压缩的空间体积,不再等于容器的容积 V_{m},而应该等于 V_{m} 减去一个反映气体分子本身体积的改正项 b。因此,考虑到分子本身的体积式(9.55)应修正为

$$p=\frac{RT}{V_{\mathrm{m}}-b} \tag{9.56}$$

理论指出,b 约等于 1 mol 气体分子本身总体积的 4 倍。由于分子有效直径的数量级为 10^{-10} m,所以可估计出 b 的大小为

$$b=4N_{\mathrm{A}}\,\frac{4}{3}\pi\left(\frac{10^{-10}}{2}\right)^{3}\approx 10^{-6}\,(\mathrm{m}^{3})=1\,(\mathrm{cm}^{3})$$

标准状态下,1 mol 气体所占容积为 $V_{\mathrm{m,0}}=22.4\times10^{-3}\ \mathrm{m}^{3}$。这时 b 仅为 $V_{\mathrm{m,0}}$ 的 $4/10^{5}$,所以可以忽略。但是如果压强增大,例如增大到 1000 倍约 10^{8} Pa 时,设想玻意耳定律仍能应用,则气体所占容积将缩小到 $22.4\times10^{-3}/1000=22.4\times10^{-6}\ \mathrm{m}^{3}$,$b$ 是它的 1/20,这时改正量 b 就必须考虑了。

再看考虑分子引力所引起的修正。气体动理论指出,气体的压强是大量分子无规则运动中碰撞器壁的平均总效果。对理想气体来说,分子间无相互作用,各个分子都无牵扯地撞向器壁。当分子间有吸引力时情况又怎样呢?如图 9.20 所示,先看处于容器当中的一个分子 α,凡中心位于以 α 为球心,以分子引力有效作用距离 s 为半径的球内的分子都对 α 有引力作用,但由于在平衡态时这些分子分布均匀,对 α 来说是对称分布,所以它们对 α 的引力平均来说相互抵消,其结果使 α 好像不受引力的作用一样。处于器壁附近厚度为 s 的表面层内的分子如 β,情况就不同了。由于对 β 有引力作用的分子分布不对称,平均来说 β 受到一个指向气体内部的合力。气体分子要与器壁碰撞,必然要通过这个区域,那么这个指向气体内部的力将减小分子撞击器壁的动量,从而减小它对器壁的冲力。这层气体分子受到的指向气体内部的力所产生的总效果相当于一个指向内部的压强,叫**内压强** p_{in}。

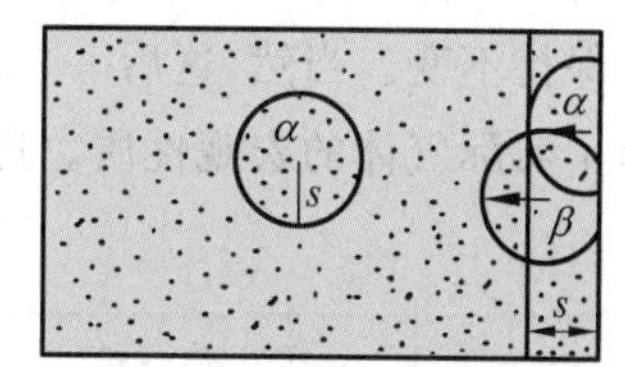

图 9.20 气体内压强的产生

式(9.56)是不考虑分子间引力时气体对容器壁的压强。如果考虑分子间的引力时,气体分子实际作用于器壁的由实验测得的压强 p 应该是式(9.56)的压强减去内压强 p_{in},即

$$p=\frac{RT}{V_{\mathrm{m}}-b}-p_{\mathrm{in}} \tag{9.57}$$

p_{in} 与哪些因素有关呢?由于 p_{in} 等于表面层内分子受内部分子的通过单位面积的作用力,那么这力一方面应与被吸引的表面层内的分子数密度 n 成正比,另一方面还应与施加引

力的那些内部分子的数密度 n 成正比。而这两个 n 的数值是一样的，所以 p_{in} 与 n^2 成正比。又由于 n 与测出的气体体积 V_m 成反比，所以有

$$p_{in} \propto n^2 \propto \frac{1}{V_m^2}$$

或

$$p_{in} = \frac{a}{V_m^2} \tag{9.58}$$

式中 a 为反映分子间引力的一个常数。

将式(9.58)代入式(9.57)就可得到将气体分子视为有吸引力的刚性球时气体的状态方程，即

$$\left(p + \frac{a}{V_m^2}\right)(V_m - b) = RT \tag{9.59}$$

此式适用于1 mol的气体。对质量为 m 的任何气体，其体积 $V = \frac{m}{M} V_m$，所以 $V_m = \frac{M}{m}V$。以此式代入式(9.59)可得适用于质量为 m 的气体的状态方程为

$$\left(p + \frac{m^2}{M^2}\frac{a}{V^2}\right)\left(V - \frac{m}{M}b\right) = \frac{m}{M}RT \tag{9.60}$$

式(9.59)和式(9.60)叫**范德瓦耳斯方程**，是荷兰物理学家范德瓦耳斯(van der Waals)在1873年首先导出的。各种气体的 a，b 值称为范德瓦耳斯常量，可由实验测得。例如，对于氮气，在常温和压强低于 5×10^7 Pa 范围内，a 和 b 的值可取

$$a = 0.84\times10^5\ \text{Pa}\cdot\text{L}^2/\text{mol}^2,\quad b = 0.0305\ \text{L/mol}$$

实际气体在相当大的压强范围内，更近似地遵守范德瓦耳斯方程。这可以由表9.5所列的实验结果和理论值相比较看出来。当1 mol氮气在等温压缩过程中，压强增大1000倍时，pV_m 乘积已增大到两倍，因而玻意耳定律明显失效，但范德瓦耳斯方程中两乘积的数值基本保持不变。当然，这后一乘积也并非准确地保持一定，说明范德瓦耳斯方程也只是近似地表示了实际气体的宏观性质。理论上把完全遵守范德瓦耳斯方程的气体叫**范德瓦耳斯气体**。

表9.5　1 mol氮气在0℃时的数据

实验值		计算值	
p/atm	V_m/L	pV_m/(atm·L)	$\left(p+\frac{a}{V_m^2}\right)(V_m-b)$/(atm/L)
1	22.41	22.41	22.41
100	0.2224	22.24	22.40
500	0.062 35	31.17	22.67
700	0.053 25	37.27	22.65
900	0.048 25	43.40	22.4
1000	0.0464	46.4	22.0

根据范德瓦耳斯方程式(9.59)画出的等温线叫**范德瓦耳斯等温线**。图9.21中画出了一系列这样的等温线，它们和实际气体等温线(图9.18)十分相似，也有一条“临界等温线”。

图 9.21 中某一较低温度下的等温线 $ABEFCD$ 与实际气体等温线（图 9.18 中的低温等温线）相比较，可发现在气态和液态部分，曲线的形状基本一致。这说明，范德瓦耳斯方程能很好地说明实际气体（包括转化为液体后）的性质。实际气体等温线在 BC 间是一段与横轴平行的直线，但范德瓦耳斯等温线在相应部分有一个弯曲，其中 FE 段表示气体的体积随压强增加而增大，这在实际上是不可能实现的状态。但 BE 和 CF 段所表示的状态，实际上是可以实现的。若蒸气中基本上没有尘埃或带电粒子作为**凝结核**，当被压缩时虽然达到了饱和状态 B 仍可能不凝结，甚至在超过同温度的饱和蒸气压的压强下仍以蒸气状态存在，而体积不断缩小（即 BE 段）。这时的蒸气称为**过饱和蒸气**（或过冷蒸气）。这是一种不太稳定的状态，只要引入一些微尘或带电粒子，蒸气分子就会以它们为核心而迅速凝结，过饱和蒸气也就立即回到 BC 直线上饱和蒸气和液体共存的状态。近代研究宇宙射线或粒子反应的实验中常利用这一现象。先使一容器内的蒸气形成过饱和状态，再让高速粒子射入。高速粒子与其他分子相碰时在沿途产生许多离子，蒸气分子就以这些离子为核心而凝结成一连串很小的液珠，从而高速粒子的**径迹**就以白色的雾状细线显示出来了。这样的装置叫**云室**。图 9.21 中 CF 段表示液体所受压力比同温度下饱和蒸气压还小时仍不蒸发。如果液体中没有尘埃或带电粒子作**汽化核**，这样的状态实际上也是可以实现的。这时的液体叫**过热液体**，也是一种不太稳定的状态。发电厂锅炉中的水多次煮沸后已变得很纯净，容易过热。在过热的水中如果猛然加进溶有空气的新鲜水，则将引起剧烈的汽化，而压强突增。曾经由于这种原因引起过锅炉的爆炸。过热液体的汽化在近代物理实验中也能用于显示高速粒子的径迹，常用的液体是纯净的液态氢或丙烷。先使液体达到过热状态，再使高速粒子射入。高速粒子在沿途产生的离子能使过热液体汽化成一连串小气泡，从而显示出粒子的径迹。这种装置叫**气泡室**。图 9.22 是欧洲核子研究中心的气泡室（装有 38 m^3 过热液态氢）的外形和利用气泡室

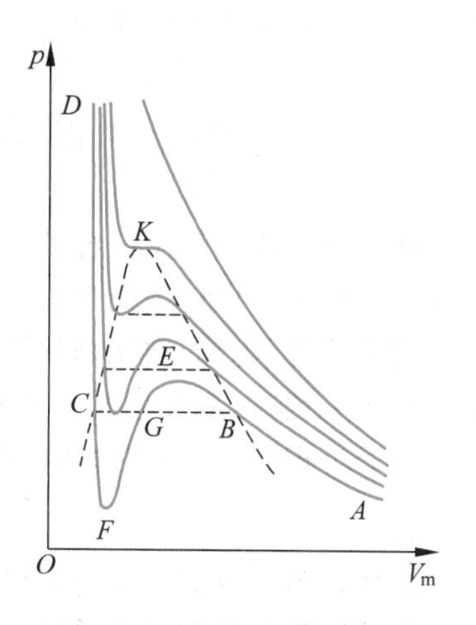

图 9.21 范德瓦耳斯等温线

(a)

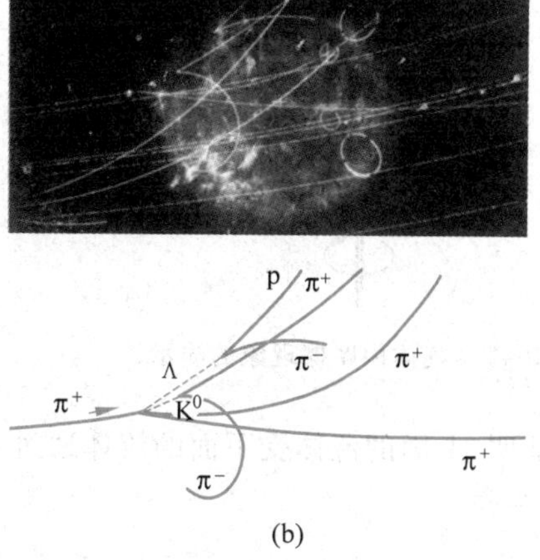

(b)

图 9.22 气泡室的外形和高速粒子径迹的照片

拍摄的高速粒子径迹的照片。

*9.14 非平衡态 输运过程

前面所讨论的都是系统处于平衡态下的问题,实际上还常常遇到处于非平衡态的系统。在这一节里简要地讨论几个最简单的非平衡态的问题。

当系统各部分的宏观物理性质如流速、温度或密度不均匀时,系统就处于非平衡态。在不受外界干预时,系统总要从非平衡态自发地向平衡态过渡。这种过渡称为**输运过程**。

输运过程有三种:内摩擦、热传导和扩散。下面分别介绍它们的基本规律。

1. 内摩擦

流体内各部分流动速度不同时,就发生**内摩擦**现象。气体的内摩擦现象可用图9.23所示的实验演示。A,B为两个水平圆盘,A盘自由悬挂,B盘可以由电动机带着转动。两盘之间是一层空气,开动电动机使B盘转动起来。过不一会儿,发现A盘也跟着转一个角度而停下。这一现象的解释如下。可以把两盘间的空气看做是一层层地组成的。当下面的盘转动时,由于盘面与空气层之间以及各相邻的空气层之间有摩擦作用,所以由下至上各空气层就逐层被带动着转动,直到A盘也被带着转动起来。最后由于悬挂A盘的细丝的扭转制动作用使A盘停在一定的位置。把相邻的空气层之间由于速度不同引起的相互作用力称为**内摩擦力**,也叫**黏力**。液体中如果各部分流速不同时,相邻各部分之间也有黏力作用,而且比气体中的黏力要大。

为了说明内摩擦现象的宏观规律,可考虑以下简单情况。设流体装在两大平板之间(图9.24)。下面的板静止,上面的板沿x向以速度u_0匀速运动,因而板间流体也被带着沿x向流动,但平行于板的各层流体的速度不同,它们的流速u是z的函数。各层流速随z的变化情况可以用**流速梯度**$\mathrm{d}u/\mathrm{d}z$表示,它等于沿z方向经过单位长度时流速的增加量。它是描述**流速不均匀**情况的物理量。设想在流体内,$z=z_0$处有一分界平面,面积为$\mathrm{d}S$,则下面流速小的流体层将对上面流速大的流体层产生向后的黏力$\mathrm{d}\boldsymbol{f}$,上面流体层将对下面的流体层产生向前的黏力$\mathrm{d}\boldsymbol{f}'$,$\mathrm{d}\boldsymbol{f}'=-\mathrm{d}\boldsymbol{f}$。

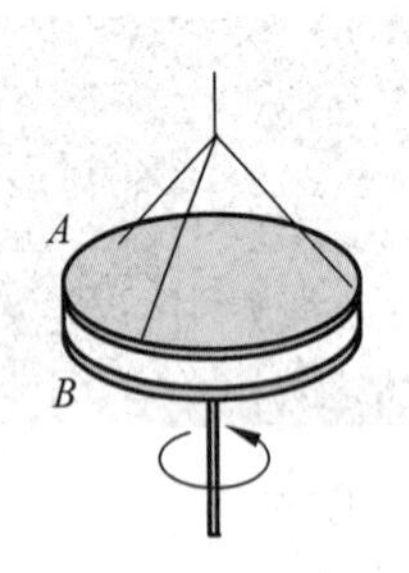

图9.23 气体内摩擦现象的演示

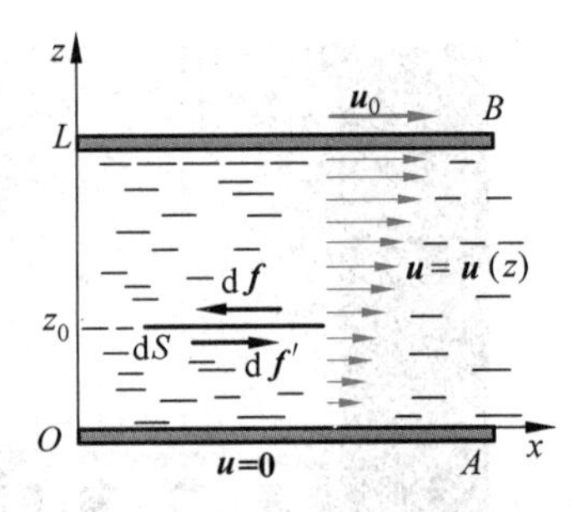

图9.24 流体的内摩擦现象

实验证明,上面的流体受下面的流体通过$\mathrm{d}S$面的黏力$\mathrm{d}f$与该处的流速梯度及面积$\mathrm{d}S$成正比,可写作

$$\mathrm{d}f=-\eta\left(\frac{\mathrm{d}u}{\mathrm{d}z}\right)_{z_0}\mathrm{d}S \tag{9.61}$$

式中比例系数 η 叫流体的**内摩擦系数**或**黏度**，总取正值。η 的数值与流体的性质和状态有关。它的单位是 Pa·s。例如在 20℃ 时水的黏度为 1.005×10^{-3} Pa·s，蓖麻油的为 0.986 Pa·s，而空气的为1.71×10^{-5} Pa·s。上式中的负号表示 df 相对于流速的方向。在图 9.24 所示 $du/dz>0$ 的情况下，$df<0$，说明 dS 上面流体受到下面流体的黏力的方向与流速方向相反。

内摩擦现象的微观机制在液体中和气体中不同。就气体来说，它和分子的热运动以及分子间的碰撞有直接的联系。气体的宏观流速是其中分子在无规则热运动的基础上具有定向速度的表现。像在图 9.24 中那样，dS 下面的气体分子定向速度比其上面的气体分子的小。在无规则运动中，下面的分子会带着自己较小的定向动量越过 dS 跑到上面，经过与上面的分子的碰撞把它的动量传给了上面的分子。同时上面的分子在无规则运动中也会带着自己的较大的定向动量越过 dS 跑到下面来，经过与下面分子的碰撞把它的动量传给了下面的分子。这样交换的结果，将有净的定向动量由上向下输运，使下面气体分子的定向动量增大，宏观上表现为下面的气体受到了向前的作用力；同时上面气体分子的定向动量减小，宏观上表现为上面的气体受到了向后的作用力。因此，气体的内摩擦现象在微观上是分子在热运动中**输运定向动量**的过程。

根据气体动理论可以导出(见下)，气体的黏度与分子运动的微观量的统计平均值有下述关系：

$$\eta=\frac{1}{3}nm\bar{v}\,\bar{\lambda} \tag{9.62}$$

式中，n 为气体的分子数密度；m 为分子的质量；$\bar{v}$ 为平均速率；$\bar{\lambda}$ 为平均自由程。

将式(9.22)中的 $\bar{\lambda}$ 代入式(9.62)，并注意到 $p=nkT$，以及 $\bar{v}=\sqrt{8kT/\pi m}$，可得出在同一温度下 η 与气体的压强无关。麦克斯韦曾亲自做实验测定不同压强(不是太低)下气体的黏度，其结果果然和压强无关。100 多年前的这个实验在当时曾有力地支持了气体动理论。

用气体动理论推导气体的黏度公式

气体的内摩擦现象是由于分子在热运动中通过 dS 面(图 9.24)交换定向动量的结果。为了计算这种交换的宏观效果，先计算在 dt 时间内平均有多少气体分子从下面通过 dS 面进入上方。在宏观流速 u 比分子热运动平均速率 $\bar{v}$ 小很多的情况(通常就是这种情形)下，还可把气体当成处于平衡态处理。根据分子热运动的各向同性，平均来讲，总数中有 1/6 的分子从下向上垂直越过 dS 面，它们的速率，平均来讲，都等于平均速率 $\bar{v}$。以 n 表示分子数密度，则在 dt 时间内从下向上垂直越过 dS 面的分子数，平均来讲，就应是 $\frac{1}{6}n\bar{v}\mathrm{d}S\mathrm{d}t$。这些分子都是在 dS 下面经过最后一次碰撞后越过的。这些分子经历这最后一次碰撞时离 dS 的距离有近有远。平均来讲，可以认为它们经历最后一次碰撞时离 dS 的距离都等于平均自由程 $\bar{\lambda}$。从这里起程越过 dS 面的分子可以认为就带着此处的定向动量 $mu_{z_0-\bar{\lambda}}$。因此，在 dt 时间内由于分子的热运动从下向上带过 dS 面的定向动量就等于

$$\mathrm{d}p_1=\frac{1}{6}n\bar{v}\mathrm{d}S\mathrm{d}t\,m\,u_{z_0-\bar{\lambda}}$$

同理，在同一时间内由于分子的热运动从上向下带过 dS 面的定向动量等于

$$\mathrm{d}p_2=\frac{1}{6}n\bar{v}\mathrm{d}S\mathrm{d}t\,m\,u_{z_0+\bar{\lambda}}$$

两式相减，可得 dS 面上方气体的定向动量增量为

$$\mathrm{d}p = \mathrm{d}p_1 - \mathrm{d}p_2 = \frac{1}{6}n\bar{v}\mathrm{d}S\mathrm{d}tm[u_{z_0-\bar{\lambda}} - u_{z_0+\bar{\lambda}}]$$

(此处按平衡态处理,dS 面上下的 n 和 $\bar{v}$ 相同)。由于

$$u_{z_0-\bar{\lambda}} - u_{z_0+\bar{\lambda}} = -\left(\frac{\mathrm{d}u}{\mathrm{d}z}\right)_{z_0} 2\bar{\lambda}$$

上一式又可写成

$$\mathrm{d}p = -\frac{1}{3}nm\bar{v}\mathrm{d}S\mathrm{d}t\left(\frac{\mathrm{d}u}{\mathrm{d}z}\right)_{z_0}\bar{\lambda}$$

根据牛顿第二定律,由 dS 面上方气体的这一动量的增量可以求出它受 dS 面下方的气体的力,即内摩擦力,应为

$$\mathrm{d}f = \frac{\mathrm{d}p}{\mathrm{d}t} = -\frac{1}{3}nm\bar{v}\bar{\lambda}\left(\frac{\mathrm{d}u}{\mathrm{d}z}\right)_{z_0}\mathrm{d}S$$

$$= -\frac{1}{3}\rho\bar{v}\bar{\lambda}\left(\frac{\mathrm{d}u}{\mathrm{d}z}\right)_{z_0}\mathrm{d}S$$

式中 $\rho=nm$ 是气体的质量密度。将此式和式(9.61)对比,即可得黏度式(9.62)。

2. 热传导

物体内各部分温度不均匀时,将有内能从温度较高处传递到温度较低处,这种现象叫**热传导**。在这种过程中所传递的内能的多少叫**热量**。

为了说明热传导现象的宏观规律,我们考虑以下简单情况。设 A,B 两平板之间充以某种物质(图 9.25),其温度由下而上逐渐降低,温度 T 是 z 的函数,而温度的变化情况可以用**温度梯度** $\mathrm{d}T/\mathrm{d}z$ 表示。它是描述**温度不均匀**情况的物理量。设想在 $z=z_0$ 处有一分界平面,面积为 dS。实验指出,在 dt 时间内通过 dS 沿 z 轴方向传递的热量为

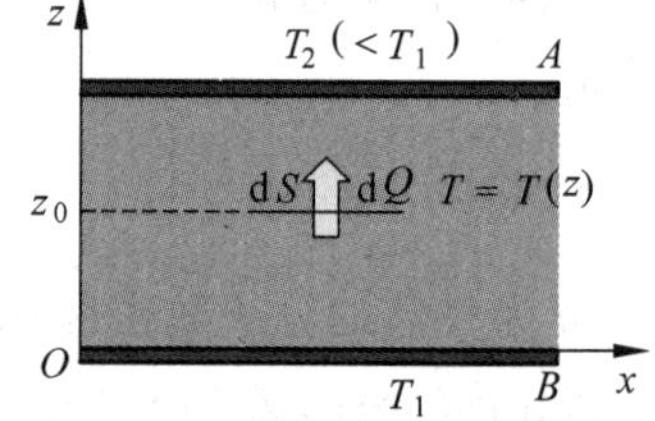

图 9.25 热传导现象

$$\mathrm{d}Q = -\kappa\left(\frac{\mathrm{d}T}{\mathrm{d}z}\right)_{z_0}\mathrm{d}S\mathrm{d}t \tag{9.63}$$

式中 κ 叫**热导率**。它的数值与物质的种类和状态有关,其单位是 W/(m·K)。例如,银的热导率为 406 W/(m·K),红砖的为 0.6 W/(m·K),石棉的为 0.04 W/(m·K),在常温下水的为 0.597 W/(m·K),空气的为 0.024 W/(m·K)。式(9.63)中的负号表明热量总是从温度高的区域向温度低的区域传递(热导率 κ 总取正值)。

热传导现象的微观机制在固体、液体中也和气体中不同。就气体来说,也和分子热运动有直接联系。气体内各部分温度不均匀表明各部分分子平均热运动能量 $\bar{\varepsilon}$ 不同。气体分子在热运动中也要不断地由上到下和由下到上地穿过 dS 面。由下向上的分子带着较大的平均能量,而由上向下的分子带着较小的平均能量。上下分子交换的结果将有净能量自下向上输运。这就在宏观上表现为热传导。因此,气体内的热传导在微观上是分子在热运动中**输运热运动能量**的过程。

根据气体动理论,类似 η 的导出,可得气体热导率与分子运动的微观量的统计平均值有下述关系:

$$\kappa = \frac{1}{3}nm\bar{v}\bar{\lambda}c_V \tag{9.64}$$

式中 c_V 为气体定体比热,单位为 J/(kg·K);其他量的意义和式(9.62)中的相同。

例 9.7

北京冬季一些天的气温白天都为0℃，晚上都在0℃以下。冬泳爱好者白天在户外游泳池破冰游泳，第二天再来时发现水面上又结了厚度约为 $D=3.0\ \mathrm{cm}$ 的冰层。以晚上连续时间 $t=10\ \mathrm{h}$ 结冰计，晚上的平均气温如何？查得冰的熔化热(即1 kg的水在0℃结冰时放出的热)$\lambda=3.3\times10^5\ \mathrm{J/kg}$，冰的密度 $\rho=0.92\times10^3\ \mathrm{kg/m^3}$，热导率为 $\kappa=0.92\ \mathrm{W/(m\cdot K)}$。

解 如图9.26所示，选垂直水面向下为 x 轴正向，未结冰时的自由水面为原点，考虑面积为 $\mathrm{d}S$ 的水面。以 $\mathrm{d}t$ 表示冰层厚度为 x 时再结厚度为 $\mathrm{d}x$ 的冰层所用的时间，在这一段时间内，此薄层冰结成时放出的熔化热就通过其上的冰层放到大气中。以 T 表示大气晚上的平均温度，则由热传导公式(9.63)可得

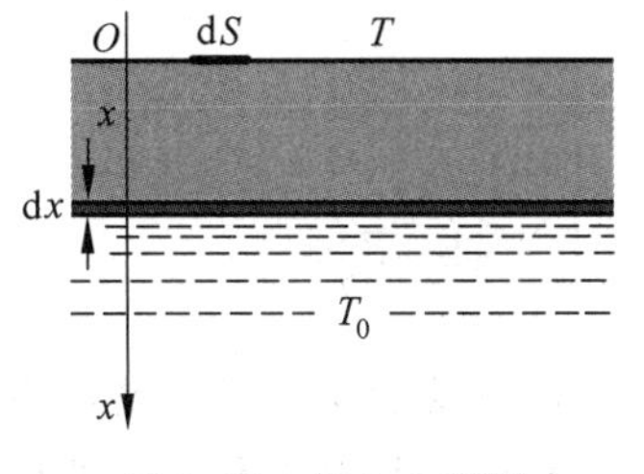

图 9.26 例 9.7 用图

$$\lambda\rho\mathrm{d}S\mathrm{d}x=-\kappa\frac{T-T_0}{x}\mathrm{d}S\mathrm{d}t$$

由于水温 $T_0=0℃$，所以有

$$\mathrm{d}t=-\frac{\lambda\rho x}{\kappa T}\mathrm{d}x$$

两边积分，可得

$$t=-\frac{\lambda\rho D^2}{2\kappa T}$$

由此得晚上平均气温为

$$T=-\frac{\lambda\rho D^2}{2\kappa t}=-\frac{3.3\times10^5\times0.92\times10^3\times(3.0\times10^{-2})^2}{2\times0.92\times3600\times10}=-4.1\ (℃)$$

这个结果和实际的晚上最低温度约为−8℃大致相符。

3. 扩散

两种物质混合时，如果其中一种物质在各处的密度不均匀，这种物质将从密度大的地方向密度小的地方散布，这种现象叫**扩散**。为了说明扩散的宏观规律，我们考虑下面最简单的单纯扩散过程。图9.27所示的混合气体的温度和压强各处都相同。它的两种组分的化学性质相同，只是其中一种组分有放射性，另一种无放射性。例如像二氧化碳气体，一种分子中的碳原子是无放射性的 $^{12}\mathrm{C}$，另一种分子中的碳原子是放射性的 $^{14}\mathrm{C}$。设一种组分(以小圆圈表示)的密度沿 z 轴方向减小，密度 ρ 是 z 的函数，其不均匀情况用**密度梯度** $\mathrm{d}\rho/\mathrm{d}z$ 表示。

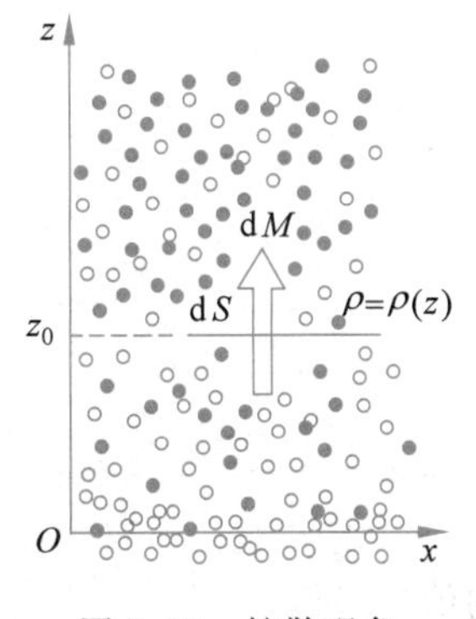

图 9.27 扩散现象

设想在 $z=z_0$ 处有一分界平面，面积为 $\mathrm{d}S$。实验指出，在 $\mathrm{d}t$ 时间内通过 $\mathrm{d}S$ 面传递的这种组分的质量为

$$\mathrm{d}M=-D\left(\frac{\mathrm{d}\rho}{\mathrm{d}z}\right)_{z_0}\mathrm{d}S\mathrm{d}t \tag{9.65}$$

式中 D 为**扩散系数**，它的数值与物质的性质有关，其单位是 $\mathrm{m^2/s}$。式中负号说明扩散总是沿 ρ 减小的方向进行(D 值总取正值)。

从微观上来说，气体中的扩散现象也和气体分子热运动有直接关系。在图9.27中，所述组分在 $\mathrm{d}S$ 下面的密度大，密度大表示该处单位体积内这种分子数多，$\mathrm{d}S$ 上面密度小，表

示这里单位体积内这种分子数少。由于热运动，在同样的 dt 时间内由下向上穿过 dS 面的分子数比由上向下穿过 dS 面的分子数多。因而有净质量由下向上输运。这就在宏观上表现为扩散。因此，气体内的扩散在微观上是分子在热运动中**输运质量**的过程。

由气体动理论，类似 η 的导出，可得在上述单纯扩散的情况下气体的扩散系数与分子运动的微观量的统计平均值有下述关系：

$$D = \frac{1}{3}\bar{v}\bar{\lambda} \tag{9.66}$$

提要

1. 平衡态：一个系统的各种性质不随时间改变的状态。处于平衡态的系统，其状态可用少数几个宏观状态参量描写。从微观的角度看，平衡态是分子运动的**动态平衡**。

2. 温度：处于平衡态的物体，它们的温度相等。温度相等的平衡态称为热平衡。

3. 热力学第零定律：如果 A 和 B 能分别与物体 C 的同一状态处于平衡态，那么当把这时的 A 和 B 放到一起时，二者也必定处于平衡态。这一定律是制造温度计，建立温标，定量地计量温度的基础。

4. 理想气体温标：建立在玻意耳定律（$pV=$常量）的基础上，选定水的三相点温度为 $T_3=273.16\ \mathrm{K}$，以此制造气体温度计。

在理想气体温标有效的范围内，它和热力学温标完全一致。

摄氏温标 t(℃)和热力学温标 T(K)的关系：

$$t = T - 273.15$$

5. 热力学第三定律：热力学(绝对)零度不能达到。

6. 理想气体状态方程：在平衡态下，对理想气体有

$$pV = \nu RT = \frac{m}{M}RT$$

或

$$pV = nkT$$

其中，气体普适常量

$$R=8.31\ \mathrm{J/(mol\cdot K)}$$

玻耳兹曼常量

$$k=R/N_{\mathrm{A}}=1.38\times10^{-23}\ \mathrm{J/K}$$

7. 气体分子的无规则运动

平均自由程($\bar{\lambda}$)：气体分子无规则运动中各段自由路程的平均值。

平均碰撞频率($\bar{z}$)：气体分子单位时间内被碰撞次数的平均值。

$$\bar{\lambda} = \bar{v}/\bar{z}$$

碰撞截面(σ)：一个气体分子运动中可能与其他分子发生碰撞的截面面积，

$$\bar{\lambda} = \frac{1}{\sqrt{2}\sigma n} = \frac{kT}{\sqrt{2}\sigma p}$$

8. 理想气体压强的微观公式

$$p = \frac{1}{3}nm\overline{v^2} = \frac{2}{3}n\bar{\varepsilon}_{\rm t}$$

式中各量都是统计平均值，应用于宏观小微观大的区间。

9. 温度的微观统计意义

$$\bar{\varepsilon}_{\rm t} = \frac{3}{2}kT$$

10. 能量均分定理：在平衡态下，分子热运动的每个自由度的平均动能都相等，且等于$\frac{1}{2}kT$。以 i 表示分子热运动的总自由度，则一个分子的总平均动能为

$$\bar{\varepsilon}_{\rm k} = \frac{i}{2}kT$$

ν(mol)理想气体的内能，只包含有气体分子的无规则运动动能，

$$E = \frac{i}{2}\nu RT$$

11. 速率分布函数：指气体分子速率在速率 v 所在的单位速率区间内的分子数占总分子数的百分比，也是分子速率分布的概率密度，

$$f(v) = \frac{{\rm d}N_v}{N{\rm d}v}$$

麦克斯韦速率分布函数：对在平衡态下，分子质量为 m 的气体，

$$f(v) = 4\pi\left(\frac{m}{2\pi kT}\right)^{3/2} v^2 {\rm e}^{-mv^2/2kT}$$

三种速率：

最概然速率 $$v_{\rm p} = \sqrt{\frac{2kT}{m}} = \sqrt{\frac{2RT}{M}} \approx 1.41\sqrt{\frac{RT}{M}}$$

平均速率 $$\bar{v} = \sqrt{\frac{8kT}{\pi m}} = \sqrt{\frac{8RT}{\pi M}} \approx 1.60\sqrt{\frac{RT}{M}}$$

方均根速率 $$v_{\rm rms} = \sqrt{\frac{3kT}{m}} = \sqrt{\frac{3RT}{M}} \approx 1.73\sqrt{\frac{RT}{M}}$$

*12. **玻耳兹曼分布律**：平衡态下某状态区间（粒子能量为 E）的粒子数正比于 ${\rm e}^{-E/kT}$（玻耳兹曼因子）。

13. 实际气体等温线：在某些温度和压强下，可能存在液汽共存的状态，这时的蒸气叫饱和蒸气。温度高于某一限度，则不可能有这种液汽共存的平衡态出现，因而此时只靠压缩不能使气体液化，这一温度限度叫临界温度。

14. 范德瓦耳斯方程：采用有吸引力的刚性球分子模型，1 mol 气体的状态方程为

$$\left(p + \frac{a}{V_{\rm m}^2}\right)(V_{\rm m} - b) = RT$$

由此式还能说明实际气体的过冷和过热现象。

15. 非平衡态　输运过程：**内摩擦**（输运分子定向动量）、**热传导**（输运分子无规则运动能量）、**扩散**（输运分子质量）。三种过程的宏观规律和系数的微观表示式如下：

内摩擦　$\mathrm{d}f=-\eta\left(\frac{\mathrm{d}u}{\mathrm{d}z}\right)_{z_0}\mathrm{d}S$，　$\eta=\frac{1}{3}mn\bar{v}\bar{\lambda}$

热传导　$\mathrm{d}Q=-\kappa\left(\frac{\mathrm{d}T}{\mathrm{d}z}\right)_{z_0}\mathrm{d}S\mathrm{d}t$，　$\kappa=\frac{1}{3}mn\bar{v}\bar{\lambda}c_V$

扩散　$\mathrm{d}M=-D\left(\frac{\mathrm{d}\rho}{\mathrm{d}z}\right)_{z_0}\mathrm{d}S\mathrm{d}t$，　$D=\frac{1}{3}\bar{v}\bar{\lambda}$

思考题

9.1　什么是热力学系统的平衡态？为什么说平衡态是热动平衡？

9.2　怎样根据平衡态定性地引进温度的概念？对于非平衡态能否用温度概念？

9.3　用温度计测量温度是根据什么原理？

9.4　理想气体温标是利用气体的什么性质建立的？

9.5　图9.28是用扫描隧穿显微镜(STM)取得的石墨晶体表面碳原子排列队形的照片。试根据此照片估算一个碳原子的直径。

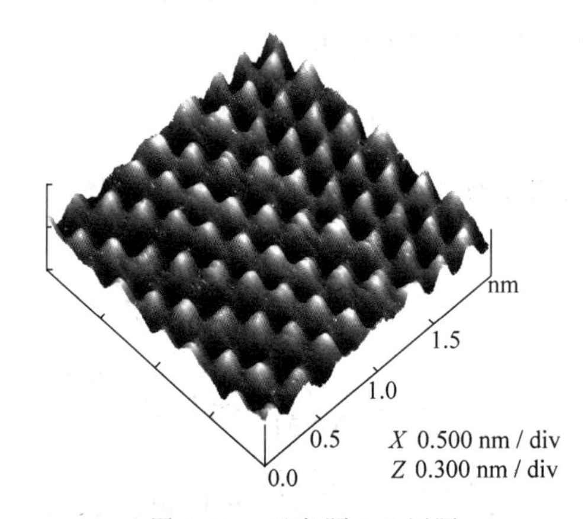

图9.28　思考题9.5用图

9.6　地球大气层上层的电离层中，电离气体的温度可达2000 K，但每立方厘米中的分子数不超过10^5个。这温度是什么意思？一块锡放到该处会不会被熔化？已知锡的熔点是505 K。

9.7　如果盛有气体的容器相对某坐标系作匀速运动，容器内的分子速度相对这坐标系也增大了，温度也因此升高吗？

9.8　在大气中随着高度的增加，氮气分子数密度与氧气分子数密度的比值也增大，为什么？

9.9　一定质量的气体，保持体积不变。当温度升高时分子运动得更剧烈，因而平均碰撞次数增多，平均自由程是否也因此而减小？为什么？

9.10　在平衡态下，气体分子速度$\boldsymbol{v}$沿各坐标方向的分量的平均值$\bar{v}_x$，$\bar{v}_y$和$\bar{v}_z$各应为多少？

9.11　对一定量的气体来说，当温度不变时，气体的压强随体积的减小而增大；当体积不变时，压强随温度的升高而增大。从宏观来看，这两种变化同样使压强增大，从微观来看它们有何区别？

9.12　根据下述思路粗略地推导理想气体压强微观公式。设想在四方盒子内装有处于平衡态的理想气体，从统计平均效果讲，可认为所有气体分子的平均速率都是$\bar{v}$，且总数中有1/6垂直地向某一器壁运动而冲击器壁。计算动量变化以及压强(忽略$\bar{v}$与$\sqrt{\overline{v^2}}$的差别)。

9.13 试用气体动理论说明，一定体积的氢和氧的混合气体的总压强等于氢气和氧气单独存在于该体积内时所产生的压强之和。

9.14 在相同温度下氢气和氧气分子的速率分布的概率密度是否一样？试比较它们的 v_p 值以及 v_p 处概率密度的大小。

9.15 证明 $v_{rms}=\sqrt{3p/\rho}$，其中 ρ 为气体的质量密度。

9.16 在深秋或冬日的清晨，有时你会看到蓝天上一条笔直的白练在不断延伸。再仔细看去，那是一架正在向右飞行的喷气式飞机留下的径迹(图 9.29)。喷气式飞机在飞行时喷出的"废气"中充满了带电粒子，那条白练实际上是小水珠形成的雾条。你能解释这白色雾条形成的原因吗？

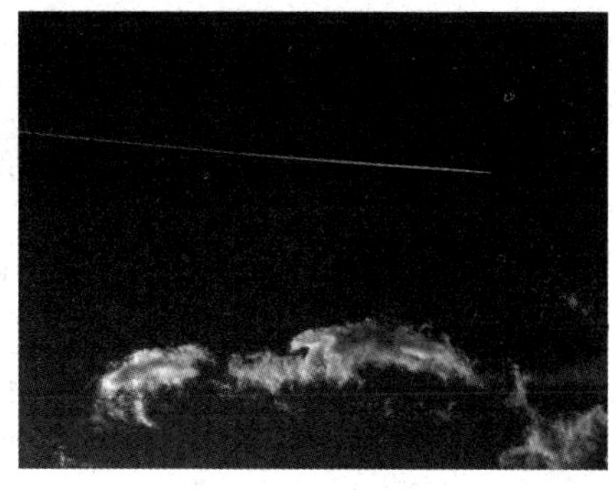

图 9.29 白练映蓝天

9.17 试根据热导率的微观公式说明：当容器内的气体温度不变而压强降低时，它的热导率将保持不变；当压强降低到分子运动的平均自由程和容器线度可比或更低时，气体的热导率将随压强的降低而减小。

习题

9.1 定体气体温度计的测温气泡放入水的三相点管的槽内时，气体的压强为 6.65×10^3 Pa。

(1) 用此温度计测量 373.15 K 的温度时，气体的压强是多大？

(2) 当气体压强为 2.20×10^3 Pa 时，待测温度是多少 K？多少℃？

9.2 温度高于环境的物体会逐渐冷却。实验指出，在物体温度 T 和环境温度 T_s 差别不太大的情况下，物体的冷却速率和温差($T-T_s$)成正比，即

$$-\frac{dT}{dt}=A(T-T_s)$$

其中 A 是比例常量。试由上式导出，在 T_s 保持不变，物体初温度为 T_1 的情况下，经过时间 t，物体的温度变为

$$T=T_s+(T_1-T_s)e^{-At}$$

一天早上房内温度是 25℃时停止供暖，室外气温为－10℃。40 min 后房内温度降为 20℃，再经过多长时间房内温度将降至 15℃？

9.3 "28"自行车车轮直径为 71.12 cm(相当于 28 英寸)，内胎截面直径为 3 cm。在－3℃的天气里向空胎里打气。打气筒长 30 cm，截面半径 1.5 cm。打了 20 下，气打足了，问此时车胎内压强是多少？设车胎内最后气体温度为 7℃。

9.4 在 90 km 高空，大气的压强为 0.18 Pa，密度为 3.2×10^{-6} kg/m^3。求该处的温度和分子数密度。空气的摩尔质量取 29.0 g/mol。

9.5 一个大热气球的容积为 2.1×10^4 m^3，气球本身和负载质量共 4.5×10^3 kg，若其外部空气温度为 20℃，要想使气球上升，其内部空气最低要加热到多少度？

9.6 目前可获得的极限真空度为 1.00×10^{-18} atm。求在此真空度下 1 cm^3 空气内平均有多少个分子？设温度为 20℃。

9.7 星际空间氢云内的氢原子数密度可达 10^{10} m^{-3}，温度可达 10^4 K。求这云内的压强。

9.8 在较高的范围内大气温度 T 随高度 y 的变化可近似地取下述线性关系：

$$T=T_0-\alpha y$$

其中，T_0 为地面温度；α 为一常量。

(1) 试证明在这一条件下,大气压强随高度变化的关系为

$$p = p_0 \exp\left[\frac{Mg}{\alpha R}\ln\left(1-\frac{\alpha y}{T_0}\right)\right]$$

(2) 证明 $\alpha \to 0$ 时,上式转变为式(9.16)。

(3) 通常取 $\alpha = 0.6$℃/100 m,试求珠穆朗玛峰峰顶的温度和大气压强。已知 $M = 29.0$ g/mol,$T_0 = 273$ K,$P_0 = 1.00$ atm。

9.9　证明:在平衡态下,两分子热运动相对速率的平均值 $\bar{u}$ 与分子的平均速率 $\bar{v}$ 有下述关系:

$$\bar{u} = \sqrt{2}\,\bar{v}$$

[提示:写 u_{12} 和 v_1,v_2 的关系式,然后求平均值。]

9.10　试证不论气体分子速率分布函数的形式如何,其分子热运动的速率均满足式

$$\sqrt{\overline{v^2}} \geqslant \bar{v}$$

[提示:考虑速率对平均值的偏差$(v-\bar{v})$的平方的平均值。]

9.11　氮分子的有效直径为 3.8×10^{-10} m,求它在标准状态下的平均自由程和连续两次碰撞间的平均时间间隔。

9.12　真空管的线度为 10^{-2} m,其中真空度为 1.33×10^{-3} Pa,设空气分子的有效直径为 3×10^{-10} m,求27℃时单位体积内的空气分子数、平均自由程和平均碰撞频率。

9.13　在 160 km 高空,空气密度为 1.5×10^{-9} kg/m^3,温度为 500 K。分子直径以 3.0×10^{-10} m 计,求该处空气分子的平均自由程与连续两次碰撞相隔的平均时间。

9.14　在气体放电管中,电子不断与气体分子碰撞。因电子的速率远大于气体分子的平均速率,所以气体分子可以认为是不动的。设电子的"有效直径"比起气体分子的有效直径 d 来可以忽略不计。求:

(1) 电子与气体分子的碰撞截面;

(2) 电子与气体分子碰撞的平均自由程(以 n 表示气体分子数密度)。

9.15　一篮球充气后,其中有氮气 8.5 g,温度为 17℃,在空中以 65 km/h 做高速飞行。求:

(1) 一个氮分子(设为刚性分子)的热运动平均平动动能、平均转动动能和平均总动能;

(2) 球内氮气的内能;

(3) 球内氮气的轨道动能。

9.16　温度为27℃时,1 mol 氦气、氢气和氧气各有多少内能?1 g 的这些气体各有多少内能?

9.17　一容器被中间的隔板分成相等的两半,一半装有氦气,温度为 250 K;另一半装有氧气,温度为 310 K。二者压强相等。求去掉隔板两种气体混合后的温度。

9.18　有 N 个粒子,其速率分布函数为

$$f(v) = av/v_0 \quad (0 \leqslant v \leqslant v_0)$$

$$f(v) = a \quad (v_0 \leqslant v \leqslant 2v_0)$$

$$f(v) = 0 \quad (v > 2v_0)$$

(1) 作速率分布曲线并求常数 a;

(2) 分别求速率大于 v_0 和小于 v_0 的粒子数;

(3) 求粒子的平均速率。

9.19　日冕的温度为 2×10^6 K,求其中电子的方均根速率。星际空间的温度为 2.7 K,其中气体主要是氢原子,求那里氢原子的方均根速率。1994 年曾用激光冷却的方法使一群 Na 原子几乎停止运动,相应的温度是 2.4×10^{-11} K,求这些 Na 原子的方均根速率。

9.20　火星的质量为地球质量的 0.108 倍,半径为地球半径的 0.531 倍,火星表面的逃逸速度多大?以表面温度 240 K 计,火星表面 CO_2 和 H_2 分子的方均根速率多大?以此说明火星表面有 CO_2 而无 H_2(实际上,火星表面大气中 96%是 CO_2)。

木星质量为地球的 318 倍,半径为地球半径的 11.2 倍,木星表面的逃逸速度多大?以表面温度

130 K 计，木星表面 H_2 分子的方均根速率多大？以此说明木星表面有 H_2（实际上木星大气 78%质量为 H_2，其余的是 He，其上盖有冰云，木星内部为液态甚至固态氢）。

9.21 烟粒悬浮在空气中受空气分子的无规则碰撞作布朗运动的情况可用普通显微镜观察，它和空气处于同一平衡态。一颗烟粒的质量为 1.6×10^{-16} kg，求在 300 K 时它悬浮在空气中的方均根速率。此烟粒如果是在 300 K 的氢气中悬浮，它的方均根速率与在空气中的相比会有不同吗？

9.22 质量为 6.2×10^{-14} g 的碳粒悬浮在 27℃的液体中，观察到它的方均根速率为 1.4 cm/s。试由气体普适常量 R 值及此实验结果求阿伏伽德罗常量的值。

9.23 试将麦克斯韦速率分布律改写成按平动动能 ε_t 分布的形式

$$\mathscr{F}(\varepsilon_t)\mathrm{d}\varepsilon_t = \frac{2}{\sqrt{\pi}}(kT)^{-3/2}\varepsilon_t^{1/2}\mathrm{e}^{-\varepsilon_t/kT}\mathrm{d}\varepsilon_t$$

由此求出最概然平均动能，并和 $\frac{1}{2}mv_p^2$ 比较。

9.24 皮兰对悬浮在水中的藤黄粒子数按高度分布的实验应用了公式

$$\frac{RT}{N_A}\ln\frac{n_0}{n} = \frac{4}{3}\pi a^3(\Delta-\delta)gh$$

式中，n 和 n_0 分别表示上下高度差为 h 的两处的粒子数密度；Δ 为藤黄的密度；δ 为水的密度；a 为藤黄粒子的半径。

(1) 试根据玻耳兹曼分布律推证此公式；

(2) 皮兰在一次实验中测得的数据是 $a=0.212\times10^{-6}$ m，$\Delta-\delta=0.2067$ g/cm^3，$t=20$℃，显微镜物镜每升高 30×10^{-6} m 时数出的同一液层内的粒子数分别是 7160，3360，1620，860。试验算这一组数目基本上是几何级数，从而证明粒子数密度是按指数规律递减的，并利用第一和第二个数计算阿伏伽德罗常量的值。

9.25 一汽缸内封闭有水和饱和水蒸气，其温度为 100℃，压强为 1 atm，已知这时水蒸气的摩尔体积为 3.01×10^4 cm^3/mol。

(1) 每 cm^3 水蒸气中含有多少个水分子？

(2) 每秒有多少水蒸气分子碰撞到 1 cm^2 面积的水面上？

(3) 设所有碰到水面上的水蒸气分子都凝聚成水，则每秒有多少水分子从 1 cm^2 面积的水面上跑出？

(4) 等温压进活塞使水蒸气的体积缩小一半后，水蒸气的压强是多少？

9.26 容器容积为 20 L，其中装有 1.1 kg 的 CO_2 气体，温度为 13℃，试用范德瓦耳斯方程求气体的压强（取 $a=3.64\times10^5$ Pa·L^2/mol^2，$b=0.0427$ L/mol），并与用理想气体状态方程求出的结果作比较。这时 CO_2 气体的内压强多大？

*9.27 对比图 9.18 和图 9.21，可看出 CO_2 气体的临界等温线上的临界点 K 是范德瓦耳斯临界等温线的水平拐点。

(1) 将范德瓦耳斯方程(9.59)写成 $p=f(V_m)$ 的形式并利用水平拐点的数学条件证明两个范德瓦耳斯常量

$$a = 3V_{m,c}^2 p_c, \quad b = \frac{V_{m,c}}{3}$$

(2) 根据图 9.18 中标出的临界点 K 的压强和体积求 CO_2 气体的 a 和 b 的数值。

*9.28 在标准状态下氦气(He)的黏度 $\eta=1.89\times10^{-5}$ Pa·s，$M=0.004$ kg/mol，$\bar{v}=1.20\times10^3$ m/s，试求：

(1) 在标准状况下氦原子的平均自由程；

(2) 氦原子的直径。

*9.29 热水瓶胆的两壁间距 $l=0.4$ cm，其间充满 $t=27$℃的 N_2，N_2 分子的有效直径 $d=3.7\times10^{-10}$ m，问两壁间的压强降低到多大以下时，N_2 的热导率才会比它在常压下的数值小？

*9.30 设有一半径为 R 的水滴悬浮在空气中，由于蒸发而体积逐渐缩小，蒸发出的水蒸气扩散到周围空气中。设其近邻处水蒸气的密度为 ρ，远处水蒸气的密度为 ρ_∞，水蒸气在空气中的扩散系数为 D，水的密度为 ρ_w。证明：

(1) 水滴的蒸发速率为 $W=4\pi D(\rho-\rho_\infty)R$；

(2) 全部蒸发完需要的时间为 $t=\rho_w R^2/2D(\rho-\rho_\infty)$。

玻耳兹曼

大爆炸和宇宙膨胀

E.1 现时的宇宙

我们生活在地球上,地球是太阳系的一颗行星。太阳是个恒星,看起来很亮很大,其实也不过是和天上那许多星一样的一颗星,只是离地球特别近(1.5×10^8 km 或仅仅只有 1.6×10^{-5} l.y.)罢了。天上有许多星,人用肉眼可以看到的不过2000颗,看来绵延不断的银河其实也是由许多星组成的。这一点最早是伽利略用自己发明的望远镜发现的,现在用更大的望远镜看得更清楚了。观测指出,银河大约包含 10^{11} 颗星,这些星聚集成铁饼的形状(图E.1),直径约 10^5 l.y.,中间厚度约 10^4 l.y.。太阳系就处在这铁饼中离中心 3×10^4 l.y.的地方。由于在地球上只能从侧面看这一群星,再加上肉眼不能细辨,所以就看成是一条亮河了,这就是**我们的银河系**。

图E.1 从侧面看我们的银河系

早在200年前人们还观察到我们的银河系中有许多发出微光的亮片,人们把这些亮片叫做"星云"。后来,用大的望远镜观察到,这些星云实际上也由许多星组成,因此改称为**星系**。到目前为止,用大的望远镜(包括光学的和无线电的)在我们的银河系之外已经发现了约 10^{11} 个星系,其中大的包括 10^{13} 颗恒星,小的则只有 10^6 颗恒星。这些星系的形状有球形的(图E.2(a))、椭球形的、涡旋状的(图E.2(b),我们的银河系从正面看就是这个样子)、棒旋状的(图E.2(c)),还有许多稀奇古怪不规则形的(图E.2(d)),这些星系离我们都在百万光年以上。近年来又发现有"红移"异常的"类星体",它们离我们更远。例如,1989年发现的一个类星体(PC—1158+4635)离我们的距离估计为 1.40×10^{10} l.y.。

在浩瀚的太空里,星系又组成**星系团**,我们的银河系就属于一个叫做“**本星系群**”的小星系团。星系团还可能组成超星系团,哈勃曾对天空各个方向的不同空间体积计算过遥远星系的数目。他发现体积越大,所包含的星系越多,并且星系的分布几乎不随方向改变。后来的观测又说明宇宙中星系的分布在大尺度上是均匀的,例如当把半径为30亿光年的一些遥远区域进行比较时,发现它们的星系和类星体的数目在1%的误差范围内是相等的。宇宙的质量分布在大尺度上均匀这一结论叫做**宇宙学原理**。

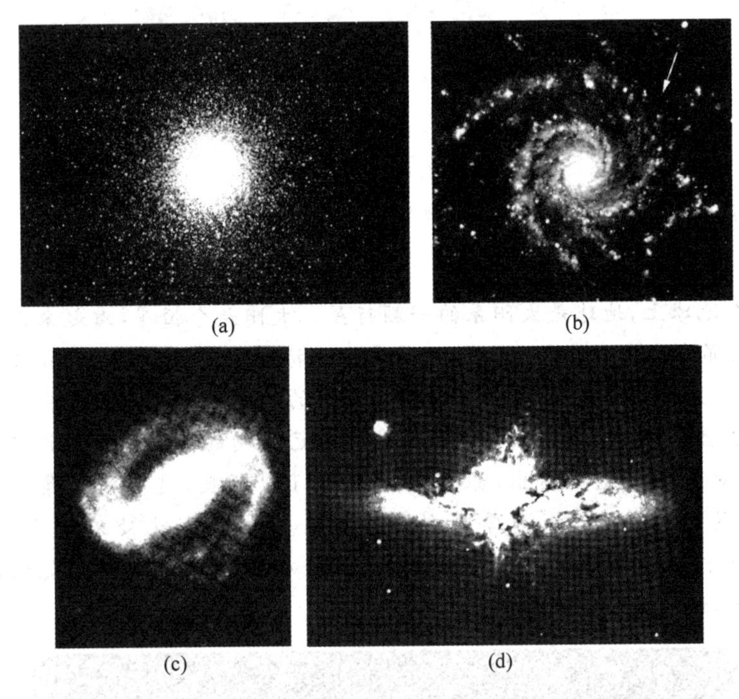

图E.2 几种星系的图像

(a) 球形星系;(b) 涡旋状星系;(c) 棒旋状星系;(d) 不规则形星系

宇宙有多大?形状如何?结构如何?又是如何发展的?从大尺度上研究宇宙的这些问题的科学叫**宇宙学**。它在近年来有很大的发展,大爆炸理论就是宇宙学中关于宇宙发展的一个得到某些证明的颇能引人入胜的理论。

E.2 宇宙膨胀和大爆炸

在20世纪最初的20年里,斯里夫尔(V. Slipher)在劳威尔天文台曾仔细地研究过星系的光谱,发现光谱有**红移**现象(也有极少的星系,如仙后座星系,有蓝移现象)。所谓红移,就是整个光谱结构向光谱红色一端偏移的现象。这现象可以用**多普勒效应**加以解释,它起源于星系的**退行**,即**离开**我们的运动。从红移的大小还可以算出这种退行的速度。根据这种解释,斯里夫尔就发现了绝大多数星系都以不同的速度离开我们运动着。

1929年,哈勃把他所测得的各星系的距离和它们各自的退行速度画到一张图上(图E.3),他发现,在大尺度上,星系的退行速度是和它们离开我们的距离成正比,越远的星

系退行得越快。这一正比关系叫做**哈勃定律**，它的数学表达式为

$$v_0 = H_0 r \tag{E.1}$$

式中比例系数 H_0 叫**哈勃常量**。目前，对 WMAP 探测器给出的精确的 H_0 的最好的估计值为

$$H_0 = 2.32 \times 10^{-18}\ \mathrm{s}^{-1}$$

主要是由于远处星系距离的不确定性，这一常量的误差至少有 25%。

根据哈勃的理论，可以想象出如图 E.4 所示的图像。图中 O 是我们的银河系，其他的星系都离开我们而去。这个图容易给我们一个错觉，好像我们的银河系处于宇宙的中心。其实我们的银河系在 10^{11} 个星系中并没有占据任何特殊的地位，其他星系也并非只是离开我们而去，而是**彼此离去**。从任何一个星系上看，其他星系都离开它而退行，这实际上显示了一幅**宇宙膨胀**的图景。

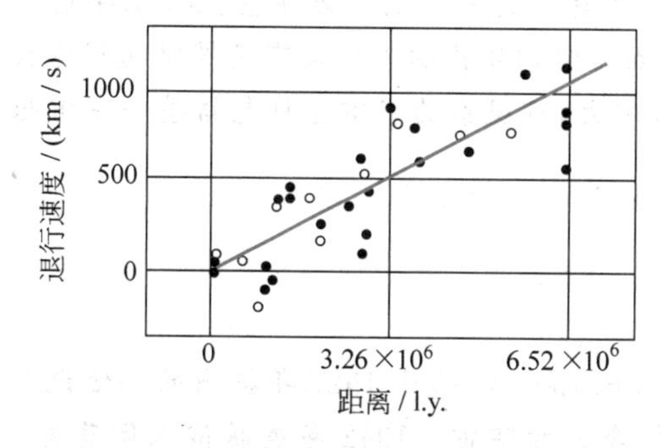

图 E.3 哈勃的星系退行速度与距离图

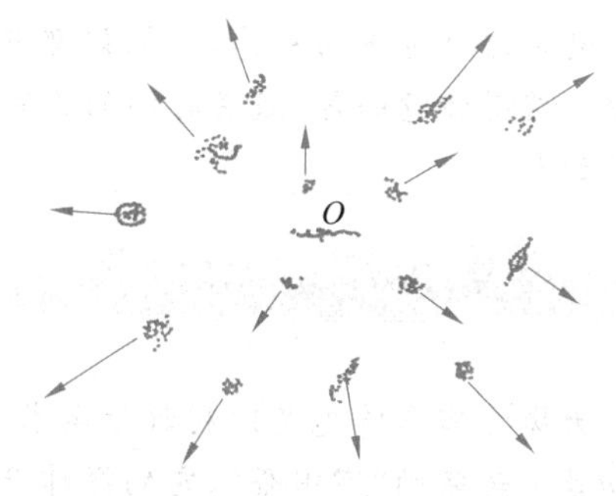

图 E.4 宇宙膨胀图景示意

膨胀怎么可能没有中心呢？这涉及广义相对论所揭示的时空本身的性质，在我们生活的这个三维空间内是不容易形象地理解这一点的。为了说明这一点，可设想二维的膨胀，如图 E.5 所示的氢气球的表面就是一个"二维空间"，上面有许多黑点代表一个个星系。当氢气球膨胀时，表面上各点间的距离都要增大，因而从任何一个黑点望去，周围的黑点都是离它而去的，这种"膨胀"就没有中心。

还有一点要说明的。宇宙膨胀是宇宙本身的膨胀，不能想象成一个什么实体在一个更大的"空间"内膨胀。在时间和空间上，宇宙是无"外"的。

尽管这样，宇宙膨胀的图景还是可以用一个简单的类比来描述的。当手榴弹在空中爆炸后，弹片向各个方向飞散，不同的碎片可以有不同的速度。从爆炸开始经过一段时间 t，速度为 v 的碎片离开爆炸中心的距离为

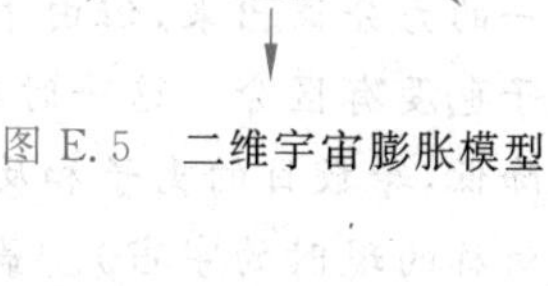

$$r = vt$$

图 E.5 二维宇宙膨胀模型

将此公式改写成

$$v = \frac{1}{t} r \tag{E.2}$$

可以看出，在任意时刻，碎片的飞散速度与离爆炸点的距离成正比。除去手榴弹爆炸有一个爆炸中心而星系退行没有中心外，式(E.2)和式(E.1)是完全一样的。这就向人们显示，星系的运动可能是许多年前的一次爆炸引起的，宇宙的那一次起始的爆炸就叫**大爆炸**。

如果真是这样，我们就可以算出宇宙的年龄，即从大爆炸开始到现在的时间。在式(E.2)中，t 表示从爆炸开始的时间。和此式对比，可知哈勃公式(E.1)中的 H_0 的倒数就应该是宇宙的年龄 T_0，即

$$T_0 = \frac{1}{H_0} = \frac{1}{2.32 \times 10^{-18}} = 4.31 \times 10^{17}(\mathrm{s}) = 1.37 \times 10^{10}(\mathrm{a})$$

WMAP 探测器给出的宇宙年龄为$(1.37 \pm 0.02) \times 10^{10}$ a。

还可以由哈勃常量导出另一个有意义的数字——宇宙的大小。按相对论的结论，光速是宇宙中最大的速度，在宇宙年龄 140 亿年这段时间里，光走过的距离 R_0 就应是 140 亿光年，即

$$R_0 = 1.4 \times 10^{10}\ \mathrm{l.y.}$$

R_0 这一距离可以作为宇宙大小的量度，它叫做**可观察的宇宙**的半径。只要有足够大的望远镜，在这一范围内的任何星体我们都能看到，当然看到的是它们百万年甚至百亿年前的情况。超出这个范围的星体，我们就都看不到了，因为它们发出的光还没有足够时间到达我们这里。值得注意的是，随着时间的推移，R_0 越来越大，可观察的宇宙也将包括整个宇宙越来越多的部分。

E.3　从大爆炸到今天

大爆炸概念首先是比利时数学家勒默策(G. E. Lemaitre)于 1927 年提出的。他说宇宙最初是个致密的“宇宙蛋”，它的爆炸产生了我们今天的宇宙。1942 年美籍俄人伽莫夫(G. Gamow)把这一概念具体化，经过计算描绘了大爆炸。从他开始到今天，大爆炸宇宙学家作出的关于宇宙诞生以后的延续过程大致如下。

大爆炸　宇宙开始于一个**奇点**，那时它有无限高的温度和无限大的密度，目前还不能用已知的数学和物理的规律说明当时的情况。时间从此爆炸开始，空间从此爆炸扩大。

最初半小时　根据现有的有关基本粒子的理论(现在已发现，至小的基本粒子的理论和至大的宇宙的演化的理论是相通的)，可以推知大爆炸后 10^{-43} s(称为“普朗克时间”)的情况。那时宇宙的半径是 10^{-35} m(普朗克长度)，能量是 10^9 J(相应的质量为 0.01 mg，叫普朗克质量)而密度是 $10^{97}\ \mathrm{kg/m^3}$，温度为 10^{32} K(地球的平均密度为 $5\times10^3\ \mathrm{kg/m^3}$，温度为 300 K；宇宙现时的平均密度估计为 $10^{-27}\ \mathrm{kg/m^3}$，温度为 3 K)。这时宇宙极其简单而对称，只有时间、空间和真空场。在 10^{-36} s，温度为 10^{28} K 时，宇宙发生了一次**暴涨**，到 10^{-34} s，其直径增大了 10^{50} 倍，温度降到了 10^{26} K。这引起了数目惊人的粒子的产生。这时虽然引力已从统一的力分离出来，但由于能量过高，强力、弱力和电磁力都还是统一的而未分开，而产生的粒子也没有区分。这一时期重子数不守恒的过程大量进行，造成重子略多于反重子(其后温度降低，等数目的重子和反重子相遇湮灭，就留下了只有中子和质子而几乎看不到反重子的不对称的现时的宇宙)。暴涨过后，宇宙继续膨胀，强作用、弱作用和电磁作用逐渐区分开来。这一期间宇宙中有各种粒子，包括现今各种高能加速器中产生的那些粒子。由于温度很高(10^{10} K 以上)，各个粒子的生存时间都是极短的，它们通过相互碰撞而相互转化。原子这时还不可能形成。粒子转化主要是质子和反质子、电子和正电子相遇时的湮灭。这种湮灭产生了大量的光子、中微子以及反中微子，以致在半小时后有质量的粒子数和光子数的比约为 10^{-9}。

半小时后，由于宇宙的膨胀，温度大大降低(10^8 K)。这时各种粒子在相互碰撞中由于能量不够，不能相互转化了(少量的湮灭除外)。因此，从这时起宇宙中各种粒子数的丰度就基本保持不变了，此时各种粒子的丰度如表 E.1 所示。

表 E.1　半小时后宇宙中各种粒子的相对丰度(按粒子数计)

粒子种类	半小时后的相对丰度(理论计算值)	现时太阳系和类似星体中的相对丰度
质子	1	1
电子	1.16	1.16
氦核	0.08	0.08
碳核	1.6×10^{-6}	3.7×10^{-4}
氮核	4×10^{-7}	1.15×10^{-4}
氧核	4×10^{-8}	6.7×10^{-4}
氖核	1.8×10^{-10}	1.1×10^{-4}
钠和其他重核	2.5×10^{-9}	2.2×10^{-4}
光子	1×10^{9}	—
中微子和反中微子	0.82×10^{9}	—

在表 E.1 中，需要说明的是氢和氦的丰度。观测表明，现今星体中主要物质就是氢和氦。不论是老年恒星，或像太阳这样的中年的恒星，或年轻得多的恒星，它们的氢(质子)的丰度以及氦的丰度差不多都是一样的，像表 E.1 中所列的那样：按粒子数算氢约占 93%，氦 7%；按质量算，氦占 24%。这一结果对大爆炸理论有重要的意义。大爆炸理论给出氦元素基本上是在大爆炸后几分钟宇宙温度是 10^9 K 时，由质子的聚变形成的。但这一炽热状态时间不长，由此可算出这种反应产生的氢和氦的丰度的质量比约为 75 比 25。这一比值半小时后就被一直保持下来了(这也幸运地为我们今天的物质世界保留了大量可贵的中子)。今天实测的氦丰度和这一理论在数量上的相符，是大爆炸理论的令人信服的证据之一。

随后的 100 万年　从表 E.1 中可以看出，在半小时后，宇宙中有比粒子数大到 10^9 倍的光子，所以当时宇宙是光子的海洋。由于这时温度仍然很高，光子有足够的能量击碎任何短暂形成的原子，把后者的电子剥去，所以当时没有可能出现原子。但是随着宇宙的膨胀，光子的能量在不断减小，这是多普勒效应的结果。由于宇宙的膨胀，光子到达任何一点(例如一个刚刚形成的原子)时都将由于退行引起的多普勒效应而使其波长增大而能量减小，由于退行速度随着宇宙的膨胀而逐渐增大，这些光子的波长也就不断增大而能量不断减小。大约经过 40 万年，这些由在爆炸初期产生的光子的能量就降到了不足以击碎原子甚至激发原子的程度。宇宙这时就进入了**退耦代**，即光子和原子相互分离，宇宙也变成了透明的。这时宇宙的温度约为 3000 K。从这时开始，原子开始形成，但也只能产生较轻的元素。至于较重的元素，那是在星系、恒星形成后，在恒星内部形成的。在恒星形成后，在各恒星内部也就有各自不同的温度了。

从退耦代开始，随着宇宙的膨胀，那些在爆炸初期产生的光子继续在太空中游曳，能量也在不断减小。伽莫夫据此提出在一百几十亿年之后这种显示大爆炸遗迹的光子应该仍然存在。他还计算出这种光子的波长应该是 1 mm,即相当于无线电微波,和这种光子相应的温度应该是 5 K 左右。这一预言惊人地被证实了。

1964 年彭齐亚斯(A. Penzias)和威尔孙(R. Wilson)在贝尔实验室用他们新制成的非常灵敏的微波天线和卫星进行通信联络时,发现无论天线指向何方,总会接收到微波段的噪声。他们公布了这一发现后,普林斯顿的科学家们马上就意识到了这一发现的宇宙学意义,指出它可能就是大爆炸的遗迹而称之为"宇宙背景辐射"。接着就有其他人也做了类似的测量,并测出了不同波长噪声的强度。有的人还把探测器发射到大气层上面进行测量。特别是在 1989 年 11 月美国发射了一颗专门的宇宙背景辐射探测器(cosmic background explorer,COBE)(图 E.6(a)),它发回的测量结果如图 E.6(b)所示。图中横轴表示背景辐射光子的频率(以 3×10^{10} Hz 为单位),纵轴表示不同频率的相对光子数,即辐射强度,方点表示测量数据。连续曲线表示一个标准发光体(绝对黑体)在温度为 2.725 K 时发射的辐射强度随光子频率分布的理论曲线。测量结果和理论曲线的完美重合而且温度值和伽莫夫的预言基本相符是大爆炸理论的又一个令人信服的证据。

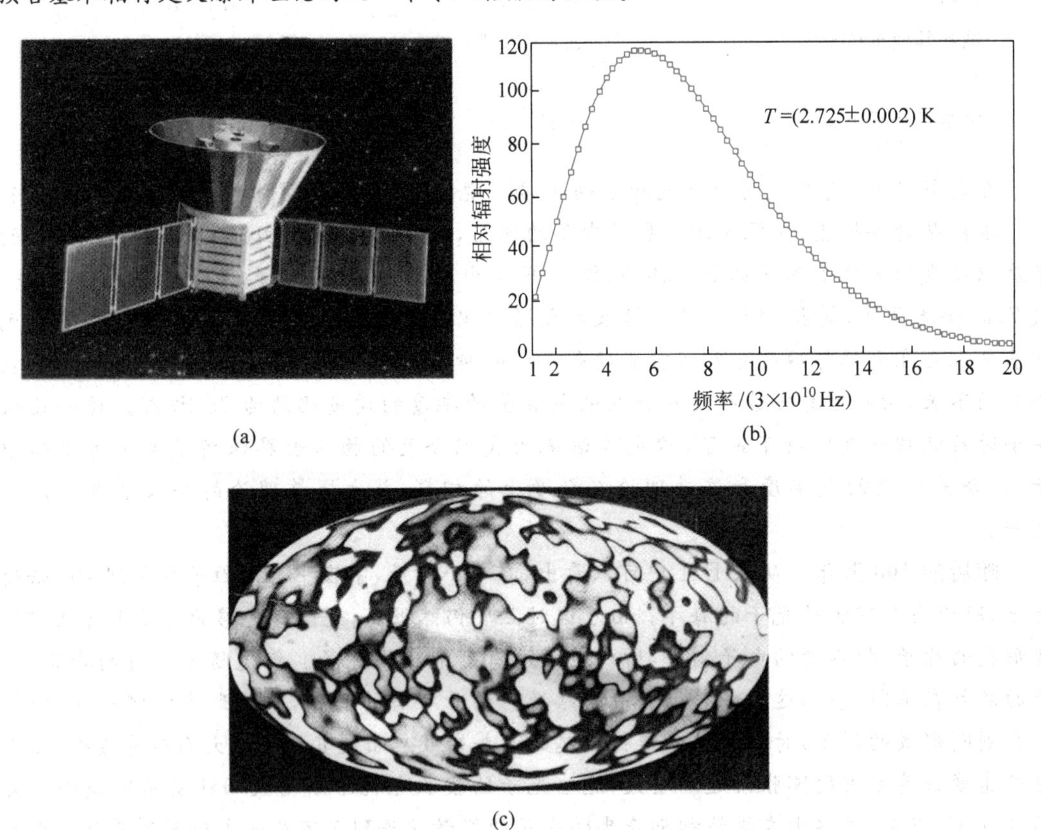

图 E.6 宇宙背景辐射探测

(a) COBE 探测器;(b) COBE 关于宇宙背景辐射的测量结果;(c) COBE 给出的宇宙背景辐射各向异性分布图(白色区域比灰色区域的温度略高)

COBE 还首次测出了宇宙背景辐射在各方向上的涨落,即各向异性(图 E.6(c))。尽管这种各向异性的涨落的相对程度只有 10^{-5} 量级,它却含有重要信息,如宇宙的年龄、暗物质的性质、宇宙时空中不同尺度上系统的结构等。正是因为这一发现的重要性，宇宙学家们认为从它被发现的那一年(1992)起，已进入了“精密宇宙学”时代。

2001年6月美国又发射了一颗威尔肯森微波各向导性探测器(WMAP)，至今仍在空间运行，对它的高质量数据的分析更证明了COBE观察的真实性。

为了对大爆炸理论描述的宇宙史有个粗略的了解，在表E.2中列出了从奇点开始的宇宙的大事记。表E.2中所列50亿年前的事件的时标应该看做是假定，因为我们现在还不能精确地知道宇宙的年龄。

表 E.2　宇宙史大事表

宇宙时间	时代	事　　件	温度/K	距今年前
0	奇点	大爆炸	∞	140亿年
10^{-43} s		时间，空间，真空场，引力	10^{32}	
10^{-35} s		暴涨，粒子产生，强力	10^{27}	
10^{-6} s	强子代	质子-反质子湮灭，弱力，电磁力	10^{13}	
1 s	轻子代	电子-正电子湮灭	10^{10}	
1 min	辐射代	中子和质子聚变成氦核	10^{9}	
30 min		粒子间停止强烈相互作用		
40万年	退耦代	光子和粒子相互分离，宇宙成为透明的，原子生成	3×10^{3}	140亿年
10亿年		星系、恒星开始形成		130亿年
100亿年		我们的银河系、太阳、行星		40亿年
101亿年	始生代	最古老的地球岩石		39亿年
120亿年	原生代	生命产生		20亿年
138亿年	中生代	哺乳类		2亿年
140亿年		智人	3	10万年

E.4　宇宙的未来

宇宙的未来如何呢？是继续像现今这样永远膨胀下去，还是有一天会收缩呢？要知道，收缩是可能的，因为各星系间有万有引力相互作用着。我们可以设想万有引力已在减小着星系的退行速度，那就可能有一天退行速度减小到零，而此后由于万有引力作用，星系开始聚拢，宇宙开始收缩，收缩到一定时候会回到一个奇点，于是又一次大爆炸开始。这实际上可能吗？它和宇宙现时的什么特征有关系呢？

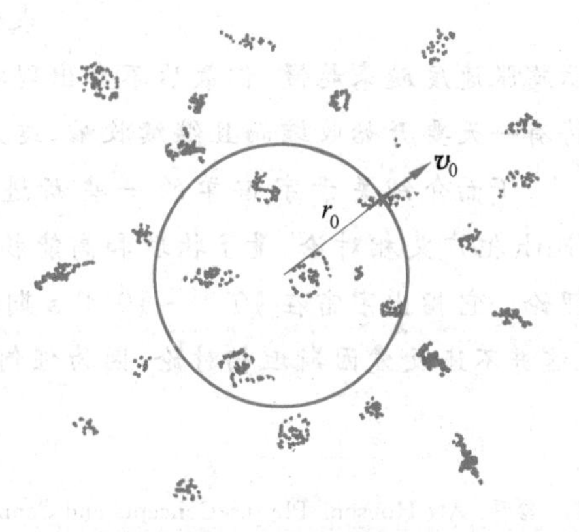

图 E.7　星系逃逸速度的计算

我们可考虑万有引力的作用而作如下的计算。我们已说过，在大尺度上宇宙是均匀的(图E.7)。如果考虑某一个半径为r_0的球体内的星系，由于周围星系均匀分布，它们对球内星系的引力互相抵消。球内星系的膨胀将只受到它们自己相互的万有引力的约束。在这一球体边界上的星体的**逃逸速度**是

$$v=\sqrt{\frac{2GM}{r_0}} \tag{E.3}$$

其中M是球内星系的总质量。可想而知,如果现今星系的退行速度$v_0 \geqslant v$,则星系将互相逃逸而宇宙将永远膨胀下去。现今的退行速度可以取哈勃公式给出的速度,即

$$v_0 = H_0 r_0$$

这样,宇宙永远膨胀下去的条件就是$v_0 \geqslant v$,即

$$H_0 r_0 \geqslant \sqrt{\frac{2GM}{r_0}} \tag{E.4}$$

以ρ_0表示宇宙现时的平均密度,则

$$M = \frac{4}{3}\pi r_0^3 \rho_0$$

将此式代入式(E.4),消去r_0后可得宇宙永远膨胀下去的条件是,现时宇宙的平均密度

$$\rho_0 \leqslant \frac{3}{8\pi G} H_0^2$$

以$H_0 = 2.2\times10^{-18}\ \mathrm{s}^{-1}$代入上式可得

$$\rho_0 \leqslant 1\times10^{-26}\ \mathrm{kg/m^3}$$

$1\times10^{-26}\ \mathrm{kg/m^3}$这一数值叫**临界密度**。这样,我们就可以根据现时宇宙的平均密度来预言宇宙的前途了。那么,现时宇宙的平均密度是多大呢?

测量与估算现今宇宙的平均密度是个相当复杂而困难的事情。因为对于星系质量,目前还只能通过它们发的光(包括无线电波、X射线等)来估计,现今估计出的发光物质的密度不超过临界密度的1/10或1/100。因此,除非这些发光物质只占宇宙物质的很小的一部分,例如小于1/10,宇宙将是要永远膨胀下去的。

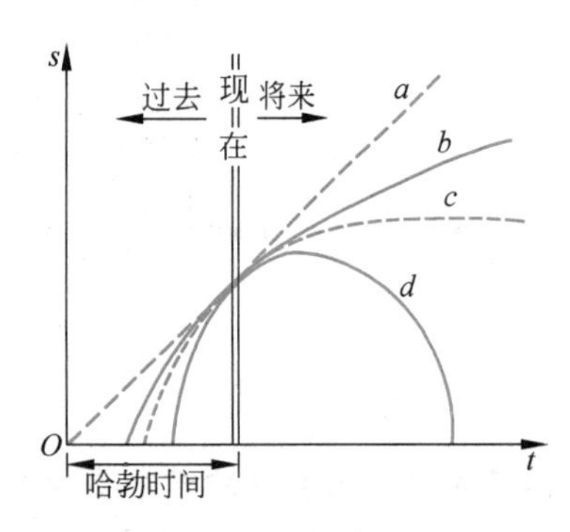

图E.8　宇宙发展的各种设想

宇宙将来到底如何,是膨胀还是收缩?目前的数据还不足以完全肯定地回答这一问题,我们只能期望将来的研究。因此,我们在图E.8中还是只能画出宇宙前途的各种设想。图中横轴表示时间t,纵轴表示星系间的距离s。直线a表示宇宙以恒速膨胀。曲线b表示永远膨胀,是ρ_0小于临界密度的情况。曲线c表示膨胀速度越来越慢,但最后不会出现收缩,即ρ_0等于临界密度的情况。曲线d表示宇宙将有一天要开始收缩而且继续收缩,这是ρ_0大于临界密度的情况。

下面介绍关于宇宙学的一些新进展[①]。先说有关暴涨的信息。早在1979年,Alan Guth把广义相对论、量子物理和高能物理结合起来,提出了宇宙在其发展的极早期暴涨的理论。它指出宇宙在$10^{-36}\sim10^{-34}$ s期间曾发生了一次暴涨——以远大于光速的速度膨胀(这并不违反爱因斯坦相对论,因为任何物体在宇宙空间内的速度不可能超过光速,但宇宙

① 参看:Art Hobson. Physics-Concepts and Connections, 3rd ed. 2003, Pearson Education, Inc. 2003, Sec. 11.8 and 18.7;楼宇庆,2006诺贝尔物理学奖——宇宙微波背景辐射的黑体谱和各向异性,物理与工程,2007.17.1,10~21.

本身的膨胀速度不受这一限制)，其大小从 10^{-28} m 涨到 10^{-3} m，即增大了 10^{25} 倍，而温度从 10^{28} K 降到了 10^{26} K。这一理论的预言至今已得到了许多观测结果的支持，其中之一是宇宙在**大尺度上**(总体上)既不是封闭的(closed，时空曲率为正)，也不是开放的(open，时空曲率为负)，而是**平展的**(flat)①。即使宇宙原来有曲率，但这一暴涨把任何曲率都扯平了。当时对宇宙的大小和质量分布的测定认为宇宙是开放的，但对 1992 年发表的宇宙背景辐射的各向异性的分布图的分析竟然证实了宇宙在总体上确实是平展的(或者非常近似于平展的)。

哈勃在 20 世纪 20 年代发现了遥远星系的红移现象，从而引发了宇宙在膨胀的思想。在 20 世纪 90 年代人们利用 Ia 型超新星作为距离“标杆”(已发现的 100 多个超新星可以把标杆插到 110 亿光年远处，而宇宙的大小是 140 亿光年!)，测量不同距离处宇宙膨胀的性质。1999 年发表的这些测量结果显示宇宙正在**加速膨胀**! 如何解释这一惊人的观测结果呢?

早在 1917 年爱因斯坦用他的广义相对论探讨宇宙的状态时，为了设想一个静态的宇宙，在他的引力场方程中，他“额外”加进了一个“宇宙学常量”，其物理意义就是宇宙中到处存在着一种斥力，它可以抵消宇宙中物质间的引力而使宇宙处于静态。后来，由于哈勃的发现，人们认为宇宙在膨胀，并不是静态的，而爱因斯坦引入的“宇宙学常量”就无效了。他曾因此而认为自己犯了“一生中最大的错误”。但此后关于该常量的争论并没有停止。理论分析指出爱因斯坦的静态模型其实是不稳定的，势不可免的扰动会使它变化。1927 年比利时学者 Lemaitre 更指出，如果爱因斯坦的“宇宙学常量”占主导地位的话，那么宇宙将处于加速膨胀的状态，他并因此首先提出了宇宙在膨胀的概念。1999 年观测证实宇宙在加速膨胀后，这个问题又引起了大家的注意。自牛顿以来，人们认为宇宙中万物有质量，其间的引力决定星体的运动，发光的物质具有质量是十分明显的。但 20 世纪发现的气体云围绕星系中心的超高速旋转以及对引力透镜(即大质量物质使光线偏折)的分析表明宇宙还存在大量的看不见的物质，就把这种物质叫**暗物质**(暗物质都包含什么，目前还不清楚，有极小质量的中微子可能是其组分之一)。但由于物质和暗物质都只能相互吸引，不能解释宇宙的加速膨胀，于是人们提出了“**暗能量**”的概念。根据爱因斯坦相对论，能量即质量。但暗能量与物质和暗物质不同，它们之间不相互吸引而是相互排斥。正是因为宇宙中无处不在的暗能量的排斥力使得宇宙在加速膨胀。暗能量和物质、暗物质一样，也影响宇宙的曲率。现已得到结论，产生已观察到的宇宙加速膨胀相应的暗能量的量和物质及暗物质的总和正好使得宇宙的曲率为零而成为平展的。这和 Alan Guth 的理论结果相符，而且该理论还说明除宇宙极早期那 10^9 J 的能量外，所有的物质、暗物质和暗能量都是宇宙暴涨时产生的。就这样宇宙的平展性、宇宙的加速膨胀、物质、暗物质、暗能量综合在一起相互一致地构成了我们现时宇宙的图景。宇宙的组成如图 E.9 所示，当然，这只是近似的。

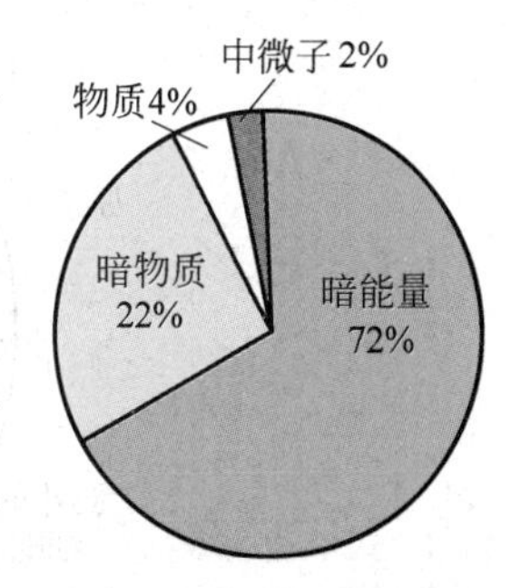

图 E.9 当前宇宙的组成

上述宇宙模型和当前的所有天文观测一致，没有明显的矛盾，所以它被称做**和谐宇宙模型**。但暗物质究竟是什么，不但至今没有“直接”证据，而且理论上也五花八门，莫衷一是。

① 根据广义相对论，在较小尺度上，由于质量(例如星体)的存在，时空是弯曲的，实际上是封闭的。见“今日物理趣闻 D 弯曲的时空——广义相对论简介”。

这也正体现出我们对自然界的认识是无止境的，让我们等待更惊人的发现！

E.5 至大和至小的理论结合起来了

当代物理学有两个热门的前沿领域。一个是研究"至小"的粒子物理学，它的标准模型理论的基本常识已在"今日物理趣闻A 基本粒子"中介绍过了。另一个是研究"至大"的宇宙学，它研究宇宙的起源与演化，其标准模型理论就是上面介绍过的大爆炸理论。读者已经看到，这两部分的研究在理论上多处使用了同一的语言。正是这样！先是物理学在粒子领域获得了巨大的成就。后来，大爆炸模型利用粒子理论成功地说明了许多宇宙在演化初期超高能或高能状态时的性状。大爆炸理论的成功又反过来证明了粒子物理理论的正确性。由于在地球上现时人为的超高能状态难以实现，物理学家还期望利用对宇宙早期演化的观测(哈勃太空望远镜就担负着这方面的任务)来验证极高能量下的粒子理论。至大(大到 10^{27} m以上)和至小(小到 10^{-18} m以下)领域的理论竟这样奇妙地联系在一起了！

当然，作为研究物质基本结构和运动基本规律的科学的物理学，当代前沿绝不只是在已相衔接的至大和至小的两"端"。在这两"端"之间，还有研究对象的尺度各不相同的许多领域。粗略地说，有研究星系和恒星的起源与演化的天体物理学，有研究地球、山川、大气、海洋的地球物理学，有研究容易观察到的现象的宏观物理学，有研究生物大分子如蛋白质、DNA等的生物物理学，有研究原子和分子的原子分子物理学，等等。在这些领域，人类都已获得了丰富的知识，但也都有更多更深入的问题有待探索。人们对自然界的认识是不会有止境的！

有人将当今物理学的研究领域画成了一只口吞自己尾巴的大蟒(图E.10)，形象化地显示了各领域的理论联系。聪明的画家！

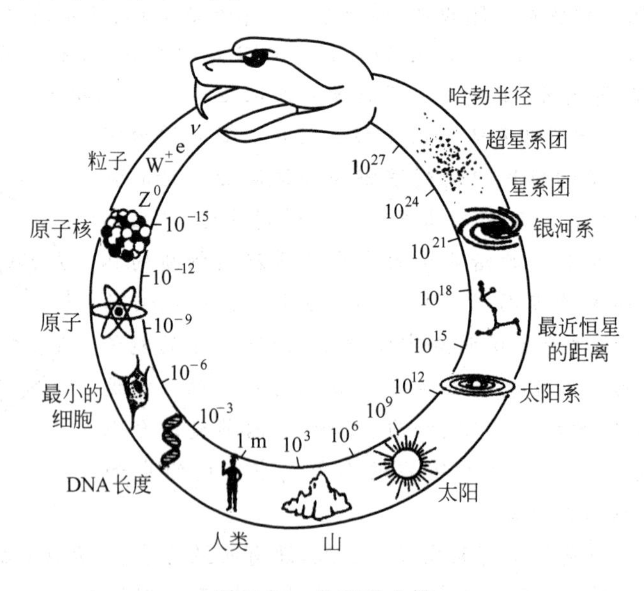

图E.10 物理学大蟒

第10章

热力学第一定律

第9章讨论了热力学系统，特别是气体处于平衡态时的一些性质和规律。除了说明宏观规律外，还引进统计概念说明了微观本质。本章说明热力学系统状态发生变化时在能量上所遵循的规律，这一规律实际上就是能量守恒定律。能量守恒的概念源于18世纪末人们认识到热是一种运动，作为能量守恒定律真正得到公认则是在19世纪中叶迈耶(J. R. Mayer)关于热功当量的计算，特别是焦耳(J. P. Joule)关于热功当量的实验结果发表之后(焦耳的最重要的实验是利用重物下落带动许多叶片转动，叶片再搅动水使水的温度升高，见图10.1)。随着物质结构的分子学说的建立，人们对热的本质及热功转换有了更具体更实在的认识，并有可能用经典力学对机械能和热的转换和守恒作出说明，这一转换和守恒可以说是能量守恒定律的最基本或最初的形式。本章讨论的热力学第一定律就限于能量守恒定律这一"最初形式"。

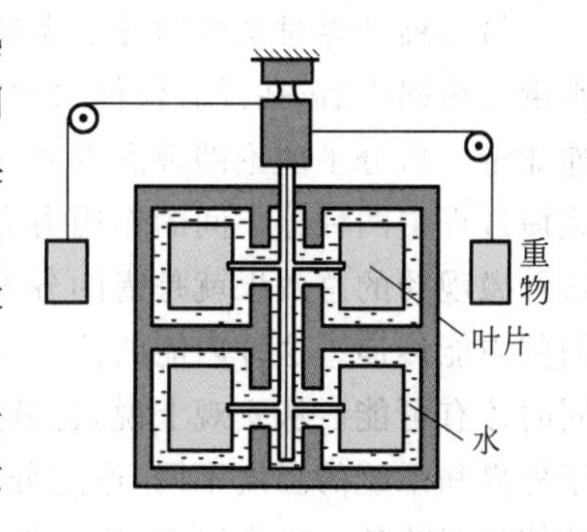

图10.1　焦耳实验示意图

本章所讨论的内容，包括定律本身及相关概念，包括热容量、各种单一过程、循环过程等都更加全面和深入，不但讲了它们的宏观意义，而且还尽可能说明其微观本质。希望读者仔细领会，不但多知道些热学知识，而且对热学的思维方法也能有所体会。

10.1　功　热量　热力学第一定律

在4.6节中曾导出了机械能守恒定律(式(4.24))，即

$$A_{\text{ex}} + A_{\text{in,n-cons}} = E_B - E_A$$

并把它应用于保守系统，即 $A_{\text{in,n-cons}} = 0$，得式(4.25)，即

$$A_{\text{ex}} = E_B - E_A = \Delta E \quad (\text{保守系统})$$

之后，又进一步把式(4.25)应用于系统的质心参考系，得到式(4.31)，即

$$A'_{\text{ex}} = E_{\text{in},B} - E_{\text{in},A}$$

此式说明，**对于一个保守系统，在其质心参考系内，外力对它做的功等于它的内能的增量。**

现在让我们在分子理论的基础上把这一"机械能"守恒定律应用于我们讨论的单一组分

的热力学系统，组成这种热力学系统的"质点"就是分子。由于分子间的作用力是保守力，因此这种热力学系统就是保守系统。由于我们只考虑这种热现象而不考虑系统整体的运动，所以也就是在系统的质心参考系内讨论系统的规律。这样，式(4.31)中的内能 E_{in} 就是系统内所有分子的无规则运动动能和分子间势能的总和。它由系统的状态决定，因而是一个**状态量**。

理想气体的内能已由式(9.32)给出，即

$$E=\frac{i}{2}\nu RT$$

外力，或说外界，对系统内各分子做功的情况，从分子理论的观点看来，可以分两种情况。一种情况和系统的边界发生宏观位移相联系。例如以汽缸内的气体为系统，当活塞移动时，气体和活塞相对的表面就要发生宏观位移而使气体体积发生变化。在这一过程中，活塞将对气体做功：气体受压缩时，活塞对它做正功；气体膨胀时，活塞对它做负功。这种宏观功都会改变气体的内能。从分子理论的观点看来，这一做功过程是外界（如此例中的活塞）分子的有规则运动动能和系统内分子的无规则运动能量传递和转化的过程，表现为宏观的机械能和内能的传递和转化的过程。由于这一过程中做功的多少，亦即所传递的能量的多少，可以直接用力学中功的定义计算，所以这种情况下外界对系统做的功可称为**宏观功**，以后就直接称之为**功**，并以 A' 表示①。

另一种外界对系统内分子做功的情况是在没有宏观位移的条件下发生的。例如，把冷水倒入热锅中后，在没有任何宏观位移的情况下，热锅（作为外界）也会向冷水（作为系统）传递能量。从分子理论的观点看来，这种做功过程是由于水分子不断和锅的分子发生碰撞，在碰撞过程中两种分子间的作用力会在它们的微观位移中做功。大量分子在碰撞过程中做的这种**微观功**的总效果就是锅的分子无规则运动能量传给了水的分子，表现为外界和系统之间的内能传递。这种内能的传递，从微观上说，只有在外界分子和系统分子的平均动能不相同时才有可能。从宏观上说，也就是这种内能的传递需要外界和系统的温度不同。这种由于外界和系统的温度不同，通过分子做微观功而进行的内能传递过程叫做**热传递**，而所传递的能量叫**热量**。通常以 Q 表示热量，它的单位就是能量的单位 J。

综合上述宏观功和微观功两种情况可知，从分子理论的观点看来，公式(4.31)中外力对系统做的功 A'_{ex} 可写成

$$A'_{ex}=A'+Q$$

而式(4.31)就变为

$$A'+Q=\Delta E \tag{10.1}$$

此式说明，在一给定过程中，外界对系统做的功和传给系统的热量之和等于系统的内能的增量。这一结论现在叫做**热力学第一定律**。

---

① 电流通过电阻丝时，电阻丝要发热而改变状态。这里没有宏观位移，但是从微观上看来，这一过程是带电粒子在集体定向运动中与电阻丝的正离子进行无规则碰撞而增大后者的无规则运动能量的过程。这也是一种有规则运动向无规则运动转化和传递的过程。所以这一过程也归类为做功过程，我们说电流对电阻丝**做了电功**。又由于电阻丝内的带电粒子的定向运动是电场作用的结果，我们也可以说这一过程是电场做功。将这一概念再引申一步，电磁辐射（如光）的照射引起被照系统的状态发生改变，也可归类为做功过程。不过，由于辐射的照射常常是使物体发热（即温度升高），所以辐射的作用又常被归为"热传递"。归根结底，它就是一种能量传递的方式。

如果以 A 表示过程中系统对外界做的功，则由于总有 $A=-A'$，所以式(10.1)又可以写成

$$Q=\Delta E+A \tag{10.2}$$

这是热力学第一定律常用的又一种表示式。本书后面将采用这一表示式。

式(10.1)实际上就是能量守恒定律的“最初形式”。因为，从微观上来说，它只涉及分子运动的能量。从上面的讨论看来，它是可以从经典力学导出的，因而它具有狭隘的机械的性质①。但是，不要因此而轻视它的重要意义。实际上，认识到物质由分子组成而把能量概念扩展到分子的运动，建立内能的概念，从而认识到热的本质，是科学史上一个重要的里程碑，从此打开了通向普遍的能量概念以及普遍的能量守恒定律的大门。随着人们对自然界的认识的扩展和深入，功的概念扩大了，并且引入电磁能、光能、原子核能等多种形式的能量。如果把这些能量也包括在式(10.1)的能量 E 中，则式(10.1)就成了普遍的能量守恒的表示式。当然，对式(10.1)的这种普遍性的理解已不再是经典力学的结果，而是守恒思想和实验结果的共同产物了。

10.2　准静态过程

一个系统的状态发生变化时，我们说系统在经历一个**过程**。在过程进行中的任一时刻，系统的状态当然不是平衡态。例如，推进活塞压缩汽缸内的气体时，气体的体积、密度、温度或压强都将发生变化(图10.2)，在这一过程中任一时刻，气体各部分的密度、压强、温度并不完全相同。靠近活塞表面的气体密度要大些，压强也要大些，温度也高些。在热力学中，为了能利用系统处于平衡态时的性质来研究过程的规律，引入了**准静态过程**的概念。所谓准静态过程是这样的过程，**在过程中任意时刻，系统都无限地接近平衡态**，因而任何时刻系统的状态都可以当平衡态处理。这也就是说，准静态过程是由一系列依次接替的平衡态所组成的过程。

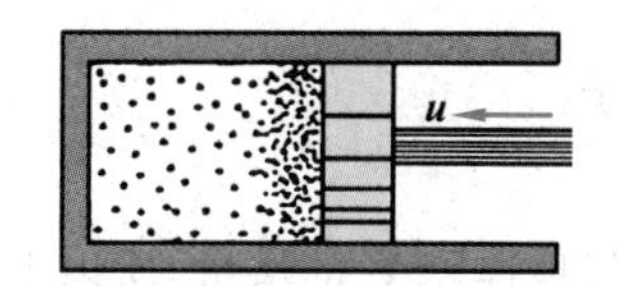

图10.2　压缩气体时气体内各处密度不同

准静态过程是一种理想过程。实际过程进行得越缓慢，经过一段确定时间系统状态的变化就越小，各时刻系统的状态就越接近平衡态。当实际过程进行得无限缓慢时，各时刻系统的状态也就无限地接近平衡态，而过程也就成了准静态过程。因此，准静态过程就是实际过程无限缓慢进行时的极限情况。这里“**无限**”一词，应从相对意义上理解。一个系统如果最初处于非平衡态，经过一段时间过渡到了一个平衡态，这一过渡时间叫**弛豫时间**。在一个实际过程中，如果系统的状态发生一个可以被实验查知的微小变化所需的时间比弛豫时间长得多，那么在任何时刻进行观察时，系统都有充分时间达到平衡态。这样的过程就可以当成准静态过程处理。例如，原来汽缸内处于平衡态的气体受到压缩后再达到平衡态所需的时间，即弛豫时间，大约是 10^{-3} s或更小，如果在实验中压缩一次所用的时间是1 s，这时间是上述弛豫时间的 10^3 倍，气体的这一压缩过程就可以认为是准静态过程。实际内燃机汽缸内气体经历

① 见：王竹溪. 热力学. 高等教育出版社，1955，58.

一次压缩的时间大约是 10^{-2} s,这个时间也已是上述弛豫时间的10倍以上。从理论上对这种压缩过程作初步研究时,也把它当成准静态过程处理。

准静态过程可以用系统的**状态图**,如 p-V 图(或 p-T 图、V-T 图)中的一条曲线表示。在状态图中,任何一点都表示系统的一个平衡态,所以一条曲线就表示由一系列平衡态组成的准静态过程,这样的曲线叫**过程曲线**。在图10.3的 p-V 图中画出了几种**等值过程**的曲线:a 是**等压过程**曲线,b 是**等体[积]过程**曲线,c 是**等温过程**(理想气体的)曲线。非平衡态不能用一定的状态参量描述,非准静态过程也就不能用状态图上的一条线来表示。

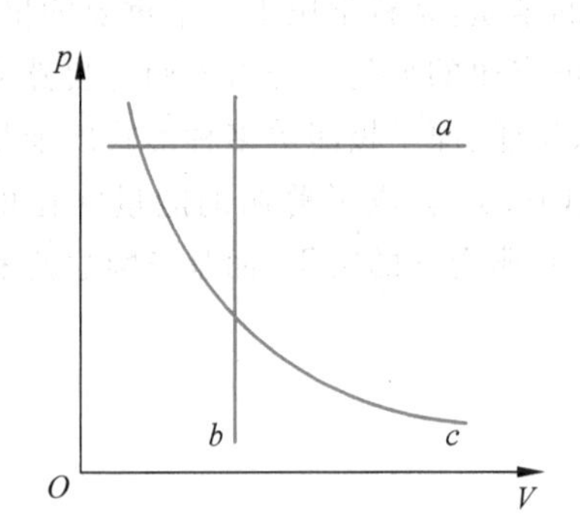

图10.3　p-V 图上几条等值过程曲线

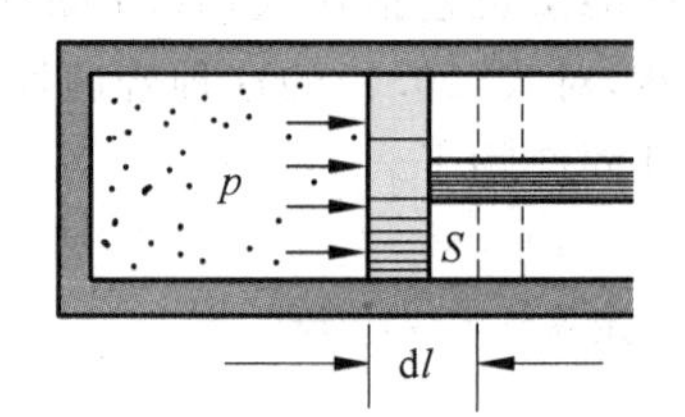

图10.4　气体膨胀时做功的计算

对于准静态过程,功的大小可以直接利用系统的状态参量来计算。在系统保持静止的情况下常讨论的功是和系统体积变化相联系的机械功。如图10.4所示,设想汽缸内的气体进行无摩擦的准静态的膨胀过程,以 S 表示活塞的面积,以 p 表示气体的压强。气体对活塞的压力为 pS,当气体推动活塞向外缓慢地移动一段微小位移 $\mathrm{d}l$ 时,**气体对外界做的微量功**为

$$đA = pS\,\mathrm{d}l$$

由于

$$S\mathrm{d}l = \mathrm{d}V$$

是气体体积 V 的增量,所以上式又可写为

$$đA = p\mathrm{d}V \tag{10.3}$$

这一公式是通过图10.4的特例导出的,但可以证明它是准静态过程中"**体积功**"的一般计算公式。它是用系统的状态参量表示的。很明显,如果 $\mathrm{d}V>0$,则 $đA>0$,即系统体积膨胀时,系统对外界做功;如果 $\mathrm{d}V<0$,则 $đA<0$,表示系统体积缩小时,系统对外界做负功,实际上是外界对系统做功。

当系统经历了一个有限的准静态过程,体积由 V_1 变化到 V_2 时,**系统对外界做的总功**就是

$$A = \int đA = \int_{V_1}^{V_2} p\mathrm{d}V \tag{10.4}$$

如果知道过程中系统的压强随体积变化的具体关系式,将它代入此式就可以求出功来。

由积分的意义可知,用式(10.4)求出的功的大小等于 p-V 图上过程曲线下的**面积**,如图10.5所示。比较图10.5(a),(b)两图还可以看出,使系统从某一初态1过渡到另一末态2,功 A 的数值与过程进行的**具体形式**,即过程中压强随体积变化的具体关系直接有关,只

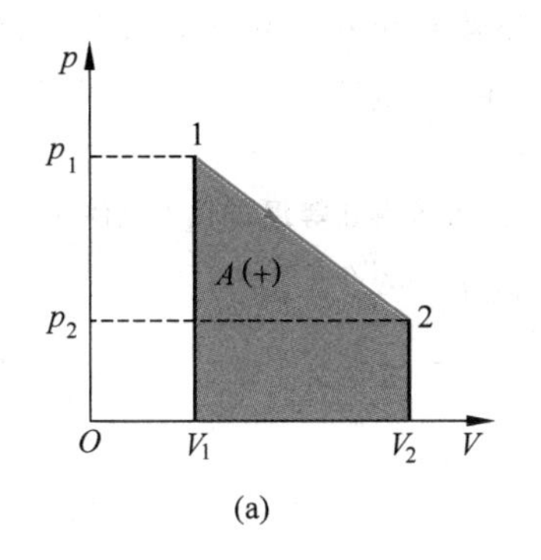

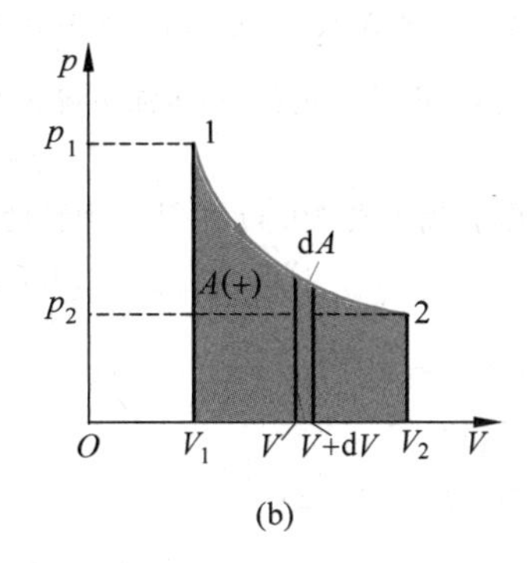

图 10.5 功的图示

知道初态和末态并不能确定功的大小。因此，**功是“过程量”**。不能说系统处于某一状态时，具有多少功，即功不是状态的函数。因此，微量功不能表示为某个状态函数的全微分。这就是在式(10.3)中我们用 $\text{đ}A$ 表示微量功而不用全微分表示式 $\mathrm{d}A$ 的原因。

在式(10.2)中，内能 E 是由系统的状态决定的而与过程无关，因而称为“状态量”。既然功是过程量，内能是状态量，则由式(10.2)可知，热量 Q 也一定是“过程量”，即决定于过程的形式。说系统处于某一状态时具有多少热量是没有意义的。对于微量热量，我们也将以 $\text{đ}Q$ 表示而不用 $\mathrm{d}Q$。

关于热量的计算，对于固体或液体，如果吸热只引起温度的升高，通常是用下式计算热量：

$$Q = cm\Delta T \tag{10.5}$$

式中，m 为被加热物体的质量(kg)；ΔT 为物体温度的升高(K)；c 为该物体所属物质的比热(J/(kg·K))。不同的固体和液体，它们的比热各不相同。关于气体的比热将在下节讨论。

在有的过程中，系统和外界虽有热传递，但系统温度并不改变的实际的这种例子有系统发生的相变，如熔化、凝固、汽化或液化等。固体(晶体)在熔点熔化成液体时吸热而温度不变，液体在沸点汽化时吸热温度也不改变。物体在相变时所吸收(或放出)的热量叫**潜热**。具体来说，固体熔化时吸收的热量叫**熔化热**，这熔化成的液体在凝固时将放出同样多的热量。液体在沸点汽化时吸收的热量叫**汽化热**，所生成的蒸气在液化时也将放出同样的热。不同物质的熔化热和汽化热各不相同。如冰在 0℃时的熔化热为 6.03 kJ/mol，水在 100℃时的汽化热为 40.6 kJ/mol，铜在 1356 K 时的熔化热是 8.52 kJ/mol，液氮在 77.3 K 时的汽化热为 5.63 kJ/mol。

最后，再说明一点。传热和做功都是系统内能变化的过程。一个具体的过程是传热还是做功往往和所选择的系统的组成有关。例如，在用“热得快”烧水的过程中，如果把水和电阻丝一起作为系统，当接通电源，电流通过电阻丝会使电阻丝和水的温度升高，这是外界对系统做功而使系统内能增加的情形。如果只是把水作为系统，当接通电源，电流通过电阻丝，先是电阻丝温度升高而和水有了温度差，这时系统(水)的内能的增加就应归因于外界(包括电阻丝)对它的传热了。

例 10.1

气体等温过程。ν(mol)的理想气体在保持温度 T 不变的情况下，体积从 V_1 经过准静

态过程变化到 V_2。求在这一等温过程中气体对外做的功和它从外界吸收的热。

解　理想气体在准静态过程中，压强 p 随体积 V 按下式变化：

$$pV = \nu RT$$

由这一关系式求出 p 代入式(10.4)，并注意到温度 T 不变，可求得在**等温过程**中气体对外做的功为

$$A = \int_{V_1}^{V_2} p\mathrm{d}V = \int_{V_1}^{V_2} \frac{\nu RT}{V}\mathrm{d}V = \nu RT\int_{V_1}^{V_2} \frac{\mathrm{d}V}{V} = \nu RT\ln\frac{V_2}{V_1} \tag{10.6}$$

此结果说明，气体等温膨胀时($V_2>V_1$)，气体对外界做正功；气体等温压缩时($V_2<V_1$)，气体对外界做负功，即外界对气体做功。

理想气体的内能由式(9.32)

$$E = \frac{i}{2}\nu RT$$

给出。在等温过程中，由于 T 不变，$\Delta E=0$，再由热力学第一定律公式(10.2)可得气体从外界吸收的热量为

$$Q = \Delta E + A = A = \nu RT\ln\frac{V_2}{V_1} \tag{10.7}$$

此结果说明，气体等温膨胀时，$Q>0$，气体从外界吸热；气体等温压缩时，$Q<0$，气体对外界放热。

例 10.2

汽化过程。压强为 1.013×10^5 Pa 时，1 mol 的水在 100℃ 变成水蒸气，它的内能增加多少？已知在此压强和温度下，水和水蒸气的摩尔体积分别为 $V_{\mathrm{l,m}}=18.8\ \mathrm{cm^3/mol}$ 和 $V_{\mathrm{g,m}}=3.01\times10^4\ \mathrm{cm^3/mol}$，而水的汽化热 $L=4.06\times10^4$ J/mol。

解　水的汽化是等温等压相变过程。这一过程可设想为下述准静态过程：汽缸内装有 100℃ 的水，其上用一重量可忽略而与汽缸无摩擦的活塞封闭起来，活塞外面为大气，其压强为 1.013×10^5 Pa，汽缸底部导热，置于温度比 100℃ 高一无穷小值的热库上(图 10.6)。这样水就从热库缓缓吸热汽化，而水汽将缓缓地推动活塞向上移动而对外做功。在 $\nu=1$ mol 的水变为水汽的过程中，水从热库吸的热量为

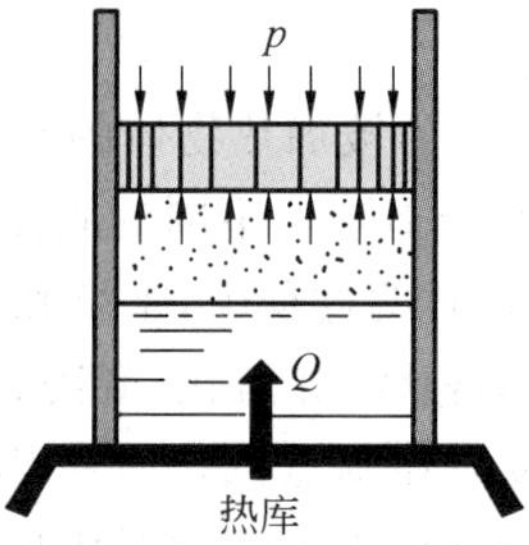

$$Q = \nu L = 1\times4.06\times10^4 = 4.06\times10^4\ (\mathrm{J})$$

水汽对外做的功为

$$\begin{aligned} A &= p(V_{\mathrm{g,m}} - V_{\mathrm{l,m}}) \\ &= 1.013\times10^5\times(3.01\times10^4 - 18.8)\times10^{-6} \\ &= 3.05\times10^3\ (\mathrm{J}) \end{aligned}$$

图 10.6　水的等温等压汽化

根据式(10.2)，水的内能增量为

$$\begin{aligned} \Delta E &= E_2 - E_1 = Q - A = 4.06\times10^4 - 3.05\times10^3 \\ &= 3.75\times10^4\ (\mathrm{J}) \end{aligned}$$

10.3　热容

很多情况下，系统和外界之间的热传递会引起系统本身温度的变化，这一温度的变化和热传递的关系用**热容**表示。不同物质升高相同温度时吸收的热量一般不相同。1 mol 的物

质温度升高 $\mathrm{d}T$ 时，如果吸收的热量为 $đQ$，则该物质的**摩尔热容**[1]定义为

$$C_{\mathrm{m}} = \frac{đQ}{\mathrm{d}T} \tag{10.8}$$

由于热量是过程量，同种物质的摩尔热容也就随过程不同而不同。常用的摩尔热容有定压热容和定体热容两种，分别由定压和定体条件下物质吸收的热量决定。对于液体和固体，由于体积随压强的变化甚小，所以摩尔定压热容和摩尔定体热容常可不加区别。气体的这两种摩尔热容则有明显的不同。下面就来讨论理想气体的摩尔热容。

对 ν(mol)理想气体进行的压强不变的准静态过程，式(10.2)和式(10.3)给出在一元过程中气体吸收的热量为

$$(đQ)_p = \mathrm{d}E + p\mathrm{d}V$$

气体的摩尔定压热容为

$$C_{p,\mathrm{m}} = \frac{1}{\nu}\left(\frac{đQ}{\mathrm{d}T}\right)_p = \frac{1}{\nu}\frac{\mathrm{d}E}{\mathrm{d}T} + \frac{p}{\nu}\left(\frac{\mathrm{d}V}{\mathrm{d}T}\right)_p$$

将 $E=\frac{i}{2}\nu RT$ 和 $pV=\nu RT$ 代入，可得

$$C_{p,\mathrm{m}} = \frac{i}{2}R + R \tag{10.9}$$

对于体积不变的过程，由于 $đA = p\mathrm{d}V = 0$，在一元过程中气体吸收的热量为

$$(đQ)_V = \mathrm{d}E$$

由此得摩尔定体热容为

$$C_{V,\mathrm{m}} = \frac{1}{\nu}\left(\frac{đQ}{\mathrm{d}T}\right)_V = \frac{1}{\nu}\frac{\mathrm{d}E}{\mathrm{d}T} \tag{10.10}$$

由此可得

$$\Delta E = E_2 - E_1 = \nu\int_{T_1}^{T_2} C_{V,\mathrm{m}}\mathrm{d}T \tag{10.11}$$

这就是说，理想气体的内能改变可直接由**定体**热容求得。将 $E=\frac{i}{2}\nu RT$ 代入式(10.10)，又可得

$$C_{V,\mathrm{m}} = \frac{i}{2}R \tag{10.12}$$

比较式(10.9)和式(10.12)可得

$$C_{p,\mathrm{m}} - C_{V,\mathrm{m}} = R \tag{10.13}$$

迈耶在1842年利用该公式算出了热功当量，对建立能量守恒作出了重要贡献，这一公式就叫**迈耶公式**。

以 γ 表示摩尔定压热容和摩尔定体热容的比，叫**比热比**，则对理想气体，根据式(10.9)和式(10.12)，就有

$$\gamma = \frac{C_{p,\mathrm{m}}}{C_{V,\mathrm{m}}} = \frac{i+2}{i} \tag{10.14}$$

---

① 如果式(10.8)中的 $đQ$ 是单位质量的物质温度升高 $\mathrm{d}T$ 时所吸收的热量，则 $đQ/\mathrm{d}T$ 定义为物质的比热容，简称比热，以小写的 c 代表。

对单原子分子气体，

$$i=3,\quad C_{V,\mathrm{m}}=\frac{3}{2}R,\quad C_{p,\mathrm{m}}=\frac{5}{2}R,\quad \gamma=\frac{5}{3}=1.67$$

对刚性双原子分子气体，

$$i=5,\quad C_{V,\mathrm{m}}=\frac{5}{2}R,\quad C_{p,\mathrm{m}}=\frac{7}{2}R,\quad \gamma=1.40$$

对刚性多原子分子气体，

$$i=6,\quad C_{V,\mathrm{m}}=3R,\quad C_{p,\mathrm{m}}=4R,\quad \gamma=\frac{4}{3}=1.33$$

表10.1列出了一些气体的摩尔热容和γ值的理论值与实验值。对单原子分子气体及双原子分子气体来说符合得相当好，而对多原子分子气体，理论值与实验值有较大差别。

表10.1　室温下一些气体的$C_{V,\mathrm{m}}/R$，$C_{p,\mathrm{m}}/R$与γ值

气　体	理　论　值			实　验　值		
	$C_{V,\mathrm{m}}/R$	$C_{p,\mathrm{m}}/R$	γ	$C_{V,\mathrm{m}}/R$	$C_{p,\mathrm{m}}/R$	γ
He	1.5	2.5	1.67	1.52	2.52	1.67
Ar	1.5	2.5	1.67	1.51	2.51	1.67
H_2	2.5	3.5	1.40	2.46	3.47	1.41
N_2	2.5	3.5	1.40	2.48	3.47	1.40
O_2	2.5	3.5	1.40	2.55	3.56	1.40
CO	2.5	3.5	1.40	2.69	3.48	1.29
H_2O	3	4	1.33	3.00	4.36	1.33
CH_4	3	4	1.33	3.16	4.28	1.35

上述经典统计理论给出的理想气体的热容是与温度无关的，实验测得的热容则随温度变化。图10.7为实验测得的氢气的摩尔定压热容和普适气体常量的比值$C_{p,\mathrm{m}}/R$同温度的关系，这个图线有三个台阶。在很低温度($T<50$ K)下，$C_{p,\mathrm{m}}/R\approx5/2$，氢分子的总自由度数为$i=3$；在室温($T\approx300$ K)附近，$C_{p,\mathrm{m}}/R\approx7/2$，氢分子的总自由度数$i=5$；在很高温度时，$C_{p,\mathrm{m}}/R\approx9/2$，氢分子的总自由度数变成了$i=7$。可见，在图示的温度范围内氢气的摩尔热容是明显地随温度变化的。这种热容随温度变化的关系是经典理论所不能解释的。

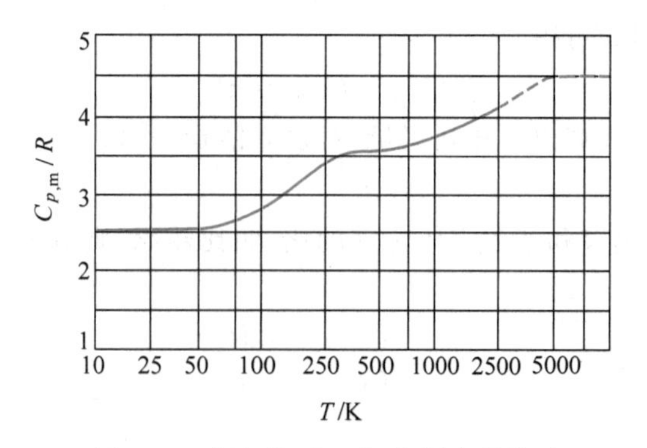

图10.7　氢气的$C_{p,\mathrm{m}}/R$与温度的关系

经典理论所以有这一缺陷，后来认识到，其根本原因在于，上述热容的经典理论是建立在能量均分定理之上，而这个定理是以粒子能量可以连续变化这一经典概念为基础的。实际上原子、分子等微观粒子的运动遵从量子力学规律，经典概念只在一定的限度内适用，只有量子理论才能对气体热容作出较完满的解释①。

例 10.3

20 mol 氧气由状态 1 变化到状态 2 所经历的过程如图 10.8 所示。试求这一过程的 A 与 Q 以及氧气内能的变化 E_2-E_1。氧气当成刚性分子理想气体看待。

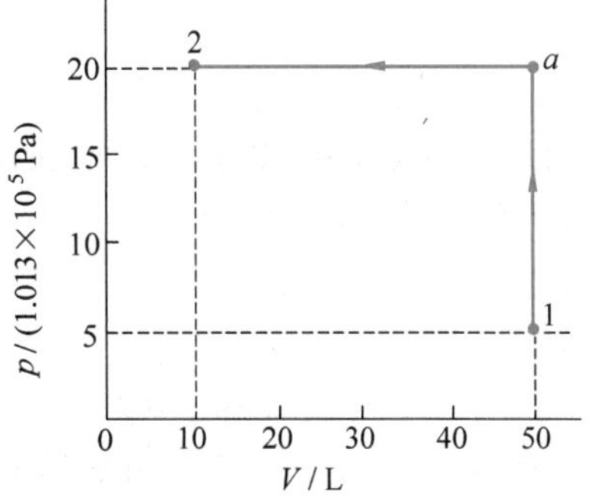

图 10.8 例 10.3 用图

解 图示过程分为两步：1→a 和 a→2。

对于 1→a 过程，由于是**等体过程**，所以由式(10.4)，$A_{1a}=0$，得

$$Q_{1a}=\nu C_{V,\mathrm{m}}(T_a-T_1)=\frac{i}{2}\nu R(T_a-T_1)$$

$$=\frac{i}{2}(p_2V_1-p_1V_1)$$

$$=\frac{i}{2}(p_2-p_1)V_1$$

$$=\frac{5}{2}(20-5)\times 1.013\times 10^5\times 50\times 1\times 10^{-3}$$

$$=1.90\times 10^5\ (\mathrm{J})$$

此结果为正，表示气体从外界吸了热。由式(10.11)，得

$$(\Delta E)_{1a}=\nu C_{V,\mathrm{m}}(T_a-T_1)=Q_{1a}=1.90\times 10^5\ (\mathrm{J})$$

气体内能增加了 1.90×10^5 J。

对于 a→2 过程，由于是**等压过程**，所以式(10.4)给出

$$A_{a2}=\int_{V_1}^{V_2}p\mathrm{d}V=p\int_{V_1}^{V_2}\mathrm{d}V=p_2(V_2-V_1)$$

$$=20\times 1.013\times 10^5\times(10-50)\times 10^{-3}$$

$$=-0.81\times 10^5(\mathrm{J})$$

此结果的负号表示气体的内能减少了 0.81×10^5 J。

$$Q_{a2}=\nu C_{p,\mathrm{m}}(T_2-T_a)=\frac{i+2}{2}\nu R(T_2-T_a)$$

$$=\frac{i+2}{2}p_2(V_2-V_1)$$

$$=\frac{5+2}{2}\times 20\times 1.013\times 10^5\times(10-50)\times 10^{-3}$$

$$=-2.84\times 10^5(\mathrm{J})$$

负号表明气体向外界放出了 2.84×10^5 J 的热量。由式(10.11)，得

$$(\Delta E)_{a2}=\nu C_{V,\mathrm{m}}(T_2-T_a)=\frac{i}{2}\nu R(T_2-T_a)$$

$$=\frac{i}{2}p_2(V_2-V_1)$$

$$=\frac{5}{2}\times 20\times 1.013\times 10^5\times(10-50)\times 10^{-3}$$

① 参见本书第 5 篇《量子物理》中 28.8 节和思考题 28.14。

$$=-2.03\times10^5\,(\text{J})$$

负号表示气体的内能减少了 2.03×10^5 J。

对于整个 $1\to a\to 2$ 过程，

$$A=A_{1a}+A_{a2}=0+(-0.81\times10^5)=-0.81\times10^5\,(\text{J})$$

气体对外界做了负功或外界对气体做了 0.81×10^5 J 的功。

$$Q=Q_{1a}+Q_{a2}=1.90\times10^5-2.84\times10^5=-0.94\times10^5\,(\text{J})$$

气体向外界放出了 0.94×10^5 J 热量。

$$\begin{aligned}\Delta E=E_2-E_1&=(\Delta E)_{1a}+(\Delta E)_{a2}\\&=1.90\times10^5-2.03\times10^5\\&=-0.13\times10^5\,(\text{J})\end{aligned}$$

气体内能减小了 0.13×10^5 J。

以上分别独立地计算了 A,Q 和 ΔE,从结果可以验证 $1\to a$ 过程、$a\to 2$ 过程以及整个过程,它们都符合热力学第一定律,即 $Q=\Delta E+A$。

例 10.4

20 mol 氮气由状态 1 到状态 2 经历的过程如图 10.9 所示,其过程图线为一斜直线。求这一过程的 A 与 Q 及氮气内能的变化 E_2-E_1。氮气当成刚性分子理想气体看待。

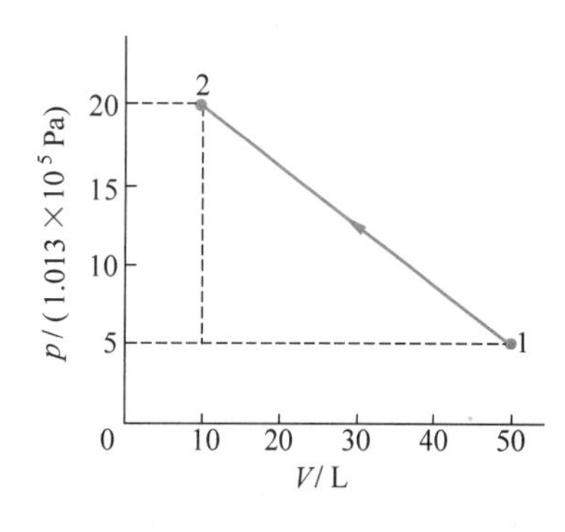

图 10.9 例 10.4 用图

解 对图示过程求功,如果还利用式(10.4)积分求解,必须先写出压强 p 作为体积的函数。这虽然是可能的,但比较繁琐。我们知道,任一过程的功等于 p-V 图中该过程曲线下到 V 轴之间的面积,所以可以通过计算斜线下梯形的面积而求出该过程的功,即气体对外界做的功为

$$\begin{aligned}A&=-\frac{p_1+p_2}{2}(V_1-V_2)\\&=-\frac{5+20}{2}\times1.013\times10^5\times(50-10)\times10^{-3}\\&=-0.51\times10^5\,(\text{J})\end{aligned}$$

负号表示外界对气体做了 0.51×10^5 J 的功。

图示过程既非等体,亦非等压,故不能直接利用 $C_{V,\text{m}}$ 和 $C_{p,\text{m}}$ 求热量,但可以先求出内能变化 ΔE,然后用热力学第一定律求出热量来。由式(10.11)得从状态 1 到状态 2 气体内能的变化为

$$\begin{aligned}\Delta E&=\nu C_{V,\text{m}}(T_2-T_1)\\&=\frac{i}{2}\nu R(T_2-T_1)=\frac{i}{2}(p_2V_2-p_1V_1)\\&=\frac{5}{2}\times(20\times10-5\times50)\times1.013\times10^5\times10^{-3}\,(\text{J})\\&=-0.13\times10^5\,(\text{J})\end{aligned}$$

负号表示气体内能减少了 0.13×10^5 J。

再由式(10.2),得

$$Q=\Delta E+A=-0.13\times10^5-0.51\times10^5=-0.64\times10^5\,(\text{J})$$

是气体向外界放了热。

10.4 绝热过程

绝热过程是系统在和外界无热量交换的条件下进行的过程，用隔能壁（或叫绝热壁）把系统和外界隔开就可以实现这种过程。实际上没有理想的隔能壁，因此用这个方法只能实现近似的绝热过程。如果过程进行得很快，以致在过程中系统来不及和外界进行显著的热交换，这种过程也近似于绝热过程。蒸汽机或内燃机汽缸内的气体所经历的急速压缩和膨胀，空气中声音传播时引起的局部膨胀或压缩过程都可以近似地当成绝热过程处理就是这个原因。

下面我们讨论理想气体的绝热过程的规律。举两个例子，一是准静态的，另一是非准静态的。

1. 准静态绝热过程

我们研究理想气体经历一个**准静态**绝热过程时，其能量变化的特点及各状态参量之间的关系。

因为是绝热过程，所以过程中 $Q=0$，根据热力学第一定律得出的能量关系是

$$E_2 - E_1 + A = 0 \tag{10.15}$$

或

$$E_2 - E_1 = -A$$

此式表明在绝热过程中，外界对系统做的功等于系统内能的增量。对于微小的绝热过程应有

$$\mathrm{d}E + \text{đ}A = 0$$

由于是理想气体，所以有

$$\mathrm{d}E = \frac{i}{2}\nu R\mathrm{d}T$$

又由于是准静态过程，所以又有

$$\text{đ}A = p\mathrm{d}V$$

因而绝热条件给出

$$\frac{i}{2}\nu R\mathrm{d}T + p\mathrm{d}V = 0 \tag{10.16}$$

此式是由能量守恒给定的状态参量之间的关系。

在准静态过程中的任意时刻，理想气体都应满足状态方程

$$pV = \nu RT$$

对此式求微分可得

$$p\mathrm{d}V + V\mathrm{d}p = \nu R\mathrm{d}T \tag{10.17}$$

在式(10.16)与式(10.17)中消去 $\mathrm{d}T$，可得

$$(i+2)p\mathrm{d}V + iV\mathrm{d}p = 0$$

再利用 γ 的定义式(10.14)，可以将上式写成

$$\frac{\mathrm{d}p}{p} + \gamma\frac{\mathrm{d}V}{V} = 0$$

这是理想气体的状态参量在准静态绝热过程中必须满足的微分方程式。在实际问题中，γ可当做常数。这时对上式积分可得

$$\ln p+\gamma\ln V=C$$

或

$$pV^{\gamma}=C_1 \tag{10.18}$$

式中C为常数，C_1为常量。式(10.18)叫**泊松公式**。利用理想气体状态方程，还可以由此得到

$$TV^{\gamma-1}=C_2 \tag{10.19}$$

$$p^{\gamma-1}T^{-\gamma}=C_3 \tag{10.20}$$

式中C_2，C_3也是常量。除状态方程外，理想气体在准静态绝热过程中，各状态参量还需要满足式(10.18)或式(10.19)或式(10.20)，这些关系式称为绝热过程的**过程方程**。

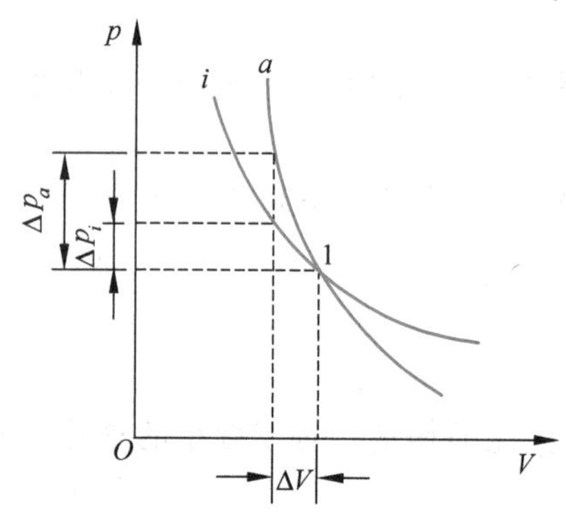

图10.10 绝热线a与等温线i的比较

在图10.10所示的p-V图上画出了理想气体的绝热过程曲线a，同时还画出了一条等温线i进行比较。可以看出，绝热线比等温线陡，这可以用数学方法通过比较两种过程曲线的斜率来证明。

从气体动理论的观点看绝热线比等温线陡是很容易解释的。例如同样的气体都从状态1出发，一次用绝热压缩，一次用等温压缩，使其体积都减小ΔV。在等温条件下，随着体积的减小，气体分子数密度将增大，但分子平均动能不变，根据公式$p=\frac{2}{3}n\bar{\varepsilon}_t$，气体的压强将增大$\Delta p_i$。在绝热条件下，随着体积的减小，不但分子数密度要同样地增大，而且由于外界做功增大了分子的平均动能，所以气体的压强增大得更多了，即$\Delta p_a>\Delta p_i$，因此绝热线要比等温线陡些。

例10.5

一定质量的理想气体，从初态(p_1，V_1)开始，经过准静态绝热过程，体积膨胀到V_2，求在这一过程中气体对外做的功。设该气体的比热比为γ。

解 由泊松公式(10.18)得

$$pV^{\gamma}=p_1V_1^{\gamma}$$

由此得

$$p=p_1V_1^{\gamma}/V^{\gamma}$$

将此式代入计算功的式(10.4)，可直接求得功为

$$A=\int_{V_1}^{V_2}p\mathrm{d}V=p_1V_1^{\gamma}\int_{V_1}^{V_2}\frac{\mathrm{d}V}{V^{\gamma}}=p_1V_1^{\gamma}\frac{1}{1-\gamma}(V_2^{1-\gamma}-V_1^{1-\gamma})$$

$$=\frac{p_1V_1}{\gamma-1}\left[1-\left(\frac{V_1}{V_2}\right)^{\gamma-1}\right] \tag{10.21}$$

此式也可以利用绝热条件求得。由式(10.2)可得

$$A = -\Delta E = E_1 - E_2 = \frac{i}{2}\nu R(T_1 - T_2)$$

再利用式(10.14),可得

$$A = \frac{\nu R}{\gamma - 1}(T_1 - T_2) = \frac{1}{\gamma - 1}(\nu R T_1 - \nu R T_2)$$

$$= \frac{1}{\gamma - 1}(p_1 V_1 - p_2 V_2) \tag{10.22}$$

再利用泊松公式,就可以得到与式(10.21)相同的结果。

例 10.6

空气中的声速。空气中有声波传播时,各空气质元不断地反复经历着压缩和膨胀的过程,由于这种变化过程的频率较高,压缩和膨胀进行得都较快,各质元都来不及和周围的质元发生热传递,因而过程可视为绝热的。试根据是理想气体的绝热过程这一假定,求空气中的声速。

解 7.4 节中已讲过气体中的纵波波速公式(7.23)为 $u=\sqrt{K/\rho}$,其中 K 为气体的体弹模量,ρ 为气体的密度。按体弹模量的定义式(7.16)为 $K=-V\mathrm{d}p/\mathrm{d}V$。由绝热过程的过程方程式(10.18)及理想气体状态方程式(9.11)可得 $K=\gamma\rho RT/M$。将此式代入式(7.23)可得空气中的声速为

$$u_1 = \sqrt{\frac{\gamma RT}{M}}$$

此即 7.4 节中所列式(7.25)。

对于标准状况下的空气来说,$\gamma=1.40$,$T=273$ K,$M=29.0\times10^{-3}$ kg/mol,再用 $R=8.31$ J/(mol·K)代入,

$$u_1 = \sqrt{\frac{1.40\times 8.31\times 273}{29.0\times 10^{-3}}} = 331 \text{ m/s}$$

此结果和表 7.2 所列结果一致,说明绝热过程的假设是正确的。

例 10.7

用绝热过程模型求大气温度随高度递减的规律。

解 在例 9.2 中分析大气压强随高度的变化时,曾假定大气的温度不随高度改变。这当然和实际不符。实际上,在地面上一定高度内,空气的温度是随高度递减的,这个温度的变化可以用绝热过程来研究。原来,由于地面被太阳晒热,其上空气受热而密度减小,就缓慢向上流动。流动时因为周围空气导热性差,所以上升气流可以认为是经历绝热过程。这种绝热过程模型应该更符合实际。

仍借助例 9.2 的图 9.6,通过分析厚度为 $\mathrm{d}h$ 的一层空气的平衡条件得到式(9.15):

$$\frac{\mathrm{d}p}{\mathrm{d}h} = -\frac{Mgp}{RT}$$

考虑到温度随高度变化,此式可写成

$$\frac{\mathrm{d}p}{\mathrm{d}T}\frac{\mathrm{d}T}{\mathrm{d}h} = -\frac{Mgp}{RT}$$

对式(10.20)求导,可得对准静态绝热过程,

$$\frac{\mathrm{d}p}{\mathrm{d}T} = \frac{\gamma}{\gamma - 1}\frac{p}{T}$$

代入上一式可得

$$\frac{\mathrm{d}T}{\mathrm{d}h} = -\frac{\gamma - 1}{\gamma}\frac{Mg}{R}$$

对空气，取 $\gamma=7/5$，$M=29\times10^{-3}$ kg/mol，可得

$$\frac{dT}{dh}=-9.8\times10^{-3}\ \text{K/m}=-9.8\ \text{K/km}$$

由此可得，每升高1 km，大气温度约下降10 K，这和地面上10 km以内大气温度的变化大致符合。

实际上，大气的状况很复杂，其中的水蒸气含量、太阳辐射强度、地势的高低、气流的走向等因素都有较大的影响，大气温度并不随高度一直递减下去。在10 km高空，温度约为-50℃。再往高处去，温度反而随高度而升高了。火箭和人造卫星的探测发现，在400 km以上，温度甚至可达10^3 K或更高。

2. 绝热自由膨胀过程

考虑一绝热容器，其中有一隔板将容器容积分为相等的两半。左半充以理想气体，右半抽成真空(图10.11)。左半部气体原处于平衡态，现在抽去隔板，则气体将冲入右半部，最后可以在整个容器内达到一个新的平衡态。这种过程称为**绝热自由膨胀**。在此过程中任一时刻气体显然不处于平衡态，因而过程是非准静态过程。

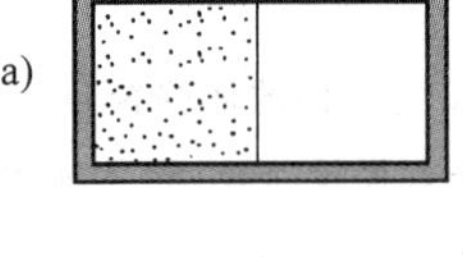

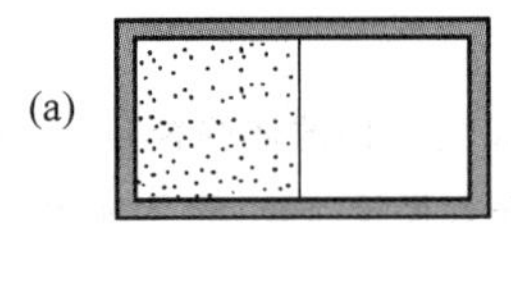

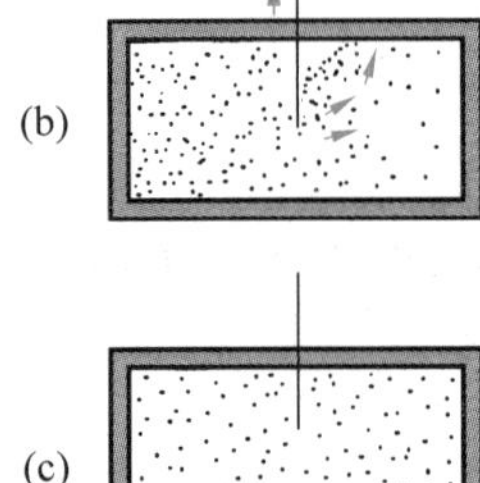

图10.11 气体的自由膨胀
(a) 膨胀前(平衡态)；(b) 过程中某一时刻(非平衡态)；(c) 膨胀后(平衡态)

虽然自由膨胀是非准静态过程，它仍应服从热力学第一定律。由于过程是绝热的，即 $Q=0$，因而有

$$E_2-E_1+A=0$$

又由于气体是向真空冲入，所以它对外界不做功，即 $A=0$。因而进一步可得

$$E_2-E_1=0$$

即气体经过自由膨胀，内能保持不变。对于理想气体，由于内能只包含分子热运动动能，它只是温度的函数，所以经过自由膨胀，理想气体再达到平衡态时，它的温度将复原，即

$$T_2=T_1\quad(\text{理想气体绝热自由膨胀})\tag{10.23}$$

根据状态方程，对于初、末状态应分别有

$$p_1V_1=\nu RT_1$$
$$p_2V_2=\nu RT_2$$

因为 $T_1=T_2$，$V_2=2V_1$，这两式就给出

$$p_2=\frac{1}{2}p_1$$

应该着重指出的是，上述状态参量的关系都是对气体的初态和末态说的。虽然自由膨胀的初、末态温度相等，但不能说自由膨胀是等温过程，因为在过程中每一时刻系统并不处于平衡态，不可能用一个温度来描述它的状态。又由于自由膨胀是非准静态过程，所以式(10.18)～式(10.20)诸过程方程也都不适用了。

应该指出，上述绝热自由膨胀过程是对理想气体说的。理想气体内能只包含分子热运动动能，内能不变就意味着分子的平均动能不变，因而温度不变。实际气体经过绝热自由膨胀后，温度一般不会恢复到原来温度。原因是实际气体分子之间总存在相互作用力，而内能中还包含分子间的势能。如果在绝热自由膨胀时，分子间的平均作用力以斥力为主(这要看分子间的平均距离是怎么改变的)，则绝热膨胀后，由于斥力做了正功，分子间势能要减小。这时，内能不变就意味着分子的动能增大，因而气体的温度将升高。如果在绝热自由膨胀时，分子间的平均作用力以引力为主，则绝热膨胀后，由于引力做了负功，分子间的势能要增

大。这时，内能不变就意味着分子的动能减小，因而气体的温度要降低。

自由膨胀是向真空的膨胀，这在实验上难以严格做到，实际上做的是气体向压强较低的区域膨胀。如图10.12所示，在一管壁绝热的管道中间安置一个多孔塞(曾用棉花压紧制成，其中有许多细小的气体通道)。两侧气体压强分别为 p_1 和 p_2，且 $p_1>p_2$。当徐徐推进左侧活塞时，气体可以通过多孔塞流入右侧压强较小区域，这一区域靠活塞的徐徐右移而保持压强 p_2 不变。气体通过多孔塞的过程不是准静态过程，这一过程叫**节流过程**。也可以用一个小孔代替多孔塞进行节流过程。通过节流过程，实际气体温度改变的现象叫**焦耳-汤姆孙效应**。正的焦耳-汤姆孙效应，即节流后气体温度降低的现象，被利用来制取液态空气，使空气经过几次节流膨胀后，其温度可以降低到其中部分空气被液化的程度。

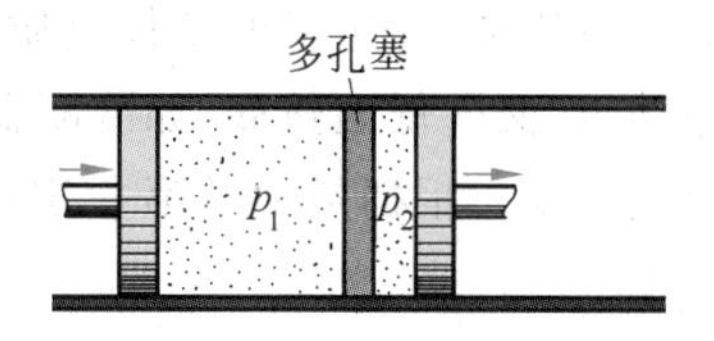

图10.12　节流过程

10.5　循环过程

在历史上，热力学理论最初是在研究热机工作过程的基础上发展起来的。热机是利用热来做功的机器，例如蒸汽机、内燃机、汽轮机等都是热机。在热机中被利用来吸收热量并对外做功的物质叫**工作物质**，简称**工质**。各种热机都是重复地进行着某些过程而不断地吸热做功的。为了研究热机的工作过程，引入循环过程的概念。**一个系统**，如热机中的工质，**经历一系列变化后又回到初始状态的整个过程叫循环过程**，简称**循环**。研究循环过程的规律在实践上(如热机的改进)和理论上都有很重要的意义。

先以热电厂内水的状态变化为例说明循环过程的意义。水所经历的循环过程如图10.13所示。一定量的水先从锅炉 B 中吸收热量 Q_1 变成高温高压的蒸汽，然后进入汽缸 C，在汽缸中蒸汽膨胀推动汽轮机的叶轮对外做功 A_1。做功后蒸汽的温度和压强都大为降低而成为“废气”，废气进入冷凝器 R 后凝结为水时放出热量 Q_2。最后由泵 P 对此冷凝水做功 A_2 将它压回到锅炉中去而完成整个循环过程。

如果一个系统所经历的循环过程的各个阶段都是准静态过程，这个循环过程就可以在状态图(如 p-V 图)上用一个闭合曲线表示。图10.14就画了一个闭合曲线表示任意的一个循环过程，其过程进行的方向如箭头所示。从状态 a 经状态 b 达到状态 c 的过程中，系统对外做功，其数值 A_1 等于曲线段 abc 下面到 V 轴之间的面积；从状态 c 经状态 d 回到状态 a 的过程中，外界对系统做功，其数值 A_2 等于曲线段 cda 下面到 V 轴之间的面积。整个循

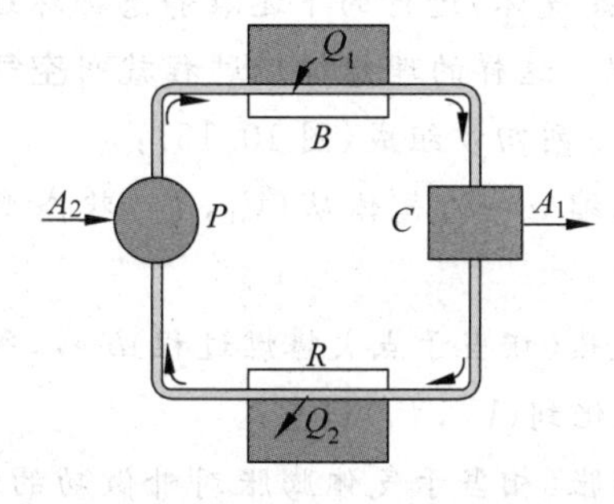

图10.13　热电厂内水的循环过程示意图

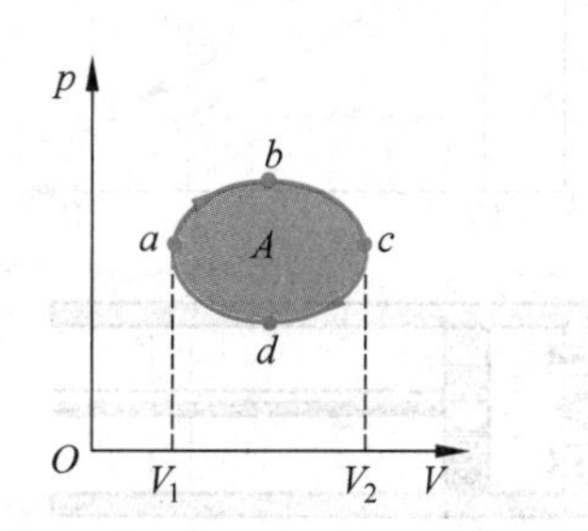

图10.14　用闭合曲线表示循环过程

环过程中系统对外做的**净功**的数值为 $A=A_1-A_2$，在图 10.14 中它就等于循环过程曲线所包围的面积。在 p-V 图中，循环过程沿顺时针方向进行时，像图 10.14 中那样，系统对外做功，这种循环叫**正循环**（或热循环）。循环过程沿逆时针方向进行时，外界将对系统做净功，这种循环叫**逆循环**（或致冷循环）。

在图 10.13 中，水进行的是正循环，该循环过程中的能量转化和传递的情况具有正循环的一般特征：一定量的工作物质在一次循环过程中要从**高温热库**（如锅炉）吸热 Q_1，对外做净功 A，又向**低温热库**（如冷凝器）放出热量 Q_2（只表示数值）。由于工质回到了初态，所以内能不变。根据热力学第一定律，工质吸收的**净热量**(Q_1-Q_2)应该等于它对外做的净功 A，即

$$A=Q_1-Q_2 \tag{10.24}$$

这就是说，工质以传热方式从高温热库得到的能量，有一部分仍以传热的方式放给低温热库，二者的**差额**等于工质对外做的净功。

对于热机的正循环，实践上和理论上都很注意它的**效率**。循环的效率是**在一次循环过程中工质对外做的净功占它从高温热库吸收的热量的比率**。这是热机效能的一个重要指标。以 η 表示循环的效率，则按定义，应该有

$$\eta=\frac{A}{Q_1} \tag{10.25}$$

再利用式(10.24)，可得

$$\eta=1-\frac{Q_2}{Q_1} \tag{10.26}$$

例 10.8

空气标准奥托循环。燃烧汽油的四冲程内燃机中进行的循环过程叫做奥托循环，它实际上进行的过程如下：先是将空气和汽油的混合气吸入汽缸，然后进行急速压缩，压缩至混合气的体积最小时用电火花点火引起爆燃。汽缸内气体得到燃烧放出的热量，温度、压强迅速增大，从而能推动活塞对外做功。做功后的废气被排出汽缸，然后再吸入新的混合气进行下一个循环。这一过程并非同一工质反复进行的循环过程，而且经过燃烧，汽缸内的气体还发生了化学变化。在理论上研究上述实际过程中的能量转化关系时，总是用一定质量的空气（理想气体）进行的下述准静态循环过程来代替实际的过程。这样的理想循环过程就叫**空气标准奥托循环**，它由下列四步组成（图 10.15）：

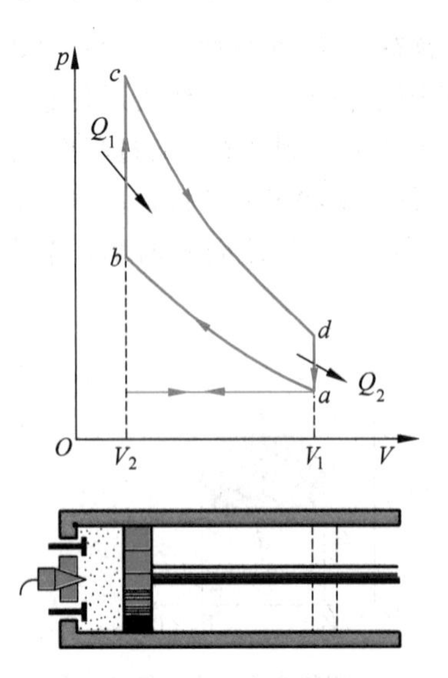

图 10.15　空气标准奥托循环

(1) 绝热压缩 $a\to b$，气体从(V_1,T_1)状态变化到(V_2,T_2)状态；

(2) 等体吸热（相当于点火爆燃过程）$b\to c$，气体由(V_2,T_2)状态变化到(V_2,T_3)状态；

(3) 绝热膨胀（相当于气体膨胀对外做功的过程）$c\to d$，气体由(V_2,T_3)状态变化到(V_1,T_4)状态；

(4) 等体放热 $d \to a$，气体由(V_1, T_4)状态变回到(V_1, T_1)状态。

求这个理想循环的效率。

解 在 $b \to c$ 的等体过程中气体吸收的热量为

$$Q_1 = \nu C_{V,\mathrm{m}}(T_3 - T_2)$$

在 $d \to a$ 的等体过程中气体放出的热量为

$$Q_2 = \nu C_{V,\mathrm{m}}(T_4 - T_1)$$

代入式(10.26)，可得此循环效率为

$$\eta = 1 - \frac{Q_2}{Q_1} = 1 - \frac{T_4 - T_1}{T_3 - T_2}$$

由于 $a \to b$ 是绝热过程，所以

$$\frac{T_2}{T_1} = \left(\frac{V_1}{V_2}\right)^{\gamma-1}$$

又由于 $c \to d$ 也是绝热过程，所以又有

$$\frac{T_3}{T_4} = \left(\frac{V_1}{V_2}\right)^{\gamma-1}$$

由以上两式可得

$$\frac{T_3}{T_4} = \frac{T_2}{T_1} = \frac{T_3 - T_2}{T_4 - T_1}$$

将此关系代入上面的效率公式中，可得

$$\eta = 1 - \frac{1}{\frac{T_2}{T_1}} = 1 - \frac{1}{\left(\frac{V_1}{V_2}\right)^{\gamma-1}}$$

定义**压缩比**为 $V_1/V_2 = r$，则上式又可写成

$$\eta = 1 - \frac{1}{r^{\gamma-1}}$$

由此可见，空气标准奥托循环的效率决定于压缩比。现代汽油内燃机的压缩比约为 10，更大时当空气和汽油的混合气在尚未压缩到 b 状态时，温度就已升高到足以引起混合气燃烧了。设 $r=10$，空气的 γ 值取 1.4，则上式给出

$$\eta = 1 - \frac{1}{10^{0.4}} = 0.60 = 60\%$$

实际的汽油机的效率比这小得多，一般只有 30%左右。

10.6 卡诺循环

在 19 世纪上半叶，为了提高热机效率，不少人进行了理论上的研究。1824 年法国青年工程师卡诺提出了一个理想循环，该循环体现了热机循环的最基本的特征。该循环是一种准静态循环，在循环过程中工质**只和两个恒温热库交换热量**。这种循环叫**卡诺循环**，按卡诺循环工作的热机叫**卡诺机**。

下面讨论以理想气体为工质的卡诺循环，它由下列几步准静态过程(图 10.16)组成。

$1 \to 2$：使汽缸和温度为 T_1 的高温热库接触，使气体做等温膨胀，体积由 V_1 增大到 V_2。在这一过程中，它从高温热库吸收的热量按式(10.7)为

$$Q_1 = \nu R T_1 \ln \frac{V_2}{V_1}$$

2→3：将汽缸从高温热库移开，使气体做绝热膨胀，体积变为 V_3，温度降到 T_2。

3→4：使汽缸和温度为 T_2 的低温热库接触，等温地压缩气体直到它的体积缩小到 V_4，而状态4和状态1位于同一条绝热线上。在这一过程中，气体向低温热库放出的热量为

$$Q_2 = \nu R T_2 \ln \frac{V_3}{V_4}$$

4→1：将汽缸从低温热库移开，沿绝热线压缩气体，直到它回复到起始状态1而完成一次循环。

在一次循环中，气体对外做的净功为

$$A = Q_1 - Q_2$$

卡诺循环中的能量交换与转化的关系可用图10.17那样的能流图表示。

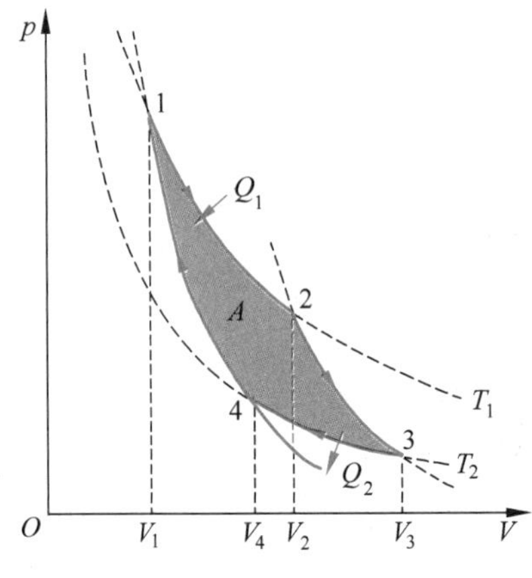

图10.16 理想气体的卡诺循环

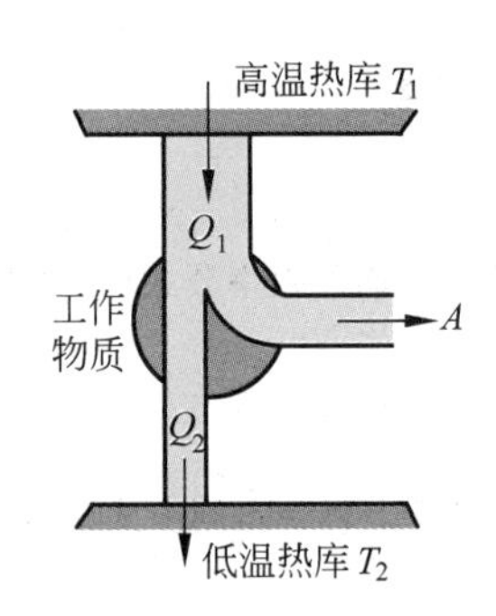

图10.17 卡诺机的能流图

根据循环效率公式(10.26)，上述理想气体卡诺循环的效率为

$$\eta_C = 1 - \frac{Q_2}{Q_1} = 1 - \frac{T_2 \ln \frac{V_3}{V_4}}{T_1 \ln \frac{V_2}{V_1}}$$

又由理想气体绝热过程方程，对两个绝热过程应有如下关系：

$$T_1 V_2^{\gamma-1} = T_2 V_3^{\gamma-1}$$

$$T_1 V_1^{\gamma-1} = T_2 V_4^{\gamma-1}$$

两式相比，可得

$$\frac{V_3}{V_4} = \frac{V_2}{V_1}$$

据此，上面的效率表示式可简化为

$$\eta_C = 1 - \frac{T_2}{T_1} \tag{10.27}$$

这就是说，以理想气体为工作物质的卡诺循环的效率，只由热库的温度决定。可以证明(见例11.1)，在同样两个温度 T_1 和 T_2 之间工作的**各种工质**的卡诺循环的效率都由式(10.27)给定，而且是实际热机的可能效率的最大值。这是卡诺循环的一个基本特征。

现代热电厂利用的水蒸气温度可达580℃，冷凝水的温度约30℃，若按卡诺循环计算，

其效率应为

$$\eta_C = 1 - \frac{303}{853} = 64.5\%$$

实际的蒸汽循环的效率最高只到36%左右，这是因为实际的循环和卡诺循环相差很多。例如热库并不是恒温的，因而工质可以随处和外界交换热量，而且它进行的过程也不是准静态的。尽管如此，式(10.27)还是有一定的实际意义。因为它提出了提高高温热库的温度是提高效率的途径之一，现代热电厂中要尽可能提高水蒸气的温度就是这个道理。降低冷凝器的温度虽然在理论上对提高效率有作用，但要降到室温以下，实际上很困难，而且经济上不合算，所以都不这样做。

卡诺循环有一个重要的理论意义就是用它可以定义一个温标。对比式(10.26)和式(10.27)可得

$$\frac{Q_1}{Q_2} = \frac{T_1}{T_2} \tag{10.28}$$

即卡诺循环中工质从高温热库吸收的热量与放给低温热库的热量之比等于两热库的温度之比。由于这一结论和工质种类无关，因而可以利用任何进行卡诺循环的工质与高低温热库所交换的热量之比来量度两热库的温度，或说定义两热库的温度。这样的定义当然只能根据热量之比给出两温度的比值。如果再取水的三相点温度作为计量温度的定点，并规定它的值为273.16，则由式(10.28)给出的温度比值就可以确定任意温度的值了。这种计量温度的方法是开尔文引进的，叫做**热力学温标**。如果工质是理想气体，则因理想气体温标的定点也是水的三相点，而且也规定为273.16，所以在理想气体概念有效的范围内，热力学温标和理想气体温标将给出相同的数值，这样式(10.27)的卡诺循环效率公式中的温度也就可以用热力学温标表示了。

有限时间循环

应该指出，上述卡诺循环中工质经历的过程都是准静态过程，而且工质做等温膨胀或压缩时，其温度都和热库的温度相等(实际上应差一无穷小值)。这样的过程只能是无限缓慢的过程，因此这种循环过程输出的功率只能是零。为了使热机输出一定的功率，循环过程必须在有限时间内完成。为了更切合实际地研究热机的效率，有人提出了这样的循环模型：工质仍进行准静态的卡诺循环，但它等温变化时的温度不再等于热库的温度，即高温低于高温热库的温度 T_1，低温高于低温热库的温度 T_2。这样，热交换就可以在有限时间内完成。如果再假设工质与热库间交换的热量和时间成正比，则可以推知，这样的循环有一最大输出功率为

$$P_{\max} = \frac{\alpha}{4}\left(\sqrt{T_1} - \sqrt{T_2}\right)^2$$

式中 α 为工质与热库间的单位温差的传热率，单位为J/(K·s)。与上述最大功率相应的循环效率为

$$\eta_C = 1 - \sqrt{\frac{T_2}{T_1}} \tag{10.29}$$

这一效率也只与热库温度有关，而比卡诺循环效率 η_C 小，但它更接近于实际热机的效率。这里所提出的循环叫"内卡诺循环"①，与之相联系的热力学理论叫"有限时间热力学"，现在正受到人们的关注。

---

① 参见：严子浚，陈丽璇，内可逆卡诺循环. 大学物理，1985，7：22.

10.7　致冷循环

如果工质做逆循环，即沿着与热机循环相反的方向进行循环过程，则在一次循环中，工质将从低温热库吸热 Q_2，向高温热库放热 Q_1，而外界必须对工质做功 A，其能量交换与转换的关系如图10.18的能流图所示。由热力学第一定律，得

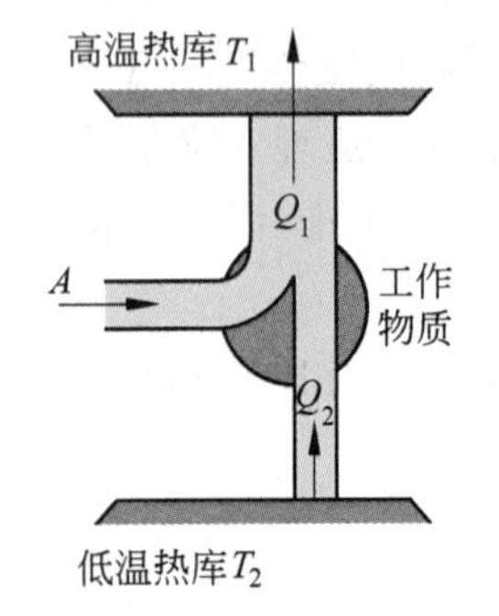

图10.18　致冷机的能流图

$$A = Q_1 - Q_2$$

或者

$$Q_1 = Q_2 + A$$

这就是说，工质把从低温热库吸收的热和外界对它做的功一并以热量的形式传给高温热库。由于从低温物体的吸热有可能使它的温度降低，所以这种循环又叫**致冷循环**。按这种循环工作的机器就是**致冷机**。

在致冷循环中，从低温热库吸收热量 Q_2 是我们冀求的效果，而必须对工质做的功 A 是我们要付的"本钱"。因此致冷循环的效能用 Q_2/A 表示，吸热越多，做功越少，则致冷机性能越好。这一比值叫致冷循环的**致冷系数**，以 w 表示致冷系数，则有

$$w = \frac{Q_2}{A} \tag{10.30}$$

由于 $A=Q_1-Q_2$，所以又有

$$w = \frac{Q_2}{Q_1 - Q_2} \tag{10.31}$$

以理想气体为工质的**卡诺致冷循环**的过程曲线如图10.19所示，很容易证明这一循环的致冷系数为

$$w_C = \frac{T_2}{T_1 - T_2} \tag{10.32}$$

这一致冷系数也是在 T_1 和 T_2 两温度间工作的各种致冷机的致冷系数的最大值。

常用的致冷机——冰箱——的构造与工作原理可用图10.20说明。工质用较易液化的

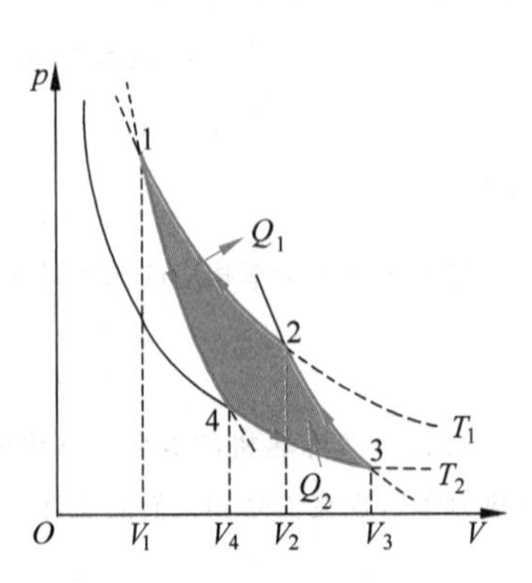

图10.19　理想气体的卡诺致冷循环

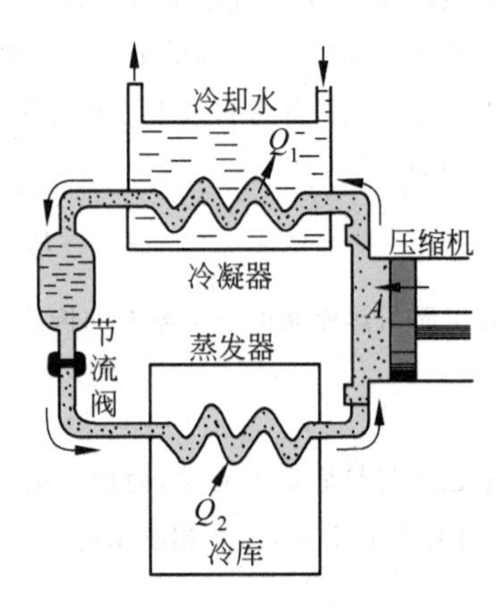

图10.20　冰箱循环示意图

物质,如氨。氨气在压缩机内被急速压缩,它的压强增大,而且温度升高,进入冷凝器(高温热库)后,由于向冷却水(或周围空气)放热而凝结为液态氨。液态氨经节流阀的小口通道后,降压降温,再进入蒸发器。此处由于压气机的抽吸作用因而压强很低。液态氨将从冷库(低温热库)中吸热,使冷库温度降低而自身全部蒸发为蒸气。此氨蒸气最后被吸入压气机进行下一循环。

冰箱的致冷原理也可应用于房间。在夏天,可将房间作为低温热库,以室外的大气或河水为高温热库,用类似图 10.20 的致冷机使房间降温,这就是空调器的原理。如果在冬天则以室外大气或河水为低温热库,以房间为高温热库,可使房间升温变暖,为此目的设计的致冷机又叫**热泵**。图 10.21 为一空调器和热泵合为一体的装置示意图。当换向阀如图示接通后,此装置向室内供热致暖。当换向阀由图示位置转 90°时,工作物质流向将反过来,此装置将从室内带出热量使室内降温。

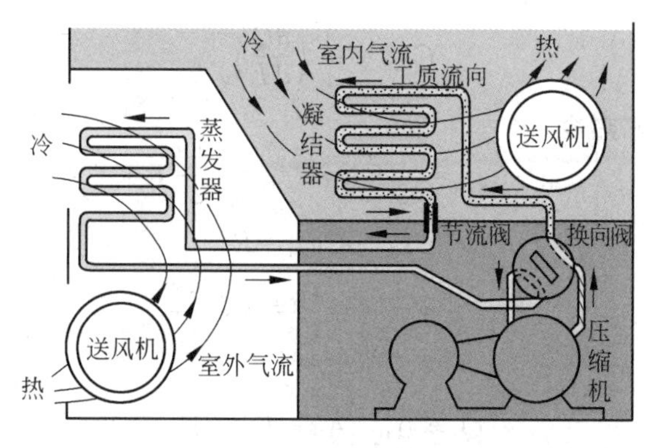

图 10.21 热泵结构图

家用电冰箱的箱内要保持 $T_2=270\ \mathrm{K}$,箱外空气温度为 $T_1=300\ \mathrm{K}$,按卡诺致冷循环计算致冷系数为

$$w_C=\frac{T_2}{T_1-T_2}=\frac{270}{300-270}=9$$

这表示从做功吸热角度看来,使用致冷机是相当合算的,实际冰箱的致冷系数要比这个数小些。

提要

1. 功的微观本质:外界对系统做功而交换能量有两种情形。

做功是系统内分子的无规则运动能量和外界分子的有规则运动能量通过宏观功相互转化与传递的过程。体积功总和系统的边界的宏观位移相联系。

功是过程量。

热传递是系统和外界(或两个物体)的分子的无规则运动能量(内能)通过分子碰撞时的微观功相互传递的过程。热传递只有在系统和外界的温度不同时才能发生,所传递的内能叫热量。

热量也是过程量。

2. 热力学第一定律

$$Q = E_2 - E_1 + A, \quad đQ = dE + đA$$

其中,Q为系统吸收的热量;A为系统对外界做的功。

3. 准静态过程:过程进行中的每一时刻,系统的状态都无限接近于平衡态。

准静态过程可以用状态图上的曲线表示。

准静态过程中系统对外做的体积功:

$$đA = p\mathrm{d}V, \quad A = \int_{V_1}^{V_2} p\mathrm{d}V$$

4. 热容

摩尔定压热容　$C_{p,\mathrm{m}} = \frac{1}{\nu}\left(\frac{đQ}{\mathrm{d}T}\right)_p$

摩尔定体热容　$C_{V,\mathrm{m}} = \frac{1}{\nu}\left(\frac{đQ}{\mathrm{d}T}\right)_V$

理想气体的摩尔热容

$$C_{V,\mathrm{m}} = \frac{i}{2}R, \quad C_{p,\mathrm{m}} = \frac{i+2}{2}R$$

迈耶公式　$C_{p,\mathrm{m}} - C_{V,\mathrm{m}} = R$

比热比　$\gamma = \frac{c_p}{c_V} = \frac{C_{p,\mathrm{m}}}{C_{V,\mathrm{m}}} = \frac{i+2}{i}$

5. 绝热过程

$$Q = 0, \quad A = E_1 - E_2$$

理想气体的准静态绝热过程:

$$pV^\gamma = \text{常量}, \quad A = \frac{1}{\gamma - 1}(p_1V_1 - p_2V_2)$$

绝热自由膨胀:理想气体的内能不变,温度复原,即初末态的温度相等。

6. 循环过程

热循环:系统从高温热库吸热,对外做功,向低温热库放热。效率为

$$\eta = \frac{A}{Q_1} = 1 - \frac{Q_2}{Q_1}$$

致冷循环:系统从低温热库吸热,接受外界做功,向高温热库放热。

致冷系数　$w = \frac{Q_2}{A} = \frac{Q_2}{Q_1 - Q_2}$

7. 卡诺循环:系统只和两个恒温热库进行热交换的无损耗准静态循环过程。

正循环的效率　$\eta_{\mathrm{C}} = 1 - \frac{T_2}{T_1}$

逆循环的致冷系数　$w_{\mathrm{C}} = \frac{T_2}{T_1 - T_2}$

8. 热力学温标:利用卡诺循环的热交换定义的温标,定点为水的三相点,$T_3 = 273.16\ \mathrm{K}$。

思考题

10.1　内能和热量的概念有何不同？下面两种说法是否正确？

(1) 物体的温度愈高，则热量愈多；

(2) 物体的温度愈高，则内能愈大。

*10.2　在 p-V 图上用一条曲线表示的过程是否一定是准静态过程？理想气体经过自由膨胀由状态(p_1,V_1)改变到状态(p_2,V_2)而温度复原这一过程能否用一条等温线表示？

10.3　汽缸内有单原子理想气体，若绝热压缩使体积减半，问气体分子的平均速率变为原来平均速率的几倍？若为双原子理想气体，又为几倍？

10.4　有可能对系统加热而不致升高系统的温度吗？有可能不作任何热交换，而使系统的温度发生变化吗？

10.5　一定量的理想气体对外做了 500 J 的功。

(1) 如果过程是等温的，气体吸了多少热？

(2) 如果过程是绝热的，气体的内能改变了多少？是增加了，还是减少了？

10.6　试计算 ν(mol)理想气体在下表所列准静态过程中的 A,Q 和 ΔE，以分子的自由度数和系统初、末态的状态参量表示之，并填入下表：

过程	A	Q	ΔE
等体			
等温			
绝热			
等压			

10.7　有两个卡诺机共同使用同一个低温热库，但高温热库的温度不同。在 p-V 图上，它们的循环曲线所包围的面积相等，它们对外所做的净功是否相同？热循环效率是否相同？

10.8　一个卡诺机在两个温度一定的热库间工作时，如果工质体积膨胀得多些，它做的净功是否就多些？它的效率是否就高些？

10.9　在一个房间里，有一台电冰箱正工作着。如果打开冰箱的门，会不会使房间降温？会使房间升温吗？用一台热泵为什么能使房间降温？

习题

10.1　使一定质量的理想气体的状态按图 10.22 中的曲线沿箭头所示的方向发生变化，图线的 BC 段是以 p 轴和 V 轴为渐近线的双曲线。

(1) 已知气体在状态 A 时的温度 $T_A=300$ K，求气体在 B,C 和 D 状态时的温度。

(2) 从 A 到 D 气体对外做的功总共是多少？

(3) 将上述过程在 V-T 图上画出，并标明过程进行的方向。

10.2　一热力学系统由如图 10.23 所示的状态 a 沿 acb 过程到达状态 b 时，吸收了 560 J 的热量，对外做了 356 J 的功。

(1) 如果它沿 adb 过程到达状态 b 时，对外做了 220 J 的功，它吸收了多少热量？

(2) 当它由状态 b 沿曲线 ba 返回状态 a 时，外界对它做了 282 J 的功，它将吸收多少热量？是真吸了热，还是放了热？

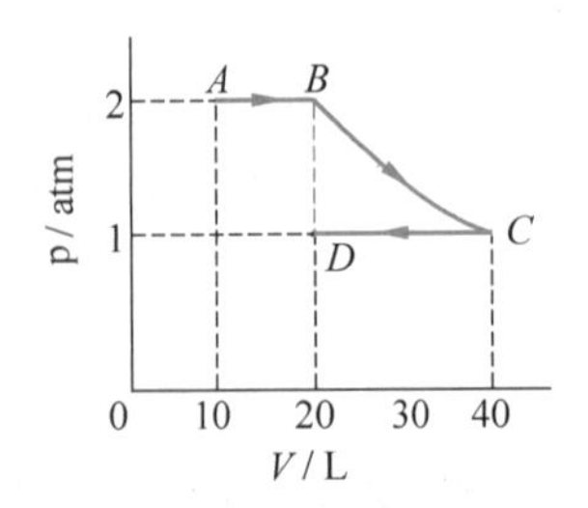

图 10.22 习题 10.1 用图

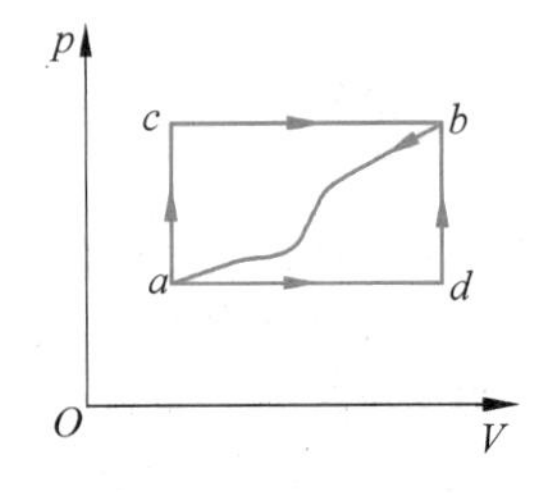

图 10.23 习题 10.2 用图

10.3 64 g 氧气的温度由 0℃升至 50℃，(1)保持体积不变；(2)保持压强不变。在这两个过程中氧气各吸收了多少热量？各增加了多少内能？对外各做了多少功？

10.4 10 g 氦气吸收 10^3 J 的热量时压强未发生变化，它原来的温度是 300 K，最后的温度是多少？

10.5 一定量氢气在保持压强为 4.00×10^5 Pa 不变的情况下，温度由 0.0℃升高到 50.0℃时，吸收了 6.0×10^4 J 的热量。

(1) 氢气的量是多少摩尔？

(2) 氢气内能变化多少？

(3) 氢气对外做了多少功？

(4) 如果这氢气的体积保持不变而温度发生同样变化，它该吸收多少热量？

10.6 用比较曲线斜率的方法证明在 p-V 图上相交于任一点的理想气体的绝热线比等温线陡。

10.7 一定量的氮气，压强为 1 atm，体积为 10 L，温度为 300 K。当其体积缓慢绝热地膨胀到 30 L 时，其压强和温度各是多少？在过程中它对外界做了多少功？内能改变了多少？

10.8 3 mol 氧气在压强为 2 atm 时体积为 40 L，先将它绝热压缩到一半体积，接着再令它等温膨胀到原体积。

(1) 求这一过程的最大压强和最高温度；

(2) 求这一过程中氧气吸收的热量、对外做的功以及内能的变化；

(3) 在 p-V 图上画出整个过程曲线。

10.9 如图 10.24 所示，有一汽缸由绝热壁和绝热活塞构成。最初汽缸内体积为 30 L，有一隔板将其分为两部分：体积为 20 L 的部分充以 35 g 氮气，压强为 2 atm；另一部分为真空。今将隔板上的孔打开，使氮气充满整个汽缸。然后缓慢地移动活塞使氮气膨胀，体积变为 50 L。

(1) 求最后氮气的压强和温度；

(2) 求氮气体积从 20 L 变到 50 L 的整个过程中氮气对外做的功及氮气内能的变化；

(3) 在 p-V 图中画出整个过程的过程曲线。

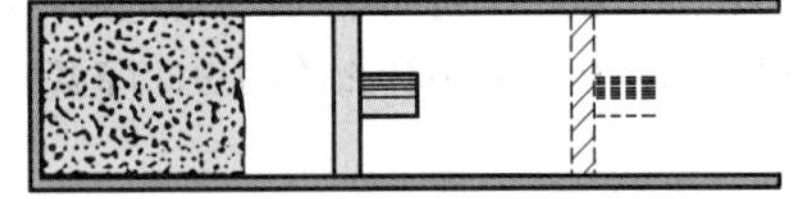

图 10.24 习题 10.9 用图

10.10 在标准状态下，在氧气中的声速为 3.172×10^2 m/s。试由此求出氧气的比热比 γ。

*10.11 按准静态绝热过程模型证明：大气压强 p 随高度 h 的变化关系为

$$p = p_0\left(1-\frac{Mgh}{C_{p,\mathrm{m}}T_0}\right)^{\gamma/(\gamma-1)}$$

式中，p_0，T_0 分别为 $h=0$ 处的大气压强和温度；$C_{p,\mathrm{m}}$ 为空气的摩尔定压热容。

10.12 美国马戏团曾有将人体作为炮弹发射的节目。图 10.25 是 2005 年 8 月 27 日在墨西哥边境将著名美国人体炮弹戴维·史密斯发射到美国境内的情景。

假设炮筒直径为 0.80 m，炮筒长 4.0 m。史密斯原来屈缩在炮筒底部，火药爆发后产生的气体在推动他之前的体积为 2.0 m^3，压强为 2.7 atm，然后经绝热膨胀把他推出炮筒。如果气体推力对他做的功的 75%用来推他前进，而史密斯的质量是 70 kg，则史密斯在出口处速率多大？当时的大气压强按

图 10.25 人体炮弹发射

1.0 atm 计算，火药产生的气体的比热容比 γ 取 1.4。

*10.13 试证明：一定量的气体在节流膨胀前的压强为 p_1，体积为 V_1，经过节流膨胀后(图 10.12)压强变为 p_2，体积变为 V_2，则总有

$$E_1 + p_1V_1 = E_2 + p_2V_2$$

热力学中定义 $E+pV\equiv H$，称做系统的**焓**。很明显，**焓也是系统的状态函数**。上面的证明表明，**经过节流过程，系统的焓不变**。

*10.14 一种测量气体的比热比 γ 的方法如下：一定量的气体，初始温度、压强、体积分别为 T_0，p_0，V_0，用一根铂丝通过电流对气体加热。第一次加热时保持气体体积不变，温度和压强各变为 T_1 和 p_1。第二次加热时保持气体压强不变而温度和体积变为 T_2 和 V_1。设两次加热的电流和时间均相同，试证明：

$$\gamma = \frac{(p_1 - p_0)V_0}{(V_1 - V_0)p_0}$$

*10.15 理想气体的既非等温也非绝热而其过程方程可表示为 $pV^n=$常量的过程叫**多方过程**，n 叫**多方指数**。

(1) 说明 $n=0,1,\gamma$ 和 ∞ 时各是什么过程？

(2) 证明：多方过程中外界对理想气体做的功为

$$\frac{p_2V_2 - p_1V_1}{n-1}$$

(3) 证明：多方过程中理想气体的摩尔热容为

$$C_{\mathrm{m}} = C_{V,\mathrm{m}}\left(\frac{\gamma - n}{1 - n}\right)$$

并就此说明(1)中各过程的 C_{m} 值。

10.16 如图 10.26 所示总容积为 40 L 的绝热容器，中间用一绝热隔板隔开，隔板重量忽略，可以无摩擦地自由升降。A,B 两部分各装有 1 mol 的氮气，它们最初的压强都是 1.013×10^5 Pa，隔板停在中间。现在使微小电流通过 B 中的电阻而缓缓加热，直到 A 部气体体积缩小到一半为止，求在这一过程中：

(1) B 中气体的过程方程，以其体积和温度的关系表示；

(2) 两部分气体各自的最后温度；

(3) B 中气体吸收的热量。

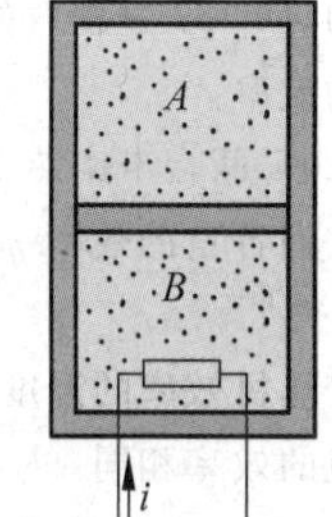

图 10.26 习题 10.16 用图

10.17 现代喷气式飞机(图 10.27)和热电站所用的燃气轮机进行的循环过程可简化为下述布瑞顿循环(Brayton cycle)(图 10.28)。1→2，一定量空气被绝热压缩到燃烧室内；2→3，在燃烧室内燃料喷入燃烧，气体等压膨胀；3→4，高温高压气体被导入轮机内绝热膨胀推动叶轮做功；4→1，废气进入热交换器等压压缩，放热给冷却剂(空气或水)。

(1) 证明：以1,2,3,4各点的温度表示的循环效率为 $\eta=1-\frac{T_4-T_1}{T_3-T_2}$；

(2) 以 $r_p=p_{\max}/p_{\min}$ 表示此循环的压缩比，则其效率可表示为 $\eta=1-\frac{1}{r_p^{(\gamma-1)/\gamma}}$。取 $\gamma=1.40$，则当 $r_p=10$ 时，效率是多少？

图10.27　我国歼10歼击机雄姿

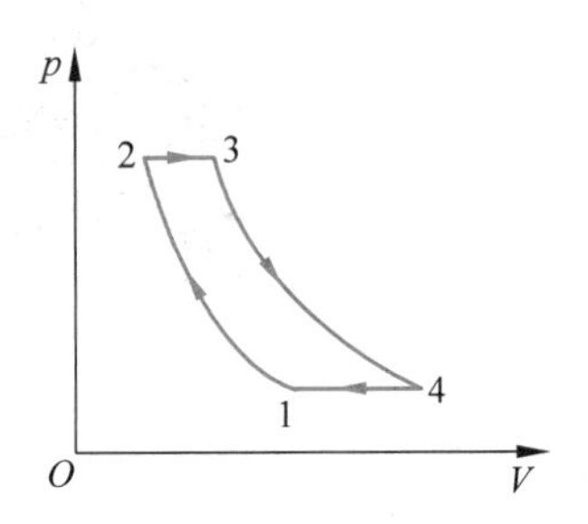

图10.28　习题10.17用图

*10.18　空气标准狄赛尔循环(柴油内燃机的工作循环)由两个绝热过程 ab 和 cd、一个等压过程 bc 及一个等容过程 da 组成(图10.29)，试证明此热机效率为

$$\eta=1-\frac{\left(\frac{V_1'}{V_2}\right)^{\gamma}-1}{\gamma\left(\frac{V_1}{V_2}\right)^{\gamma-1}\left(\frac{V_1'}{V_2}-1\right)}$$

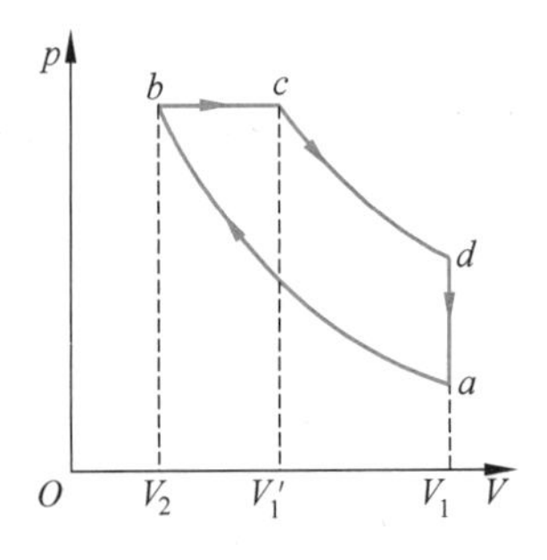

图10.29　习题10.18用图

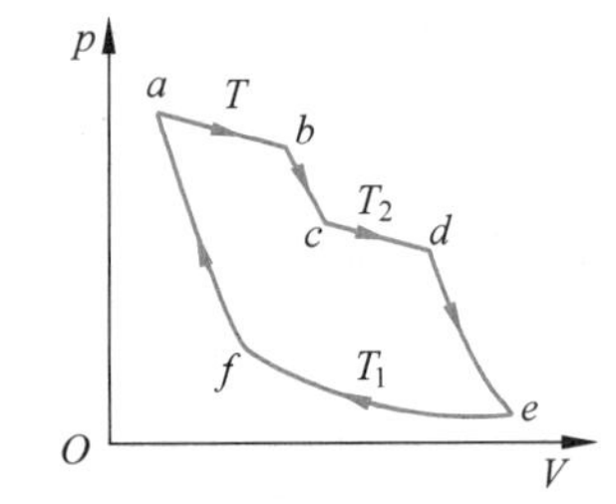

图10.30　习题10.19用图

10.19　克劳修斯在1854年的论文中曾设计了一个如图10.30所示的循环过程，其中 ab,cd,ef 分别是系统与温度为 T,T_2 和 T_1 的热库接触而进行的等温过程，bc,de,fa 则是绝热过程。他还设定系统在 cd 过程吸的热和 ef 过程放的热相等。设系统是一定质量的理想气体，而 T_1,T_2,T 又是热力学温度，试计算此循环的效率。

10.20　两台卡诺热机串联运行，即以第一台卡诺热机的低温热库作为第二台卡诺热机的高温热库。试证明它们各自的效率 η_1 及 η_2 和该联合机的总效率 η 有如下的关系：

$$\eta=\eta_1+(1-\eta_1)\eta_2$$

再用卡诺热机效率的温度表示式证明该联合机的总效率和一台工作于最高温度与最低温度的热库之间的卡诺热机的效率相同。

10.21　有可能利用表层海水和深层海水的温差来制成热机。已知热带水域表层水温约25℃，300 m深处水温约5℃。

(1) 在这两个温度之间工作的卡诺热机的效率多大？

(2) 如果一电站在此最大理论效率下工作时获得的机械功率是1 MW，它将以何速率排出废热？

(3) 此电站获得的机械功和排出的废热均来自 25℃的水冷却到 5℃所放出的热量,问此电站将以何速率取用 25℃的表层水?

10.22　一台冰箱工作时,其冷冻室中的温度为−10℃,室温为 15℃。若按理想卡诺致冷循环计算,则此致冷机每消耗 10^3 J 的功,可以从冷冻室中吸出多少热量?

10.23　当外面气温为 32℃时,用空调器维持室内温度为 21℃。已知漏入室内热量的速率是 3.8×10^4 kJ/h,求所用空调器需要的最小机械功率是多少?

10.24　有一暖气装置如下:用一热机带动一致冷机,致冷机自河水中吸热而供给暖气系统中的水,同时暖气中的水又作为热机的冷却器。热机的高温热库的温度是 $t_1=210$℃,河水温度是 $t_2=15$℃,暖气系统中的水温为 $t_3=60$℃。设热机和致冷机都以理想气体为工质,分别以卡诺循环和卡诺逆循环工作,那么每燃烧 1 kg 煤,暖气系统中的水得到的热量是多少?是煤所发热量的几倍?已知煤的燃烧值是 3.34×10^7 J/kg。

10.25　一台致冷机的循环过程如图 10.31 所示(参看图 9.18 中的汽液转变过程),其中压缩过程 da 和膨胀过程 bc 都是绝热的。工质在 a,b,c,d 四个状态的温度、压强、体积以及内能如下表所示:

状态	T/℃	p/kPa	V/m^3	E/kJ	液体占的百分比/%
a	80	2305	0.0682	1969	0
b	80	2305	0.009 46	1171	100
c	5	363	0.2202	1015	54
d	5	363	0.4513	1641	5

(1) 每一次循环中,工质在蒸发器内从致冷机内部吸收多少热量?

(2) 每一次循环中,工质在冷凝器内向机外空气放出多少热量?

(3) 每一次循环,压缩机对工质做功多少?

(4) 计算此致冷机的致冷系数。如按卡诺致冷机计算,致冷系数又是多少?

*10.26　一定量的理想气体进行如图 10.32 所示的**逆向斯特林循环**,其中 1→2 为等温(T_1)压缩过程,3→4 为等温(T_2)膨胀过程,其他两过程为等体积过程。求证此循环的致冷系数和逆向卡诺循环的致冷系数相等,因而具有较好的致冷效果。(这一循环是回热式制冷机中的工作循环。4→1 过程从热库吸收的热量在 2→3 过程中又放回给了热库,故均不计入循环效率计算。)

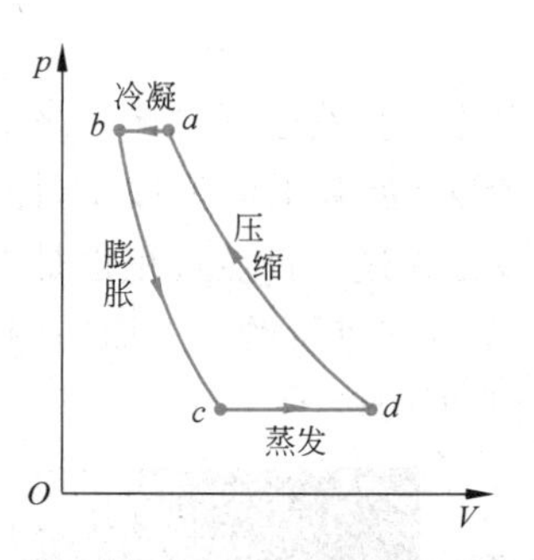

图 10.31　习题 10.25 用图

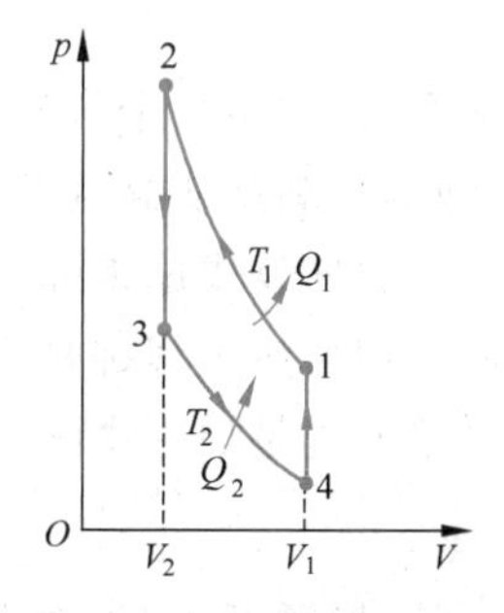

图 10.32　逆向斯特林循环

焦耳

能源与环境

第11章

热力学第二定律

第10章讲了热力学第一定律，说明在一切热力学过程中，能量一定守恒。但满足能量守恒的过程是否都能实现呢？许多事实说明，**不一定**！一切实际的热力学过程都只能按一定的方向进行，反方向的热力学过程不可能发生。本章所要介绍的热力学第二定律就是关于自然过程的方向的规律，它决定了实际过程能否发生以及沿什么方向进行，所以也是自然界的一条基本规律。

本章先用实例说明宏观热力学过程的方向性，即不可逆性，然后总结出热力学第二定律。此后着重说明这一规律的微观本质：自然过程总是沿着分子运动的无序性增大的方向进行。接着引入玻耳兹曼用热力学概率定义的熵的概念来定量地表示这一规律——熵增加原理。一个系统的熵变可以根据系统的状态参量的变化求得。为此，本章从微观的熵的玻耳兹曼公式导出宏观的熵的克劳修斯公式，并说明熵变的计算方法。最后本章说明熵增加原理的实际意义，即它对能量转化的影响——能量退降。

11.1 自然过程的方向

自古人生必有死，这是一个自然规律，它说明人生这个自然过程总体上是沿着向死的方向进行，是不可逆的。鸡蛋从高处落到水泥地板上，碎了，蛋黄蛋清流散了(图11.1)，此后再也不会聚合在一起恢复成原来那个鸡蛋了。鸡蛋被打碎这个自然过程也是不可逆的。实际经验告诉我们一切自然过程都是不可逆的，是按一定方向进行的。上面的例子太复杂了，热力学研究最简单但也是最基本的情况，下面举三个典型的例子。

1. 功热转换

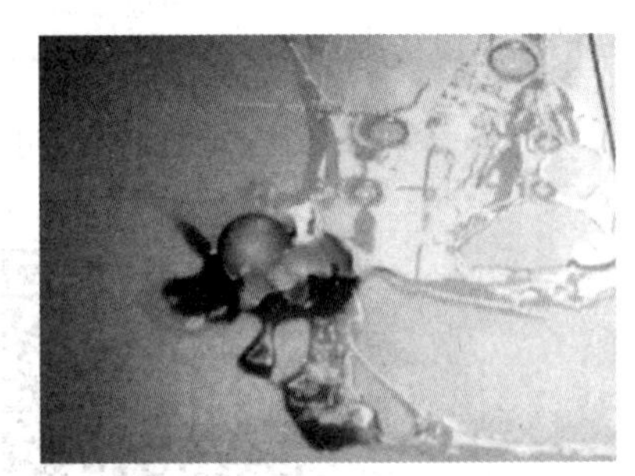

图11.1 鸡蛋碎了，不能复原

转动着的飞轮，撤除动力后，总是要由于轴处的摩擦而逐渐停下来。在这一过程中飞轮的机械能转变为轴和飞轮的内能。相反的过程，即轴和飞轮自动地冷却，其内能转变为飞轮的机械能使飞轮转起来的过程从来没有发生过，尽管它并不违反热力学第一定律。这一现象还可以更典型地用焦耳实验(图10.1)来说明。在该实验中，重物可以**自动**下落，使叶片在水中转动，和水相互摩擦而使水温上升。这是机械能转变为内能的过程，或简而言之，是功变热的过程。与此相反的过程，即水温**自动**降低，产生水流，推动叶片转动，带动重物上升的过程，是热**自动地**转变为功的过程。这一过程是不可能发生的。对于这个事实我们说，**通过摩擦而使功变热的过程是不可逆的**。

"热自动地转换为功的过程不可能发生"也常说成是**不引起其他任何变化**，因而**唯一效果**是一定量的内能(热)全部转变成了机械能(功)的过程是不可能发生的。当然热变功的过程是有的，如各种热机的目的就是使热转变为功，但实际的热机都是工作物质从高温热库吸收热量，其中一部分用来对外做功，同时还有一部分热量不能做功，而传给了低温热库。因此热机循环除了热变功这一效果以外，还产生了其他效果，即一定热量从高温热库传给了低温热库。热全部转变为功的过程也是有的，如理想气体的等温膨胀过程。但在这一过程中除了气体把从热库吸的热全部转变为对外做的功以外，还引起了其他变化，表现在过程结束时，理想气体的体积增大了。

上面的例子说明自然界里的功热转换过程具有**方向性**。功变热是实际上经常发生的过程，但是在热变功的过程中，如果其**唯一效果**是热全部转变为功，那这种过程在实际中就不可能发生。

2. 热传导

两个温度不同的物体互相接触(这时二者处于非平衡态)，热量总是**自动地**由高温物体传向低温物体，从而使两物体温度相同而达到热平衡。从未发现过与此相反的过程，即热量**自动地**由低温物体传给高温物体，而使两物体的温差越来越大，虽然这样的过程并不违反能量守恒定律。对于这个事实我们说，**热量由高温物体传向低温物体的过程是不可逆的**。

这里也需要强调"自动地"这几个字，它是说在传热过程中不引起其他任何变化。因为热量从低温物体传向高温物体的过程在实际中也是有的，如致冷机就是。但是致冷机是要通过外界做功才能把热量从低温热库传向高温热库的，这就不是热量自动地由低温物体传向高温物体了。实际上，外界由于做功，必然发生了某些变化。

3. 气体的绝热自由膨胀

如图 11.2 所示，当绝热容器中的隔板被抽去的瞬间，气体都聚集在容器的左半部，这是一种非平衡态。此后气体将自动地迅速膨胀充满整个容器，最后达到一平衡态。而相反的过程，即充满容器的气体自动地收缩到只占原体积的一半，而另一半变为真空的过程，是不可能实现的。对于这个事实，我们说，**气体向真空中绝热自由膨胀的过程是不可逆的**。

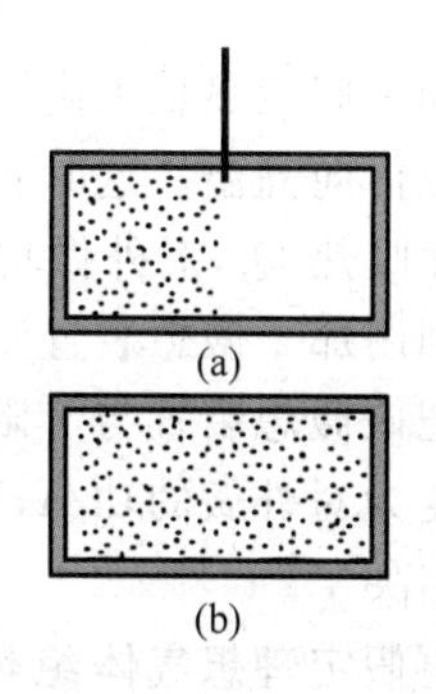

图 11.2 气体的绝热自由膨胀
(a) 膨胀前；(b) 膨胀后

以上三个典型的实际过程都是**按一定的方向进行的，是不可逆的**[①]。相反方向的过程不能自动地发生，或者说，可以发生，但必然会产生其他后果。由于自然界中一切与热现象有关的**实际宏观过程**都涉及热功转换或热传导，特别是，都是

① 参见：王竹溪.热力学.高等教育出版社，1955，80.

由非平衡态向平衡态的转化，因此可以说，**一切与热现象有关的实际宏观过程都是不可逆的**。

自然过程进行的方向性遵守什么规律，这是热力学第一定律所不能概括的。这个规律是什么？它的微观本质如何？如何定量地表示这一规律？这就是本章要讨论的问题。

11.2　不可逆性的相互依存

关于各种自然的能实现的宏观过程的不可逆性的一条重要规律是：它们都是**相互依存的**。意思是说，一种实际宏观过程的不可逆性保证了另一种过程的不可逆性，或者反之，如果一种实际过程的不可逆性消失了，那么其他的实际过程的不可逆性也就随之消失了。下面通过例子来说明这一点。

假设功变热的不可逆性消失了，即热量可以自动地通过某种假想装置全部转变为功，这样我们可以利用这种装置从一个温度为 T_0 的热库吸热 Q 而对外做功 A（$A=Q$）（图 11.3(a)），然后利用这功来使焦耳实验装置中的转轴转动，搅动温度为 T（$T>T_0$）的水，从而使水的内能增加 $\Delta E=A$。把这样的假想装置和转轴看成一个整体，它们就自行动作，而把热量由低温热库传到了高温的水（图 11.3(b)）。这也就是说，热量由高温传向低温的不可逆性也消失了。

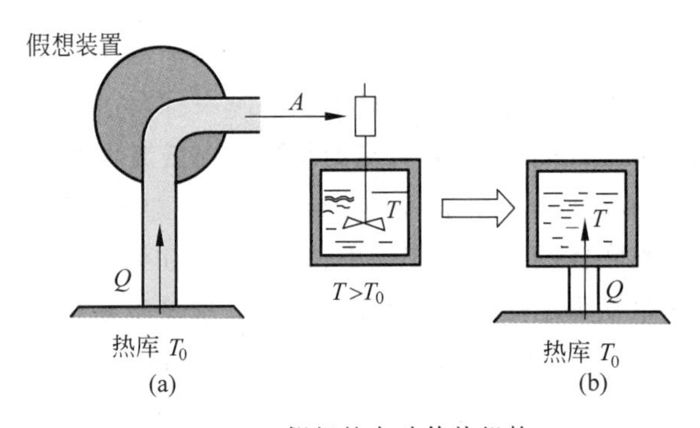

图 11.3　假想的自动传热机构

如果假定热量由高温传向低温的不可逆性消失了，即热量能自动地经过某种假想装置从低温传向高温。这时我们可以设计一部卡诺热机，如图 11.4(a)，使它在一次循环中由高温热库吸热 Q_1，对外做功 A，向低温热库放热 Q_2（$Q_2=Q_1-A$），这种热机能自动进行动作。然后利用那个假想装置使热量 Q_2 自动地传给高温热库，而使低温热库恢复原来状态。当我们把该假想装置与卡诺热机看成一个整体时，它们就能从热库 T_1 吸出热量 Q_1-Q_2 而全部转变为对外做的功 A，而不引起其他任何变化（图 11.4(b)）。这就是说，功变热的不可逆性也消失了。

再假定理想气体绝热自由膨胀的不可逆性消失了，即气体能够自动收缩。这时，如图 11.5(a)～(c)所示，我们可以利用一个热库，使装有理想气体的侧壁绝热的汽缸底部和它接触，其中气体从热库吸热 Q，作等温膨胀而对外做功 $A=Q$，然后让气体自动收缩回到原体积，再把绝热的活塞移到原位置（注意这一移动不必做功）。这个过程的唯一效果将是一定的热量变成了功，而没有引起任何其他变化（图 11.5(d)）。也就是说，功变热的不可逆

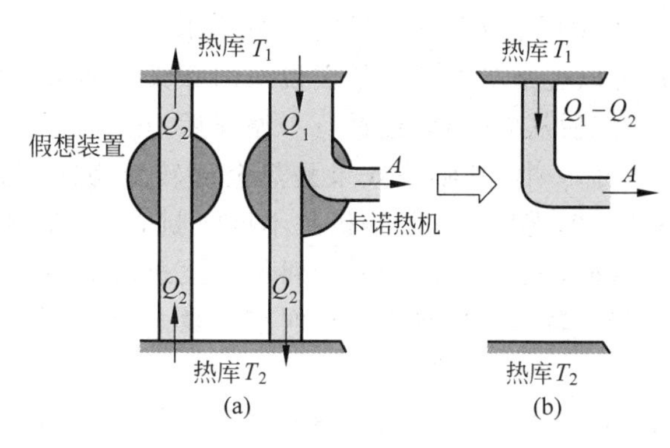

图 11.4 假想的热自动变为功的机构

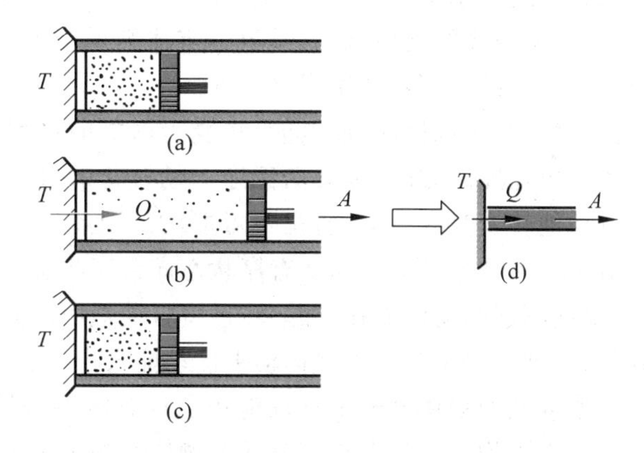

图 11.5 假想的热自动变为功的过程

(a) 初态；(b) 吸热做功；(c) 自动收缩回复到初态；(d) 总效果

性也消失了。

类似的例子还可举出很多，它们都说明各种宏观自然过程的不可逆性都是互相联系在一起或者说是相互依存的，只需承认其中之一的不可逆性，便可以论证其他过程的不可逆性。

11.3 热力学第二定律及其微观意义

以上两节说明了自然宏观过程是不可逆的，而且都是按确定的方向进行的。**说明自然宏观过程进行的方向的规律叫做热力学第二定律**。由于各种实际自然过程的不可逆性是相互依存的，所以要说明关于各种实际过程进行的方向的规律，就无须把各个特殊过程列出来一一加以说明，而只要任选一种实际过程并指出其进行的方向就可以了。这就是说，任何一个实际过程进行的方向的说明都可以作为热力学第二定律的表述。

历史上热力学理论是在研究热机的工作原理的基础上发展的，最早提出并沿用至今的热力学第二定律的表述是和热机的工作相联系的。克劳修斯 1850 年提出的热力学第二定律的表述为：**热量不能自动地从低温物体传向高温物体**。

开尔文在 1851 年提出(后来普朗克又提出了类似的说法)的热力学第二定律的表述为：**其唯一效果是热全部转变为功的过程是不可能的**。

在11.2节中我们已经说明这两种表述是完全等效的。

结合热机的工作还可以进一步说明开尔文说法的意义。如果能制造一台热机，**它只利用一个恒温热库工作**，工质从它吸热，经过一个**循环**后，热量全部转变为功而未引起其他效果，这样我们就实现了一个"其唯一效果是热全部转变为功"的过程。这是不可能的，因而只利用一个恒温热库进行工作的热机是不可能制成的。这种假想的热机叫**单热源热机**。不需要能量输入而能继续做功的机器叫**第一类永动机**，它的不可能是由于违反了热力学第一定律。有能量输入的单热源热机叫**第二类永动机**，由于违反了热力学第二定律，它也是不可能的。

以上是从**宏观的**观察、实验和论证得出了热力学第二定律。如何从微观上理解这一定律的意义呢？

从微观上看，任何热力学过程总包含大量分子的无序运动状态的变化。热力学第一定律说明了热力学过程中能量要遵守的规律，热力学第二定律则说明大量分子运动的无序程度变化的规律，下面通过已讲过的实例定性说明这一点。

先说热功转换。功转变为热是机械能（或电能）转变为内能的过程。从微观上看，是大量分子的有序（这里是指分子速度的方向）运动向无序运动转化的过程，这是可能的。而相反的过程，即无序运动自动地转变为有序运动，是不可能的。因此从微观上看，在功热转换现象中，自然过程总是沿着使大量分子的运动从有序状态向无序状态的方向进行。

再看热传导。两个温度不同的物体放在一起，热量将自动地由高温物体传到低温物体，最后使它们的温度相同。温度是大量分子无序运动平均动能大小的宏观标志。初态温度高的物体分子平均动能大，温度低的物体分子平均动能小。这意味着虽然两物体的分子运动都是无序的，但还能按分子的平均动能的大小区分两个物体。到了末态，两物体的温度变得相同，所有分子的平均动能都一样了，按平均动能区分两物体也成为不可能的了。这就是大量分子运动的无序性（这里是指分子的动能或分子速度的大小）由于热传导而增大了。相反的过程，即两物体的分子运动从平均动能完全相同的无序状态自动地向两物体分子平均动能不同的较为有序的状态进行的过程，是不可能的。因此从微观上看，在热传导过程中，自然过程总是沿着使大量分子的运动向更加无序的方向进行的。

最后再看气体绝热自由膨胀。自由膨胀过程是气体分子整体从占有较小空间的初态变到占有较大空间的末态。经过这一过程，从分子运动状态（这里指分子的位置分布）来说是更加无序了（这好比把一块空地上乱丢的东西再乱丢到更大的空地上去，这时要想找出某个东西在什么地方就更不容易了）。我们说末态的无序性增大了。相反的过程，即分子运动自动地从无序（从位置分布上看）向较为有序的状态变化的过程，是不可能的。因此从微观上看，自由膨胀过程也说明，自然过程总是沿着使大量分子的运动向更加无序的方向进行。

综上分析可知：**一切自然过程总是沿着分子热运动的无序性增大的方向进行**。这是不可逆性的微观本质，它说明了热力学第二定律的微观意义。

热力学第二定律既然是涉及大量分子的运动的无序性变化的规律，因而它就是一条**统计规律**。这就是说，它只适用于包含大量分子的集体，而不适用于只有少数分子的系统。例如对功热转换来说，把一个单摆挂起来，使它在空中摆动，自然的结果毫无疑问是单摆最后停下来，它最初的机械能都变成了空气和它自己的内能，无序性增大了。但如果单摆的质量和半径非常小，以致在它周围作无序运动的空气分子，任意时刻只有少数分子从不同的且非对称的方向和它相撞，那么这时静止的单摆就会被撞得摆动起来，空气的内能就自动地变成单摆的机械能，这不是违背了热力学第二定律吗？(当然空气分子的无序运动又有同样的可能使这样摆动起来的单摆停下来。)又例如，气体的自由膨胀过程，对于有大量分子的系统是不可逆的。但如果容器左半部只有 4 个分子，那么隔板打开后，由于无序运动，这 4 个分子将分散到整个容器内，但仍有较多的机会使这 4 个分子又都同时进入左半部，这样就实现了“气体”的自动收缩，这不又违背了热力学第二定律吗？(当然，这 4 个分子的无序运动又会立即使它们散开。)是的！但这种现象都只涉及少数分子的集体。对于由大量分子组成的热力学系统，是不可能观察到上面所述的违背热力学第二定律的现象的。因此说，热力学第二定律是一个统计规律，它只适用于大量分子的集体。由于宏观热力学过程总涉及极大量的分子，对它们来说，热力学第二定律总是正确的。也正因为这样，它就成了自然科学中最基本而又最普遍的规律之一。

11.4　热力学概率与自然过程的方向

11.3 节说明了热力学第二定律的宏观表述和微观意义，下面进一步介绍如何用数学形式把热力学第二定律表示出来。最早把上述热力学第二定律的微观本质用数学形式表示出来的是玻耳兹曼，他的基本概念是：“**从微观上来看，对于一个系统的状态的宏观描述是非常不完善的，系统的同一个宏观状态实际上可能对应于非常非常多的微观状态，而这些微观状态是粗略的宏观描述所不能加以区别的。**”现在我们以气体自由膨胀中分子的位置分布的经典理解为例来说明这个意思。

设想有一长方形容器，中间有一隔板把它分成左、右两个**相等**的部分，左面有气体，右面为真空。让我们讨论打开隔板后，容器中气体分子的位置分布。

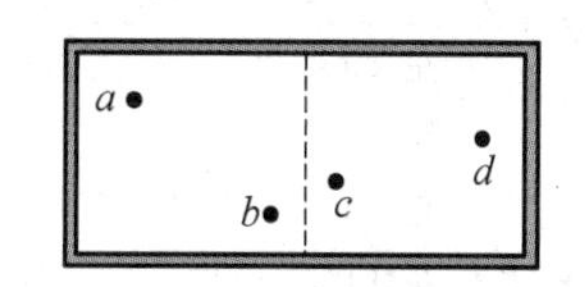

图 11.6　4 个分子在容器中

设容器中有 4 个分子 a,b,c,d(图 11.6)，它们在无规则运动中任一时刻可能处于左或右任意一侧。这个由 4 个分子组成的系统的任一微观状态是指出**这个**或**那个**分子各处于左或右哪一侧。而宏观描述无法区分各个分子，所以宏观状态只能指出左、右两侧各有**几个**分子。这样区别的微观状态与宏观状态的分布如表 11.1 所示。

表 11.1　4 个分子的位置分布

微观状态		宏观状态		一种宏观状态对应的微观状态数 Ω
左	右			
$a\ b\ c\ d$	无	左 4	右 0	1
$a\ b\ c$	d	左 3	右 1	4
$b\ c\ d$	a			
$c\ d\ a$	b			
$d\ a\ b$	c			

续表

微观状态		宏观状态		一种宏观状态对应的微观状态数 Ω
左	右			
$a\ b$	$c\ d$	左2	右2	6
$a\ c$	$b\ d$			
$a\ d$	$b\ c$			
$b\ c$	$a\ d$			
$b\ d$	$a\ c$			
$c\ d$	$a\ b$			
a	$b\ c\ d$	左1	右3	4
b	$c\ d\ a$			
c	$d\ a\ b$			
d	$a\ b\ c$			
无	$a\ b\ c\ d$	左0	右4	1

若容器中有20个分子,则与各个宏观状态对应的微观状态数如表11.2所示。

表11.2 20个分子的位置分布

宏观状态		一种宏观状态对应的微观状态数 Ω
左20	右0	1
左18	右2	190
左15	右5	15 504
左11	右9	167 960
左10	右10	184 756
左9	右11	167 960
左5	右15	15 504
左2	右18	190
左0	右20	1

从表11.1及表11.2已可看出,对于一个宏观状态,可以有许多微观状态与之对应。系统内包含的分子数越多,和一个宏观状态对应的微观状态数就越多。实际上一般气体系统所包含的分子数的量级为10^{23},这时对应于一个宏观状态的微观状态数就非常大了。这还只是以分子的左、右位置来区别状态,如果再加上以分子速度的不同作为区别微观状态的标志,那么气体在一个容器内的一个宏观状态所对应的微观状态数就会非常大了。

从表11.1及表11.2中还可以看出,与每一种宏观状态对应的微观状态数是不同的。在这两个表中,与左、右两侧分子数相等或差不多相等的宏观状态所对应的微观状态数最多,但在分子总数少的情况下,它们占微观状态总数的比例并不大。计算表明,分子总数越多,则左、右两侧分子数相等和差不多相等的宏观状态所对应的微观状态数占微观状态总数的比例越大。对实际系统所含有的分子总数(10^{23})来说,这一比例几乎是,或**实际上**是百分之百。这种情况如图 11.7 所示，其中横轴表示容器左半部中的分子数 N_L，纵轴表示相应的微观状态数 Ω(注意各分图纵轴的标度)。Ω 在两侧分子数相等处有极大值，而且在此极大值显露出，曲线峰随分子总数 N 的增大越来越尖锐。

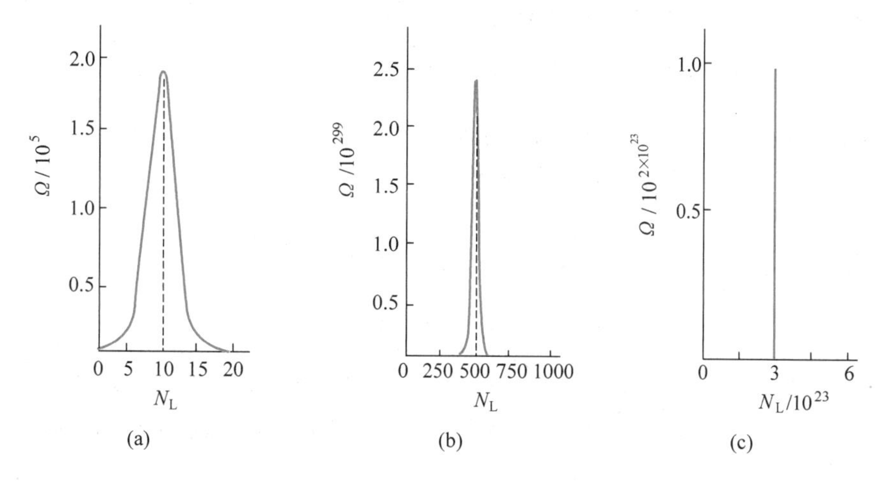

图 11.7 容器中气体的 Ω 和左侧分子数 N_L 的关系图

(a) $N=20$；(b) $N=1000$；(c) $N=6\times10^{23}$

在一定宏观条件下，既然有多种可能的宏观状态，那么，哪一种宏观状态是实际上观察到的状态呢？从微观上说明这一规律时要用到统计理论的一个**基本假设：对于孤立系，各个微观状态出现的可能性(或概率)是相同的**。这样，对应微观状态数目多的宏观状态出现的概率就大。实际上**最可能**观察到的宏观状态就是在一定宏观条件下出现的概率最大的状态，也就是包含微观状态数最多的宏观状态。对上述容器内封闭的气体来说，也就是左、右两侧分子数相等或差不多相等的那些宏观状态。对于实际上分子总数很多的气体系统来说，这些“位置上均匀分布”的宏观状态所对应的微观状态数几乎占微观状态总数的百分之百，因此实际上观察到的总是这种宏观状态。所以**对应于微观状态数最多的宏观状态就是系统在一定宏观条件下的平衡态**。气体的自由膨胀过程是由非平衡态向平衡态转化的过程，在微观上说，是由包含微观状态数目少的宏观状态向包含微观状态数目多的宏观状态进行。相反的过程，在外界不发生任何影响的条件下是不可能实现的。这就是气体自由膨胀过程的不可逆性。

一般地说，为了定量说明宏观状态和微观状态的关系，我们定义：**任一宏观状态所对应的微观状态数称为该宏观状态的热力学概率**，并用 Ω 表示。这样，对于系统的宏观状态，根据基本统计假设，我们可以得出下述结论：

(1) 对孤立系，在一定条件下的平衡态对应于 Ω 为最大值的宏观态。对于一切实际系统来说，Ω 的最大值**实际上**就等于该系统在给定条件下的所有可能微观状态数。

(2) 若系统最初所处的宏观状态的微观状态数 Ω 不是最大值，那就是非平衡态。系统将随着时间的延续向 Ω 增大的宏观状态过渡，最后达到 Ω 为最大值的宏观平衡状态。这就是实际的自然过程的方向的微观定量说明。

11.3 节从微观上定性地分析了自然过程总是沿着使分子运动更加无序的方向进行，这里又定量地说明了自然过程总是沿着使系统的热力学概率增大的方向进行。两者相对比，可知**热力学概率 Ω 是分子运动无序性的一种量度**。的确是这样，宏观状态的 Ω 越大，表明在该宏观状态下系统可能处于的微观状态数越多，从微观上说，系统的状态更是变化多端，这就表示系统的分子运动的无序性越大。和 Ω 为极大值相对应的宏观平衡状态就是在一定条件下系统内分子运动最无序的状态。

均匀分布微观状态数最大的定量说明

对于按左右相等两部分来说明分子位置分布的情况，微观状态数可以用二项式定理的系数表示。如分子总数为 N，则有 n 个分子处于左半部的微观状态数就等于

$$\Omega(n) = \frac{N!}{n!(N-n)!}$$

对左右两半分子数相等的“均匀”分布，有

$$\Omega = N! \bigg/ \left[\left(\frac{N}{2}\right)!\right]^2$$

这一分布的概率最大，即微观状态数最多，可以通过下述估算看出来。设另一宏观状态和均匀分布偏离一微小的比例 $\delta \ll 1$，以致左方分子数为 $\frac{N}{2}(1-\delta)$，右方分子数为 $\frac{N}{2}(1+\delta)$，此分布的微观状态数为

$$\Omega' = N! \bigg/ \left[\frac{N}{2}(1-\delta)!\frac{N}{2}(1+\delta)!\right]$$

当数 M 很大时，可以利用关于大数的斯特令公式，即

$$\ln M! \approx M\ln M - M$$

将 Ω 和 Ω' 分别代入此式可得

$$\ln \Omega \approx N\ln 2, \quad \ln \Omega' \approx N\ln 2 - N\delta^2$$

由此可得

$$\ln(\Omega'/\Omega) = -N\delta^2$$

即

$$\Omega'/\Omega = e^{-N\delta^2}$$

在 $N \approx 10^{23}$ 的情况下，即使偏离值 δ 只有 10^{-10}，也会有 $\Omega'/\Omega \approx e^{-1000} \approx 10^{-434}$。这一结果说明 Ω' 和 Ω 相比是微不足道的。这也就是说，均匀分布和几乎均匀分布的微观状态数占微观状态总数的绝大比例，或实际上是百分之百。

11.5 玻耳兹曼熵公式与熵增加原理

一般来讲，热力学概率 Ω 是非常大的，为了便于理论上处理，1877 年玻耳兹曼用关系式

$$S \propto \ln \Omega$$

定义的**熵** S 来表示系统无序性的大小。1900 年，普朗克引进了比例系数 k，将上式写为

$$S = k\ln \Omega \tag{11.1}$$

其中 k 是玻耳兹曼常量。此式叫**玻耳兹曼熵公式**。对于系统的某一宏观状态，有一个 Ω 值与之对应，因而也就有一个 S 值与之对应，因此由式(11.1)定义的熵是系统状态的函数。和 Ω 一样，熵的微观意义是系统内分子热运动的无序性的一种量度。对熵的这一本质的认识，现已远远超出了分子运动的领域，它适用于任何作无序运动的粒子系统。甚至对大量的无序地出现的事件(如大量的无序出现的信息)的研究，也应用了熵的概念。

由式(11.1)可知，熵的量纲与 k 的量纲相同，它的 SI 单位是 J/K。

注意,用式(11.1)定义的熵具有**可加性**。例如,当一个系统由两个子系统组成时,该系统的熵 S 等于两个子系统的熵 S_1 与 S_2 之和,即

$$S = S_1 + S_2 \tag{11.2}$$

这是因为若分别用 Ω_1 和 Ω_2 表示在一定条件下两个子系统的热力学概率,则在同一条件下系统的热力学概率 Ω,根据概率法则,为

$$\Omega = \Omega_1 \Omega_2$$

这样,代入式(11.1)就有

$$S = k\ln \Omega = k\ln \Omega_1 + k\ln \Omega_2 = S_1 + S_2$$

即式(11.2)。

用熵来代替热力学概率 Ω 后,以上两节所述的热力学第二定律就可以表述如下:**在孤立系中所进行的自然过程总是沿着熵增大的方向进行**,它是不可逆的。**平衡态相应于熵最大的状态**。热力学第二定律的这种表述叫**熵增加原理**,其数学表示式为

$$\Delta S > 0 \quad (\text{孤立系,自然过程}) \tag{11.3}$$

下面我们用熵的概念来说明理想气体的绝热自由膨胀过程的不可逆性。

设 ν (mol)理想气体的体积从 V_1 经绝热自由膨胀到 V_2,气体的初末状态均为平衡态。因为气体的温度复原,所以分子速度分布不变,只有位置分布改变。因此可以只按位置分布来计算气体的热力学概率。设气体在一立方盒子内处于平衡态,盒子的三边长度分别为 x,y,z。由于平衡态时,一个气体分子到达盒内各处的概率相同,所以它沿 x 方向的位置分布的可能状态数应该和边长成正比(这和一个人在一长排空椅上的可能座次数和这一排椅子的总长成正比相类似),沿 y 和 z 方向的位置分布的可能状态数分别和 y 及 z 成正比。这样,由于对应于任一个 x 位置状态,一个分子都还可以处于任一 y 和 z 位置状态,所以一个分子在盒子内任一点的位置分布的可能状态数 ω 将和乘积 xyz,亦即气体的体积 V 成正比。盒子内总共有 νN_A 个分子,由于各分子的位置分布是相互独立的,所以这些分子在体积 V 内的位置分布的可能状态总数 Ω($\Omega=\omega^{\nu N_A}$)就将和 $V^{\nu N_A}$ 成正比,即

$$\Omega \propto V^{\nu N_A} \tag{11.4}$$

当气体体积从 V_1 增大到 V_2 时,气体的微观状态数 Ω 将增大到 $(V_2/V_1)^{\nu N_A}$ 倍,即 $\Omega_2/\Omega_1 = (V_2/V_1)^{\nu N_A}$。按式(11.1)计算熵的增量应是

$$\Delta S = S_2 - S_1 = k(\ln \Omega_2 - \ln \Omega_1) = k\ln(\Omega_2/\Omega_1)$$

即

$$\Delta S = \nu N_A k\ln(V_2/V_1) = \nu R\ln(V_2/V_1) \tag{11.5}$$

因为 $V_2 > V_1$,所以

$$\Delta S > 0$$

这一结果说明理想气体绝热自由膨胀过程是熵增加的过程,这是符合熵增加原理的。

这里我们对热力学第二定律的不可逆性的统计意义作进一步讨论。根据式(11.3)所表示的熵增加原理,孤立系内自然发生的过程总是向热力学概率更大的宏观状态进行。但这只是一种可能性。由于每个微观状态出现的概率都相同,所以也还可能向那些热力学概率小的宏观状态进行。只是由于对应于宏观平衡状态的可能微观状态数这一极大值比其他宏观状态所对应的微观状态数大得非常多,所以孤立系处于非平衡态时,它将以完全压倒优势的可能性向平衡态过渡。这就是不可逆性的统计意义。反向的过程,即孤立系熵减小的过

程，**并不是原则上不可能，而是概率非常非常小**。实际上，在平衡态时，系统的热力学概率或熵总是不停地进行着对于极大值或大或小的偏离。这种偏离叫做**涨落**。对于分子数比较少的系统，涨落很容易观察到，例如布朗运动中粒子的无规则运动就是一种位置涨落的表现，这是因为它总是只受到少数分子无规则碰撞的缘故。对于由大量分子构成的热力学系统，这种涨落相对很小，观测不出来。因而平衡态就显出是静止的模样，而实际过程也就成为不可逆的了。我们再以气体的自由膨胀为例从数量上说明这一点。

设容器内有1 mol气体，分子数为N_A。一个分子任意处在容器左半或右半容积内的状态数是2，N_A个分子任意分布在左半或右半的状态总数就是2^{N_A}。在这些所有可能微观状态中，只有一个微观状态对应于分子都聚集在左半容积内的宏观状态。为了形象化地说明气体膨胀后自行聚集到左半容积的可能性，我们设想将这2^{N_A}个微观状态中的每一个都拍成照片，然后再像放电影那样一个接一个地匀速率地放映。平均来讲，要放2^{N_A}张照片才能碰上分子集聚在左边的那一张，即显示出气体自行收缩到一半体积的那一张。即使设想1秒钟放映1亿张(普通电影1秒钟放映24幅画面)，要放完2^{N_A}张照片需要多长时间呢？时间是

$$2^{6\times10^{23}}/10^8 \approx 10^{2\times10^{23}}\ (\mathrm{s})$$

这个时间比如今估计的宇宙的年龄10^{18} s(200亿年)还要大得无可比拟。因此，并不是原则上不可能出现那张照片，而是实际上“永远”不会出现(而且，即使出现，它也只不过出现一亿分之一秒的时间，立即就又消失了，看不见也测不出)。这就是气体自由膨胀的不可逆性的统计意义：气体自由收缩不是不可能，而是实际上永远不会出现。

以熵增加原理表明的自然过程的不可逆性给出了“时间的箭头”：时间的流逝总是沿着熵增加的方向，亦即分子运动更加无序的方向进行的，逆此方向的时间倒流是不可能的。一旦孤立系达到了平衡态，时间对该系统就毫无意义了。电影屏幕上显现着向下奔流的洪水冲垮了房屋，你不会怀疑此惨相的发生。但当屏幕上显现洪水向上奔流，把房屋残片收拢在一块，房屋又被重建起来而洪水向上退去的画面时，你一定想到是电影倒放了，因为实际上这种时间倒流的过程是根本不会发生的。热力学第二定律决定着在能量守恒的条件下，什么事情可能发生，什么事情不可能发生。

11.6 可逆过程

在第10章开始研究过程的规律时，为了从理论上分析实际过程的规律，我们曾在10.2节引入了**准静态过程**这一概念。现在为了说明熵的宏观意义，要引入热力学中另一重要概念：[①]**可逆过程**，它是对准静态过程的进一步理想化，在分析过程的方向性时显得特别重要。下面我们先以气体的绝热压缩为例说明这一点。

设想在具有绝热壁的汽缸内被一绝热的活塞封闭着一定量的气体，要使过程成为准静态的，汽缸壁和活塞之间**没有摩擦**。考虑一准静态的压缩过程。要使过程无限缓慢地准静态地进行，外界对活塞的推力必须在任何时刻都等于(严格说来，应是大一个无穷小的值)气体对它的压力。否则，活塞将加速运动，压缩将不再是无限缓慢的了。这样的压缩过程具有

① 参见：王竹溪.热力学.高等教育出版社，1955，46.

下述特点，即如果在压缩到某一状态时，使外界对活塞的推力减小一**无穷小的值**以致推力比气体对活塞的压力还小，并且此后逐渐减小这一推力，则气体将能准静态地膨胀而依相反的次序逐一经过被压缩时所经历的各个状态而回到未受压缩前的初态。这时，如果忽略外界在最初减小推力时的无穷小变化，则连**外界也都一起恢复了原状**。显然，如果汽缸壁和活塞之间**有摩擦**，则由于要克服摩擦，外界对活塞的推力只减小一无穷小的值是不足以使过程反向(即膨胀)进行的。推力减小一有限值是可以使过程反向进行而使气体回到初态的，但推力的有限变化必然在外界留下了不能忽略的有限的改变。

一般地说，**一个过程进行时，如果使外界条件改变一无穷小的量，这个过程就可以反向进行(其结果是系统和外界能同时回到初态)，则这一过程称为可逆过程**。如上例说明的无摩擦的**准静态过程就是过逆过程**。

在有传热的情况下，准静态过程还要求系统和外界在任何时刻的温差是无限小。否则，传热过快也会引起系统的状态不平衡，而使过程不再是准静态的。由于温差是无限小的，所以就可以无限小地使温差倒过来而使传热过程反向进行，直至系统和外界都回到初态。这种系统和外界的**温差为无限小的热传导**有时称为**"等温热传导"**。它是有传热发生的可逆过程。

前面已经讲过，实际的自然过程是不可逆的，其根本原因在于如热力学第二定律指出的那些摩擦生热，有限的温差条件下的热传导，或系统由非平衡态向平衡态转化等过程中有不可逆因素。由于这些不可逆因素的存在，一旦一个自然过程发生了，系统和外界就不可能同时都回复到原来状态了。由此可知，可逆过程实际是排除了这些不可逆因素的理想过程。有些过程，可以忽略不可逆因素(如摩擦)而当成可逆过程处理，这样可以简化处理过程而得到足够近似的结果。

在第10章中讲了卡诺循环，那里的功和热的计算都是按准静态过程进行的。工质所做的功已全部作为对外输出的"有用功"。因此那里讨论的卡诺循环实际上是可逆的，而式(10.27)给出的就是这种可逆循环的效率。

对于可逆过程，有一个重要的关于系统的熵的结论：**孤立系进行可逆过程时熵不变**，即

$$\Delta S = 0 \quad (\text{孤立系，可逆过程}) \tag{11.6}$$

这是因为，在可逆过程中，系统总处于平衡态，平衡态对应于热力学概率取极大值的状态。在不受外界干扰的情况下，系统的热力学概率的极大值是不会改变的，因此就有了式(11.6)的关系。

例 11.1

卡诺定理。证明：在相同的高温热库和相同的低温热库之间工作的一切可逆热机，其效率都相等，与工作物质种类无关，并且和不可逆热机相比，可逆热机的效率最高(这是1824年法国工程师卡诺错误地用热质说导出的正确结论，现在就叫卡诺定理)。

证明 设有两部可逆热机 E 和 E'，在同一高温热库和同一低温热库之间工作。这样两个可逆热机必定都是**卡诺机**。调节两热机的工作过程使它们在一次循环过程中分别从高温热库吸热 Q_1 和 Q_1'，向低温热库放热 Q_2 和 Q_2'，而且两热机对外做的功 A 相等。以 η_C 和 η_C' 分别表示两热机的效率，则有

$$\eta_C = \frac{A}{Q_1}, \quad \eta_C' = \frac{A}{Q_1'}$$

让我们证明 $\eta_C'=\eta_C$，为此用反证法。设 $\eta_C'>\eta_C$，由于热机是可逆的，我们可以使 E 机倒转，进行卡诺逆循环。在一次循环中，它从低温热库吸热 Q_2，接收 E' 机输入的功 A，向高温热库放热 Q_1(图 11.8)。由于 $\eta_C'>\eta_C$，而

$$\eta_C=\frac{A}{Q_1},\quad \eta_C'=\frac{A}{Q_1'}$$

所以

$$Q_1>Q_1'$$

又因为

$$Q_2=Q_1-A,\quad Q_2'=Q_1'-A$$

所以

$$Q_2>Q_2'$$

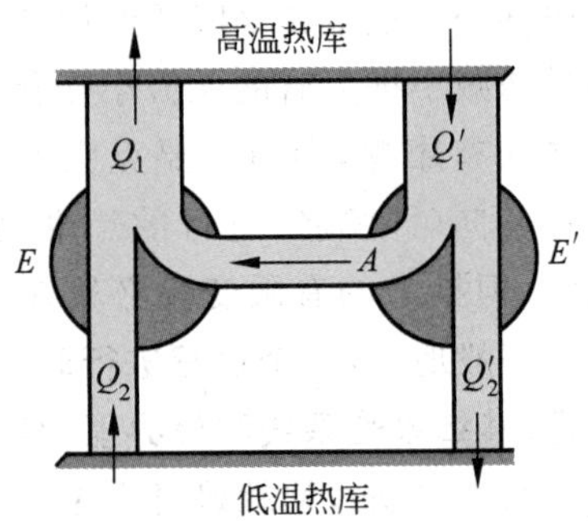

图 11.8 两部热机的联动

两机联合动作进行一次循环后，工质状态都已复原，结果将有 Q_2-Q_2' 的热量(也等于 Q_1-Q_1')由低温热库传到高温热库。这样，对于由两个热机和两个热库组成的系统来说，在未发生任何其他变化的情况下，热量就由低温传到了高温。这是直接违反热力学第二定律的克劳修斯表述的，因而是不可能的。因此，η_C'不能大于 η_C。同理，可以证明 η_C不能大于 η_C'。于是必然有 $\eta_C'=\eta_C$。注意，这一结论并不涉及工质为何物，这正是要求证明的。

如果 E'是工作在相同热库之间的不可逆热机，则由于 E'不能逆运行，所以如上分析只能证明 η_C'不能大于 η_C，从而得出卡诺机的效率最高的结论。

11.7 克劳修斯熵公式

熵的玻耳兹曼公式，即式(11.1)，是从微观上定义的。实际上对热力学过程的分析，总是用宏观状态参量的变化说明的。熵和系统的宏观状态参量有什么关系呢？如何从系统的宏观状态的改变求出熵的变化呢？这对熵的概念的实际应用当然是很重要的，下面我们就根据式(11.1)的定义来导出熵的宏观表示式[①]。

先以 1 mol 单原子理想气体为例。它的平衡状态可用两个宏观量，例如 V，T，完全确定。让我们来求它处于任意平衡态(V，T)时的熵 $S=S(V,T)$的具体形式。为此先要求出 $\Omega=\Omega(V,T)$。

在一定温度下一定体积内的单原子的理想气体，它的微观状态是以分子的位置和速度来确定的。由于分子按位置分布和按速度分布是相互独立的，所以气体的可能微观状态总数 $\Omega(V,T)$应是分子按位置分布的可能微观状态数 Ω_p 和按速度分布的可能微观状态数 Ω_v 的乘积，即

$$\Omega(V,T)=\Omega_p\Omega_v \tag{11.7}$$

可以证明(见本节最后)，对处于平衡态的 1 mol 单原子理想气体，

$$\ln\Omega(V,T)=N_A\ln V+\frac{3}{2}N_A\ln T+S_0' \tag{11.8}$$

---

① 以下推导由 N. B. Narozhny 提出，见：I. V. Savelyev. Physics. Vol. 1. English Trans.. Moscow: Mir Publishers, 1980. pp 338-344.

其中 S_0'是与气体状态参量无关的常量。

由于气体在平衡态下的微观状态数基本上就等于在该体积 V 和温度 T 的条件下的所有可能微观状态数 $\Omega(V,T)$，所以，将式(11.8)代入玻耳兹曼熵公式(11.1)，可得单原子理想气体在平衡态时的熵的宏观表达式为

$$S = N_A k \ln V + \frac{3}{2} N_A k \ln T + S_0$$

其中 $S_0 = kS_0'$为另一常量，它的值可以由气体在某一特定状态下所规定的 S 值确定。由于 $N_A k = R$，$\frac{3}{2}N_A k = \frac{3}{2}R = C_{V,m}$为单原子理想气体的摩尔定体热容，所以上式又可写成

$$S = R\ln V + C_{V,m} \ln T + S_0 \tag{11.9}$$

这就是 1 mol 单原子理想气体在平衡态(V,T)时的熵的宏观表示式。

为了得到熵 S 的普遍关系式，考虑气体吸收一点微小热量 $đQ$。这将使气体的体积或温度，或二者同时发生微小的变化，从而使熵也发生微小的变化。由式(11.9)可得这些微量变化的关系为

$$\mathrm{d}S = \frac{R}{V}\mathrm{d}V + \frac{C_{V,m}}{T}\mathrm{d}T$$

以 T 乘等式两侧，得

$$T\mathrm{d}S = \frac{RT}{V}\mathrm{d}V + C_{V,m}\mathrm{d}T$$

对于理想气体，$RT/V = p$，所以

$$T\mathrm{d}S = p\mathrm{d}V + C_{V,m}\mathrm{d}T$$

对于理想气体的**可逆过程**，$p\mathrm{d}V = đA$，$C_{V,m}\mathrm{d}T = \mathrm{d}E$，于是又有

$$T\mathrm{d}S = đA + \mathrm{d}E$$

但由热力学第一定律，此等式右侧的量 $đA + \mathrm{d}E = đQ$，即系统吸收的热量。故最后可得

$$T\mathrm{d}S = đQ$$

或

$$\mathrm{d}S = \frac{đQ}{T} \tag{11.10}$$

这是关于单原子理想气体的熵变和吸热的关系，它只适用于可逆过程。

下面进一步把式(11.10)推广于任何热力学系统。为此设想一任意的热力学系统 Σ_a 和上述单原子理想气体系统 Σ_i 组成一个孤立的复合系统 Σ，使 Σ_a 和 Σ_i 接触而达到平衡态，温度为 T。由于熵的可加性，可得复合系统的熵为

$$S = S_a + S_i \tag{11.11}$$

其中 S_a 和 S_i 分别表示 Σ_a 和 Σ_i 在同一状态下的熵。设想 Σ_a 和 Σ_i 的状态发生一微小的涨落，以致在它们之间发生一微小的热量传递：Σ_a 吸收热量 $đQ_a$，Σ_i 吸收热量 $đQ_i$。由能量守恒可知 $đQ_a = -đQ_i$。由于此热量非常小，所以可以认为两系统的温度均无变化而过程成为可逆的。这样，由式(11.10)可得

$$\mathrm{d}S_i = \frac{đQ_i}{T}$$

代入式(11.11)，可得

$$dS = dS_a + \frac{đQ_i}{T}$$

由于孤立系统进行可逆过程时，熵变 $dS=0$，所以有

$$dS_a = \frac{-đQ_i}{T} = \frac{đQ_a}{T}$$

去掉下标 a，就得到对于任意系统的熵变公式

$$dS = \frac{đQ}{T} \quad (\text{任意系统，可逆过程}) \tag{11.12}$$

当系统进行一有限的可逆过程时，其熵变可以将上式积分求得，即(下标 R 表示可逆过程)

$$S_2 - S_1 = {}_{\mathrm{R}}\int_1^2 \frac{đQ}{T} \tag{11.13}$$

式(11.12)说明，系统的熵的改变，即系统内分子热运动无序度的改变是通过分子在热运动中相互碰撞这种热传递过程而发生的。

式(11.12)和式(11.13)是在 1865 年首先由克劳修斯根据可逆卡诺循环用完全宏观的方法导出的(本书略去其推导，有兴趣者可参看任一本热力学教材)，现在称做**克劳修斯熵公式**[①]。熵的英文名字(entropy)也是克劳修斯造的，中文的“熵”字则是胡刚复先生根据此量等于温度去除热量的“商”再加上火字旁(热力学!)而造成的。

对于孤立系中进行的可逆过程，由于 $đQ$ 总等于零，所以总有

$$\Delta S = 0 \quad (\text{孤立系，可逆过程})$$

我们又回到了式(11.6)。

对于任意系统的可逆绝热过程，由于 $đQ=0$，所以也有 $\Delta S=0$。因此，任何系统的可逆绝热过程都是**等熵过程**。

再用第一定律公式 $đQ=đA+dE$，可由式(11.12)得，对于任一系统的可逆过程，

$$TdS = dE + đA \tag{11.14}$$

这个结合热力学第一定律和热力学第二定律的公式是热力学的基本关系式。

关于熵的两个公式，即玻耳兹曼熵公式(11.1)和克劳修斯熵公式(11.12)，还应该指明一点。熵是系统的状态函数，其微观意义是系统内分子热运动的无序性的量度。作为状态函数，玻耳兹曼熵式(11.1)和克劳修斯熵式(11.12)在概念上还有些区别。由式(11.12)的推导过程可知，克劳修斯熵只对系统的平衡状态才有意义，它是系统的平衡状态的函数。熵

---

① 对于孤立系的不可逆过程，$\Delta S>0$。因此，如果系统 Σ_a 进行的是不可逆过程，则应有

$$dS = dS_a + \frac{đQ_i}{T} > 0$$

于是有

$$dS_a > \frac{-đQ_i}{T} = \frac{đQ_a}{T}$$

去掉下标 a，就有对任意系统的**不可逆过程**，

$$dS > \frac{đQ}{T}$$

对有限的不可逆过程，有

$$S_2 - S_1 > {}_{\mathrm{Ir}}\int_1^2 \frac{đQ}{T}$$

这两个公式称为**克劳修斯不等式**，式中下标“Ir”表示不可逆过程。

的变化是指系统从某一平衡态到另一平衡态熵的变化。但式(11.1)定义的熵表示了系统的某一宏观态所对应的微观态数。对于系统的任一宏观态，哪怕是非平衡态，都有一定的可能微观状态数与之对应，因此，也有一定的熵值和它对应①。由于平衡态对应于热力学概率最大的状态，所以可以说，克劳修斯熵是玻耳兹曼熵的最大值。后者的意义更普遍些。但要注意，当我们对熵按式(11.12)或式(11.13)进行宏观计算时(热力学中都是这样)，用的都是克劳修斯熵公式。

式(11.8)的证明

因为 $\Omega(V,T)=\Omega_p\Omega_v$，所以 $\ln\Omega(V,T)=\ln\Omega_p+\ln\Omega_v$。现在先计算 1 mol 理想气体在平衡态时的 Ω_p。为此设想把体积 V 分成很多(r 个)宏观小的相等的体积元 $\Delta V=V/r$，N_A 个分子分配到这 r 个体积元内的可能**组合数**(这是考虑到在同一体积元内的分子交换位置并不改变分子的微观分布状态)就是气体分子按位置分布的可能微观状态总数 Ω_p。由于在**平衡态**下，气体分子按位置分布是均匀的，每个体积元内的分子数就应是 $N_1=N_A/r$。排列组合的算法给出

$$\Omega_p=\frac{N_A!}{(N_1!)^r}=\frac{N_A!}{[(N_A/r)!]^r} \tag{11.15}$$

取对数，即有

$$\ln\Omega_p=\ln N_A!-r\ln\left(\frac{N_A}{r}\right)!$$

由于 N_A 和 N_A/r 都非常大，计算此式右侧两项时可以用关于大数 M 的斯特林公式($\ln M!=M\ln M-M$)。这样就可得到

$$\ln\Omega_p=N_A\ln r=N_A\ln V-N_A\ln\Delta V \tag{11.16}$$

再来计算 Ω_v 和 $\ln\Omega_v$。为此利用速度空间(图 9.12)，也设想把速度空间分成许多(无限多)个相等的"体积元"ΔV_1。在平衡态下，理想气体分子在速度空间的分布不是均匀的。它遵守麦克斯韦速度分布律(式(9.48))，即

$$F(\boldsymbol{v})=\left(\frac{m}{2\pi kT}\right)^{3/2}\mathrm{e}^{-mv^2/2kT}$$

这样，在速度 $\boldsymbol{v}_i$ 所在的第 i 个"体积元"内的分子数就是

$$N_{v_i}=N_AF(\boldsymbol{v}_i)\Delta V_V=N_A\left(\frac{m}{2\pi kT}\right)^{3/2}\mathrm{e}^{-mv_i^2/2kT}\Delta V_V$$

而分子按速度分布的可能微观状态总数就是

$$\Omega_v=\frac{N_A!}{\prod_i N_{v_i}!} \tag{11.17}$$

取对数可得

$$\ln\Omega_v=\ln N_A!-\sum_i N_{v_i}!$$

再用斯特令公式，并注意到 $N_A=\sum_i N_{v_i}$，可得

$$\ln\Omega_v=\frac{3}{2}N_A\ln T-\frac{3}{2}N_A\ln\frac{m}{2\pi k}+\frac{1}{kT}\sum_i\left(N_{v_i}\frac{mv_i^2}{2}\right)-N_A\ln\Delta V_V$$

由于 $\sum_i\left(N_{v_i}\frac{mv_i^2}{2}\right)=N_A\overline{\varepsilon_t}=\frac{3}{2}N_AkT$，所以又有

$$\ln\Omega_v=\frac{3}{2}N_A\ln T+\frac{3}{2}N_A\left(1-\ln\frac{m}{2\pi k}\right)-N_A\ln\Delta V_V \tag{11.18}$$

---

① 参见：王竹溪.统计物理学导论[M].北京：高等教育出版社，1956.

将式(11.16)和式(11.18)相加,得

$$\ln \Omega_p + \ln \Omega_v = N_A \ln V + \frac{3}{2} N_A \ln T + \frac{3}{2} N_A \left(1 - \ln \frac{m}{2\pi k}\right) - N_A \ln(\Delta V \Delta V_V)$$

此式后两项与气体状态参量无关,可记作常量 S_0',于是有

$$\ln \Omega(V,T) = \ln \Omega_p + \ln \Omega_v = N_A \ln V + \frac{3}{2} N_A \ln T + S_0'$$

这正是式(11.8)。

11.8 用克劳修斯熵公式计算熵变

用克劳修斯熵公式(11.13)可以计算熵的变化。要想利用这一公式求出任一平衡态2的熵,应先选定某一平衡态1作为参考状态。为了计算方便,常把参考态的熵定为零。在热力工程中计算水和水汽的熵时就取0℃时的纯水的熵值为零,而且常把其他温度时熵值计算出来列成数值表以备用。

在用式(11.13)计算熵变时要注意积分路线必须是连接始、末两态的任一**可逆过程**。如果系统由始态实际上是经过不可逆过程到达末态的,那么必须设计一个连接同样始、末两态的可逆过程来计算。由于熵是态函数,与过程无关,所以利用这种过程求出来的熵变也就是原过程始、末两态的熵变。

下面举几个求熵变的例子。

例 11.2

熔冰过程微观状态数增大。1 kg,0℃的冰,在0℃时完全融化成水。已知冰在0℃时的熔化热 $\lambda=334$ J/g。求冰经过熔化过程的熵变,并计算从冰到水微观状态数增大到几倍。

解 冰在0℃时等温熔化,可以设想它和一个0℃的恒温热源接触而进行可逆的吸热过程,因而

$$\Delta S = \int \frac{dQ}{T} = \frac{Q}{T} = \frac{m\lambda}{T} = \frac{10^3 \times 334}{273} = 1.22 \times 10^3 \text{ (J/K)}$$

由式(11.1)熵的微观定义式可知

$$\Delta S = k \ln \frac{\Omega_2}{\Omega_1} = 2.30 k \lg \frac{\Omega_2}{\Omega_1}$$

由此得

$$\frac{\Omega_2}{\Omega_1} = 10^{\Delta S/2.30k} = 10^{1.22\times10^3/(2.30\times1.38\times10^{-23})} = 10^{3.84\times10^{25}}$$

方次上还有方次,多么大的数啊!

例 11.3

热水熵变。把1 kg,20℃的水放到100℃的炉子上加热,最后达到100℃,水的比热是 4.18×10^3 J/(kg·K)。分别求水和炉子的熵变 ΔS_w,ΔS_f。

解 水在炉子上被加热的过程,由于温差有限而是不可逆过程。为了计算熵变需要设计一个可逆过程。设想把水**依次**与**一系列**温度逐渐升高,但一次只升高无限小温度 dT 的热库接触,每次都吸热 dQ 而达到平衡,这样就可以使水经过准静态的可逆过程而逐渐升高温度,最后达到温度 T。

和每一热库接触的过程,熵变都可以用式(11.13)求出,因而对整个升温过程,就有

$$\Delta S_w = \int_1^2 \frac{dQ}{T} = \int_{T_1}^{T_2} \frac{c\,m\,dT}{T} = c\,m \int_{T_1}^{T_2} \frac{dT}{T}$$

$$= cm\ln\frac{T_2}{T_1} = 4.18\times10^3\times1\times\ln\frac{373}{293}$$
$$= 1.01\times10^3\,(\mathrm{J/K})$$

由于熵变与水实际上是怎样加热的过程无关，这一结果也就是把水放在100℃的炉子上加热到100℃时的水的熵变。

炉子在100℃供给水热量 $\Delta Q=cm(T_2-T_1)$。这是不可逆过程，考虑到炉子温度未变，设计一个可逆等温放热过程来求炉子的熵变，即有

$$\Delta S_{\mathrm{f}} = \int_1^2 \frac{đQ}{T} = \frac{1}{T_2}\int_1^2 đQ = -\frac{cm(T_2-T_1)}{T_2}$$
$$= -\frac{4.18\times10^3\times1\times(373-293)}{373}$$
$$= -9.01\times10^2\,(\mathrm{J/K})$$

例 11.4

气体熵变。1 mol 理想气体由初态(T_1,V_1)经某一过程到达末态(T_2,V_2)，求熵变。设气体的 $C_{V,\mathrm{m}}$ 为常量。

解 利用式(11.13)和式(11.14)，可得

$$\Delta S = \int_1^2 dS = \int_1^2 \frac{dE+p dV}{T} = \int_1^2 \frac{C_{V,\mathrm{m}}dT}{T} + R\int_1^2 \frac{dV}{V}$$
$$= C_{V,\mathrm{m}}\ln\frac{T_2}{T_1} + R\ln\frac{V_2}{V_1}$$

例 11.5

焦耳实验熵变。计算利用重物下降使水温度升高的焦耳实验(图10.1)中当水温由 T_1 升高到 T_2 时水和外界(重物)总的熵变。

解 把水和外界(重物)都考虑在内，这是一个孤立系内进行的不可逆过程。为了计算此过程水的熵变，可设想一个可逆等压(或等体)升温过程，以 c 表示水的比热(等压比热和等体比热基本一样)，以 m 表示水的质量，则对这一过程

$$đQ = cm dT$$

由式(11.13)可得

$$S_2 - S_1 = \int_{T_1}^{T_2} \frac{đQ}{T} = \int_{T_1}^{T_2} cm\frac{dT}{T}$$

把水的比热当做常数，则

$$S_2 - S_1 = cm\ln\frac{T_2}{T_1}$$

因为 $T_2>T_1$，所以水的熵变 $S_2-S_1>0$。重物下落只是机械运动，熵不变，所以水的熵变也就是水和重物组成的孤立系统的熵变。上面的结果说明这一孤立系统在这个不可逆过程中总的熵是增加的。

例 11.6

有限温差热传导的熵变。求温度分别为 T_A 和 $T_B(T_A>T_B)$ 的两个物体之间发生 $|đQ|$ 的热传递后二者的总熵变。

解 两个物体接触后，热量 $|đQ|$ 将由 A 传向 B。由于 $|đQ|$ 很小，A 和 B 的温度基本未变，因此计算 A 的熵变时可设想它经历了一个可逆等温过程放热 $|đQ|$。由式(11.12)得它的熵变为

$$\mathrm{d}S_A = \frac{-|\,đQ\,|}{T_A}$$

同理，B 的熵变为

$$\mathrm{d}S_B = \frac{|\,đQ\,|}{T_B}$$

二者整体构成一孤立系，其总熵的变化为

$$\mathrm{d}S = \mathrm{d}S_A + \mathrm{d}S_B = |\,đQ\,|\left(\frac{1}{T_B} - \frac{1}{T_A}\right)$$

由于 $T_A > T_B$，所以 $\mathrm{d}S>0$。这说明，两个物体的熵在**有限**温差热传导这个不可逆过程中也是增加的。

例 11.7

绝热自由膨胀熵变。求 $\nu(\mathrm{mol})$ 理想气体体积从 V_1 绝热自由膨胀到 V_2 时的熵变。

解　这也是不可逆过程。绝热容器中的理想气体是一孤立系统，已知理想气体的体积由 V_1 膨胀到 V_2，而始末温度相同，设都是 T_0，故可以设计一个可逆等温膨胀过程，使气体与温度也是 T_0 的一恒温热库接触吸热而体积由 V_1 缓慢膨胀到 V_2。由式(11.13)得这一过程中气体的熵变 ΔS 为

$$\Delta S = \int \frac{đQ}{T_0} = \frac{1}{T_0}\int đQ = \nu R \ln (V_2/V_1)$$

这一结果和前面用玻耳兹曼熵公式得到的结果式(11.5)相同。因为 $V_2>V_1$，所以 $\Delta S>0$。这说明理想气体经过绝热自由膨胀这个不可逆过程熵是增加的。又因为这时的理想气体是一个孤立系，所以又说明一孤立系经过不可逆过程总的熵是增加的。

---

*11.9　温熵图

由式(11.12)$\mathrm{d}S=\dfrac{đQ}{T}$可以得到，系统在某一可逆过程中所吸收的热量为

$$Q = \int T\mathrm{d}S \tag{11.19}$$

若已知一定过程中 T 和 S 的关系，则计算此积分，便可求得系统在该过程中所吸收的热量。这热量可以在 T-S 图(温熵图)中直观地表示出来。

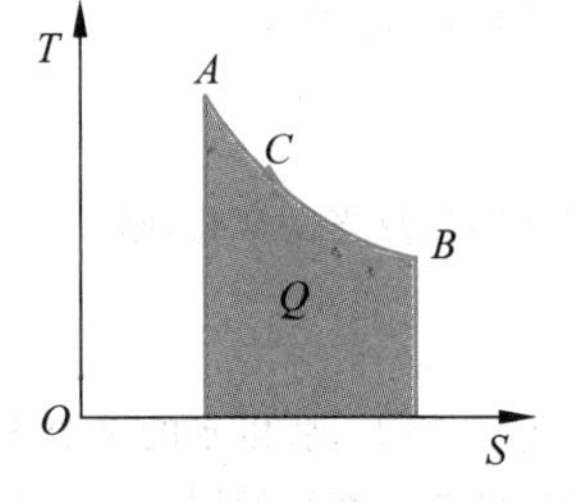

图 11.9　过程的 T-S 图

以 T,S 为状态参量，则 T-S 图中任一点都表示系统的一个平衡态，任一条曲线都表示一个可逆过程。图 11.9 中就画出了某个系统经某一可逆过程从状态 A 过渡到状态 B 的过程曲线。根据式(11.19)的几何意义，可知该系统在此过程中所吸收的热量 Q 等于 ACB 过程曲线下的面积。任意循环在 T-S 图中的过程曲线也是一封闭曲线，如图 11.10 中 $ABCDA$ 所示。作与 OT 轴平行的两条切线 AM 与 CN，则 ABC 是吸热过程，吸收的热量 Q_1 由面积 $ABCNM$ 表示；CDA 是放热过程，放出的热量$|Q_2|$由面积 $CDAMN$ 表示。封闭曲线包围的面积 $Q_1-|Q_2|$就表示循环过程的净吸热。由热力学第一定律知，经过一个循环，系统所做的功 $A=Q_1-|Q_2|$，所以循环的效率 η 等于面积 $ABCDA$ 与面积 $ABCNM$ 之比。

下面借助于 T-S 图来研究卡诺循环的效率。设任意工质在只和两个恒温热库交换热

量的条件下进行可逆循环过程。如 10.6 节所述，这种循环过程叫卡诺循环，它由两个等温过程和两个绝热过程组成。由于可逆绝热过程是等熵过程，所以卡诺循环的 T-S 曲线一定是封闭的矩形曲线，如图 11.11 中的 $abcda$ 所示。据上面讲的热量和面积的关系可知这一卡诺循环的效率为

$$\eta_C = \frac{abcda\text{ 包围的面积}}{abnma\text{ 包围的面积}} = \frac{\overline{ad}}{\overline{am}} = 1 - \frac{T_2}{T_1}$$

很容易看出，如果保持 T_1 和 T_2 不变，只是改变等温过程的"长度"，循环输出的有用功会改变，但 η_C 保持不变。这就是说：**在各具一定温度的两个恒温热库之间工作的一切可逆热机（其工质的循环过程一定是卡诺循环）的效率都相等，只决定于两热库的温度而与它们的工作物质无关**。由图 11.11 得出的效率与温度的关系和式(10.27)给出的用理想气体做工质的效率相同，这是利用熵概念对卡诺定理的说明。

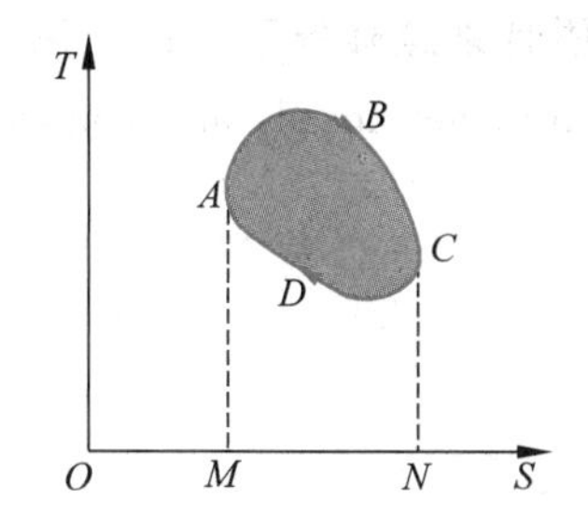

图 11.10　任意循环的 T-S 图

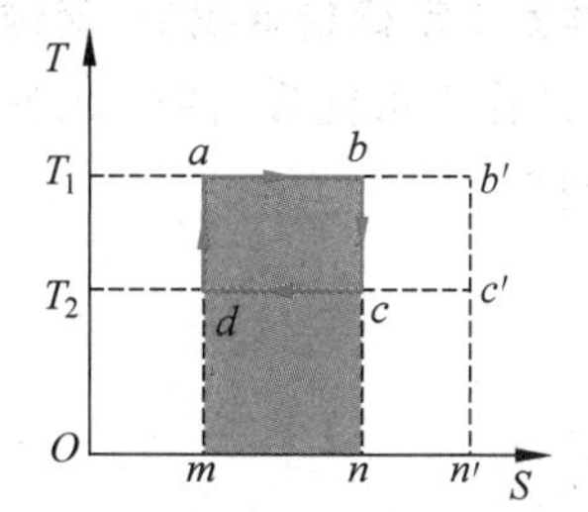

图 11.11　卡诺循环的 T-S 曲线

如果过程是不可逆的，例如有明显的摩擦，则会有能量的耗散，输出的有用功将减少，因此，**在各具一定温度的两个恒温热库之间工作的一切不可逆热机和可逆热机相比，前者的效率不可能大于后者的效率**，实际上是较小。

* 11.10　熵和能量退降

为了说明熵的宏观意义和不可逆过程的后果，我们介绍一下能量退降的规律。这个规律说明：不可逆过程在能量利用上的后果总是使一定的能量 E_d 从能做功的形式变为不能做功的形式，即成了"**退降的**"能量，而且 E_d 的大小和不可逆过程所引起的熵的增加成正比。所以从这个意义上说，**熵的增加是能量退降的量度**。

下面通过有限温差热传导这个具体例子看 E_d 与熵的关系。

设两个物体 A，B 的温度分别为 T_A 和 T_B，且 $T_A > T_B$。当它们刚接触后，发生一不可逆传热过程，使热量 $|dQ|$ 由 A 传向 B。考虑到利用能量做功时，$|dQ|$ 这么多能量原来是以内能的形式存在 A 中的，为了利用这些能量做功，可以借助于周围温度最低(T_0)的热库，而使用卡诺热机。这时，从 A 中吸出 $|dQ|$ 可以做功的最大值为

$$A_i = |\,dQ\,|\,\eta_C = |\,dQ\,|\left(1 - \frac{T_0}{T_A}\right)$$

传热过程进行以后，$|dQ|$ 到了 B 内，这时再利用它能做的功的最大值变成了

$$A_f = |\,đQ\,| \left(1 - \frac{T_0}{T_B}\right)$$

前后相比,可转化为功的能量减少了,其数量,即退降了的能量为

$$E_d = A_i - A_f = |\,đQ\,|\ T_0\left(\frac{1}{T_B} - \frac{1}{T_A}\right)$$

将此式和例11.6给出的熵的增量 dS 对比,可得

$$E_d = T_0 dS \tag{11.20}$$

这就说明了退降的能量 E_d 与系统熵的增加成正比。由于在自然界中所有的实际过程都是不可逆的,这些不可逆过程的持续进行,将使得能量不断地转变为不能做功的形式。能量虽然是守恒的,**但是越来越多地不能被用来做功了**。这是自然过程的不可逆性,也是熵增加的一个直接后果。

就能量的转换和传递来说,对于自然过程,**热力学第一定律告诉我们,能量的数量是守恒的;热力学第二定律告诉我们,就做功来说,能量的品质越来越降低了**。这正像一句西方谚语所说的:"你不可能赢,甚至打平手也不可能(You can't get ahead, and you can't even break even)!"

提要

1. **不可逆**:各种自然的宏观过程都是不可逆的,而且它们的不可逆性又是相互沟通的。

   三个实例:功热转换、热传导、气体绝热自由膨胀。

2. **热力学第二定律**

   克劳修斯表述:热量不能自动地由低温物体传向高温物体。

   开尔文表述:其唯一效果是热全部转变为功的过程是不可能的。

   微观意义:自然过程总是沿着使分子运动更加无序的方向进行。

3. **热力学概率 Ω**:和同一宏观状态对应的可能微观状态数。自然过程沿着向 Ω 增大的方向进行。平衡态相应于一定宏观条件 Ω 最大的状态,它也(几乎)等于平衡态下系统可能有的微观状态总数。

4. **玻耳兹曼熵公式**

   熵的定义:$S = k\ln\Omega$

   熵增加原理:对孤立系的各种自然过程,总有

$$\Delta S > 0$$

这是一条统计规律。

5. **可逆过程**:外界条件改变无穷小的量就可以使其反向进行的过程(其结果是系统和外界能同时回到初态)。这需要系统在过程中无内外摩擦并与外界进行等温热传导。严格意义上的准静态过程都是可逆过程。

6. **克劳修斯熵公式**:熵 S 是系统的平衡态的态函数。

$$dS = \frac{đQ}{T} \quad (\text{可逆过程})$$

$$S_2 - S_1 = {}_{\text{rev}}\int_1^2 \frac{đQ}{T}$$

克劳修斯不等式：对于不可逆过程　$dS > \frac{đQ}{T}$

熵增加原理：$\Delta S \geqslant 0$（孤立系，等号用于可逆过程）

7. 温熵图：热量由面积表示。

8. 能量的退降：过程的不可逆性引起能量的退降即做功数量的减小，退降的能量和过程的熵的增加成正比。

思考题

11.1　试设想一个过程，说明：如果功变热的不可逆性消失了，则理想气体自由膨胀的不可逆性也随之消失。

11.2　试根据热力学第二定律判别下列两种说法是否正确。

(1) 功可以全部转化为热，但热不能全部转化为功；

(2) 热量能够从高温物体传到低温物体，但不能从低温物体传到高温物体。

11.3　瓶子里装一些水，然后密闭起来。忽然表面的一些水温度升高而蒸发成汽，余下的水温变低，这件事可能吗？它违反热力学第一定律吗？它违反热力学第二定律吗？

11.4　一条等温线与一条绝热线是否能有两个交点？为什么？

11.5　下列过程是可逆过程还是不可逆过程？说明理由。

(1) 恒温加热使水蒸发。

(2) 由外界做功使水在恒温下蒸发。

(3) 在体积不变的情况下，用温度为 T_2 的炉子加热容器中的空气，使它的温度由 T_1 升到 T_2。

(4) 高速行驶的卡车突然刹车停止。

11.6　一杯热水置于空气中，它总是要冷却到与周围环境相同的温度。在这一自然过程中，水的熵减小了，这与熵增加原理矛盾吗？

11.7　一定量气体经历绝热自由膨胀。既然是绝热的，即 $đQ=0$，那么熵变也应该为零。对吗？为什么？

*11.8　现在已确认原子核都具有自旋角动量，好像它们都围绕自己的轴线旋转运动。这种运动就叫自旋(图 11.12)，自旋角动量是**量子化的**。在磁场中其自旋轴的方向只能取某些特定的方向，如与外磁场平行或反平行的方向。由于原子核具有电荷，所以伴随着自旋，它们就有**自旋磁矩**，如小磁针那样。通常以 $\boldsymbol{\mu}_0$ 表示自旋磁矩。磁矩在磁场中具有和磁场相联系的能量。例如，$\boldsymbol{\mu}_0$ 和磁场 $\boldsymbol{B}$ 平行时能量为 $-\mu_0 B$，其值较低；$\boldsymbol{\mu}_0$ 和磁场 $\boldsymbol{B}$ 反平行时能量为 $+\mu_0 B$，其值较高。

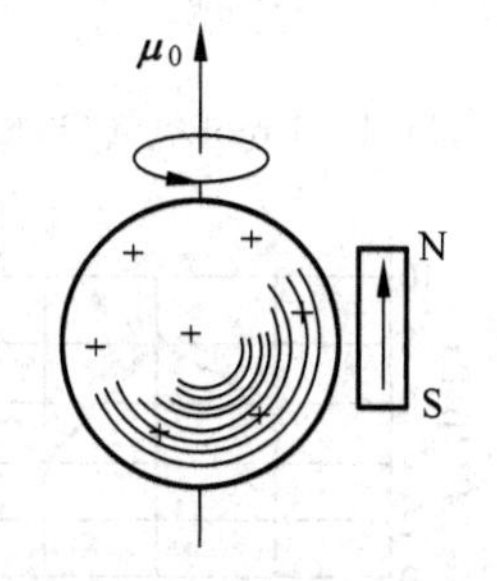

图 11.12　核的自旋模型

现在考虑某种晶体中由 N 个原子核组成的系统，并假定其磁矩只能取与外磁场平行或反平行两个方向。对此系统加一磁场 $\boldsymbol{B}$ 后，最低能量的状态应是所有磁矩的方向都平行于磁场 $\boldsymbol{B}$ 的状态，如图 11.13(a)所示，其中小箭头表示核的磁矩。这时系统的总能量为 $E=-N\mu_0 B_0$。当逐渐增大系统的能量时(如用频率适当的电磁波照射)，磁矩与 $\boldsymbol{B}$ 的方向相同的核数 n 将逐渐减少，而磁矩与 $\boldsymbol{B}$ 反平行的能量较高的核的数目将增多，如

图 11.13(b),(c),(d)依次所示。当所有核的磁矩方向都和磁场 $\boldsymbol{B}$ 相反时(图 11.13(e)),系统的能量到了最大值 $E=+N\mu_0 B$,系统不可能具有更大的能量了。

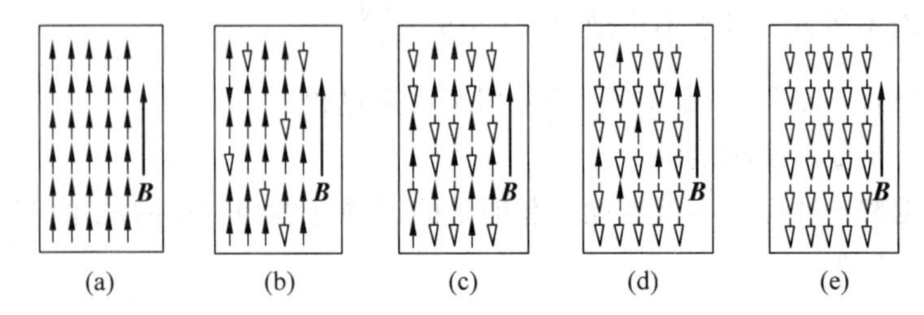

图 11.13 自旋系统在外磁场中的磁矩取向随能量变化的情况

(1) 用核的取向的无序性大小或热力学概率大小判断,从(a)到(e)的变化过程中,此核自旋系统的熵是怎样变化的?何状态熵最大?(a),(e)两状态的熵各是多少?

(2) 对于从(a)到(c)的各个状态,系统的温度 $T>0$。对于从(c)到(e)的各状态,系统的温度 $T<0$,即系统处于负热力学温度状态(此温度称自旋温度)。试用玻耳兹曼分布律(能量为 E 的粒子数和 $e^{-E/kT}$ 成正比,从而具有较高能量 E_2 的粒子数 N_2 和具有较低能量 E_1 的粒子数 N_1 的比为 $N_2/N_1=e^{-(E_2-E_1)/kT}$)加以解释。

(3) 由热力学第二定律,热量只能从高温物体传向低温物体。试分析以下关于系统温度的论断是否正确。状态(a)的能量最低,因而再不能从系统传出能量(指相关的磁矩-磁场能量),所以其(自旋)温度是最低的。状态(e)的能量最高,因而再不能传给系统能量,所以系统的温度是最高的。就(a)到(c)各状态和(c)到(e)各状态对比,$T<0$ 的状态的温度比 $T>0$ 的状态的温度还要高。

*11.9 热力学第零定律指出:分别和系统 C 处于热平衡的系统 A 和系统 B 接触时,二者也必定处于热平衡状态。利用温度概念,则有:温度相同的系统 A 和系统 B 相接触时必定处于热平衡状态。试说明:如果这一结论不成立,则热力学第二定律,特别是克劳修斯表述,也将不成立。从这个意义上说,热力学第零定律已暗含在热力学第二定律之中了。

*11.10 热力学第三定律的说法是:热力学绝对零度不能达到。试说明,如果这一结论不成立,则热力学第二定律,特别是开尔文表述,也将不成立。从这个意义上说,热力学第三定律也已暗含在热力学第二定律之中了。

习题

11.1 1 mol 氧气(当成刚性分子理想气体)经历如图 11.14 所示的过程由 a 经 b 到 c。求在此过程中气体对外做的功、吸的热以及熵变。

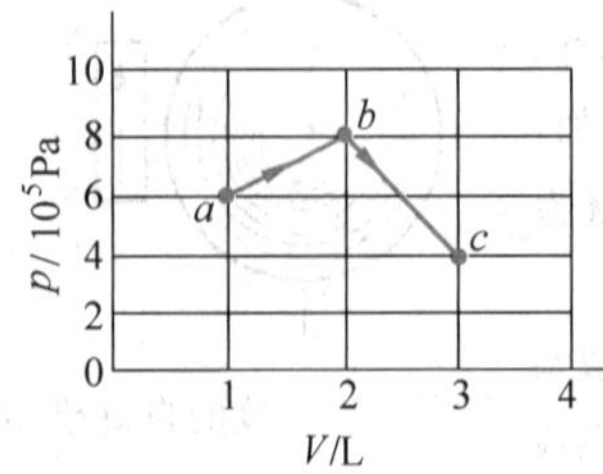

图 11.14 习题 11.1 用图

11.2 求在一个大气压下,30 g、−40℃的冰变为 100℃的蒸气时的熵变。已知冰的比热容 $c_1=2.1$ J/(g·K),水的比热容 $c_2=4.2$ J/(g·K),在 1.013×10^5 Pa 气压下冰的熔化热 $\lambda=334$ J/g,水的汽化热 $L=2260$ J/g。

11.3 你一天大约向周围环境散发 8×10^6 J 热量,试估算你一天产生多少熵?忽略你进食时带进体内的熵,环境的温度按 273 K 计算。

11.4 在冬日一座房子散热的速率为 2×10^8 J/h。设室内温度是 20℃,室外温度是 −20℃,这一散热过程产生熵的速率(J/(K·s))是多大？

11.5　一汽车匀速开行时，消耗在各种摩擦上的功率是 20 kW。求由于这个原因而产生熵的速率(J/(K·s))是多大？设气温为 12℃。

11.6　贵州黄果树瀑布的主瀑布(图 11.15)宽 83 m，落差为 74 m，大水时流量为 1500 m^3/s，如果当时气温为 12℃，此瀑布每秒钟产生多少熵？

图 11.15　习题 11.6 用图

11.7　(1) 1 kg，0℃的水放到 100℃的恒温热库上，最后达到平衡，求这一过程引起的水和恒温热库所组成的系统的熵变，是增加还是减少？

(2) 如果 1 kg，0℃的水，先放到 50℃的恒温热库上使之达到平衡，然后再把它移到 100℃的恒温热库上使之达到平衡。求这一过程引起的整个系统(水和两个恒温热库)的熵变，并与(1)比较。

11.8　一金属筒内放有 2.5 kg 水和 0.7 kg 冰，温度为 0℃而处于平衡态。

(1) 今将金属筒置于比 0℃稍有不同的房间内使筒内达到水和冰质量相等的平衡态。求在此过程中冰水混合物的熵变以及它和房间的整个熵变各是多少？

(2) 现将筒再放到温度为 100℃的恒温箱内使筒内的冰水混合物状态复原。求此过程中冰水混合物的熵变以及它和恒温箱的整个熵变各是多少？

11.9　一理想气体开始处于 $T_1=300$ K，$p_1=3.039\times10^5$ Pa，$V_1=4$ m^3 的平衡态。该气体等温地膨胀到体积为 16 m^3，接着经过一等体过程达到某一压强，从这个压强再经一绝热压缩就可使气体回到它的初态。设全部过程都是可逆的。

(1) 在 p-V 图上画出上述循环过程。

(2) 计算每段过程和循环过程气体所做的功和它的熵的变化(已知 $\gamma=1.4$)。

11.10　在绝热容器中，有两部分同种液体在等压下混合，这两部分的质量相等，都等于 m，但初温度不同，分别为 T_1 和 T_2，且 $T_2>T_1$。二者混合后达到新的平衡态。求这一混合引起的系统的总熵的变化，并证明熵是增加了。已知定压比热容 c_p 为常量。

*11.11　两个绝热容器各装有 ν(mol)的同种理想气体。最初两容器互相隔绝，但温度相同而压强分别为 p_1 和 p_2，然后使两容器接通使气体最后达到平衡态。证明这一过程引起的整个系统熵的变化为

$$\Delta S=\nu R\ln\frac{(p_1+p_2)^2}{4p_1p_2}$$

并证明 $\Delta S>0$。

*11.12　在和外界绝热并保持压强不变的情况下，将一块金属(质量为 m，定压比热容为 c_p，温度为 T_i)没入液体(质量为 m'，定压比热容为 c_p'，温度为 T_i')中。证明系统达到平衡的条件，即二者最后的温度相同，可以根据能量守恒及使熵的变化为最大值求出。

*11.13　在气体液化技术中常用到绝热致冷或节流致冷过程，这要参考气体的温熵图。图 11.16 为氢气的温熵图，其中画了一系列等压线和等焓线(图中 H_m 表示摩尔焓，S_m 表示摩尔熵)。试由图回答：

(1) 氢气由 80 K，50 MPa 节流膨胀到 20 MPa 时，温度变为多少？

(2) 氢气由 70 K，2.0 MPa 节流膨胀到 0.1 MPa 时，温度变为多少？

(3) 氢气由 76 K，5.0 MPa 可逆绝热膨胀到 0.1 MPa 时温度变为多少？

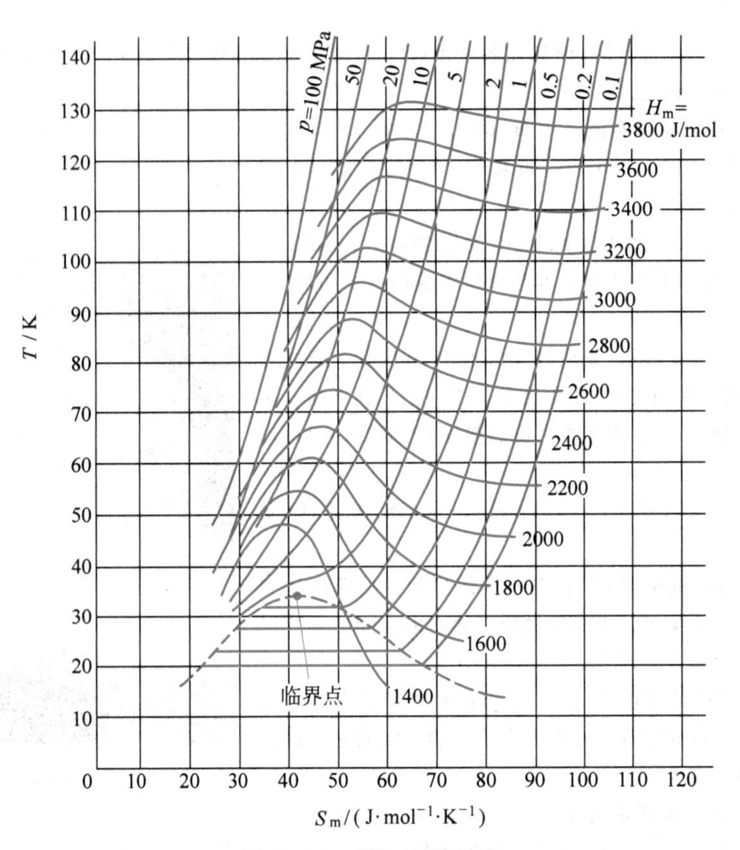

图 11.16 氢气的温熵图

耗 散 结 构

F.1 宇宙真的正在走向死亡吗

热力学第二定律指出，自然界的一切实际过程都是**不可逆**的。从能量上来说，一个不可逆过程虽然不“消灭”能量，但总要或多或少地使一部分能量变成不能再做有用功了。这种现象叫能量的**退降**或能量的**耗散**。从微观上说，过程的不可逆性表现为：在孤立系中的各种自发过程总是要使系统的分子(或其他的单元)的运动从某种**有序**的状态向**无序**的状态转化，最后达到最无序的平衡态而保持稳定。这就是说，在孤立系中，即使初始存在着某种有序或说某种差别(非平衡态)，随着时间的推移，由于不可逆过程的进行，这种有序将被破坏，任何的差别将逐渐消失，有序状态将转变为最无序的状态(平衡态)；而热力学第二定律又保证了这最无序的状态的稳定性，它再也不能转变为有序的状态了。

如果把上述结论**推广**到整个宇宙，则可得出这样的结论：宇宙的发展最终走向一个除了分子热运动以外没有任何宏观差别和宏观运动的死寂状态。这意味着宇宙的死亡和毁灭，因此，有人认为热力学第二定律在哲学上预示了一幅平淡的、无差别的、死气沉沉的宇宙图像。这种“热寂说”是错误的。有一种观点认为宇宙是无限的，不能当成一个孤立系看待，因此不能将上面说明关于孤立系演变的规律套用于整个宇宙。实际上我们现今看到的宇宙万物以及迄今所知的宇宙发展确实是充满了由无序向有序的发展与变化，在我们面前完全是一幅丰富多彩、千差万别、生气勃勃的图像。

F.2 生命过程的自组织现象

生物界的有序是很明显的，各种生物都是由各种细胞按精确的规律组成的高度有序的机构。例如人的大脑就是由多至150亿个神经细胞组成的一个极精密、极有序的装置。(附带说一下，据研究，现代聪明人不过只利用了这些细胞的10%。)每个生物细胞中也有非常奇特的有序结构。现代分子生物学已证实，在一个细胞中至少含有一个DNA(脱氧核糖核酸)或它的近亲RNA(核糖核酸)这样的长链分子。一个DNA分子可能由10^8到10^{10}个原子组成。这些原子构成4种不同的核苷酸碱基，分别叫做腺嘌呤(A)、胸腺嘧啶(T)、鸟嘌呤(G)和胞嘧啶(C)。在图F.1(a)中分别利用4种符号表示这4种碱基。在一个分子中这4

种碱基都与糖基S相连，而S又与磷酸基P交替结合组成长链(见图F.1(b))，每个DNA分子有两个这样的长链，它们靠A和T以及C和G间的氢键结合在一起而且绕成螺旋状。按各种有机体的不同，长链中的A—T对和C—G对可以多至10^6到10^9个，它们都按一定严格的次序排列着。一个生物体的全部遗传信息都编码在这些核苷酸碱基排列的**次序**中，这是多么神奇有序的结构啊！而这种结构竟源于生物的食物中那些混乱无序的原子！

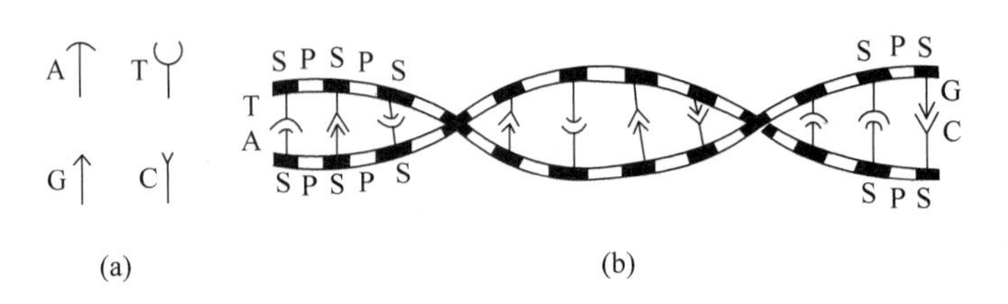

图F.1　DNA分子示意图

以上是生物体中**空间有序**的例子，实际上，生命过程从分子、细胞到有机个体和群体的不同水平上还呈现出**时间有序**的特征。这表现为随时间作周期性变化的振荡行为。例如在分子水平上，现在已经肯定新陈代谢过程中的**糖酵解反应**有振荡现象。在这种反应中，葡萄糖转化为乳酸。这种反应是一种为生命提供能量的过程。它涉及十几种中间产物和生物催化剂——酶。实验发现，在某些条件下，所有中间产物(以及某些酶)的浓度会随时间振荡，振荡周期一般在分钟的量级，据研究这种振荡可提高能量的利用率。"日出而作，日落而息"可以说是生物体的振荡行为，这种行为在有些生物体中表现为生物钟的有节奏的变化。生物群体的振荡行为可以举出中华鲟的例子。我国长江中特产的中华鲟总是每年秋季上溯长江到宜宾江段产卵，幼鱼返回长江下游生活。对虾在我国渤海、黄海沿岸也有每年按季的巡游。在我国北方，各种候鸟的冬去春来也是生物的时间有序现象。

以上是生命过程中有序现象的例子。如果考虑到生物体的生长和物种的进化，更可以明显地看到从无序到有序的**发展**。一个生物个体的生长发育，都是从少数细胞开始的，由此发展成各种复杂有序的器官，而所有细胞都是由很多原来无序的原子组成的。在物种起源上，尽人皆知的达尔文的生物进化论指出在地球上各种各样的生物都是经过漫长的年代由简单到复杂、由低级到高级或者说由较为有序向更加有序、精确有序发展而形成的。这种发展还可以延伸到人类社会的进化，人类社会也是逐渐由低级向高级向更加完善、更加有序的阶段发展的。这是一幅和有的物理学家所描绘的自然发展图像完全不同的另一种自然发展图像。

一个系统的内部由无序变为有序使其中大量分子按一定的规律运动的现象叫**自组织**现象。生命过程实际上就是生物体持续进行的自组织过程。这一过程是系统内不平衡的表现，而且不会达到平衡。一旦达到平衡而有序状态消失时，生命也就终止了。

长期以来，物理学家、化学家和生物学家、社会学家形成了两种关于发展的截然不同的观点。但是他们和平共处，各自立论。所以能如此，是因为他们认为生命现象以及社会现象和非生命现象是由不同规律支配的，它们之间隔着一条不可逾越的鸿沟。但是现代科学的研究使人们认识到并不是这样，人们发现，即使在无生命的世界里也大量地存在着无序到有序的自组织现象。

F.3 无生命世界的自组织现象

在地球上我们常常观察到天空中的云有时会形成整齐的鱼鳞状或带状。在高空水汽凝结会形成非常有规则的六角形雪花，由火山岩浆形成的花岗岩石中有时会发现非常有规则的环状或带状结构。这些都是大自然中产生空间有序的自组织现象的例子。就天体来讲，太阳系也是一个空间有序的结构，所有行星都大致在同一平面内运行而且绕着相同的方向。中子星以极其准确的周期自转。这些从宇宙发展上看也都经历了自组织过程。

在实验室中也发现了自组织过程。在化学实验方面有空间有序的**利色根现象**。它是利色根在20世纪发现的，于今又受到了重视。将碘化钾溶液加到含有硝酸银的胶体介质中，如在一根细管中做实验就发现会形成一条条间隔有规律的沉淀带，如在一个浅盘中做实验，则发现会形成一圈圈间隔有规律的沉淀环。时间有序的实验是所谓**B-Z反应**。它是苏联化学家别洛索夫和扎鲍廷斯基于1958年及以后发现的。在一个装有搅拌器的烧杯中首先将4.292 g丙二酸和0.175 g硝酸铈铵溶于150 ml，浓度为1 mol/L的硫酸中。开始溶液呈黄色，几分钟后变清。这时再加入1.415 g溴酸钠，溶液的颜色就会在黄色和无色之间振荡，振荡周期约为1分钟。如果另外加入几毫升浓度为0.025 mol/L的试亚铁灵试剂，则溶液的颜色会在红色和蓝色之间振荡。颜色的变化表示离子浓度的变化。图F.2中画出了上述B-Z反应的离子浓度振荡曲线。$[Br^-]$，$[Ce^{3+}]$和$[Ce^{4+}]$分别表示溴离子、三价铈离子和四价铈离子的浓度。

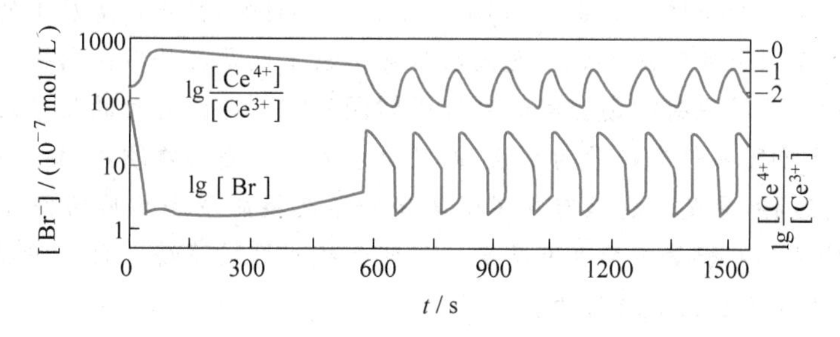

图F.2 B-Z反应中的离子浓度振荡

物理实验中空间有序的自组织现象可以举出贝纳特于1900年发现的**对流有序**现象。他在一个盘子中倒入一些液体。当从下面加热这一薄层液体时，刚开始温度梯度不太大，流体中只有热传导，未见有显见的扰动。但当流体中温度梯度超过某一临界值时，原来静止的液体中会突然出现许多规则的六角形对流格子，它的花样像蜂房那样，此时液体内部的运动转向宏观有序化。

时间有序的物理自组织现象最突出的是20世纪60年代出现的**激光**。要激光器工作，需要向它输入功率。实验表明，当输入功率小于某一临界值时，激光器就像普通灯泡一样，发光物质的各原子接收能量后各自独立地发光，每次发光持续10^{-8} s的时间，所发波列的长度只有约3 m，而且各原子发光没有任何的联系。当输入功率大于临界值时，就产生了一种全新的现象，各原子不再独立地互不相关地发射光波了，它们集体一致地行动，发出频率、振动方向都相同的“相干光波”，这种光波的波列长度可达30万km。这就是激光。发射激光时,发光物质的原子处于一种非常有序的状态,它们不断地进行着自组织过程。

正是无生命世界和有生命世界同有自组织现象的事实,促使人们想到这两个世界在这方面可能遵循相同的规律,也激发人们去创立有关的理论。实际上,也正是在研究激光发射过程的基础上,把它和生物过程等加以类比时,哈肯创立了**协同论**(1976年)。普里高津的**耗散结构理论**也是在把物理和生物过程结合起来研究时提出来的(1967年)。

怎样用物理学的理论来说明自组织现象呢?耗散结构理论和协同论采用不同的方法已得出了很多有价值的结果,前者着重用热力学方法进行分析,后者着重于统计原理的应用。下面我们简单地介绍它们的一些结果。

F.4 开放系统的熵变

一个系统内分子运动的无序程度是用**熵**这个物理量来定量地描述的。一个孤立系内的自发过程是沿着有序向无序的方向进行,也可以说成是沿着使系统的**熵增加的方向**进行。这就是**熵增加原理**。根据这个原理,不管最初是什么状态,孤立系内的自发变化总是要使系统达到一个使系统的熵为最大值的状态。这是一个宏观上平衡的状态。如果由于某种扰动,系统偏离了平衡态,这一状态的熵要比原平衡态的小,熵增加原理要使系统回到原来的平衡态去。因此,熵最大的平衡态是稳定的状态,熵最大意味着最无序,因此孤立系不可能自发地由无序转化为有序的稳定状态。

以上熵增加的规律只是对**孤立系**来说的,这种系统是和外界环境无任何联系的系统。实际上遇到的发生自组织现象的系统,都不是孤立系。例如,在液体薄层中的对流花纹是在外界供给液体热量的条件下发生的。发光物质发出激光也是在外界向它输入能量的情况下才可能的。这种和外界**只有能量交换**的系统叫**封闭系统**。连续流动的化学反应器中反应的进行,不但要求反应器内外有能量的交换,而且要求不断地**交换物质**,即输入反应物,输出产物。生物体更是这样,它是在也只有在不断地和外界交换能量和物质的条件下才能维持其生存。这种和外界既有能量交换也有物质交换的系统叫**开放系统**。自组织现象都是在非孤立的、封闭的或开放的系统中进行的。

封闭系统或开放系统也能达到平衡态。一旦达到平衡态,系统和外界就不再有能量和物质的交换,而且系统内部也不再有任何的宏观过程。对生物体来说,如前所述,这就意味着死亡。生物体或其他的非孤立系在其发展的某一阶段可能达到一个非平衡的,但其宏观性质也不随时间改变的状态。在这一状态下,系统和外界仍进行着能量和物质的交换,而且内部也不停地进行着宏观的自发的不可逆过程,如传热、发光、扩散以及生物的新陈代谢过程。这种稳定的非平衡态叫做**定态**。在自组织现象的研究中,对非孤立系的非平衡定态的研究,更引起人们的注意。

对于非孤立系统,熵的变化可以形式地分为两部分。一部分是由于系统内部的不可逆过程引起的,叫做**熵产生**,用 d_iS 表示。另一部分是由于系统和外界交换能量或物质而引起的,叫做**熵流**,用 d_eS 表示。整个系统的熵的变化就是

$$dS = d_iS + d_eS$$

一个系统的熵产生永不可能是负的,即总有

$$d_iS \geqslant 0$$

对于孤立系，由于 $\mathrm{d_e}S=0$，所以

$$\mathrm{d}S=\mathrm{d_i}S>0$$

这就是熵增加原理的表达式。

但对于非孤立系，视外界的作用不同，熵流 $\mathrm{d_e}S$ 可以有不同的符号。如果 $\mathrm{d_e}S<0$ 且 $|\mathrm{d_e}S|>\mathrm{d_i}S$，就会有

$$\mathrm{d}S=\mathrm{d_i}S+\mathrm{d_e}S<0$$

这表示经过这样的过程，系统的熵会减小，系统就由原来的状态进入更加有序的状态。这就是说，对于一个封闭系统或开放系统存在着由无序到有序的转化的可能。

F.5　稍离平衡的系统

为了找出从无序到有序的转化的规律，就需要研究系统离开平衡态时的行为。热力学的这一分支称做**非平衡态热力学**或**不可逆过程热力学**。（与此相比，已经研究得相当成熟的经典热力学叫做平衡态热力学或可逆过程热力学。）系统离开平衡态是在外界影响下发生的。当外界的影响（如产生的温度梯度或密度梯度）不大，以致在系统内引起的不可逆响应（如产生的热流或物质流）也不大，而可以认为二者间只有简单的线性关系时，可以认为系统对平衡态的偏离很小。以这种情况为研究对象的热力学叫做**线性非平衡态热力学**。这是热力学发展的第二阶段，目前已经有了比较成熟的理论。

线性非平衡态热力学的一个重要原理是普里高津于1945年提出的**最小熵产生原理**。按照这一原理，在接近平衡态的条件下，和外界强加的限制（控制条件）相适应的非平衡定态的熵产生具有最小值。以 $\mathscr{P}$ 表示系统内部由于不可逆过程引起的熵产生，则此原理给出在偏离平衡态很小时，系统中的不可逆过程要使得

$$\mathscr{P}>0$$

即熵要增加而且

$$\frac{\mathrm{d}\mathscr{P}}{\mathrm{d}t}\leqslant 0$$

这说明熵产生总要减小，因而在到达一个定态时 $\mathscr{P}$ 为最小。

最小熵产生原理反映非平衡态在能量耗散上的一种“惯性”行为：当外界迫使系统离开平衡态时，系统中要进行不可逆过程因而引起能量的耗散。但在这种条件下，系统将总是选择一个能量耗散最小，即熵产生最小的状态。平衡态是这种定态的一个特例，此时的熵产生为零，因为熵已达到极大值而不能再增大了。

由最小熵产生原理可知，靠近平衡态的非平衡定态也是稳定的。因为如果有任何扰动，系统的熵增加必然要大于该定态的熵增加。根据最小熵增加原理，系统还是要回到该定态的。由于平衡态附近的非平衡定态可以看做是从平衡态在外界条件逐渐改变时逐渐过渡过来的，系统仍将保持均匀的无序态而不会自发地形成时空有序结构，并且即使最初对系统强加一有序结构，随着时间的推移，系统也会发展到一个无序的定态，任何有序结构最终仍将消失。换句话说，在偏离平衡态比较小的线性区，自发过程仍是趋于破坏任何有序而增加无序，自组织现象也不可能发生。

研究表明，要产生自组织现象，必须使系统处于远离平衡的状态。

F.6 远离平衡的系统

远离平衡的状态是指：当外界对系统的影响过于强烈以致它在系统内部引起的响应和它不成线性关系时的状态。研究这种情况下的系统的行为的热力学叫**非线性非平衡态热力学**。这是一门到目前为止还不很成熟的学科，可以说是热力学发展的第三阶段。它的理论指出，当系统远离平衡时，它们可以发展到某个不随时间改变的定态。但是这时系统的熵不再具有极值行为，最小熵增加原理也不再有效。系统的稳定性不能再根据它们来判断，而且一般地说，远离平衡的定态不再能用熵这样的状态函数来描述。因此这时过程发展的方向不能依靠纯粹的热力学方法来确定，必须同时研究系统的动力学的详细行为，这样的研究给出的结果如图F.3所示。图中横坐标λ表示外界对系统的**控制参数**，它的大小表示外界对系统影响的程度和系统偏离平衡态的程度；纵坐标X表示表征系统定态的某个参数，不同的X值表示不同的定态。与λ_0对应的定态X_0表示平衡态，随着λ偏离λ_0，X也就偏离平衡态，但在λ较小时，系统的状态很类似于平衡态而且具有稳定性。表示这种定态的点形成线段(a)，这是平衡态的延伸，因此这一段叫**热力学分支**。

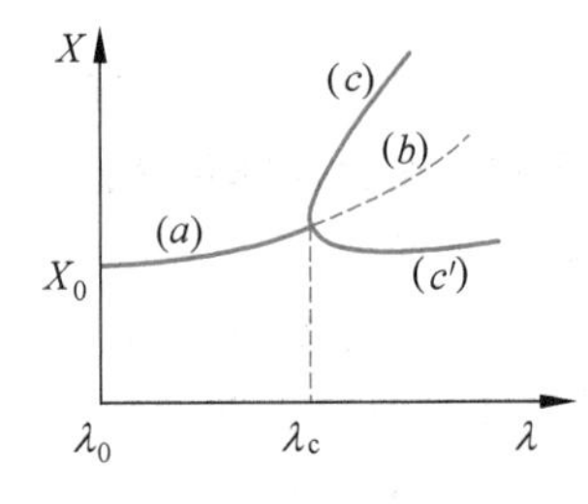

图F.3 分支现象

当$\lambda \geqslant \lambda_c$时，例如贝纳特流体加热实验中，流体的温度梯度超过某定值或激光器的输入功率超过某一定值时，曲线段(a)的延续(b)上各非平衡定态变得不稳定，一个很小的扰动就可引起系统的突变，离开热力学分支而跃迁到另外两个稳定的分支(c)或(c')上。这两个分支上的每一个点可能对应于某种时空有序状态。由于这种有序状态是在系统离开平衡状态足够远或者说在不可逆的耗散过程足够强烈的情况下出现的，所以这种状态被普里高津叫做**耗散结构**。分支(c)或(c')就叫做**耗散结构分支**。在$\lambda=\lambda_c$处热力学分支开始分岔（分岔的数目和行为决定于系统的动力学性质），这种现象叫**分岔现象**或**分支现象**。在分支以前，系统的状态保持空间均匀性和时间不变性，因而具有高度的时空对称性；超过分支点后，耗散结构对应于某种时空有序状态，就破坏了系统原来的对称性。因此这类现象也常常叫做**对称性破缺不稳定性现象**。

非平衡态热力学关于分支现象的理论表明它并没有抛弃经典热力学的基本理论，例如热力学第二定律，而是给以新的解释和重要补充，从而使人们对自然界的发展过程有一个比较全面的认识：**在平衡态附近，发展过程主要表现为趋向平衡态或与平衡态有类似行为的非平衡定态，并总是伴随着无序的增加与宏观结构的破坏。而在远离平衡的条件下，非平衡定态可以变得不稳定，发展过程可能发生突变，因而导致宏观结构的形成和宏观有序的增加**。这种认识不仅为弄清物理学和化学中各种有序现象的起因指明了方向，也为阐明像生命的起源、生物进化甚至宇宙发展等复杂问题提供了有益的启示，更有助于人们对宏观过程不可逆性的本质及其作用的认识。

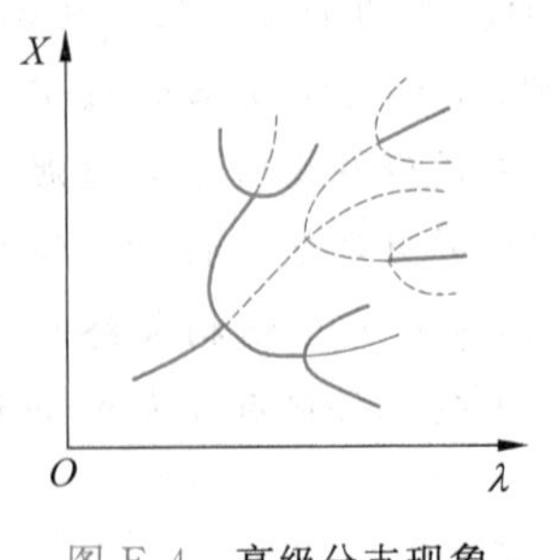

图F.4 高级分支现象

更有趣的是，分支理论指出，随着控制参数进一步改变，各稳定分支又会变得不稳定而导致所谓二级分支或高级分支现象（图F.4）。高级分支现象说明系统在远离平衡态时，可以有多种可能的有序结构，因而使系统可以表现出复杂的时空行为。这可以用来说明生物系统的多种复杂行为。在系统偏离平衡态足够远时，分支越来越多，系统就具有越来越多的相互不同的可能的耗散结构，系统处于哪种结构完全是随机的，因而体系的瞬时状态不可预测。这时系统又进入一种无序态，叫**混沌状态**，它和热力学平衡的无序态的不同在于，这种无序的空间和时间的尺度是宏观的量级，而在热力学平衡的无序中，空间和时间的特征大小是分子的特征量级。从这种观点看，生命是存在于这两种无序之间的一种有序，它必须处于非平衡的条件下，但又不能过于远离平衡，否则混沌无序态的出现将完全破坏生物的有序。

对混沌现象的研究也是引人入胜的，近年来这方面也取得了令人鼓舞的进展。人们不仅在理论上发现了一些有关发生分支现象和混沌现象的普遍规律，并且已在自然界中和实验室内(包括流体力学、化学、生物学、电学以及大气科学和天体物理等领域)观测到了混沌现象。弄清这些现象的起因和规律无疑对于认识我们赖以生存的这个无序而又有序的世界是重要的。

在系统内部究竟是什么因素导致定态的不稳定而发生分支的呢？这涉及涨落的作用。

F.7 通过涨落达到有序

不论是平衡态还是非平衡定态都是系统在**宏观上**不随时间改变的状态，实际上由于组成系统的分子仍在不停地作无规则运动，因此系统的状态在局部上经常与宏观平均态有暂时的偏离。这种自发产生的微小偏离称为**涨落**。另外宏观系统所受的外界条件也或多或少地总有一些变动。因此，宏观系统的宏观状态总是不停地受到各种各样的扰动，远离平衡态的系统的定态的不稳定以致发展到耗散结构的出现就植根于这种涨落，普里高津把这个过程叫做“通过涨落达到有序”。

普里高津的意思大致如下：设某系统的宏观均匀状态用图 F.5(a)中的平直虚线所示(该图的横坐标表示空间位置，纵坐标表示系统的某一参量如温度或浓度)，某时刻系统中各处的实际情况由于涨落而如无规则曲线所示。这一无规则曲线可以认为(按傅里叶分析)由许多规则的正弦曲线叠加而成(图 F.5(b))。这些有规则的正弦变化叫做**涨落分量**，它们在宏观上都观察不到，系统表现为宏观均匀态，随着控制条件的改变，有的涨落分量随时间很快地衰减掉了，有的涨落分量却会随时间长大以致其振幅终于达到宏观尺度而使系统进入一种宏观有序状态，这样，就形成了耗散结构。

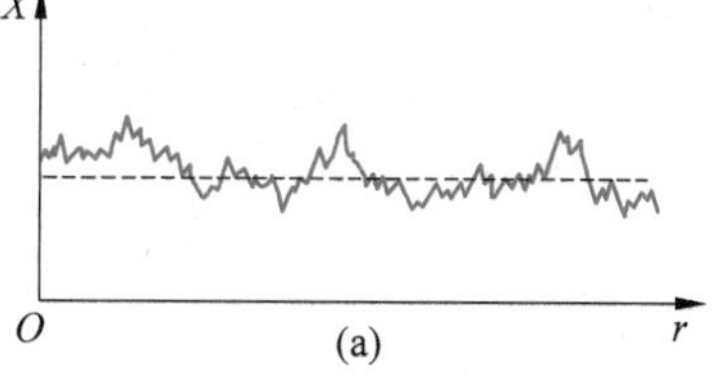

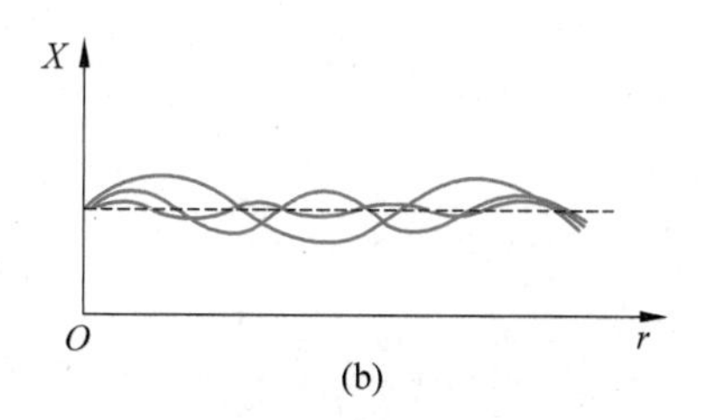

图 F.5 涨落(a)及其分量(b)

哈肯的协同论对涨落产生有序的说明可能更具有启发性。哈肯认为：分子(或子系统)之间的相互作用或关联引起的**协同作用**使得系统从无序转化为有序。一般来讲，系统中各个分子的运动状态由分子的热运动(或子系统的各自独立的运动)和分子间的关联引起的协同运动共同决定。当分子间的关联能量小于独立运动能量时，分子独立运动占主导地位，系统就处于无序状态(如气体)，当分子间的关联能量大于分子的运动能量时，分子的独立运动就受到约束,它要服从由关联形成的协同运动,于是系统就显出有序的特征。涨落是系统中各局部内分子间相互耦合变化的反映。系统在偏离平衡态较小的状态时,独立运动和协同运动能量的相对大小未发生明显的变化,涨落相对较小。在控制参数变化时,这两种运动的能量的相对大小也在变化,当控制参数达到临界值 λ_c 时,这两种运动能量的相对地位几乎处在均势状态,因此局部分子间可能的各种耦合相当活跃,使得涨落变大。每个涨落都具有特定的内容,代表着一种结构或组织的“胚芽状态”。涨落的出现是偶然的,但只有适应系统动力学性质的那些涨落才能得到系统中绝大部分分子的响应而波及整个系统,将系统推进到一种新的有序的结构——耗散结构。

数值表

物理常量表

名　称	符号	计算用值	2006 最佳值*
真空中的光速	c	3.00×10^{8} m/s	2.997 924 58(精确)
普朗克常量	h	6.63×10^{-34} J·s	6.626 068 96(33)
	$\hbar$	$=h/2\pi$	
		$=1.05\times10^{-34}$ J·s	1.054 571 628(53)
玻耳兹曼常量	k	1.38×10^{-23} J/K	1.380 650 4(24)
真空磁导率	μ_0	$4\pi\times10^{-7}$ N/A^2	(精确)
		$=1.26\times10^{-6}$ N/A^2	1.256 637 061…
真空介电常量	ε_0	$=1/\mu_0c^2$	(精确)
		$=8.85\times10^{-12}$ F/m	8.854 187 817
引力常量	G	6.67×10^{-11} N·m^2/kg^2	6.674 28(67)
阿伏伽德罗常量	N_A	6.02×10^{23} mol^{-1}	6.022 141 79(30)
元电荷	e	1.60×10^{-19} C	1.602 176 487(40)
电子静质量	m_e	9.11×10^{-31} kg	9.109 382 15(45)
		5.49×10^{-4} u	5.485 799 094 3(23)
		0.5110 MeV/c^2	0.510 998 910(13)
质子静质量	m_p	1.67×10^{-27} kg	1.672 621 637(83)
		1.0073 u	1.007 276 466 77(10)
		938.3 MeV/c^2	938.272 013(23)
中子静质量	m_n	1.67×10^{-27} kg	1.674 927 211(84)
		1.0087 u	1.008 664 915 97(43)
		939.6 MeV/c^2	939.565 346(23)
α 粒子静质量	m_α	4.0026 u	4.001 506 179 127(62)
玻尔磁子	μ_B	9.27×10^{-24} J/T	9.274 009 15(23)
电子磁矩	μ_e	-9.28×10^{-24} J/T	−9.284 763 77(23)
核磁子	μ_N	5.05×10^{-27} J/T	5.050 783 24(13)
质子磁矩	μ_p	1.41×10^{-26} J/T	1.410 606 662(37)
中子磁矩	μ_n	-0.966×10^{-26} J/T	−0.966 236 41(23)
里德伯常量	R	1.10×10^{7} m^{-1}	1.097 373 156 852 7(73)
玻尔半径	a_0	5.29×10^{-11} m	5.291 772 085 9(36)
经典电子半径	r_e	2.82×10^{-15} m	2.817 940 289 4(58)
电子康普顿波长	$\lambda_{C,e}$	2.43×10^{-12} m	2.426 310 217 5(33)
斯特藩-玻耳兹曼常量	σ	5.67×10^{-8} W·m^{-2}·K^{-4}	5.670 400(40)
1 埃	Å	1 Å$=1\times10^{-10}$ m	(精确)
1 光年	l.y.	1 l.y.$=9.46\times10^{15}$ m	
1 电子伏	eV	1 eV$=1.602\times10^{-19}$ J	1.602 176 462(63)
1 特[斯拉]	T	1 T$=1\times10^{4}$ G	(精确)

续表

名　称	符号	计算用值	2006 最佳值*
1 原子质量单位	u	1 u=1.66×10^{-27} kg =931.5 MeV/c^2	1.660 538 73(13) 931.494 013(37)
1 居里	Ci	1 Ci=3.70×10^{10} Bq	(精确)

* 所列最佳值摘自《2006 CODATA INTERNATIONALLY RECOMMEDED VALUES OF THE FUNDAMENTAL PHYSICAL CONSTANTS》(www.physics.nist.gov)。

一些天体数据

名　称	计算用值
我们的银河系	
质量	10^{42} kg
半径	10^5 l.y.
恒星数	1.6×10^{11}
太阳	
质量	1.99×10^{30} kg
半径	6.96×10^8 m
平均密度	1.41×10^3 kg/m^3
表面重力加速度	274 m/s^2
自转周期	25 d(赤道),37 d(靠近极地)
对银河系中心的公转周期	2.5×10^8 a
总辐射功率	4×10^{26} W
地球	
质量	5.98×10^{24} kg
赤道半径	6.378×10^6 m
极半径	6.357×10^6 m
平均密度	5.52×10^3 kg/m^3
表面重力加速度	9.81 m/s^2
自转周期	1 恒星日=8.616×10^4 s
对自转轴的转动惯量	8.05×10^{37} kg·m^2
到太阳的平均距离	1.50×10^{11} m
公转周期	1 a=3.16×10^7 s
公转速率	29.8 m/s
月球	
质量	7.35×10^{22} kg
半径	1.74×10^6 m
平均密度	3.34×10^3 kg/m^3
表面重力加速度	1.62 m/s^2
自转周期	27.3 d
到地球的平均距离	3.82×10^8 m
绕地球运行周期	1 恒星月=27.3 d

几个换算关系

名　称	符号	计算用值	1998 最佳值
1[标准]大气压	atm	1 atm=1.013×10^5 Pa	1.013 250×10^5
1 埃	Å	1 Å=1×10^{-10} m	(精确)
1 光年	l.y.	1 l.y.=9.46×10^{15} m	
1 电子伏	eV	1 eV=1.602×10^{-19} J	1.602 176 462(63)
1 特[斯拉]	T	1 T=1×10^4 G	(精确)
1 原子质量单位	u	1 u=1.66×10^{-27} kg =931.5 MeV/c^2	1.660 538 73(13) 931.494 013(37)
1 居里	Ci	1 Ci=3.70×10^{10} Bq	(精确)

部分习题答案

第 1 章

1.1 849 m/s

1.2 未超过,400 m

1.3 会,46 km/h

1.4 36.3 s

1.5 34.5 m,24.7 L

1.6 (1) 51.1 m/s,17.2 m/s; (2) 23.0 m/s

1.7 (1) $y=x^2-8$;

(2) 位置:$2\boldsymbol{i}-4\boldsymbol{j}$,$4\boldsymbol{i}+8\boldsymbol{j}$;速度:$2\boldsymbol{i}+8\boldsymbol{j}$,$2\boldsymbol{i}+16\boldsymbol{j}$;加速度:$8\boldsymbol{j}$,$8\boldsymbol{j}$

1.8 (1) 74.6 km/h; (2) 24 cm; (3) 22.3 m/s

1.9 (1) 269 m; (2) 空气阻力影响

1.10 不能,12.3 m

1.11 (1) 3.28 m/s^2, 12.7 s; (2) 1.37 s;

(3) 10.67 m; (4) 西岸桥面低 4.22 m

1.12 两炮弹可能在空中相碰,但二者速率必须大于 45.6 m/s。

1.13 4×10^5

1.14 356 m/s, 2.59×10^{-2} m/s^2

1.15 6.6×10^{15} Hz,9.1×10^{22} m/s^2

1.16 2.4×10^{14}

1.17 0.25 m/s^2;0.32 m/s^2,与 $\boldsymbol{v}$ 夹角为 128°40′

*1.18 (1) 69.4 min; (2) 26 rad/s,-3.31×10^{-3} rad/s^2

1.19 0.30 m,向后

1.20 374 m/s,314 m/s,343 m/s

1.21 0.59 s,2.06 m

1.22 36 km/h,竖直向下偏西 30°

1.23 917 km/h,西偏南 40°56′

917 km/h,东偏北 40°56′

1.24 0.93 km/s

1.25 7.5×10^4 m/s,6.0×10^8 m/s

1.26 5400 km/h,西偏南 12.5°

第 2 章

2.1 (1) $\dfrac{\mu_s Mg}{\cos\theta-\mu_s\sin\theta}$, $\dfrac{\mu_k Mg}{\cos\theta-\mu_k\sin\theta}$;

(2) $\arctan\dfrac{1}{\mu_s}$

2.2 (1) 3.32 N, 3.75 N; (2) 17.0 m/s^2

2.3 (1) 6.76×10^4 N; (2) 1.56×10^4 N

2.4 (1) 368 N; (2) 0.98 m/s^2

2.5 (1) $a_1=1.96\ m/s^2$,向下;$a_2=1.96\ m/s^2$,向下;

$a_3=5.88\ m/s^2$,向上;

(2) 1.57 N,0.784 N

2.6 39.3 m

2.7 19.4 N

2.8 (1) $\dfrac{m_1+m_2}{(M+m_2)(m_1+m_2)+m_1m_2}\cdot\left(F-\dfrac{m_1m_2}{m_1+m_2}g\right)$; (2) $(m_1+m_2+M)\dfrac{m_2}{m_1}g$

2.9 (1) $mg/(2\sin\theta)$; (2) $mg/(2\tan\theta)$

2.11 (1) 1.88×10^3 N, 635 N; (2) 66.0 m/s

2.12 1.89×10^{27} kg

2.13 5.7×10^{26} kg

2.14 (2) 6.9×10^3 s; (3) 0.12

2.15 1.1×10^7 atm

2.16 $\sqrt[4]{48}\pi R^{3/2}/\sqrt{GM}$

2.17 1.5×10^6 km

2.18 $\dfrac{v_0R}{R+v_0\mu_k t}$, $\dfrac{R}{\mu_k}\ln\left(1+\dfrac{v_0\mu_k t}{R}\right)$

2.19 (1) 0.56×10^5, 2.80×10^5; (2) 1.97×10^4 N,2.01 t;

(3) 4.6×10^{-16} N

2.20 534

2.21 $\dfrac{1}{2\pi}\sqrt{\dfrac{(\sin\theta+\mu_s\cos\theta)g}{(\cos\theta-\mu_s\sin\theta)r}}\geqslant n\geqslant\dfrac{1}{2\pi}\sqrt{\dfrac{(\sin\theta-\mu_s\cos\theta)g}{(\cos\theta+\mu_s\sin\theta)r}}$

2.22 $w^2[m_1L_1+m_2(L_1+L_2)]$, $w^2m_2(L_1+L_2)$

2.23 2.9 m/s

2.24 7.4×10^{-2} rad/s,沿转动半径向外

*2.25 $\theta=\pi$,不稳定

$\theta=0$,在 $\omega<\sqrt{g/R}$时稳定,在 $\omega\geqslant\sqrt{g/R}$时不稳定

$\theta=\pm\arccos[g/(\omega^2R)]$,在 $\omega>\sqrt{g/R}$时稳定

*2.26 1560 N, 156 kW

第 3 章

3.1 $-kA/\omega$

3.2 1.41 N·s

3.3 6.42×10^3 N

3.4 11.6 N

3.5 1.1×10^5 N

3.6 4.24×10^4 N,沿 90°平分线向外

3.9 1.07×10^{-20} kg·m/s,与 $\boldsymbol{p}_1$ 的夹角为 149°58′

*3.10 7290 m/s, 8200 m/s, 都向前

3.11 必有一辆车超速

3.12 108 m/s

3.13 0.632

*3.14 (1) 2.07×10^4 m/s; (2) 2.68×10^3 m/s; (3) 172 km

*3.15 2.25×10^4 N

3.16 在两氢原子张角的分角线上,距氧原子中心 0.006 48 nm

3.17 对称半径上距圆心 $4/3\pi$ 半径处

3.18 立方体中心上方 $0.061a$ 处

3.19 $\left(t-\frac{5}{7}\right)g, g$

3.20 5.26×10^{12} m

3.21 2.86×10^{34} kg·m²/s, 1.94×10^{11} m²/s

3.22 (1) 1.59 km/s; (2) 10.6 h

3.23 $v_0 r_0/r$

*3.24 (1) 离静止质点$\frac{a}{3}$处,0; (2) $\frac{1}{2}ma^2\omega, \frac{1}{2}ma^2\omega$; (3) $\frac{3}{4}\Omega$

第 4 章

4.1 (1) 1.36×10^4 N, 0.83×10^4 N; (2) 3.95×10^3 J; (3) 1.96×10^4 J

4.2 $mgR[(1-\sqrt{2}/2)+\sqrt{2}\mu_k/2], mgR(\sqrt{2}/2-1), -\sqrt{2}mgR\mu_k/2$

4.3 4.52×10^9 J, 0.982 t

4.4 113 W

4.5 2.8 m/s

4.6 (1) $\frac{1}{2}mv^2\left[\left(\frac{m}{m+M}\right)^2-1\right], \frac{1}{2}M\left(\frac{mv}{m+M}\right)^2$

4.10 (1) 31.8 m, 22.5 m/s; (2) 不会

*4.11 $mv_0\left[\frac{M}{k(M+m)(2M+m)}\right]^{1/2}$

4.12 1.40 m/s

*4.13 (1) $\sqrt{\frac{2MgR}{M+m}}, m\sqrt{\frac{2gR}{M(M+m)}}$; (2) $\frac{m^2gR}{M+m}$; (3) $\left(3+\frac{2m}{M}\right)mg$

4.16 (1) $\frac{GmM}{6R}$; (2) $-\frac{GmM}{3R}$; (3) $-\frac{GmM}{6R}$

4.18 (1) 8.80×10^9 J, 1.62×10^9 J;
(2) 2.14 km/s, 1.36 km/s

4.19 (1) 8.2 km/s; (2) 4.1×10^4 km/s

4.20 1.6×10^{24} J,约 10^6 倍

4.21 2.95 km, 1.85×10^{19} kg/m^3,80 倍

4.22 5×10^{11} kg, 7.4×10^{-16} m

4.23 4.20 MeV

*4.25 $\sqrt{\frac{mM}{(m+M)k}}v_0$

*4.26 $\frac{5}{4}\frac{ke^2}{m_p v_0^2}$

4.27 4.46×10^3 m^3/h

4.28 0.19 m^3/min

第 5 章

5.1 (1) 25.0 rad/s; (2) 39.8 rad/s^2; (3) 0.628 s

5.2 (1) $\omega_0=20.9$ rad/s, $\omega=314$ rad/s, $\alpha=41.9$ rad/s^2;
(2) 1.17×10^3 rad, 186 圈

5.3 -9.6×10^{-22} rad/s^2

5.4 $4.63\times10^2\cos\lambda$ m/s,与 $O'P$ 垂直
$3.37\times10^{-2}\cos\lambda$ m/s^2,指向 O'

5.5 9.59×10^{-11} m, $104°54'$

5.6 (1) 1.01×10^{-39} kg·m^2; (2) 5.54×10^8 Hz

5.7 1.95×10^{-46} kg·m^2, 1.37×10^{-12} s

5.8 $m\left(\frac{14}{5}R^2+2Rl+\frac{l^2}{2}\right), \frac{4}{5}mR^2$

5.9 分针:1.18 kg·m^2/s, 1.03×10^{-3} J;时针:2.12×10^{-2} kg·m^2/s, 1.54×10^{-6} J

*5.10 $\frac{13}{24}mR^2$

5.11 $\frac{m_1-\mu_k m_2}{m_1+m_2+m/2}g, \frac{(1+\mu_k)m_2+m/2}{m_1+m_2+m/2}m_1 g,$
$\frac{(1+\mu_k)m_1+\mu_k m/2}{m_1+m_2+m/2}m_2 g$

5.12 10.5 rad/s^2, 4.58 rad/s

5.14 $\frac{2}{3}\mu_k mgR, \frac{3}{4}\frac{\omega R}{\mu_k g}, \frac{1}{2}mR^2\omega^2, \frac{1}{4}mR^2\omega^2$

5.15 37.5 r/min,不守恒。臂内肌肉做功,3.70 J

5.16 (1) 8.89 rad/s; (2) 94°18′

5.17 0.496 rad/s

5.18 (1) 4.8 rad/s; (2) 4.5×10^5 J

5.19 (1) 4.95 m/s; (2) 8.67×10^{-3} rad/s; (3) 19 圈

5.20 1.1×10^{42} kg·m²/s, 3.3%

*5.21 (1) -2.3×10^{-9} rad/s²; (2) 2.6×10^{31} J/s; (3) 1300 a

*5.22 2.14×10^{29} J, 2.6×10^{9} kW, 11, 3.5×10^{16} N·m

5.23 3.1 min

*5.25 轮轴沿拉力 $\boldsymbol{F}$ 的方向滚动, 0.62 rad/s², 0.62 m/s², 1380 N

*5.26 (1) $2g/3, mg/3$; (2) $mg, 2g/R$; (3) g, $5g$

*5.27 1.79×10^{22} kg·m²/s², 1.79×10^{22} N·m

*5.28 (1) 78.4 min; (2) 1.46×10^{5} N·m

第 6 章

6.1 (1) $8\pi s^{-1}$, 0.25 s, 0.05 m, $\pi/3$, 1.26 m/s, 31.6 m/s²;
(2) $25\pi/3$, $49\pi/3$, $241\pi/3$

6.2 (1) π; (2) $-\pi/2$; (3) $\pi/3$

6.3 (1) 0, $\pi/3$, $\pi/2$, $2\pi/3$, $4\pi/3$; (2) $x=0.05\cos\left(\frac{5}{6}\pi t-\frac{\pi}{3}\right)$

6.4 (1) 4.2 s; (2) 4.5×10^{-2} m/s²; (3) $x=0.02\cos\left(1.5t-\frac{\pi}{2}\right)$

6.5 (1) $x=0.02\cos(4\pi t+\pi/3)$; (2) $x=0.02\cos(4\pi t-2\pi/3)$

6.6 (1) $x_2=A\cos(\omega t+\varphi-\pi/2)$, $\Delta\varphi=-\pi/2$ (2) $\varphi=2\pi/3$, 图略

6.7 $2\pi/3$

6.8 (1) 0.25 m; (2) ±0.18 m; (3) 0.2 J

6.9 $m\frac{d^2x}{dt^2}=-kx$, $T=2\pi\sqrt{\frac{m}{k}}$; 总能量是 $\frac{1}{2}kA^2$

6.11 $2\pi\sqrt{m(k_1+k_2)/k_1k_2}$

*6.13 31.8 Hz

*6.14 (1) GM_Emr/R_E^3, r 为球到地心的距离; (2) $2\pi R_E\sqrt{R_E/GM_E}$; (3) $2\pi R_E\sqrt{R_E/GM_E}$

*6.15 (1) 0.031 m; (2) 2.2 Hz

6.16 0.90 s

6.17 0.77 s

6.20 $2\pi\sqrt{2R/g}$

*6.21 (1) 1.1×10^{14} Hz; (2) 1.7×10^{-11} m

6.22 311 s, 2.2×10^{-3} s^{-1}, 712

6.24 $x=0.06\cos(2t+0.08)$

6.25 (1) 314 s^{-1}, 0.16 m, $\pi/2$, $x=0.16\cos\left(314t+\frac{\pi}{2}\right)$; (2) 12.5 ms

*6.26 长半轴0.06 m,短半轴0.04 m,0.1 s;右旋

*6.27 1.8×10^{4} Hz

第 7 章

7.1 6.9×10^{-4} Hz, 10.8 h

7.2 $y=0.05\sin(4.0t-5x+2.64)$ 或 $y=0.05\sin(4.0t+5x+1.64)$

7.3 (1) 0.50 m, 200 Hz, 100 m/s,沿 x 轴正向; (2) 25 m/s

7.4 3 km, 1.0 m

7.5 (1) $y=0.04\cos\left(0.4\pi t-5\pi x+\frac{\pi}{2}\right)$; (2) 图略

7.6 (1) $x=n-8.4, n=0,\pm1,\pm2,\cdots,-0.4$ m, 4 s; (2) 图略

7.7 (1) 0.12 m; (2) π

7.8 2.03×10^{11} N/m^2

7.10 (1) 8×10^{-4} W/m^2; (2) 1.2×10^{-6} W

7.12 x 轴正向沿 AB 方向,原点取在 A 点,静止的各点的位置为 $x=15-2n$, $n=0,\pm1,\pm2,\cdots,\pm7$

7.13 (1) 0.01 m, 37.5 m/s; (2) 0.157 m; (3) -8.08 m/s

7.14 (1) $y_i=A\cos\left(2\pi\nu t-\frac{2\pi\nu}{u}x-\frac{\pi}{2}\right)$, $\left(0\leqslant x\leqslant\frac{3}{4}\lambda=\frac{3u}{4\nu}\right)$;

(2) $y_r=A\cos\left(2\pi\nu t+\frac{2\pi\nu}{u}x-\frac{\pi}{2}\right)$, $\left(x\leqslant\frac{3}{4}\lambda=\frac{3u}{4\nu}\right)$波节在 P 点及距 P 点 $\lambda/2$ 处

7.15 1.44 MHz

7.16 0.316 W/m^2, 126 W/m^2

7.17 7.3×10^{3} km

7.18 10^{18} J, 217 个

7.19 (1) 6.25 m/s; *(2) 0.94 m/s

7.20 415 Hz

7.21 0.30 Hz, 3.3 s; 0.10 Hz, 10 s

7.22 9.4 m/s

7.23 1.66×10^{3} Hz

7.24 超了

7.25 (1) 25.8°; (2) 13.6 s

7.26 1.46 m/s

7.27 (1) $y=2A\cos(0.5x-0.5t)\sin(4.5x-9.5t)$; (2) 1 m/s; (3) 6.3 m

*7.28 $2u$

*7.29 $u=\sqrt{\omega_p^2+c^2k^2}/k$, $u_g=\frac{c^2k}{\sqrt{\omega_p^2+c^2k^2}}$

7.30 1.2×10^{8} m/s

第 8 章

8.1 $l\left[1-\cos^2\theta\frac{u^2}{c^2}\right]^{1/2}$, $\arctan\left[\tan\theta\left(1-\frac{u^2}{c^2}\right)^{-\frac{1}{2}}\right]$

8.2 $a^3\left(1-\frac{u^2}{c^2}\right)^{1/2}$

8.3 $\frac{1}{\sqrt{1-u^2/c^2}}$ m

8.4 6.71×10^8 m

8.5 0.577×10^{-8} s

8.6 (1) $30c$ m； (2) $90c$ m

8.7 $x=6.0\times10^{16}$ m, $y=1.2\times10^{17}$ m, $z=0$, $t=-2.0\times10^8$ s

*8.8 (1) 1.2×10^8 s； (2) 3.6×10^8 s； (3) 2.5×10^8 s

8.9 (1) $0.95c$； (2) 4.00 s

8.12 $\frac{\frac{Ft}{m_0c}}{\left[1+\left(\frac{Ft}{m_0c}\right)^2\right]^{1/2}}c$, $\left\{\left[1+\left(\frac{Ft}{m_0c}\right)^2\right]^{1/2}-1\right\}\frac{m_0c^2}{F}$；

at, $\frac{1}{2}at^2(a=F/m_0)$；c, ct

8.13 $0.866c$, $0.786c$

8.14 (1) 5.02 m/s； (2) 1.49×10^{-18} kg·m/s； (3) 1.9×10^{-12} N, 0.04 T

8.15 1.36×10^{-15} m/s

8.16 2.22 MeV, 0.12%, 1.45×10^{-6} %

8.17 (1) 4.15×10^{-12} J； (2) 0.69%； (3) 6.20×10^{14} J；

(4) 6.29×10^{11} kg/s； (5) 7.56×10^{10} a

8.18 (1) 6.3×10^7 J, 7×10^{-8} %； (2) 1.3×10^{16} J, 14%, 20 倍

8.19 (1) $0.58m_0c$, $1.15m_0c^2$； (2) $1.33m_0c$, $1.67m_0c^2$

8.20 6.7 GeV

8.21 5.6 GeV, 3.1×10^4 GeV

*8.23 (1) 1 GeV； (2) 10^{18} GeV, 10^{15}倍

第 9 章

9.1 (1) 9.08×10^3 Pa； (2) 90.4 K, −182.8℃

9.2 47 min

9.3 2.8 atm

9.4 196 K, 6.65×10^{19} m^{-3}

9.5 84℃

9.6 25 cm^{-3}

9.7 1.4×10^{-9} Pa

9.8 (3) 0.29 atm

9.11 5.8×10^{-8} m, 1.3×10^{-10} s

9.12 3.2×10^{17} m^{-3}, 10^{-2} m(分子间很难相互碰撞),分子与器壁的平均碰撞频率为 4.7×10^{4} s^{-1}。

9.13 80 m, 0.13 s

9.14 (1) $\pi d^2/4$; (2) $4/(\pi d^2 n)$

9.15 (1) 6.00×10^{-21} J, 4.00×10^{-21} J, 10.00×10^{-21} J;
(2) 1.83×10^{3} J; (3) 1.39 J

9.16 3.74×10^{3} J/mol, 6.23×10^{3} J/mol, 6.23×10^{3} J/mol;
0.935×10^{3} J, 3.12×10^{3} J, 0.195×10^{3} J

9.17 284 K

9.18 (1) $2/3v_0$; (2) $\frac{2}{3}N, \frac{1}{3}N$; (3) $11v_0/9$

9.19 0.95×10^{7} m/s, 2.6×10^{2} m/s, 1.6×10^{-4} m/s

9.20 对火星: 5.0 km/s, $v_{rms,CO_2}=0.368$ km/s, $v_{rms,H_2}=1.73$ km/s
对木星: 60 km/s, $v_{rms,H_2}=1.27$ km/s

9.21 8.8×10^{-3} m/s

9.22 6.15×10^{23}/mol

9.23 $\varepsilon_{t,p}=kT/2$

9.25 (1) 2.00×10^{19}; (2) 3.31×10^{23} $cm^{-2}\cdot s^{-1}$;
(3) 3.31×10^{23} $cm^{-2}\cdot s^{-1}$; (4) 1 atm

9.26 2.57×10^{6} Pa, $p_{in}=5.69\times10^{5}$ Pa

*9.27 (2) 0.198 J·m^3/mol^2, 3.18×10^{-5} m^3/mol

*9.28 (1) 2.65×10^{-7} m; (2) 1.78×10^{-10} m

*9.29 1.7 Pa

第 10 章

10.1 (1) 600 K, 600 K, 300 K; (2) 2.81×10^{3} J

10.2 (1) 424 J; (2) −486 J, 放了热

10.3 (1) 2.08×10^{3} J, 2.08×10^{3} J, 0;
(2) 2.91×10^{3} J, 2.08×10^{3} J, 0.83×10^{3} J

10.4 319 K

10.5 (1) 41.3 mol; (2) 4.29×10^{4} J; (3) 1.71×10^{4} J; (4) 4.29×10^{4} J

10.7 0.21 atm, 193 K; 934 J, −934 J

10.8 (1) 5.28 atm, 429 K; (2) 7.41×10^{3} J, 0.93×10^{3} J, 6.48×10^{3} J

10.9 (1) 0.652 atm, 317 K; (2) 1.90×10^{3} J, -1.90×10^{3} J;
(3) 氮气体积由 20 L 变为 30 L,是非平衡过程,画不出过程曲线,从 30 L 变为 50 L 的过程曲线为绝热线

10.10 1.42

10.12 29 m/s

10.15 (1) 等压,等温,绝热,等体

10.16 (1) $p_B(0.04-V_B)^2=51V_B$; (2) 322 K,965 K; (3) 1.66×10^4 J

10.17 (2) 0.48

10.19 $1-\dfrac{T_1T_2}{T_1T_2+(T_2-T_1)T}$

10.21 (1) 6.7%; (2) 14 MW; (3) 6.5×10^2 t/h

10.22 1.05×10^4 J

10.23 0.39 kW

10.24 9.98×10^7 J, 2.99 倍

*10.25 (1) 7.10×10^5 J; (2) 9.33×10^5 J; (3) 2.23×10^5 J; (4) 3.18,3.71

第 11 章

11.1 1.30×10^3 J,2.79×10^3 J,23.5 J/K

11.2 268 J/K

11.3 3.4×10^3 J/K

11.4 30 J/(K·s)

11.5 70 J/(K·s)

11.6 3.8×10^6 J/K

11.7 (1) 184 J/K,增加; (2) 97 J/K

11.8 (1) -1.10×10^3 J/K,0; (2) 1.10×10^3 J/K, 0.29×10^3 J/K

11.9 (2) 等温过程:$A=1.69\times10^6$ J;$\Delta S=5.63\times10^3$ J/K

等体过程:$A=0$;$\Delta S=-5.63\times10^3$ J/K

绝热过程:$A=-1.30\times10^6$ J;$\Delta S=0$

循环过程:$A=3.9\times10^5$ J;$\Delta S=0$

*11.13 (1) 95 K; (2) 65 K; (3) 20 K

索　引

INDEX

A

B

C

D

F

G

H

J

K

L

M

N

P

Q

R

S

T

W

X

Y

Z